AF744259

Autómatas programables SIEMENS
Grafcet y Guía Gemma con TIA Portal

¿Cómo conseguir el fantástico
Simulador 3D asociado a este libro?

Envíe el comprobante (*ticket* o factura) de compra del libro a info@marcombo.com

Y a continuación le enviaremos las instrucciones para la descarga del simulador

Autómatas programables SIEMENS
Grafcet y Guía Gemma con TIA Portal

Ramón L. Yuste

Vicente Guerrero

Marcombo

Autómatas programables SIEMENS. Grafcet y Guía Gemma con TIA Portal

Primera edición, 2017

Diseño de la cubierta: ENEDENÚ DISEÑO GRÁFICO

ISBN: 978-84-267-2378-9

D.L.: B-10574-2017

Impreso en Service Point, S. A.
Printed in Spain

Índice general

Agradecimientos

Quiero agradecer a mi mujer Mari Carmen por la paciencia que ha tenido conmigo mientras trabajaba en el libro y a mis hijos Christian y Raúl por estar ahí, siempre a mi lado. De forma especial, quiero agradecer a Luís Martínez el apoyo y la ayuda que siempre he recibido de él. Ha conseguido que trabajar en temas de automatización no se haya convertido en mi trabajo sino, cómo él dice, en mi *hobby*.

Ramón L. Yuste

A mi familia, Mari, Laura y Lorena que son las que dan sentido a mi vida día tras día. A mi hermana Verónica que como excelente docente entiende el sentido un poco altruista de esta profesión y, por último, a mi madre Mercedes por el cariño que siempre me ha demostrado.

Vicente Guerrero

Desde hace ya unos años hemos adoptado la técnica Grafcet y Gemma como método de enseñanza para que nuestros alumnos se inicien en la programación de autómatas programables. Además de lo indicado anteriormente por Ramón, Luís Martínez es una de las personas que más introdujo esta técnica en las aulas, y del que más hemos aprendido. Gran profesional y mejor persona. ¡Gracias amigo!

Nuestro conocimiento en este tema siempre ha estado provocado por la necesidad que nos obliga nuestra profesión, y esta no tendría sentido sin nuestros alumnos. Por ello, agradecemos a todos nuestros alumnos de los institutos Comte de Rius de Tarragona y Palau Ausit de Ripollet por su participación indirecta, pues con sus dudas y preguntas han colaborado en la creación de ejemplos que pretendemos que ayuden a otros alumnos al aprendizaje de esta tecnología.

Estos proyectos nunca se pueden llevar a cabo de forma independiente, siempre se debe tener apoyo y colaboraciones de las personas y empresas que en un momento u otro han participado para que hayamos podido trabajar en este campo a lo largo de los años. Por ello no hemos de olvidar a empresas como **SMC International Training**, con Mariano Carreras a su cabeza y con excelentes profesionales a su cargo como Sergio Panizo, Iker Saenz, Iñaki Fagoaga y, en especial, a Asser Martínez por su ayuda en la construcción del Simulador 3D; así como a la empresa **Siemens**, representada por Francisco Cano por su inestimable ayuda a lo largo de estos últimos años para poder adquirir el conocimiento de sus equipos. Y, como no, a la editorial Marcombo por volver a confiar en nuestro proyecto desde el primer día que se lo propusimos.

Prólogo

Cuando nos preguntamos por qué unas sociedades están más avanzadas que otras (aparte de contar con menos recursos naturales, etc.), casi siempre la respuesta está en su capital humano, en sus gentes, en su FORMACIÓN con mayúsculas.

Cuando asistimos atónitos a los avances tecnológicos que permiten satisfacer las necesidades cada vez más exigentes del consumidor actual, asumimos que la gente que trabajamos en empresas con contenido tecnológico debemos tener la capacidad de continuar aprendiendo durante toda nuestra vida laboral.

El reto de facilitar el aprendizaje y la integración de todas estas nuevas tecnologías es apasionante. Los que nos dedicamos a ello nos sentimos orgullosos de ayudar en el objetivo de que nuestras sociedades sean referentes en esta carrera hacia la excelencia. Es por ello que la Corporación SMC apostó por crear su División International Training en el año 2000 y, desde entonces, trabajamos en desarrollar soluciones que faciliten la labor docente en el ámbito de la automatización.

En este recorrido hemos tenido la oportunidad de conocer, trabajar y colaborar con actores clave en estos procesos de formación, los PROFESORES, también con mayúsculas. Estas personas, cuya labor no es lo suficientemente reconocida por nuestra sociedad, dedican su esfuerzo para conseguir que sus alumnos estén preparados para afrontar estos retos cambiantes a los que nos enfrentamos en las empresas.

Desde hace años tengo el gusto de conocer a Vicente Guerrero y Ramón Yuste, autores de este libro y de otras publicaciones anteriores. Ellos no tendrán probablemente el nombre de una plaza o de una calle en su ciudad, pero tendrán siempre el reconocimiento de las personas que les conocemos, de sus alumnos, de sus lectores, porque están contribuyendo a hacer fácil lo difícil, a hacer sencillo lo complejo, a bajar al terreno de lo comprensible conceptos y técnicas a veces abstractos.

Este libro es un claro ejemplo de ello. Cuando Vicente y Ramón nos pidieron colaborar aportando una máquina virtual de simulación de procesos en 3 dimensiones para ayudarles en la confección de esta obra, no dudamos en participar en el proyecto. Nos hacen falta muchos Vicentes y Ramones, mucha gente inquieta, ilusionada, con vocación por hacer más fácil la vida de mucha gente.

Felicitaciones y agradecimientos a la editorial Marcombo por seguir apostando por la divulgación de contenidos técnicos con la vertiente de innovación que aporta esta obra.

Esperamos seguir aportando nuestro granito de arena para que nuestras empresas tengan cada vez un mejor capital humano, que es la clave de la prosperidad de una sociedad.

Mariano Carreras

SMC International Training Manager

Prólogo

Abordar la que se ha dado a conocer como **4ª Revolución Industrial** requiere competencias diferentes a todos los niveles de la industria, desde los operarios a los ingenieros o el personal administrativo. Estas nuevas competencias profesionales no se refieren solo al dominio de las nuevas tecnologías digitales, sino a otras competencias complementarias, por ejemplo, en materia de emprendimiento, liderazgo e ingeniería.

Los progresos de las tecnologías digitales, en combinación con otras tecnologías habilitadoras clave, están cambiando la forma de diseñar, producir, comercializar y generar valor a partir de productos, sean estos bienes o servicios. La implantación de la Industria 4.0 requiere una **Educación 4.0**, siendo necesaria la cooperación entre el mundo empresarial y el mundo de la educación.

Desde el proyecto **SCE – Siemens Automation Cooperates with Education**, Siemens desarrolla diversas iniciativas dirigidas a centros educativos, profesorado y alumnos, encaminadas a fomentar una formación de calidad acorde a los requerimientos del mercado. Especial mención al patrocinio de las olimpiadas de formación profesional *SpainSkills* que organiza el Ministerio de Educación, así como a la convocatoria anual **Concurso de Prototipos** por parte de Siemens, dirigida a universidades e institutos de formación profesional, cuyo fin es promover e incentivar la competitividad entre los alumnos españoles.

Quiero felicitar y agradecer a Vicenç Guerrero y Ramón Yuste, profesores de Formación Profesional, por basar este libro en los controladores SIMATIC de Siemens, así como en la Plataforma de Ingeniería TIA Portal. Conozco a ambos desde hace más de 20 años y tanto su experiencia docente como su conocimiento de la realidad de la industria me permiten agorar que este libro se convertirá en un *Best Seller* del mundo de la automatización.

El carácter eminentemente práctico del libro hace de él la herramienta idónea para el estudio de la programación básica de los controladores SIMATIC y, especialmente, de la herramienta de Ingeniería TIA Portal, cuya implantación en la industria es reciente. Esto hace que el libro sea recomendable para enseñanzas universitarias y de formación profesional.

Agradecer a la editorial Marcombo su aportación en la divulgación de las enseñanzas técnicas en su vertiente más práctica.

Francisco Javier Cano Gatón

Responsable de Controladores SIMATIC y

Proyecto SCE – Siemens Automation Cooperates with Education

División Digital Factory

SIEMENS, S.A.

Unidad 1 Entorno de programación TIA PORTAL

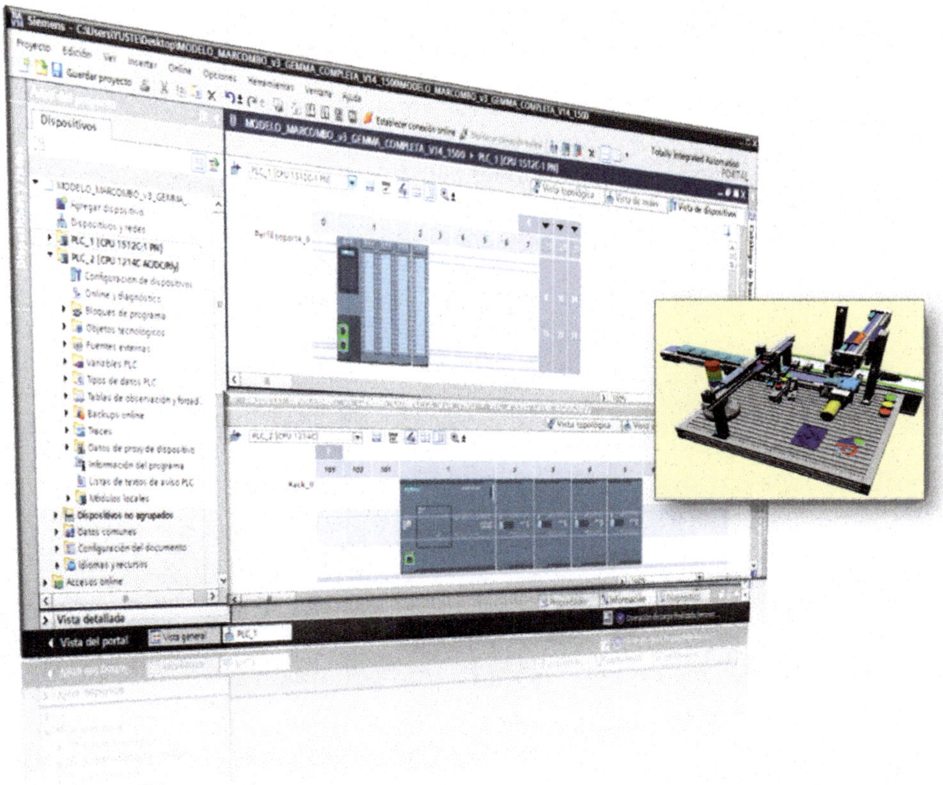

En este capítulo:

1.1 Autómata programable

Los autómatas programables S7-1500 y S7-1200, se encuentran dentro de la gama de controladores SIMATIC de Siemens. Se puede considerar, el S7-1200 como un controlador del tipo compacto pues en un mismo dispositivo contiene:

- Fuente de alimentación.
- Conexiones para las señales de entradas.
- Conexiones para las señales de salidas.
- Conexión para la comunicación.
- Espacio para tarjeta de memoria.

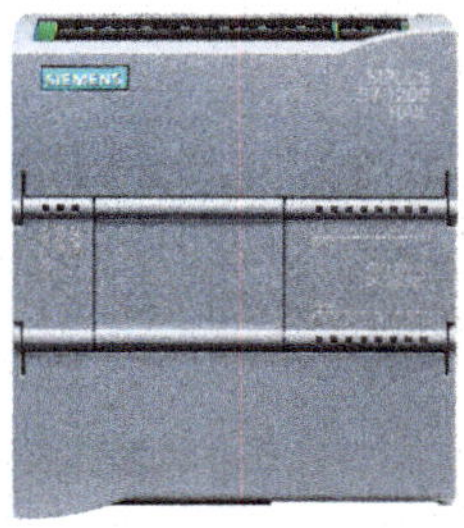

Fig. 1.1

Fig. 1.1a

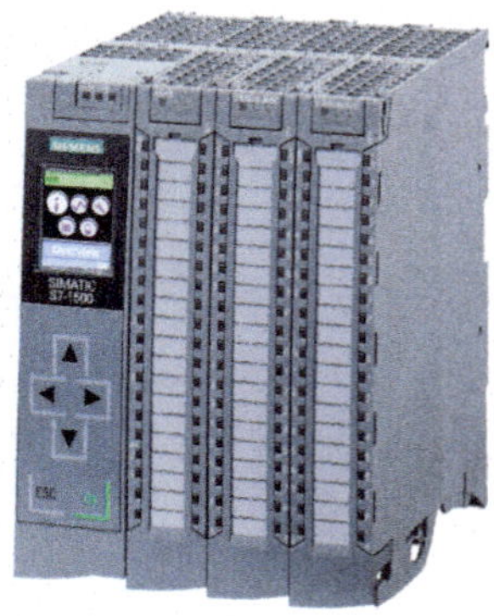

Fig. 1.1b

Además, incorpora una base para la ampliación con un módulo que puede ser de entradas o salidas digitales o analógicas de forma que amplía su potencialidad de control mediante las llamadas Signal Board.

Podemos encontrar el autómata programable S7-1500 con una CPU del tipo compacta, pero también existe del tipo modular, pues admite otros módulos conectables en sus laterales que amplían su capacidad de automatización, también el PLC S7-1200 admite otros módulos conectables que amplían su capacidad de E/S y de comunicaciones, aunque en menor medida que el S7-1500. Ejemplos de módulos ampliables son:

- Entradas digitales.
- Salidas digitales.
- Entradas/salidas digitales.
- Entradas analógicas.
- Salidas analógicas.
- Entradas/salidas analógicas.
- Comunicación.
- Tecnológicos.

Los módulos permiten adquirir funciones simples o avanzadas, y de comunicación con otros equipos como sistemas HMI, redes como: AS-i, Profinet, Profibus, I/O link, etc.

Las diferentes CPUs, tanto S7-1500 como S7-1200, incorporan al menos un puerto PROFINET integrado que garantiza una comunicación perfecta con el sistema de ingeniería SIMATIC TIA PORTAL. La interfaz PROFINET permite la programación y la comunicación con los paneles de la gama SIMATIC HMI para la visualización, con controladores adicionales para la comunicación de CPU a CPU y con equipos de otros fabricantes para ampliar las posibilidades de integración mediante protocolos abiertos de Ethernet.

La interfaz de comunicación de estas CPUs está formada por una conexión RJ45 inmune a perturbaciones, con función Autocrossing, que admite hasta 16 conexiones Ethernet y alcanza una velocidad de transferencia de datos hasta de 10/100 Mbits/s. Para reducir al mínimo las necesidades de cableado y permitir la máxima flexibilidad de red, puede usarse conjuntamente un Switch Module CSM 1277 o SCALANCE, a fin de configurar una red homogénea o mixta, con topologías de línea, árbol o estrella.

La interfaz integrada en estas CPUs hace posible una integración con equipos de otros fabricantes. Los protocolos abiertos de Ethernet TCP/IP nativo e ISO-on-TCP hacen posible la conexión y la comunicación con varios equipos de otros fabricantes permitiendo una mayor flexibilidad. También puede funcionar indistintamente como PROFINET I/O Device o como PROFINET I/O Controller.

La familia de controladores SIMATIC S7-1200 y S7-1500 compactas, integran funciones tecnológicas, tales como:

Recuerda • • •

Podemos encontrar PLCs S7-1200 y S7-1500 del tipo compacto que, además de, contener entradas y salidas analógicas y digitales, integran funciones tecnológicas tales como: entradas de alta velocidad de contaje y medición, salidas de alta velocidad y control de regulación PID.

- Entradas de alta velocidad para funciones de contaje y medición. Por ejemplo, el controlador SIMATIC S7-1200 posee hasta 6 contadores de alta velocidad. Tres entradas de 100 kHz y otras tres de 30 kHz perfectamente integradas para funciones de contaje y medición. Esto permite la lectura precisa de encoders incrementales, contajes de frecuencia y la captura rápida de eventos de proceso.

- Salidas de alta velocidad. Por ejemplo, el controlador SIMATIC S7-1200 tiene integradas 2 salidas de alta velocidad que pueden funcionar como salidas de tren de pulsos (PTO) o como salidas con modulación de ancho de impulsos (PWM). Si se configuran como PTO, ofrecen una secuencia de impulsos con un factor de trabajo del 50 % y hasta 100 kHz, para la regulación controlada de la velocidad y posición de motores paso a paso y servo accionamientos. La realimentación para las salidas de tren de pulsos proviene internamente de los dos contadores de alta velocidad. Si se configuran como salidas PWM, ofrecen un tiempo de ciclo fijo con punto de operación variable. Esto permite regular la velocidad de un motor, la posición de una válvula o el ciclo de trabajo de un calefactor.

- Control PID. S7-1200 admite hasta 16 lazos de regulación PID en donde el software incorpora un asistente de configuración que dispone también de panel PID autotuning para calcular automáticamente valores de ajuste óptimos para las componentes proporcional, integral y derivativa, esto permite aplicaciones de proceso sencillas con lazo de regulación cerrado.

1.1.1 Módulos de señales

Los módulos de señales que se pueden incorporar a un S7-1200 los podemos clasificar en módulos integrados, módulos de entrada/salida y tecnológicos, y módulos de comunicaciones.

- Módulos de señales integradas.

Un módulo de señales integradas puede enchufarse directamente a una CPU. De este modo pueden adaptarse individualmente las CPU, añadiendo E/S digitales o analógicas sin tener que aumentar físicamente el tamaño del controlador.

Fig. 1.2

- Módulos de entrada/salida y tecnológicos.

Las mayores CPU de S7-1200 admiten la conexión de hasta ocho Módulos de Señales, ampliando así las posibilidades de utilizar E/S digitales o analógicas adicionales. Estos módulos de señal se conectan a la derecha de la propia CPU.

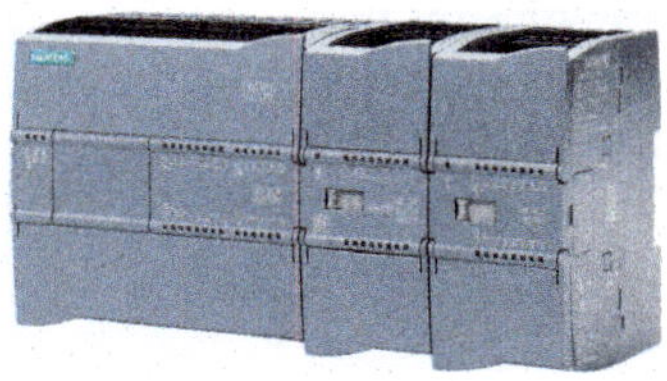

Fig. 1.3

Fig. 1.3a

Mientras que las CPUs S7-1500 admiten bastantes más módulos, todos ellos conectados a la derecha de la propia CPU.

- Módulos de comunicación.

Toda CPU SIMATIC S7-1200 puede ampliarse hasta con tres módulos de comunicación y éstos se deben conectar a la izquierda de la propia CPU, mientras que el S7-1500 admite más módulos y siempre se conectan a la derecha de la CPU.

Los módulos de comunicación amplían su capacidad tanto de control como de intercambio de datos con otros equipos, pues dispone de módulos como: RS485/RS232 para conexiones punto a punto en serie, basadas en caracteres; Profibus, que permite la comunicación tanto con otras CPUs como con módulos de E/S, AS-i que permite la comunicación con dispositivos de campo como sensores y actuadores; teleservicio/telecontrol para la comunicación vis GPRS; radiofrecuencia para el intercambio de datos sin hilos.

Recuerda • • •

Estos PLCs se le pueden ser añadir diferentes módulos que amplían su funcionalidad. Los módulos de ampliación pueden ser:

- módulos de entradas y salidas.
- módulos tecnológicos.
- módulos de comunicaciones.

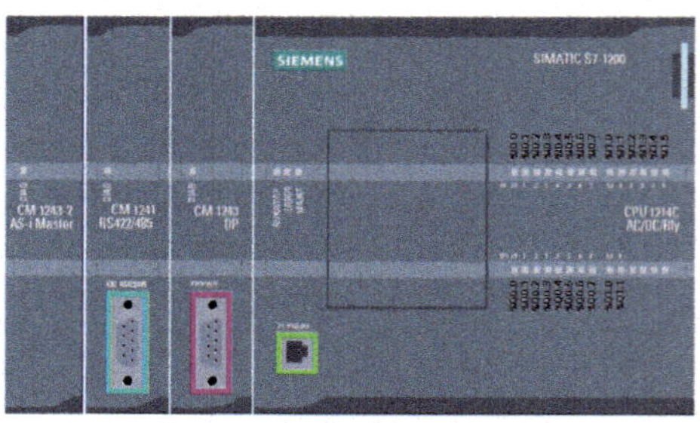

Fig. 1.4

Además de disponer de unas instrucciones y funciones de librerías, incluidas en el sistema de ingeniería SIMATIC TIA PORTAL, que permite dar multifuncionalidad a diversos módulos, configurando y programando con sencillas instrucciones. De este modo se pueden controlar sistemas bajo otros protocolos como USS Drive, Modbus RTU o Modbus TCP.

1.1.2 SIMATIC Memory Card

Con la SIMATIC Memory Card (opcional para el S7-1200 pero obligada para el S7-1500) se pueden transferir fácilmente programas a varias CPU. La tarjeta también se puede utilizar para guardar diversos archivos o para actualizar el firmware del controlador como de los módulos de señales y de comunicación.

Fig. 1.5

Simplemente basta con insertar la SIMATIC Memory Card en la CPU y darle tensión. El programa de usuario no se pierde durante el proceso.

1.1.3 Conexiones de las entradas y salidas

El conexionado de las diferentes entradas y salidas es sencillo y rápido. A modo de ejemplo se muestra como conectar diferentes E/S tanto, digitales como analógicas en ambos modelos de PLCs, S7-1200 y S7-1500.

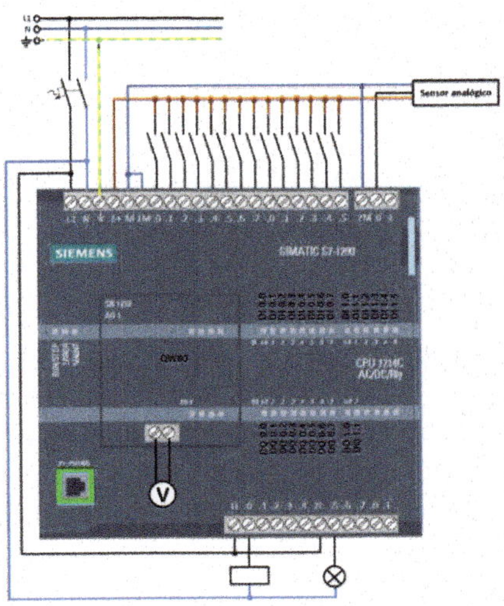

Fig. 1.6

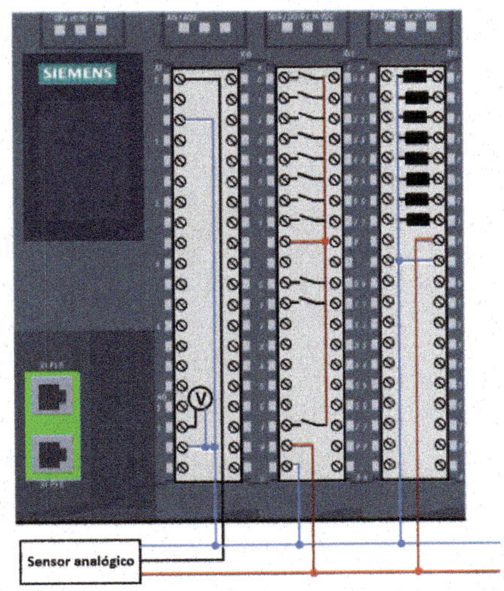

Fig. 1.6a

Recuerda • • •

El ciclo de scan habitual en el PLC, consiste básicamente en:

- Actualizar las salidas físicas.
- Leer el estado de las entradas físicas.
- Ejecutar el programa del usuario.
- Realizar un autodiagnóstico.
- Procesar alarmas y atender los procesos de comunicación configurados.

1.1.4 Ciclo de scan

Cada vez que el PLC ejecuta el programa una vez, se dice que ha ejecutado un ciclo de programa o un scan.

La ejecución de un scan consiste en:

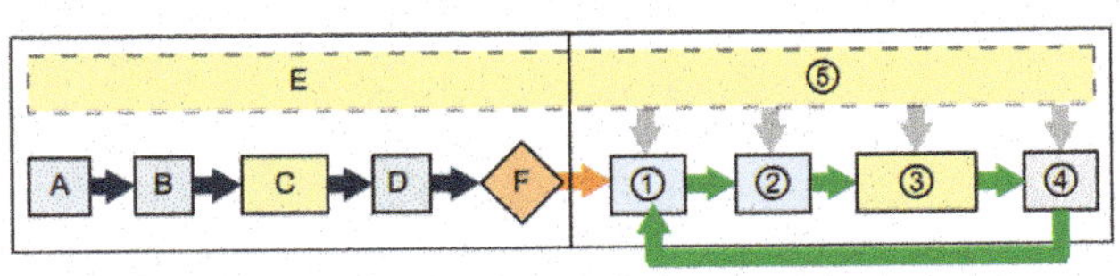

ARRANQUE

- A Borra el área de memoria I
- B Inicializa las salidas con el último valor o el valor sustitutivo
- C Ejecuta los OBs de arranque
- D Copia el estado de las entradas físicas en la memoria I
- E Almacena los eventos de alarma en la cola de espera que deben procesarse en estado operativo RUN
- F Habilita la escritura de la memoria Q en las salidas físicas

RUN

- ① Escribe la memoria Q en las salidas físicas
- ② Copia el estado de las entradas físicas en la memoria I
- ③ Ejecuta los OBs de ciclo
- ④ Realiza autodiagnóstico
- ⑤ Procesa alarmas y comunicaciones en cualquier parte del ciclo

Fig. 1.7

1.1.5 Tiempo de ciclo

El tiempo de ciclo, es el tiempo que tarda en ejecutar un ciclo completo, este tiempo es muy importante, ya que las ordenes de conexión y desconexión de los actuadores conectados a las salidas se realiza una vez por ciclo. Por lo tanto, si el tiempo fuera demasiado largo, podría suceder que no tuviese en cuenta el cambio de señal en las entradas o bien que se produjera una activación incorrecta en las salidas.

El tiempo de ciclo básicamente depende de:

- Tipo de CPU: todos los fabricantes de autómatas disponen de distintas CPUs para cada modelo de PLC para con ello adaptarse a las necesidades de los usuarios y una de las características más importantes que diferencian las distintas CPUs es la velocidad de proceso.
- Número y tipo de instrucciones de programa: Cuantas más instrucciones tenga el programa, más tiempo tardará la CPU en leerlo; de la misma manera, hay instrucciones que son más complejas que otras y lógicamente se tarda más tiempo en ejecutarlas.

Recuerda • • •

El tiempo de vigilancia o *watchdog*, es un mecanismo interno del PLC que controla en todo momento que el ciclo de scan del autómata no supere un tiempo máximo configurado. En ese caso provocará una parada total del funcionamiento del programa.

1.1.6 Tiempo de vigilancia de ciclo (*Watchdog*)

El tiempo de vigilancia de ciclo o *Watchdog*, es un mecanismo interno de la CPU que controla la duración del tiempo de ciclo y, cuando este supera los valores establecidos, el *Watchdog* da la orden de parar al autómata pasando de *Run* a *Stop* y, por lo tanto, la CPU deja de ejecutar el programa.

El tiempo del *Watchdog* puede ser fijo o programable, dependiendo del tipo de la CPU.

Las CPUs pequeñas dirigidas a instalaciones sencillas y sin requerimientos de seguridad, vienen configuradas de fábrica con un tiempo de *Watchdog* que el fabricante considera aceptable y que puede llegar hasta 500 milisegundos. En otras CPU, las más potentes, el tiempo de ciclo se puede definir en función de la complejidad de la instalación y como son más rápidas, se pueden fijar los tiempos entre 10 y 200 milisegundos.

Podemos configurar este tiempo de vigilancia del ciclo desde las propiedades de la CPU, dentro de la pestaña General en el apartado Ciclo.

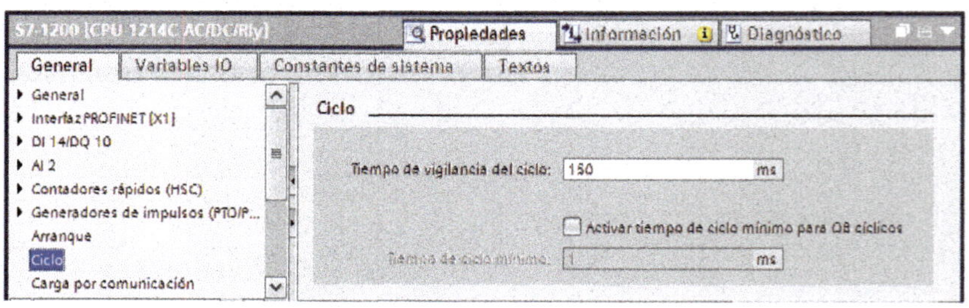

Fig. 1.8

1.1.7 Programación de contactos negados

Cuando programamos un contacto normalmente abierto, estamos diciendo que, en ese punto del programa, queremos el mismo valor que tenga el elemento de referencia. Y cuando programamos un contacto negado, estamos diciendo que, en ese punto del programa, queremos tener el valor contrario al que tiene el elemento de referencia.

El elemento de referencia de un contacto de una entrada es el contacto físico que hay conectado en esa entrada, mientras que el elemento de referencia de una salida o marca es la instrucción de asignación que tenga en el programa (bobina).

IMPORTANTE: un contacto negado NO significa contacto cerrado, sino LO CONTRARIO DE. El elemento de referencia de una entrada es la entrada física.

Recuerda • • •

Un contacto negado, NO significa contacto cerrado, sino LO CONTRARIO DE.
El elemento de referencia de una entrada es la entrada física.
Si la entrada física NO se encuentra activada, los contactos programados asociados a esa entrada NO cambiaran de estado, mientras que, si la entrada física SÍ se encuentra activada, entonces los contactos programados asociados a esa entrada SÍ cambiaran de estado.

En los editores de software para PLC se induce al error de confundir negado con cerrado, ya que al contacto negado se le denomina «contacto normalmente cerrado». Veamos como en TIA Portal también lo interpreta de esa forma:

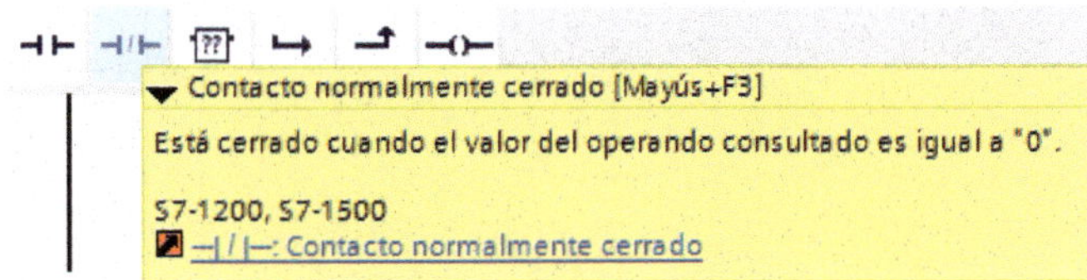

Fig. 1.9

A continuación, se muestra un ejemplo de programa con la utilización de estos dos tipos de contactos. En el segmento 1, la salida refleja el mismo estado que existe en la entrada física correspondiente y eso implica que Q0.0 se activará cuando la entrada I0.0 se encuentre activa. Por el contrario, en el segmento 2, la salida Q0.4 tomará el estado contrario que tome la entrada física I0.4.

Fig. 1.10a

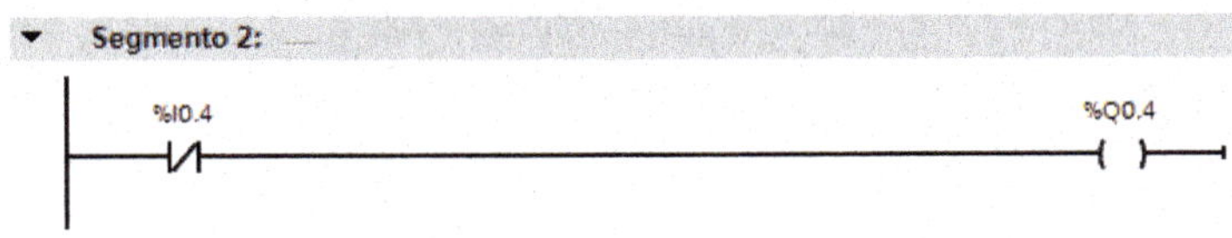

Fig. 1.10b

En el siguiente ejemplo práctico vamos a demostrar el funcionamiento de estos dos tipos de contacto, tanto abierto como negado.

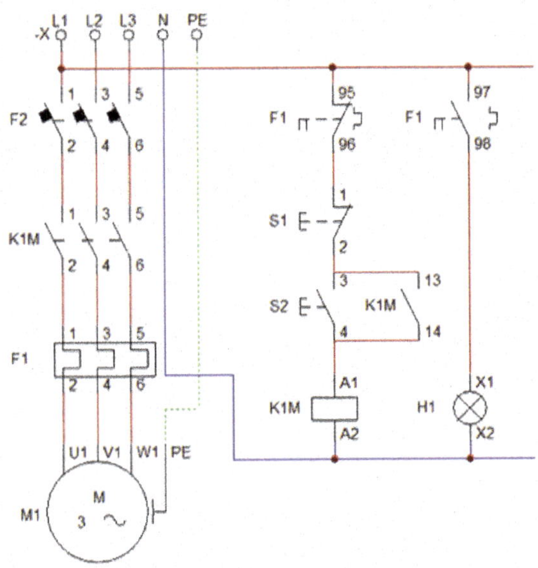

Fig. 1.11

A continuación, realizamos el programa que cumple con las condiciones de funcionamiento del circuito de maniobra cableado anterior y realizamos las siguientes pruebas:

- Estado en reposo de los pulsadores de Paro, de Marcha y relé térmico. Las salidas K1M y H1 están en reposo.

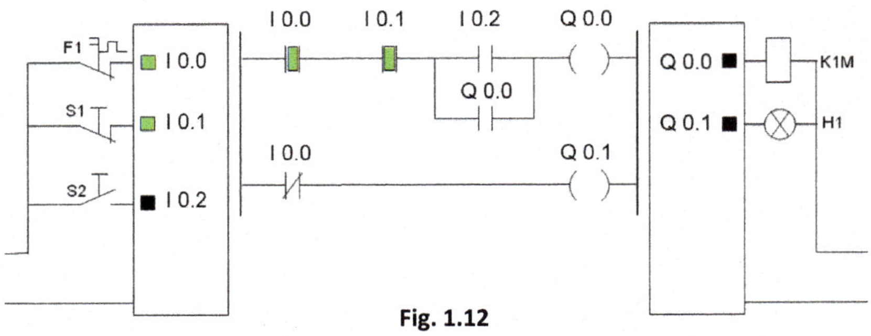

Fig. 1.12

- Accionando el pulsador de Marcha S2. La salida K1M se pone en marcha.

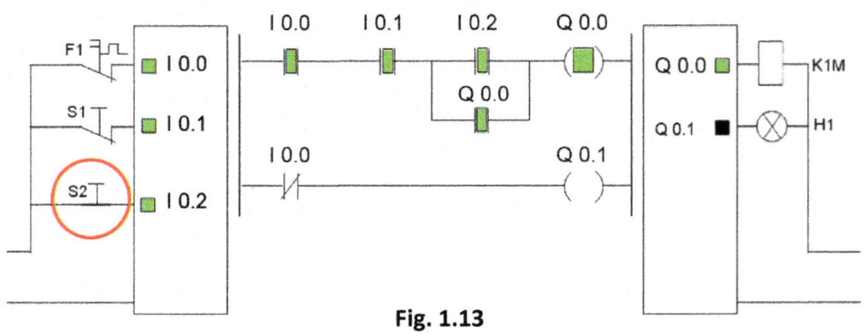

Fig. 1.13

- Dejamos de accionar el pulsador de Marcha S2. La salida K1M continúa en marcha.

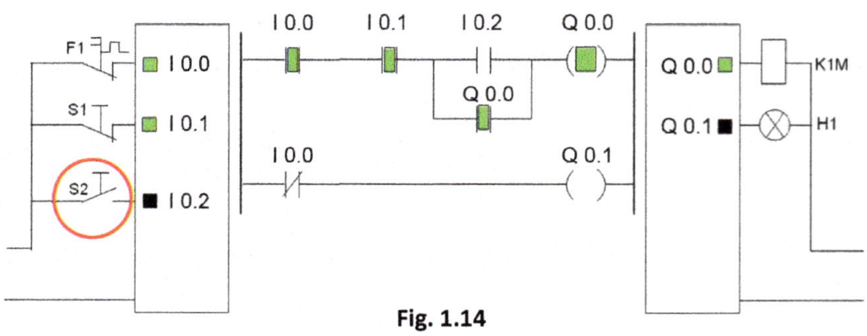

Fig. 1.14

- Accionamos el pulsador de paro S1. Se detiene la salida K1M.

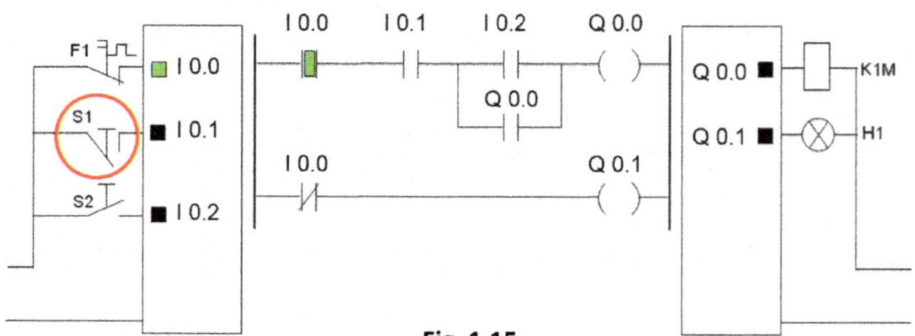

Fig. 1.15

- Accionamos el pulsador de marcha S2 y lo soltamos. La salida K1M se pone y se mantiene en marcha.

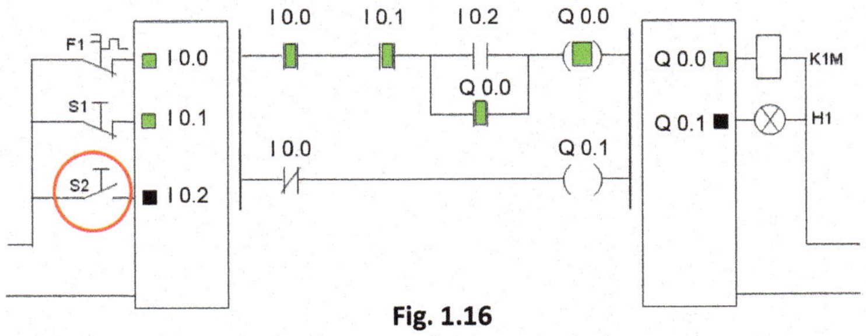

Fig. 1.16

- Cuando se ha producido la avería, se rompe o se suelta el cable que va al pulsador de paro S1, la salida K1M se detiene, se para el motor y, por lo tanto, en ese momento nos damos cuenta de que se ha producido la avería.

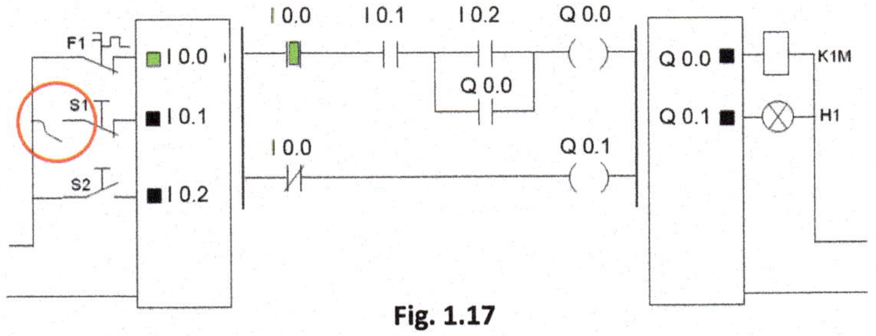

Fig. 1.17

A continuación, substituimos el contacto del pulsador de paro normalmente cerrado por otro normalmente abierto modificando el programa, ya que ahora el pulsador de paro del programa se ha programado negado:

- Substitución del pulsador de paro NC por otro NO.

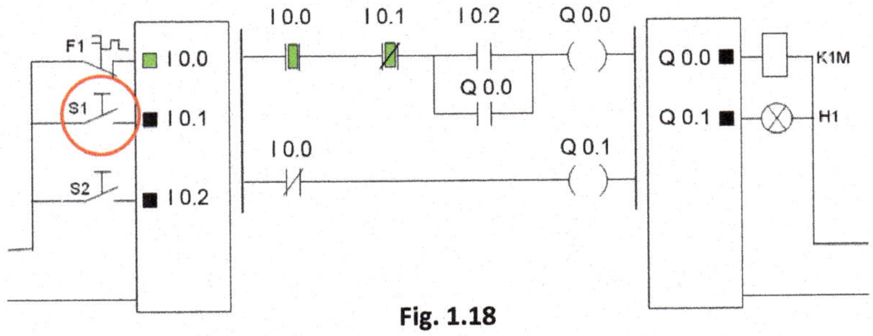

Fig. 1.18

Seguidamente realizamos las siguientes pruebas:

- Accionamos el pulsador de marcha S2 y lo soltamos. La salida de K1M se activa y se mantiene en marcha.

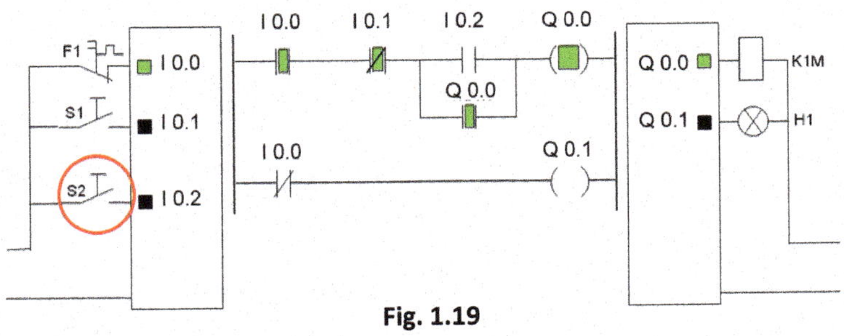

Fig. 1.19

- Accionamos el pulsador de paro S1. Se detiene la salida K1M.

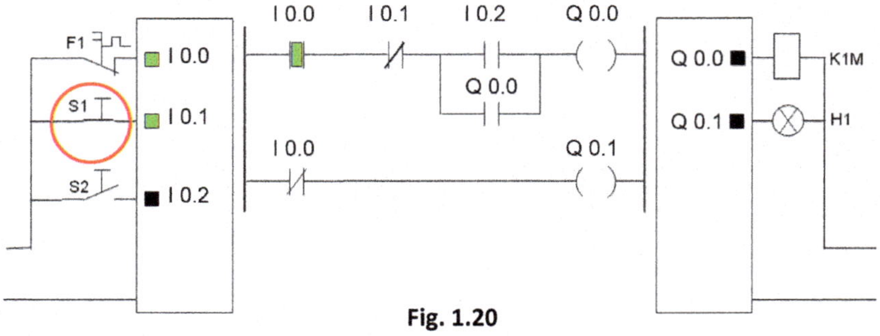

Fig. 1.20

- Accionamos el pulsador de marcha S2 y lo soltamos. La salida K1M se activa y se mantiene en marcha.

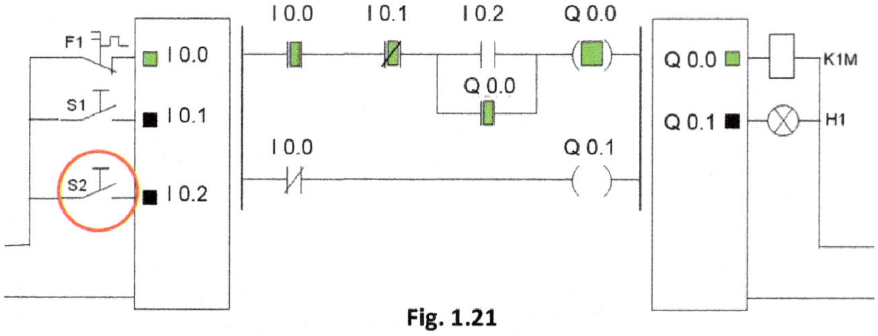

Fig. 1.21

- Se rompe o se suelta el cable que va al pulsador de paro S1. La salida K1M continúa en marcha.

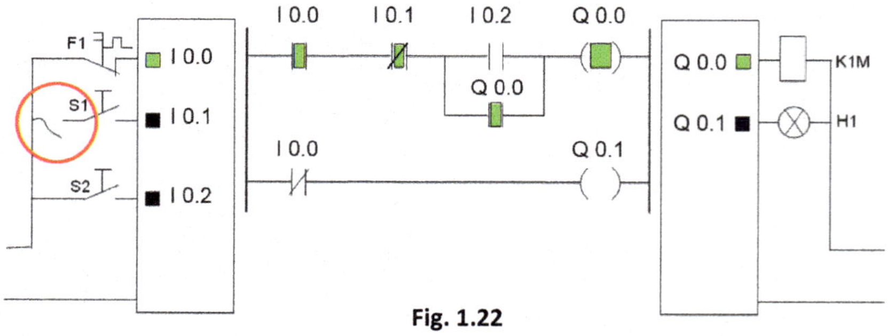

Fig. 1.22

En este caso, vemos que cuando se corta el cable, la salida sigue conectada y que nos daríamos cuenta de la avería cuando nos hiciera falta detener el motor. Veríamos que no podemos pararlo mediante el pulsador de paro.

Con esta prueba podemos observar que, por seguridad, un elemento que provoque la parada de un sistema físicamente se ha de conectar a la entrada del PLC con un contacto cerrado.

1.1.8 Funcionamiento del registro de entradas

Para poder realizar la lectura del estado de una entrada, disponemos de dos opciones, en función de lo programado, por ejemplo:

- **I0.0**: El programa cuando necesita conocer el estado de esta entrada, realiza la lectura en el registro de entradas que fue actualizado al inicio del scan y esto quiere decir que durante todo el scan esa entrada mantiene su valor. Si mientras se está ejecutando ese mismo scan el estado de la entrada cambia, ese nuevo estado será válido para el siguiente scan y, por tanto, cabe la posibilidad que el estado actual de ese registro no coincida en ese momento con el estado actual de la entrada física.

- **I0.0:P**: Con la indicación "**:P**" estamos indicando que la lectura del estado de esa entrada se lea directamente de la entrada física y no del registro de entradas.

Vamos a comprobar con unos ejemplos la diferencia en el funcionamiento en la utilización de esas dos versiones de operando.

a) Realizar el siguiente programa y comprobar cómo **SIEMPRE** que activamos la entrada I0.0 se hace el SET en la salida Q0.0 y, además, mientras se mantenga activada la entrada, también funcionará la salida Q0.7.

Fig. 1.23a

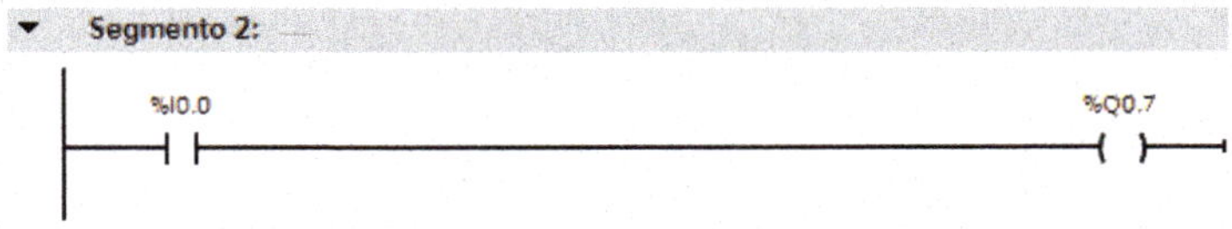

Fig. 1.23b

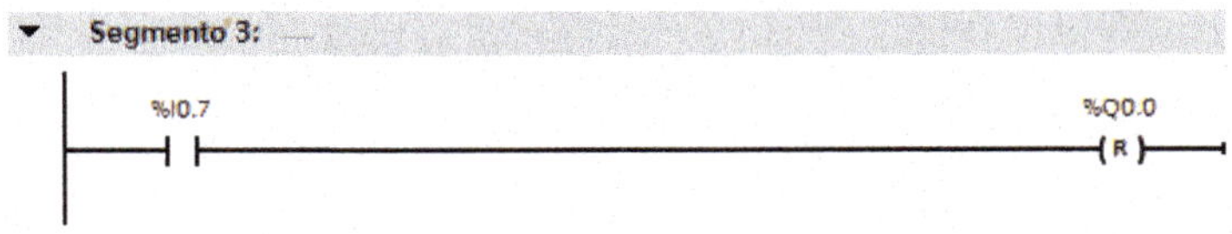

Fig. 1.23c

Recuerda • • •

Se dispone de dos opciones para realizar la lectura del estado de una entrada:

- Lectura en la memoria de entradas del PLC, memoria llamada PII, que fue actualizado al inicio del scan, por ejemplo "I0.0".
- Lectura directa del estado actual de la entrada física, por ejemplo "I0.0:P".

Nota: Cambiar el operando del **Segmento 2** por **I 0.0:P,** comprobar el funcionamiento varias veces y observar la diferencia de funcionamiento. Observaremos que unas veces se activa la salida Q0.0 y otras veces no.

b) Modificar el programa anterior, intercambiando los segmentos 1 y 2, y volver a comprobar el funcionamiento. Observar que **SIEMPRE** que activamos la entrada I0.0 NO funciona la salida Q0.0 y tan solo se activa la salida Q0.7.

Fig. 1.24a

Fig. 1.24b

Fig. 1.24c

Nota: Cambiar el operando del **Segmento 2** por **I 0.0:P** y comprobar el funcionamiento varias veces observando la diferencia de funcionamiento. Observaremos que unas veces se activa la salida Q0.0 y otras veces no.

1.1.9 Funcionamiento del registro de salidas

Para poder comprobar como el efecto del ciclo de scan interviene en un programa provocando un funcionamiento diferente al deseado, podemos utilizar el siguiente programa de ejemplo.

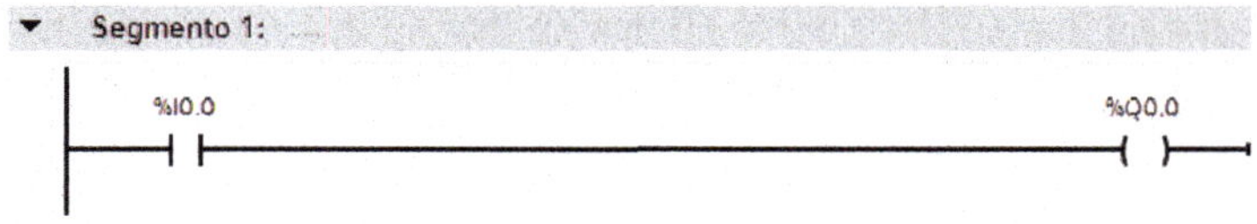

Fig. 1.25a

Fig. 1.25b

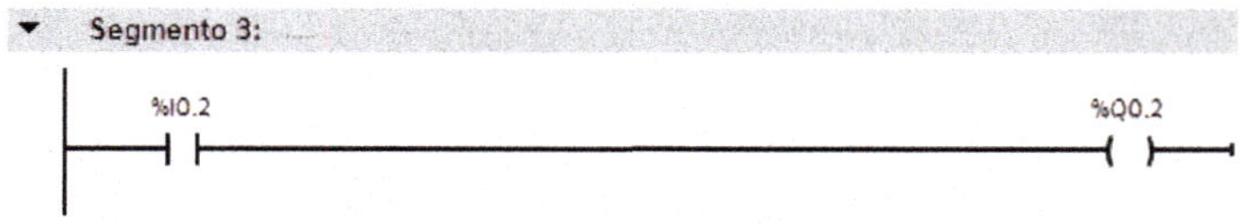

Fig. 1.25c

Fig. 1.25d

Recuerda • • •

Por efecto del ciclo de scan, en función del orden de los diferentes segmentos programados, la respuesta final puede ser diferente.

Se ha de tener en cuenta que, al tener bobinas con el mismo operando repetido varias veces en el mismo programa, el estado final de ésta será el indicado por la última que lea el ciclo de scan.

El ciclo de scan provoca que, al ir ejecutando cada segmento del programa, el estado de cada una de las salidas las escribe en el registro de salidas, NO en las salidas físicas. Esto se debe a que lo primero que hace el PLC es leer el estado de todas las salidas del registro de salidas y copiarlas en las salidas físicas. Por tanto, hasta que no se inicie un nuevo scan, las salidas físicas no se actualizan de nuevo.

Esto puede provocar que:

- Si tenemos programada, por error, la bobina de una salida repetida, a nivel externo la salida física solo responderá a un funcionamiento correcto y que dependerá de las condiciones de la última bobina programada.
- Por el contrario, si trabajamos con bobinas programadas con SET-RESET, estas las podemos repetir sin mayor problema, ya que al ser forzado a **0** (RESET) y forzado a **1** (SET), la salida física solo responderá al forzado de la última bobina en la que se cumplan las condiciones.
- El programa que se esté ejecutando trabaja leyendo el estado de las salidas, según sea su valor en el registro de salidas.

Una vez comprobado el funcionamiento de este diagrama de contactos, añadir el siguiente segmento y probar de nuevo.

Fig. 1.26

Y observa que ocurre en los siguientes casos:

- ¿Qué salida funciona al activar la entrada **I0.0**?
- ¿Qué salida funciona al activar la entrada **I0.7**?

A continuación, inserta en el programa anterior los segmentos 2 y 7 para que quede así:

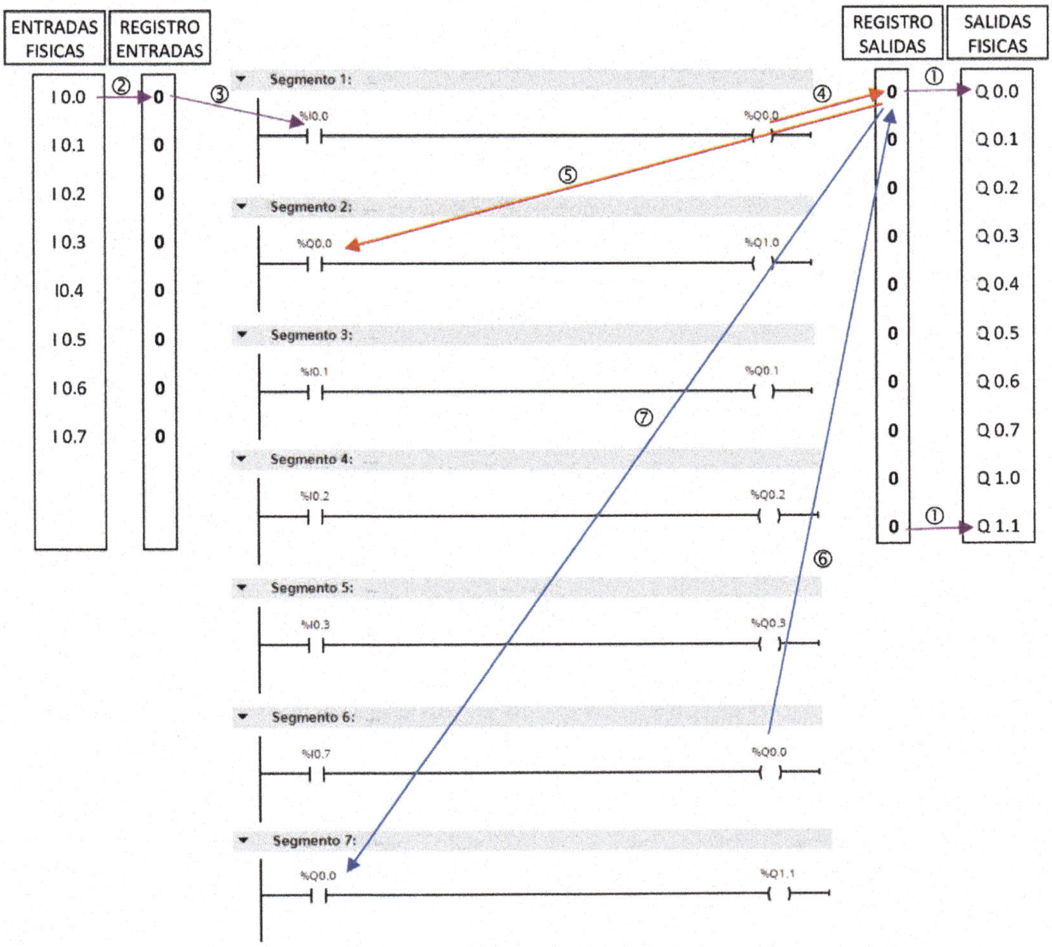

Fig. 1.27

En donde queda demostrado el funcionamiento del ciclo de scan y como éste puede afectar a un programa.

A continuación, comprueba el funcionamiento y observa cómo se cumple la siguiente tabla. Compara el funcionamiento del programa, antes y después de introducir los cambios.

I 0.0	I 0.7	Q 0.0	Q 1.0	Q 1.1
0	0	0	0	0
1	0	0	1	0
0	1	1	0	1
1	1	1	1	1

Igual que pasaba con las entradas, si en las salidas se programa el operando seguido de **:P**, en lugar de realizar la escritura del estado en el registro de entradas, lo realiza directamente sobre la salida física.

Para comprobar este hecho, se debe modificar el programa, de forma que en el segmento 1 la instrucción **Q0.0** pase a ser **Q0.0:P** (salida inmediata).

Recuerda • • •

Existen dos opciones para realizar la activación del estado de una salida:

- Escritura en la memoria de salidas del PLC, memoria llamada PIQ, que actualizará el estado de la salida al inicio del scan, por ejemplo "Q0.0".
- Escritura directa del estado actual de la salida física, por ejemplo "Q0.0:P".

Fig. 1.28

Para comprobar el funcionamiento, debemos activar la entrada **I0.0** y, si las salidas son a relés, notaremos un ligero zumbido que corresponde a la activación directa de la salida **Q0.0** del **Segmento 1**, y a la desactivación por el registro de salidas ejecutado por el programa en el **Segmento 6**, también observaremos cómo cambia la luminosidad del led correspondiente debido al incorrecto funcionamiento.

1.2 Entorno TIA Portal

TIA Portal es el entorno de programación para programar los PLCs SIEMENS de última generación, como los S7-300/400 y S7-1200/1500, aunque también existe la posibilidad de integrar en un mismo proyecto otros equipos: los de control de movimiento, como son los convertidores de frecuencia y servomotores; los sistemas de visualización, como son las pantallas de operador táctiles o de teclas y la configuración de las redes de comunicaciones entre estos.

Lo primero que se ha de hacer en TIA Portal es configurar el hardware con el que se va a trabajar para al final obtener la siguiente visualización del entorno.

> **Recuerda • • •**
>
> El entorno de TIA Portal dispone de diferentes ventanas que podemos recoger de forma lateral para dejar espacio, de modo que una de ellas pueda ocupar la totalidad del espacio, por ejemplo, para la zona de edición del programa.

Podemos ver como la estructura de TIA Portal está formado por una serie de ventanas como:

① **Barra de título**: muestra el nombre del proyecto.

② **Barra de menús**: incluye todos los comandos para trabajar con el TIA PORTAL.

③ **Barra de herramientas**: incluye los accesos rápidos a diferentes comandos.

④ **Árbol del proyecto**: muestra todas las opciones que pertenecen a los equipos y sistemas configurados en el proyecto.

⑤ **Área de trabajo**: esta ventana será diferente según la opción elegida del árbol del proyecto, en este caso tenemos visualizada la configuración del dispositivo.

⑥ **Task Cards**: esta ventana cambiará en función de lo que visualicemos en el área de trabajo ⑤, donde podemos elegir el componente adecuado de la lista correspondiente.

⑦ **Vista detallada**: muestra los detalles de la opción elegida en la ventana árbol del proyecto ④.

⑧ **Ventana de inspección**: en esta ventana aparecen las propiedades del objeto seleccionado en la zona del área de trabajo ⑤.

⑨ **Cambiar a la vista del portal**: al actuar sobre esta zona la visualización pasa a ser la de vista del portal.

⑩ **Barra de editores**: a medida que vamos abriendo pestañas o módulos, estos se van indicando en esta zona y que podremos cambiarlos de vista en el área de trabajo en función de la selección.

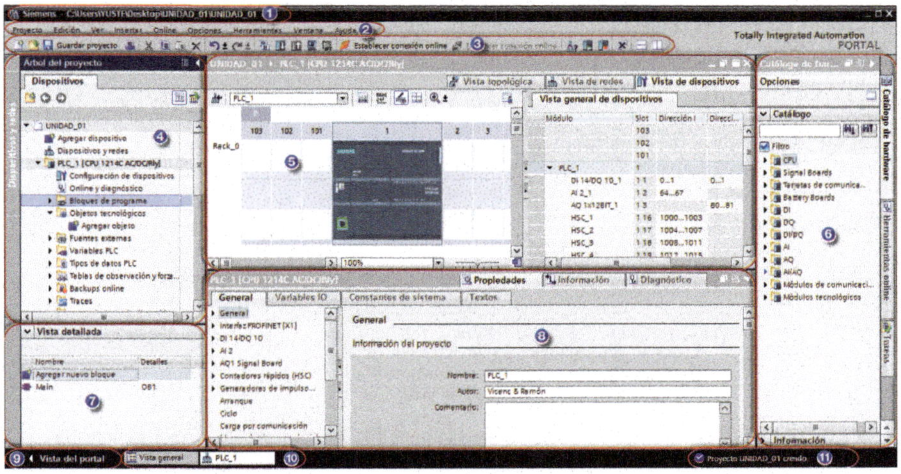

Fig. 1.29

⑪ **Barra de estado con indicador de progreso**: es un indicador con los procesos actuales en segundo plano. Al posicionar el puntero del ratón sobre la barra del progreso aparecerá un *tooltype* con información adicional sobre los procesos que se están realizando en segundo plano. Si no se están ejecutando procesos, se visualiza el último mensaje generado.

Aunque nos aparecerán demasiadas ventanas de forma simultánea, es muy fácil plegarlas y volverlas a desplegar simplemente haciendo clic sobre los siguientes puntos marcados en cada zona:

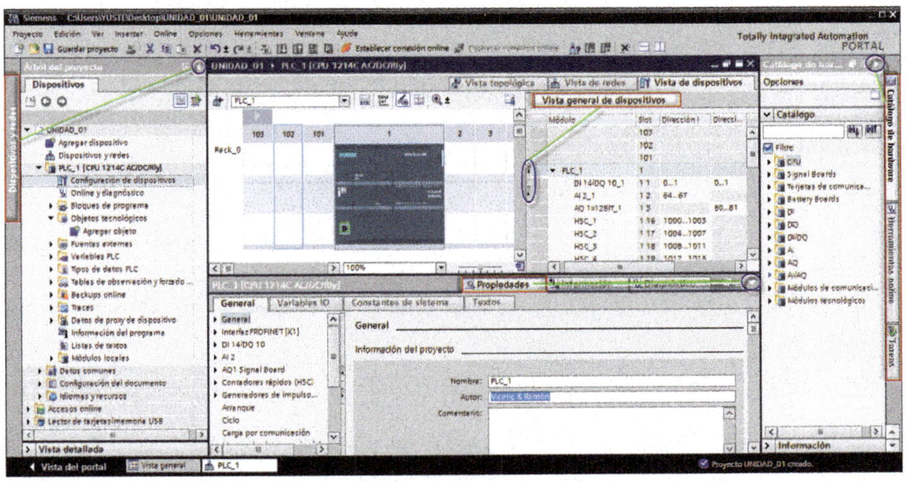

Fig. 1.30

Una de las áreas más importantes del entorno TIA Portal es la de **Propiedades,** que muestra todas las características posibles de configuración del elemento seleccionado en el área de trabajo. La estructura general de las propiedades de la CPU es la siguiente:

Recuerda • • •

En la ventana de "Propiedades", es donde se determina toda la configuración del elemento seleccionado. En función del elemento seleccionado, este dispondrá de más o menos opciones.

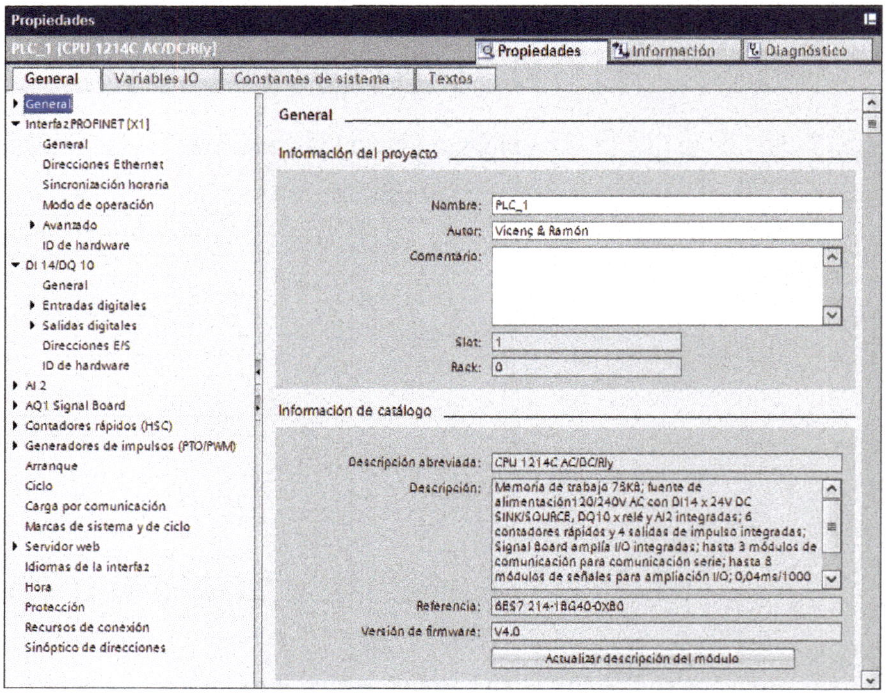

Fig. 1.31

En esta área de **Propiedades** es donde se configura todo el hardware que contiene la CPU con la que se está trabajando. Se pueden configurar las siguientes opciones:

- Dirección de los puertos de comunicación.
- Direccionado de las E/S tanto digitales como analógicas.
- Configuración de las entradas de contaje rápido.
- Configuración de las salidas de pulsos.
- Configuración de los bits especiales, marcas de sistema y de ciclo.
- Configuración para el uso del servidor web que integra.
- Configuración de la hora de la CPU.
- .../...

1.2.1 Configuración del hardware

En primer lugar, abrimos TIA Portal mediante el siguiente icono del escritorio:

TIA Portal V14

Fig. 1.32

A partir de aquí arrancará el programa TIA Portal y se mostrarán una serie de pantallas que se describen a continuación.

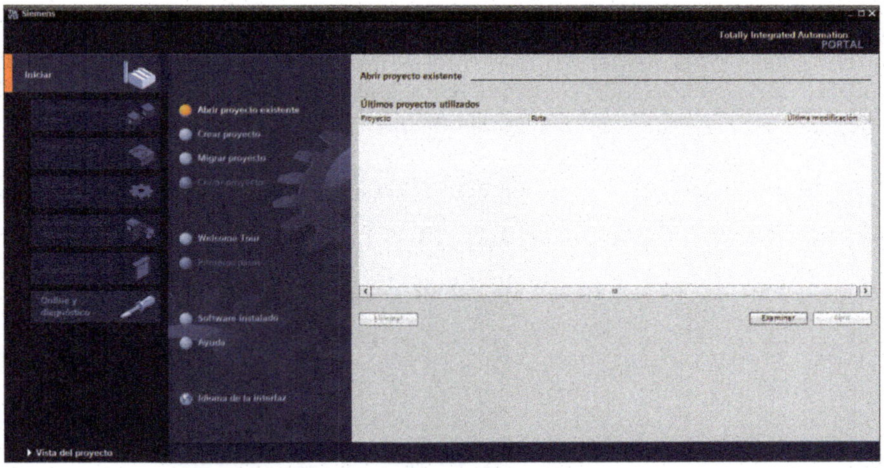

Fig. 1.33

El siguiente paso es generar un nuevo proyecto. Para ello pulsamos sobre **Crear proyecto** y aparecerá la siguiente pantalla:

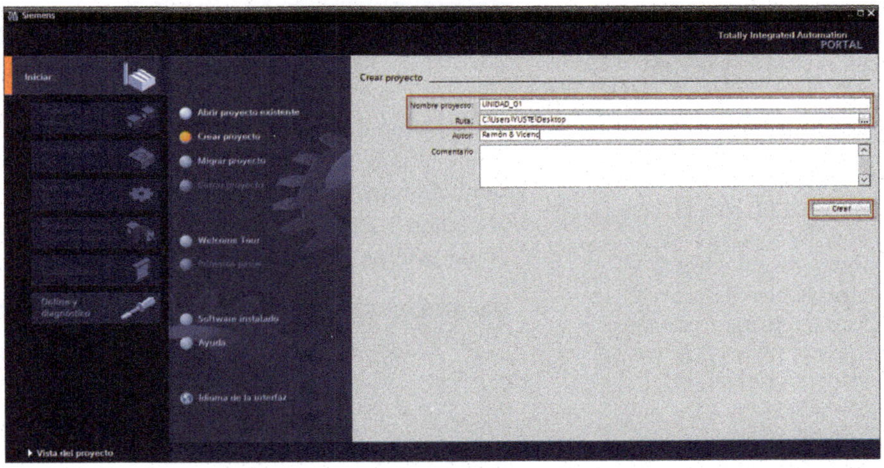

Fig. 1.34

Recuerda • • •

Lo primero que se debe determinar en un proyecto de nueva creación en TIA Portal es la configuración del hardware, en donde se indica con qué dispositivo PLC se va a trabajar.
Es muy importante y necesario que coincida con el quipo físico con el que trabajaremos, sobre todo los campos "Referencia" y "Versión". En caso contrario, el equipo físico entrará en estado de error permanente.

En ella debemos completar los campos **Nombre del proyecto** para indicar el nombre que tendrá el proyecto, y **Ruta** para indicar el lugar en donde guardaremos el proyecto. Para continuar habrá que pulsar sobre el botón **Crear**, tras unos segundos de espera tendremos el proyecto creado:

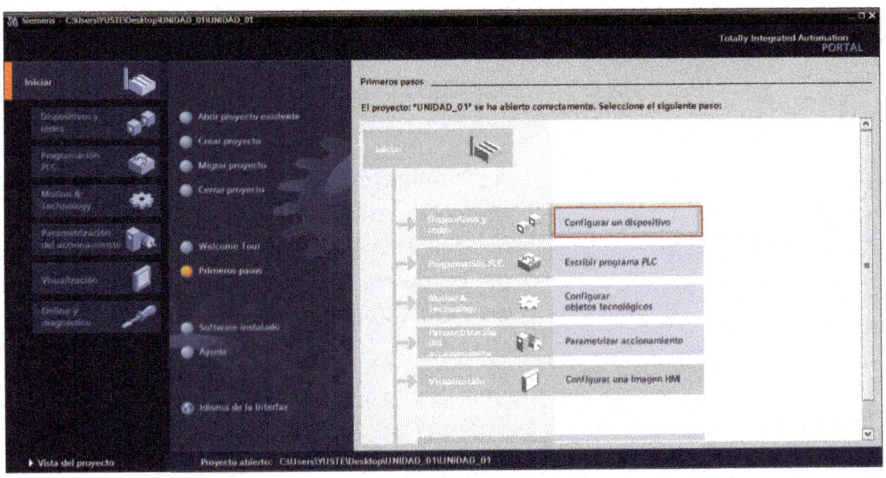

Fig. 1.35

A continuación, debemos configurar la CPU con la que vamos a trabajar y para ello pulsamos sobre **Configurar un dispositivo**. En ese momento TIA Portal presenta la siguiente pantalla en la que figuran los diferentes dispositivos disponibles:

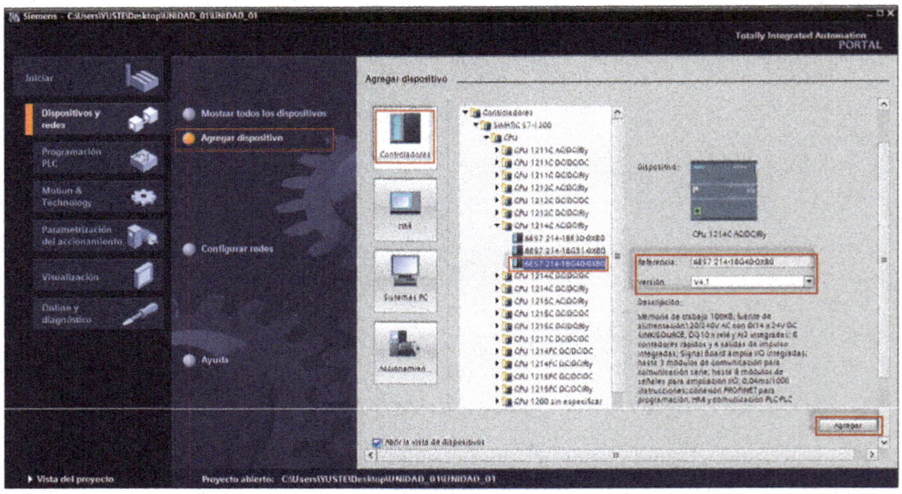

Fig. 1.36

Seleccionamos **Agregar dispositivo**, después elegimos el apartado **Controladores** y por último seleccionamos el modelo de CPU comprobando su referencia. Es también muy importante indicar la versión del firmware, que ha de coincidir con el equipo a utilizar. Al terminar, se deberá pulsar el botón **Agregar** y se visualizará el entorno de TIA Portal:

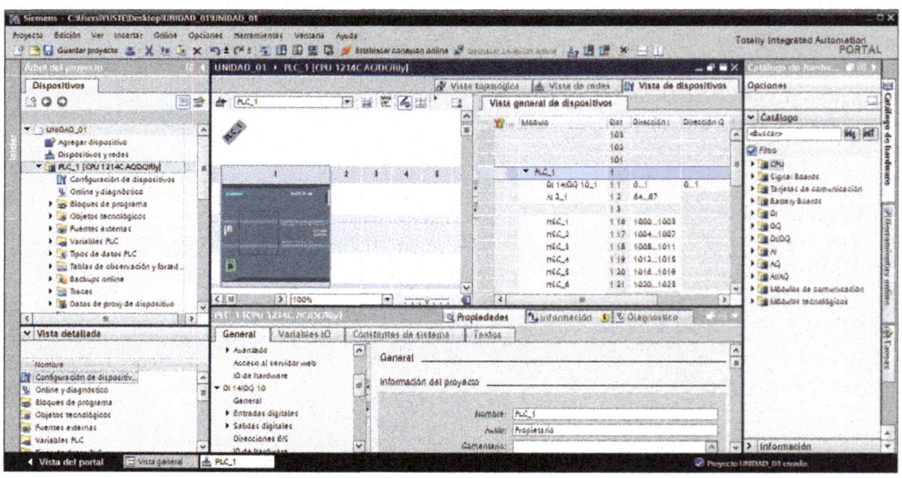

Fig. 1.37

A continuación, se pueden añadir todos los módulos de ampliación, si los tuviera, tanto laterales como integrados en la CPU, por ejemplo, una salida analógica añadida sobre la propia CPU. En la carpeta **Signal Boards** localizamos el catálogo del hardware (AO1x12 BIT) y dentro de este la tarjeta con referencia 6ES7 232-4HA30-0XB0 que colocamos sobre la CPU.

Recuerda • • •

La configuración del hardware del PLC S7-1200 se deberá completar con las diferentes tarjetas o módulos que contenga el PLC físico, ya sean tarjetas incorporadas en la propia CPU (*signal boards*) o módulos añadidos en ambos laterales de la misma, para la ampliación de entradas y salidas, así como para la amplición la funcionalidad en comunicaciones.

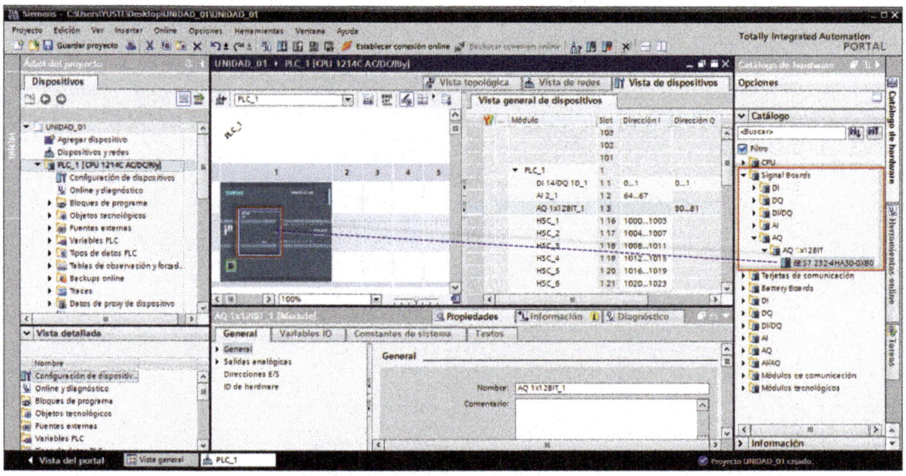

Fig. 1.38

1.2.2 Configuración de las propiedades

Seleccionamos la CPU y con el botón secundario del ratón elegimos **Propiedades**. Podemos observar en una ventana inferior las diferentes características configurables de esta CPU.

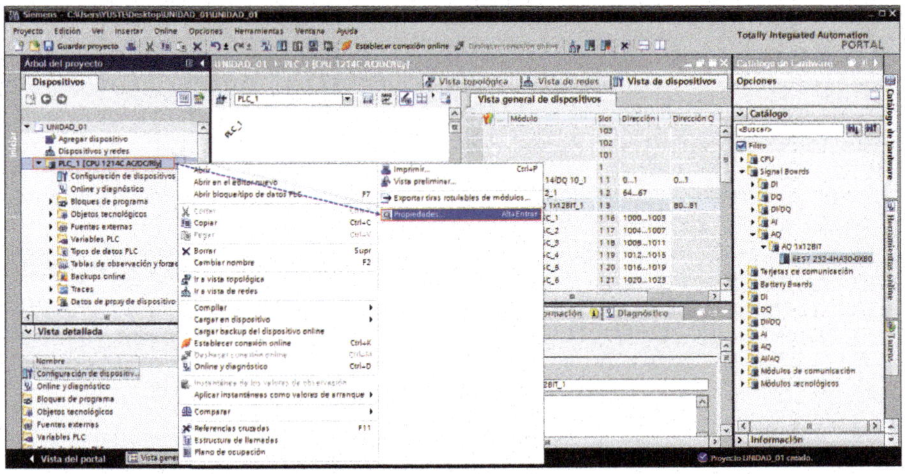

Fig. 1.39

En la que podemos configurar el direccionado de las E/S, tanto digitales como analógicas, los contadores rápidos, la dirección Ethernet, ...

Vamos a configurar algunas de ellas:

- Dirección de la Interfaz PROFINET [X1]. Dentro de la **Interfaz PROFINET**, seleccionamos **Direcciones Ethernet** y vemos que por defecto vienen asignadas tanto una **Dirección IP**, la 192.168.0.1 como la **Máscara de subred**, 255.255.255.0.

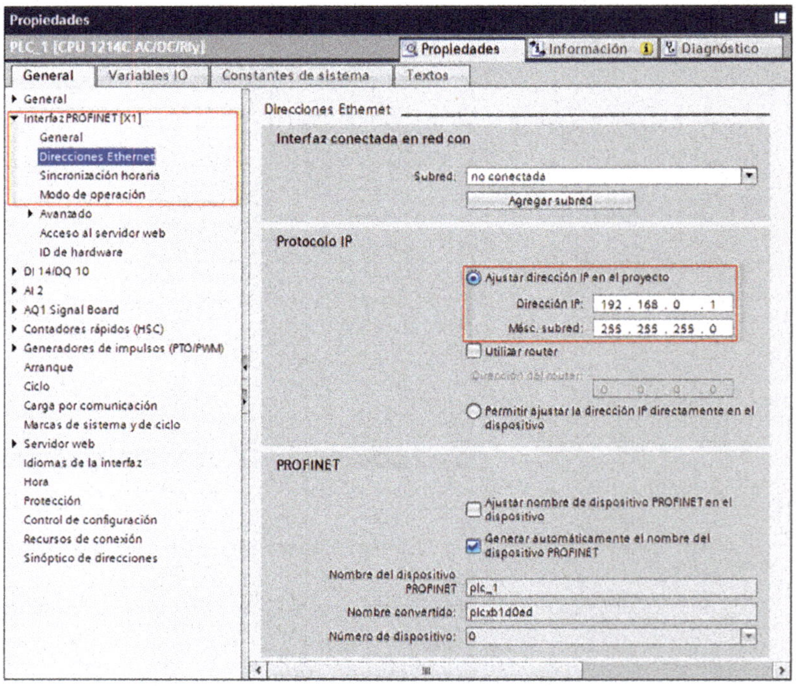

Fig. 1.40

Recuerda • • •

En la configuración de las propiedades es importante tener presente, como mínimo, la dirección IP de la CPU, así como las direcciones de los bytes de entrada y salida para realizar el posterior programa de aplicación.

- Direccionado de las E/S digitales. Desplegamos **DI 14/DO 10,** seleccionamos **Direcciones E/S** y observamos que, por defecto, las direcciones de entrada y de salida empiezan en el byte 0:
  - **Entradas**: I0.0 a I0.7 y del I 1.0 a I1.4
  - **Salidas**: Q0.0 a Q0.7 y del Q1.0 a Q1.1

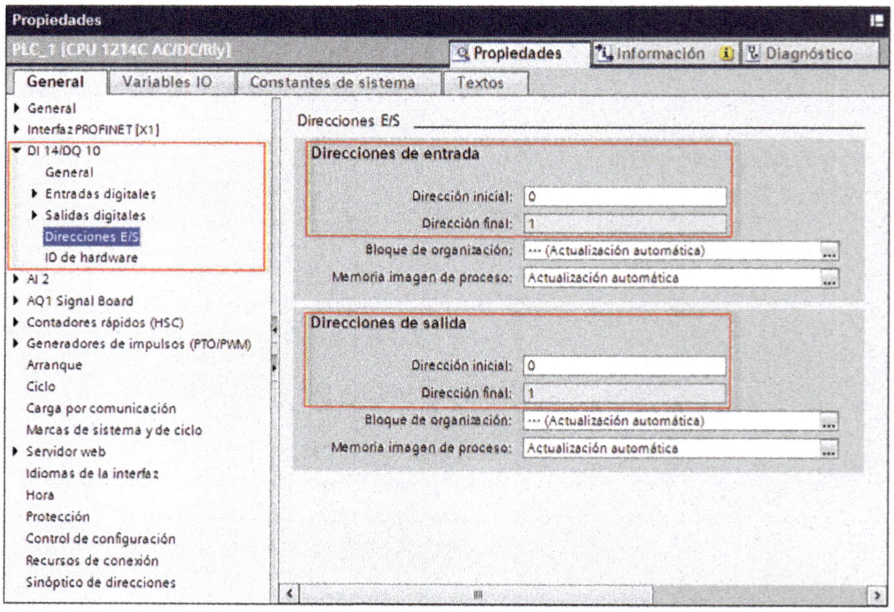

Fig. 1.41

- Direccionado de las E/S analógicas. Desplegamos **AI2,** seleccionamos **Direcciones E/S** y observamos que, por defecto, las direcciones de entrada integradas en la CPU, empiezan en el Word 64:

- **Entradas**: IW64 e IW66

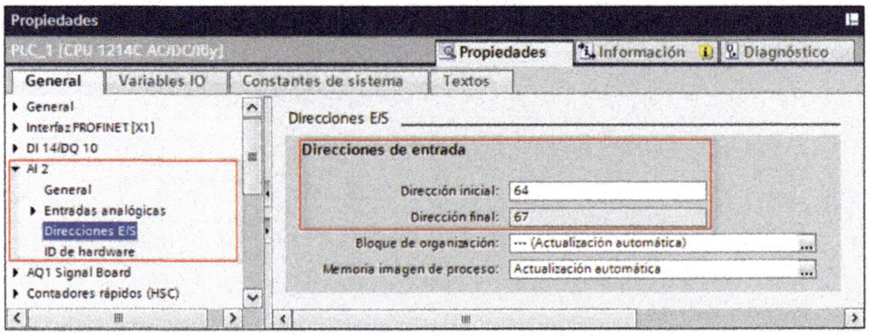

Fig. 1.42

Desplegamos **AQ1 Signal Board,** seleccionamos **Direcciones E/S** y observamos que, por defecto, las direcciones de salidas analógicas empiezan en el Word 80:

- **Salida:** QW80

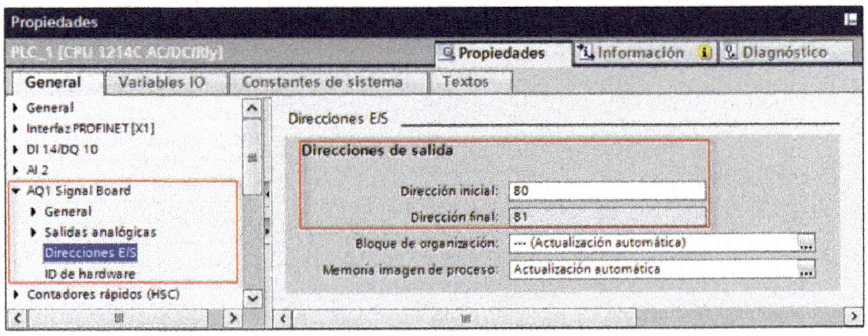

Fig. 1.43

- Direccionamiento de contadores rápidos. Desplegamos **Contadores rápidos (HSC)**, observamos que dispone de seis entradas de contaje rápido, seleccionamos la primera **HSC1 - Direcciones E/S** y observamos que, por defecto, las direcciones de entrada de contaje rápido empiezan por la dirección 1000:

  - **Entradas:** 1000 a 1003

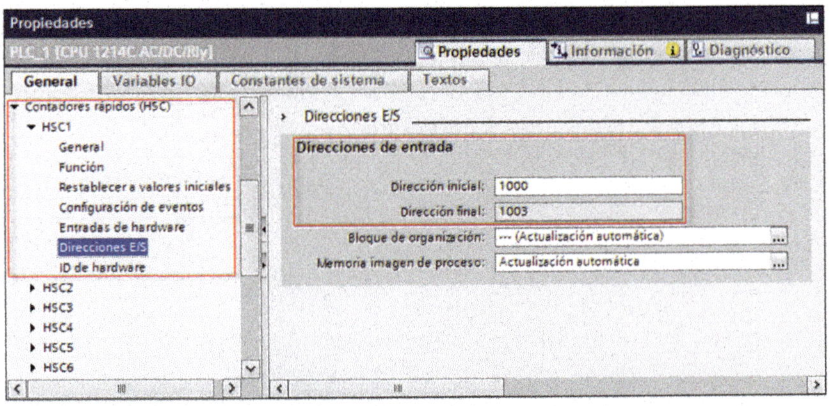

Fig. 1.44

- Direccionamiento de generadores de impulsos. Desplegamos **Generadores de impulsos (PTO/PWM)**, observamos que dispone de cuatro salidas de pulsos, seleccionamos **PTO1/PWM1 - Direcciones E/S** y por defecto, las direcciones de salida de pulsos empiezan por la dirección 1000:

– **Entradas:** 1000 a 1001

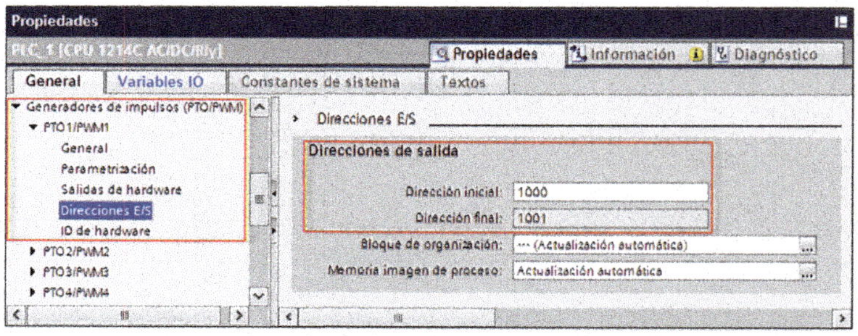

Fig. 1.45

De esta misma forma realizamos la configuración del resto de parámetros que se vayan a utilizar en el programa.

Si insertamos un PLC S7 1512C-1PN podemos ver como el árbol de propiedades es bastante más amplio que en un S7-1214C:

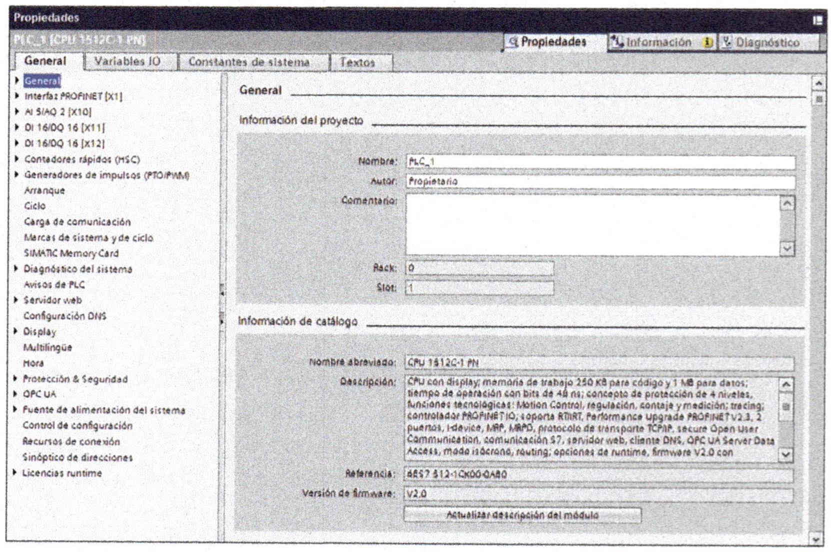

Fig. 1.45a

Si visualizamos el resumen de la tabla de direcciones que contendrá por defecto la CPU 1512C-1PN, ésta la podemos comparar con la vista anteriormente de la CPU 1214C.

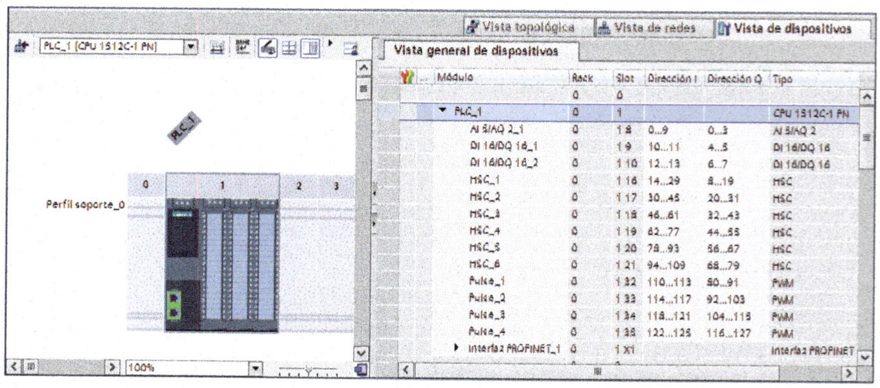

Fig. 1.45b

Una vez configurado todo el hardware comprobamos que esta todo correcto y libre de errores.

Mediante la opción **Edición – Compilar** o directamente mediante el icono **Compilar**, podemos realizar la comprobación de posibles errores en la configuración.

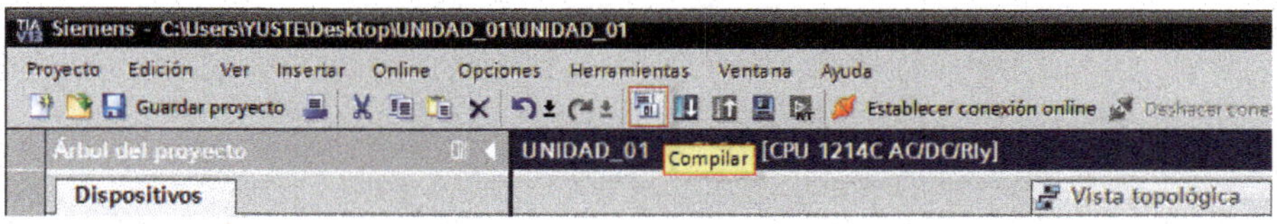

Fig. 1.46

El resultado se puede observar en la pestaña **Compilar** de la ventana que aparecerá en la zona inferior:

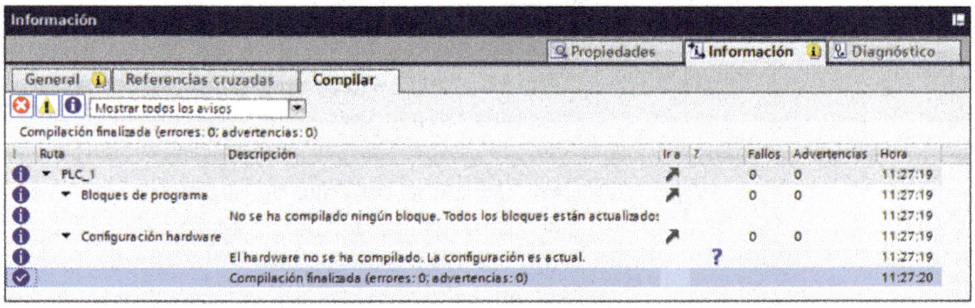

Fig. 1.47

Recuerda • • •

Finalizada la configuración del hardware es recomendable realizar la acción "Compilar" que nos informará de si el resultado de la misma es correcto; en caso contrario, nos muestra el listado con los posibles errores detectados.

Si al compilar aparecen uno o más errores, no se podrá realizar la carga ni del hardware ni del programa al PLC, en cambio, si aparecen una o más advertencias, son avisos para informar al programador de alguna cosa que debamos tener en cuenta, pero dejará enviar hardware y programa al PLC.

1.2.3 Detección automática de la CPU

También es posible detectar automática de una CPU e importar directamente su configuración. Para ello tenemos que tener conectada la CPU online con TIA Portal e insertar una nueva CPU al proyecto desde **Árbol del proyecto – Agregar dispositivo**:

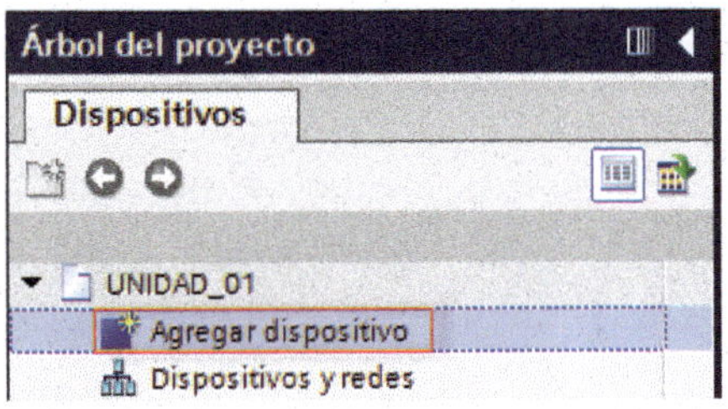

Fig. 1.48

Entonces en lugar de elegir una CPU concreta, podemos seleccionar la referencia correspondiente a la **CPU 1200 sin especificar** o "**CPU 1500 sin especificar**":

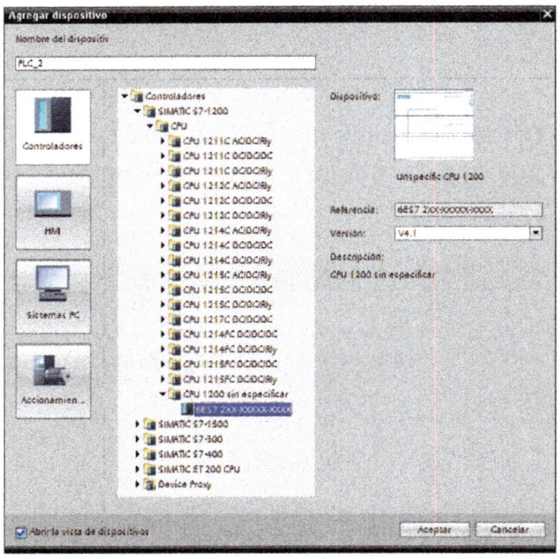

Fig. 1.49

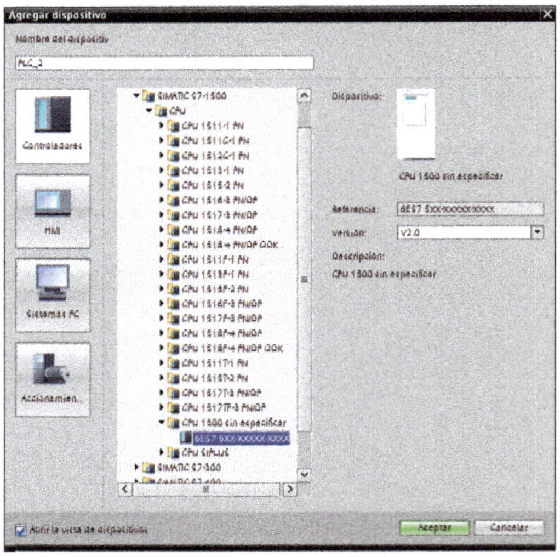

Fig. 1.49a

Aparecerá la siguiente información, en donde cómo se observa no indica ninguna CPU concreta. Además, en una ventana informativa se nos recomiendan dos posibles soluciones:

- Utilizar el catálogo de hardware.
- Determinar la configuración del equipo conectado.

En este caso optamos por la segunda opción y por tanto pulsamos sobre el enlace **determinar**:

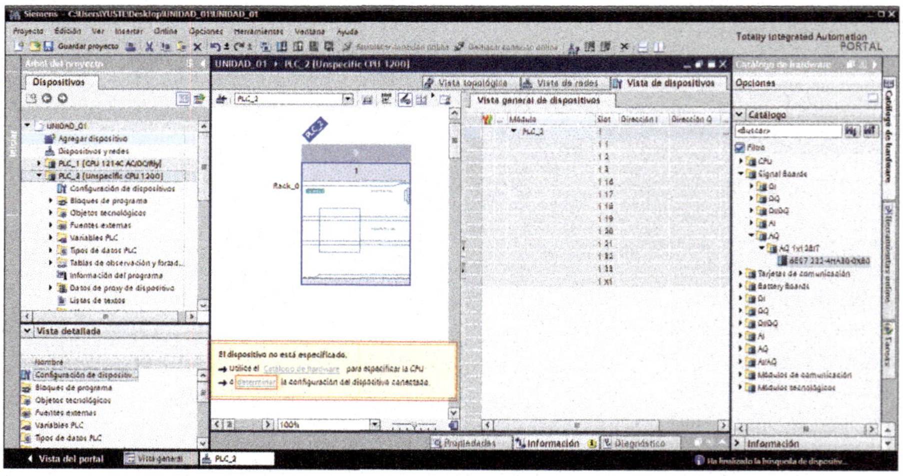

Fig. 1.50

En el momento de pulsar sobre **determinar** nos aparece la ventana para seleccionar el puerto de comunicación del ordenador y realizar la búsqueda de la CPU conectada, en este caso a través del puerto Ethernet del ordenador mediante protocolo PN/IE. La búsqueda se inicia al pulsar el botón **Iniciar búsqueda** y, una vez realizada, nos muestra la CPU encontrada con su nombre y sus direcciones IP y MAC:

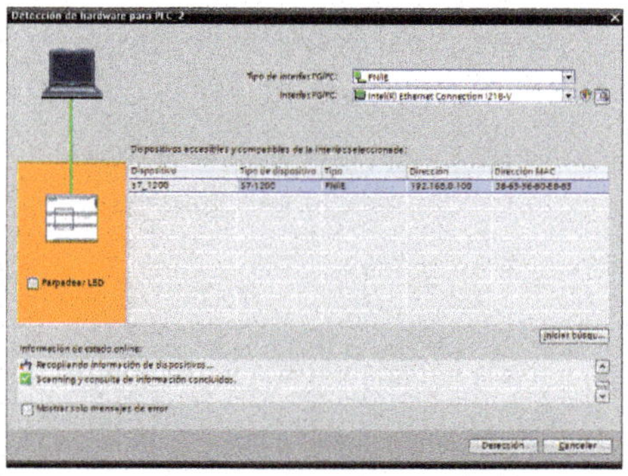

Fig. 1.51

A continuación, pulsamos sobre el botón **Detección**, y observamos cómo la configuración del hardware de un S7-1214C nos muestra los datos de la CPU localizada:

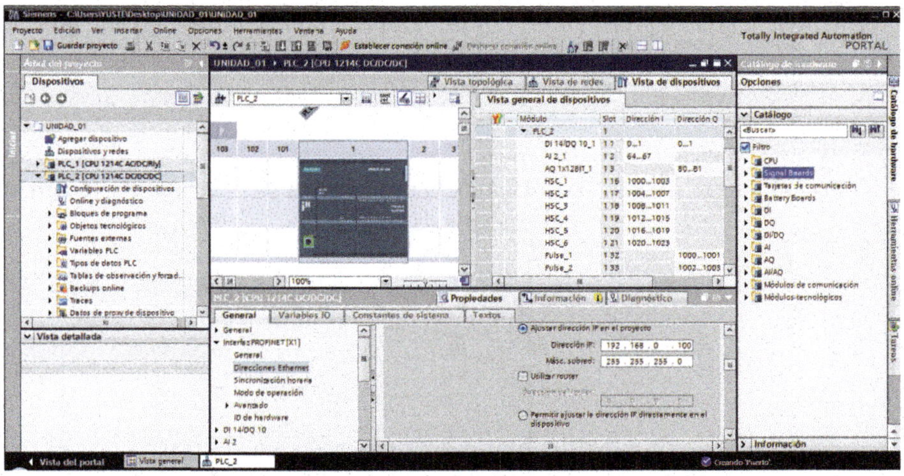

Fig. 1.52

Recuerda • • •

Existe la posibilidad de una detección automática de la CPU conectada físicamente al ordenador. Para ello se deberá seleccionar el tipo de CPU que aparece en la carpeta "CPU 1200 sin especificar" o "CPU 1500 sin especificar".

1.2.4 Creación de la tabla de símbolos

Es recomendable, antes de la escritura del programa en el entorno TIA Portal, la creación de la tabla de símbolos de los componentes a utilizar en nuestro programa.

Para crear estos símbolos en TIA Portal, debemos elegir, dentro de la ventana **Árbol del proyecto**, la opción **PLC_1 – Variables PLC – Tabla de variables estándar**:

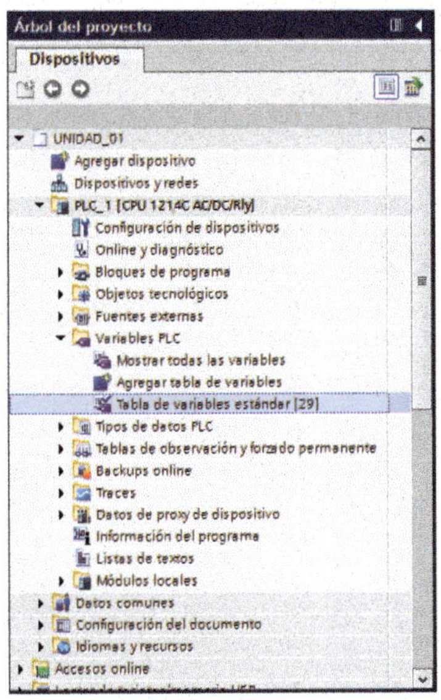

Fig. 1.53

Al abrir esta opción, nos encontramos con una tabla totalmente vacía:

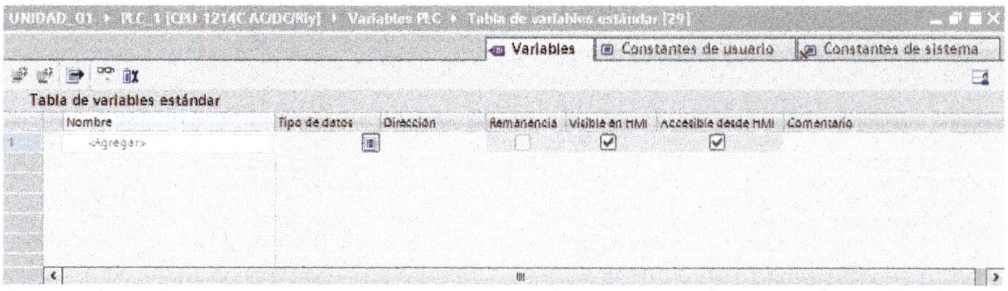

Fig. 1.54

En la que, a continuación, introduciremos las siguientes variables:

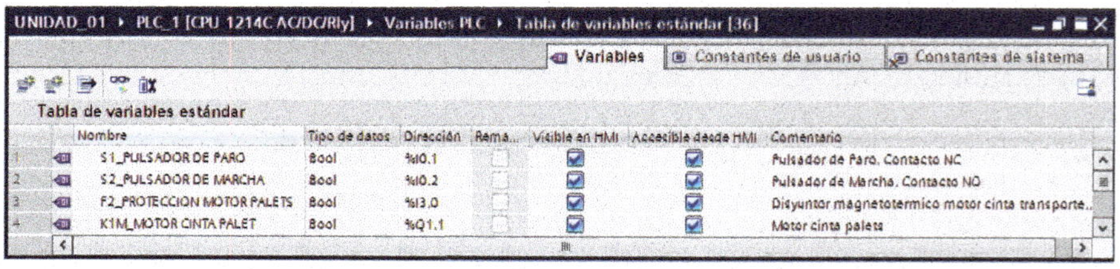

Fig. 1.55

Una tabla se símbolos se puede copiar en un archivo Excel o desde él, para ello, tan solo es necesario seleccionar las celdas que deseamos copiar:

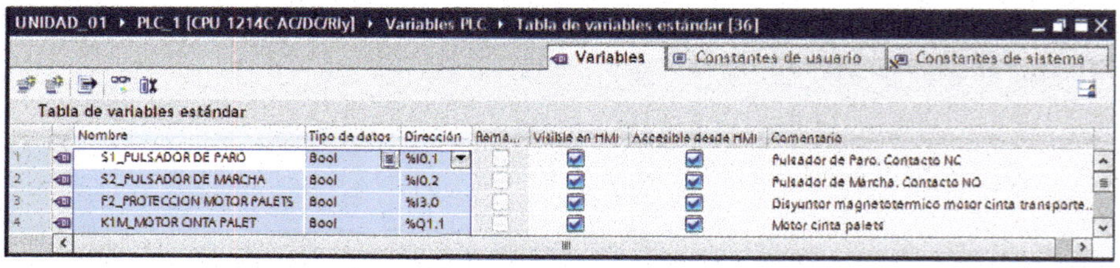

Fig. 1.56

> **Recuerda • • •**
>
> Es aconsejable elaborar la "Tabla de símbolos", ya que nos ayudará a un mejor entendimiento del programa durante el proceso de comprobación de su funcionamiento.

A continuación, abrimos un archivo de Excel y con la combinación de teclas **Ctrl+C** copiamos en el portapapeles y con **Ctrl+V** lo pegamos en una hoja de Excel. Obtenemos la siguiente vista:

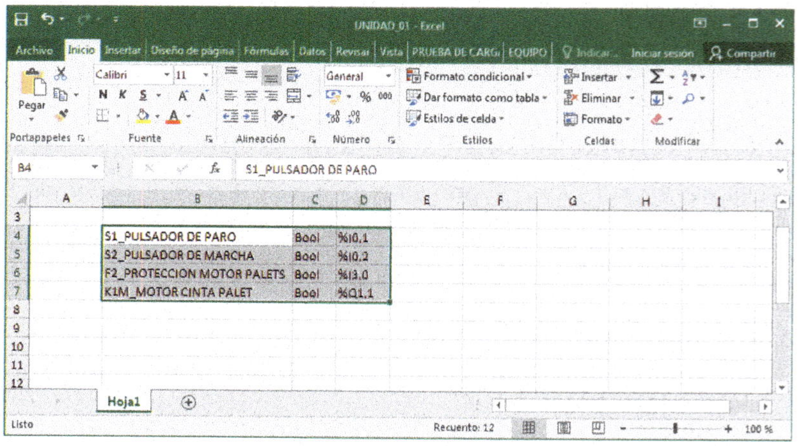

Fig. 1.57

Si guardamos esta hoja de Excel que se puede modificar o ampliar, posteriormente podemos realizar la operación contraria, como seleccionar en Excel las celdas que se deseen copiar e ir a la tabla de variables y pegarlas.
Por ejemplo, añadimos tres nuevas variables en la hoja de Excel:

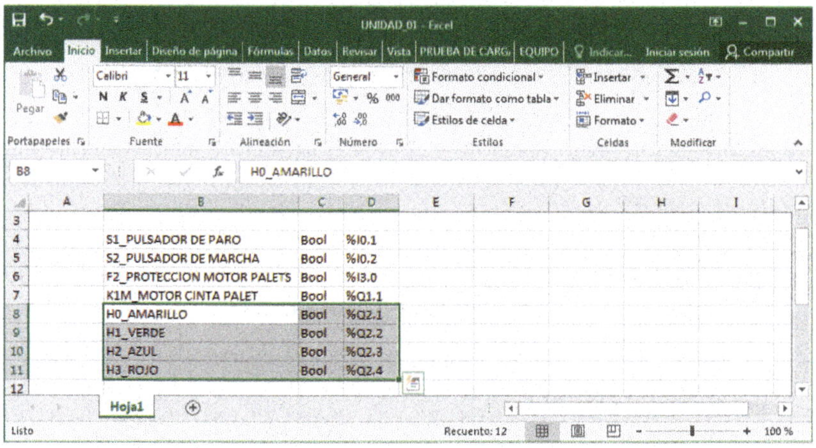

Fig. 1.58

Una vez seleccionadas las que se desean copiar, hacemos **Ctrl+C** y posteriormente con **Ctrl+V** las pegamos en la tabla de variables ya creada, con lo que obtenemos el siguiente resultado:

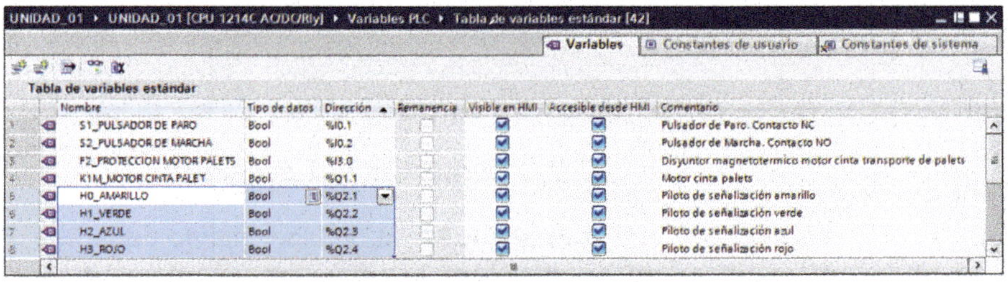

Fig. 1.59

También existe la posibilidad de poder introducir, tanto en la tabla de variables como de observación, varios registros contiguos del mapa de memoria del PLC. Para ello introducimos la primera dirección de la variable, por ejemplo, la **M0.0**:

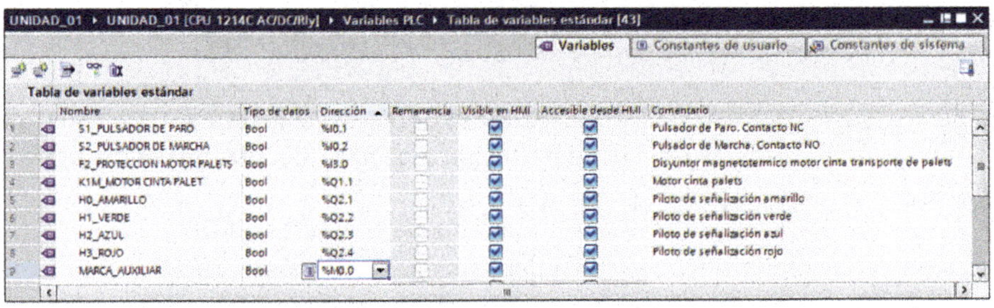

Fig. 1.60

Y a continuación con el ratón seleccionamos la esquina inferior derecha y arrastramos hacia abajo y hacia la izquierda, hasta tener los registros que necesitemos. En este caso vamos a añadir siete a partir de la dirección **M0.0**, con lo que tendremos:

Recuerda • • •

Se puede "Exportar" e "Importar" una "Tabla de símbolos" a un fichero Excel. De esta forma si disponemos de un fichero Excel con todas las variables y sus símbolos, podemos copiar y pegar en cada programa los necesarios, y con ello nos ahorramos tener que crear en cada proyecto todos los símbolos.

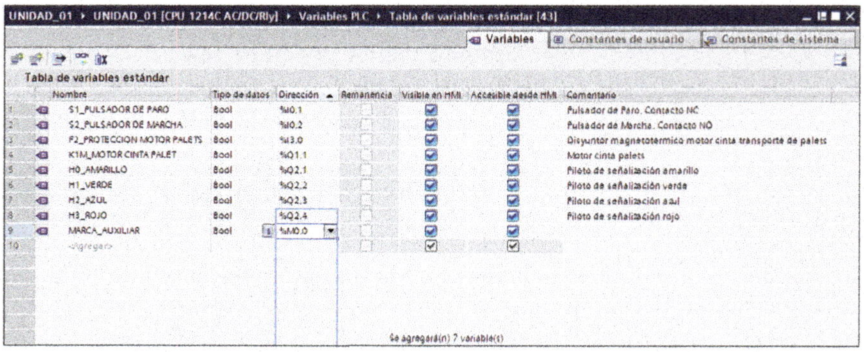

Fig. 1.61

Y al finalizar el arrastre se observa cómo automáticamente se han creado dichas variables hasta la **M0.7**:

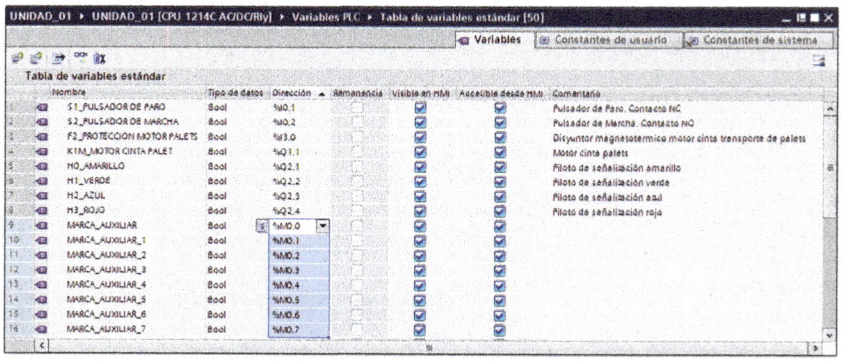

Fig. 1.62

Recuerda • • •

La tabla de símbolos dispone de algunas funcionalidades de una hoja Excel, como por ejemplo poder declarar de forma consecutiva y con direccionamiento automático variables consecutivas.

1.2.5 Creación del programa

Desde TIA Portal, y dependiendo de la CPU elegida en el hardware, podemos utilizar los diferentes lenguajes de programación que contempla la norma IEC 1131-3 y que son:

- lista de instrucciones o AWL.
- diagrama de contactos o KOP.
- diagrama de funciones o FUP.
- grafcet o GRAPH.
- lenguaje estructurado o SCL.

Es posible utilizar los lenguajes anteriores en los modelos S7-300/400 y S7-1500, pero no para los S7-1200, que tan solo admite los lenguajes siguientes:

- diagrama de contactos o KOP.
- diagrama de funciones o FUP.
- lenguaje estructurado o SCL.

Recuerda • • •

Los PLCs S7-1200 tan solo admite los siguientes lenguajes de programación:

- Diagrama de contactos o KOP.
- Diagrama de funciones o FUP.
- Lenguaje estructurado o SCL.

Para crear el programa en el bloque OB1 debemos elegir la opción **Main [OB1]** que encontramos dentro de la ventana **Árbol del proyecto**, dentro de la carpeta **PLC_1 – Bloques de programa**:

Al hacer un doble clic sobre esa opción **Main [OB1]**, aparece el editor de programa en KOP, que está formada por las siguientes zonas:

- **Edición de programa**: donde podemos escribir directamente el código o elegir de la zona de lista de instrucciones la instrucción a insertar.

- **Propiedades**: donde mediante el campo **Lenguaje** podemos seleccionar el lenguaje a utilizar, dependiendo del tipo de módulo, permite seleccionar más o menos lenguajes de programación.

- **Librería de instrucciones**: Donde podemos encontrar todas las instrucciones a insertar en nuestro programa en la zona de edición.

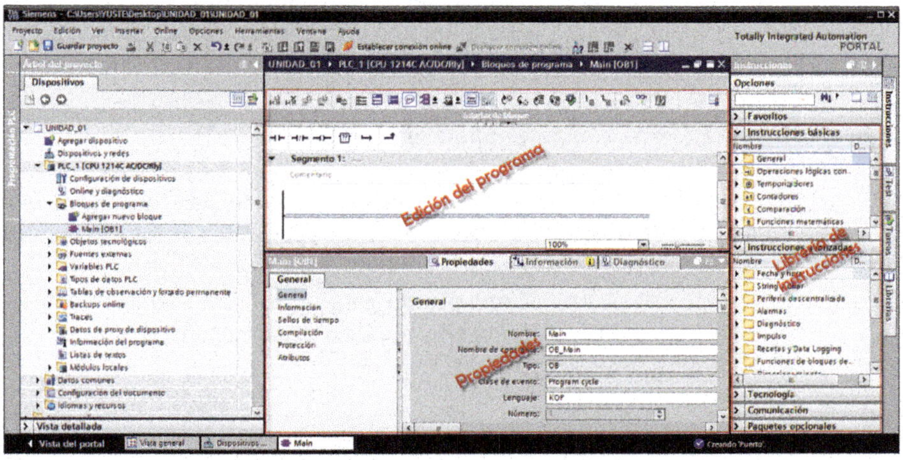

Fig. 1.63

Recuerda • • •

Para la inserción de componentes en el editor de programas se dispone de dos zonas con los iconos correspondientes, una más reducida en la "Barra de menús" y otra más completa en la ventana de "Instrucciones".

Para la introducción del programa en KOP, bastará con ir eligiendo, bien de la **Barra de menús** o del **Catálogo de instrucciones**, el elemento necesario y arrastrarlo a la zona de edición de programa:

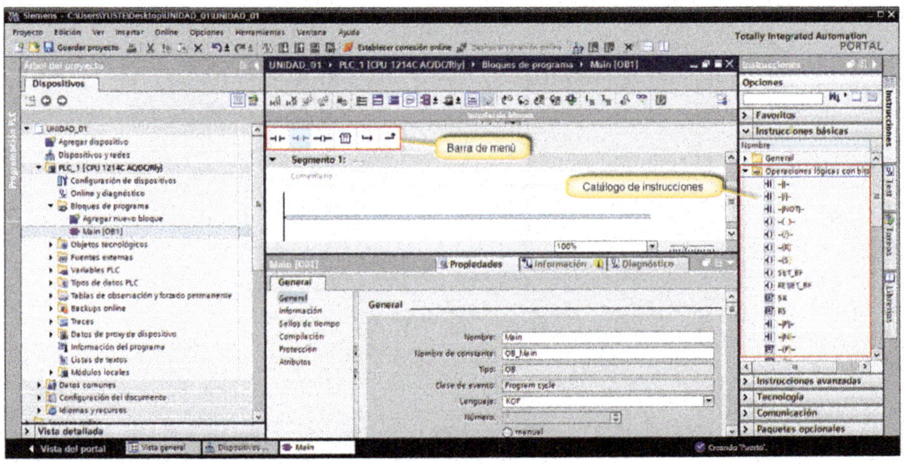

Fig. 1.64

Una vez insertado el primer componente, que será un contacto normalmente abierto, quedará de la siguiente forma:

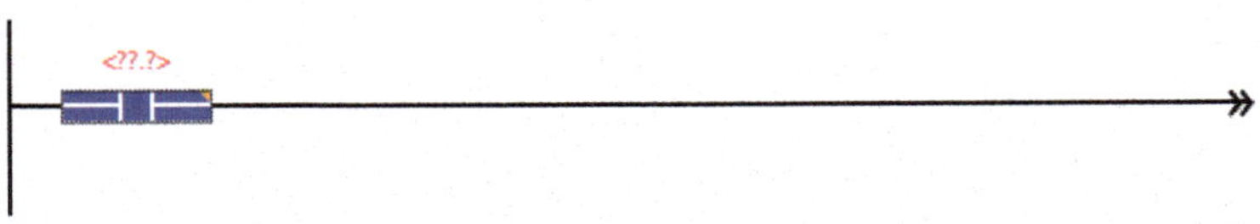

Fig. 1.65

Recuerda • • •

Una vez insertado un componente, existe la posibilidad de desplegarlo para seleccionar el que se ajuste a la función que se quiere asignar

Se observa que existe un pequeño triángulo en la esquina superior derecha del símbolo. Al seleccionarlo, se despliegan las diferentes opciones que puede ofrecer este componente como es:

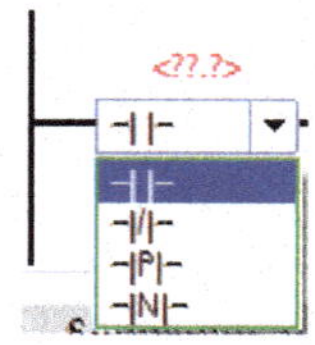

Fig. 1.66

- contacto normalmente abierto.
- contacto normalmente cerrado.
- contacto con pulso o flanco positivo.
- contacto con pulso o flanco negativo.

También en la parte superior aparece <??.?>, que es para introducir la dirección que tendrá en el PLC, esa dirección puede ser:

- Absoluta → I0.0
- Simbólica → S0_Paro

Se podrá seleccionar mediante la opción que nos ofrece la barra de menús mediante el icono **Operandos absolutos/simbólicos**.

Desplegando esta opción del menú, podemos elegir entre tres tipos de visualización, como son:

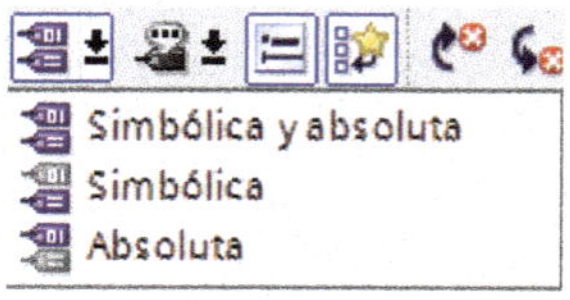

Fig. 1.67

- Absoluta:

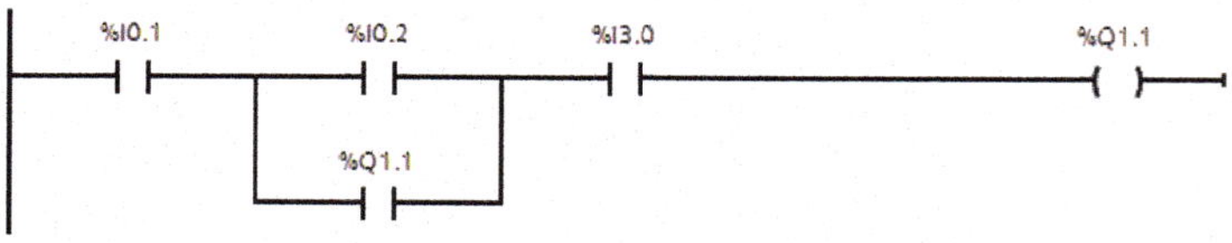

Fig. 1.68

- Simbólica:

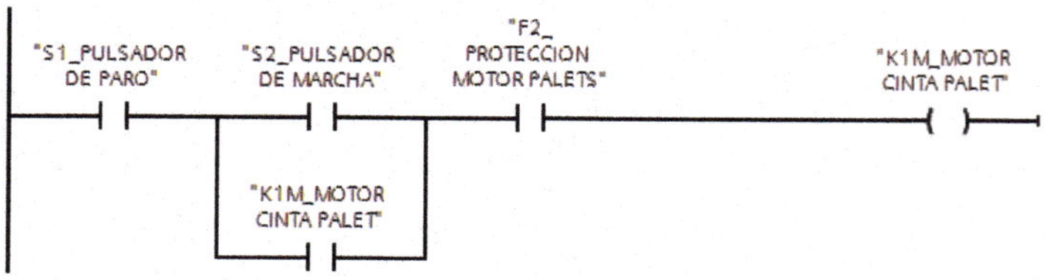

Fig. 1.69

Recuerda • • •

La información asociada a cada componente del programa se puede visualizar de tres formas distintas:

- como símbolo únicamente.
- como dirección absoluta únicamente.
- de forma conjunta como símbolo y dirección absoluta.

- Simbólica y absoluta:

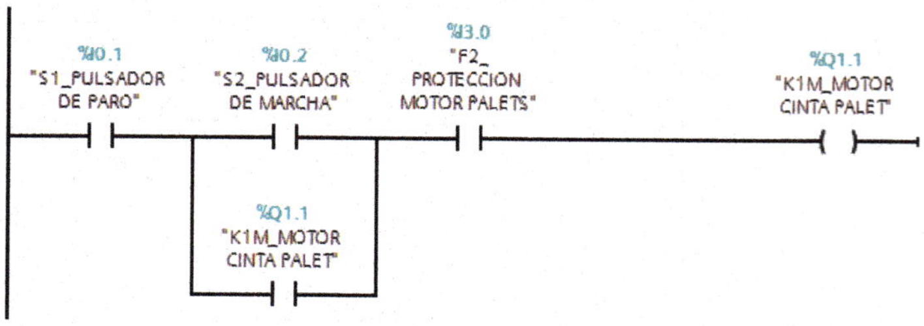

Fig. 1.70

Al pulsar sobre la indicación superior del componente, podemos escribir directamente la dirección, o bien si lo desplegamos, podremos elegir de la lista que aparece y que corresponde con la tabla de símbolos creada anteriormente. Ahora en una nueva línea de programa queremos programar el funcionamiento del piloto de paro:

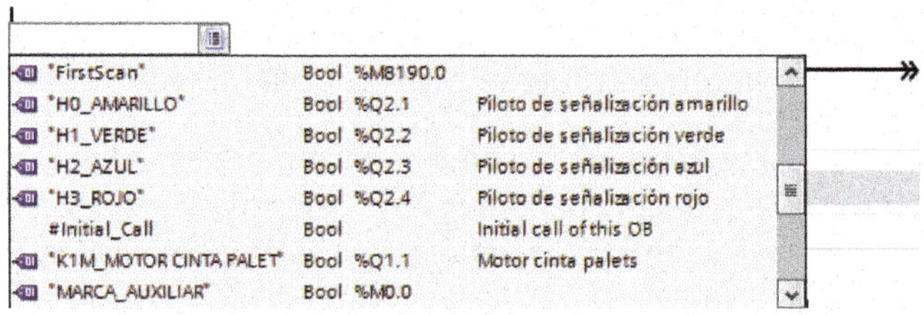

Fig. 1.71

Una vez completado deberá quedar de la siguiente forma:

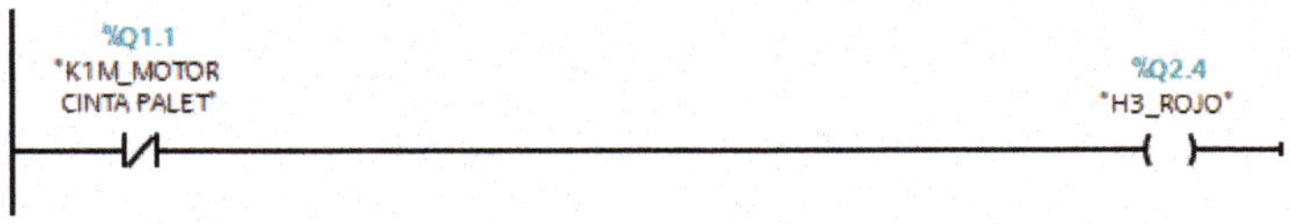

Fig. 1.72

También podemos escribir un primer carácter y automáticamente se desplegará la lista de símbolos para poder seleccionar uno de ellos.

De esa forma podemos ir completando el programa, e introducir todas las líneas de programa en un mismo segmento o en diferentes segmentos. En definitiva, quedará algo similar a lo que se muestra a continuación:

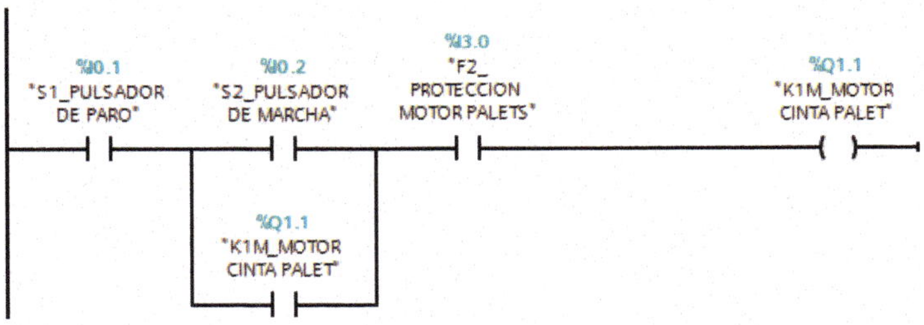

Fig. 1.73a

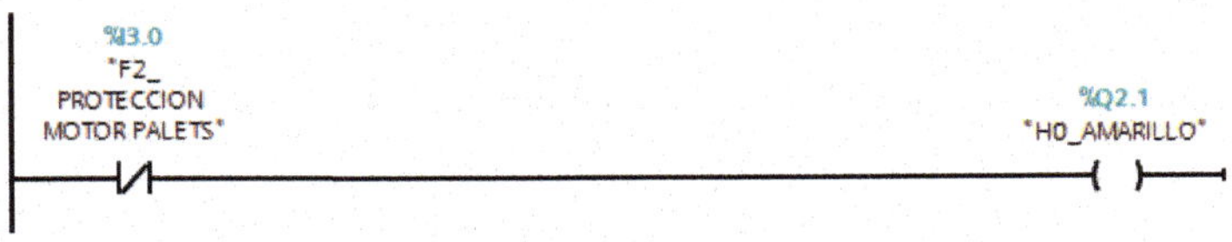

Fig. 1.73b

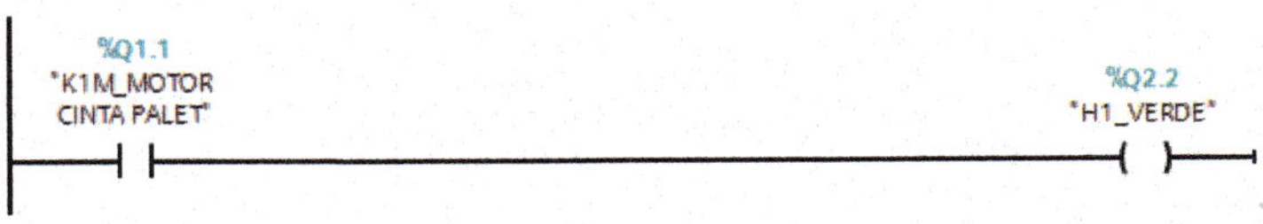

Fig. 1.73c

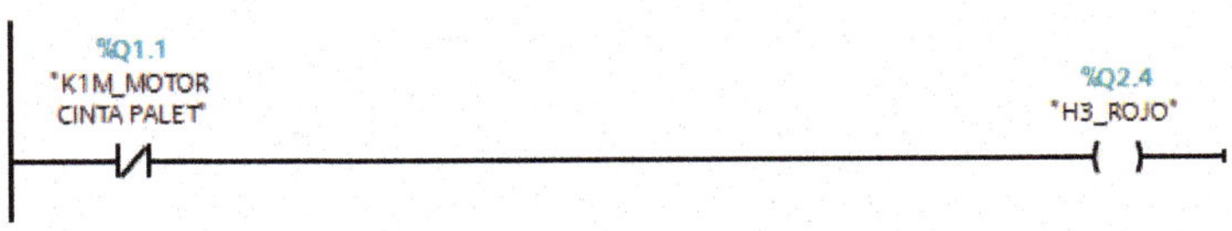

Fig. 1.73d

Recuerda • • •

Se puede acceder a la tabla de símbolos justo en el momento en el que se ha insertado un componente en la zona de edición del programa. Bien desplegando la ventana o al escribir la primera letra, ya nos aparece la lista de símbolos para poder elegir uno.

1.2.6 Comprobación del funcionamiento del programa

La comprobación del programa la podemos realizar por dos métodos diferentes: mediante PLC conectado al ordenador o mediante simulador PLC Sim incorporado en TIA Portal.

Mediante PLC

Con TIA Portal no es necesario tener configurada ninguna dirección IP en las propiedades de la tarjeta Ethernet del ordenador por la que nos vamos a comunicar con el PLC. El propio TIA Portal, cuando lo necesite, asignará una automáticamente y esto sucederá siempre que:

- No tenga ninguna dirección IP asignada.
- Tenga una dirección IP asignada fuera del rango o de la subred de la dirección IP del PLC.

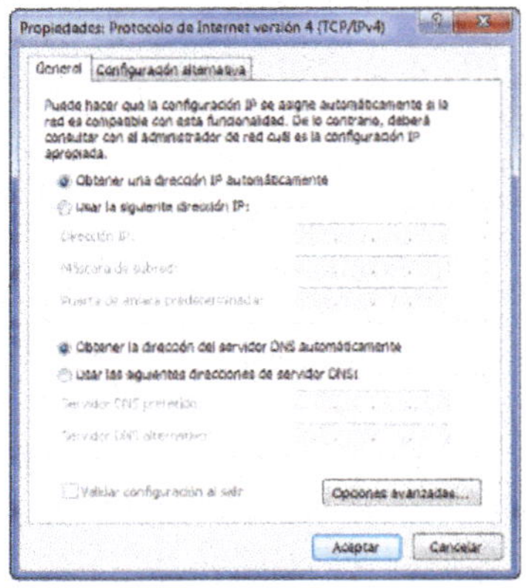

Fig. 1.74

Si ocurre alguna de estas dos circunstancias, aparecerá la siguiente ventana informativa:

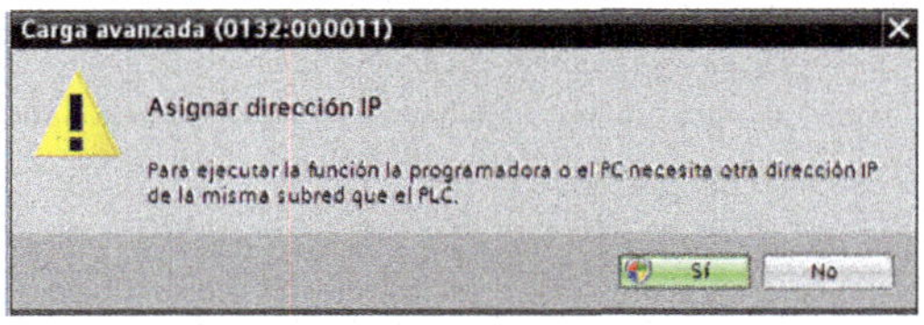

Fig. 1.75

Recuerda • • •

En el momento de realizar la comunicación entre el PLC y el ordenador, no es necesario configurar ninguna dirección en la tarjeta de red del ordenador, ya que TIA Portal de forma automática asigna una dirección IP adicional dentro del rango necesario.

Al responder pulsando el botón **Sí**, aparece una última ventana informativa que nos indica que se ha agregado de forma temporal una dirección IP a la tarjeta de red del ordenador. Cerraremos esta ventana pulsando el botón **Aceptar**.

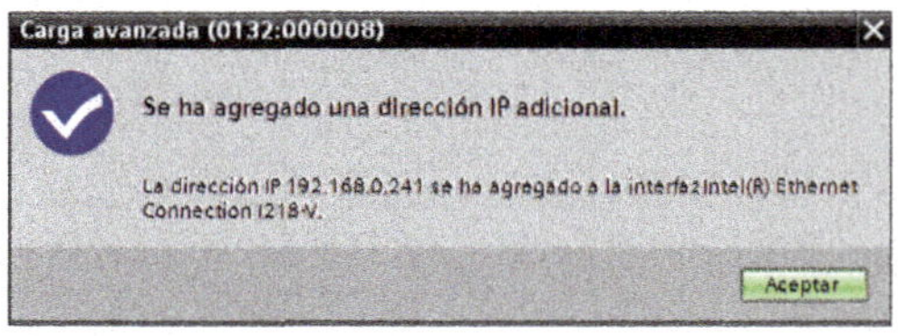

Fig. 1.76

Para poder realizar la comunicación con el PLC, hemos de tener conectado mediante un cable PN/IE el ordenador a través de la tarjeta Ethernet con el PLC por su puerto PROFINET, para a continuación pulsar sobre el icono **Cargar en dispositivo**:

Fig. 1.77

Aparecerá una ventana en la que se nos indican las direcciones de que disponemos en nuestro proyecto y que le vamos a asignar a los diferentes puertos de la CPU conectada a nuestro ordenador. En función del PLC con el que estemos trabajando, tendrá la siguiente apariencia:

- Tanto el PLC S7 1512C-1PN como el PLC S7 1214C. Dispone de un puerto, que por defecto es:

PUERTO	DIRECCIÓN
PN/IE	192.168.0.1

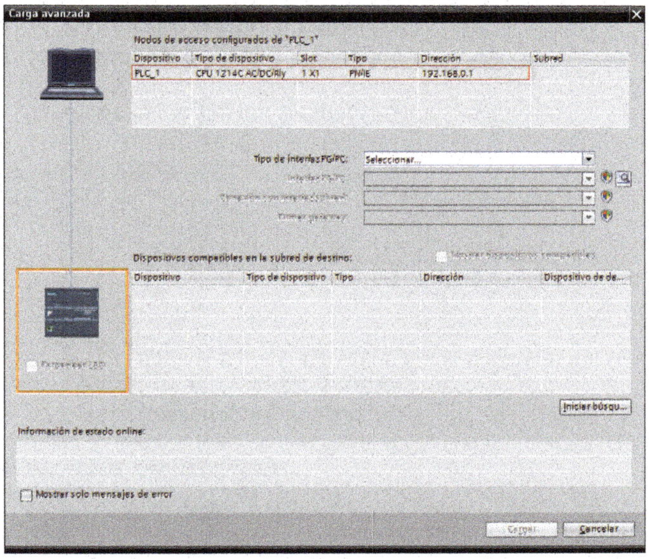

Fig. 1.78

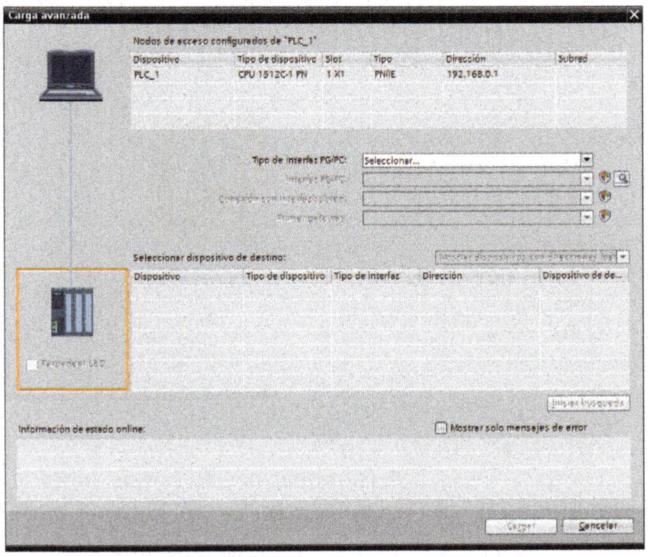

Fig. 1.78a

A continuación, se ha de completar los siguientes campos:

Tipo de interface PG/PC: el tipo de protocolo a usar según el PLC utilizado puede ser:

- PN/IE
- PROFIBUS
- MPI
- Teleservice

Interface PG/PC: indicamos por qué tipo de conexión del ordenador tenemos conectado el PLC. Podemos encontrar las siguientes:

- tarjeta de red de área local (LAN)
- tarjeta de red inalámbrica (Wireless)
- PC Adapter
- simulador PLCSim

Conexión con interfaz/subred: según el PLC utilizado y el tipo de interfaz PG/PC indicamos el puerto de comunicación del PLC.

- Ejemplo del PLC S7 1214C.

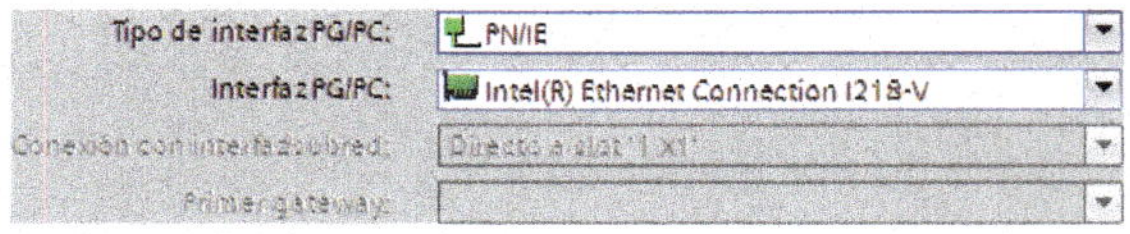

Fig. 1.79

Al completar los campos anteriores se activará el botón **Iniciar búsqueda** y, al pulsarlo, el sistema intentará buscar todos los dispositivos conectados al puerto del ordenador seleccionado:

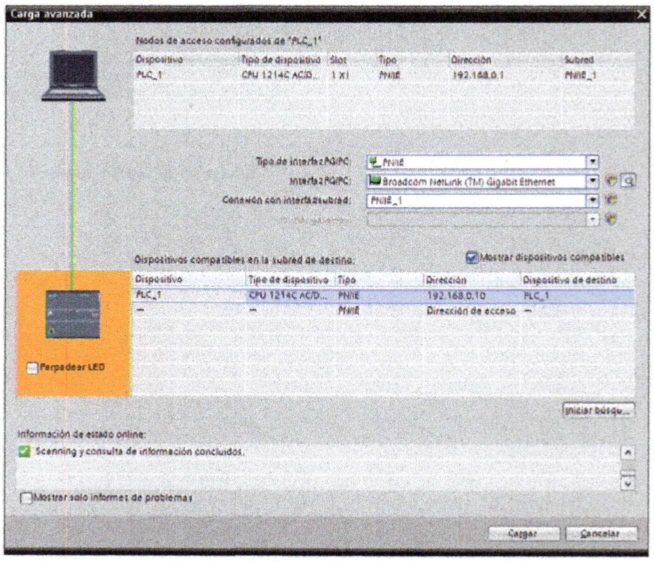

Fig. 1.80

Recuerda • • •

Para poder establecer una comunicación entre el ordenador y el PLC se deberá seleccionar, mediante le campo "Interfaz PG/PC", la tarjeta de red de nuestro ordenador en donde tenemos conectado el cable de comunicación con el PLC.

A continuación, pulsamos sobre el botón **Cargar**, y tras finalizar el proceso de carga aparece la siguiente ventana:

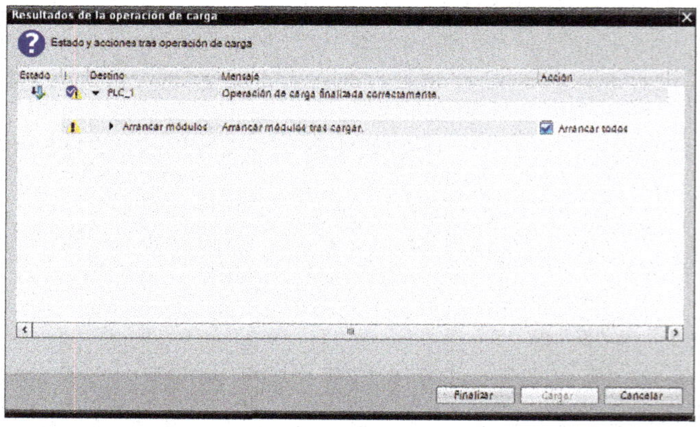

Fig. 1.81

Por último, se deberá pulsar el botón **Finalizar** para dar por acabado el proceso de carga, tanto de la configuración de hardware como del programa generado en el bloque OB1, así como también los símbolos de los operandos, señalar que esto es posible tanto para la gama de S7-1200 como S7-1500, pero no así para los S7-300.

Ahora mediante las entradas físicas del PLC podemos ir activando o desactivando las que correspondan para poder comprobar el funcionamiento del programa. Para visualizar el estado del programa tan solo debemos pulsar sobre el icono de **Activar/desactivar observación**.

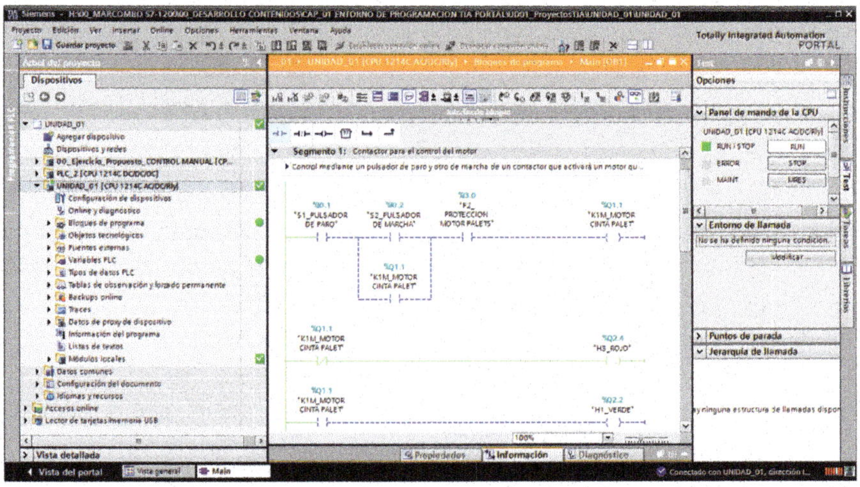

Fig. 1.82

Para desconectar la visualización online con el simulador PLC o PLCSIM, solo tenemos que volver a pulsar sobre el icono **Activar/desactivar observación**.

Mediante simulador S7-PLCSIM

Recuerda • • •

Cuando se está realizando la comunicación con el simulador PLCSim, NO funcionará la comunicación con el PLC físico.

También, existe la posibilidad de realizar la comprobación del programa a través del simulador **S7-PLCSIM**. Para ello bastará con tener seleccionado el PLC del proyecto que contiene el programa a simular y seleccionar la opción **Online – Simulación – Iniciar**:

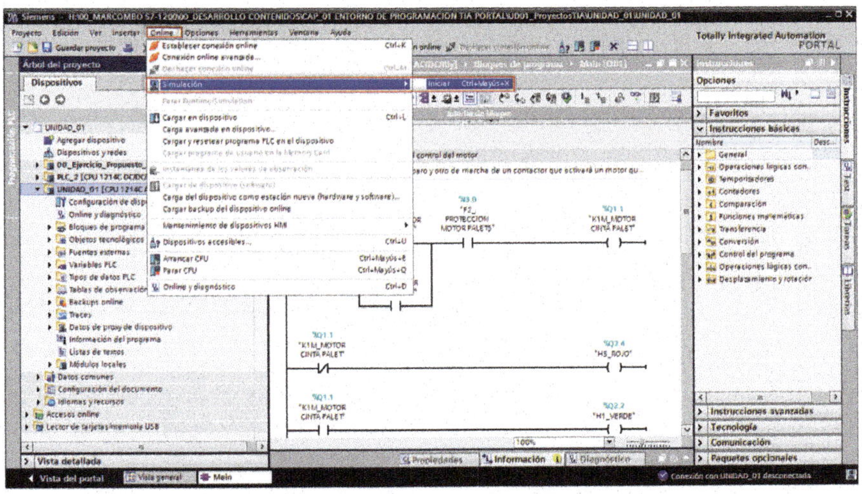

Fig. 1.83

O bien pulsar directamente sobre el icono **Iniciar simulación**:

Fig. 1.84

Se deberá tener en cuenta que, si estamos trabajando con el simulador, no será posible comunicar con un PLC externo conectado al ordenador. Es por ello que, al iniciar el simulador, nos aparece el siguiente aviso:

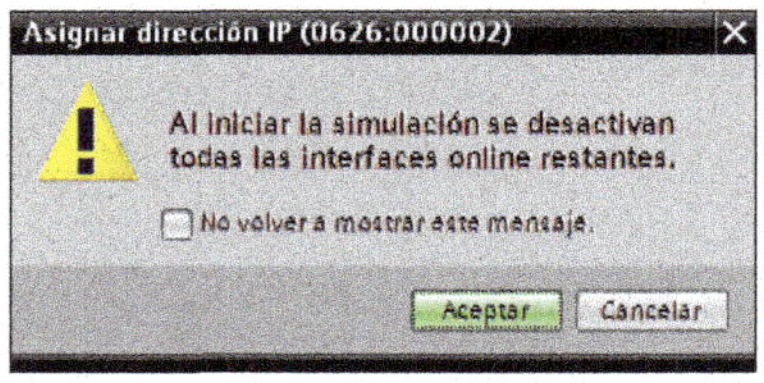

Fig. 1.85

Tras pulsar el botón **Aceptar,** y después de unos segundos de espera, aparecerá el **S7-PLCSIM** que tendrá el siguiente aspecto:

Fig. 1.86

A continuación, el proceso avanzará y mostrará la siguiente pantalla:

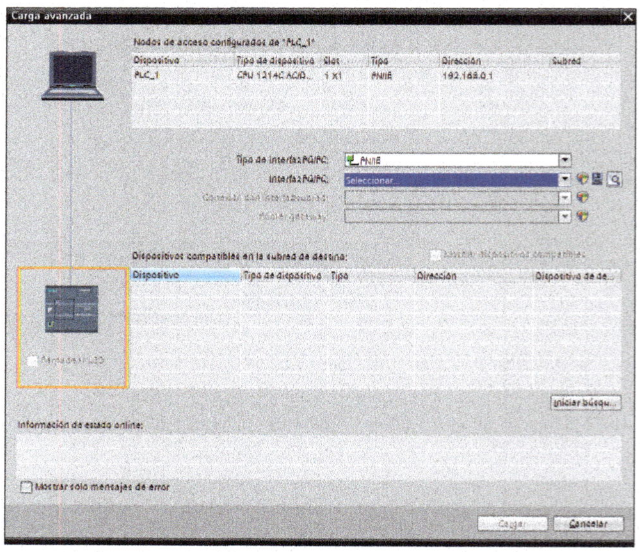

Fig. 1.87

En ella se deberá seleccionar en el campo **Interfaz PG/PC** la opción **PLCSIM S7-1200/S7-1500**, en la v13 y **PLCSIM** en la v14 de TIA Portal.

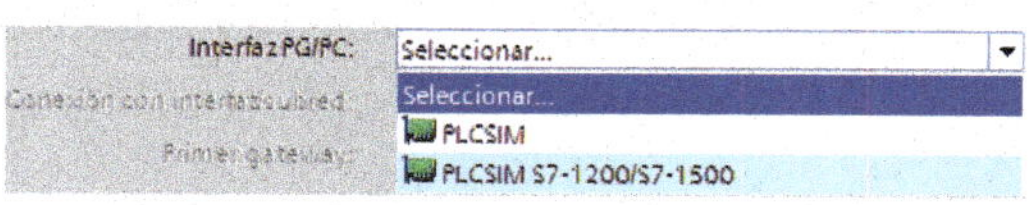

Fig. 1.88

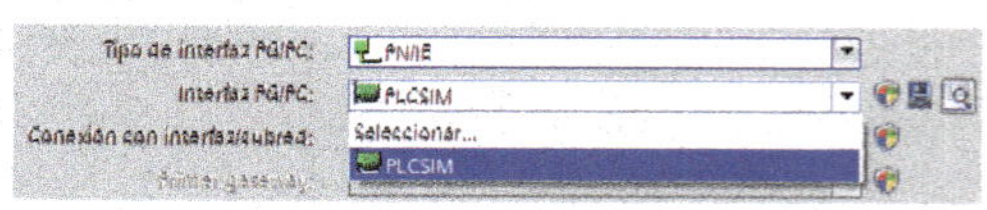

Fig. 1.88a

Seleccionada la interfaz a utilizar, debemos de pulsar sobre el botón **Iniciar búsqueda** para que se inicie la búsqueda del dispositivo hasta que se localice el simulador correspondiente y se muestre en la zona **Dispositivos compatibles en la subred de destino**:

Recuerda • • •

En el caso de realizar la comunicación entre el ordenador y el PLCSim, se deberá seleccionar, en el campo "Interfaz PG/PC" la opción "PLCSIM S7-1200/S7-1500" para la v13 y "PLCSIM" para la v14.

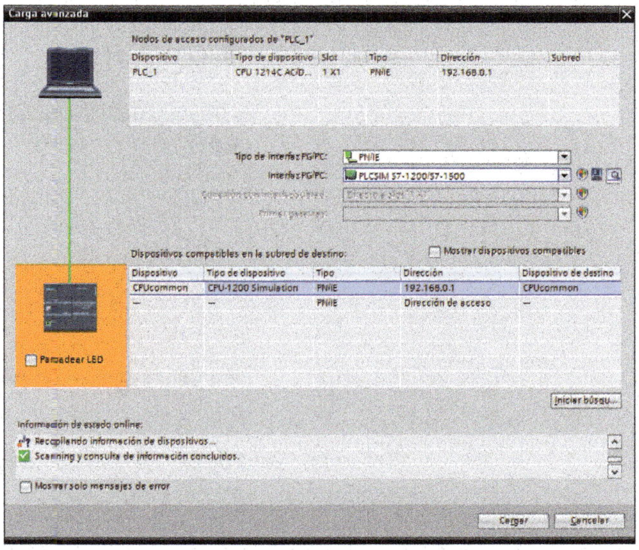

Fig. 1.89

En este caso ha encontrado el simulador de S7-1200, para el caso del S7-1500, tendríamos:

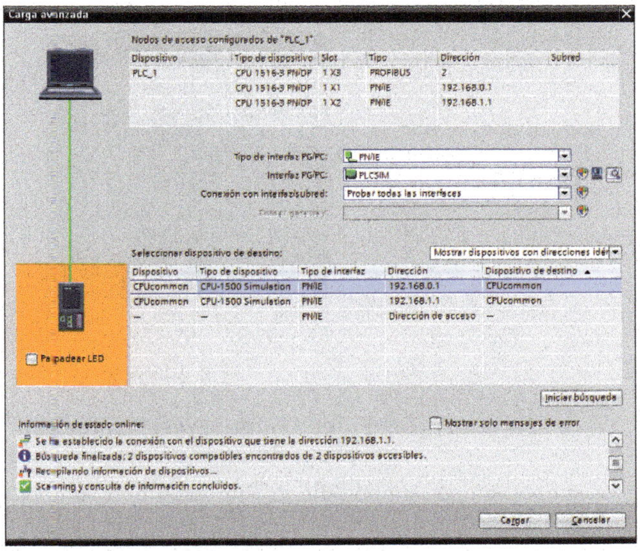

Fig. 1.89a

Ahora podemos pulsar el botón **Cargar** y esperar hasta que aparezca la siguiente pantalla:

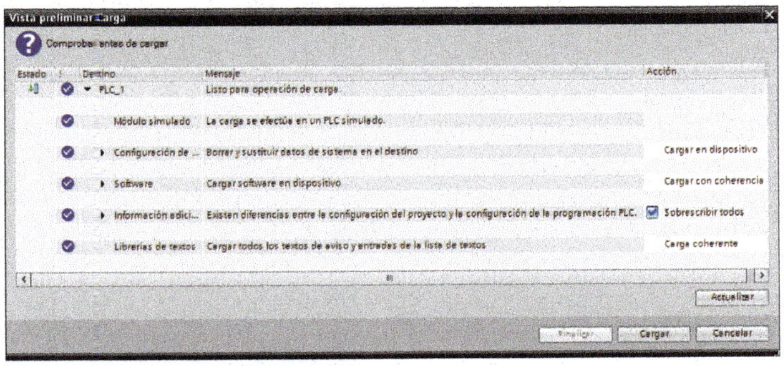

Fig. 1.90

Marcamos la casilla **Sobreescribir todos**, a continuación pulsamos el botón **Cargar** y aparece la siguiente ventana:

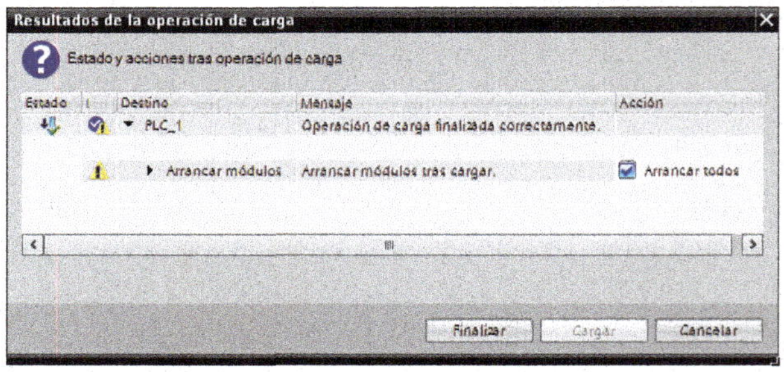

Fig. 1.91

Tras marcar la opción **Arrancar todos**, debemos accionar el botón **Finalizar** para acabar con el proceso de carga del programa en el simulador.

- Simulador para los modelos S7-1200/S7-1500.

Una vez realizadas las operaciones de comunicación y carga del programa al simulador S7-PLCSIM, este pasará a tener la siguiente vista, donde se observa la asignación de la dirección IP del equipo:

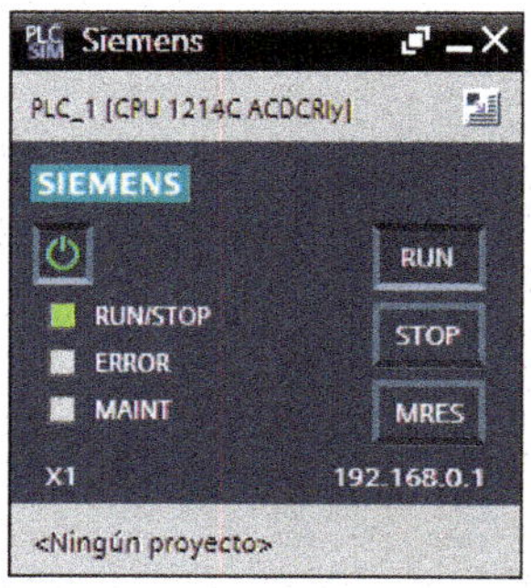

Fig. 1.92a

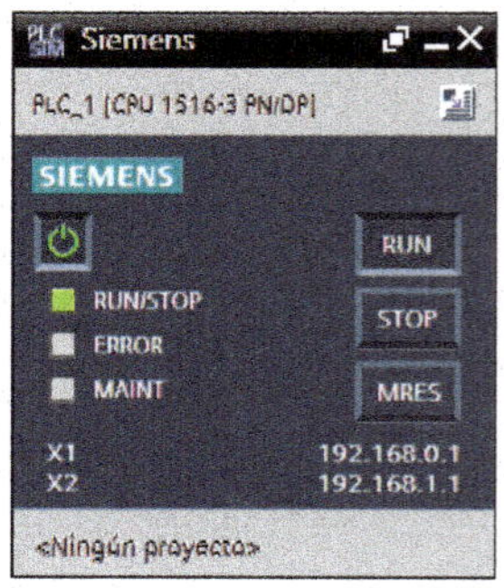

Fig. 1.92b

A continuación, si desplegamos el simulador mediante el icono **Cambiar a la vista del proyecto** que aparece en la esquina superior derecha, este se mostrará de la siguiente forma:

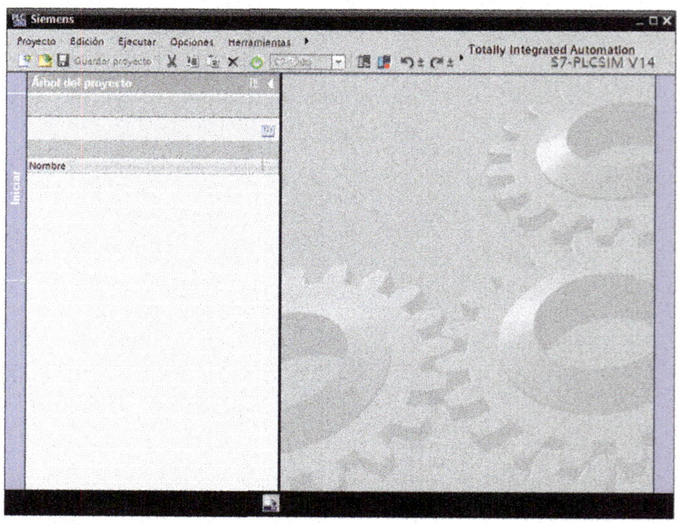

Fig. 1.92c

A continuación, creamos un nuevo proyecto para el simulador mediante el menú **Proyecto – Nuevo…**:

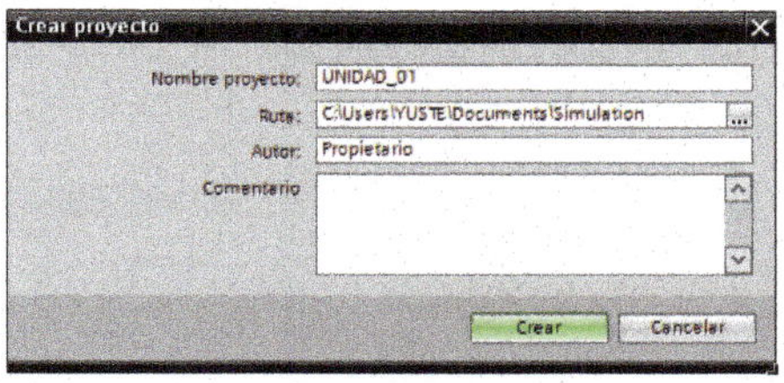

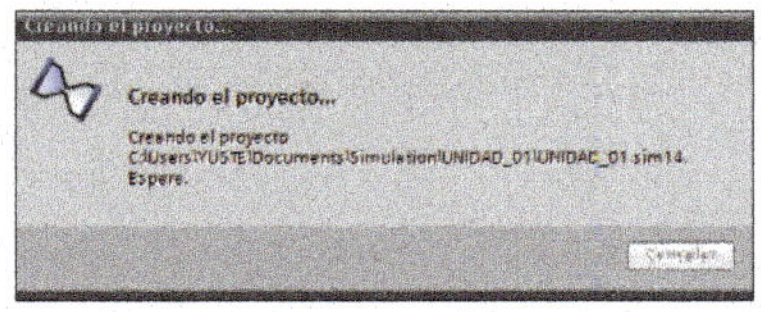

Fig. 1.92d

Fig. 1.92e

Tras la espera de la creación del nuevo proyecto, aparece la ventana de simulación con el árbol del proyecto preparado:

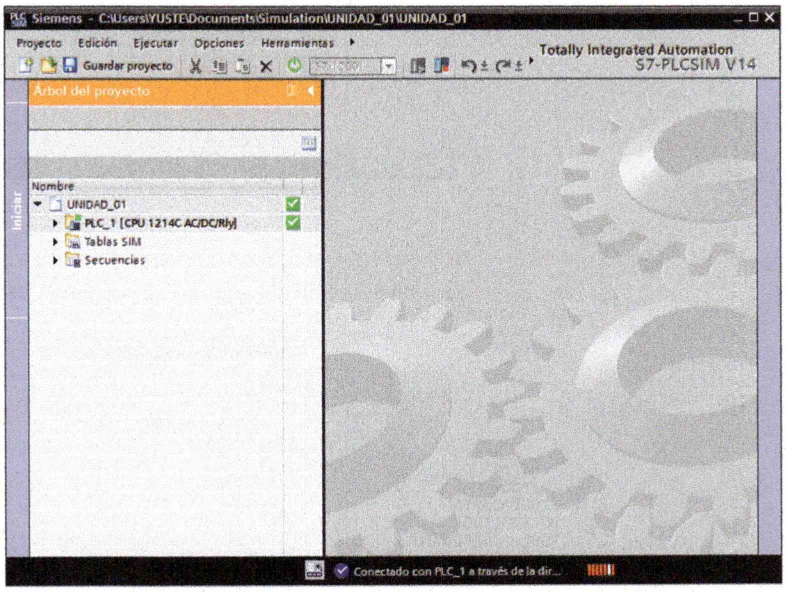

Fig. 1.93a

Se ofrece la posibilidad de observar la configuración del hardware. Para ello debemos desplegar la opción del PLC **PLC_1 (CPU 1214C AC/DC/Rly)** y hacer un doble clic sobre **Configuración de dispositivos**. En la zona de la derecha aparecerá tanto el hardware como el listado de E/S analógicas y digitales con su correspondiente símbolo asociado:

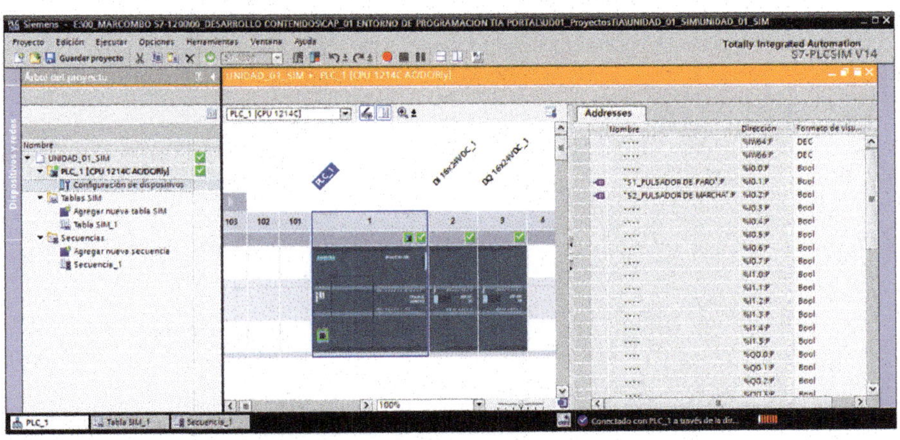

Fig. 1.93b

A través del listado de E/S podemos ir forzando el estado de las entradas desde la columna **Observar/forzar valor** y observar la reacción de las salidas en la columna.

Mediante la opción **Tablas SIM – Tabla SIM_1** podemos crear una tabla de variables para poder forzar o visualizar su estado:

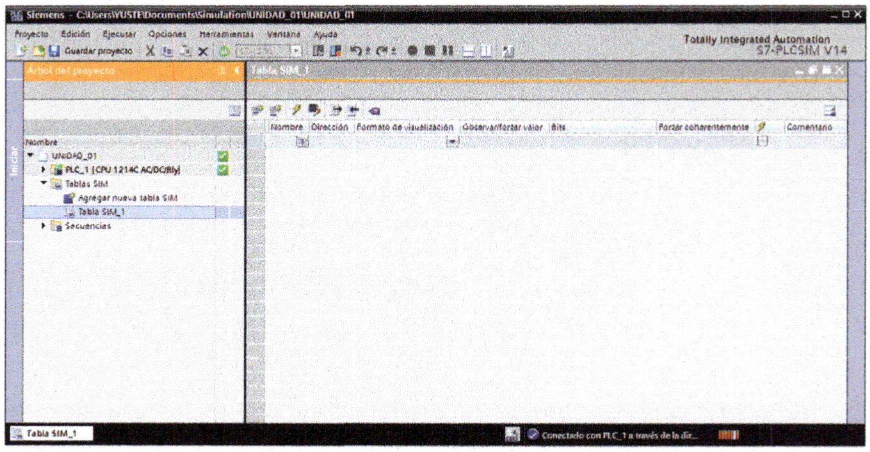

Fig. 1.94

Al desplegar el campo correspondiente a la columna **Nombre** aparece la lista de variables declaradas en el PLC, en este caso, son las siguientes:

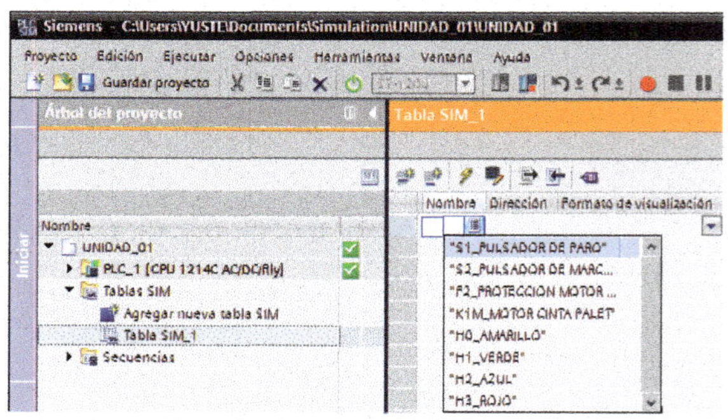

Fig. 1.95

Si las situamos todas en la **Tabla SIM_1**, se visualiza su estado cuando la CPU se encuentre en modo **RUN**. Para pasar a los modos STOP o RUN se utilizarán los iconos **Poner la CPU en STOP** o **Poner la CPU en RUN** respectivamente:

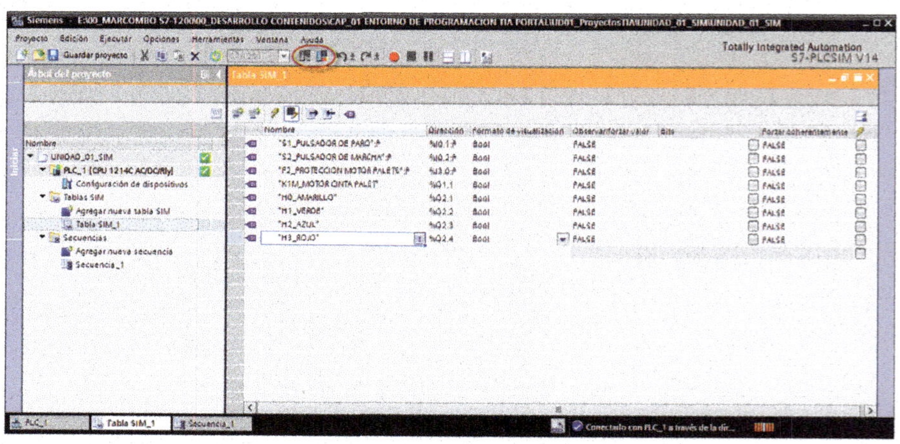

Fig. 1.96

Para controlar las variables debemos pulsar sobre el icono **Activar/desactivar forzado**. A continuación, mediante la columna **Bits**, podemos ir activando o desactivando las diferentes variables de la tabla y visualizar el estado de las salidas que intervienen en este programa:

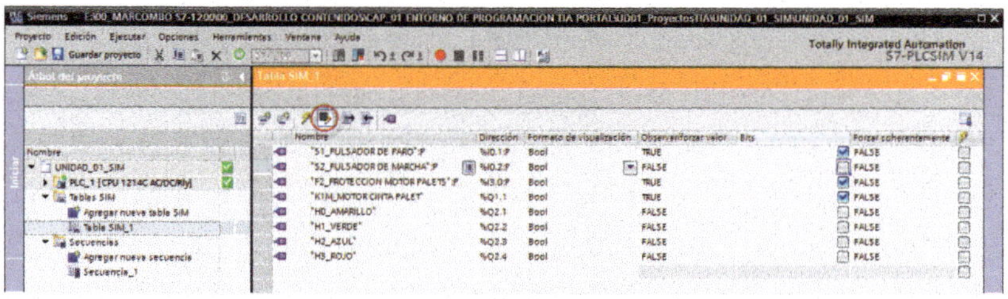

Fig. 1.97

Recuerda • • •

En el caso de realizar la comunicación entre el ordenador y el PLCSim, a través del propio simulador podemos construir una tabla, "Tabla SIM_1", que contenga los elementos a observar. Esta tabla nos permitirá ir modificando el estado de esos elementos para observar la respuesta del resto.

En este estado, a su vez, puede visualizar y monitorizar el propio diagrama de contactos del programa introducido en el OB1. Para ello, se deberá pulsar sobre el icono **Activar/desactivar observación**:

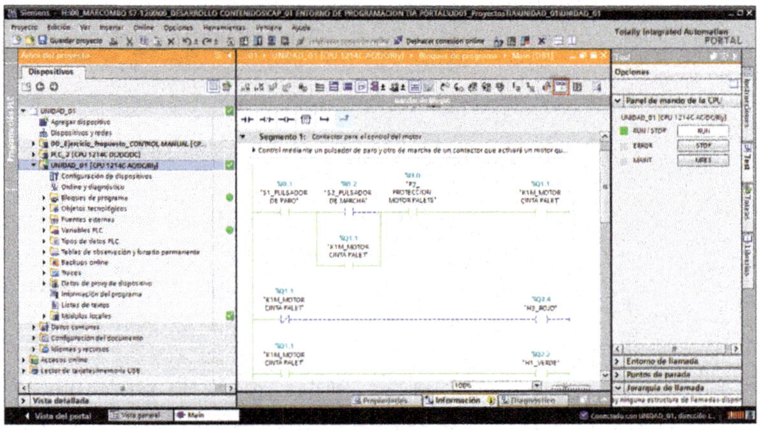

Fig. 1.98a

También en el simulador y desde la opción **Secuencias** podemos crear una secuencia de los estados que queramos que tenga cada variable en un tiempo determinado. Por ejemplo, vamos a crear una secuencia que muestre todas las posibilidades de funcionamiento del programa. Para ello cada 5 segundos realizaremos un cambio en el estado de alguna de las variables.

Configuraremos previamente el intervalo de tiempo, para lo que modificaremos el campo **Intervalo predeterminado.** Desplegamos el icono del reloj lo ajustamos a 5 s:

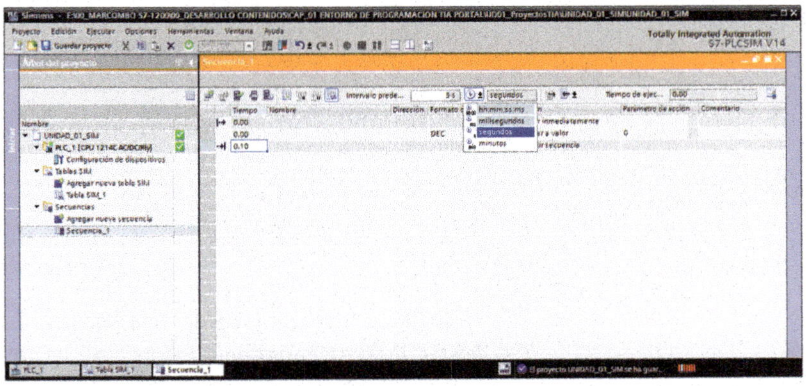

Fig. 1.98b

De esta forma, al ir introduciendo etapas, de forma automática cada nueva etapa se situará con un retardo de 5s respecto a la anterior.

Se deberá completar las siguientes columnas y ajustar la acción a realizar en la columna **Parámetro de acción** de la variable introducida, bien en la columna **Nombre** o en la columna **Dirección**.

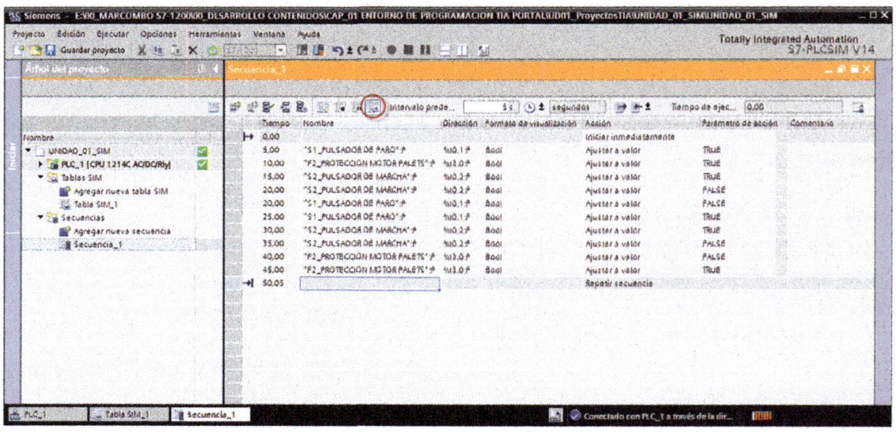

Fig. 1.99

Al pulsar el icono **Repetir secuencia**, se puede configurar como:

- **Parar secuencia**. al final de la secuencia programada se detiene su funcionamiento.
- **Repetir secuencia**. al final de la secuencia programada se vuelve a repetir la secuencia desde el principio.

Recuerda • • •

Desde el propio PLCSim podemos construir una tabla en la que configurar la secuencia de activación y desactivación de los componentes para hacer que el funcionamiento del programa pueda ser automático.

Una vez completada la secuencia podemos visualizar tanto la **Secuencia_1** como la **Tabla SIM_1** para examinar cómo van evolucionando el estado de las variables en cada momento. Para ello, tan solo necesitamos accionar el icono **Iniciar secuencia** e ir observando en el tiempo cómo va cambiando el estado de las variables de forma automática:

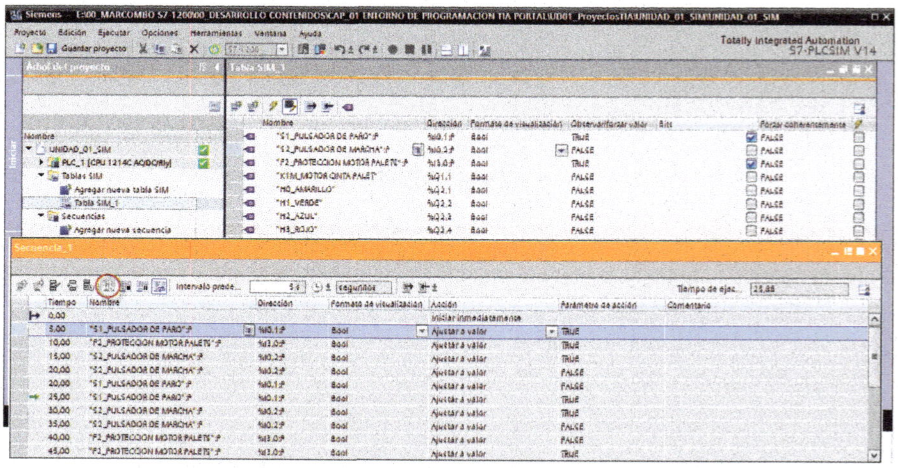

Fig. 1.100

Una flecha de color verde nos mostrará el paso de la secuencia que se está ejecutando en cada momento. Igualmente podemos visualizar el funcionamiento

Recuerda • • •

Independientemente que TIA Portal realice la comunicación con el PLC físico o mediante el PLCSim, se puede visualizar el funcionamiento del programa.

del programa monitorizando el bloque OB1 una vez hemos pulsado el icono **Activar/desactivar observación**:

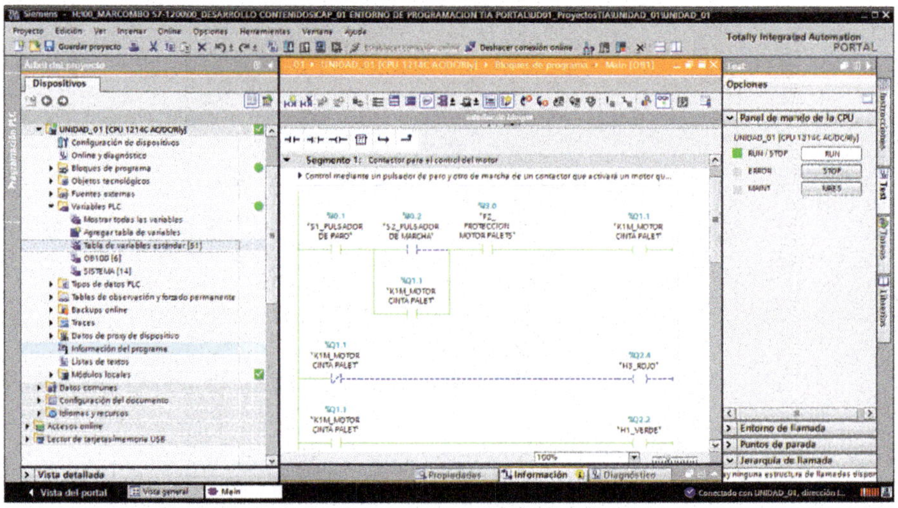

Fig. 1.101

1.2.7 Tabla de observación

A veces necesitamos poder controlar/visualizar una gran cantidad de variables de diferente tipo distribuidas por el programa. En estos casos se recomienda la creación de una tabla de variables para posteriormente visualizarla online con el PLC. Para ello debemos crear una tabla denominada de observación que encontraremos dentro de la carpeta **Tablas de observación y forzado permanente**.

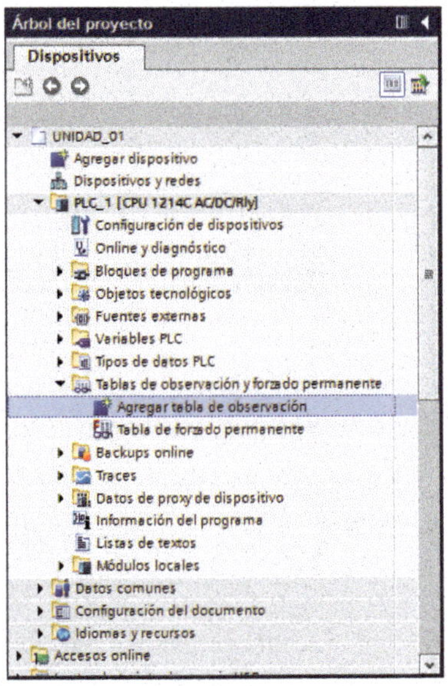

Fig. 1.102

Al hacer un doble clic en la opción **Agregar tabla de observación**, se genera una tabla llamada con el nombre **Tabla de observación_1,** en la que incluiremos las variables del proceso cuyo estado se quiere visualizar. Para ello no será necesario volverlas a escribir una a una, sino que podemos seleccionarlas en la columna **Nombre** y copiarlas en la misma columna **Nombre** de la tabla de observación, con lo que conseguiremos el siguiente resultado:

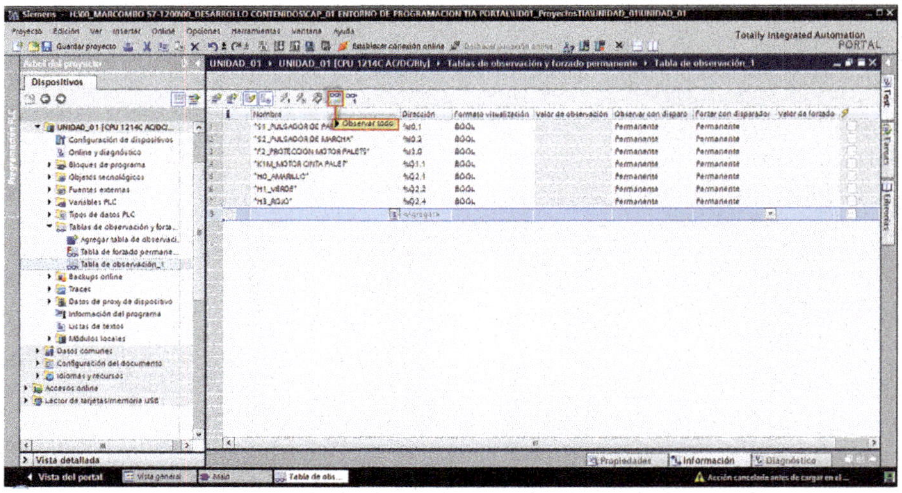

Fig. 1.103

Para visualizar el estado de las variables, en primer lugar se debe conectar online con el PLC. Esto lo hacemos mediante el icono **Observar todo** con lo que obtenemos el siguiente aspecto:

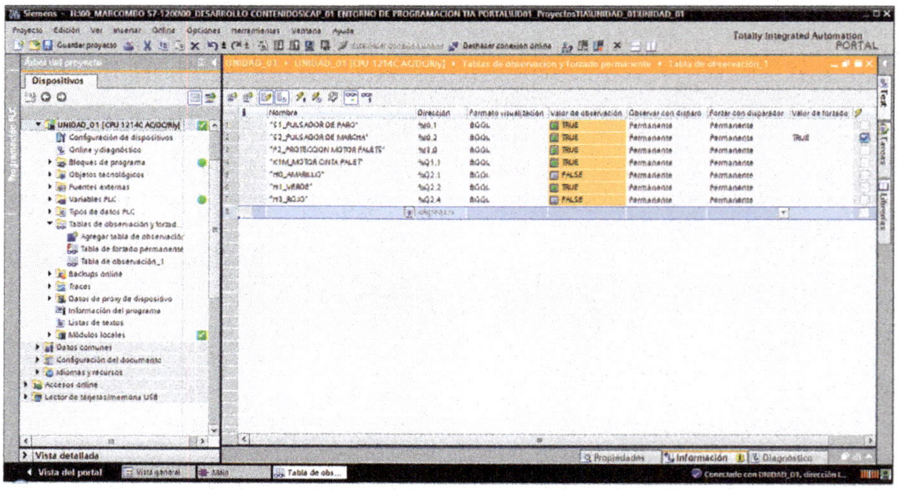

Fig. 1.104

En el caso de no aparecer la columna de **Valor de forzado**, se deberá actuar sobre el siguiente icono:

Fig. 1.105		Mostrar u ocultar todas las columnas de forzado.

Ahora hay que ir escribiendo sobre la columna **Valor de forzado** un **1** o un **0** según se desee activar o desactivar esa variable y, a continuación, pulsar sobre el icono:

Fig. 1.106		Forzado de la variable o las variables durante un ciclo de scan. Por tanto, si la variable se encuentra bajo control del programa, solamente se visualizará el cambio durante un ciclo de scan.

Si se desea realizar un forzado permanente de la variable para que en cada ciclo de scan se esté forzando, debemos actuar sobre el siguiente icono para poder elegir una de las opciones que ofrece la columna **Forzar con disparador**:

<table>
<tr><td>Fig. 1.107</td><td></td><td>Muestra u oculta todas las columnas del modo avanzado. Previamente se tiene que hacer aparecer la columna de Valor de forzado. En este caso:
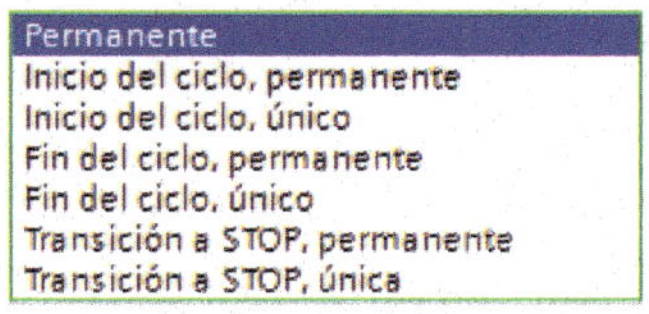

Fig. 1.108</td></tr>
<tr><td>Fig. 1.109</td><td></td><td>Fuerza las variables indicadas según la selección de la columna Forzar con disparador.</td></tr>
</table>

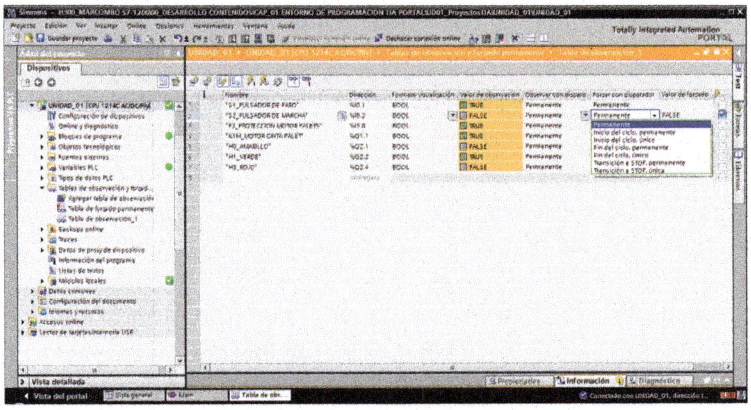

Fig. 1.110

Recuerda • • •

Otra forma de controlar el estado de las variables del programa es mediante una "Tabla de observación". Podemos configurar esta tabla con las variables de programa y activarlas o desactivarlas en cualquier momento.

1.2.8 Documentación de programas

Es conveniente y necesario que todos los programas estén documentados, ya que en el momento de realizarlos el conocimiento que se tiene de ellos es máximo, pero con el paso del tiempo ese conocimiento se va perdiendo. En cualquier momento se puede tener la necesidad de modificar un programa o buscar averías o errores, y es aquí cuando la documentación de un programa desempeña un papel determinante para una rápida localización de las mismas.

Para la documentación de un programa ya hemos hablado de los símbolos, que es la mínima información que todo programa debe incluir, pero también es conveniente poder añadir comentarios más o menos extensos a lo largo del programa. Vamos a indicar las posibilidades de documentación mediante un breve ejemplo.

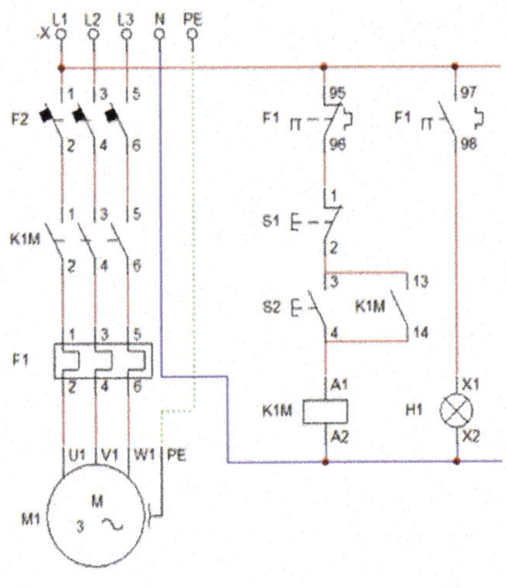

Fig. 1.111

Queremos hacer un programa que corresponde a la puesta en marcha de un motor trifásico controlado por paro y marcha y protegido con relé térmico documentando las entradas, las salidas, los segmentos y el título del bloque.

- Documentación basada en los símbolos de las variables.

Recuerda • • •

Para poder tener mejor documentado el programa, dentro de la "Tabla de símbolos" podemos añadir en la columna "Comentario" una frase que aporte más información sobre el elemento.

En la ventana correspondiente al **Árbol del proyecto** y dentro del PLC, desplegamos la carpeta **Variables PLC**, y dentro de ella hacemos un doble clic sobre **Tabla de variables estándar.** Se abrirá la tabla de asignación de símbolos a las variables utilizadas en el programa.

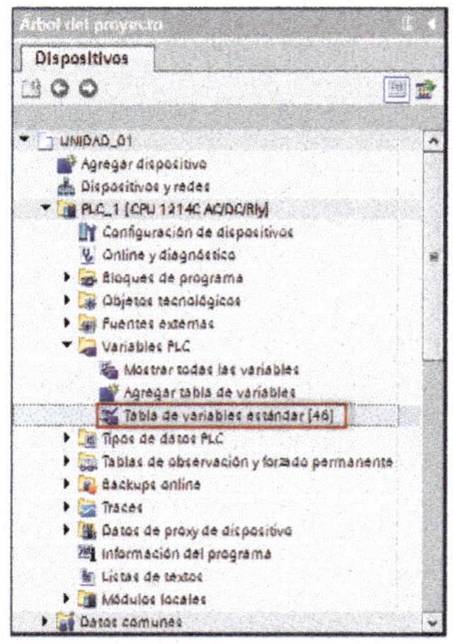

Fig. 1.112

Los nombres simbólicos, así como el comentario que se asignen a estas variables, se utilizarán en todos los bloques donde se programen esas variables.

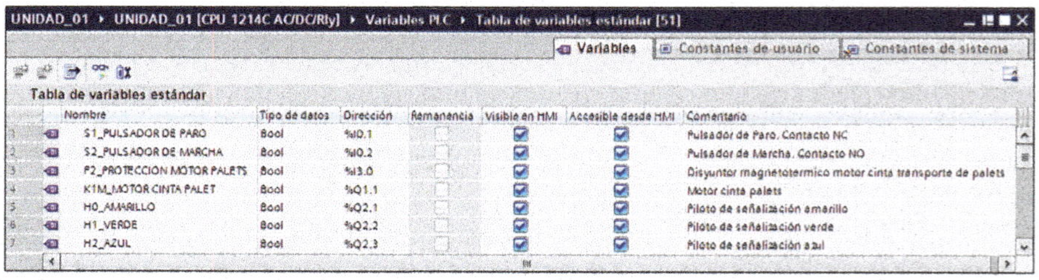

UNIDAD_01 ▸ UNIDAD_01 [CPU 1214C AC/DC/Rly] ▸ Variables PLC ▸ Tabla de variables estándar [51]

Variables | Constantes de usuario | Constantes de sistema

Tabla de variables estándar

	Nombre	Tipo de datos	Dirección	Remanencia	Visible en HMI	Accesible desde HMI	Comentario
1	S1_PULSADOR DE PARO	Bool	%I0.1	☐	☑	☑	Pulsador de Paro. Contacto NC
2	S2_PULSADOR DE MARCHA	Bool	%I0.2	☐	☑	☑	Pulsador de Marcha. Contacto NO
3	F2_PROTECCION MOTOR PALETS	Bool	%I3.0	☐	☑	☑	Disyuntor magnetotermico motor cinta transporte de palets
4	K1M_MOTOR CINTA PALET	Bool	%Q1.1	☐	☑	☑	Motor cinta palets
5	H0_AMARILLO	Bool	%Q2.1	☐	☑	☑	Piloto de señalización amarillo
6	H1_VERDE	Bool	%Q2.2	☐	☑	☑	Piloto de señalización verde
7	H2_AZUL	Bool	%Q2.3	☐	☑	☑	Piloto de señalización azul

Fig. 1.113

Al utilizar estas variables en el programa, se pueden visualizar tanto la dirección absoluta como la simbólica, así como los comentarios. Para que esto suceda, debemos hacerlo visibles mediante los siguientes iconos:

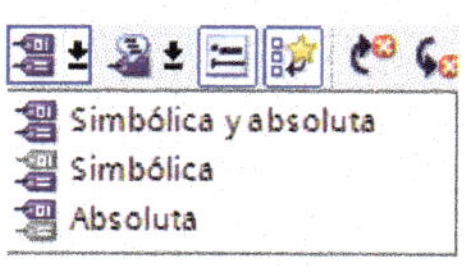

Icono **Operandos absolutos/simbólicos**

Fig. 1.114

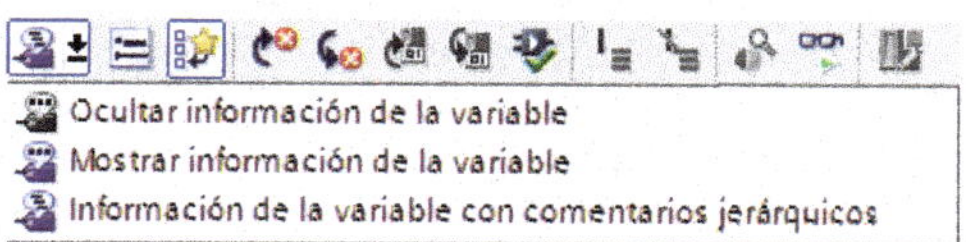

Icono **Muestra información sobre la variable**

Fig. 1.115

Si establecemos la configuración para que aparezca toda la información referente a cada operando, podemos visualizar por ejemplo la siguiente:

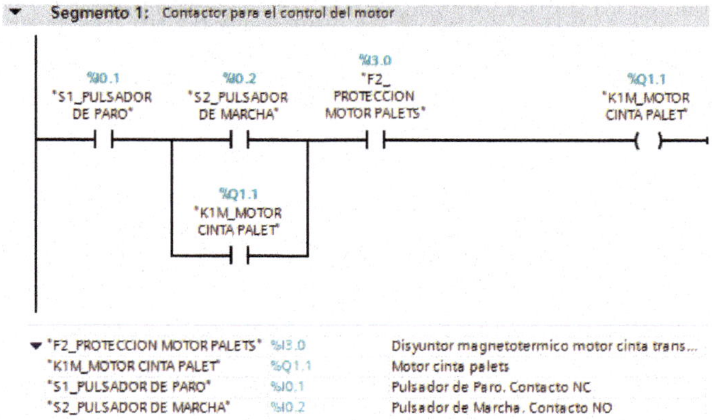

Fig. 1.116

Como podemos observar y a diferencia de la lógica cableada, el contacto de protección del motor, I3.0, está cableado con un contacto NC y situado antes del pulsador de paro con el objetivo de cortar tensión en todo el circuito. En el caso de lógica programada, el contacto no tiene por qué estar situado en esa misma posición para que realice el mismo efecto.

- Documentación basada en comentarios del bloque y del segmento.

Para poder documentar el segmento debemos tenerlo visualizado y para ello hemos de actuar sobre el icono:

Fig. 1.117  **Activar/desactivar comentarios del segmento**

Podemos documentar el programa realizado en un bloque concreto añadiendo un comentario general y, para cada uno de los segmentos, incluir un comentario más específico. Por ejemplo:

– Comentarios al bloque:

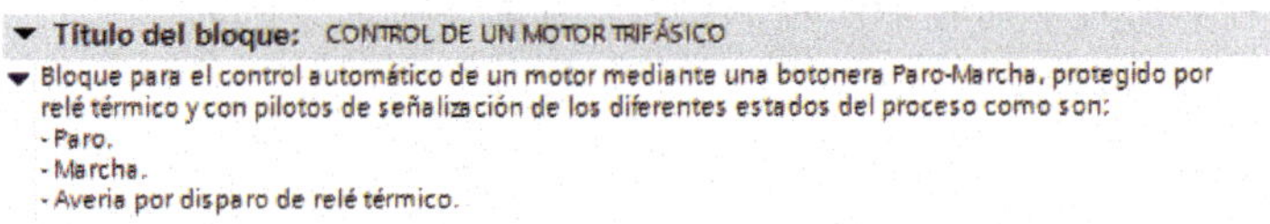

Fig. 1.118

– Comentarios al segmento:

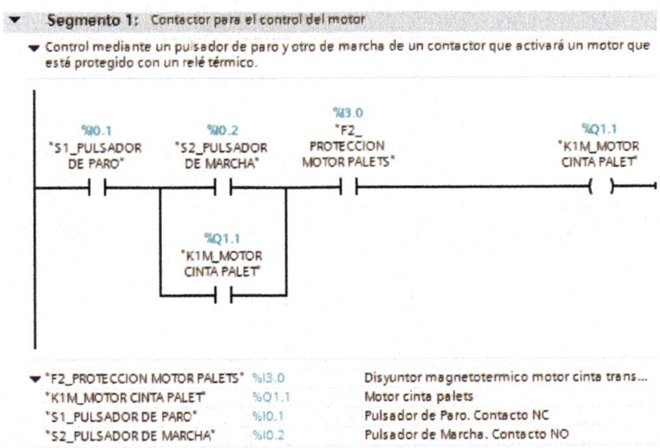

Fig. 1.119

Recuerda • • •

Dentro del editor del programa podemos añadir información, bien una única frase o un comentario más completo, tanto al inicio del bloque como en cada segmento.

1.2.9 Descarga de un programa del PLC

Recuerda • • •

También existe la posibilidad de descargar en el ordenador el programa contenido en un CPU, de forma que lo podamos visualizar en TIA Portal.

Se nos puede presentar el caso en el que tengamos la necesidad de descargar tanto el programa como la configuración de hardware, así como los comentarios que hay en la memoria de la CPU para poderlo visualizar en nuestro ordenador. Para ello habrá que seguir los siguientes pasos:

- Bien desde un nuevo proyecto o de uno actual, seleccionamos el nombre del proyecto dentro de **Árbol del proyecto**. Después elegimos la opción del menú **Online – Carga del dispositivo como estación nueva (hardware y software).**

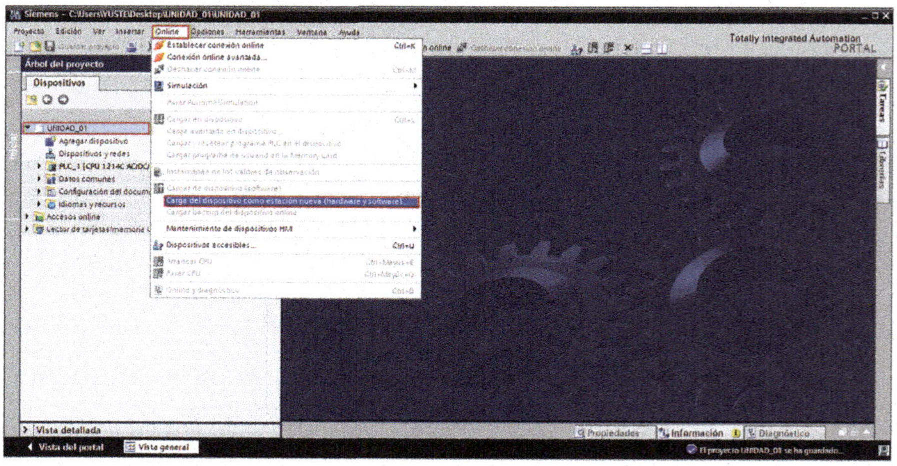

Fig. 1.120

- Seleccionamos el tipo de protocolo en **Tipo de interfaz PG/PC** y el puerto de comunicación del ordenador en **Interfaz PG/PC**, y a continuación pulsar el botón **Iniciar búsqueda**.

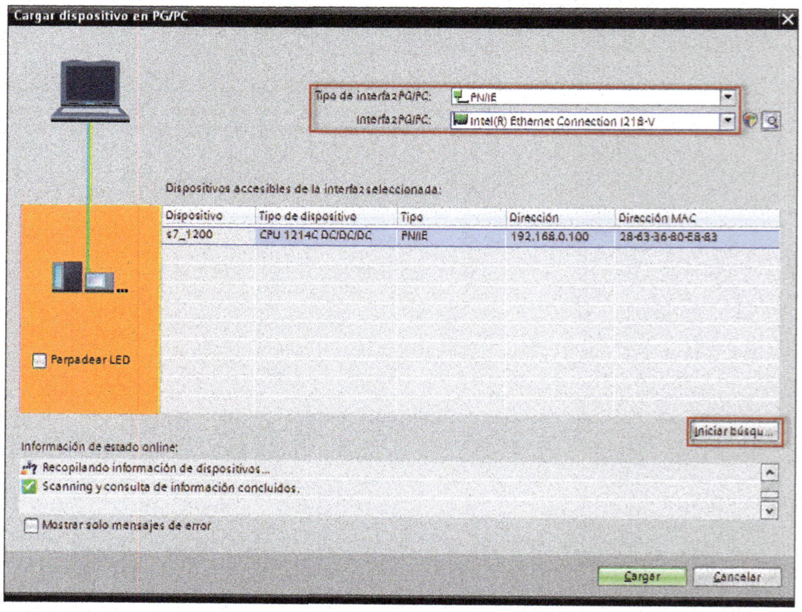

Fig. 1.121

Una vez localizada la CPU conectada en ese puerto, pulsamos el botón **Cargar**. Finalizada la operación observamos cómo nuestro proyecto contiene tanto el hardware como el programa, así como todos los símbolos y comentarios.

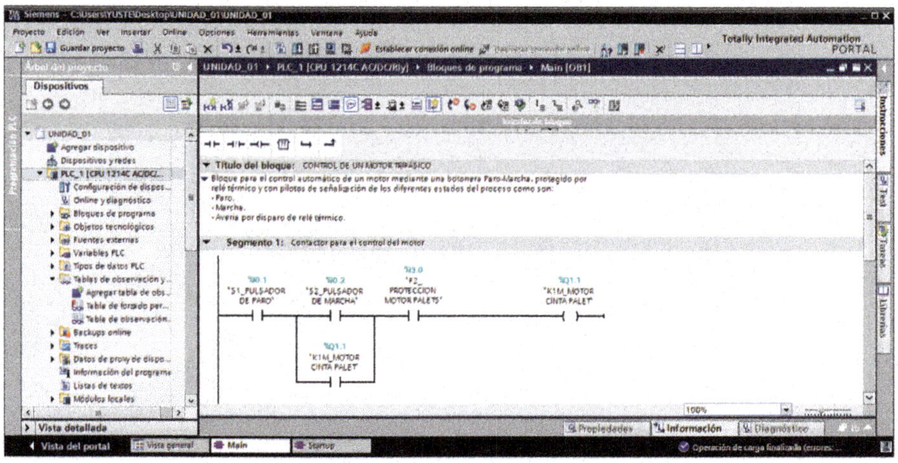

Fig. 1.122

1.3 Funcionamiento con proceso 3D

A continuación, podemos comprobar el funcionamiento que nos ha servido para ir explicando alguna de las posibilidades que ofrece TIA Portal mediante el simulador 3D. En primer lugar, realizaremos una descripción general del proceso automatizado sobre el que se podrán simular todos los ejercicios planteados de este libro.

Básicamente, este proceso está dividido en diferentes zonas:

- **Baliza de señalización.** Formada por cuatro pilotos (rojo, amarillo, verde y azul) y encargada de mostrar los diferentes estados del proceso, como paro, marcha, aviso, avería, ...

- **Cinta de transporte de piezas.** Formada por una cinta transportadora para trasladar las piezas y ser tratadas en el proceso, así como de un par de cilindros para ir deteniéndolas y posteriormente dejándola pasar una a una a la siguiente estación de carga. Para detectar que la pieza ha alcanzado esta posición se dispone de un sensor de presencia de pieza.

- **Manipulador de grabado.** Formado por dos ejes que, mediante diferentes cilindros, en el que uno de ellos es multiposicional, realizamos la operación de marcado sobre la pieza. El cilindro multiposicional está formado por dos cilindros de diferente carrera unidos por su culata posterior. Con ello, conseguimos que el cilindro de marcado pueda alcanzar cuatro posiciones diferentes.

- **Manipulador de carga.** Formado por dos ejes controlados por sendos cilindros, además de una ventosa para la sujeción de la pieza cuando se realice el posterior traslado a la cinta de transporte de palets portapiezas.

- **Cinta de transporte de palets porta piezas.** Formado por una cinta transportadora que traslada los palets porta piezas hasta la posición de descarga de la pieza que realizará el manipulador de carga, esta posición de descarga será detectada por un sensor de proximidad para realizar la orden de parada del palet porta piezas. Una vez cargada la pieza el palet porta pieza podrá seguir su camino hacia la próxima estación (no tratada) mediante la propia cinta de transporte.

Recuerda • • •

El simulador 3D se utilizará cómo un recurso de ayuda para poder visualizar de forma más real el funcionamiento de los diferentes programas.

A continuación, se muestra las diferentes partes del proceso del simulador 3D:

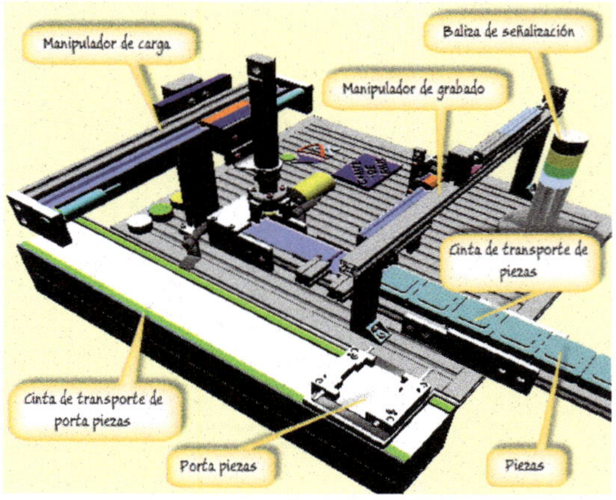

Fig. 1.123

A continuación, se muestran las conexiones tanto eléctricas como neumáticas que intervienen en el proceso:

Recuerda • • •

Este simulador 3D está formado por diferentes elementos de mando, protección, visualización y de actuación, básicamente eléctricos y electroneumáticos.

- Manipulador de carga:

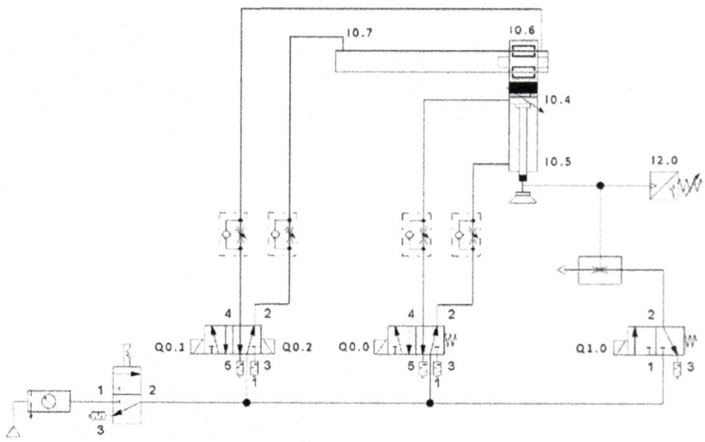

Fig. 1.124

- Manipulador de grabado:

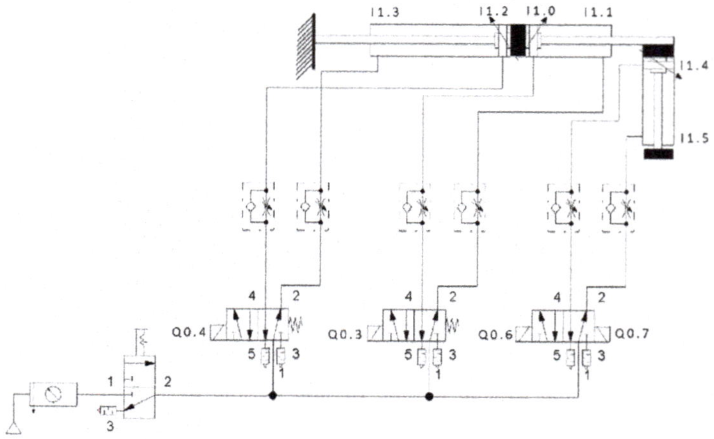

Fig. 1.125

- Topes:

Está formado por un conjunto de dos cilindros con un funcionamiento inverso, es decir, que cuando uno se encuentra en reposo el otro se encuentra en avance y a la inversa. Cuando en adelante hablemos de activar le cilindro tope, nos referiremos al cilindro indicado como “Referencia Tope” que es el que se encuentra en reposo inicialmente, esto es, si indicamos “Sale tope”, quiere decir que el cilindro marcado como “Referencia tope” realizará el movimiento para alcanzar la posición de avance, mientras que el otro, realizará de forma simultánea el movimiento para alcanzar la posición de reposo.

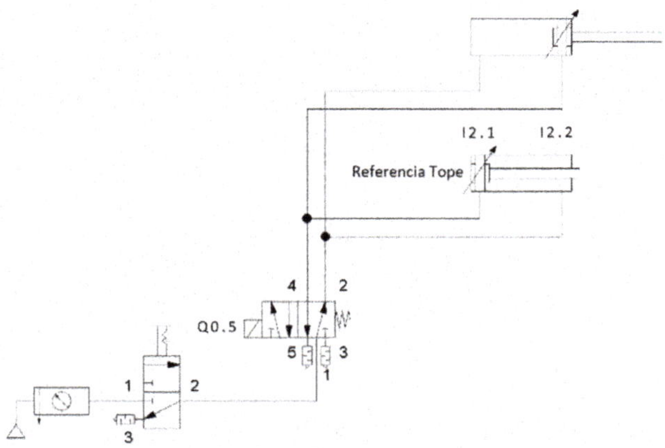

Fig. 1.126

- Cintas transportadoras de piezas y de palets porta piezas:

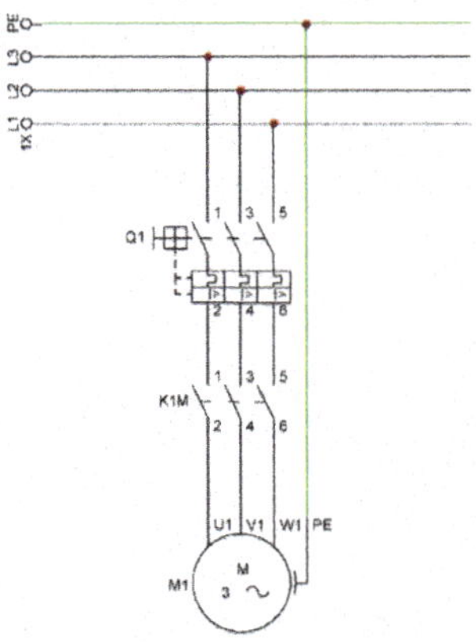

Fig. 1.127

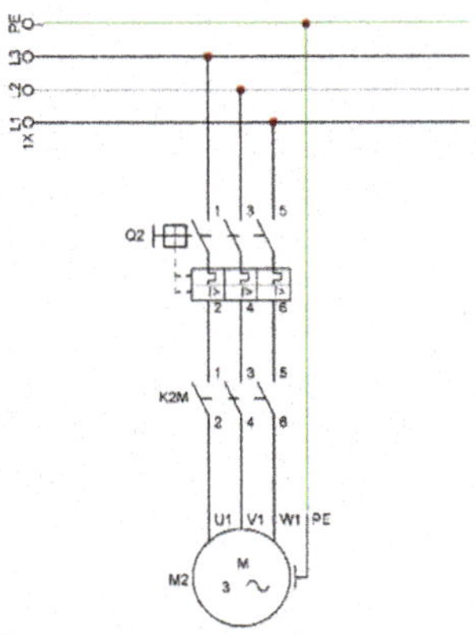

Fig. 1.128

1.3.1 Procedimiento para la simulación de un programa

A continuación, enumeramos los pasos a realizar para poder poner en funcionamiento una máquina virtual en comunicación con el simulador de TIA Portal, PLC Sim para S7-1200/1500.

- Realizar un proyecto en TIA Portal.

El proyecto de TIA Portal lo debemos iniciar con la configuración del hardware en donde debemos añadir las tarjetas de entradas y salidas necesarias para poder conectar todos los dispositivos del simulador 3D, en este caso, para el S7-1200, necesitamos los siguientes bytes:

Recuerda • • •

Es importante elegir en las direcciones de entrada y salida la opción “Ninguno” en los campos “Bloque de organización” y “Memoria imagen de proceso” para poder establecer comunicación entre el PLCSim y el Simulador 3D.

- Entradas: IB0 – IB1 – IB2 – IB3 – IB4 – IB5
- Salidas: QB0 – QB1 – QB2 – QB3 – QB4 – QB5

Para ello configuramos un hardware formado por:

CPU 1214C AC/DC/Rly: con por 14 entradas (IB0 – IB1) y 10 salidas (QB0 – QB1).

DI 16x24VDC: módulo de 16 entradas (IB2 – IB3).

DI 16x24VDC: módulo de 16 entradas (IB4 – IB5).

DQ16 x 24V DC: módulo de 16 salidas (QB2 – QB3).

DQ16 x 24V DC: módulo de 16 salidas (QB4 – QB5).

Por tanto, el hardware configurado deberá quedar de la siguiente forma:

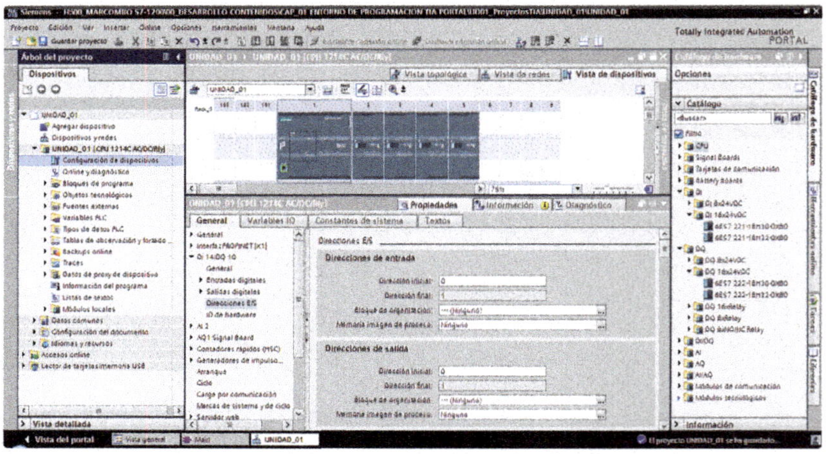

Fig. 1.129

En donde se debe seleccionar **Ninguno** en la opción de configuración **Bloque de organización**" y **Memoria imagen de proceso,** tanto para la CPU como para los módulos de E/S.

Para el caso del S7-1500 necesitamos una configuración de hardware formada por:

CPU 1512C-1PN: con por 32 entradas (IB0 – IB1 – IB2 – IB3) y 32 salidas (QB0 – QB1 – QB2 – QB3).

DI 16/DQ 16x24VDC: módulo de 16 entradas (IB4 – IB5) y 16 salidas (QB4 – QB5).

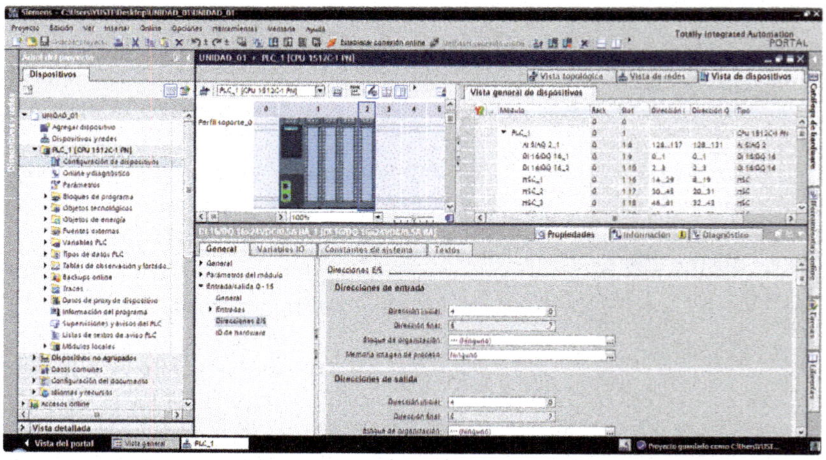

Fig. 1.129a

- Introducir programa en el bloque de organización **Cyclic interrupt** (OB 30).

Para una correcta conexión entre el simulador 3D y el simulador de TIA Portal PLCSim es necesario que en el bloque de programa llamado **Cyclic interrupt,** que corresponde con el OB30, se introduzca el siguiente programa:

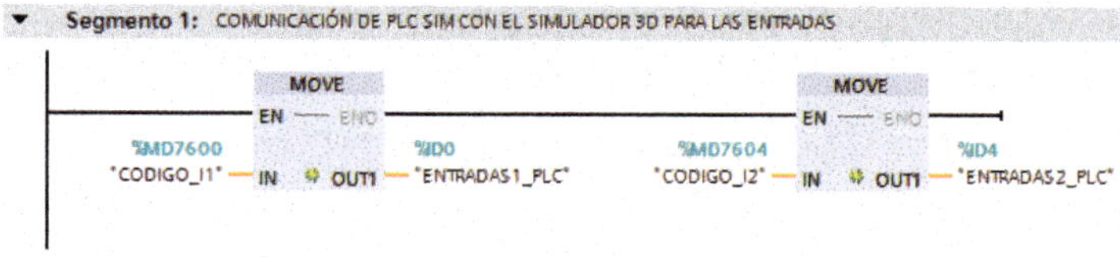

Fig. 1.130a

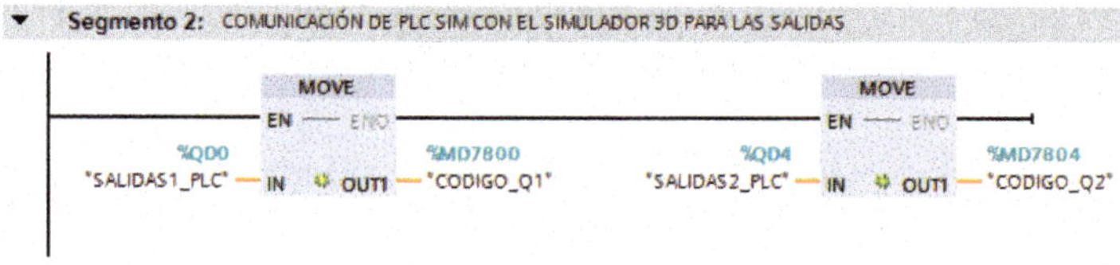

Fig. 1.130b

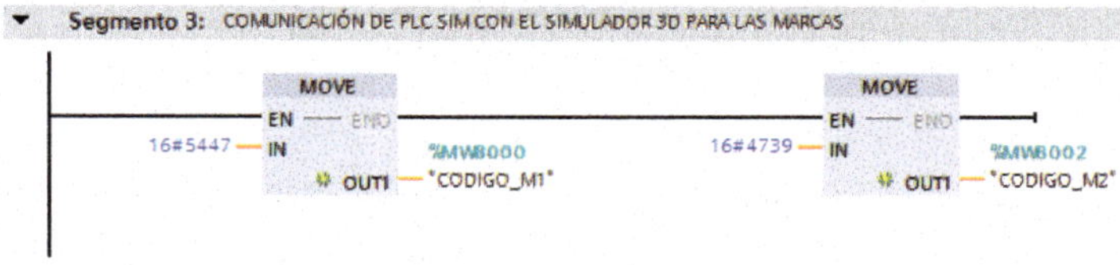

Fig. 1.130c

Las diferentes palabras de marcas, entradas y salidas utilizados para la carga de unos valores no podrán ser utilizadas en el programa, ya que ocasionaría una modificación en los valores cargados desde el OB30 y provocaría la pérdida de comunicación entre el simulador 3D y el simulador de TIA Portal PLCSim.

Recuerda • • •

Es importante introducir en el bloque de programa OB30 los tres segmentos indicados en las figuras, ya que se trata de la configuración para que el programa cargado en el PLCSim establezca comunicación con el Simulador 3D.

- Introducir programa para el control del proceso.

Por ejemplo, en el OB1, introducimos el programa del control del motor de la cinta que transporta los palets con indicación mediante los pilotos de señalización del estado actual del proceso, que sería el siguiente:

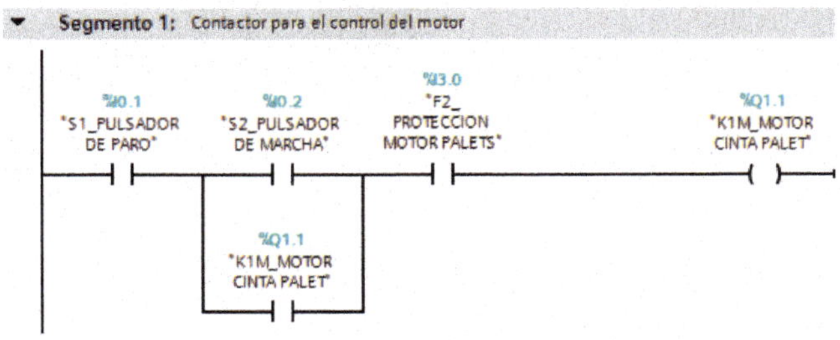

Fig. 1.131a

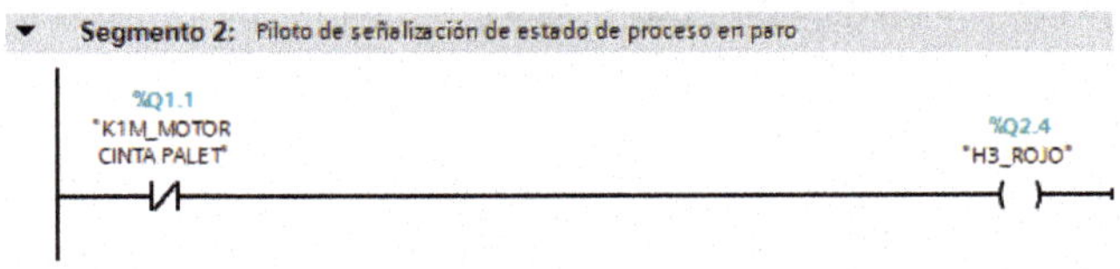

Fig. 1.131b

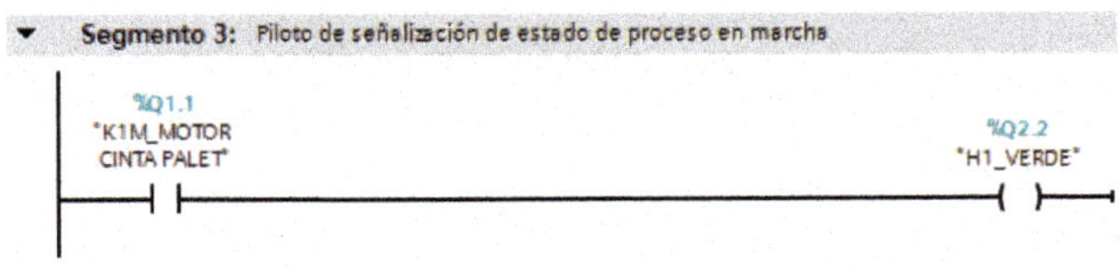

Fig. 1.131c

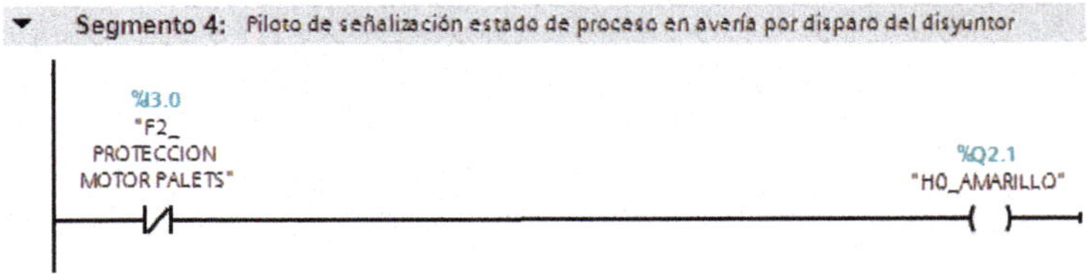

Fig. 1.131d

- Iniciar la aplicación del simulador de TIA Portal PLCSim.

Recuerda • • •

Antes de arrancar la aplicación del Simulador 3D, debemos asegurarnos de que el PLC ha pasado del estado STOP a RUN

Teniendo seleccionado el PLC en el **Árbol del proyecto**, iniciamos el simulador PLCSim desde TIA Portal a través de la opción **Online – Simulación – Iniciar**, o también mediante el icono dispuesto en la barra de menús llamado **Iniciar simulación**, siguiendo los mismos pasos indicados en el punto 1.2.6 dentro del apartado **Mediante PLCSim**.

IMPORTANTE: Una vez finalizada la carga del hardware y el programa, y antes de continuar, hemos de pasar el PLCSim al modo de funcionamiento **STOP** y seguidamente dejarlo en modo **RUN**.

- Conexión del PLCSim con el simulador 3D.

Iniciamos el simulador 3D, en ese momento se visualizará el proceso que contiene el simulador así como diferentes botones habilitados en el panel principal.

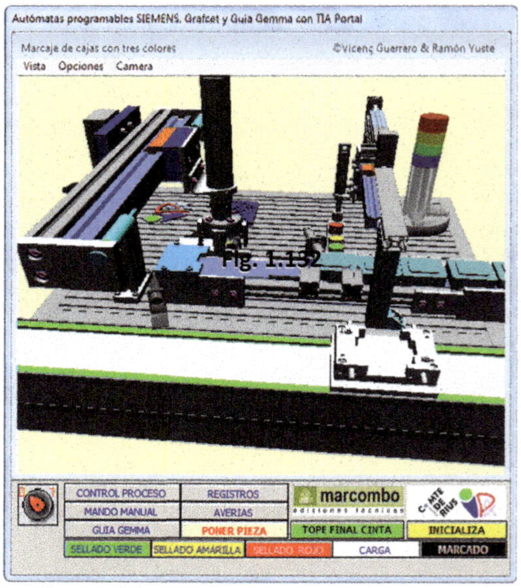

Fig. 1.132

Este simulador 3D se puede girar en todos los sentidos. Si fijamos el ratón en un punto y lo giramos en cualquier sentido, se podrán obtener múltiples vistas del proceso simulado. También se podrá realizar zoom para acercar o alejar el proceso si fijamos en un punto el ratón y desplazando la rueda hacia adelante, alejar o zoom (-) y hacia atrás, acercar o zoom (+).

En la parte inferior del simulador 3D están situados una serie de selectores y pulsadores con diferente funcionalidad, como es el selector 0-1 de la izquierda, éste se utilizará para reiniciar todos los actuadores que intervienen en el proceso colocándolos en su posición de reposo y haciendo que las piezas se sitúen,

Recuerda • • •

El selector "0-1" situado en la parte inferior izquierda del Simulador 3D, se debe utilizar para poder poner el proceso simulado en sus condiciones de inicio, tal cual aparece al arrancarlo.
También es útil cuando, por causas justificadas, como puede ser un incorrecto planteamiento del programa, o injustificadas, "cosas de la informática", el Simulador 3D pueda quedar en un estado no deseado, o bien porque realiza acciones anormales.

también, en su posición inicial. Para ello en primer lugar debemos pasar el modo de funcionamiento del PLC Sim de STOP a RUN.

También en ese mismo panel inferior localizamos tres pulsadores que tienen la siguiente funcionalidad:

PONER PIEZA : Si no existe pieza en la posición de recogida por parte de la ventosa del manipulador de carga, entonces aparecerá una nueva pieza, podemos realizar hasta un máximo de cuatro cargas de piezas. Este pulsador puede ser utilizado en el caso de realizar programas para el estudio de forma individual del manipulador de carga. En el caso de que se hayan agotado las cuatro piezas, entonces debemos accionar el pulsador **Inicializa**, disponiendo de nuevo de otras cuatro piezas.

TOPE FINAL CINTA: Si se desea realizar programas para el estudio de forma individual del manipulador de grabado, podemos activar este botón, con ello se consigue que cuando las piezas alcancen la posición final de la cinta, esas mismas piezas desaparezcan del proceso. Si este botón se encuentra activado se indicará de color rojo observando además como la pieza que hace de tope al final de la cinta de piezas desaparece, si por el contrario se encuentra desactivado se visualizará el botón de color verde y el tope del final de la cinta aparece. En el caso de quedarse vacía la cinta transportadora de entrada de piezas al proceso se deberá accionar el pulsador **Inicializa,** cargando de nuevo la cinta de piezas.

CARGA: Simula la acción de retirar manualmente la pieza cuando ésta se encuentra en la posición de carga para ser recogida por la ventosa.

MARCADO: Simula la acción de retirar manualmente la pieza cuando ésta se encuentra en la posición de marcado en el manipulador de grabado.

Los otros tres pulsadores con las indicaciones de SELLADO VERDE, SELLADO AMARILLA y SELLADO ROJO están asociados a diferentes entradas del PLC, para en el caso de querer realizar programas y poder seleccionar en cada momento el color del sellado de cada una de las piezas a procesar.

Si la comunicación con el PLCSim es correcta, mediante una **Tabla de observación y forzado permanente** se observarán las diferentes entradas/salidas indicando su estado actual.

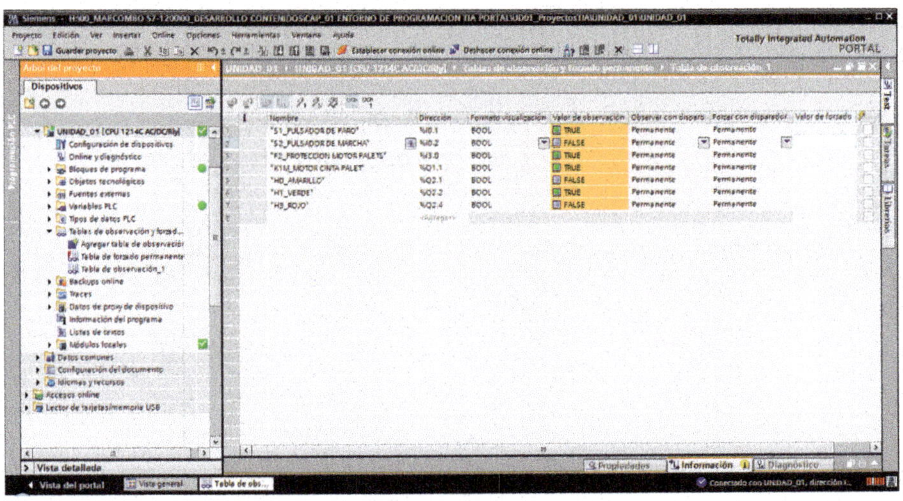

Fig. 1.133

- Comprobar el funcionamiento del programa.

A continuación, podemos ir haciendo aparecer los diferentes cuadros de mando para el control del proceso mediante los diferentes pulsadores como:

- **Control del proceso.**

En esta ventana podemos controlar el proceso mediante los diferentes dispositivos:

- seta de EMERGENCIA.
- pulsador de PARO con indicador luminoso.
- pulsador de MARCHA con indicador luminoso.
- selector AUT/MAN.

Fig. 1.134

- pulsador de reconocimiento de alarmas (ACK) con indicador luminoso.
- disyuntor magneto térmico del motor de la cinta transportadora de palets **M1**.
- disyuntor magneto térmico del motor de la cinta transportadora de piezas **M2**.
- cinco pulsadores, sin enclavamiento con una pulsación, con enclavamiento al realizar una doble pulsación, además de indicador luminoso (**S20-H20**..., **S24-H24**).

Para este primer ejercicio que estamos realizando, basta con este cuadro de mando para poder controlar el proceso y visualizar en el simulador 3D el funcionamiento de la cinta de transporte de palets.

Para ello actuaremos sobre los siguientes dispositivos:

- Pulsador de Paro, indicado como **PARO**.
- Pulsador de Marcha, indicado como **MARCHA**.
- Disyuntor magneto térmico del motor de la cinta transportadora de piezas, indicado como **M2**.
-

El resto de ventanas de control del proceso serán explicados en sucesivos capítulos donde aparezcan.

- **Mando manual.**

En esta ventana podemos controlar el proceso de forma manual a través de unos selectores que controlarán cada actuador:

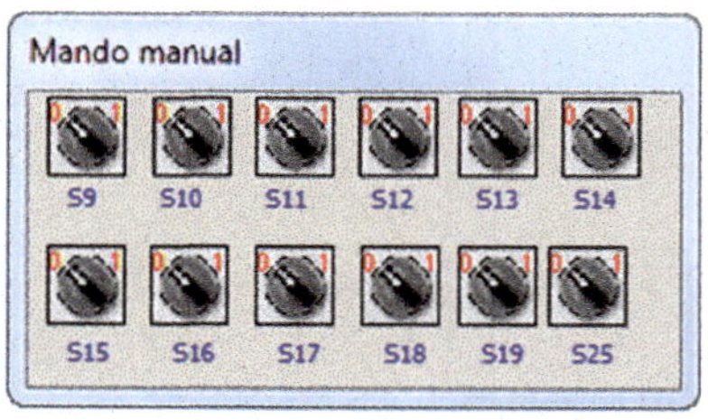

Fig. 1.135

- **Estado de la Guía Gemma.**

En esta ventana podemos visualizar el estado actual del proceso según la guía Gemma. Se observará un cambio a color verde cuando por programa activemos la salida asociada a cada uno de estos pilotos.

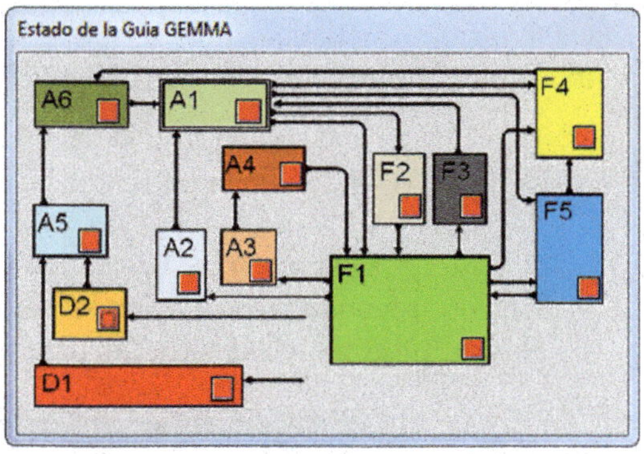

Fig. 1.136

- **Averías en el proceso.**

A través de esta ventana podemos provocar diferentes averías al proceso y que el programa deberá contemplar su tratamiento.

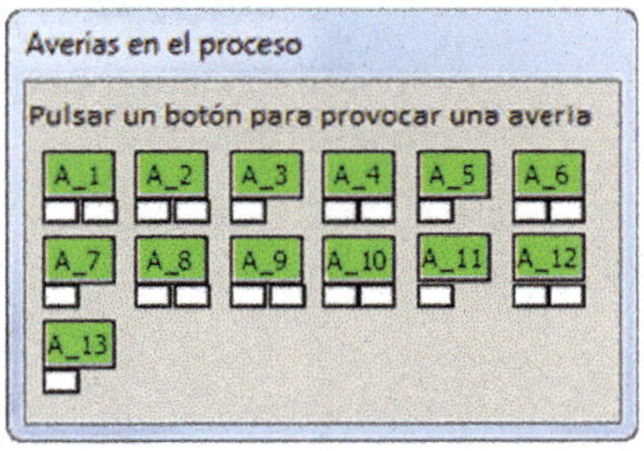

Fig. 1.137

Recuerda • • •

Si al arrancar el Simulador 3D, éste queda en segundo plano, para poderlo pasar a primer plano debemos usar la combinación de teclas "Alt + Tab".

- **Registros de pedido y de contaje.**

En esta ventana podemos visualizar el estado actual de los registros de contaje referidos a los **Valores de producción**, que mostraran el número de las piezas procesadas (fila inferior). También esta misma fila dispone de un pulsador de **Reset** para programar en el PLC como una entrada y poder poner a cero los registros asociados a los **Valores de producción**.

También, permite la introducción de valores en los registros de **Pedidos de producción** para indicar cuantas piezas de cada color se desean procesar (fila superior) como pedidos de producción, contando con un pulsador de **Reset** con el que se ponen a cero los registros asociados a los visualizadores de **Pedidos de producción**. Se ha de indicar que este pulsador es interno al simulador 3D y por tanto no está asociado a ningún registro del PLC.

Recuerda • • •

Para cerrar el Simulador 3D, es imprescindible pulsar sobre los iconos indicados, ya que en caso contrario quedarán procesos abiertos.

Fig. 1.138

- Nota importante.

Si al arrancar el Simulador 3D no aparece en pantalla, es porque queda en segundo plano cuando se tienen más aplicaciones abiertas. En este caso hay que usar las teclas **Alt + Tab** para visualizar el simulador 3D en primer plano.

Fig. 1.139

Para cerrar el simulador 3D de forma correcta se debe pulsar el botón siguiente, ya que en cualquier otro caso quedaran procesos abiertos.

Fig. 1.140

Ejercicio

CONTROL DEL MOVIMIENTO DE TODOS LOS ACTUADORES Y PILOTOS DE SEÑALIZACIÓN DE FORMA MANUAL

Con el objetivo de manipular el simulador 3D y conocer algunas de sus funcionalidades, en este primer ejercicio sería conveniente poder visualizar los movimientos de todos los actuadores, como son los cilindros y los motores, así como el de los pilotos de señalización, tanto de la baliza como de los pulsadores.

Condiciones de funcionamiento:

- Mediante los correspondientes selectores del panel de **Mando manual**, se debe ir realizando los movimientos de forma controlada para que no existan choques en los movimientos, de todos y cada uno de los cilindros que intervienen en el proceso.
- Mediante los correspondientes diferentes selectores del panel de **Mando manual**, se debe ir realizando los movimientos de los dos motores teniendo en cuenta el estado de los disyuntores magneto térmicos. Si éstos se encuentran disparados, se deberá señalizar mediante los pilotos amarillo y rojo, respectivamente de la baliza. Del mismo modo, quedara señalizado el funcionamiento de los motores mediante los pilotos, verde y azul, respectivamente, de la baliza.
- Los pilotos asociados a los pulsadores de **Paro**, **Marcha** y **ACK**, entrarán en funcionamiento siempre que su pulsador correspondiente se encuentre pulsado.
- Los pilotos asociados a los pulsadores de **S20**, **S21**, **S22**, **S23** y **S24**, entrarán en funcionamiento siempre que su pulsador correspondiente se encuentre pulsado.

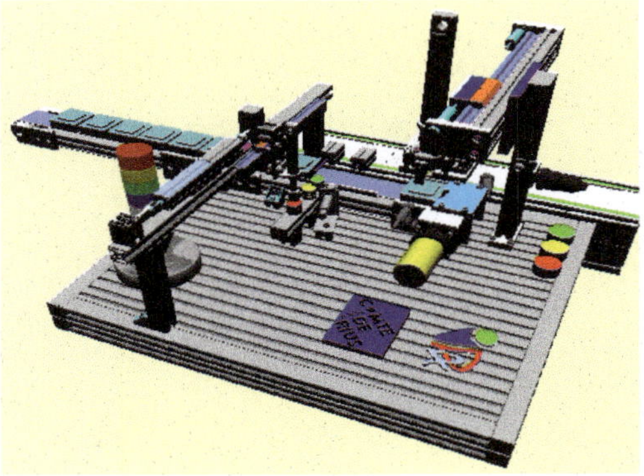

Fig. 1.141

Relación de entradas y salidas:

ENTRADAS	
Dirección	**Dispositivo**
I0.1	S1 Paro
I0.2	S2 Marcha
I2.7	F1 Disyuntor motor piezas
I3.0	F2 Disyuntor motor palets
I3.1	S5 Pulsador ACK
I4.0	S9 Selector bajar ventosa
I4.1	S10 Selector ventosa a la izquierda
I4.2	S11 Selector ventosa a la derecha
I4.3	S12 Selector multiposicional pequeño
I4.4	S13 Selector multiposicional grande

SALIDAS	
Dirección	**Dispositivo**
Q0.0	Y1 Bajar ventosa
Q0.1	Y2 Ventosa a la izquierda
Q0.2	Y3 Ventosa a la derecha
Q0.3	Y4 Multiposicional pequeño
Q0.4	Y5 Multiposicional grande
Q0.5	Y6 Tope en cinta de piezas
Q0.6	Y7 Bajar marcador
Q0.7	Y8 Subir marcador
Q1.0	Y9 Activar ventosa
Q1.1	K1M Motor cinta palets

ENTRADAS	
Dirección	**Dispositivo**
I4.5	S14 Selector tope cinta piezas
I4.6	S15 Selector bajar marcador
I4.7	S16 Selector subir marcador
I5.0	S17 Selector motor piezas
I5.1	S18 Selector motor palets
I5.2	S19 Selector vacío ventosa
I5.3	S20 Pulsador
I5.4	S21 Pulsador
I5.5	S22 Pulsador
I5.6	S23 Pulsador
I5.7	S24 Pulsador

SALIDAS	
Dirección	**Dispositivo**
Q2.0	K2M Motor cinta piezas
Q2.1	H0 Piloto amarillo
Q2.2	H2 Piloto verde
Q2.3	H2 Piloto azul
Q2.4	H2 Piloto rojo
Q3.0	H4 Piloto pulsador paro
Q3.1	H5 Piloto pulsador marcha
Q3.2	H6 Piloto pulsador ACK
Q3.3	H20 Piloto pulsador S20
Q3.4	H21 Piloto pulsador S21
Q3.5	H22 Piloto pulsador S22
Q3.6	H23 Piloto pulsador S23
Q3.7	H24 Piloto pulsador S24

Realizar:

- Programa implementado para el PLC.
- Comprobación del funcionamiento mediante la maqueta de simulación 3D.

Unidad 2 Introducción a la programación

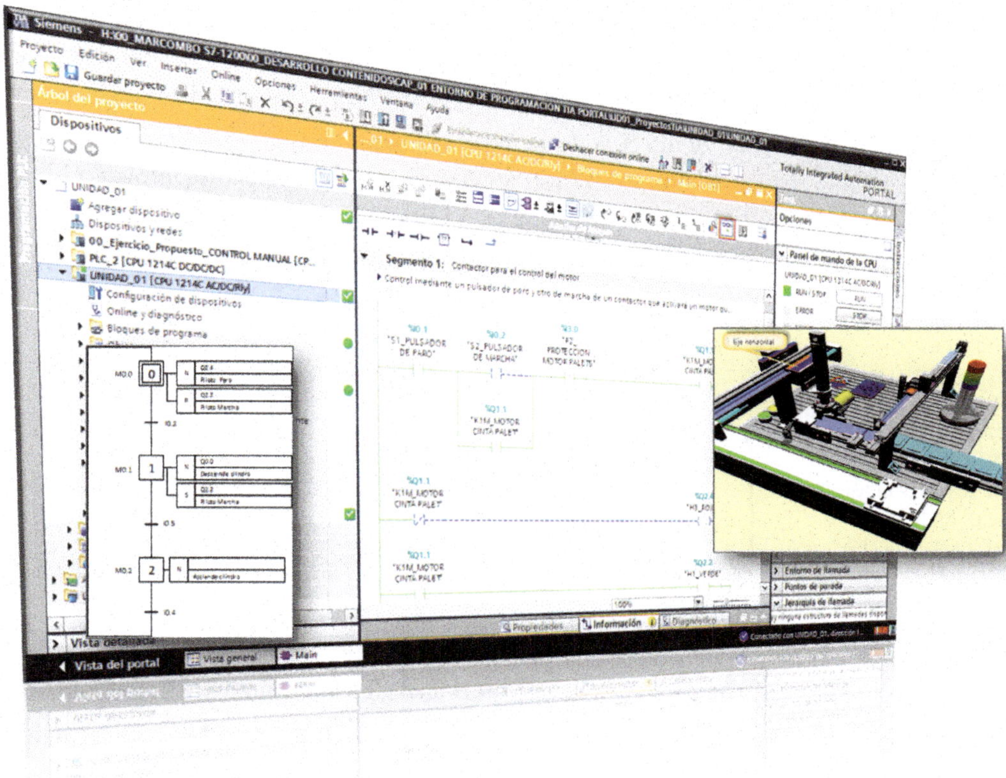

En este capítulo:

2.1 Operaciones lógicas con bits

Las señales de entrada y salida digitales son llamadas por el programa a través de una dirección de memoria. Estas señales que se encuentran en la propia CPU están formadas por grupos de ocho entradas o salidas que van desde el bit 0 al bit 7. Además, esa dirección se completa con el número del byte al que pertenece dicha entrada o salida digital.

Recuerda • • •

El número de entradas y salidas físicas que contiene una CPU puede variar, pero lo que no varía es la forma en la que se direccionan: primero el tipo de registro del PLC (entrada, salida, marca...) seguido del número del byte, un punto y el número del bit.

Por ejemplo, si disponemos de una CPU que integra un módulo de 14 entradas y 10 salidas, estas estarían distribuidas de la siguiente forma:

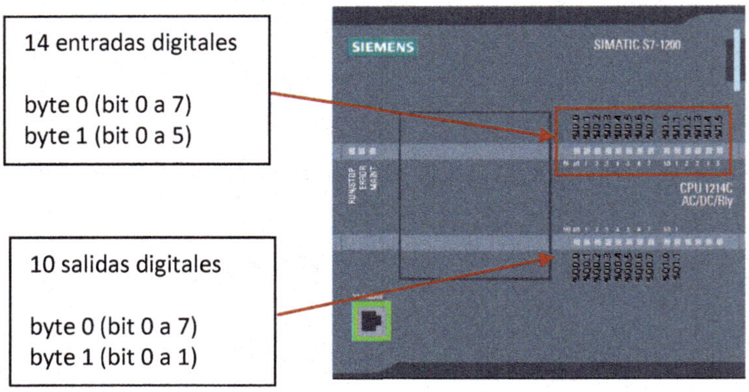

Fig. 2.1

Las direcciones de una entrada digital se asignan de la siguiente forma:

%I 2.3

%I : la letra «I» indica que se trata de una entrada.
2 : el valor «2» señala la dirección del byte.
3 : el valor «3» señala la dirección del bit.

En la dirección siempre se separa el número de byte del número del bit con un punto.

Las direcciones de una salida digital se asignan de la siguiente forma:

%Q 5.6

%Q : la letra «Q» indica que se trata de una salida.
5 : el valor «5» señala la dirección del byte.
6 : el valor «6» señala la dirección del bit.

Al igual que para las entradas digitales, en la dirección siempre se separa el número de byte del número del bit con un punto.

Al procesarse el ciclo de scan, en el momento de realizar la lectura de las entradas, lo que hace es una copia íntegra del estado de todas ellas y las graba en una zona de memoria del PLC llamada **PII** (process image of the inputs) o, lo que es lo mismo, una imagen del estado de las entradas del proceso.

Algo similar sucede con las salidas, pero al revés, es decir, que al ser ejecutado el programa, el resultado que va teniendo el estado de las diferentes salidas que intervienen en dicho programa se va grabando en la zona de memoria llamada

Recuerda • • •

La CPU incorpora un área de memoria llamada PII que actualiza en cada scan el estado de todas las entradas físicas que contenga.

PIQ (process image of the outputs, quit) o, lo que es lo mismo, una imagen del estado en el que se deberán encontrar las salidas. Este estado se vuelca sobre las salidas físicas antes de iniciar un nuevo scan.

En ambos casos el valor grabado, tanto en PII como PIQ, en cada bit corresponde con el estado de la entrada o salida física de las mismas. Por tanto, si la señal está activa, se grabará un **1** y si la señal está desactivada, se grabará un **0**.

Veamos un ejemplo de un bit de entrada y otro de salida representado en la PII y PIQ respectivamente:

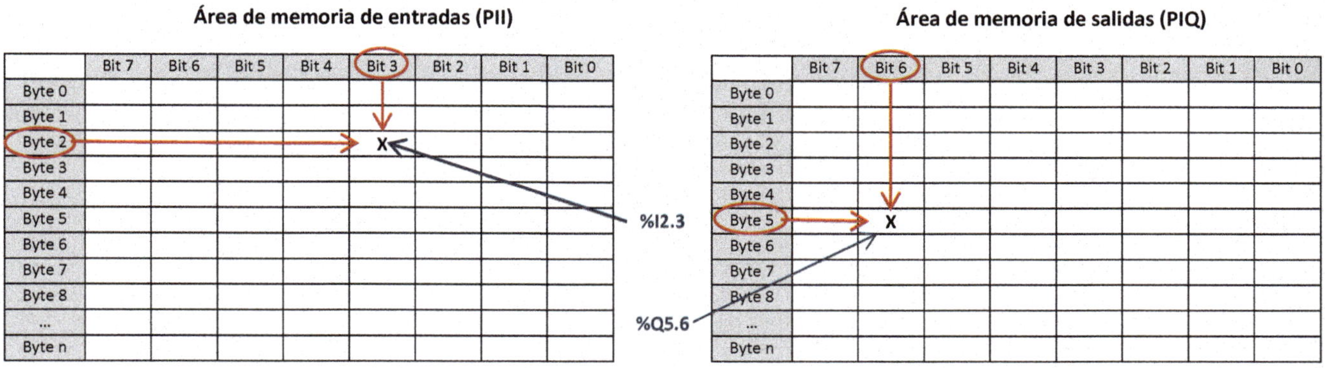

Recordamos ahora las acciones que conforman el ciclo de scan:

Recuerda • • •

La CPU incorpora un área de memoria llamada PIQ que registra durante la ejecución del programa el estado que deberá tener cada una de las salidas. Al inicio de cada scan, estos estados serán copiados en las salidas físicas.

1. Transfiere el estado de las salidas del área de memoria PIQ hacia las salidas físicas.

2. Almacena el estado de las entradas físicas en el área de memoria PII.

3. Ejecución del programa, instrucción a instrucción con acceso a las áreas de memoria PII y PIQ.

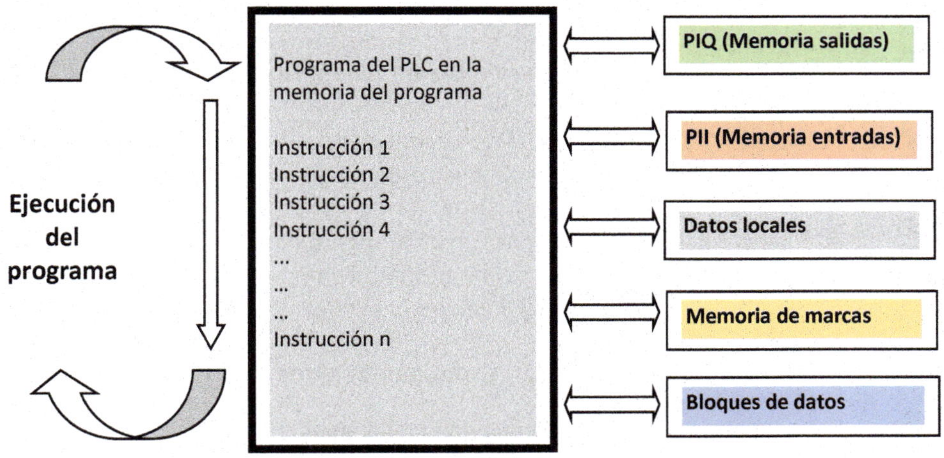

4. Ejecuta funciones internas del sistema operativo (atiende a las comunicaciones, realiza operaciones de autotest, etc.)

Nota: El tiempo que el procesador necesita para toda esta secuencia se conoce como ciclo de scan, y este depende en gran medida del número de instrucciones utilizadas en el programa y de la capacidad del procesador.

2.1.1 Concepto del bit RLO (Resultado Lógico de la Operación)

El bit de estado RLO es la memoria intermedia en las operaciones lógicas binarias. La CPU transfiere el resultado de la consulta al RLO en la primera consulta. En todas las consultas siguientes, el resultado se combina lógicamente con el RLO guardado y se deposita nuevamente en el RLO.

El RLO se puede activar (SET), desactivar (RESET), negar (NOT) o guardar (SAVE) en el bit del resultado binario (BR) de la palabra de estado (STW) a través de las instrucciones correspondientes. Con el RLO se controlan instrucciones de almacenamiento, temporización y contaje, y se ejecutan determinadas instrucciones de salto.

Si el resultado de la ecuación lógica se cumple, es decir, que es cierta, entonces se registra un **1** en el bit del RLO. Si por el contrario la ecuación lógica no se cumple, es decir, que es falsa, se registra un **0** en el bit del RLO.

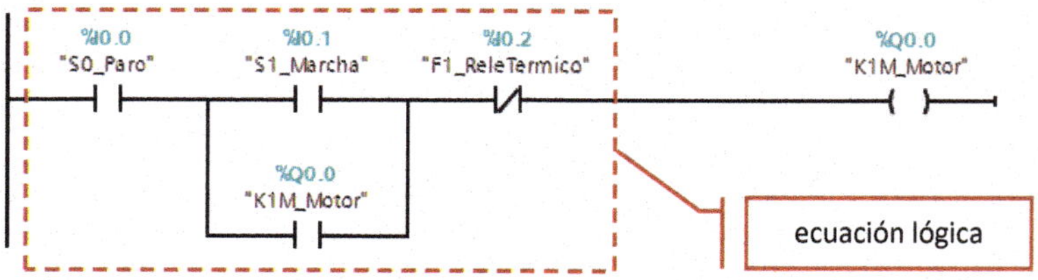

Fig. 2.2

Analizará el estado del primer contacto, en este caso el %I0.0. Si está activado, pondrá un **1** en el bit RLO y en caso contrario grabará un **0**.

Continuará con los siguientes contactos aplicando la operación lógica programada, AND o OR, y así sucesivamente con todos y cada uno de los contactos que contiene la ecuación lógica.

Recuerda • • •

La CPU dispone de un registro interno en forma de bit, llamado RLO, que guarda en cada paso del programa el estado de la última operación lógica realizada.

Al final tendremos dos posibles soluciones:

- Que el conjunto de la ecuación lógica sea verdadera → bit RLO = 1
- Que el conjunto de la ecuación lógica sea falsa → bit RLO = 0

Entonces en el momento de ver si ha de activar o no la salida %Q0.0 lo que hace la CPU es mirar cómo se encuentra el bit RLO. Si está a **1**, conectará la salida, y si está a **0**, la desconectará.

2.1.2 Circuitos básicos con entradas y salidas

- **Operación lógica AND**

Si, por ejemplo, tenemos el siguiente circuito eléctrico formado por dos pulsadores para controlar el funcionamiento de un piloto, tan solo funcionará cuando los dos pulsadores se encuentren cerrados de forma simultánea:

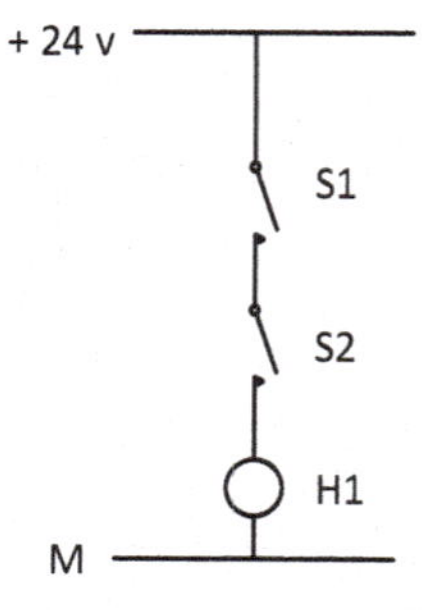

El cableado de los diferentes componentes en el PLC será el siguiente:

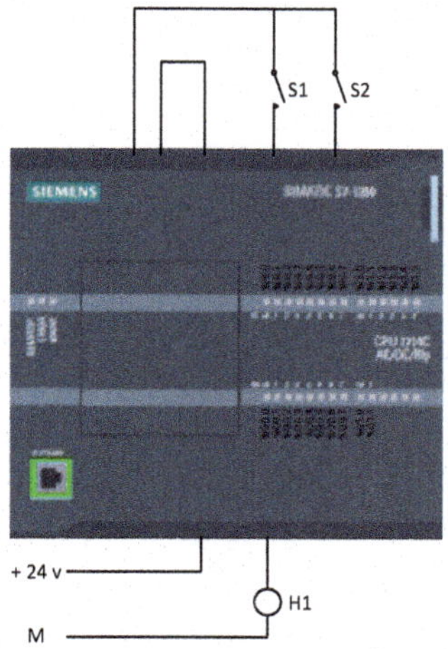

Donde se observa cómo los pulsadores conectados a las entradas no tienen por qué respetar la condición tal y como se lleva a cabo en un sistema cableado, ya que la condición se realizará por el propio programa cargado en el PLC.

Tendremos, entonces, la siguiente distribución de entradas y salidas:

ENTRADAS	
S1	%I0.0
S2	%I0.1

SALIDAS	
H1	%Q0.0

Recuerda • • •

La instrucción AND programa un contacto abierto en serie con todo lo anterior.

Por tanto, nuestro programa quedará de la siguiente forma:

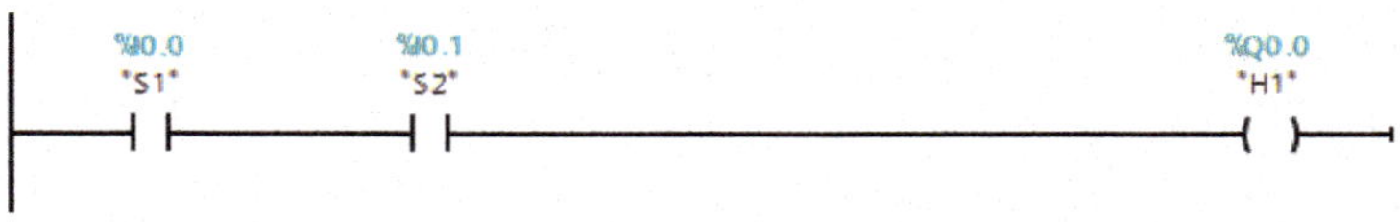

Fig. 2.3

- **Operación lógica OR**

Si, por ejemplo, tenemos el siguiente circuito eléctrico formado por dos pulsadores para controlar el funcionamiento de un piloto, este funcionará cuando uno o los dos pulsadores se encuentren cerrados:

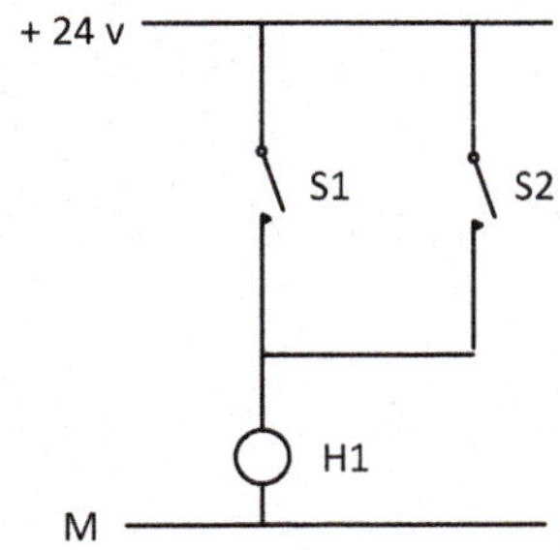

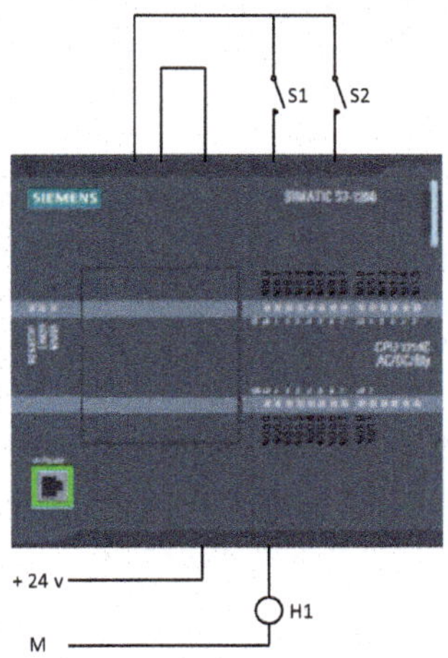

En esta figura se representa el cableado de los diferentes componentes en el PLC.

Como se puede observar, el cableado es idéntico al del ejemplo anterior, ya que la condición no viene dada por cómo están conectados estos pulsadores, sino por el programa que incluimos en el PLC.

Tendremos, entonces, la siguiente distribución de entradas y salidas:

ENTRADAS	
S1	%I0.0
S2	%I0.1

SALIDAS	
H1	%Q0.0

Recuerda • • •

La instrucción OR programa un contacto en paralelo con todo lo anterior.

Por tanto, nuestro programa quedará de la siguiente forma:

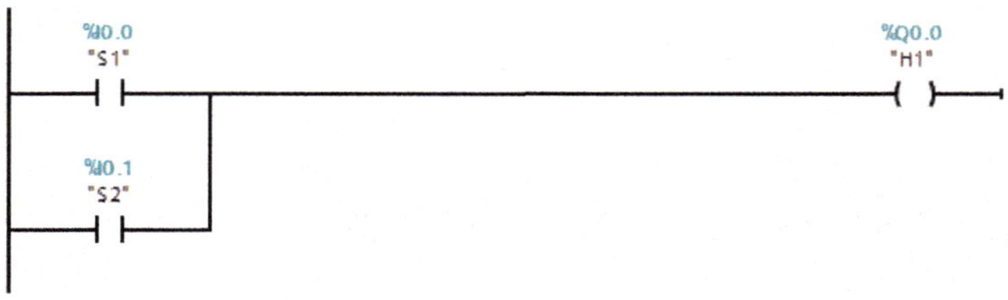

Fig. 2.4

- **Negación**

En operaciones lógicas, a veces es necesario trabajar con SEÑALES CONTRARIAS A LAS DEL ELEMENTO AL CUAL HACE REFERENCIA, es decir, que en estado de reposo dejan pasar señal y en estado de activación no dejan pasar señal:

	SÍMBOLO	COMENTARIO
Fig. 2.5a	%I0.1 "S2" —| |—	CONTACTO NORMAL que en estado de reposo no deja pasar señal.
Fig. 2.5b	%I0.2 "S3" —|/|—	CONTACTO NEGADO que en estado de reposo sí deja pasar señal.

Veamos algún ejemplo:

Fig. 2.6

- **Operación NOT**

El concepto de contacto negado solo afecta al contacto donde está programado y no hay que confundirlo con la operación NOT. Esta instrucción realiza la operación de negar todo lo que afecte anteriormente programado en ese segmento, es decir, el estado del bit RLO en ese punto del programa.

Recuerda • • •

La instrucción NOT ofrece en su salida el estado lógico contrario del que tiene en su entrada.

En el siguiente ejemplo la instrucción NOT niega el resultado lógico de la operación en ese momento. Por tanto, si la ecuación lógica antes de la instrucción NOT era **1**, después de la instrucción NOT pasa a ser **0**, y al contrario.

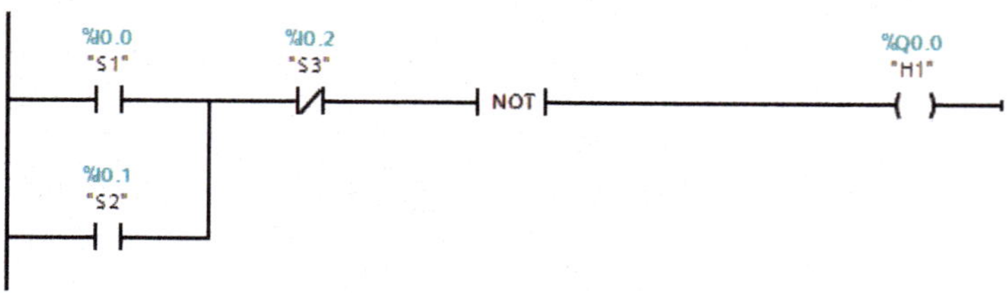

Fig. 2.7

2.1.3 Memoria de la CPU. Marcas de memoria y marcas remanentes

- **Gestión de la memoria**

La CPU dispone de las siguientes áreas de memoria para almacenar el programa de usuario, los datos y la configuración:

- **Memoria de carga**: permite almacenar de forma no volátil el programa de usuario, los datos y la configuración. Cuando se carga un proyecto en la CPU, esta almacena primero el programa en el área de memoria de carga. Este área se encuentra bien en una Memory Card (si está disponible) o en la CPU. La CPU conserva este área de memoria no volátil incluso tras un corte de alimentación. La Memory Card ofrece mayor espacio de almacenamiento que el integrado en la CPU.

- **Memoria de trabajo**: ofrece almacenamiento volátil para algunos elementos del proyecto mientras se ejecuta el programa de usuario. La CPU copia algunos elementos del proyecto desde la memoria de carga en la memoria de trabajo. Este área volátil se pierde si se desconecta la alimentación. La CPU la restablece al retornar la alimentación.

- **Memoria remanente**: permite almacenar de forma no volátil un número limitado de valores de la memoria de trabajo. La CPU utiliza el área de memoria remanente para almacenar los valores de algunas posiciones de memoria durante un corte de alimentación. Cuando se produce una caída o un corte de alimentación, la CPU restaura esos valores remanentes al restablecerse la alimentación.

Recuerda • • •

La CPU dispone de diferentes áreas de memoria, como son:
- memoria de carga,
- memoria de trabajo,
- memoria remanente.

Para ver el uso de memoria de un bloque de programa compilado, se debe pulsar sobre el botón secundario del ratón en la carpeta del proyecto, en la de **Bloques de programa** o en la del cualquier bloque programado del árbol del proyecto, y seleccionar **Plano de ocupación** en el menú contextual.

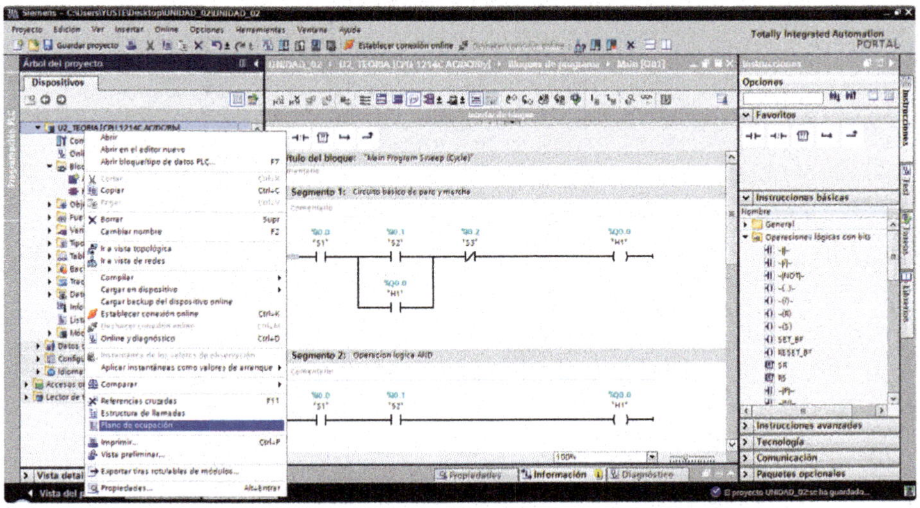

Fig. 2.8

Aparecerá cierta información en diferentes pestañas:

- Estructura de llamadas
- Estructura de dependencias

- Plano de ocupación
- Carga de la memoria

Dentro de la última pestaña **Carga de la memoria** podemos ver los diferentes datos de ocupación de las diferentes memorias:

- Memoria de carga
- Memoria de trabajo
- Memoria remanente

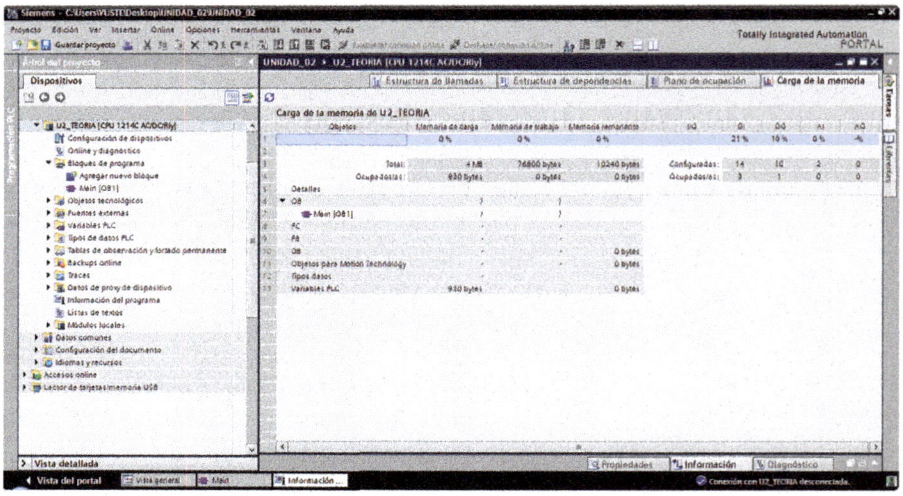

Fig. 2.9

Para ver el uso de memoria de la CPU online, en primer lugar hemos de **Establecer conexión online** con el PLC y posteriormente hacer un doble clic en las opciones **Online** y **Diagnóstico** que encontraremos al desplegar el proyecto de la CPU. A continuación, debemos expandir **Diagnóstico** y seleccionar **Memoria**:

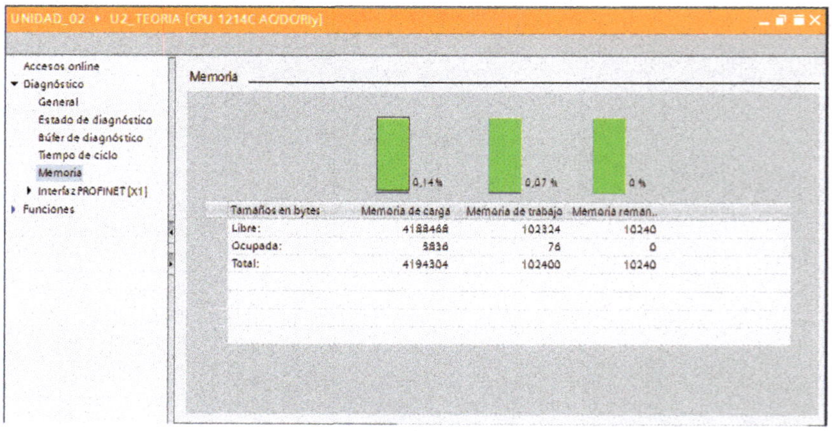

Fig. 2.10

Recuerda • • •

Con comunicación entre el ordenador y el PLC, desde TIA Portal se puede disponer de la información sobre el estado de ocupación de las diferentes áreas de memoria.

- **Memoria remanente**

Es posible evitar la pérdida de datos tras un corte de alimentación marcando determinados datos como remanentes. LA CPU S7-1200 permite configurar como remanente tan solo el área de marcas, a partir de la MB0, mientras que en el S7-1500 permite además del área de marcas, seleccionar como remanentes áreas de temporizadores y de contadores. Cuando tenemos declaradas las variables del programa, nos aparece una columna con el nombre **Remanencia**. Si esta se encuentra marcada, nos indica que esa marca es remanente.

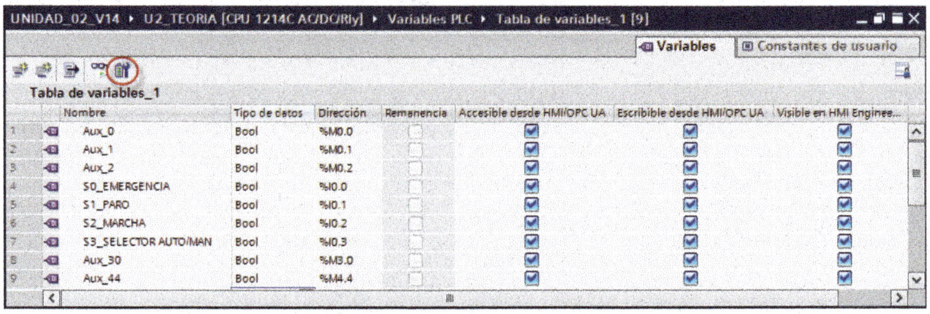

Fig. 2.11

Para poder determinar que un área de marcas sea remanente pulsaremos sobre el icono **Remanencia.** En ese momento aparecerá una ventana en la que podemos configurar el área remanente de la CPU, tal como hemos visto en la figura anterior. Por defecto, no hay ningún área de marcas configurada como tal, y esto se debe a que en la ventana de configuración **Memoria remanente** hay un **0** en el campo **N.º de bytes remanentes.** Si introducimos un valor, por ejemplo 4, quedará configurada un área remanente formada por los bytes MB0, MB1, MB2 y MB3, es decir, 4 bytes empezando siempre por el byte **0**, a continuación se muestra la misma configuración para un S7-1500 y para un S7-1200, respectivamente:

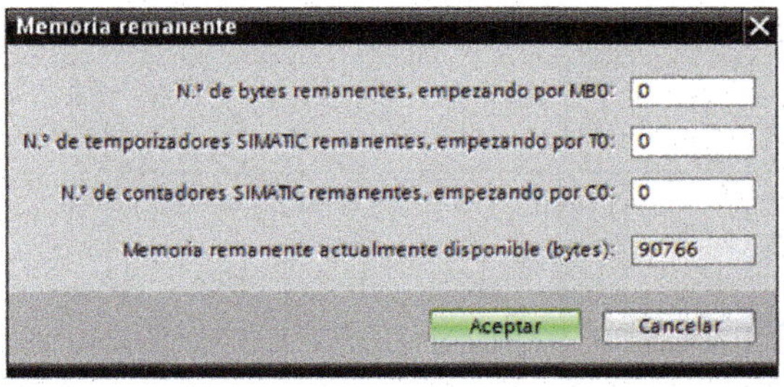

Fig. 2.12a

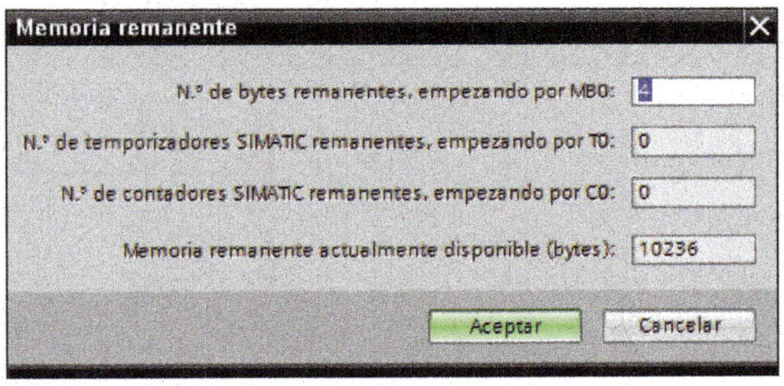

Fig. 2.12b

Al configurar el área de remanencia, se configura el ancho que se precisa, iniciándose siempre por el 0, MB0 para el área de marcas. Como el S7-1200 no trabaja con áreas de temporizadores ni de contadores, la modificación de sus respectivos campos se encuentra inhabilitada, hecho que no sucede en el S7-1500.

Observamos cómo ahora sí se pueden ver en la columna **Remanencia** de la **Tabla de variables** los bytes configurados con remanencia.

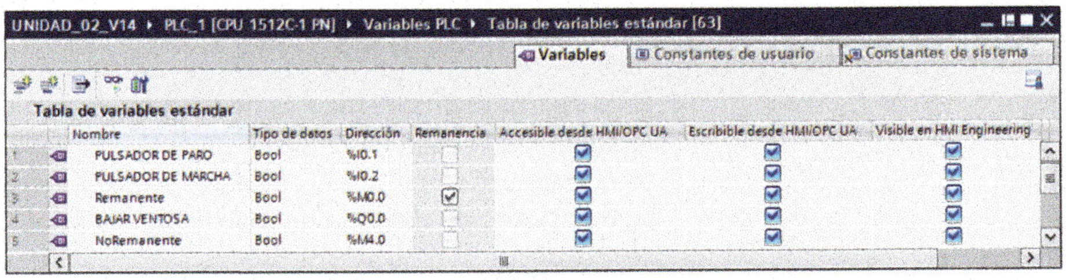

Fig. 2.13

Vamos a comprobar con el siguiente ejemplo cómo trabajar con marcas remanentes o sin ellas:

Recuerda • • •

A través de TIA Portal se puede configurar el área de marcas remanente que provoca que no se pierda la información de su estado ante un corte de alimentación eléctrica de la CPU.

El siguiente circuito trata de controlar la salida Q0.0, que corresponde con el eje vertical del manipulador de carga. Al ser monoestable la electroválvula que controla el movimiento del cilindro y al no tener tensión la bobina, el cilindro retrocederá, pero si la activación de esa salida la hacemos pasar por la marca remanente, M0.0, al conectar tensión al PLC y si la salida se encontraba en funcionamiento antes del corte, cuando se restablezca la alimentación del PLC, la salida Q0.0 volverá a conectarse automáticamente.

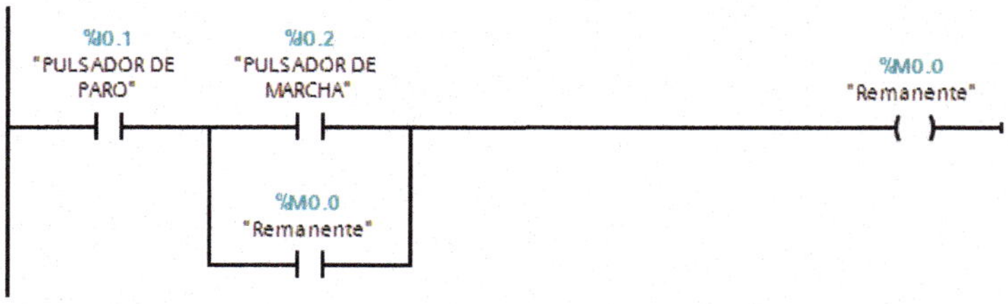

Fig. 2.14a

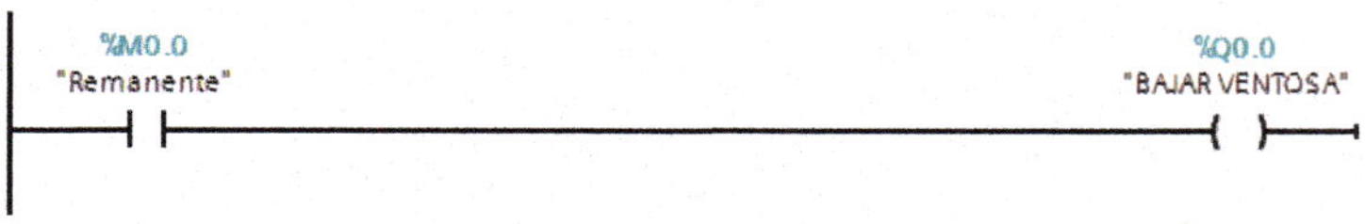

Fig. 2.14b

Al contrario de lo que sucede en el circuito anterior, el siguiente circuito se ha programado basado en marcas no remanentes. Por tanto, la salida quedará desconectada al restablecerse la tensión del PLC, independientemente de que antes del fallo de tensión la salida Q0.0 estuviera o no activada.

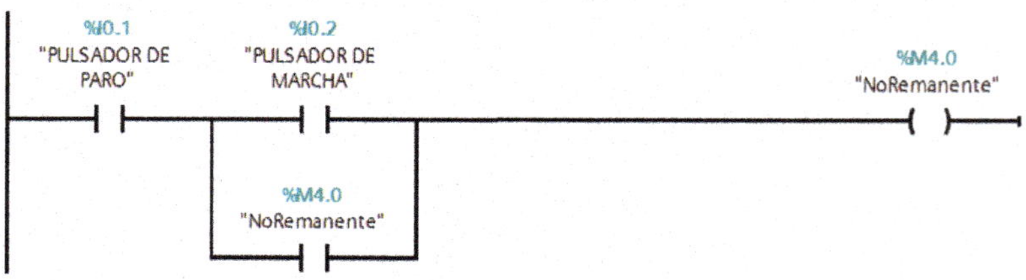

Fig. 2.15a

Fig. 2.15b

2.1.4 Marcas de sistema (Primer ciclo)

Recuerda • • •

En la configuración de la CPU podemos activar la utilización de dos bytes de registros con funciones especiales, como son:
- Byte de marcas de sistema.
- Byte de marcas de ciclo.

En **Propiedades de la CPU**, encontramos dentro de la pestaña **General** la opción **Marcas de sistema y de ciclo**, que contiene dos apartados:

- Bits de marcas de sistema
- Bits de marcas de ciclo

En el apartado **Bits de marcas de sistema** figuran una serie de bits que son solo de lectura para el usuario. Entre ellos consta el bit de **Primer ciclo** o «First Scan», que se corresponde con el bit de marca M8190.0 cuando completamos con 8190 el campo **Dirección del byte de marcas de sistema**:

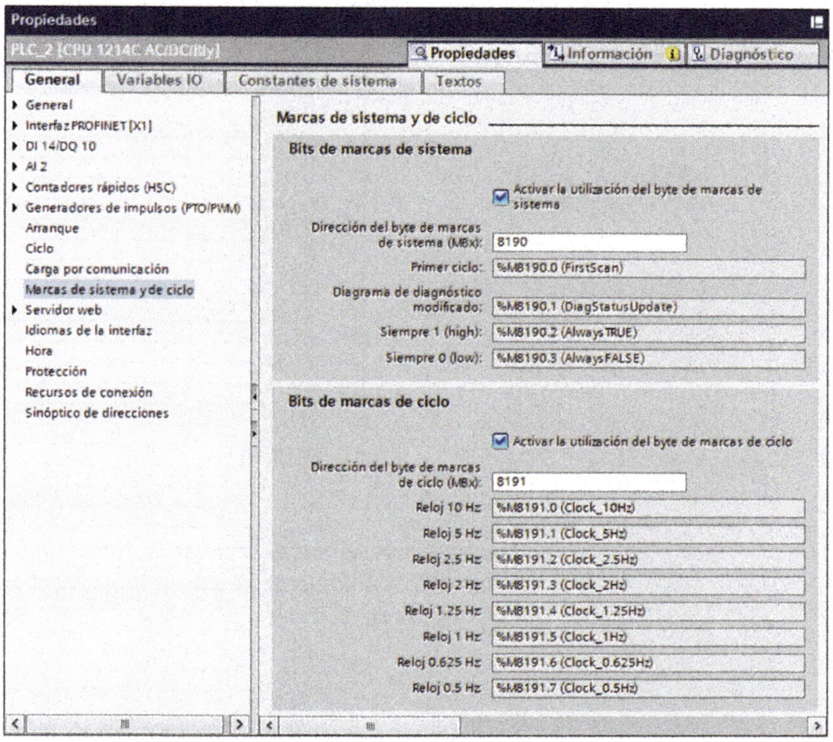

Fig. 2.16a

En el apartado **Bits de marca de ciclo** definiremos un byte que contendrá unos bits que funcionarán a diferentes frecuencias y se explicarán en el siguiente capítulo.

2.1.5 Instrucciones con memoria SET/RESET

No hemos de confundir las instrucciones llamadas con memoria con las marcas remanentes. Las instrucciones con memoria que podemos encontrar tanto en un PLC S7-1200 como en un S7-1500 son las siguientes:

- **R** - RESET. Desactivar bit.
- **S** - SET. Activar bit.
- **SET_BF**. Activar un rango de bits consecutivos.
- **RESET_BF**. Desactivar un rango de bits consecutivos.
- **SR** - SET-RESET. Flip-flop de activación/desactivación de bit.
- **RS** - RESET-SET. Flip-flop de desactivación/activación de bit.

Estas instrucciones las podemos encontrar dentro de la carpeta **Operaciones lógicas con bits** del catálogo **Instrucciones básicas**.

- **Desactivar salida R:**

La instrucción **Desactivar salida** permite poner a **0** el estado lógico de un operando indicado.

La instrucción se ejecuta solo si el resultado lógico (RLO) de la entrada de la bobina es **1**. Si fluye corriente hacia la bobina (RLO = 1), el operando indicado se pone a **0**. Si el RLO de la entrada de la bobina es **0** (no hay flujo de señales en la bobina), el estado lógico del operando indicado no cambia.

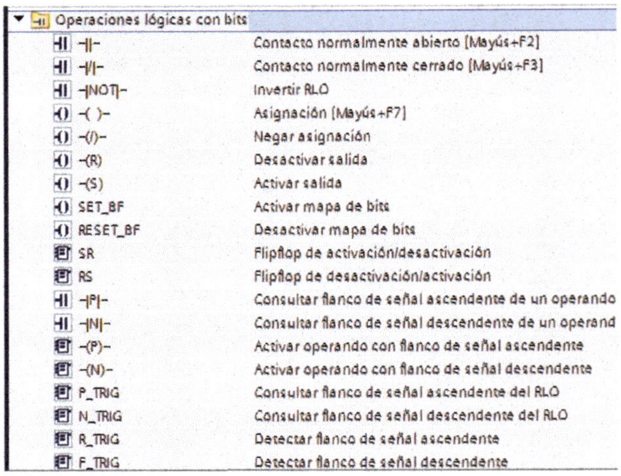

Fig. 2.16b

Ejemplo: queremos desactivar el funcionamiento de la cinta que transporta el palet (Q1.1) cuando se dispare el disyuntor magnetotérmico (I3.0) o el pulsador de paro (I0.1):

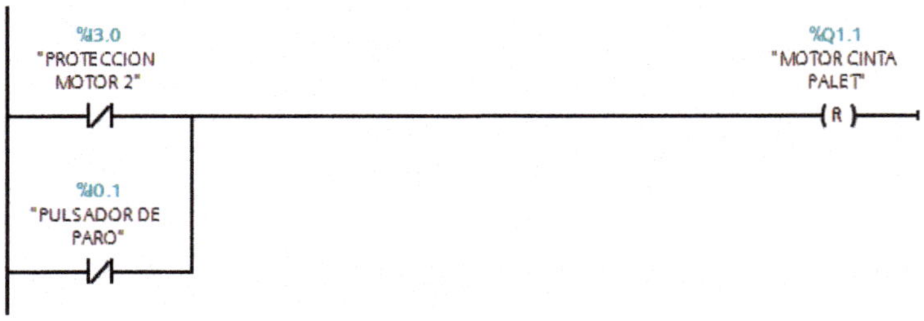

Fig. 2.17

- **Activar salida S:**

La instrucción **Activar salida** permite poner a **1** el estado lógico de un operando indicado.

La instrucción se ejecuta solo si el resultado lógico (RLO) de la entrada de la bobina es **1**. Si fluye corriente hacia la bobina (RLO = 1), el operando indicado se pone a **1**. Si el RLO de la entrada de la bobina es **0** (no hay flujo de señales en la bobina), el estado lógico del operando indicado no cambia.

Recuerda • • •

Las instrucciones de SET y RESET fuerzan el estado del bit asociado al valor «1» o «0» respectivamente.

Ejemplo: queremos activar el funcionamiento de la cinta que transporta el palet (Q1.1) cuando accionamos el pulsador de marcha (I0.2) o el pulsador ACK (I3.1):

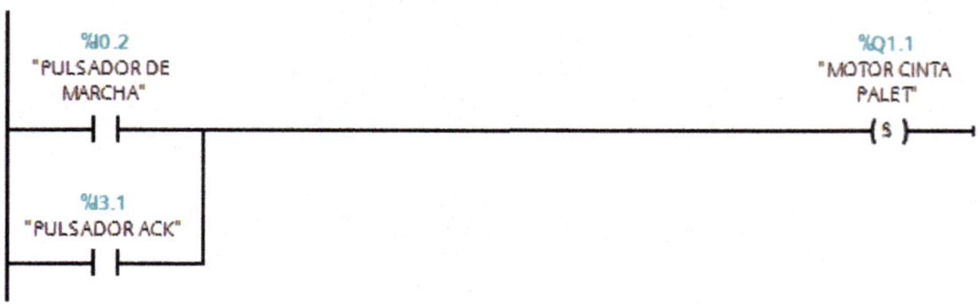

Fig. 2.18

- **Flip-flop de activación/desactivación SR:**

La instrucción **Flip-flop de activación/desactivación** sirve para activar o desactivar el bit de un operando indicado en función del estado lógico de las entradas S y R1.

Recuerda • • •

La instrucción SR fuerza el estado del bit asociado al valor «1» activando la entrada S o «0» activando la entrada R1. En el caso de tener activadas las dos entradas, tendrá prioridad el RESET.

Si el estado lógico de la entrada S es **1** y el de la entrada R1 es **0**, el operando indicado se pone a **1**. Si el estado lógico de la entrada S es **0** y el de la entrada R1 es **1**, el operando indicado se pone a **0**.

La entrada R1 prevalece sobre la entrada S. Si el estado lógico de las entradas S y R1 es **1**, el estado lógico del operando indicado se pone a **0**.

Si el estado lógico de ambas entradas S y R1 es **0**, no se ejecuta la instrucción. En este caso, no cambia el estado lógico del operando.

El estado lógico actual del operando se transfiere a la salida Q y se puede consultar allí.

Podemos resumir el funcionamiento de esta instrucción en la siguiente tabla:

Entrada S	Entrada R1	Salida Q
0	0	No cambia
1	0	Cambia a 1
0	1	Cambia a 0
1	1	Cambia a 0

Se puede afirmar que en este caso la prioridad es a la «desconexión», pues al estar las dos entradas activas, la salida Q permanecerá desactivada.

- **Flip-flop de desactivación/activación RS:**

Recuerda • • •

La instrucción RS fuerza el estado del bit asociado al valor «0» activando la entrada R o «1» activando la entrada S1. En el caso de tener activada las dos entradas, tendrá prioridad el SET.

La instrucción **Flip-flop de desactivación/activación** sirve para desactivar o activar el bit de un operando indicado en función del estado lógico de las entradas R y S1. Si el estado lógico de la entrada R es **1**, y el de la entrada S1 es **0**, el operando indicado se pone a **0**. Si el estado lógico de la entrada R es **0** y el de la entrada S1 es **1**, el operando indicado se pone a **1**.

La entrada S1 prevalece sobre la entrada R. Si el estado lógico de las entradas R y S1 es **1**, el estado lógico del operando indicado se pone a **1**.

Si el estado lógico de ambas entradas R y S1 es **0**, no se ejecuta la instrucción. En este caso, no cambia el estado lógico del operando.

El estado lógico actual del operando se transfiere a la salida Q y se puede consultar allí.

Podemos resumir el funcionamiento de esta instrucción en la siguiente tabla:

Entrada R	Entrada S1	Salida Q
0	0	No cambia
1	0	Cambia a 0
0	1	Cambia a 1
1	1	Cambia a 1

A continuación, presentamos un ejemplo de aplicación:

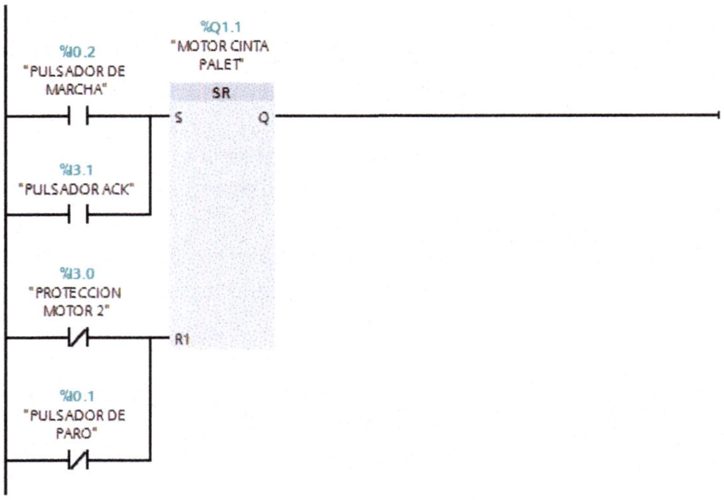

Fig. 2.19

En ella el funcionamiento es el siguiente:

Queremos activar el funcionamiento de la cinta que transporta el palet (Q1.1) cuando accionamos el pulsador de marcha (I0.2) o el pulsador ACK (I3.1), y la desactivaremos cuando se dispare el disyuntor magnetotérmico (I3.0) o el pulsador de paro (I0.1). Siempre ha de prevalecer la orden de parada ante la de marcha:

- **Activar mapa de bits SET_BF:**

La instrucción **Activar mapa de bits** activa varios bits a partir de una dirección especificada. Su estructura es la siguiente:

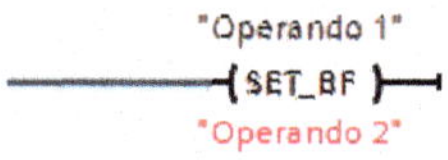

Fig. 2.20

El número de bits que se deben activar se determina mediante el valor situado en la parte inferior del símbolo **Operando 2**, que ha de ser constante y numérico, mientras que el situado en la parte superior **Operando 1** determina la dirección del primer bit que se debe activar. Si el valor del **Operando 2** es mayor que el número de bits de un byte seleccionado, se activan los bits del byte siguiente. Los bits permanecen activados hasta que son desactivados explícitamente por otra instrucción.

- **Desactivar mapa de bits RESET_BF:**

La instrucción **Desactivar mapa de bits** desactiva varios bits a partir de una dirección especificada. Su estructura es la siguiente:

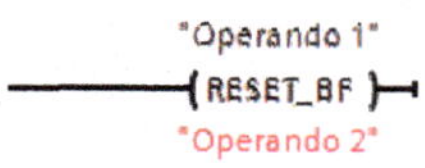

Fig. 2.21

El número de bits que se deben desactivar se determina mediante el valor situado en la parte inferior del símbolo **Operando 2**, que ha de ser constante y numérico, mientras que el situado en la parte superior **Operando 1** determina la dirección

Recuerda • • •

Las instrucciones de SET_BF y RESET_BF fuerzan el estado de una serie de bits consecutivos a partir del bit indicado al valor «1» o «0» respectivamente.

del primer bit que se debe desactivar. Si el valor del **Operando 2** es mayor que el número de bits de un byte seleccionado, se desactivan los bits del byte siguiente. Los bits permanecen desactivados hasta que son activados explícitamente por otra instrucción.

Ejemplo: esta instrucción nos puede servir para inicializar un Grafcet a su etapa inicial. Si por ejemplo tenemos un Grafcet lineal de 15 etapas que empieza en la etapa M0.0 y finaliza en la etapa M1.6, podemos hacer que en el primer ciclo de scan, mediante el contacto **FirstScan**, se conecte la primera etapa, la inicial, y se desconecten las 14 restantes, desde la M0.1 hasta la M1.6:

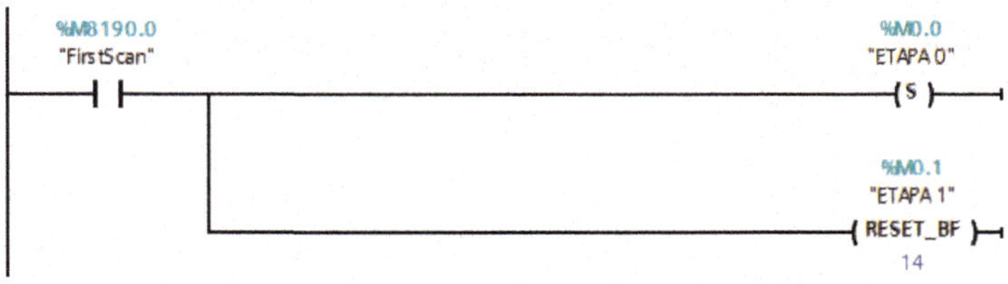

Fig. 2.22

2.2 Programación en Grafcet (I)

El GRAFCET (Graphe Fonctionnel de Commande Etape Transition) nació en 1977 como fruto del trabajo de la AFCET (Asociación Francesa para la Cibernética Económica y Técnica). La ADEPA francesa (Agencia Nacional para el Desarrollo de la Producción Automatizada) le otorgó su actual forma en 1979, normalizada en Europa como (EN61131) e internacionalmente en 1992 como (norma CEI 1131).

Recuerda • • •

Un Grafcet está formado por elementos gráficos basados principalmente en etapas y transiciones para describir el funcionamiento de un proceso secuencial.

Básicamente, el GRAFCET es un modelo de representación gráfica, de los sucesivos comportamientos de un sistema lógico, predefinido por sus entradas y salidas. También es un grafo, o diagrama funcional normalizado que permite crear un modelo del proceso a automatizar, contemplando las entradas, las acciones a realizar, así como los procesos intermedios que provocan estas acciones. Inicialmente fue propuesto para documentar la etapa secuencial de los sistemas de control de procesos a eventos discretos. No fue concebido como un lenguaje de programación de autómatas, sino como un tipo de grafo para elaborar el modelo pensando en la ejecución directa del automatismo o programa de autómata.

Varios fabricantes de autómatas programables integran el Grafcet como un lenguaje de programación para la resolución básicamente de sistemas secuenciales.

2.2.1 Introducción al Grafcet

Un Grafcet es un diagrama funcional que tiene por objetivo describir de forma gráfica el comportamiento de un proceso automatizado secuencial.

2.2.2 Objetos básicos para el diseño de un Grafcet

Para el diseño de un Grafcet es necesario conocer cada uno de los elementos propios de los que consta. En la siguiente tabla se muestran los básicos.

Símbolo	Nombre	Descripción
	Etapa inicial	Indica el comienzo de la secuencia GRAFCET y se activa al poner en modo RUN el autómata. En general tan solo existe una sola etapa de este tipo en cada cadena secuencial, pero puede haber sistemas en los que haya más de una.
	Etapa	Su activación lleva consigo una acción o una espera.
	Unión	Las uniones se utilizan para unir entre sí varias etapas. Si la unión se realiza saltando algunas etapas, ya sea en el sentido de evolución del Grafcet o en su sentido contrario, se indicará con una flecha en su punto final.
	Transición	Condición para desactivarse la etapa en curso y activarse la siguiente etapa. Se indica con un trazo perpendicular a una unión.
	Direccionamiento	Indica la activación de una u otra etapa en función de la condición o condiciones que se cumpla(n). Conocido como divergencia o convergencia en «O».
	Proceso simultáneo	Muestra la activación o desactivación de varias etapas a la vez. Utilizado para una divergencia o convergencia en «Y».
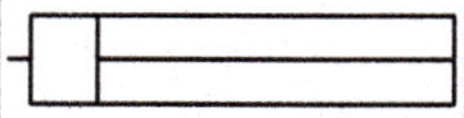	Acciones asociadas	Acciones que se realizan al activarse la etapa a la que pertenecen.

- **Etapa**

Recuerda • • •

Un Grafcet está formado por una etapa inicial y diferentes etapas intermedias. La etapa indica un estado estable del proceso.

Las etapas del Grafcet representan los estados estables del sistema y se indican con un cuadrado numerado. Podemos encontrar dos tipos de etapas:

- Etapa inicial: será la etapa por la que se inicia el funcionamiento de la secuencia y se representa con un doble cuadro.
- Etapa intermedia: son el resto de etapas que no son la inicial. Se representa con un cuadro simple.
-

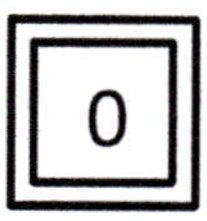

Etapa inicial

Etapa intermedia

Otras características de las etapas:

- Las etapas han de estar numeradas, aunque no necesariamente de forma correlativa. No puede haber dos etapas con el mismo número.

- Las etapas pueden estar activas o inactivas. Al representar el estado del GRAFCET en un momento concreto, se puede indicar que una etapa está activa si esta tiene un punto de color.

- Las etapas pueden tener acciones asociadas o no, dependiendo de la función que deban desarrollar.

Recuerda • • •

En la transición es donde se introducen las condiciones para que un Grafcet pueda evolucionar de una etapa a la siguiente.

- **Transición**

La transición está asociada a la condición que se ha de cumplir para poder pasar a la siguiente etapa, donde la condición puede ser una ecuación booleana o de comparación, básicamente. En la mayoría de los casos, la condición de una transición refleja que la acción o las acciones asociadas de la etapa anterior se han ejecutado de forma correcta.

Ejemplos:

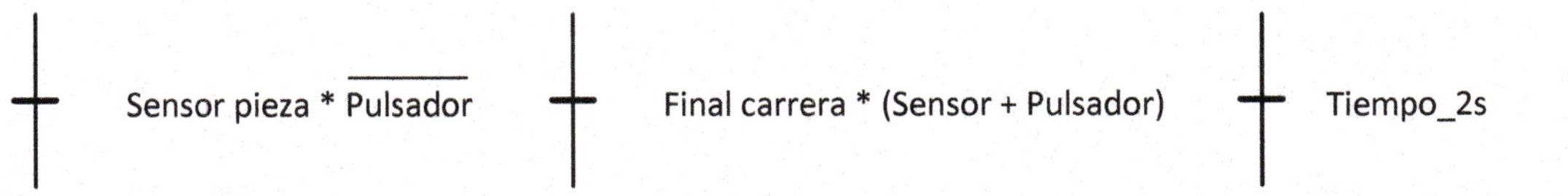

Condición con elemento negado — Condición mixta AND y OR — Condición de tiempo

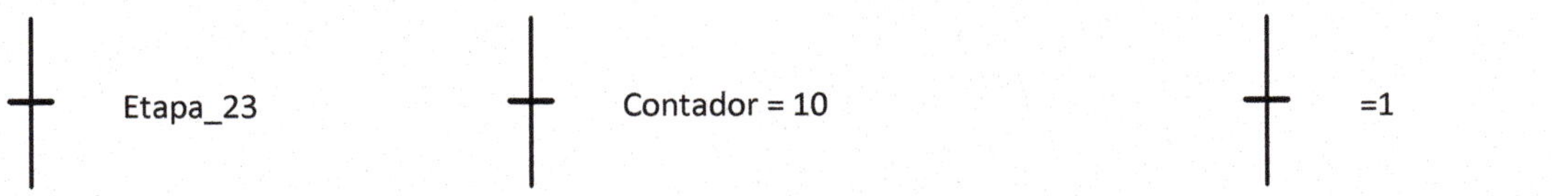

Condición de etapa activa — Condición de comparación — Condición siempre cumplida

Recuerda • • •

En la acción asociada a una etapa es donde se programa la acción a realizar en el momento en que la etapa se encuentre activada.

- **Acción asociada**

Podemos diseñar dos tipos de acciones asociadas:

- Acciones asociadas simples (N): es la acción o las acciones que se deben realizar en el momento en que la etapa correspondiente está activa.
- Acciones asociadas condicionadas (NC): es la acción o las acciones que se realizarán cuando la etapa se encuentra activada y además se cumple la condición.

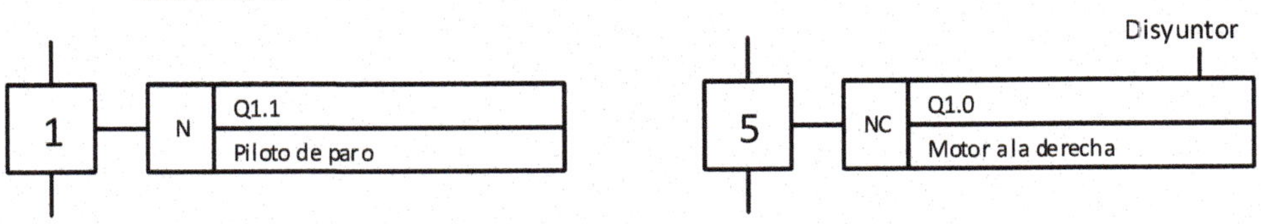

Acción asociada simple — Acción asociada condicionada

2.2.3 Símbolos normalizados en acciones asociadas

Gráficamente la norma IEC 61131-3 representa las acciones asociadas a etapas como bloques con cuatro campos, de los cuales tan solo el segundo es obligatorio.

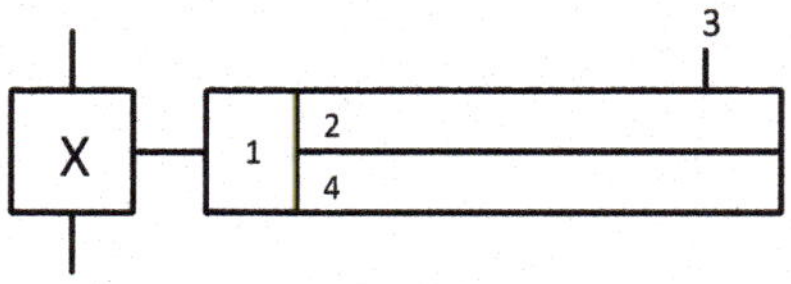

1: se denomina campo calificador y describe el tipo de vínculo entre la etapa y la acción asociada.

2: es el campo nombre donde se describe el comportamiento de la acción.

3: es booleano y se denomina campo indicador. Permite, opcionalmente, especificar una condición a cumplir para que la acción se pueda ejecutar.

4: se usa para describir las acciones o complementarlas con otras complejas.

Por ejemplo:

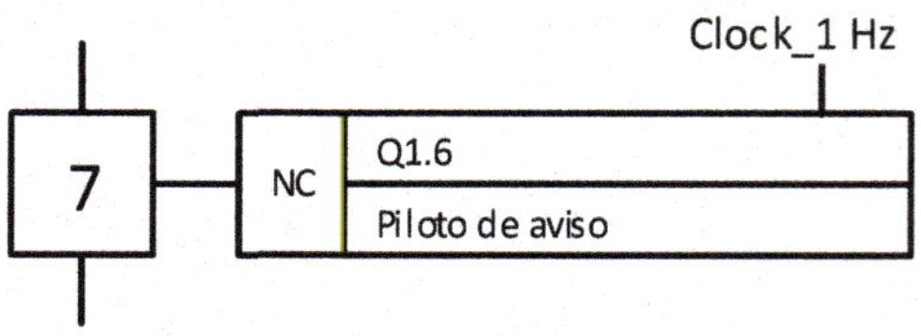

Recuerda • • •

La acción asociada está formada por diferentes campos que, en función de la acción a realizar, se deberán completar.

En este ejemplo, el **Piloto de aviso**, que corresponde con la salida Q1.6, se pondrá en funcionamiento cuando la etapa 7 se encuentre activada y se cumpla la condición **Clock_1 Hz**, que es un bit que va dando pulsos cada segundo, lo cual permite que el piloto de aviso se visualice de forma intermitente.

Los calificadores previstos en la norma para incluir en el campo **1** son los siguientes:

	Símbolo	Descripción
1	Ninguno	
2	N	Acción continua mientras está la etapa activa
3	R	Puesta a 0 o desenclavamiento (**R**eset) de la acción a realizar
4	S	Puesta a 1 (**S**et) o enclavamiento de la acción a realizar
5	L	Acción limitada en tiempo (**L**ayed) tras la activación de la etapa
6	D	Acción retardada en tiempo (**D**elayed) tras la activación de la etapa
7	P	Acción en funcionamiento durante el flanco de activación de la etapa
8	SD	Acción memorizada (**S**et) y retardada en tiempo (**D**elayed) tras la activación de la etapa
9	DS	Acción retardada en tiempo (**D**elayed) y memorizada (**S**et) tras la activación de la etapa
10	SL	Acción memorizada (**S**et) y limitada en tiempo (**L**ayed) tras la activación de la etapa
11	P1	Acción en funcionamiento durante el flanco de activación de la etapa
12	P0	Acción en funcionamiento durante el flanco de desactivación de la etapa

2.2.4 Reglas del Grafcet

En el diseño y posterior funcionamiento del Grafcet se deben respetar una serie de reglas, unas que son de evolución del Grafcet y otra de sintaxis.

- **Reglas de evolución**

Las reglas de evolución del GRAFCET describen la dinámica del automatismo modelado. A continuación, se detallan las cinco reglas fundamentales descritas en la norma IEC 60848:

- **REGLA 1. INICIALIZACIÓN.** El arranque del sistema supone la activación de todas las etapas iniciales y solamente estas. El estado inicial del GRAFCET se corresponde habitualmente con el estado de reposo o de parada segura, estado en que debe encontrarse la planta en el momento de la puesta en marcha.

- **REGLA 2. EVOLUCION DE UNA TRANSICIÓN.** Una transición está validada cuando todas las etapas inmediatamente precedentes a ella se encuentran activas. Una transición será franqueable cuando esté validada y su receptividad asociada (condiciones) se cumple.

- **REGLA 3. EVOLUCIÓN DE LAS ETAPAS ACTIVAS.** Al franquear una transición es necesario activar todas las etapas inmediatamente posteriores y desactivar también simultáneamente las inmediatamente anteriores.

- **REGLA 4. FRANQUEAMIENTO SIMULTÁNEO.** Todas las transiciones franqueables se franquearán inmediata y simultáneamente. Esta regla permite definir la evolución de GRAFCET estructurados complejos compuestos por otros GRAFCET, macroetapas etc.

- **REGLA 5. PRIORIDAD DE ETAPA ACTIVA.** Si la evolución de un GRAFCET (debido a las reglas anteriores) implica la activación y desactivación simultánea de una etapa, esta deberá permanecer activa.

- **Reglas de sintaxis**

- No puede haber nunca dos transiciones consecutivas sin que por medio exista una etapa, ni tampoco pueden existir nunca dos etapas consecutivas sin que exista una transición.

- Una etapa no tiene por qué tener obligatoriamente una acción asociada, aunque sí que puede tener más de una acción asociada a una misma etapa.

- Es posible que una transición no deba cumplir ninguna condición para ser franqueada. En este caso, es equivalente a fijar una condición que siempre se está cumpliendo, como puede ser un contacto de sistema que siempre está cerrado, por ejemplo, «Always TRUE» (M8190.2).

Recuerda • • •

En la fase de diseño el Grafcet ha de cumplir unas reglas englobadas en dos grupos:
- Reglas de evolución.
- Reglas de sintaxis.

2.2.5 Niveles de diseños en Grafcet (nivel 1, 2 y 3)

En el momento de diseñar un Grafcet se dispone de tres niveles de desarrollo:

- **GRAFCET de Nivel 1. Descripción funcional**

Este primer nivel muestra una descripción global del automatismo que permita entender rápidamente su funcionamiento. Es la descripción que se realizaría para explicar el funcionamiento de la máquina a la persona que la ha de diseñar. Podemos resumir que:

- Se trabaja con las especificaciones funcionales del automatismo, de forma independiente a la tecnología que lo llevará a la práctica.
- Describe las acciones que se deben efectuar y los elementos de control que intervendrán, sin indicar los elementos concretos que serán utilizados.

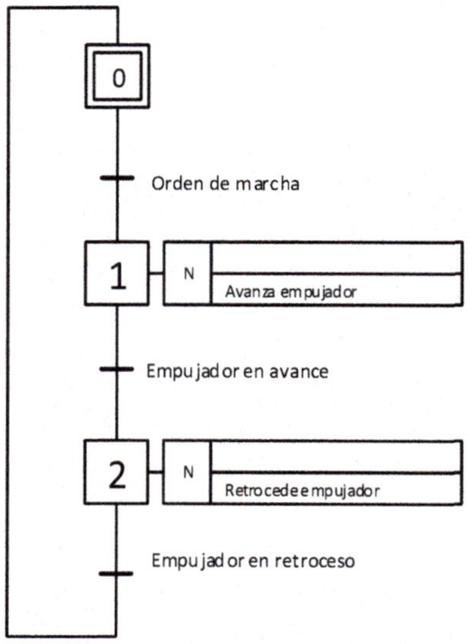

Este nivel 1 de GRAFCET no debe contener ninguna referencia a las tecnologías utilizadas; es decir, no se especifica qué dispositivo hace avanzar el mecanismo (cilindro neumático, motor, etc.) ni qué dispositivo realiza la detección de la posición del mecanismo (fin de carrera, detector capacitivo, detector fotoeléctrico, etc.). Tampoco especifica la tecnología que se utilizará para la solución del proceso (automatismo cableado, automatismo programado, neumática, etc.).

- **GRAFCET de Nivel 2. Descripción tecnológica**

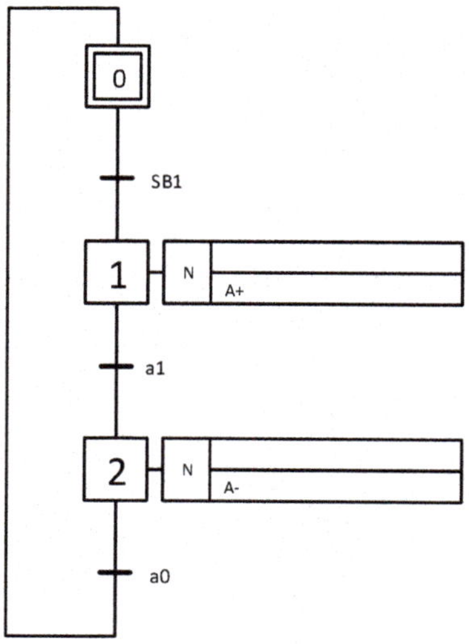

En este nivel 2 de Grafcet se aplica una descripción a nivel tecnológico y operativo del automatismo y así quedan definidas perfectamente las diferentes tecnologías utilizadas para cada función. El GRAFCET indica los trabajos que deben realizar los elementos seleccionados. De forma resumida, podemos afirmar que:

- Deben indicarse todas las especificaciones de los órganos operativos.

- Deben detallarse los elementos tecnológicos que intervendrán.

Recuerda • • •

En el momento de diseñar un Grafcet nos encontramos con tres niveles de descripción:
- Nivel 1. Descripción funcional.
- Nivel 2. Descripción tecnológica.
- Nivel 3. Descripción operativa.

- **GRAFCET de Nivel 3. Descripción operativa**

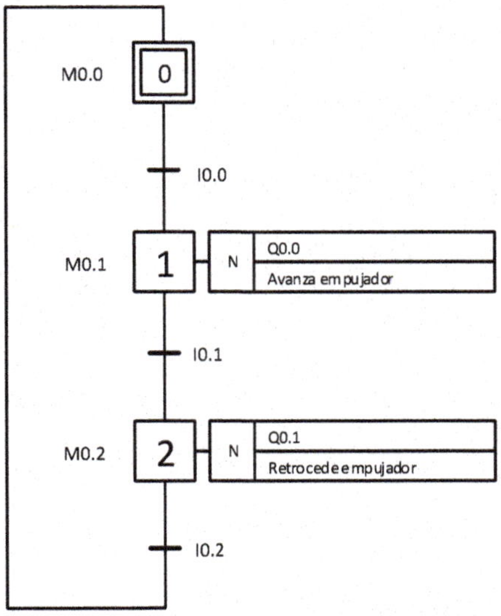

En este nivel es donde se implementa la tecnología a utilizar. El GRAFCET debe definir la secuencia de actuaciones que realizará este proceso. Por ejemplo, si se utiliza la tecnología programada mediante un autómata programable, deben quedar definidas completamente todas las direcciones de los diferentes componentes o dispositivos que intervengan en la cadena secuencia. Podemos resumir que:

- Deben especificarse todos los elementos con los distintivos propios de las entradas y salidas, así como las marcas o relés internos que serán utilizados.

2.2.6 Tipo de secuencia lineal

La agrupación básica de elementos etapa-transición para construir diagramas GRAFCET es una conexión en serie (también denominada *secuencia*). Esto se corresponde con una cadena de acciones concatenadas de control, en la que cada una empieza cuando acaba la anterior. Cuando tan solo existe un camino de evolución del Grafcet, este se denomina secuencia lineal. A continuación, se representa una secuencia lineal de tres etapas.

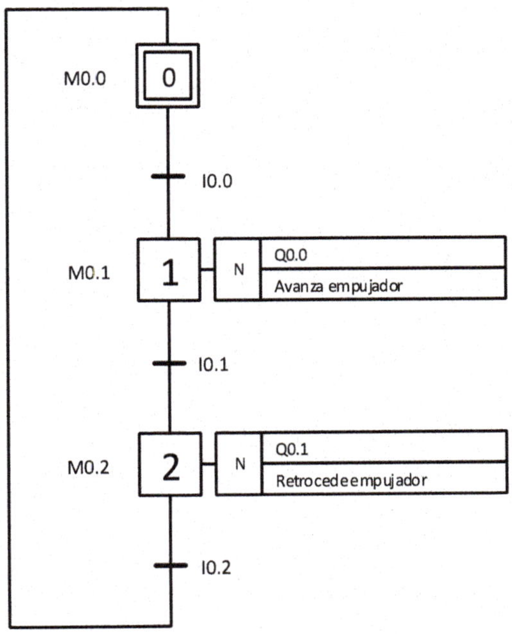

Fig. 2.23

También existen otros tipos de secuencias que en posteriores unidades se irán aplicando, como:

- Selección de secuencia o estructuras en O.
- Trabajos paralelos o estructuras en Y.

2.2.7 Programa basado en diseño Grafcet

Para practicar con este tipo de secuencias lineales realizaremos un ejercicio práctico. En él se desea llevar a cabo el control del cilindro de doble efecto que realiza el movimiento del eje vertical del manipulador de carga y que está gobernado por una válvula monoestable. Este cilindro tiene dos sensores magnéticos que detectarán cuándo está el cilindro en reposo, (posición alta) y cuando está en avance (posición baja).

- **Condiciones de funcionamiento:**

- Cuando pongamos en marcha el sistema, tendremos un piloto de señalización de color rojo (Q2.4) en funcionamiento que indica que el proceso se encuentra detenido al inicio.

- Al accionar un pulsador de marcha (I0.2), si el cilindro se encuentra en la posición de reposo (alta) (I0.4), se dará la orden de avance (Q0.0) para alcanzar la posición final (baja) (I0.5). A su vez entrará en funcionamiento el piloto de color verde (Q2.2).

- Cuando el cilindro alcance la posición de final (baja) (I0.5), de forma automática se dará la orden de retorno del cilindro a la posición alta, en la que se mantiene el piloto verde en funcionamiento (Q2.2).

- Cuando el cilindro alcance la posición de reposo (alta) (I0.4), el sistema quedará preparado para iniciarse de nuevo, y esto se indicará con el piloto de señalización de color rojo (Q2.4).

Recuerda • • •

Antes de iniciar el diseño del Grafcet debemos conocer todas las condiciones de funcionamiento, así como los tipos de actuadores que participan en el proceso a automatizar.

El circuito neumático de la electroválvula a utilizar se representa en la siguiente figura:

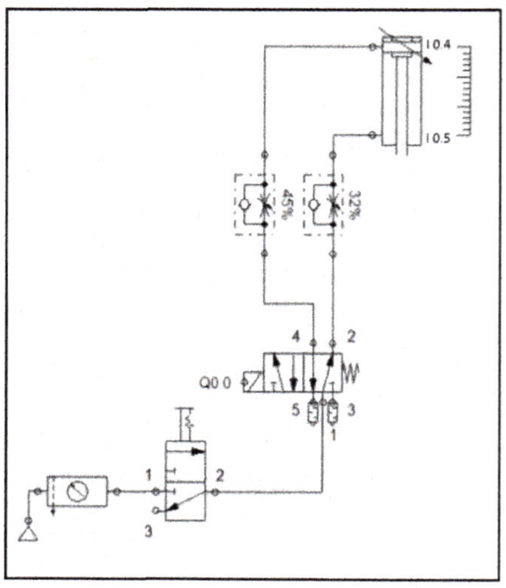

Fig. 2.24

En esta otra figura se incluye el plano de situación para localizar el eje vertical dentro del Simulador 3D:

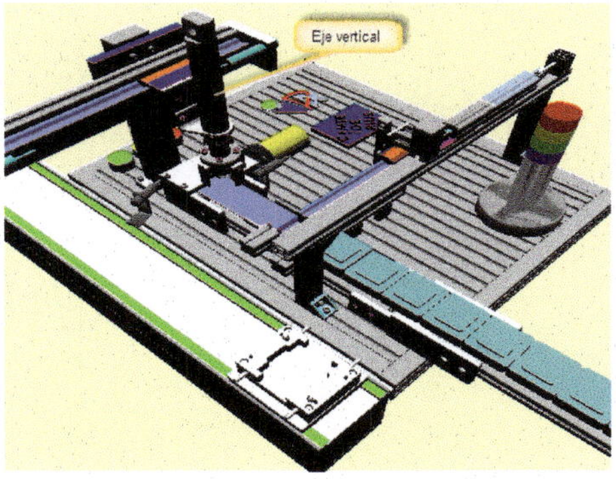

Fig. 2.25

- **Desarrollo del Grafcet**

Para el diseño del Grafcet, empezaremos en primer lugar por el Grafcet funcional, que nos servirá para marcar la secuencia del proceso, independientemente del PLC que se use en el proceso. Para pasar del Grafcet funcional al operativo hemos de tener en cuenta las direcciones de las entradas y salidas en el PLC escogido.

Recuerda • • •

En el diseño del Grafcet descriptivo se han de indicar de forma textual todas las acciones a realizar, así como las condiciones que se deberán cumplir en cada fase de la secuencia.

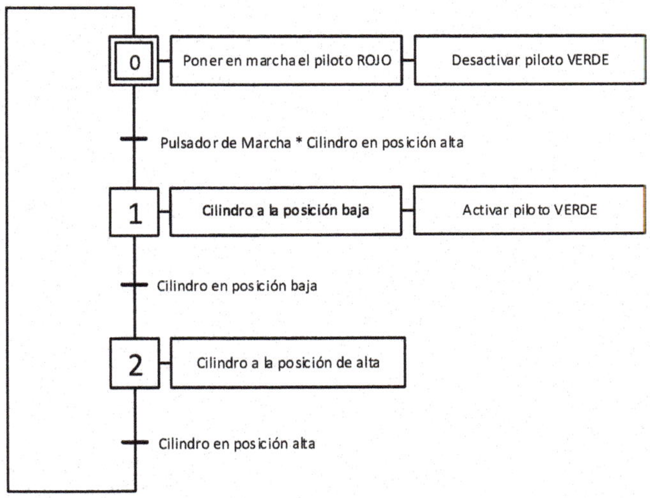

El siguiente paso es realizar el Grafcet operativo:

- Asignaremos a cada etapa una marca y para ello seguiremos un orden, M0.0, M0.1, M0.2, ..., aunque no es imprescindible para el correcto funcionamiento del sistema.

- En cada transición traduciremos las condiciones literales del Grafcet funcional por las entradas asignadas en el PLC de esas condiciones. Las condiciones las representaremos con el signo «*» las condiciones que van en serie y si son condiciones que van en paralelo, con un signo «+». Por ejemplo, la primera transición contiene la condición **Pulsador de marcha**, que corresponde con la entrada I 0.2 y la condición **Cilindro en posición alta**. Al consultar el esquema neumático podemos observar que corresponde con la entrada I 0.4.

Recuerda • • •

En el diseño del Grafcet operativo se deben expresar las direcciones que ocupa cada una de las acciones a realizar, así como de las condiciones de paso de etapa.

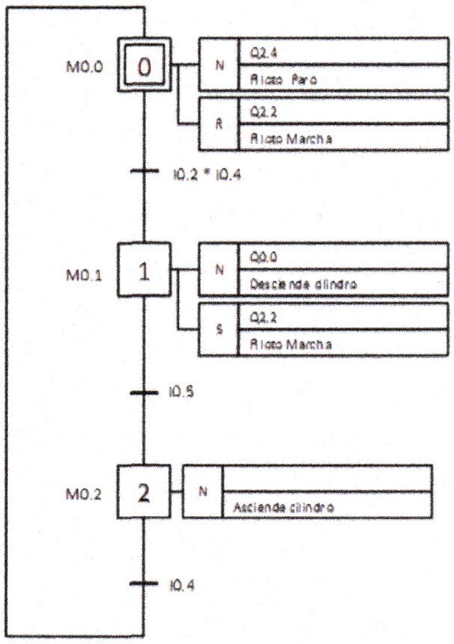

El programa lo realizamos con un ejemplo concreto que es el siguiente: se trata de que cada vez que se accione el pulsador de marcha (I0.2), siempre que el cilindro de la ventosa se encuentre en reposo (I0.4), un cilindro se desplazará hasta la posición de trabajo (Q0.0) y cuando haya alcanzado esa posición (I0.5), automáticamente volverá el cilindro de descender la ventosa a su posición de reposo (I0.4). Igualmente, mientras el circuito esté detenido, se pondrá en funcionamiento el piloto rojo (Q2.4) y cuando el proceso esté en marcha, el piloto en funcionamiento será el de color verde (Q2.2).

- **Implementación del Grafcet en el PLC**

Recuerda • • •

En la implementación del Grafcet a programa debemos tener presente que la programación se debe hacer en tres partes:

- Activación de la etapa inicial.
- Activación de la secuencia del Grafcet.
- Activación de las salidas.

Para la implementación del diseño realizado en Grafcet a programa, en este caso utilizando el lenguaje de diagrama de contactos o KOP, estructuraremos el programa en tres partes:

- Activación de la etapa inicial y desactivación del resto de las etapas.
- Activación de las etapas de la secuencia del Grafcet.
- Activación de las salidas.

- **Activación de la etapa inicial**

Primero hemos de hacer que en el momento en que el PLC ejecute el programa deberá activar tan solo la etapa inicial, que se indica con un doble cuadrado, y que estén desactivadas todas las demás. Si estamos trabajando con marcas sin memoria, sería suficiente con activar solo la marca de la etapa inicial, ya que las demás, al no tener memoria, se pondrían solas a 0.

Para activar la etapa inicial, el PLC dispone de una serie de bits de sistema, tal como la M8190.0, llamada de forma simbólica **FirstScan**, que está activa durante el primer ciclo de scan y que es suficiente para activar la etapa inicial asignada a la marca M0.0. Para realizar esta operación podemos utilizar la instrucción **S** (SET) y para desactivar el resto podemos utilizar la instrucción **RESET_BF**, de forma que el programa, que se puede introducir por ejemplo en el OB1, quedará tal y como se observa en la siguiente figura:

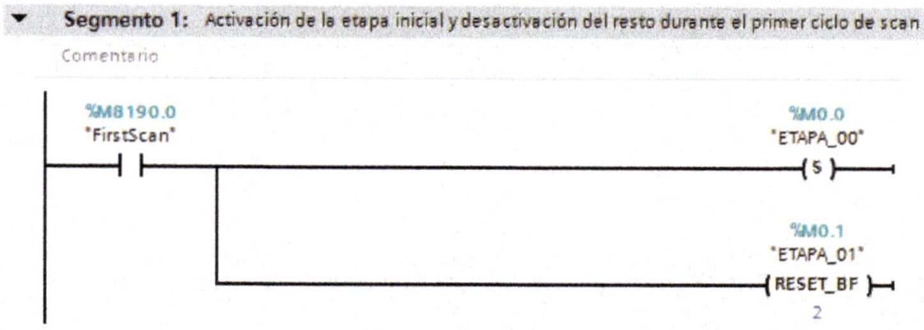

Fig. 2.26

- **Activación de las etapas de la secuencia del Grafcet**

A continuación, creamos una función **FC1** en la que introduciremos el programa para la activación secuencial de las etapas de la secuencia del Grafcet.

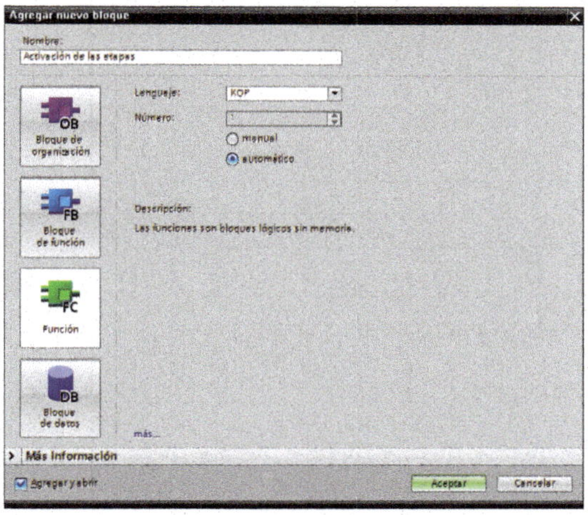

Fig. 2.27

Posteriormente declaramos las variables para la activación de las etapas:

	Nombre	Tipo de datos	Dirección	Remanencia	Visible en HMI	Accesible desde HMI
1	Etapa_00	Bool	%M0.0	☐	☑	☑
2	Etapa_01	Bool	%M0.1	☐	☑	☑
3	Etapa_02	Bool	%M0.2	☐	☑	☑

Fig. 2.28

Así como de las entradas y salidas necesarias; en este caso, las siguientes:

	Nombre	Tipo de datos	Dirección ▲	Remanencia	Visible en HMI	Accesible desde HMI
1	S2_MARCHA	Bool	%I0.2	☐	☑	☑
2	B1_a0 VENTOSA ARRIBA	Bool	%I0.4	☐	☑	☑
3	B2_a1 VENTOSA ABAJO	Bool	%I0.5	☐	☑	☑
4	Y1_BAJAR VENTOSA	Bool	%Q0.0	☐	☑	☑
5	H1_VERDE	Bool	%Q2.2	☐	☑	☑
6	H3_ROJO	Bool	%Q2.4	☐	☑	☑

Fig. 2.29

En el FC1, que después será llamado desde el OB1, realizaremos el programa que responde a la activación secuencial de las etapas, y para lo que hemos de seguir una simple regla:

«Si se encuentra activada una etapa y se cumple la condición prevista en la transición posterior, se deberá activar la etapa siguiente y desactivar la etapa actual».

Por tanto, el programa quedará de la siguiente forma:

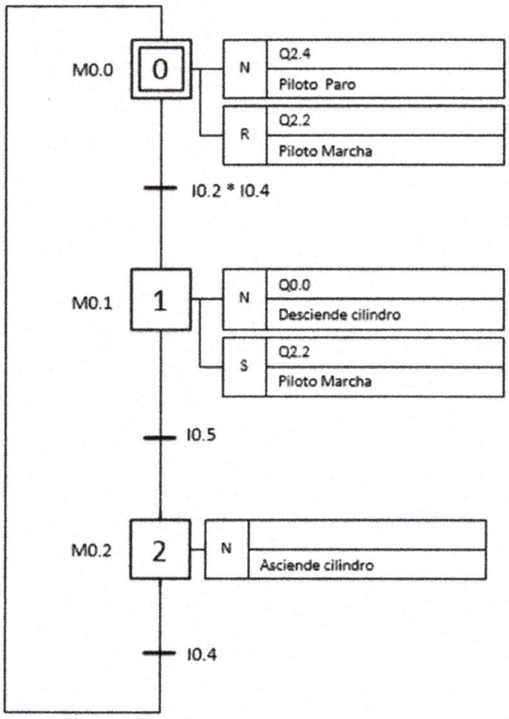

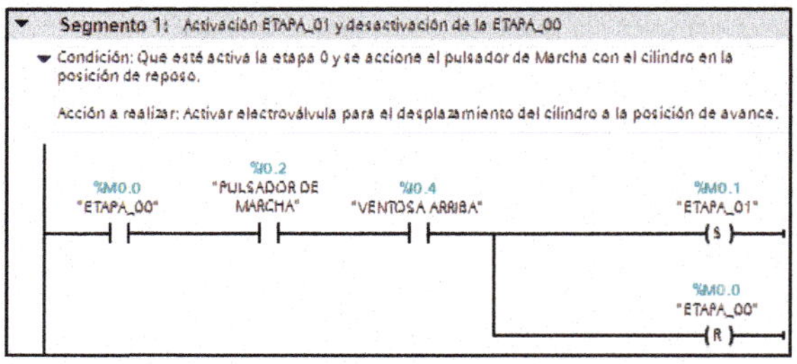

Fig. 2.30a

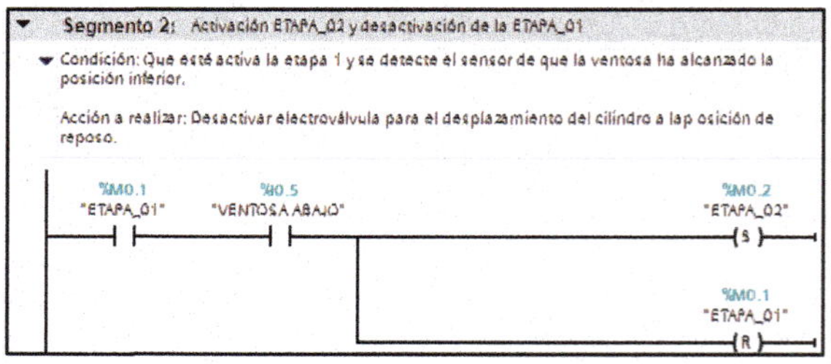

Fig. 2.30b

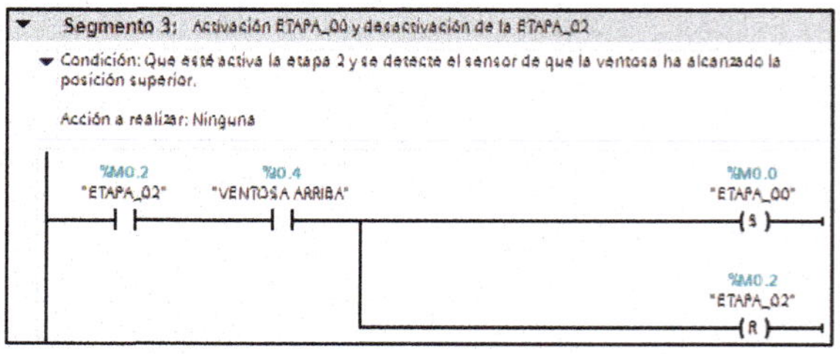

Fig. 2.30c

- **Activación de las salidas**

La activación de las acciones asociadas la programaremos en el FC2 y posteriormente se realizará la llamada a este FC2 desde el OB1.

El programa en el FC2 se realizará de forma que las salidas se programen de manera ordenada. Este hecho, para cuando el programa sea mucho más grande, nos facilitará la localización de todas ellas de una forma más rápida.

Hemos de realizar el programa tal que la marca asignada a cada etapa active la acción o acciones que esta tiene asociadas.

Si la letra que acompaña a la acción a realizar, dentro del símbolo de la acción asociada, es una **N**, entonces programaremos la acción mediante una salida normal. Si hay una **S**, la programaremos como forzado a la activación o SET, y si hay una **R**, la programaremos como forzado a la desactivación o RESET.

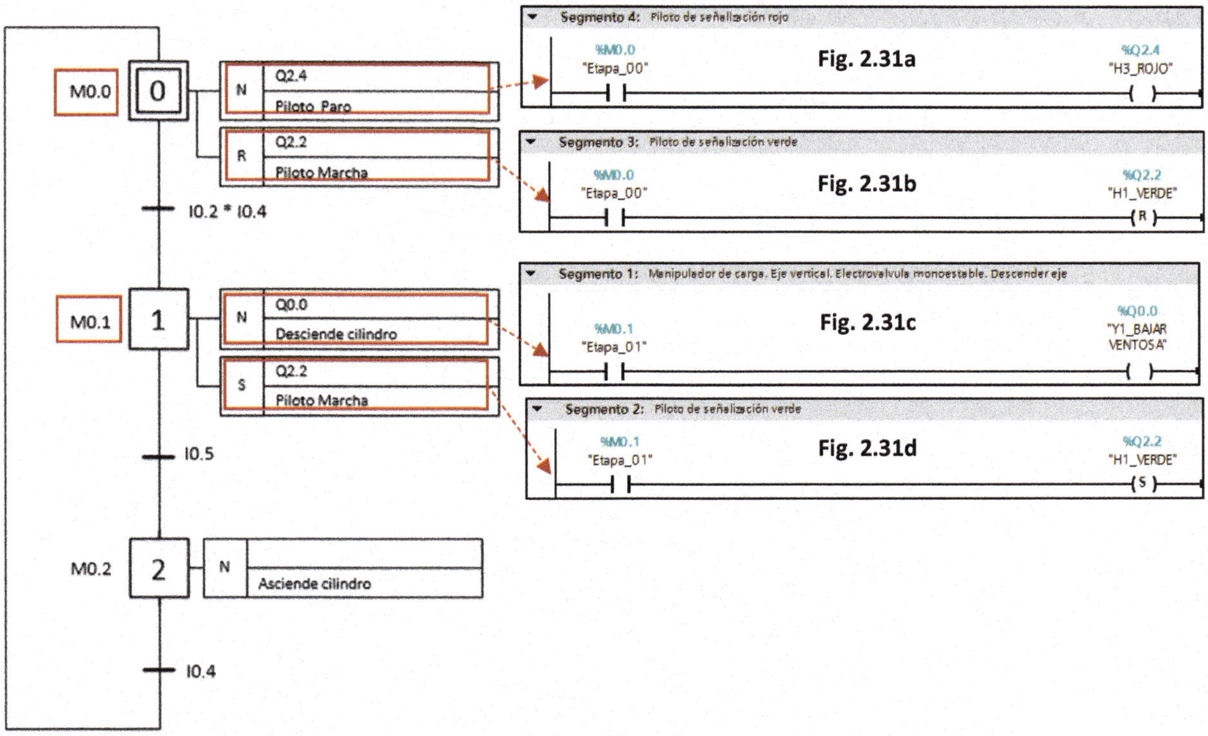

Fig. 2.31a

Fig. 2.31b

Fig. 2.31c

Fig. 2.31d

Se puede observar además cómo la etapa **2** no tiene ninguna acción a realizar, ya que lo que debe hacer es desactivar la electroválvula que controla el cilindro, y como esta es monoestable, con tan solo no activarla, que es lo que realiza en la etapa **1**, ya será suficiente para que el cilindro retorne a la posición de reposo.

Recuerda • • •

Para una mayor estructuración de los proyectos se recomienda utilizar diferentes bloques de programa.

- **Llamada a las funciones FC1 y FC2 desde el OB1**

Acompañando a la parte de programa de activación de la etapa inicial en el primer scan completamos el programa en el OB1 con las llamadas a las dos funciones FC1 y FC2 de activación de las etapas y de las salidas.

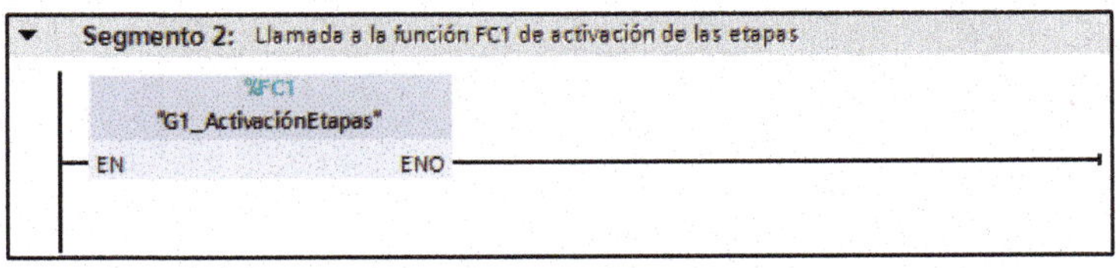

Fig. 2.32

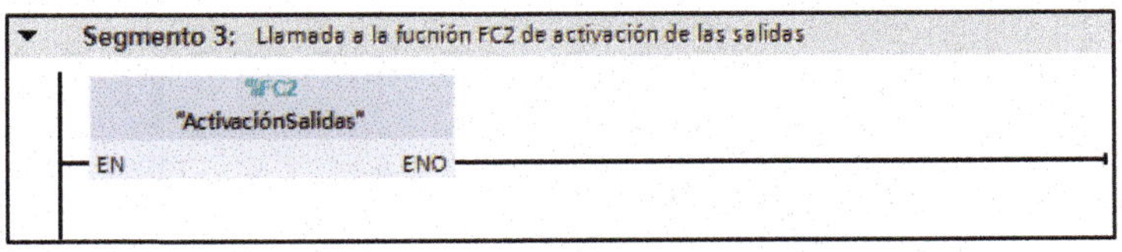

Fig. 2.33

2.2.8 Comprobar funcionamiento con maqueta de simulación 3D

Se debe observar cómo al accionar el pulsador de **MARCHA**, el cilindro vertical debe realizar el movimiento de descenso y alcanzar la posición inferior para, a continuación, realizar el funcionamiento y alcanzar de nuevo la posición superior.

- **Panel Control del proceso**

En él encontramos el pulsador de **MARCHA,** necesario para poner en funcionamiento el cilindro.

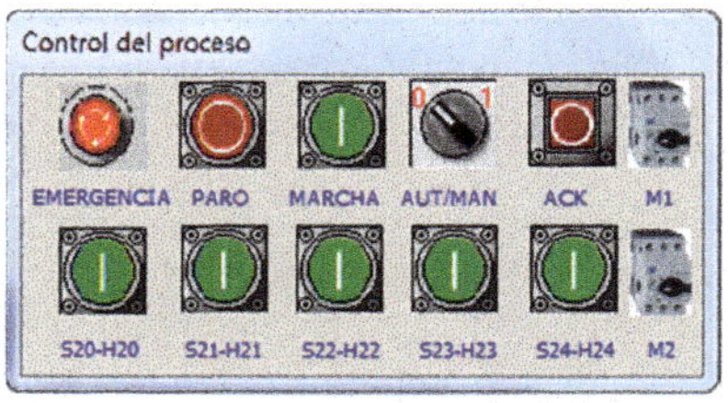

Fig. 2.34

En el simulador 3D podremos visualizar el desplazamiento del eje vertical.

Fig. 2.35

Eje vertical en posición de reposo

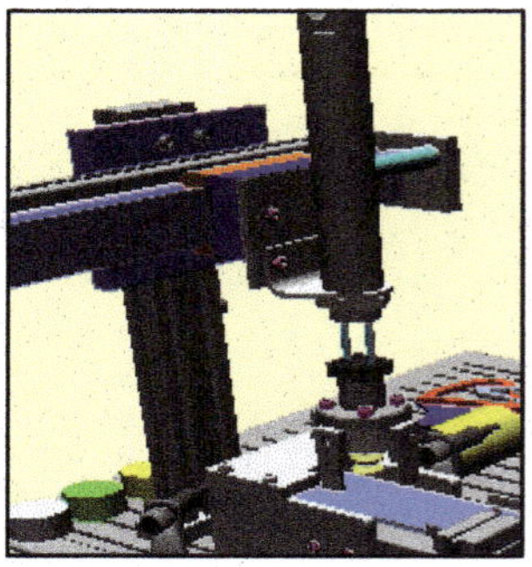

Fig. 2.36

Eje vertical en posición de avance

Ejercicio

CONTROL DEL MOVIMIENTO DEL EJE HORIZONTAL MEDIANTE UNA ELECTROVÁLVULA BIESTABLE

Queremos realizar el control del cilindro de doble efecto que realiza el movimiento del eje horizontal del manipulador de carga que está gobernado por una válvula biestable. Este cilindro tiene dos sensores magnéticos que detectarán cuándo el cilindro está en reposo, posición derecha de carga, y cuando está en avance, posición izquierda de descarga.

Condiciones de funcionamiento:

- Cuando pongamos en marcha el sistema, tendremos un piloto de señalización de color rojo (Q2.4) en funcionamiento que indicará que el proceso se encuentra detenido al inicio.
- Al accionar el pulsador de marcha (I0.2), si el cilindro se encuentra en la posición de reposo (carga) (I0.6), se dará la orden de avance (Q0.1) para alcanzar la posición final (descarga) (I0.7).
- Cuando el cilindro alcance la posición de final (descarga) (I0.7), al volver a accionar el pulsador de marcha (I0.2), se dará la orden de retorno del cilindro a la posición de carga (Q0.2).
- Cuando el cilindro alcance la posición de reposo (I0.6), el sistema quedará preparado para iniciarse de nuevo y esto se indicará con el piloto de señalización de color rojo (Q2.4).

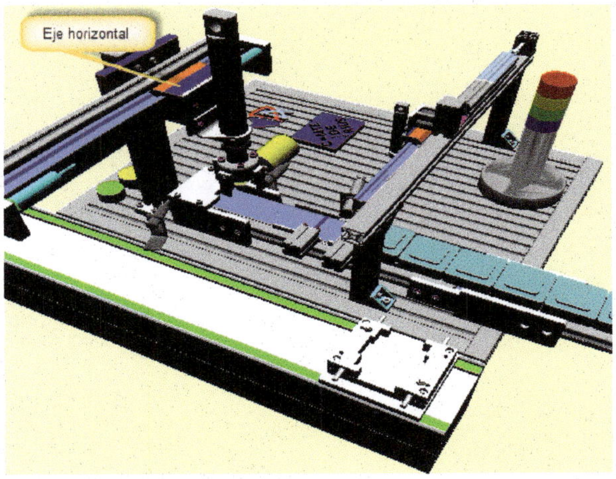

Fig. 2.37

Relación de entradas y salidas:

ENTRADAS	
Dirección	**Dispositivo**
I0.2	S2 Pulsador de marcha
I0.6	B3 Detector cilindro eje horizontal a la derecha
I0.7	B4 Detector cilindro eje horizontal a la izquierda

SALIDAS	
Dirección	**Dispositivo**
Q0.1	Y2 EV Cilindro ventosa a la izquierda
Q0.2	Y3 EV Cilindro ventosa a la derecha
Q2.4	H3 Piloto rojo

Realizar:

- Diseño del Grafcet.
- Implementación a programa del PLC.
- Comprobación del funcionamiento mediante la maqueta de simulación 3D.

Unidad 3 Programación con temporizadores IEC

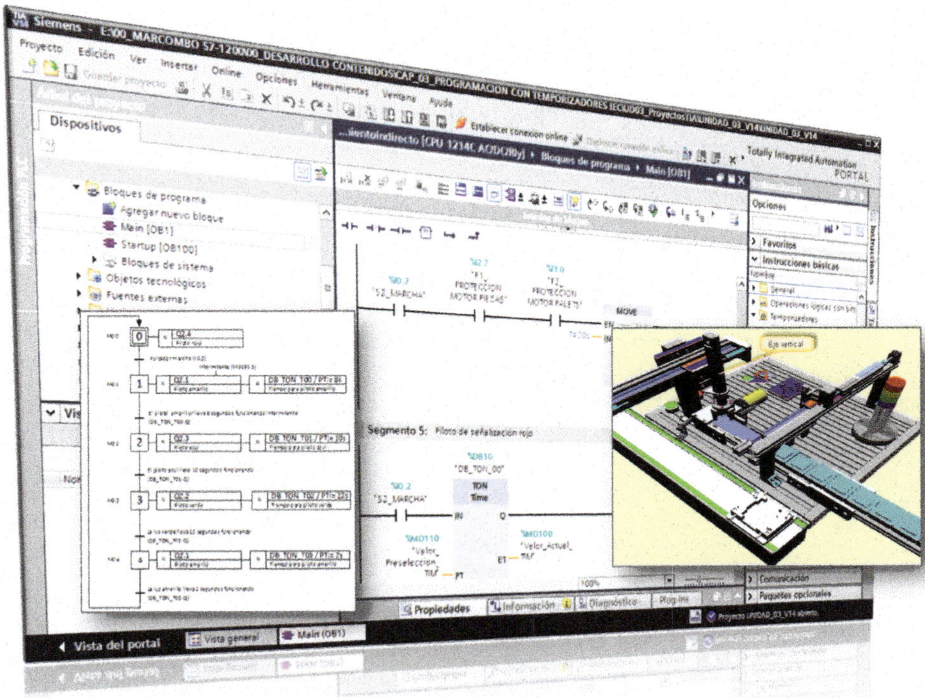

En este capítulo:

3.1 Características y tipos de temporizadores IEC

Recuerda • • •

Los tipos de temporizadores que se pueden programar en un S7-1200 son los siguientes:
- TON: temporizador a la conexión.
- TOF: temporizador a la desconexión.
- TP: temporizador de impulso.
- TONR: temporizador acumulativo.

Los temporizadores IEC que se incluyen en el PLC S7-1200 son los siguientes:

- TON: temporizador a la conexión.
- TOF: temporizador a la desconexión.
- TP: temporizador de impulso.
- TONR: temporizador acumulativo.

Los símbolos para poder utilizar estos temporizadores dentro de un programa en diagrama de contactos se pueden localizar dentro de la carpeta **Temporizadores** que hay en el grupo **Instrucciones básicas**.

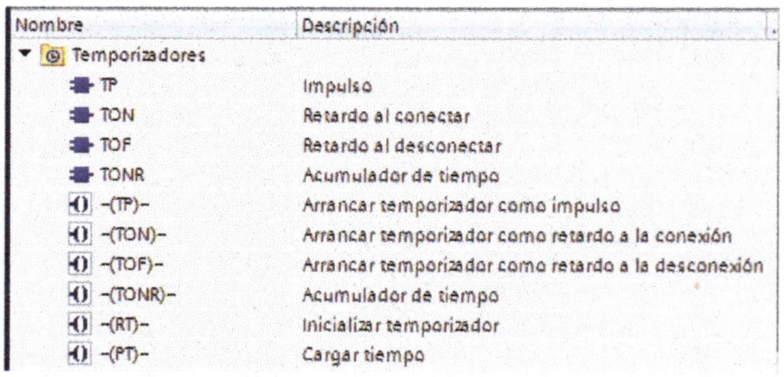

Nombre	Descripción
Temporizadores	
TP	Impulso
TON	Retardo al conectar
TOF	Retardo al desconectar
TONR	Acumulador de tiempo
-(TP)-	Arrancar temporizador como impulso
-(TON)-	Arrancar temporizador como retardo a la conexión
-(TOF)-	Arrancar temporizador como retardo a la desconexión
-(TONR)-	Acumulador de tiempo
-(RT)-	Inicializar temporizador
-(PT)-	Cargar tiempo

Fig. 3.1

Recuerda • • •

Los tipos de temporizadores IEC que se pueden programar tanto en un S7-1200 como S7-1500 se asocian a un DB de instancia y el tipo de dato del valor del tiempo de temporización es «Time».

Algunas de las principales características de estos temporizadores IEC son:

- Todos los temporizadores IEC van asociados a un DB de instancia.
- No vienen determinados por un número, sino por el nombre que le asignemos al DB de instancia asociado.
- Los temporizadores IEC pueden llamarse las veces que sean necesarias, ya que no existe un número determinado.
- Los temporizadores IEC presentan un mayor rendimiento y una mayor precisión.
- El formato del valor del tiempo es del tipo TIME.

3.2 Funcionamiento de los temporizadores IEC

En los siguientes apartados se expone el funcionamiento de cada uno de los temporizadores del tipo IEC.

3.2.1 TON. Temporizador a la conexión

Con la instrucción **TON** se puede retardar la activación de la salida Q por el tiempo programado en la entrada PT (Preset Time). Al poner en funcionamiento el temporizador, el tiempo se inicia a partir de 0 s hasta alcanzar el valor de tiempo programado en el parámetro PT.

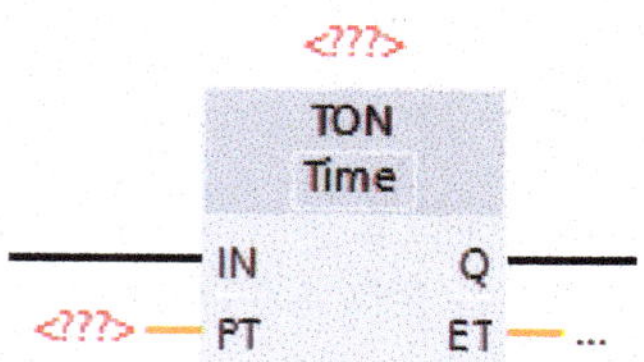

Fig. 3.2

El temporizador IEC tipo **TON** dispone de los siguientes parámetros:

IN: condición para la activación del temporizador (obligatoria).
PT: valor del tiempo en formato TIME, por ejemplo, T#10s. El valor máximo que se puede programar es T#24d_20h_31m_23s_647ms.
Q: salida booleana para indicar con un **1** que el tiempo ha finalizado.
ET: salida para indicar el valor actual del tiempo en formato TIME.

Además, una vez insertado el objeto en el programa, en la parte superior aparecerá de forma automática el DB asociado.

Si representamos el funcionamiento de este tipo de temporizador de forma gráfica, tenemos:

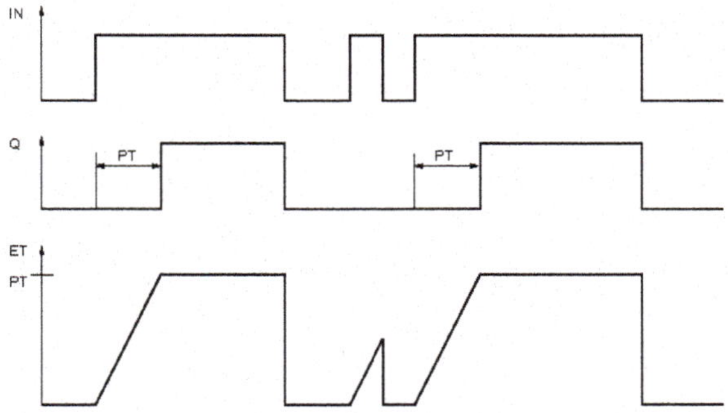

Fig. 3.3

Recuerda • • •

Básicamente el funcionamiento del tipo de temporizador TON hace activar su salida «Q» después de haber transcurrido el tiempo programado, manteniendo la entrada «IN» del temporizador activada.

Donde el funcionamiento es el siguiente:

- La instrucción se inicia cuando el resultado lógico (RLO) de la entrada IN cambia de **0** a **1** (flanco de señal ascendente).
- El tiempo programado PT empieza a contarse al mantener activada la entrada IN.
- Una vez transcurrido el tiempo PT, la salida Q devuelve el estado lógico **1**.
- La salida Q permanece activada mientras la entrada IN se mantenga a **1**.
- Cuando el estado lógico de la entrada de arranque cambia de **1** a **0**, se desactiva la salida Q si esta se encuentra activada.
- La función de temporización se reinicia al detectarse un flanco de señal ascendente nuevo en la entrada IN.
- El valor de tiempo actual se puede consultar en la salida ET. Este valor de tiempo empieza a partir de T#0s y termina al alcanzarse el valor del tiempo PT. La salida ET se resetea en cuanto el estado lógico de la entrada IN cambia a **0**.

A cada llamada de la instrucción **TON** se le debe asignar un temporizador IEC en el que se guardan los datos de la instrucción. Un temporizador IEC se puede declarar como se indica a continuación.

Al insertar la instrucción en el programa, aparece el cuadro de diálogo **Opciones de llamada**:

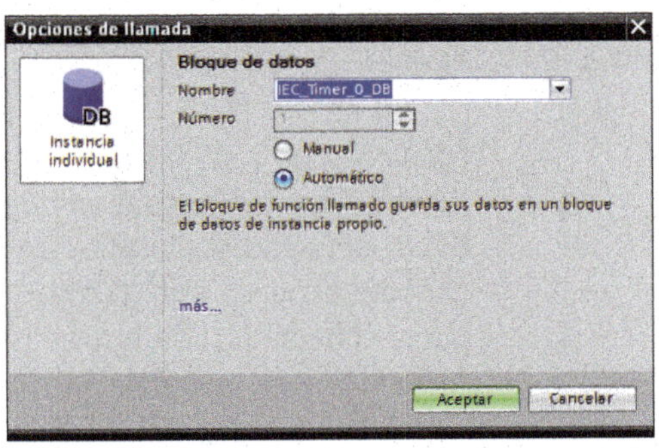

Fig. 3.4

En él aparece el campo **Nombre**, en el que se asigna un nombre simbólico al DB asociado al temporizador. Podemos dejar el que viene por defecto o bien modificarlo.

También nos ofrece otras dos opciones:

- **Manual**: podemos elegir el número del DB asociado.
- **Automático**: asigna un número de DB libre de forma automática

En este caso modificamos el nombre, escribiendo DB_TON_01, y de forma manual le asignamos el DB10 como DB asociado a este temporizador:

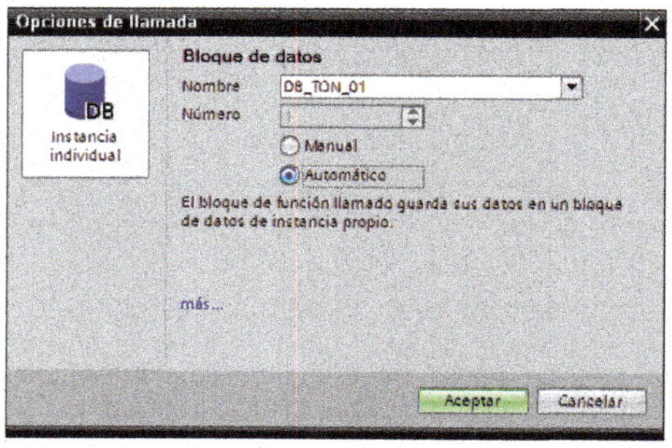

Fig. 3.5

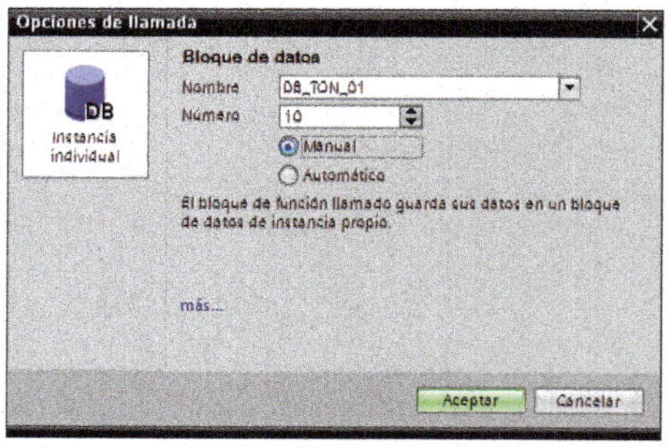

Fig. 3.6

Al crear el bloque de datos, lo podemos encontrar en la carpeta **Bloques de programa** > **Bloques de sistema** > **Recursos de programa** del árbol del proyecto.

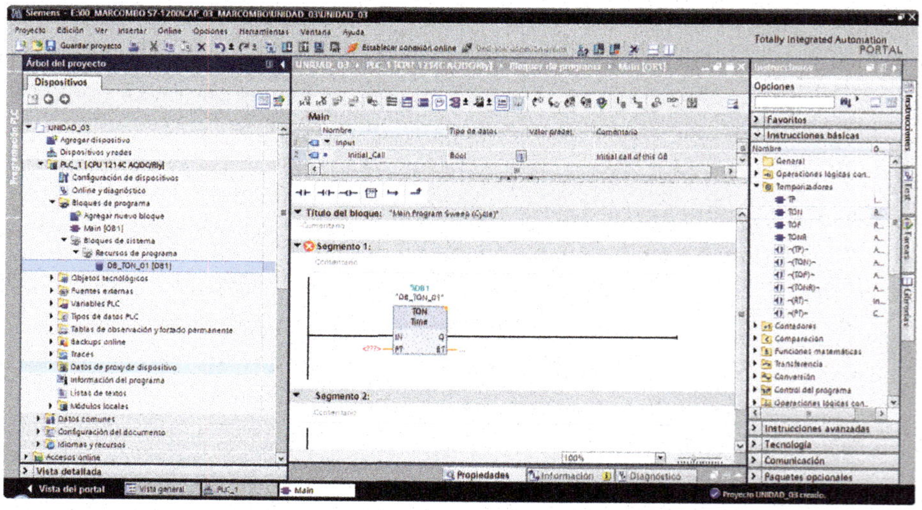

Fig. 3.7

Ejemplo:

Mediante un sistema de paro-marcha queremos activar el piloto verde (Q2.2) y también un temporizador que, una vez transcurridos 10 segundos después de haber activado el pulsador de marcha conectado en la entrada I0.2, hará que se conecte el piloto azul (Q2.3). Si en cualquier momento accionamos el pulsador de paro, conectado a la entrada I0.1, el piloto verde y el temporizador dejarán de funcionar y se reseteará el valor de temporización. En todo momento se deberá visualizar en el registro MD100 el último valor de temporización:

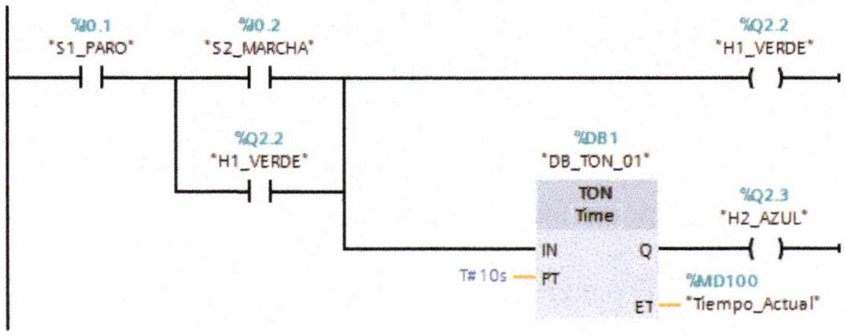

Fig. 3.8

También podemos utilizar los parámetros del temporizador, tanto de entrada como de salida, en diferentes segmentos del programa:

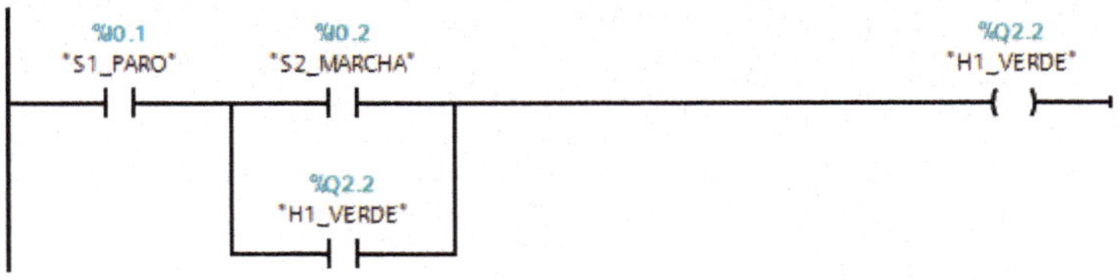

Fig. 3.9a

Para poder guardar en el registro MD100 el último valor de temporización utilizaremos la instrucción **MOVE**, que copia el dato de la entrada IN en la dirección de la salida OUT1:

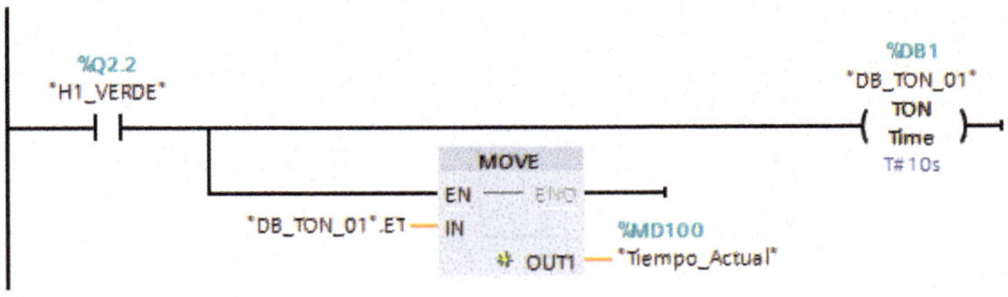

Fig. 3.9b

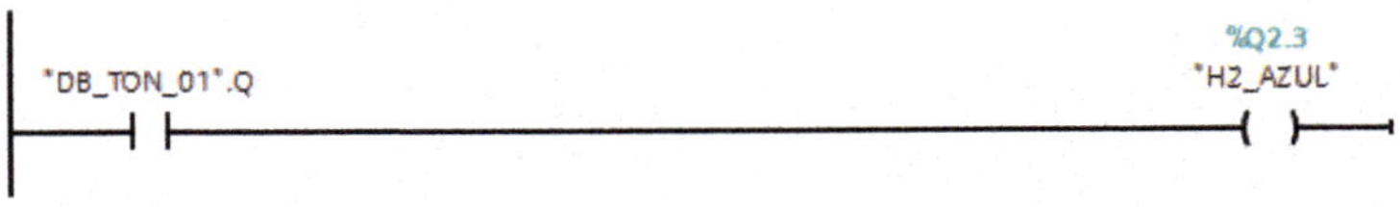

Fig. 3.9c

Al comprobar el funcionamiento sobre la maqueta 3D, si accedemos al panel **Control del proceso**, podemos actuar sobre los pulsadores de **PARO** y **MARCHA**:

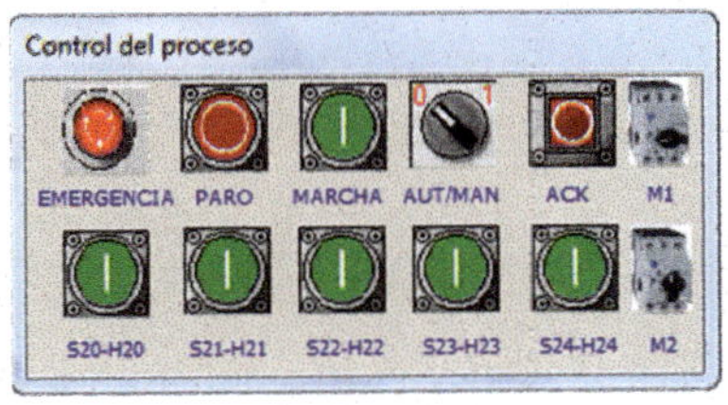

Fig. 3.10

Y observando el funcionamiento de los pilotos de la baliza, veremos las tres situaciones siguientes en función del estado del programa:

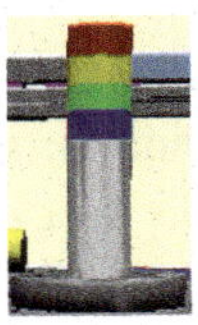

Pilotos apagados

Fig. 3.11a

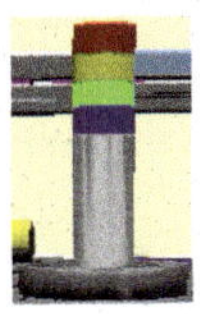

Piloto verde encendido

Fig. 3.11b

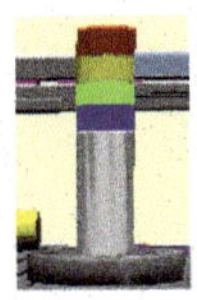

Piloto verde y azul encendido

Fig. 3.11c

3.2.2 TOF. Temporizador de retardo a la desconexión

Con la instrucción **TOF** se puede retardar la desactivación de la salida Q según el tiempo programado en la entrada PT (Preset Time). Al poner en funcionamiento el temporizador, el tiempo se inicia en 0 s hasta alcanzar el valor de tiempo programado en el parámetro PT.

El temporizador IEC tipo TOF dispone de los siguientes parámetros:

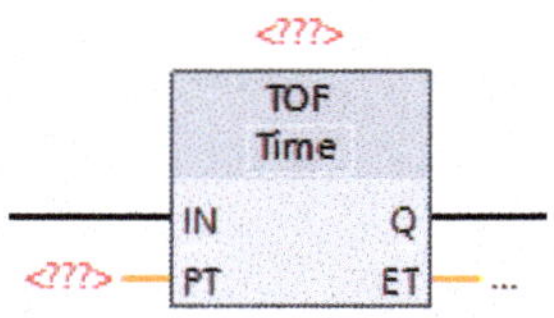

Fig. 3.12

IN: condición para la activación del temporizador (obligatoria).
PT: valor del tiempo en formato TIME, por ejemplo, T#10s. El valor máximo que se puede programar es T#24d_20h_31m_23s_647ms.
Q: salida booleana para indicar con un **1** que el tiempo ha finalizado.
ET: salida para indicar el valor actual del tiempo en formato TIME.

Además, en la parte superior aparecerá de forma automática, una vez insertado el objeto en el programa, el DB asociado.

Si representamos el funcionamiento de este tipo de temporizador de forma gráfica, tenemos:

Recuerda • • •

Básicamente el funcionamiento del tipo de temporizador TOF hace activar su salida «Q» justo al conectar la entrada «IN» del temporizador. Después de haber transcurrido el tiempo programado, dicha salida se desconectará.

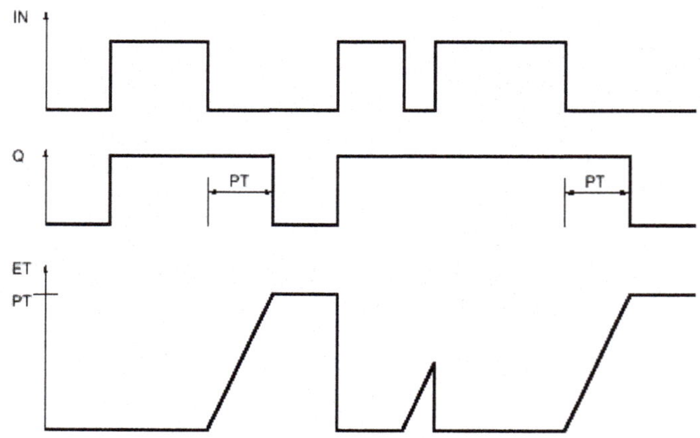

Fig. 3.13

Donde el funcionamiento es el siguiente:

- La instrucción se ejecuta cuando el resultado lógico (RLO) de la entrada IN cambia de **0** a **1** (flanco de señal ascendente).
- A partir de este momento e inmediatamente, la salida Q pasa al estado lógico **1**.
- Cuando la condición programada en la entrada IN cambia de **1** a **0**, el tiempo programado PT empieza a contar.
- Una vez transcurrido el tiempo PT, la salida Q se desconecta poniéndose al estado lógico **0**.
- Cuando el estado lógico de la entrada de arranque IN cambia de **0** a **1**, aparte de activarse la salida Q, el tiempo se detiene hasta detectar un nuevo paso de la entrada IN de **1** a **0**.
- El valor de tiempo actual se puede consultar en la salida ET. Este valor de tiempo empieza a partir de T#0s y termina al alcanzarse el valor de PT. La salida ET se resetea en cuanto el estado lógico de la entrada IN cambia a **1**.

Al igual que el temporizador TON, a este TOF también se le debe asignar un bloque de datos DB en el que se guardan los datos de la instrucción. La declaración de este tipo de temporizador se realiza igual que se hizo con el temporizador TON.

En este caso modificamos el nombre, escribiendo DB_TOF_01, y de forma manual le asignamos el DB2 como DB asociado a este temporizador:

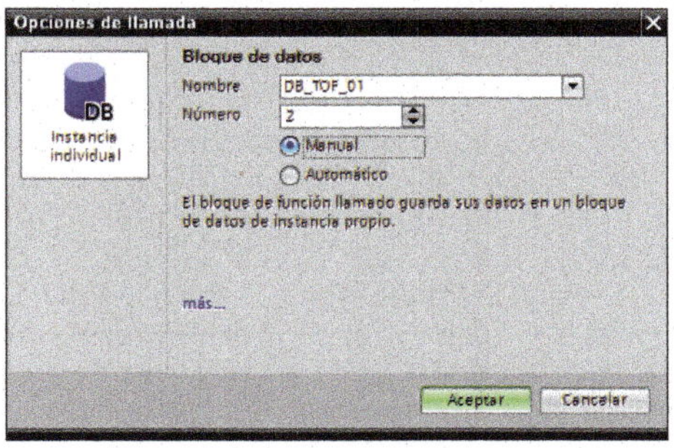

Fig. 3.14

Al crear el bloque de datos, y de igual forma que ocurría en el temporizador tipo TON, lo podemos encontrar en la carpeta **Bloques de programa** > **Bloques de sistema** > **Recursos de programa** del árbol del proyecto.

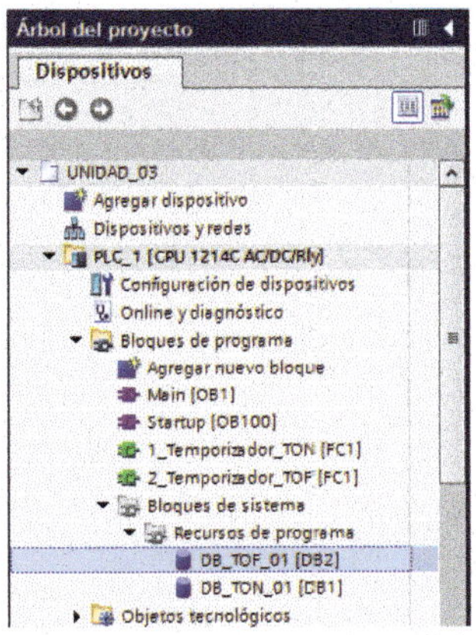

Fig. 3.15

Ejemplo:

Al accionar cualquiera de los dos pulsadores conectados a las entradas de marcha (I0.2) y ACK (I3.1), se pondrá en funcionamiento el piloto verde (Q2.2), que dejará de funcionar una vez transcurridos 10 segundos después de que ninguno de los dos pulsadores esté accionado.

Si en cualquier momento volvemos a accionar cualquiera de los dos pulsadores, el tiempo se reiniciará.

Al finalizar el tiempo, aparte de desconectarse el piloto verde, el tiempo actual se mantendrá en los 10 segundos hasta una nueva activación de los pulsadores.

En todo momento se deberá visualizar en el registro MD100 el último valor de temporización.

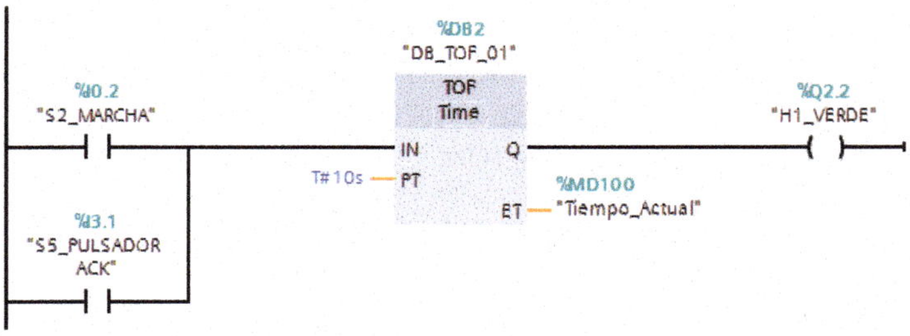

Fig. 3.16

También podemos utilizar los parámetros del temporizador, tanto de entrada como de salida, en diferentes segmentos del programa:

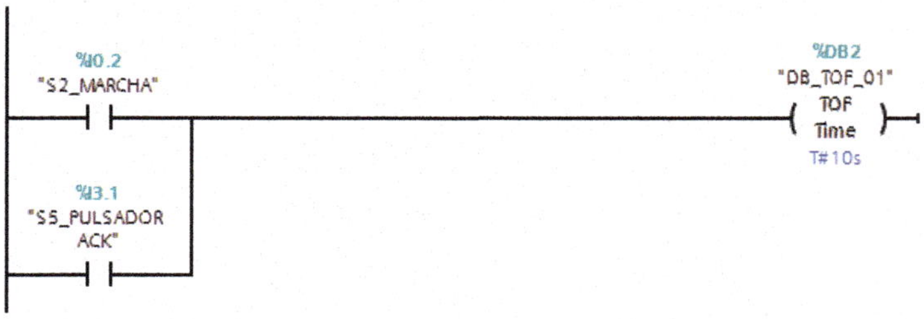

Fig. 3.17a

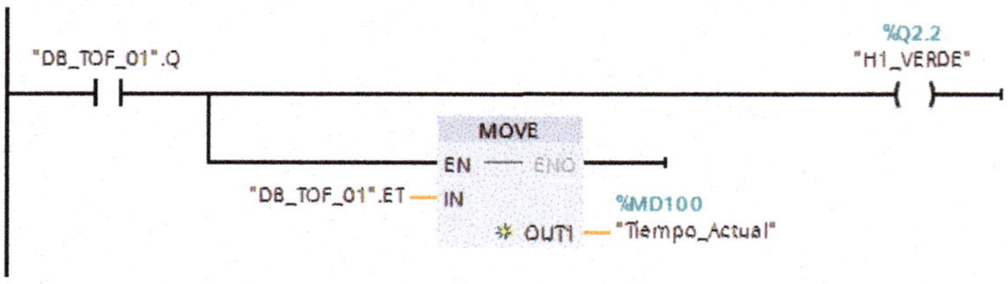

Fig. 3.17b

Al igual que el tipo de temporizador TON, podemos comprobar el funcionamiento del ejemplo anterior desde el simulador 3D observando la activación y desactivación del piloto verde de la baliza y actuando sobre los pulsadores de marcha y ACK.

3.2.3 TP. Temporizador de impulso

Con la instrucción **TP** se puede retardar la desactivación de la salida Q según el tiempo programado en la entrada PT (Preset Time). Después de que la entrada IN detecte un flanco positivo, aunque se diera el caso de volver a detectar otro flanco positivo en la entrada IN durante el funcionamiento del temporizador, este no se verá alterado. Al poner en funcionamiento el temporizador, el tiempo se inicia a partir de 0 s hasta alcanzar el valor programado en el parámetro PT.

El temporizador IEC tipo TP dispone de los siguientes parámetros:

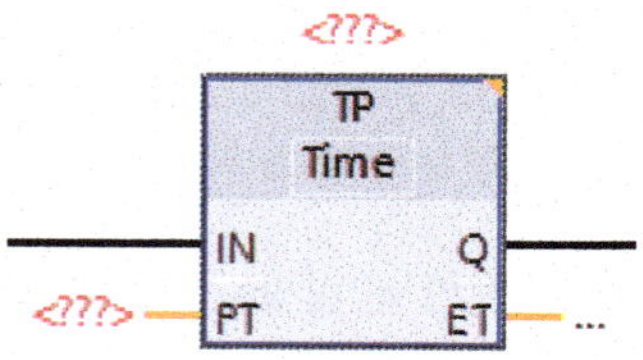

Fig. 3.18

IN: condición para la activación del temporizador (obligatoria).
PT: valor del tiempo en formato TIME, por ejemplo, T#10s. El valor máximo que se puede programar es T#24d_20h_31m_23s_647ms.
Q: salida booleana para indicar con un **1** que el tiempo ha finalizado.
ET: salida para indicar el valor actual del tiempo en formato TIME.

Además, en la parte superior aparecerá de forma automática, una vez insertado el objeto en el programa, el DB asociado.

Recuerda • • •

Básicamente el funcionamiento del tipo de temporizador TP hace activar su salida «Q» después de haber transcurrido el tiempo programado sin la necesidad de mantener la entrada «IN» del temporizador activada.

Si representamos el funcionamiento de este tipo de temporizador de forma gráfica, tenemos:

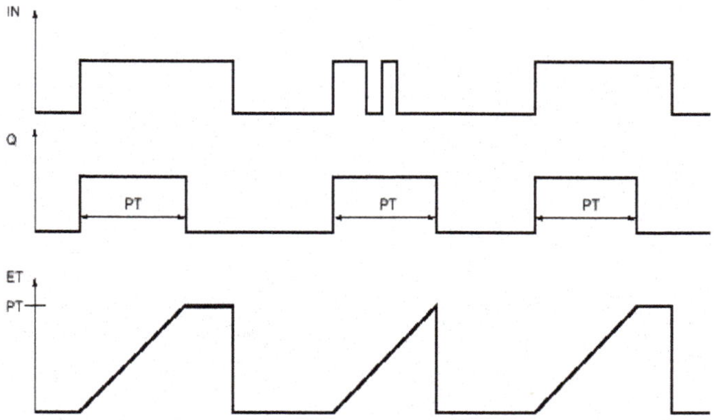

Fig. 3.19

Donde el funcionamiento es el siguiente:

- La instrucción se inicia cuando el resultado lógico (RLO) de la entrada IN cambia de **0** a **1** (flanco de señal ascendente).
- A partir de este momento la salida Q pasa al estado lógico **1**.
- En ese momento se inicia la temporización según el tiempo programado en el parámetro PT.
- Una vez transcurrido el tiempo PT, la salida Q devuelve el estado lógico **0**, independientemente de que la entrada IN continúe estando activa.
- Si mientras el temporizador se encuentra contando el tiempo, en la entrada IN se detecta un nuevo flanco ascendente, el funcionamiento del temporizador no se verá alterado.
- El valor de tiempo actual se puede consultar en la salida ET. Este valor de tiempo empieza a partir de T#0s y termina al alcanzarse el valor del tiempo PT.

Al igual que los temporizadores TON y TOF, a este TP también se le debe asignar un bloque de datos DB de instancia en el que se guardan los datos de la instrucción. La declaración de este tipo de temporizador se realiza igual que se hizo con los anteriores temporizadores TON y TOF.

En este caso modificamos el nombre, escribiendo DB_TP_01, y de forma manual le asignamos el DB3 como DB asociado a este temporizador:

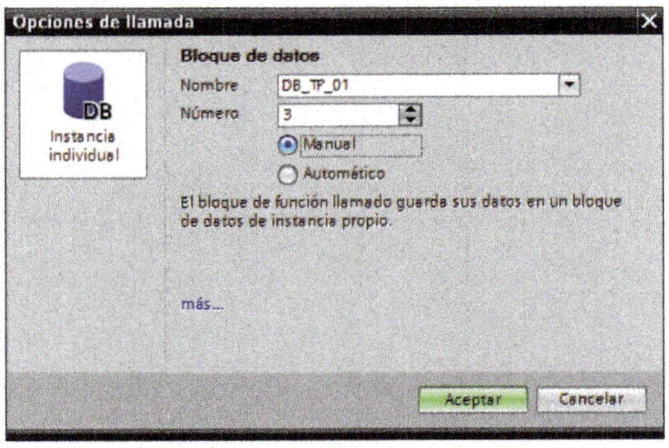

Fig. 3.20

Al crear el bloque de datos, lo podemos encontrar en la carpeta **Bloques de programa** > **Bloques de sistema** > **Recursos de programa** del árbol del proyecto.

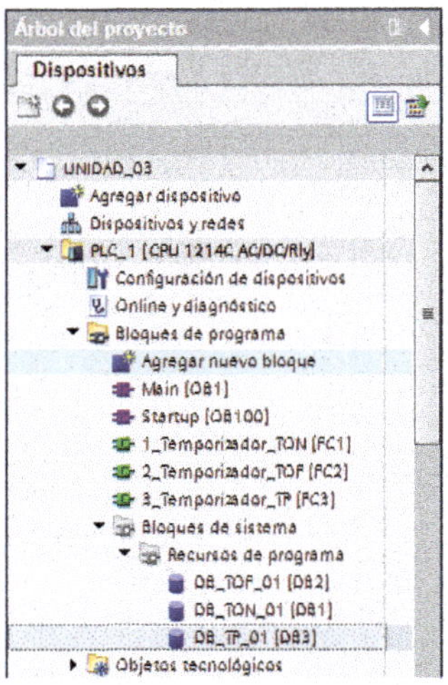

Fig. 3.21

Ejemplo:

Mediante un sistema de pulsadores conectados a las entradas de marcha (I0.2) y ACK (I3.1), debemos conectar el piloto verde (Q2.2) durante un tiempo de 10 segundos justo después de haber pulsado cualquiera de los pulsadores.

Si en cualquier momento volvemos a accionar alguno de los dos pulsadores, el tiempo no se reiniciará.

Al finalizar el tiempo, aparte de desconectarse el piloto verde, el tiempo actual se reseteará y se colocará a 0 segundos hasta una nueva activación de los pulsadores.

En todo momento se deberá visualizar en el registro MD100 el último valor de temporización.

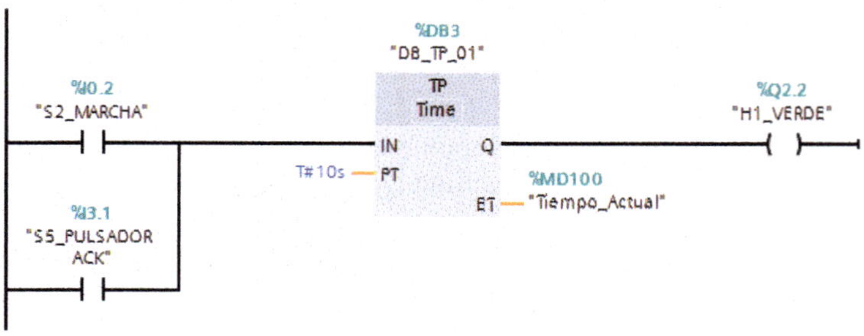

Fig. 3.22a

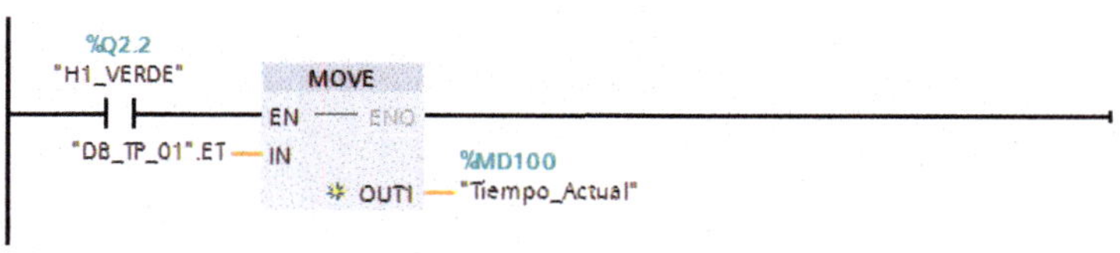

Fig. 3.22b

También podemos utilizar los parámetros del temporizador, tanto de entrada como de salida, en diferentes segmentos del programa:

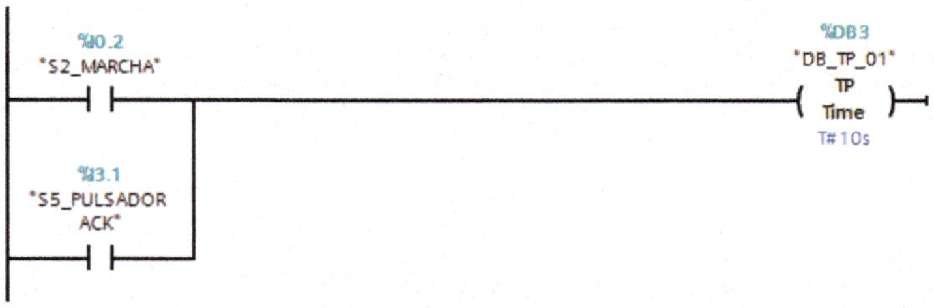

Fig. 3.23a

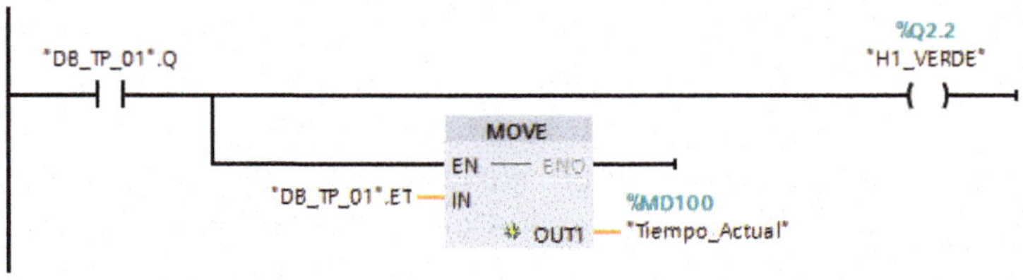

Fig. 3.23b

3.2.4 TONR. Temporizador acumulativo

Con la instrucción **TONR** se puede acumular o memorizar el tiempo dentro de un periodo definido en el parámetro de entrada PT (Preset Time). Cuando la entrada IN detecte un flanco positivo, cambio de **0** a **1,** se ejecuta la instrucción y empieza a contar el tiempo, memorizándose este en el parámetro de salida ET para un incremento en otra temporización o una puesta a **0** mediante la entrada R. La salida Q tan solo se mantiene a **1** cuando haya finalizado el tiempo total programado en la entrada PT.

Podemos decir que este tipo de temporizador tiene un funcionamiento similar al tipo TON, pero con la opción de acumular el tiempo transcurrido.

El temporizador IEC tipo TONR dispone de los siguientes parámetros:

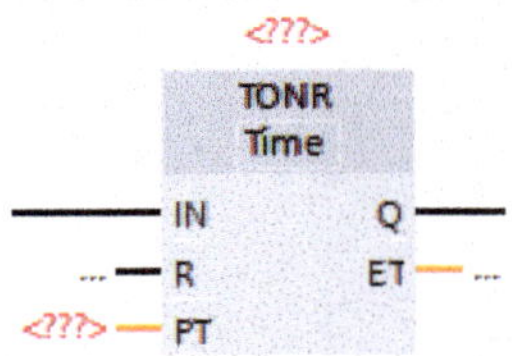

Fig. 3.24

IN: condición para la activación del temporizador (obligatoria).
R: entrada para poner el valor actual de temporización a **0** y desconectar la salida Q.
PT: valor del tiempo en formato TIME, por ejemplo, T#10s. El valor máximo que se puede programar es T#24d_20h_31m_23s_647ms.
Q: salida booleana para indicar con un **1** que el tiempo ha finalizado.
ET: salida para indicar el valor actual del tiempo en formato TIME.
Además, en la parte superior aparecerá de forma automática, una vez insertado el objeto en el programa, el DB asociado.

Recuerda • • •

Básicamente el funcionamiento del tipo de temporizador TONR es idéntico al tipo TON, pero con la particularidad de que acumula el tiempo transcurrido ante la desactivación de la entrada «IN» del temporizador.

Si representamos el funcionamiento de este tipo de temporizador de forma gráfica, tenemos:

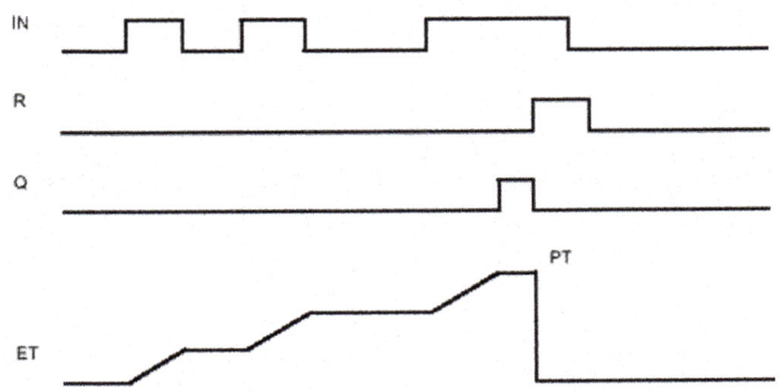

Fig. 3.25

Donde el funcionamiento es el siguiente:

- La instrucción se inicia cuando el resultado lógico (RLO) de la entrada IN cambia de **0** a **1** (flanco de señal ascendente).
- En ese momento se inicia la temporización según el tiempo programado en el parámetro PT.
- Una vez transcurrido el tiempo PT, la salida Q devuelve el estado lógico **1**, independientemente de que la entrada IN continúe estando activa o no.
- Si mientras el temporizador se encuentra contando el tiempo se desconecta la entrada IN, el temporizador detendrá al valor actual y quedará memorizado en el parámetro de salida ET.
- El valor actual de temporización se podrá reiniciar al valor **0** activando la entrada R. También mediante esta misma entrada será la única forma de desactivar la salida Q cuando esta se encuentre activada.
- El valor de tiempo actual se puede consultar en la salida ET. Este valor de tiempo empieza a partir de T#0s y termina al alcanzarse el valor del tiempo PT.

Al igual que los temporizadores TON, TOF y TP, a este TONR también se le debe asignar un bloque de datos DB de instancia, en el que se guardan los datos de la instrucción. La declaración de este tipo de temporizador se realiza igual que se hizo con los anteriores temporizadores TON, TOF y TP.

En este caso modificamos el nombre, escribiendo DB_TONR_01, y de forma manual le asignamos el DB4 como DB asociado a este temporizador:

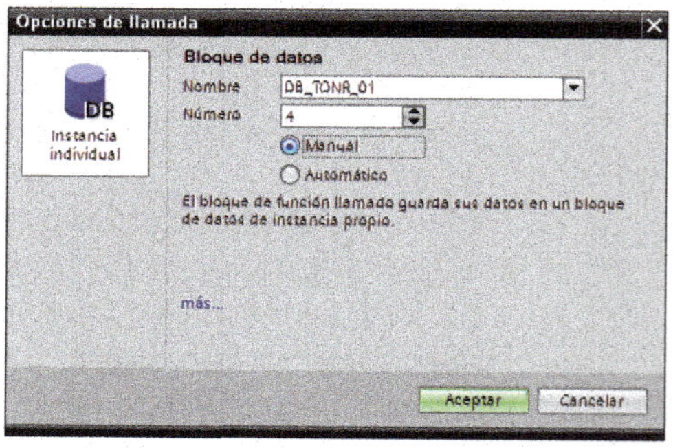

Fig. 3.26

Al crear el bloque de datos, lo podemos encontrar en la carpeta **Bloques de programa** > **Bloques de sistema** > **Recursos de programa** del árbol del proyecto.

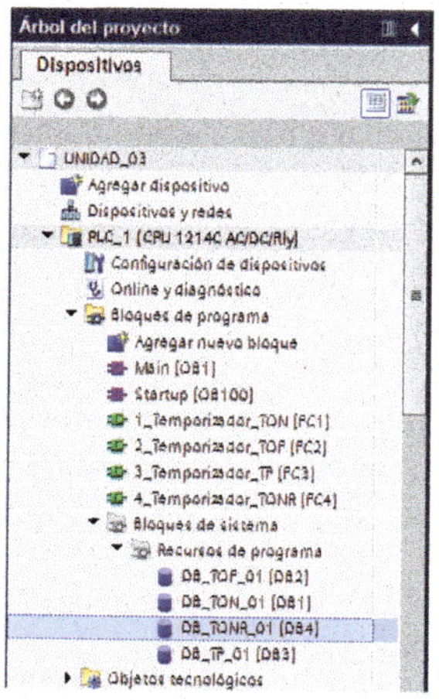

Fig. 3.27

Ejemplo:

Mediante un sistema de paro-marcha queremos activar el piloto verde (Q2.2) y también un temporizador que, una vez transcurridos 10 segundos después de haber activado el pulsador de marcha conectado en la entrada I0.2, hará que se conecte el piloto azul (Q2.3). Si en cualquier momento accionamos el pulsador de paro, conectado a la entrada I0.1, el piloto verde y el temporizador dejarán de funcionar y se memorizará el valor de temporización. Para poder resetear tanto el valor actual de temporización como desactivar la salida Q, se deberá activar el pulsador ACK (I3.1). En todo momento se deberá visualizar en el registro MD100 el último valor de temporización:

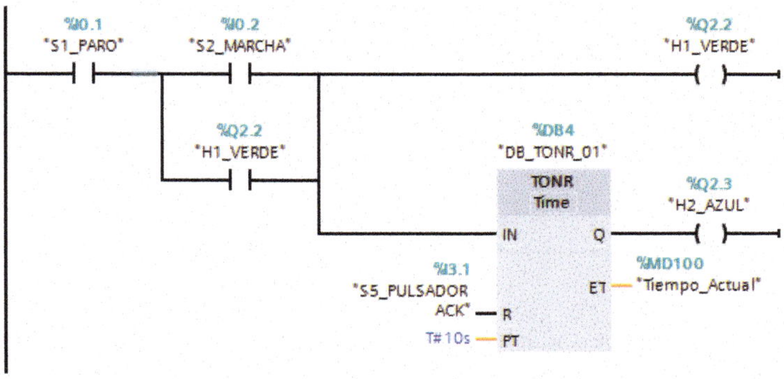

Fig. 3.28

También podemos utilizar los parámetros del temporizador, tanto de entrada como de salida, en diferentes segmentos del programa:

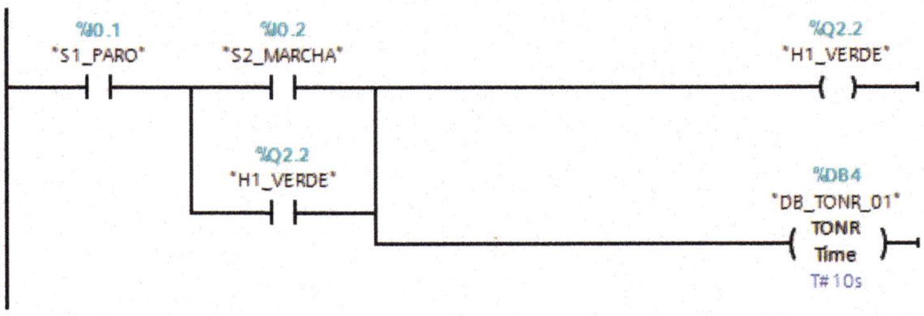

Fig. 3.29a

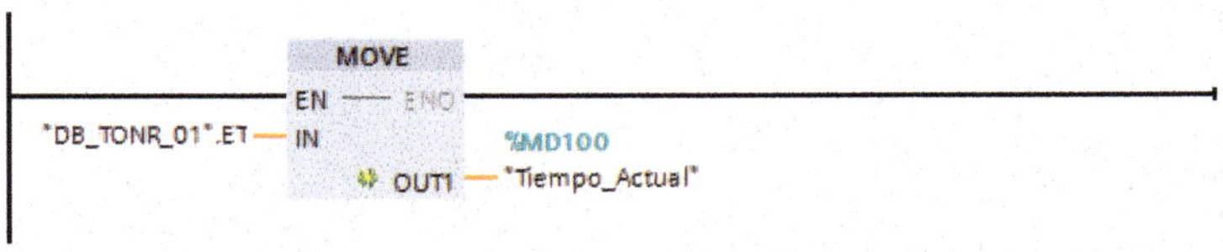

Fig. 3.29b

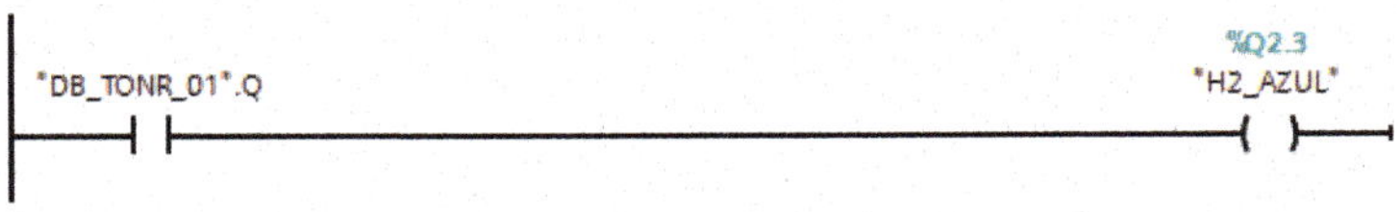

Fig. 3.29c

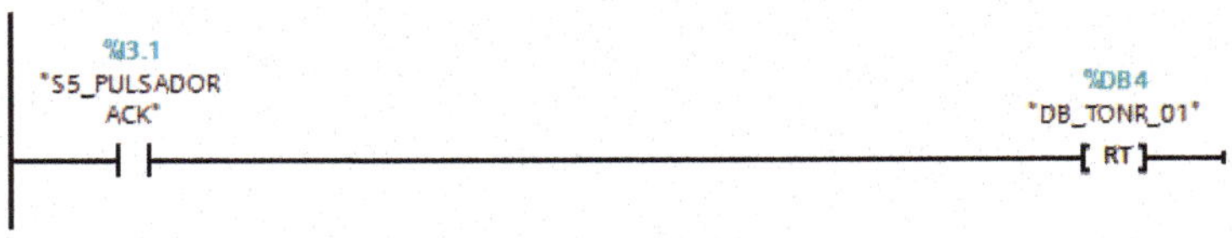

Fig. 3.29d

3.3 Generadores de impulsos

Dentro de **Configuración de dispositivos** de nuestro proyecto, en el que nos aparece la CPU, si observamos dentro de **Propiedades,** en la pestaña **General**, y dentro del apartado **Marcas de sistema y de ciclo**, vemos que aparecen desactivadas las opciones **Activar la utilización de bytes de sistema** y **Activar la utilización del byte de marcas de ciclo**. Para poderlas activar solo hay que activar la selección correspondiente, en este caso **Activar la utilización de bytes de sistema** y escribir el número del byte de marcas que deseemos utilizar para esta función, en este caso MB8191, que corresponde con el último byte del área de marcas del S7-1200, para el caso del S7-1500 sería el MB16383, aunque podría ser cualquier otro.

Recuerda • • •

En la configuración de la CPU se puede activar un byte de marcas para poder tener ocho generadores de impulsos con frecuencias diferentes.

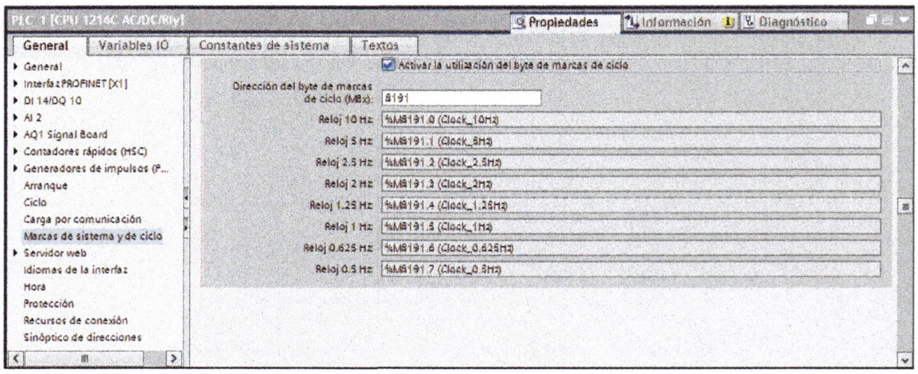

Fig. 3.30

Se muestra el listado donde se relaciona el bit del byte de marcas seleccionado (MB8191) con la frecuencia de funcionamiento que tiene asignada cada bit

Las marcas de ciclo se utilizan en el programa de usuario, por ejemplo, para controlar indicadores luminosos con una luz intermitente o lanzar procesos periódicos, como la adquisición de un valor real.

En el siguiente ejemplo se muestra una aplicación en la que en el momento en el que se dispare el disyuntor magneto térmico del motor de transporte de las piezas (I2.7), el piloto amarillo de la baliza (Q2.1) se pondrá a funcionar de forma intermitente a una frecuencia de 1 Hz.

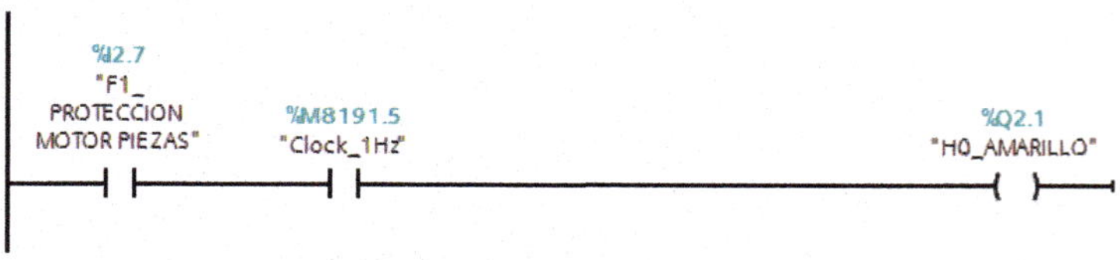

Fig. 3.31

3.4 Preselección directa e indirecta de temporizadores

Recuerda • • •

La preselección directa o constante del valor de temporización se basa en asignar un valor fijo en formato «Time» en la entrada «PT».

Se pueden programar los diferentes temporizadores, de forma que el tiempo sea del tipo:

- Constante o direccionamiento directo.
- Variable o direccionamiento indirecto.

3.4.1 Valor de temporización constante o direccionamiento directo

Se programará un valor constante cuando no sea necesaria la modificación del mismo una vez ajustado para la aplicación que debe realizar.

En este caso, en el parámetro PT, en los temporizadores IEC, introducimos un valor constante en formato Time, como es T#10s:

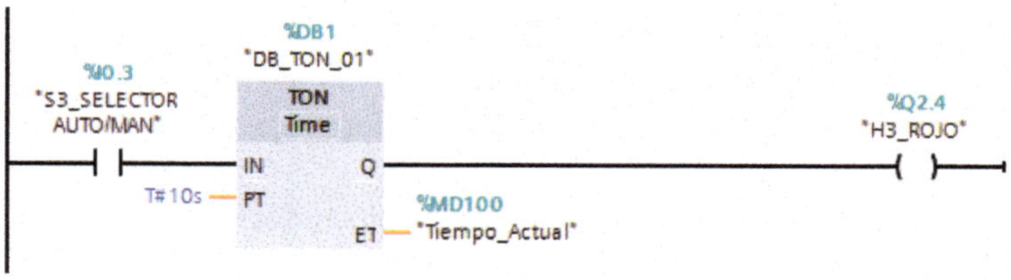

Fig. 3.32

3.4.2 Valor de temporización variable o direccionamiento indirecto

Se programará un registro cuando sea necesario modificarlo durante el funcionamiento del proceso en el que se aplica. La modificación del tiempo pasa por modificar el valor contenido en el registro programado, como por ejemplo desde una pantalla táctil.

Recuerda • • •

La preselección indirecta del valor de temporización se basa en asignar un registro en formato doble palabra en la entrada «PT» que deberá contener el valor del tiempo en formato «Time».

En este caso, en el parámetro PT, en los temporizadores IEC, introducimos un registro que deberá contener un valor en formato Time:

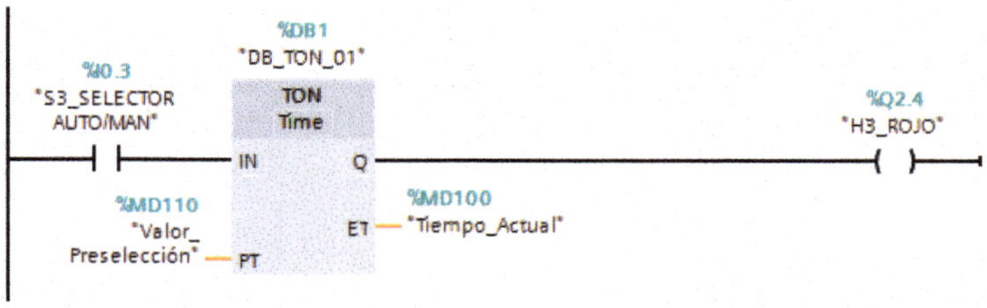

Fig. 3.33a

En el momento de realizar la comprobación del funcionamiento, podemos modificar el **Valor de preselección** del registro MD110 de diferentes formas: mediante una tabla de observación o, lo que es más rápido, seleccionando en el registro del parámetro de entrada PT el temporizador y a continuación pulsando el botón secundario del ratón y seleccionando la opción **Forzar** – **Forzar operando**. Aparecerá la siguiente ventana para poder introducir el nuevo valor de forzado:

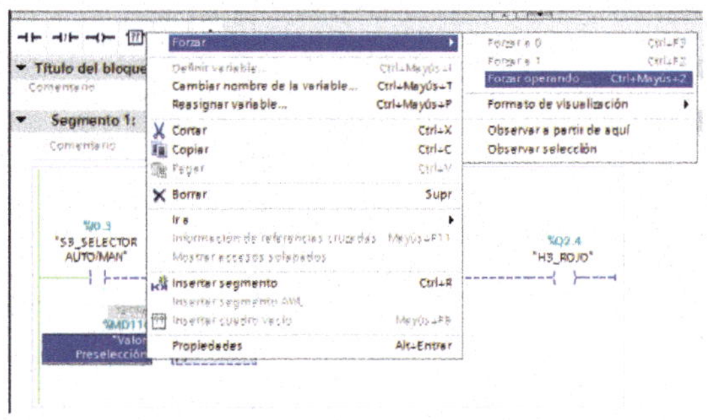

Fig. 3.33b

Recuerda • • •

Con la visualización online del programa, podemos modificar el valor del registro mediante la opción "Forzar → Forzar operando".

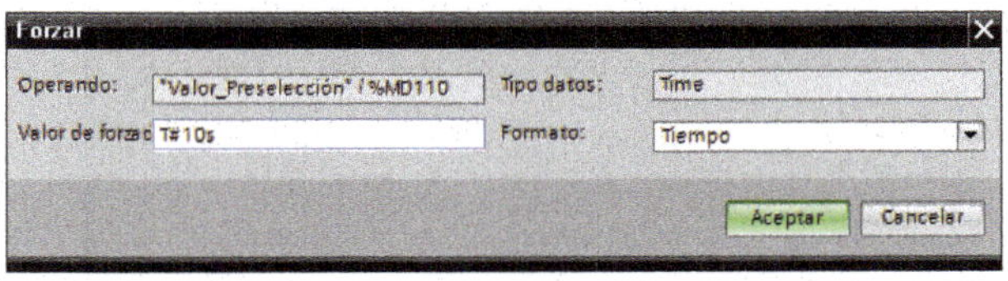

Fig. 3.33c

En el campo **Valor de forzado** podemos introducir el nuevo valor que tomará el registro MD110.

Ejemplo:

Se desea realizar un programa en el que, al accionar el pulsador de marcha (I0.2) y dependiendo de la combinación binaria del estado de los dos disyuntores magneto térmicos M1 (I2.7) y M2 (I3.0), el valor del temporizador será diferente (por ejemplo, 5, 10, 15 o 20 segundos) y que, cuando haya pasado el tiempo establecido, se active el piloto rojo (Q2.4) de la baliza.

Podemos optar por dos soluciones y utilizar la preselección directa o indirecta del temporizador.

- Direccionamiento directo

Para este caso tenemos la necesidad de utilizar cuatro bloques de datos (DB10, DB11, DB12 y DB13) asociados a los cuatro temporizadores, ya que si se utiliza el mismo bloque de datos para todos los temporizadores, los parámetros de entrada y salida de cada temporizador quedarán solapados y el programa funcionará de forma incorrecta:

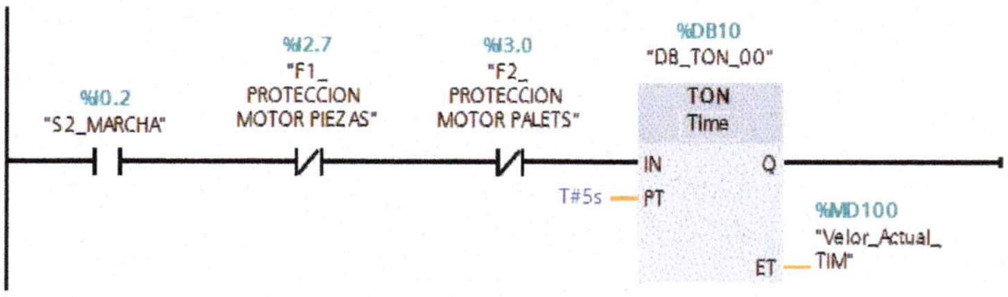

Fig. 3.34a

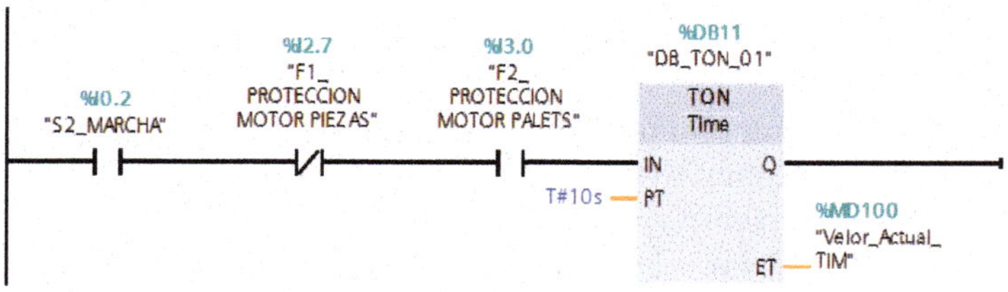

Fig. 3.34b

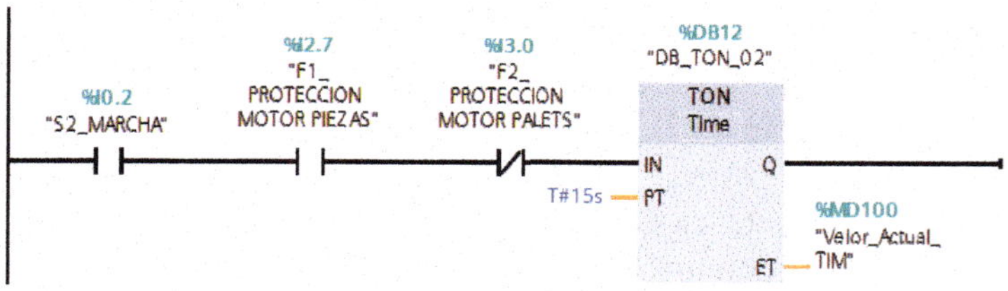

Fig. 3.34c

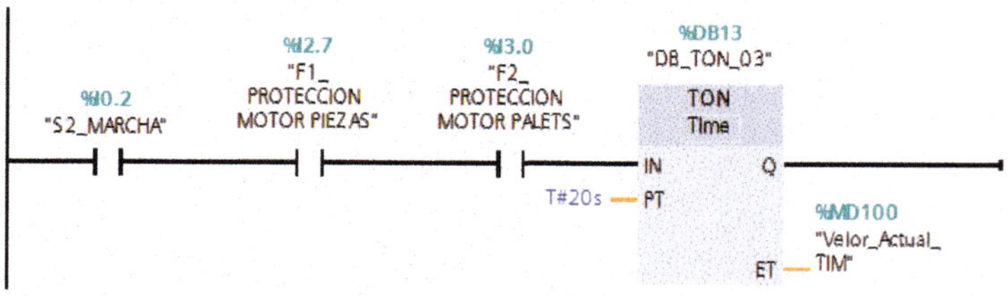

Fig. 3.34d

Fig. 3.34e

- Direccionamiento indirecto

En esta otra solución tan solo utilizamos un bloque de datos DB10 asociado al único temporizador utilizado:

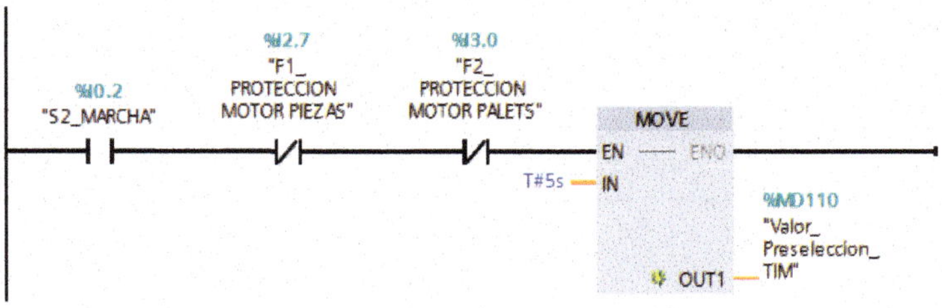

Fig. 3.35a

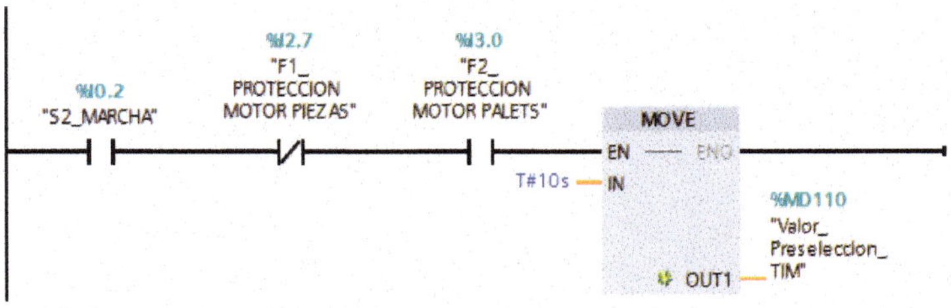

Fig. 3.35b

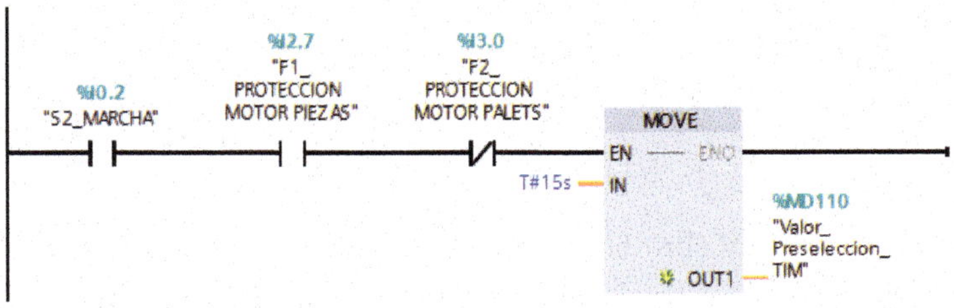

Fig. 3.35c

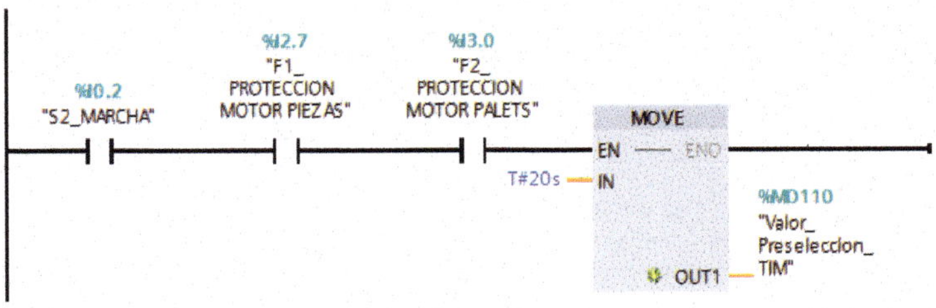

Fig. 3.35d

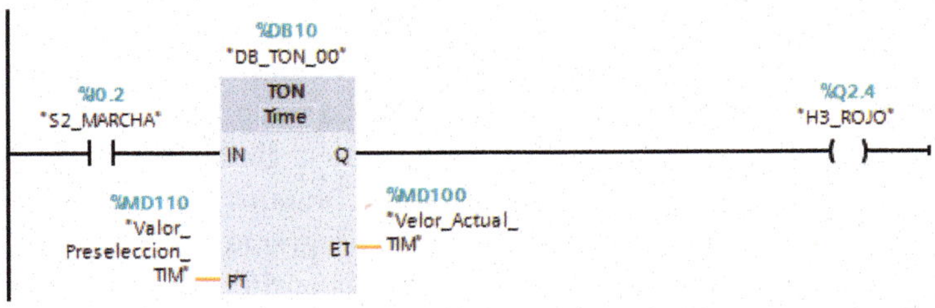

Fig. 3.35e

3.5 Varios temporizadores en un único DB de instancia

Hemos visto cómo en el momento de incorporar un temporizador al programa se nos solicita un DB de instancia asociado en el que guardará el estado de cada uno de los parámetros. Pues bien, hay una diferencia entre si el temporizador lo programamos en un OB o una FC , o si lo programamos en un FB.

3.5.1 Temporizador programado en un bloque de organización (OB) o en una función (FC)

Al insertar un temporizador IEC en el editor de diagrama de contactos, se solicita que este se asocie a un bloque de datos DB. En este caso el DB10:

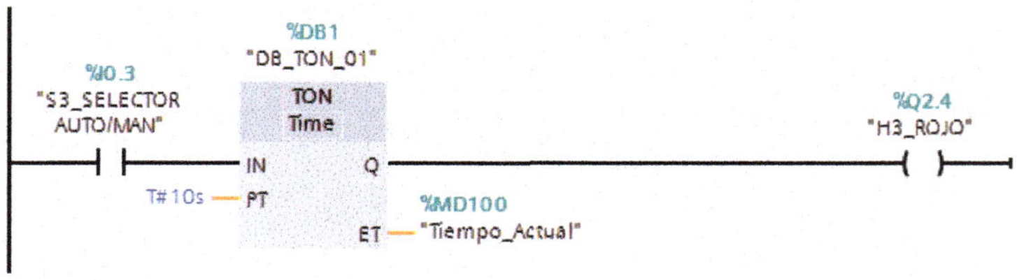

Fig. 3.36

Recuerda • • •

Cuando se programa un temporizador en un bloque OB o FC, se debe asignar un DB de instancia para cada uno de ellos.

Este bloque de datos DB tan solo podrá ser de instancia individual:

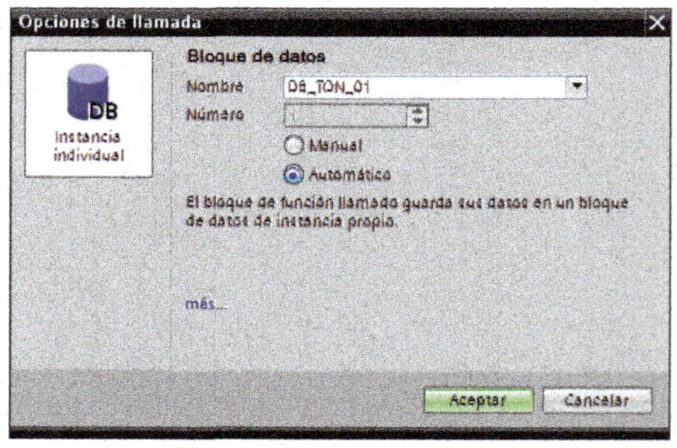

Fig. 3.37

Al abrir el DB de instancia se observa la declaración automática de los parámetros que ese temporizador dispone, y que es la siguiente:

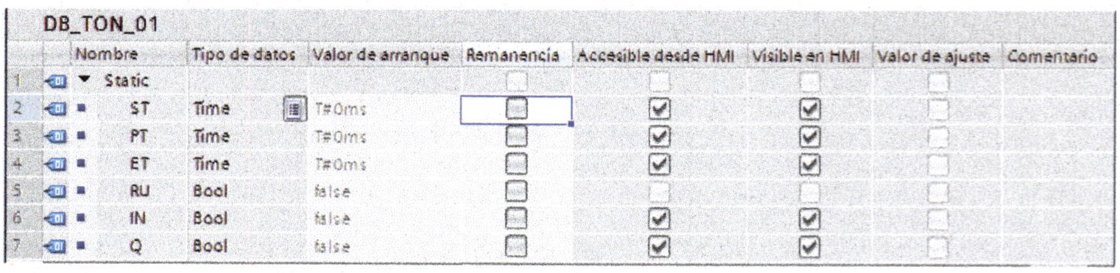

DB_TON_01

	Nombre	Tipo de datos	Valor de arranque	Remanencia	Accesible desde HMI	Visible en HMI	Valor de ajuste	Comentario
1	▼ Static			☐	☐	☐	☐	
2	ST	Time	T#0ms	☐	☑	☑	☐	
3	PT	Time	T#0ms	☐	☑	☑	☐	
4	ET	Time	T#0ms	☐	☑	☑	☐	
5	RU	Bool	false	☐	☐	☐	☐	
6	IN	Bool	false	☐	☑	☑	☐	
7	Q	Bool	false	☐	☑	☑	☐	

Fig. 3.38

Si antes de abrir el bloque de datos de instancia, que se ha guardado en nuestro proyecto dentro de la carpeta **Bloques de programa – Bloques de sistema – Recursos de programa**, lo seleccionamos y elegimos la opción del menú **Edición – Propiedades**, se abrirá una ventana de propiedades de este bloque, en la que dentro de la opción **Atributos** deseleccionaremos el atributo **Acceso optimizado al bloque** y obtendremos la siguiente vista:

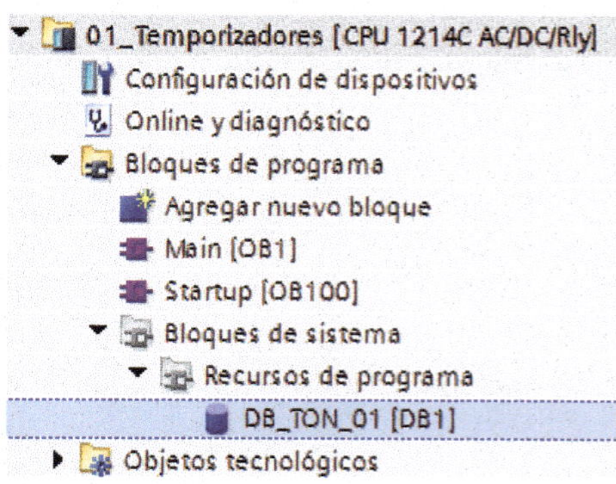

Fig. 3.39

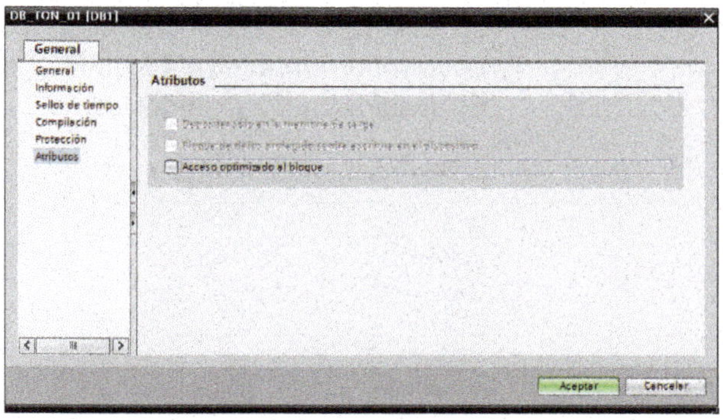

Fig. 3.40

Ahora, si volvemos a abrir ese mismo bloque de datos, se observa cómo aparece una nueva columna llamada **Offset** en la que se muestran las direcciones absolutas de cada parámetro dentro del DB:

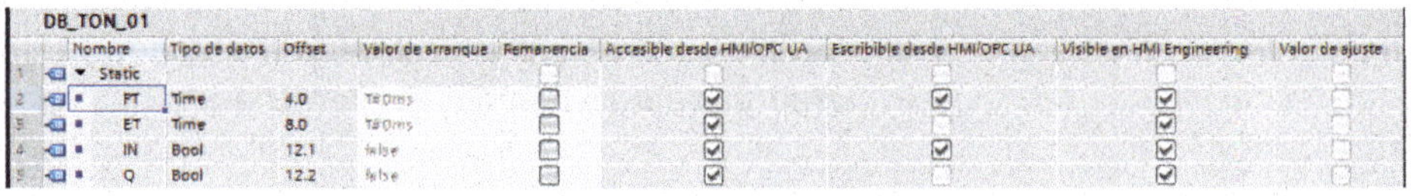

DB_TON_01

	Nombre	Tipo de datos	Offset	Valor de arranque	Remanencia	Accesible desde HMI/OPC UA	Escribible desde HMI/OPC UA	Visible en HMI Engineering	Valor de ajuste
1	▾ Static				☐	☐	☐	☐	☐
2	PT	Time	4.0	T#0ms	☐	☑	☑	☑	☐
3	ET	Time	8.0	T#0ms	☐	☑	☐	☑	☐
4	IN	Bool	12.1	false	☐	☑	☑	☑	☐
5	Q	Bool	12.2	false	☐	☑	☐	☑	☐

Fig. 3.41

En este DB de instancia podemos hacer uso de los parámetros de forma individual en cualquier lugar del programa, ya sea en ese mismo bloque o en otro bloque de programas diferente, y para ello podemos utilizar tanto las direcciones simbólicas como las absolutas:

Recuerda • • •

Cuando se programa un temporizador en un bloque OB o FC, se puede acceder a los registros del DB mediante su dirección absoluta o simbólica.

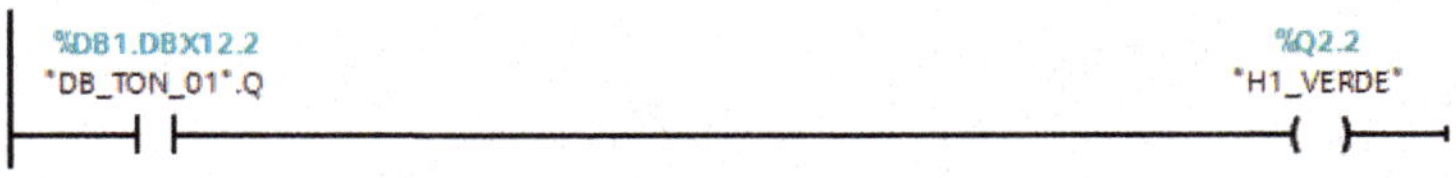

Fig. 3.42

3.5.2 Temporizador programado en un bloque de función (FB) con un bloque de datos multi-instancia

Si un temporizador se programa en un bloque OB o FC, estamos obligados a asignar un DB de instancia para cada temporizador, pero cuando el temporizador se programa en un bloque de función (FB), tenemos la posibilidad de aplicar el concepto «multi-instancia», que quiere decir que en un mismo DB, que se generará al hacer la llamada al FB, se guardará el estado de los parámetros de cada uno de los temporizadores de forma independiente.

Recuerda • • •

Cuando se programa un temporizador en un bloque FB, se puede elegir un DB multi-instancia, que permite incorporar varios temporizadores en el mismo DB.

El concepto de «multi-instancia» indica que se generará en la zona de declaración de parámetros del FB, y dentro de la zona de variables Static, tantas variables del tipo IEC_TIMER como temporizadores se programen en ese FB.

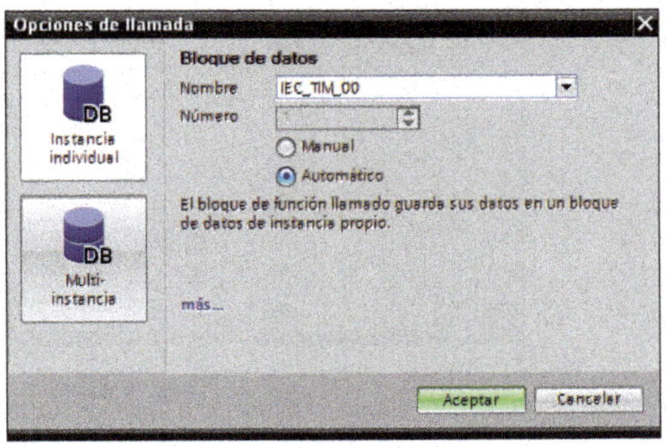

Para ello, en el momento de insertar un bloque temporizador, aparecerá la siguiente ventana para poder elegir entre un DB de **Instancia individual**, que es como se realiza en un OB o FC, o bien con un DB **Multi-instancia**.

Fig. 3.43

En este caso seleccionaremos el DB **Multi-instancia** y modificamos su nombre, observando cómo en el FB queda generada esa variable tipo IEC_TIMER en la zona de declaración de parámetros.

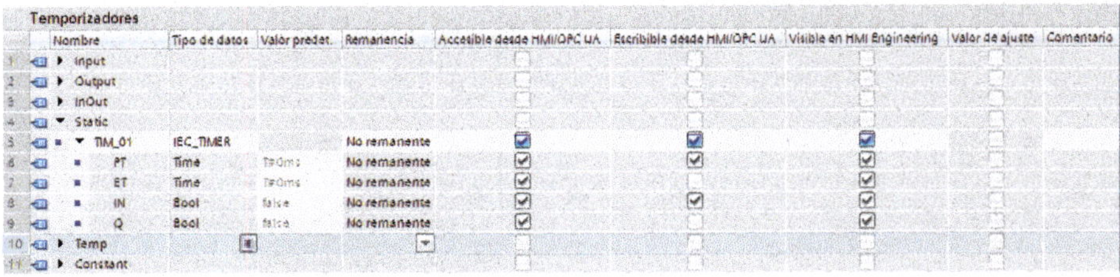

Fig. 3.44

De la misma manera, podemos ir añadiendo temporizadores en este mismo bloque FB, de forma que vayan apareciendo declarados en la zona de parámetros.

En este caso declaramos la remanencia en la zona de declaración de parámetros del propio FB en la columna **Remanencia**. Así podemos seleccionar qué temporizador se desea hacer remanente.

También podríamos realizar la declaración de las variables de tipo IEC_TIMER manualmente en el FB y obtendríamos el mismo efecto.

En cualquier caso, si ahora realizamos un programa dentro de ese mismo FB, de forma que la instancia asociada al temporizador sea la variable estática TIM_01 declarada anteriormente, tendremos:

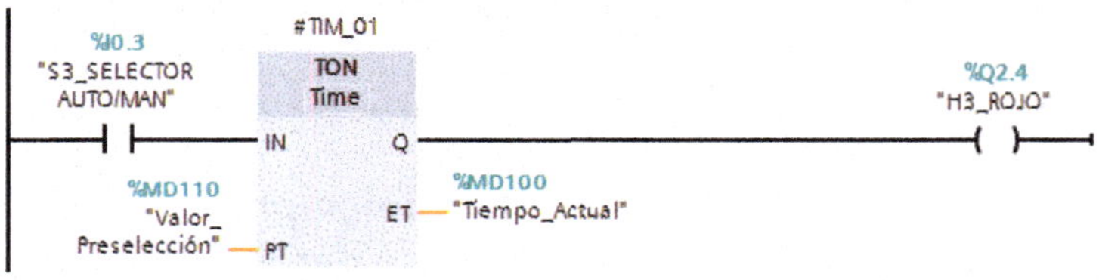

Fig. 3.45a

Fig. 3.45b

Ahora tan solo nos queda realizar la llamada a ese FB desde el OB1, en donde en el momento de insertar el FB en un segmento nos aparece la ventana para asociar el bloque de datos DB de instancia, por ejemplo:

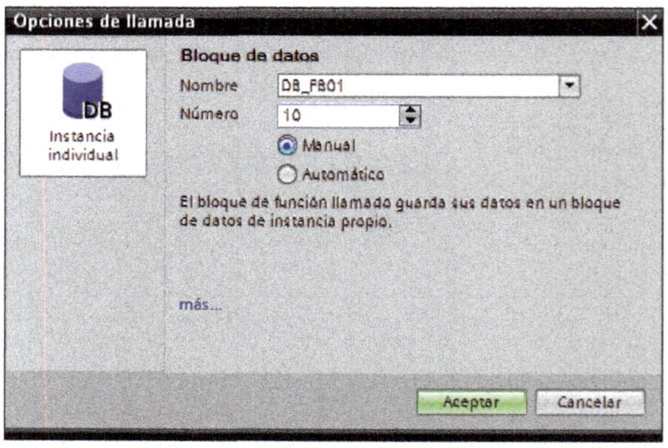

Fig. 3.46

La llamada programada queda de la siguiente forma:

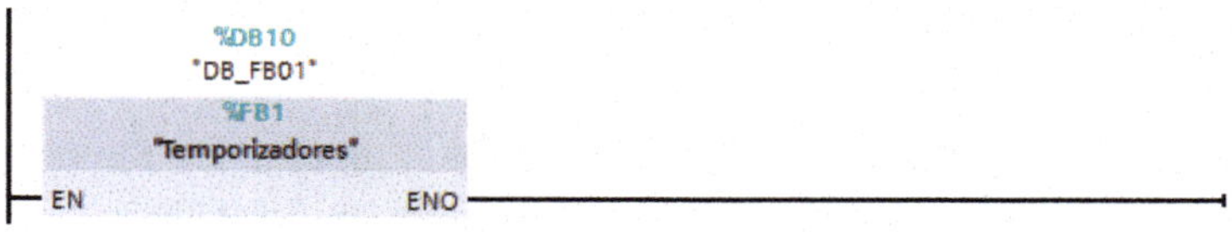

Fig. 3.47

Ahora, si abrimos el bloque de datos de instancia asociado a este FB, observamos cómo aparecen todos los parámetros del temporizador o de los temporizadores declarados:

DB_FB01

	Nombre	Tipo de datos	Valor de arranque	Remanencia	Accesible desde HMI/OPC UA	Escribible desde HMI/OPC UA	Visible en HMI Engineering	Valor de ajuste
1	Input			☐	☐	☐	☐	☐
2	Output			☐	☐	☐	☐	☐
3	InOut			☐	☐	☐	☐	☐
4	▾ Static			☐	☐	☐	☐	☐
5	▾ TIM_01	IEC_TIMER		☐	☑	☑	☑	☐
6	PT	Time	T#0ms	☐	☑	☑	☑	☐
7	ET	Time	T#0ms	☐	☑	☐	☑	☐
8	IN	Bool	false	☐	☑	☑	☑	☐
9	Q	Bool	false	☐	☑	☐	☑	☐

Fig. 3.48

Podemos hacer uso de los parámetros de este DB de forma individual en cualquier lugar del programa, ya sea en ese mismo bloque o en otro bloque del programa diferente. En ese caso utilizaremos solo la dirección simbólica:

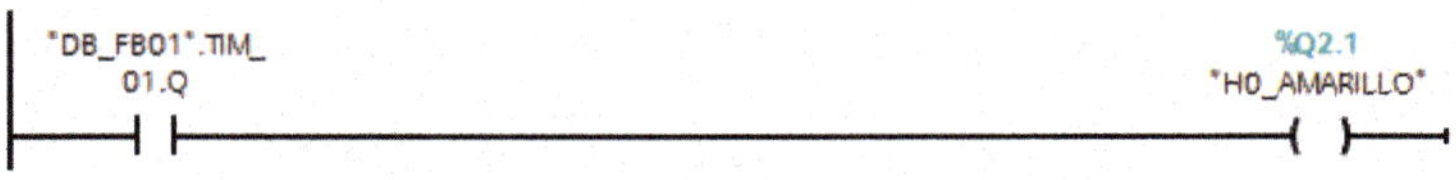

Fig. 3.49

> **Recuerda • • •**
>
> Cuando se programa un temporizador en un bloque FB asociado a un DB multi-instancia, tan solo se puede acceder a los registros del DB mediante su dirección simbólica.

Así observamos que, para hacer uso de cualquiera de los parámetros, se llama a:

Nombre simbólico del DB	: "DB_FB01"
Nombre simbólico de la variable declarada	: TIM_01
Nombre simbólico del parámetro del temporizador	: Q

Y obtenemos "DB_FB01".TIM_01.Q.

En este caso no será posible el acceso de forma absoluta a las direcciones, pues no se puede deseleccionar la opción **Acceso optimizado al bloque** dentro de las propiedades del DB.

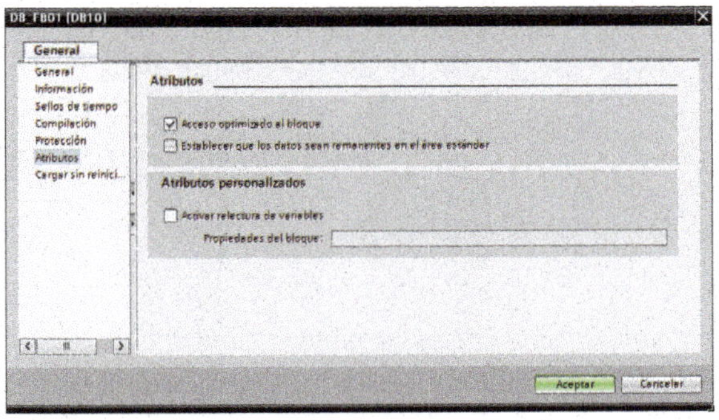

Fig. 3.50

3.5.3 Declaración de varios temporizadores IEC en un mismo bloque de datos

Hemos visto cómo en el momento de incorporar un temporizador al programa nos solicita un DB de instancia, donde este bloque de datos es configurado por el propio sistema y no es modificable por parte del usuario. Para que pueda ser creado y modificado por el usuario debemos hacer uso de los bloques de datos globales.

Por tanto, antes de entrar a utilizar los temporizadores en nuestro programa, creamos un DB global llamado DB_TIMERS:

Recuerda • • •

Otra opción para la declaración de los temporizadores es la utilización de un DB global donde se declaren previamente todos los temporizadores a utilizar con tipo de datos «IEC_TIMER».

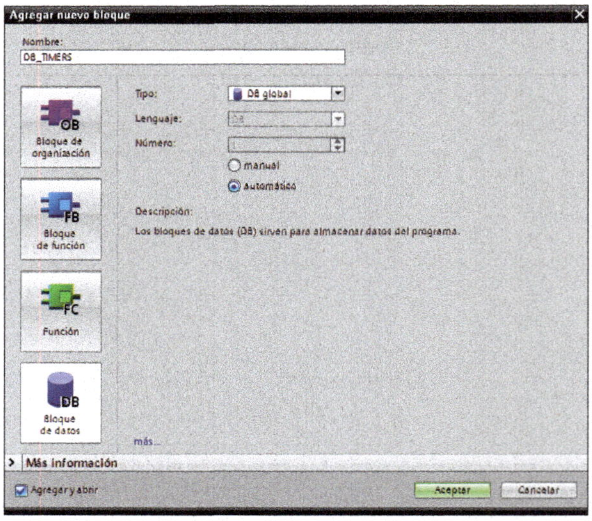

Fig. 3.51

A continuación, declaramos tantas variables de tiempo con tipo de datos IEC_TIMER como temporizadores se vayan a utilizar, por ejemplo, tres:

DB_TIMERS

	Nombre	Tipo de datos	Offset	Valor de arranque	Remanencia	Accesible desde HMI/OPC UA	Escribible desde HMI/OPC UA	Visible en HMI Engineering	Valor de ajuste
1	▼ Static				☐	☐	☐	☐	☐
2	▸ TIM_01	IEC_TIMER	0.0		☑	☑	☑	☑	☐
3	▸ TIM_02	IEC_TIMER	16.0		☑	☑	☑	☑	☐
4	▸ TIM_03	IEC_TIMER	32.0		☑	☑	☑	☑	☐

Fig. 3.52

De forma que al desplegarlos observamos todos los parámetros que pueden intervenir en un temporizador IEC:

DB_TIMERS

	Nombre	Tipo de datos	Offset	Valor de arranque	Remanencia	Accesible desde HMI/OPC UA	Escribible desde HMI/OPC UA	Visible en HMI Engineering	Valor de ajuste
1	▼ Static				☐	☐	☐	☐	☐
2	▼ TIM_01	IEC_TIMER	0.0		☑	☑	☑	☑	☐
3	PT	Time	4.0	T#0ms	☑	☑	☑	☑	☐
4	ET	Time	8.0	T#0ms	☑	☑	☐	☑	☐
5	IN	Bool	12.1	false	☑	☑	☑	☑	☐
6	Q	Bool	12.2	false	☑	☑	☐	☑	☐
7	▼ TIM_02	IEC_TIMER	16.0		☑	☑	☑	☑	☐
8	PT	Time	20.0	T#0ms	☑	☑	☑	☑	☐
9	ET	Time	24.0	T#0ms	☑	☑	☐	☑	☐
10	IN	Bool	28.1	false	☑	☑	☑	☑	☐
11	Q	Bool	28.2	false	☑	☑	☐	☑	☐
12	▼ TIM_03	IEC_TIMER	32.0		☑	☑	☑	☑	☐
13	PT	Time	36.0	T#0ms	☑	☑	☑	☑	☐
14	ET	Time	40.0	T#0ms	☑	☑	☐	☑	☐
15	IN	Bool	44.1	false	☑	☑	☑	☑	☐
16	Q	Bool	44.2	false	☑	☑	☐	☑	☐

Fig. 3.53

Ahora, si queremos programar un temporizador en cualquier bloque de programa, nos aparecerá como siempre una ventana para asignarle un DB de instancia.

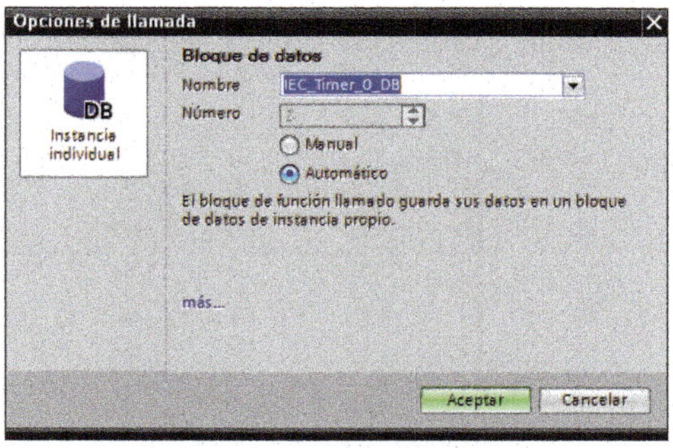

Fig. 3.54

Pero en este caso, cancelaremos mediante el botón **Cancelar** la petición, ya que queremos utilizar como DB el DB global declarado anteriormente.

En ese momento nos aparece el temporizador programado de la siguiente forma:

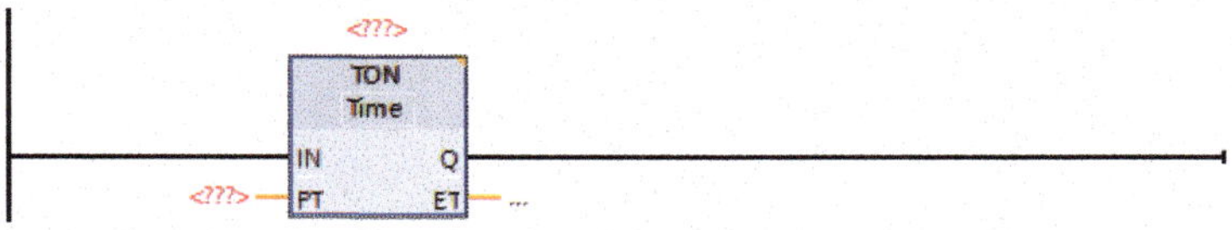

Fig. 3.55

A continuación, pulsamos en la zona de asignación del DB asociado, en la parte superior de la caja del temporizador, y elegimos en primer lugar el nombre del DB global, en este caso "DB_TIMERS":

Fig. 3.56

Después elegimos una de las variables IEC_TIMER que tenemos declaradas, en este caso TIM_0:

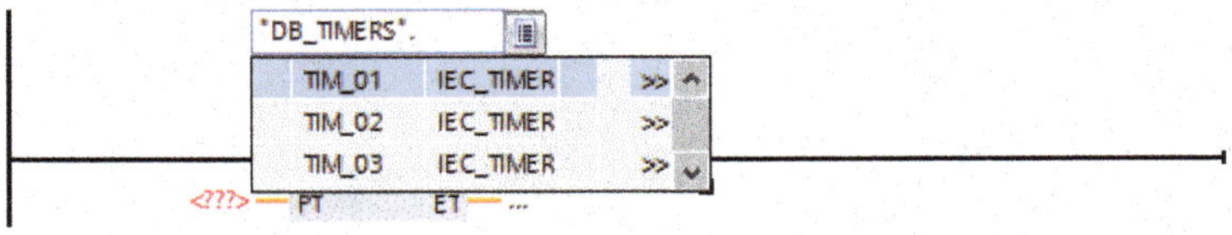

Fig. 3.57

A continuación, elegimos **Ninguna entrada** para eliminar el último punto que aparece en la declaración:

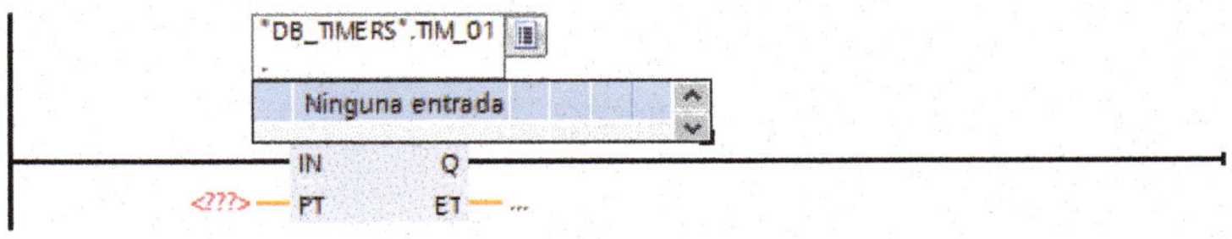

Fig. 3.58

Y obtenemos el siguiente resultado:

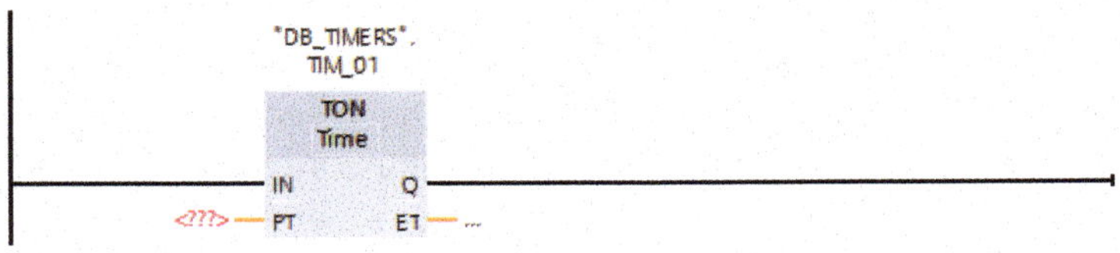

Fig. 3.59

Ahora completamos el programa:

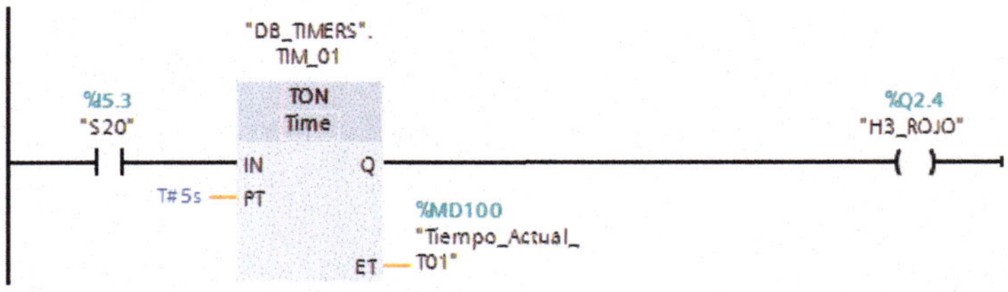

Fig. 3.60

Repetimos la operación para los otros dos temporizadores y obtenemos el siguiente resultado:

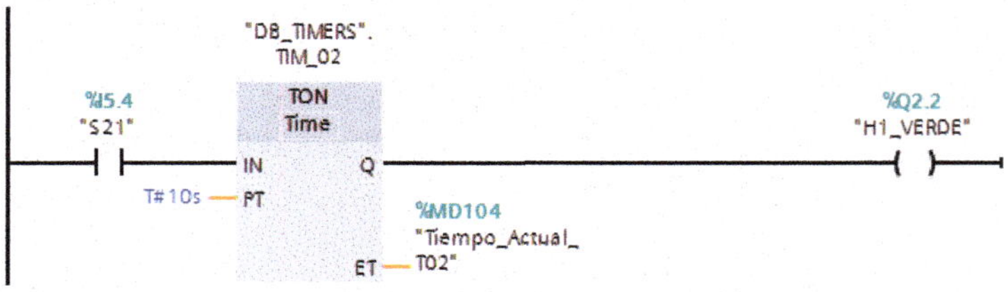

Fig. 3.61

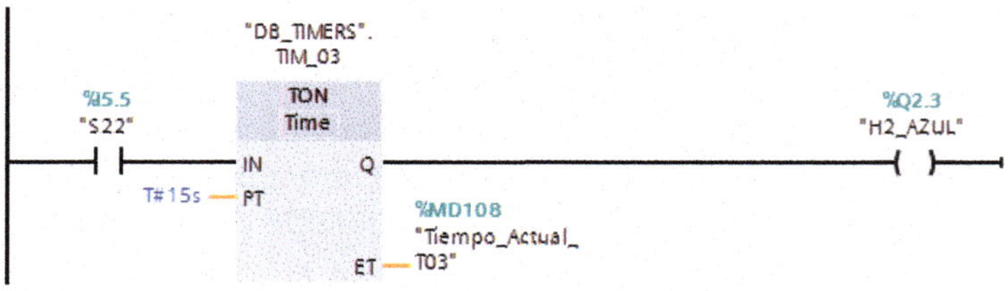

Fig. 3.62

Ahora, al poner en funcionamiento el programa, observamos cómo cada temporizador funciona de forma independiente:

DB_TIMERS (Instantánea generada: 19/11/2016 0:33:04)

	Nombre	Tipo de datos	Offset	Valor de arranque	Valor de observación	Remanencia	Accesible desde HMI/OPC UA	Escribible desde HMI/OPC UA	Visible en HMI Engi...
1	▼ Static					☐	☐	☐	☐
2	▼ TIM_01	IEC_TIMER	0.0			☑	☑	☑	☑
3	PT	Time	4.0	T#0ms	T#5S	☑	☑	☑	☑
4	ET	Time	8.0	T#0ms	T#2S_767MS	☑	☑	☐	☑
5	IN	Bool	12.1	false	TRUE	☑	☑	☑	☑
6	Q	Bool	12.2	false	FALSE	☑	☑	☐	☑
7	▼ TIM_02	IEC_TIMER	16.0			☑	☑	☑	☑
8	PT	Time	20.0	T#0ms	T#10S	☑	☑	☑	☑
9	ET	Time	24.0	T#0ms	T#10S	☑	☑	☐	☑
10	IN	Bool	28.1	false	TRUE	☑	☑	☑	☑
11	Q	Bool	28.2	false	TRUE	☑	☑	☐	☑
12	▼ TIM_03	IEC_TIMER	32.0			☑	☑	☑	☑
13	PT	Time	36.0	T#0ms	T#15S	☑	☑	☑	☑
14	ET	Time	40.0	T#0ms	T#15S	☑	☑	☐	☑
15	IN	Bool	44.1	false	TRUE	☑	☑	☑	☑
16	Q	Bool	44.2	false	TRUE	☑	☑	☐	☑

Fig. 3.63

Recuerda • • •

El hecho de utilizar un DB global para la declaración de los temporizadores permite seleccionar de forma independiente cuál de ellos se configura con remanencia.

Además, hay otra ventaja como es la de poder seleccionar qué temporizador dispone de la función de remanencia, ya que se puede realizar la selección de forma independiente.

Podemos hacer uso de los parámetros de este DB global de forma individual en cualquier lugar del programa, ya sea en ese mismo bloque o en otro bloque del programa diferente. Por ejemplo, podemos utilizar las direcciones simbólicas. Para utilizar las direcciones absolutas debemos configurar las propiedades del DB mediante la opción del menú **Edición – Propiedades**. Se abrirá la ventana de propiedades de este bloque en el que, dentro de la opción **Atributos**, deseleccionaremos el atributo **Acceso optimizado al bloque** y obtendremos la siguiente vista:

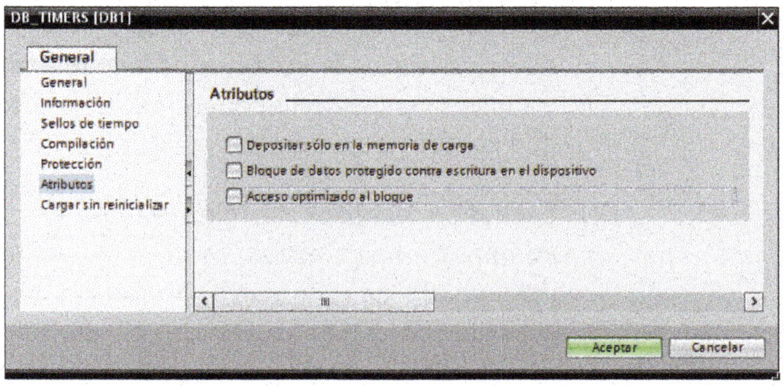

Fig. 3.64

Una vez compilado el proyecto, al volver a abrir el DB global, observamos cómo aparecen las direcciones absolutas de cada parámetro y, por tanto, podemos utilizarlas en cualquier bloque de programa.

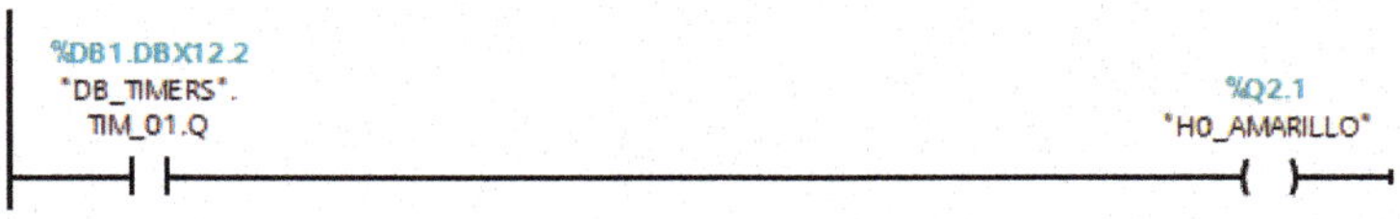

Fig. 3.65

Recuerda • • •

Cuando se programa un temporizador mediante la utilización de DB globales, se puede acceder a los registros de ese DB mediante su dirección absoluta o simbólica.

En esta última configuración del DB se pierde la funcionalidad de poder aplicar remanencia de forma independiente a cada temporizador y tan solo se puede establecer que sean todos remanentes o que no lo sea ninguno.

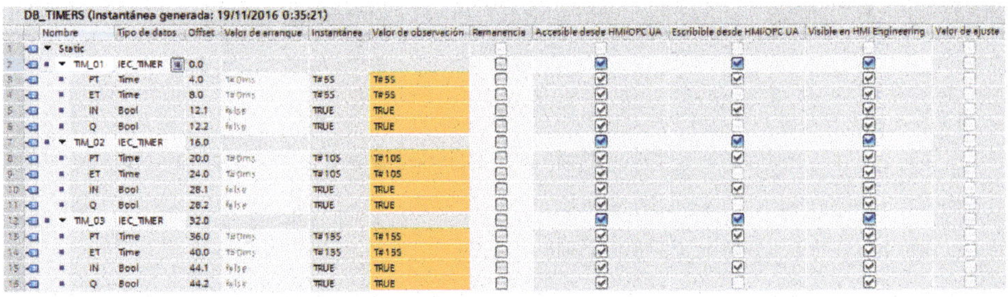

DB_TIMERS (Instantánea generada: 19/11/2016 0:35:21)

	Nombre	Tipo de datos	Offset	Valor de arranque	Instantánea	Valor de observación	Remanencia	Accesible desde HMI/OPC UA	Escribible desde HMI/OPC UA	Visible en HMI Engineering	Valor de ajuste
1	Static										
2	TIM_01	IEC_TIMER	0.0				☐	☑	☑	☑	
3	PT	Time	4.0	T#0ms	T#5S	T#5S	☐	☑	☑	☑	
4	ET	Time	8.0	T#0ms	T#5S	T#5S	☐	☑		☑	
5	IN	Bool	12.1	false	TRUE	TRUE	☐	☑	☑	☑	
6	Q	Bool	12.2	false	TRUE	TRUE	☐	☑		☑	
7	TIM_02	IEC_TIMER	16.0				☐	☑	☑	☑	
8	PT	Time	20.0	T#0ms	T#10S	T#10S	☐	☑	☑	☑	
9	ET	Time	24.0	T#0ms	T#10S	T#10S	☐	☑		☑	
10	IN	Bool	28.1	false	TRUE	TRUE	☐	☑	☑	☑	
11	Q	Bool	28.2	false	TRUE	TRUE	☐	☑		☑	
12	TIM_03	IEC_TIMER	32.0				☐	☑	☑	☑	
13	PT	Time	36.0	T#0ms	T#15S	T#15S	☐	☑	☑	☑	
14	ET	Time	40.0	T#0ms	T#15S	T#15S	☐	☑		☑	
15	IN	Bool	44.1	false	TRUE	TRUE	☐	☑	☑	☑	
16	Q	Bool	44.2	false	TRUE	TRUE	☐	☑		☑	

Fig. 3.66

3.6 Programación en Grafcet (II)

En esta segunda parte explicamos cómo integrar la función de temporización en un diseño realizado en Grafcet. Veremos las diferentes posibilidades de programar un temporizador en una acción asociada, así como la de integrar contactos de temporización en una transición.

3.6.1 Acciones asociadas temporizadas. Símbolos D y L

Recuerda • • •

La norma Grafcet contempla acciones asociadas temporizadas a las etapas con dos tipos:

- Delayed (D).
- Layed (L).

Si recordamos lo expuesto en la unidad anterior, gráficamente la norma IEC 61131-3 representa las acciones asociadas a etapas como bloques con cuatro campos, donde el campo **1** se denomina campo calificador y describe el tipo de vínculo entre la etapa y la acción asociada.

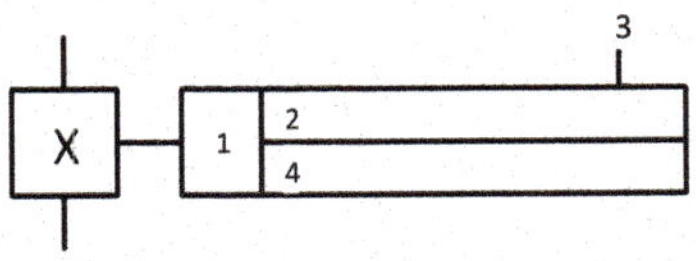

En este campo **1** es donde se sitúa el tipo de temporización que se desea realizar. Para ello disponemos de diferentes opciones:

D (Delayed): la acción comienza un cierto tiempo después de la activación de la etapa. Es decir, la acción asociada se activará después de que haya transcurrido un intervalo desde la activación de la etapa. Se mantendrá en ese estado hasta que la etapa deje de estar activa.

L (Layed): la acción termina tras un cierto tiempo de la activación de la etapa, aunque esta siga activa. Es decir, la acción asociada se activará inmediatamente después de que se activa la etapa, y esa acción se desconectará cuando haya transcurrido el tiempo previsto o bien cuando la etapa deje de estar activa.

A continuación, se muestra un ejemplo de cada tipo:

- Delayed

Recuerda • • •

El tipo «Delayed» provoca que la acción asociada se ponga en marcha un tiempo después de haberse activado la etapa.

Al activar el pulsador de marcha (I0.2), pasará a estar activa la etapa 1. En ese momento también empieza a transcurrir el intervalo de 8 s y transcurrido ese tiempo la cinta transportadora de palets (Q1.1) se pondrá en funcionamiento por haberse conectado la M50.0. La cinta dejará de funcionar cuando se desactive la etapa 1, que será al accionar el pulsador ACK (I3.1).

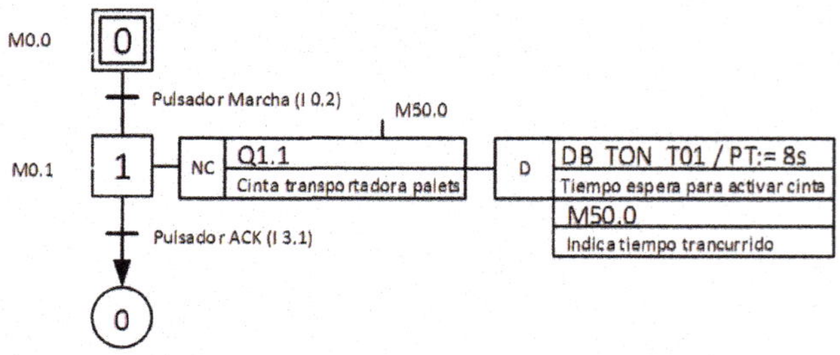

Otra forma de realizar ese mismo ejercicio sería esta:

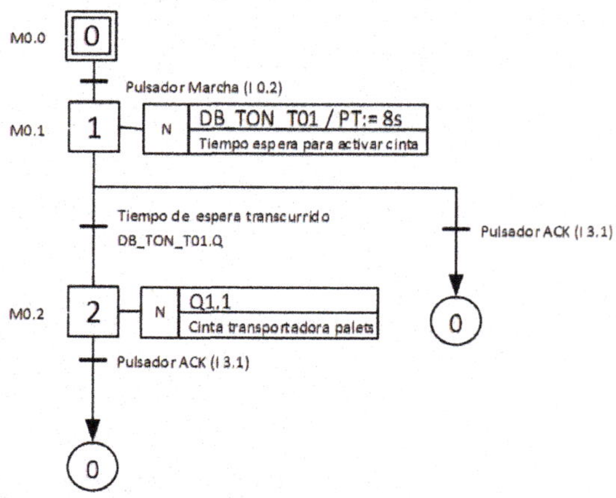

Programado en contactos sería así:

- Activación de etapas

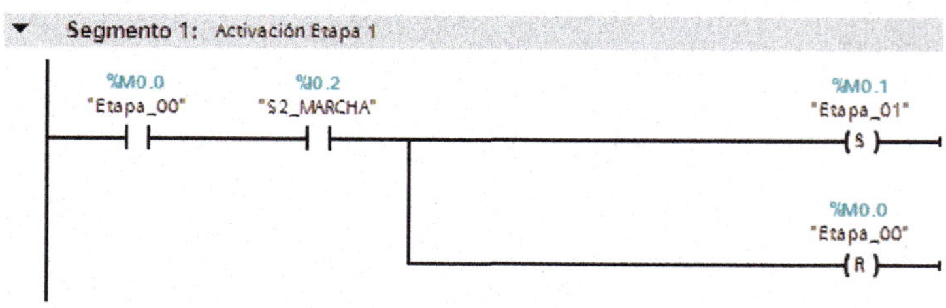

Fig. 3.67a

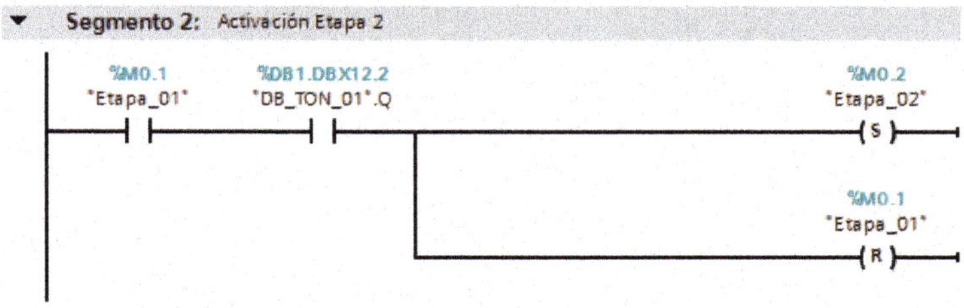

Fig. 3.67b

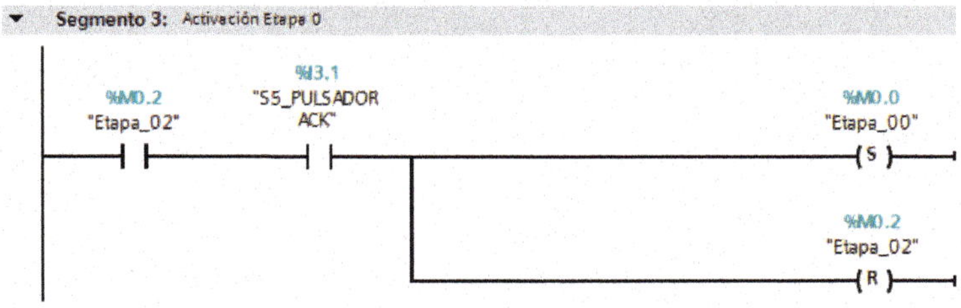

Fig. 3.67c

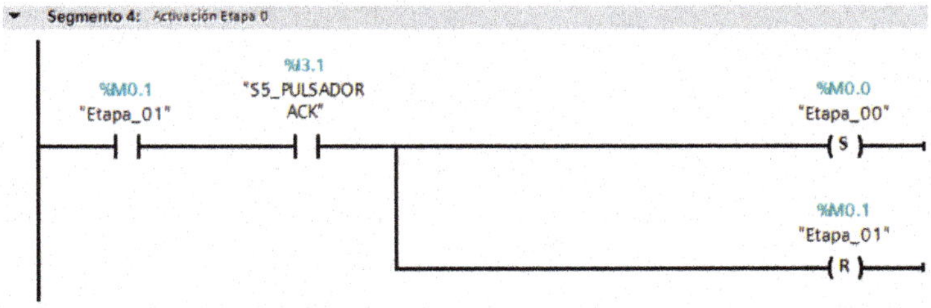

Fig. 3.67d

- Activación de temporizadores

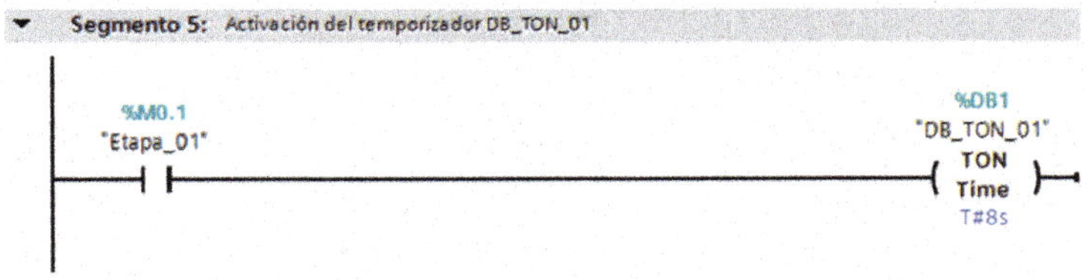

Fig. 3.68

- Activación de salidas

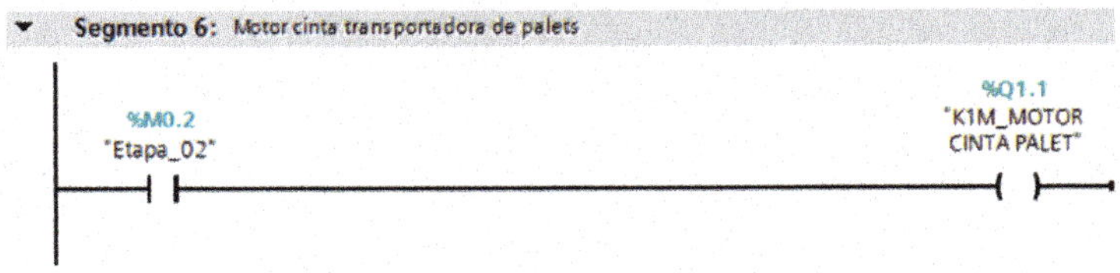

Fig. 3.69

Debemos recordar además que en el OB100 o en el OB1 se debe programar la activación de la etapa inicial:

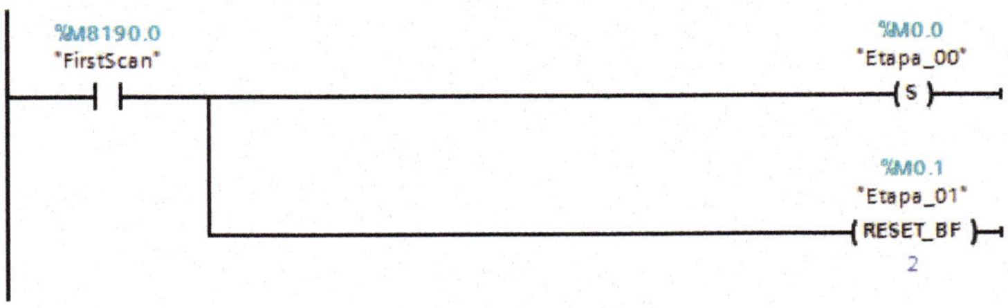

Fig. 3.70a

Aunque, si se programa en el OB100, también se podría programar utilizando el bit de sistema **Always TRUE**, dado que el bloque OB100 tan solo se ejecuta en el primer ciclo de scan:

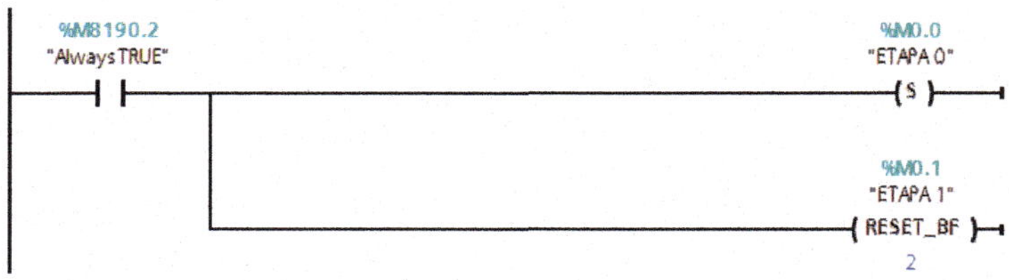

Fig. 3.70b

- Layed

Al activar el pulsador de marcha (I0.2), pasará a estar activa la etapa 1. En ese momento se pone en funcionamiento la cinta transportadora de palets (Q1.1) y también empieza a transcurrir un intervalo de 8 s. Transcurrido ese tiempo, se conecta el bit auxiliar de temporización (M50.0) y en ese preciso instante la cinta transportadora de palets (Q1.1) deja de funcionar. También dejará de funcionar si antes de que pase el tiempo, la etapa 1 deja de estar activa por haber accionado el pulsador ACK (I3.1).

Recuerda • • •

El tipo «Layed» provoca que la acción asociada se ponga en macha al activarse la etapa y se desconecte al transcurrir el tiempo programado.

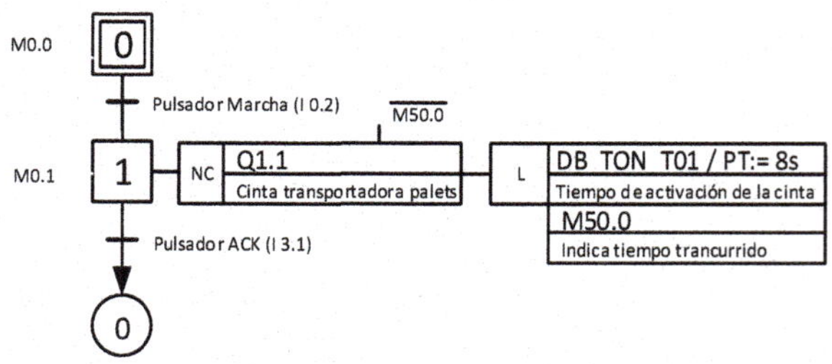

Otra forma de realizar ese mismo ejercicio sería esta:

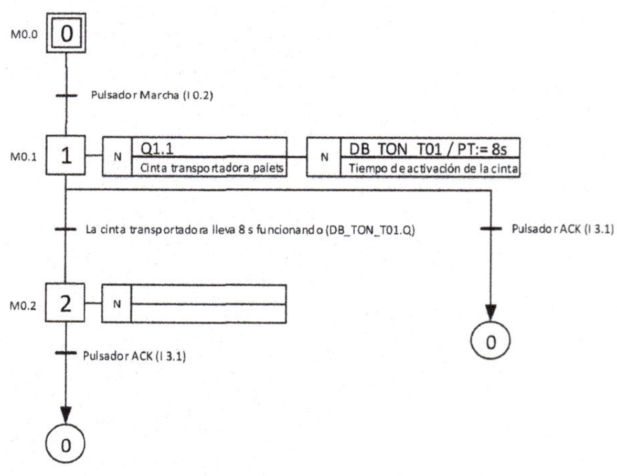

En contactos tendríamos un programa idéntico que en el caso del tipo **Delayed**, lo único que variará es que la salida correspondiente a la cinta transportadora se activará por la etapa 1 en lugar de la etapa 2:

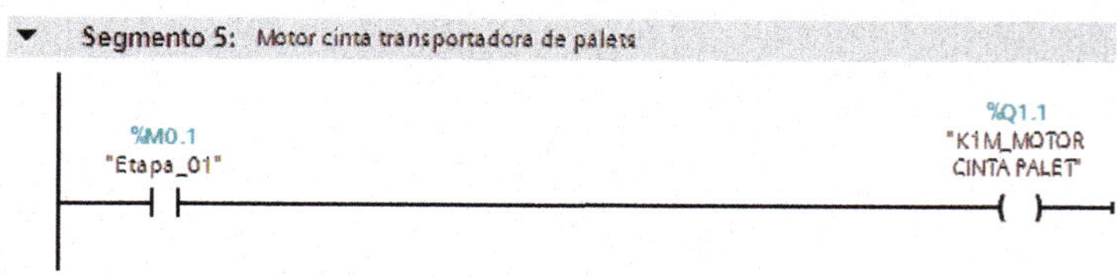

Fig. 3.71

Según la norma de diseño en Grafcet, el formato para representar un contacto de un temporizador en una transición es el siguiente:

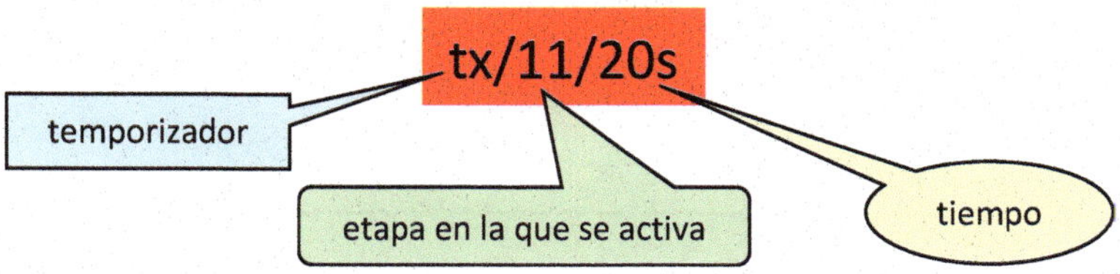

Por ejemplo:

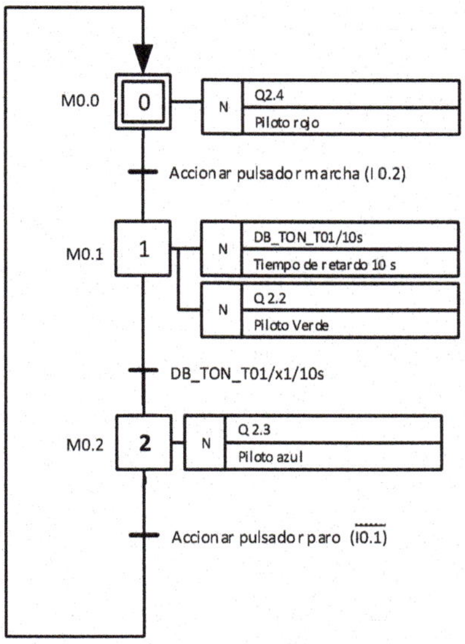

El Grafcet se iniciará en la etapa 0, en la que se visualizará el piloto rojo (Q2.4).

Al accionar el pulsador de marcha (I0.2), se conectará la etapa 1 y se desconectará la 0. Se pondrá en marcha el piloto verde (Q2.2) a la vez que se pone en funcionamiento el temporizador del tipo TON con un retardo de 10 s.

La transición se cumplirá cuando haya transcurrido el intervalo de 10 s del temporizador DB_TON_T01 que se ha puesto en marcha en la etapa 1.

Entonces pasará a estar activa la etapa 2, que pondrá en marcha el piloto azul, hasta accionar el pulsador de paro que el sistema retornará al inicio.

3.6.2 Acciones condicionadas (bit intermitencia)

Recuerda • • •

Una acción asociada condicionada provoca que la acción funcione siempre que se esté cumpliendo la condición.

Las acciones también se pueden condicionar de forma que se encuentren supeditadas al cumplimiento de la condición añadida.

De forma gráfica, la condición, que se indica en el siguiente gráfico con el número **3** y se denomina campo indicador, se coloca encima de la acción asociada y unida a una pequeña línea vertical:

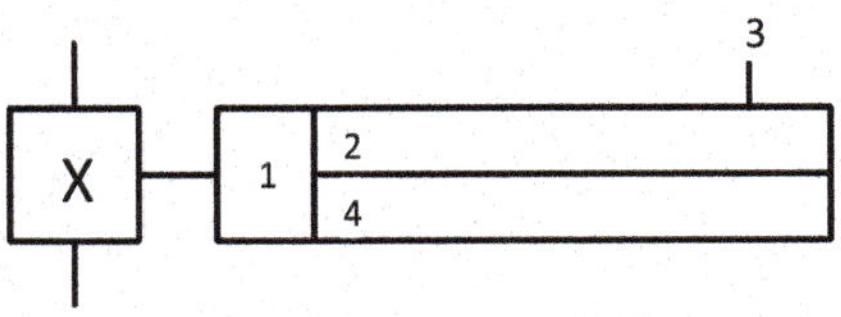

La condición de la acción asociada es una ecuación booleana. Permite, opcionalmente, especificar una condición a cumplir para que la acción se pueda ejecutar. En el siguiente ejemplo se muestra el funcionamiento del piloto amarillo para indicar de forma intermitente que se ha disparado el disyuntor.

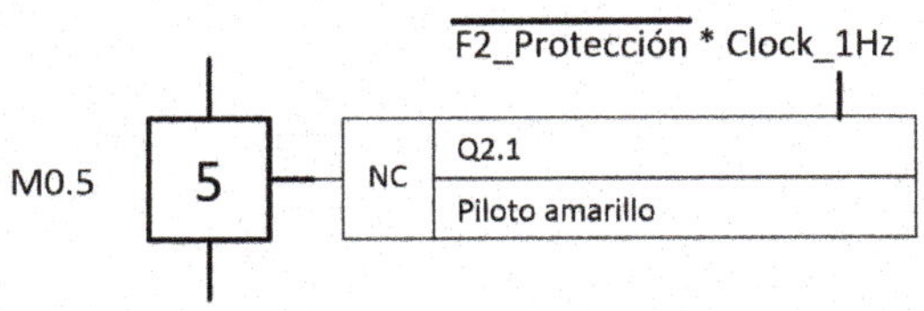

Programado en contactos sería así:

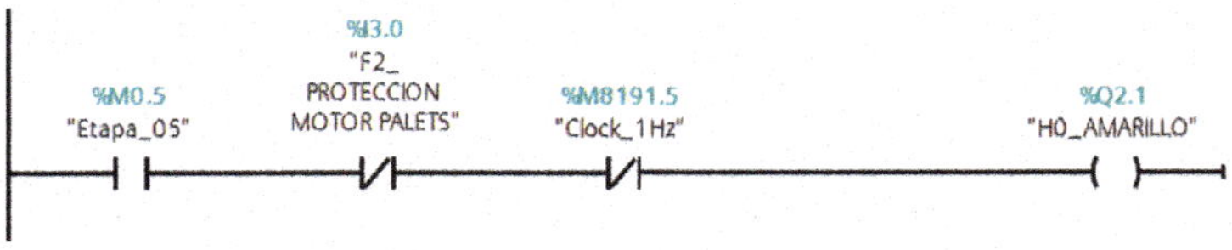

Fig. 3.72

3.7 Programa basado en diseño Grafcet

Para practicar con secuencias en las que intervienen temporizadores realizaremos un ejercicio práctico en el que se desean hacer funcionar los diferentes pilotos de la baliza que contiene el simulador 3D.

Fig. 3.73

3.7.1 Solución con varios DB de instancia para cada temporizador

- **Condiciones de funcionamiento**

El programa deberá cumplir las siguientes condiciones:

- Cuando pongamos en marcha el sistema, se deberá mostrar el piloto rojo (Q2.4) en funcionamiento, lo que indicará que el circuito está detenido.
- Al accionar un pulsador de marcha (I0.2), el piloto rojo se deberá desconectar y pasará a funcionar el piloto amarillo (Q2.1) de forma intermitente a frecuencia de 1 Hz. Se iniciará además una temporización de 8 segundos.
- Transcurrido el intervalo de 8 segundos, el piloto amarillo se deberá desconectar y pasará a funcionar el piloto azul (Q2.3), iniciándose además una temporización de 10 segundos.
- Transcurrido el intervalo de 10 segundos, el piloto azul se deberá desconectar y pasará a funcionar el piloto verde (Q2.2), iniciándose además una temporización de 12 segundos.
- Transcurrido el intervalo de 12 segundos, el piloto verde se deberá desconectar y pasará a funcionar el piloto amarillo (Q2.1), iniciándose además una temporización de 2 segundos.
- Transcurrido el intervalo de 2 segundos, el piloto amarillo se deberá desconectar y el sistema quedará al inicio, con el piloto rojo (Q2.4) en funcionamiento a la espera de una nueva activación del pulsador de marcha (I0.2).

- **Diseño del Grafcet tecnológico**

El diseño del Grafcet tecnológico quedará de la siguiente forma:

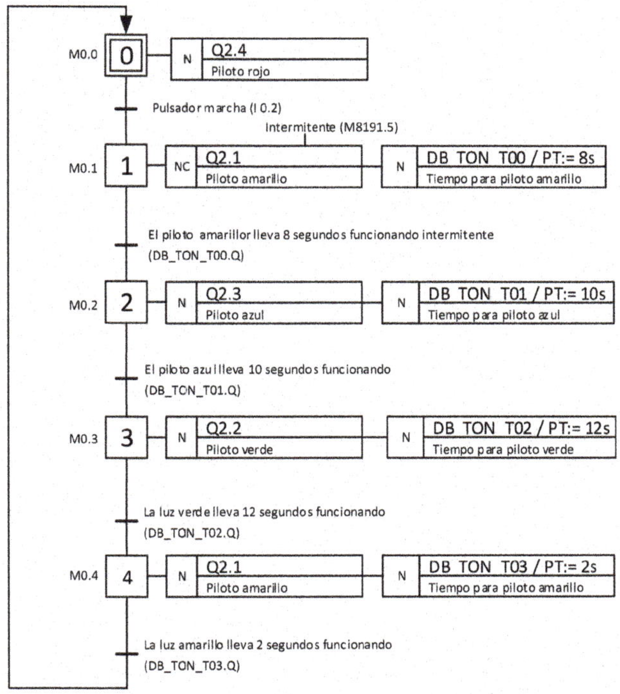

Recuerda • • •

Para una mejor estructuración del proyecto se recomienda utilizar diferentes bloques de programa, de forma que facilite tanto su entendimiento como la búsqueda de posibles averías.

Recuerda • • •

Siempre se deben activar en el primer scan todas las etapas iniciales que se hayan programado en el proyecto y desactivar el resto.

- **Implementación del Grafcet en el PLC**

Para la implementación del diseño realizado en Grafcet a programa, en este caso utilizando el lenguaje de diagrama de contactos o KOP, estructuraremos el programa en varias partes:

- Activación de la etapa inicial.
- Activación de las etapas de la secuencia del Grafcet.
- Activación de los temporizadores.
- Activación de las salidas.

- **Activación de la etapa inicial**

Primero, hemos de hacer que en el momento en el que el PLC ejecute el programa, se active tan solo la etapa inicial, que se indica con un doble cuadrado, y que estén desactivadas todas las demás.

Mediante un pequeño programa en el OB100 activaremos la etapa inicial a través de un bit de sistema, por ejemplo la M8190.0, llamada de forma simbólica FirstScan, que está activa durante el primer ciclo de scan y que será suficiente para activar la etapa inicial asignada a la marca M0.0. Para realizar esta operación podemos utilizar la instrucción **S** (SET) y para desactivar el resto podemos utilizar la instrucción **RESET_BF**, de forma que el programa realizado en el OB100 quedará tal y como se observa en la siguiente figura.

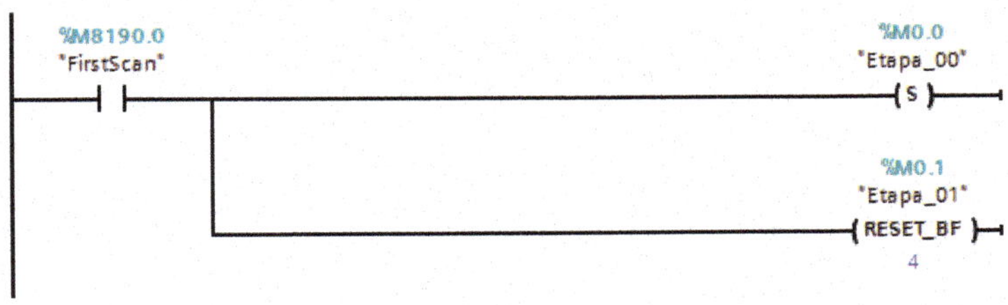

Fig. 3.74

- **Activación de las etapas de la secuencia del Grafcet**

A continuación, creamos una función FC10, donde introduciremos el programa para la activación secuencial de las etapas de la secuencia del Grafcet.

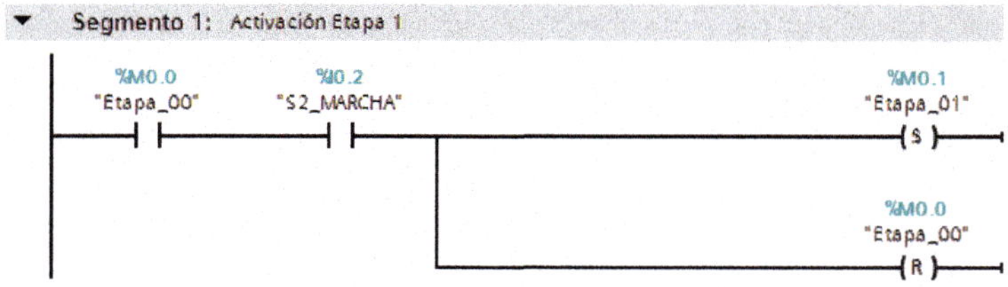

Fig. 3.75a

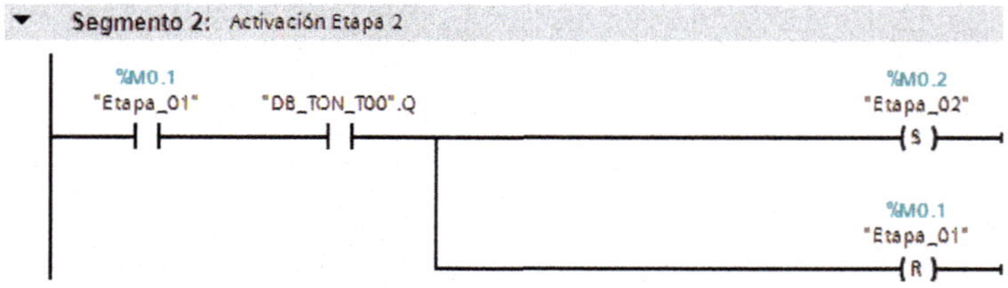

Fig. 3.75b

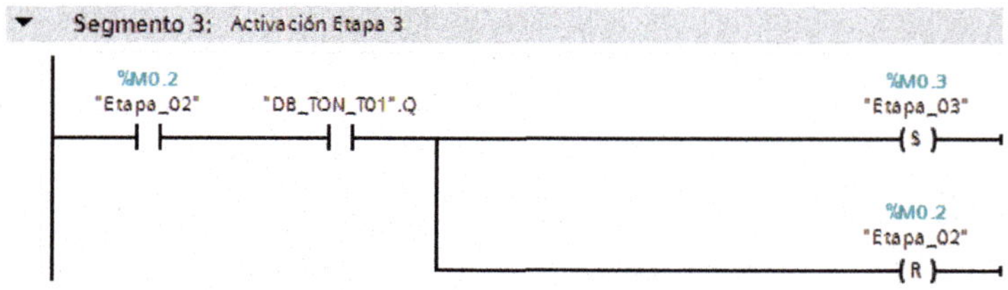

Fig. 3.75c

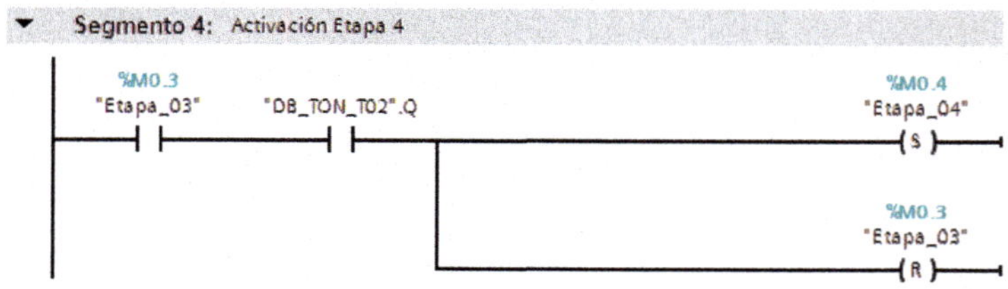

Fig. 3.75d

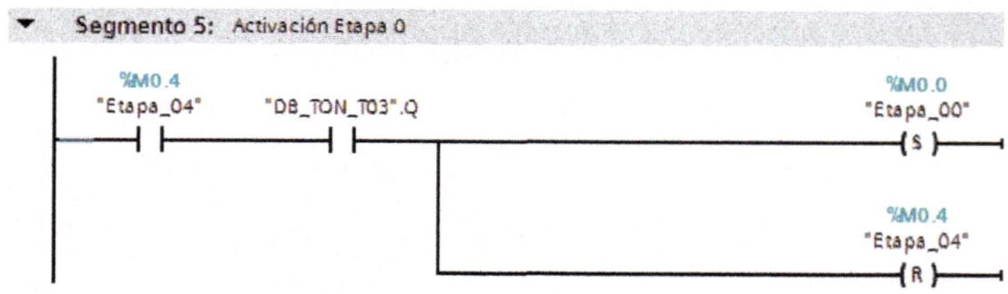

Fig. 3.75e

- **Activación de los temporizadores**

A continuación, programamos los temporizadores asociados a su correspondiente DB de instancia:

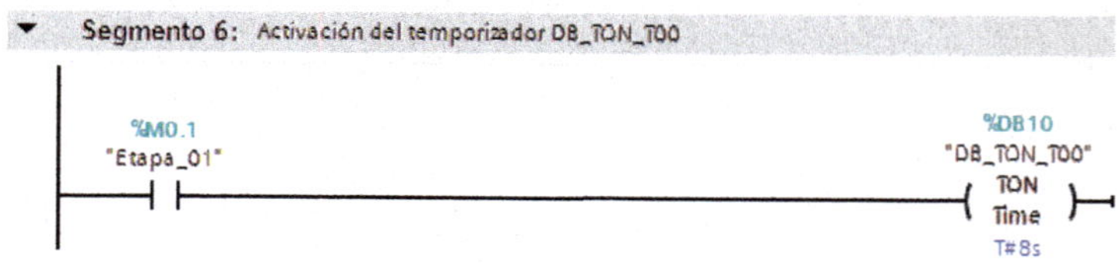

Fig. 3.76a

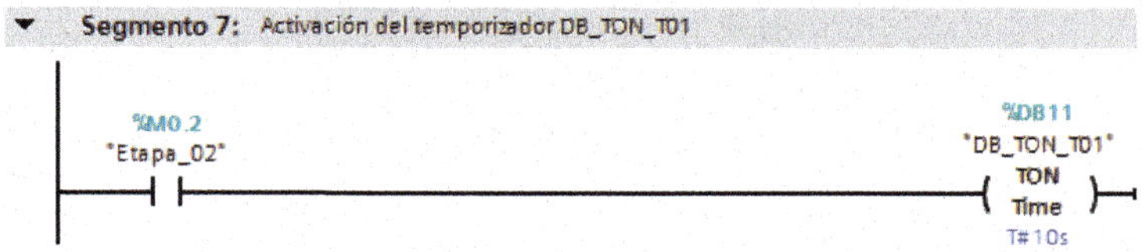

Fig. 3.76b

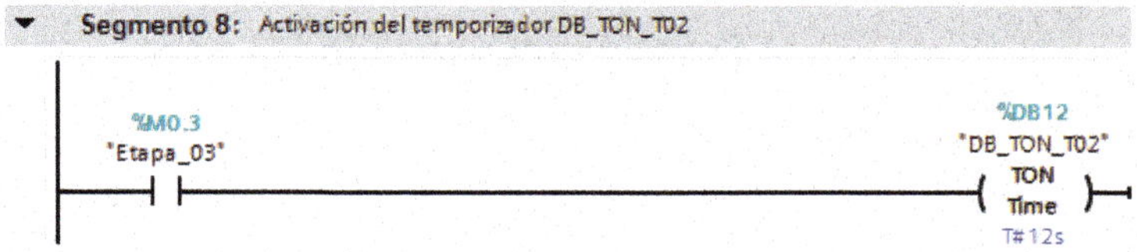

Fig. 3.76c

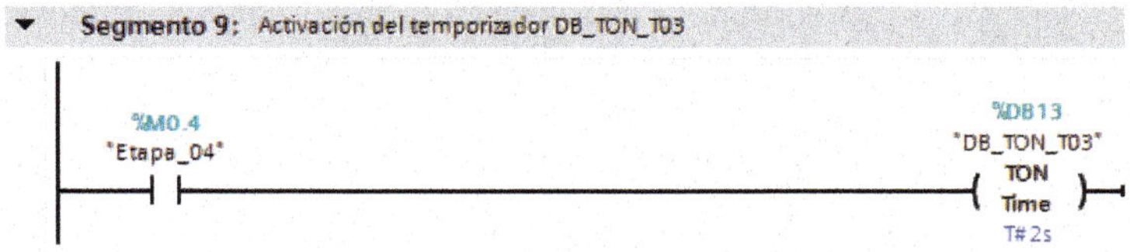

Fig. 3.76d

- **Activación de las salidas**

Seguidamente se programan las salidas de forma ordenada:

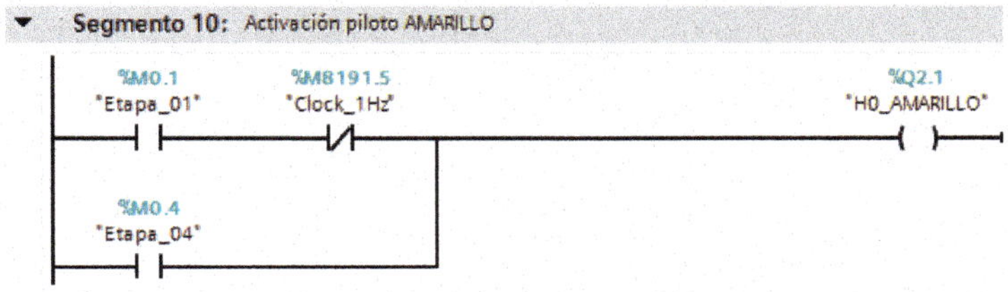

Fig. 3.77a

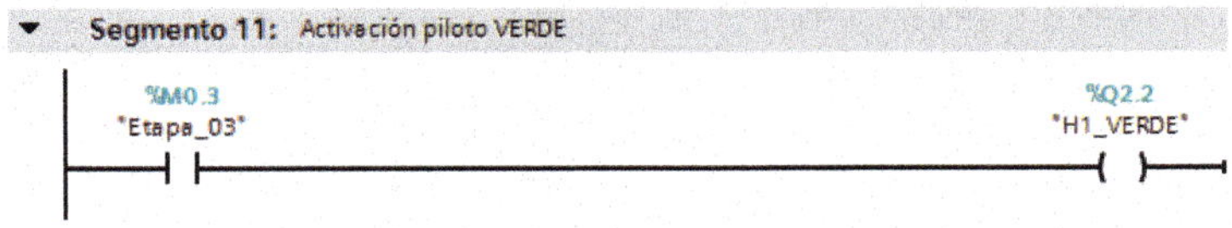

Fig. 3.77b

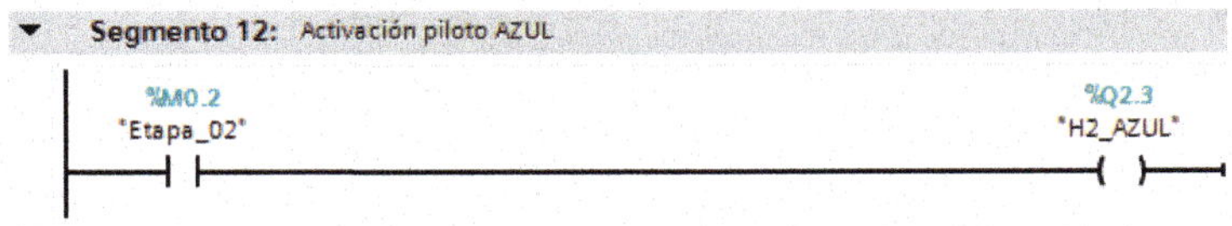

Fig. 3.77c

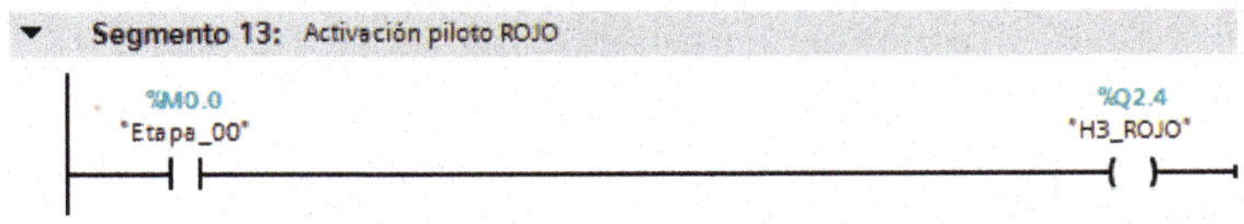

Fig. 3.77d

- **Llamada desde el OB1 a la función FC10 donde tenemos el programa**

El programa estará formado en este caso por el OB100, que integra la activación de la etapa inicial y el programa auxiliar para la conexión con el PLCSIM de S7-1200/1500, y la FC10 en la que tenemos el cuerpo del programa con la activación de las etapas, los temporizadores y las salidas, así como los DB de instancia asociados a los temporizadores utilizados. Por tanto, en el OB1 hemos de realizar la llamada a esta FC10 y con esto ya tendremos completado el programa.

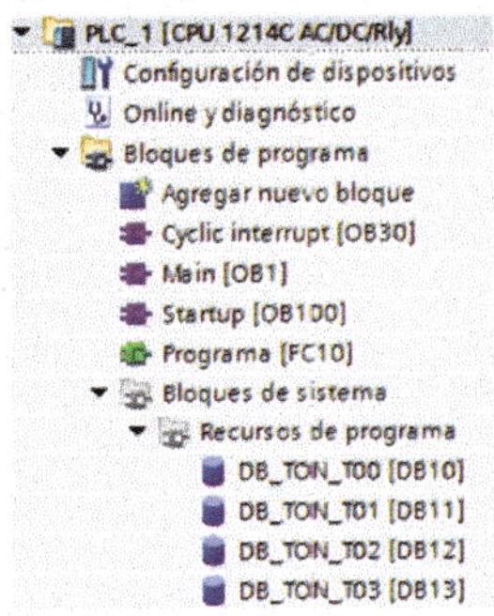

Fig. 3.78

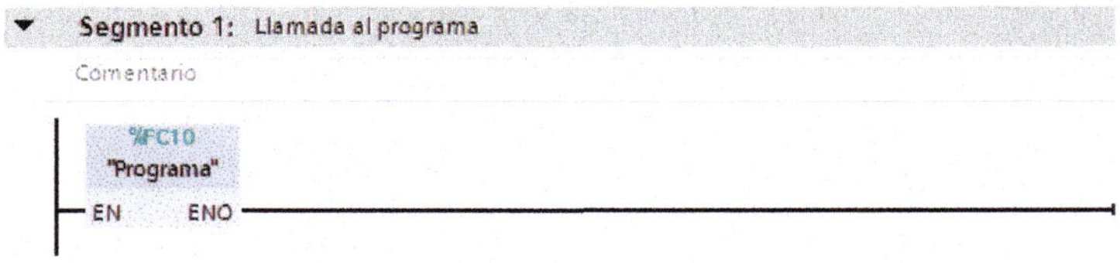

Fig. 3.79

> **Recuerda • • •**
>
> Al trabajar con temporizadores, se puede utilizar un DB de instancia para cada temporizador o bien un DB multi-instancia, o un DB global para todos los temporizadores del proyecto.

3.7.2 Solución con un solo DB para todos los temporizadores

Como podemos prever, si se utilizan muchos temporizadores, necesitamos muchos DB de instancia pero, como ya se expuso en el apartado 3.5.3., utilizamos un único DB en el que declararemos cuatro variables del tipo IEC_TIMER que nos servirán para asociarlas a cada uno de los temporizadores del programa.

Crearemos un DB1 en el que declararemos las cuatro variables tipo IEC_TIMER que tendrán la misma estructura, tal y como se observa en la siguiente figura:

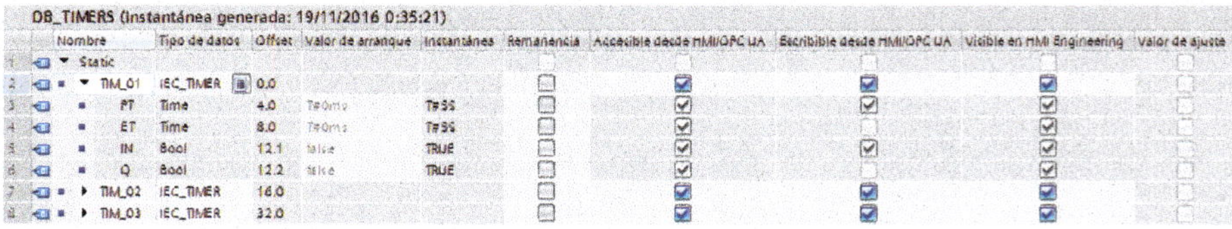

Fig. 3.80

Ahora tan solo hemos de sustituir las variables que estaban relacionadas con el DB de instancia programado anteriormente por las nuevas variables de este DB, y que son las siguientes:

CON DB INDEPENDIENTES	CON UN UNICO DB COMÚN
"DB_TON_T00"	"DB_TIMERS".TIM_00
"DB_TON_T01"	"DB_TIMERS".TIM_01
"DB_TON_T02"	"DB_TIMERS".TIM_02
"DB_TON_T03"	"DB_TIMERS".TIM_03
"DB_TON_T00".Q	"DB_TIMERS".TIM_00.Q
"DB_TON_T01".Q	"DB_TIMERS".TIM_01.Q
"DB_TON_T02".Q	"DB_TIMERS".TIM_02.Q
"DB_TON_T03".Q	"DB_TIMERS".TIM_02.Q

El funcionamiento del programa será idéntico, pero en lugar de utilizar cuatro DB de instancia habremos utilizado tan solo uno.

3.8 Comprobar funcionamiento con maqueta de simulación 3D

Debemos observar cómo al arrancar la aplicación, el piloto rojo se pone en funcionamiento y al accionar el pulsador **MARCHA** del panel **Control del proceso**, se inicia la secuencia programada.

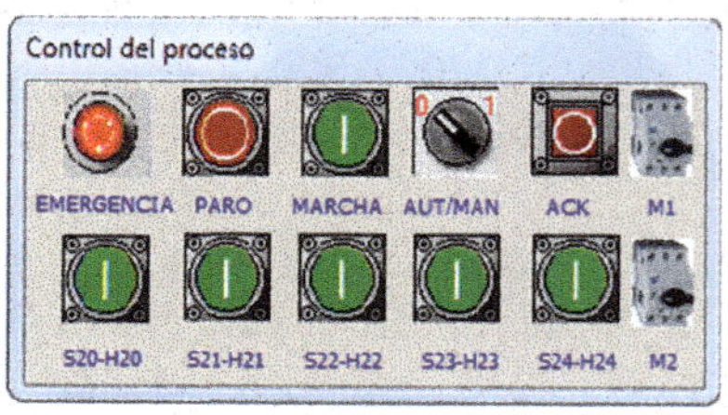

Fig. 3.81

Esta secuencia se programa de forma temporizada, visualizándose el encendido sucesivo de los pilotos en la baliza del simulador 3D.

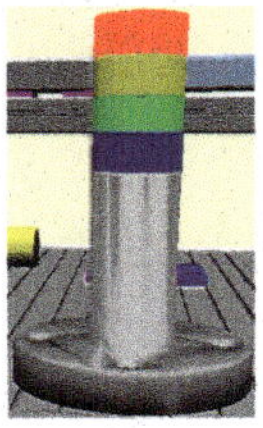

Piloto ROJO

Fig. 3.82a

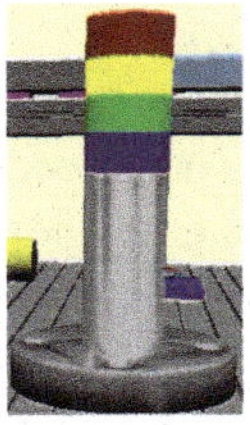

Piloto AMARILLO

Fig. 3.82b

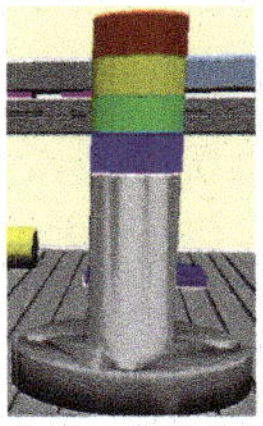

Piloto AZUL

Fig. 3.82c

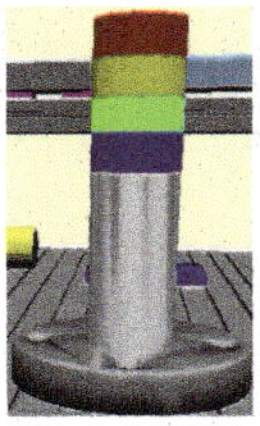

Piloto VERDE

Fig. 3.82d

Ejercicio

CONTROL DEL MOVIMIENTO TEMPORIZADO DE UN CILINDRO

Queremos realizar el control del cilindro de doble efecto del eje vertical que lleva acoplada una ventosa en su extremo. Este cilindro está gobernado por una válvula monoestable y tiene dos sensores magnéticos que detectarán la posición del cilindro, tanto cuando se encuentra en reposo (arriba), como cuando se encuentra en avance (abajo).

Condiciones de funcionamiento:

- Al poner en marcha el sistema, funcionará el piloto rojo.
- Al accionar el pulsador de marcha y si el cilindro se encuentra en la posición de reposo (arriba), el cilindro se moverá a la posición de avance (abajo).
- Cuando el cilindro llegue abajo, se pondrá en funcionamiento el piloto amarillo intermitente con una frecuencia de 1 Hz.
- Al cabo de 10 segundos de que el cilindro se encuentre en la posición de avance (abajo), el cilindro volverá a la posición de reposo (arriba).
- Cuando el cilindro alcance la posición de reposo (arriba), el sistema volverá al inicio, poniendo de nuevo en funcionamiento el piloto rojo y quedando el proceso preparado para un nuevo ciclo.

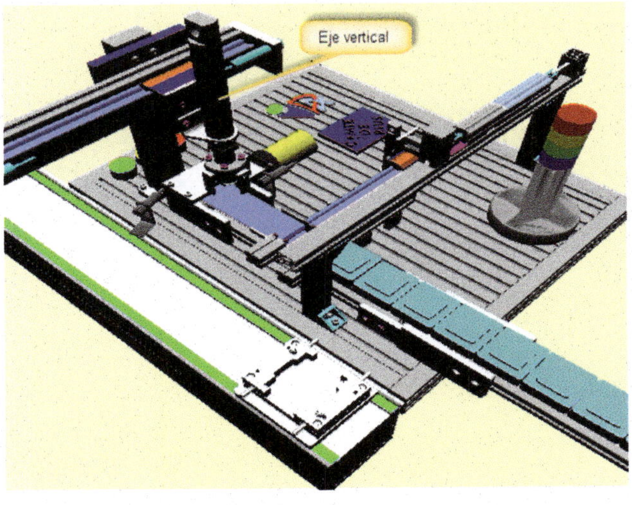

Fig. 3.83

Relación de entradas y salidas:

ENTRADAS	
Dirección	**Dispositivo**
I0.2	S2 Pulsador de marcha
I0.4	B1 Detector cilindro ventosa en reposo
I0.5	B2 Detector cilindro ventosa en avance

SALIDAS	
Dirección	**Dispositivo**
Q0.0	Y1 EV Cilindro bajar ventosa
Q2.1	H0 Piloto amarillo
Q2.4	H3 Piloto rojo

Realizar:

- Diseño del Grafcet.
- Implementación a programa del PLC.
- Comprobación del funcionamiento mediante la maqueta de simulación 3D.

Unidad 4 Programación con contadores y comparadores IEC

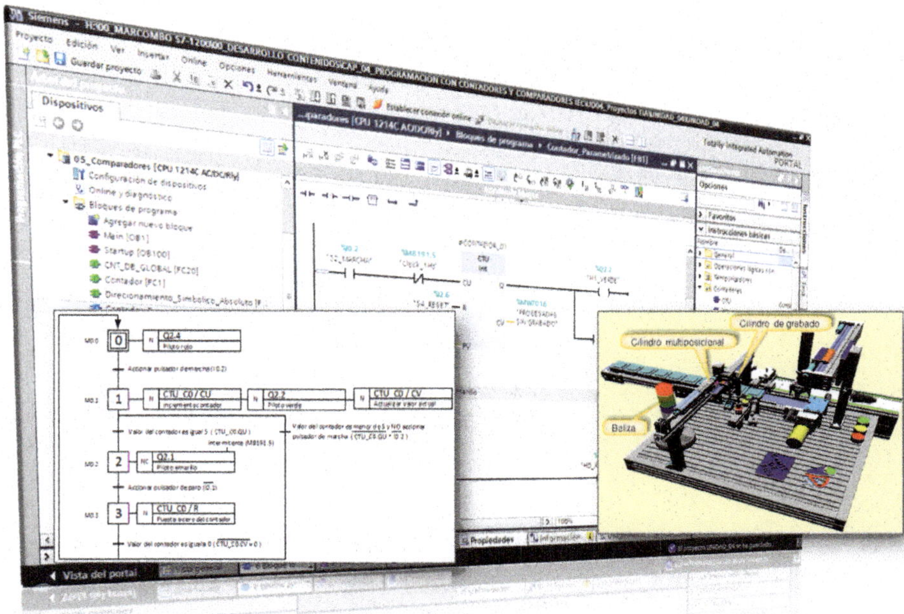

En este capítulo:

4.1 Características y tipos de contadores IEC

Los contadores IEC que se incluyen en el PLC S7-1200 son los siguientes:

- CTU. Contador ascendente.
- CTD. Contador descendente.
- CTUD. Contador ascendente-descendente.

Los símbolos para poder utilizar estos contadores dentro de un programa en diagrama de contactos se pueden localizar dentro de la carpeta **Contadores** que hay en **Instrucciones básicas**.

Nombre	Descripción
▼ Contadores	
CTU	Contador ascendente
CTD	Contador descendente
CTUD	Contador ascendente - descendente

Fig. 4.1

Algunas de las características de estos contadores IEC son:

- Todos los contadores IEC van asociados a un DB de instancia.
- Los contadores IEC se pueden llamar las veces que sean necesarias, ya que no existe un número determinado.
- Se puede seleccionar el formato del valor del contaje mediante el desplegable del tipo **???**. Podemos elegir entre los siguientes tipos de datos y según la elección realizada se dispondrá de un valor de contaje máximo diferente:
  - **Int**: entero con signo de 16 bits (-32768 hasta 32767).
  - **SInt**: entero con signo de 8 bits (-128 hasta 127).
  - **DInt**: entero con signo de 32 bits (-2147483648 hasta +2147483647).
  - **USInt**: entero sin signo de 8 bits (0 – 255).
  - **UInt**: entero sin signo de 16 bits (de 0 a 65535).
  - **UDInt**: entero sin signo de 32 bits (de 0 a 4294967295).

Recuerda • • •

Los tipos de contadores IEC que se pueden programar tanto en un PLC S7-1200 como S7-1500 son los siguientes:
- CTU. Ascendente.
- CTD. Descendente.
- CTUD. Ascendente-descendente.

Recuerda • • •

Los tipos de contadores IEC que se pueden programar se asocian a un DB de instancia y el dato del valor de preselección es del tipo «Int» en sus diferentes modos con o sin signo.

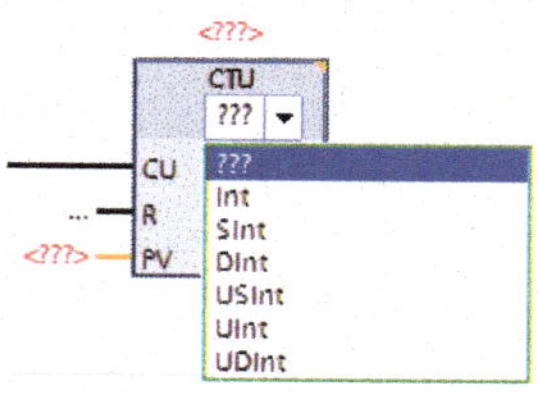

Fig. 4.2

4.2 Funcionamiento de los contadores IEC

En los siguientes apartados se explica el funcionamiento de cada uno de los contadores del tipo IEC.

4.2.1 CTU. Contador ascendente

Con la instrucción **CTU** se pueden registrar impulsos de forma ascendente, es decir, que por cada pulso que llegue a la instrucción **CTU**, por el parámetro de entrada CU (Counter Up), este incrementará en una unidad su valor actual CV. Cuando el valor actual CV sea igual o superior al valor de preselección PV (Preset Value), entonces se tendrá la salida Q activada. Al activar el parámetro de entrada R (Reset), el valor actual se iniciará con el valor **0**.

El contador IEC tipo **CTU** dispone de los siguientes parámetros:

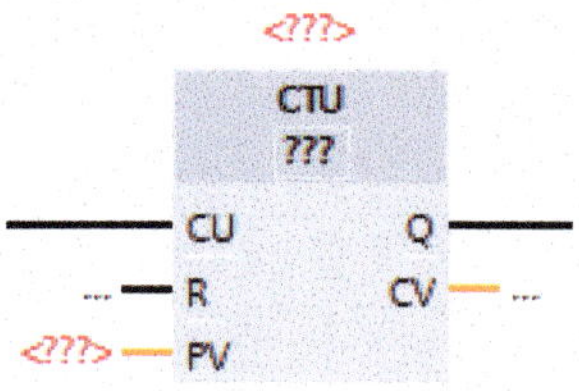

Fig. 4.3

CU: entrada de pulsos para el contaje ascendente.
R: pulso para la puesta a cero del valor actual.
PV: valor de preselección, que es el valor de referencia para poder activar la salida Q.
Q: salida booleana para indicar con un **1** que el valor actual es igual o superior al valor de preselección.
CV: salida para indicar el valor actual del contaje en el formato seleccionado.

En el momento de insertar este modelo de contador IEC, CTU, nos solicita la declaración de un DB asociado al mismo donde guardará de forma permanente el valor de los parámetros. Por tanto, nos aparecerá el cuadro de diálogo **Opciones de llamada**:

En dichas opciones, en el campo **Nombre**, se debe asignar un nombre simbólico al DB asociado al contador. Podemos dejar el que viene por defecto o bien modificarlo.

También nos ofrece otras dos opciones:

- **Manual**: podemos elegir el número del DB asociado.
- **Automático**: asigna un número de DB libre de forma automática.

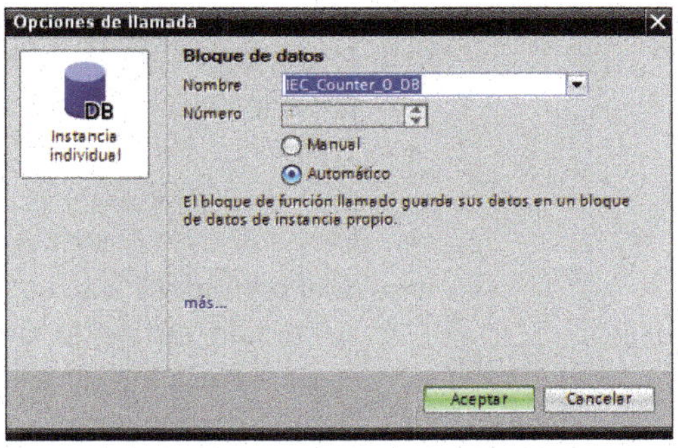

Fig. 4.4

En este caso modificamos el nombre, escribiendo DB_CTU_01, y de forma manual le asignamos el DB10 como DB asociado a este contador:

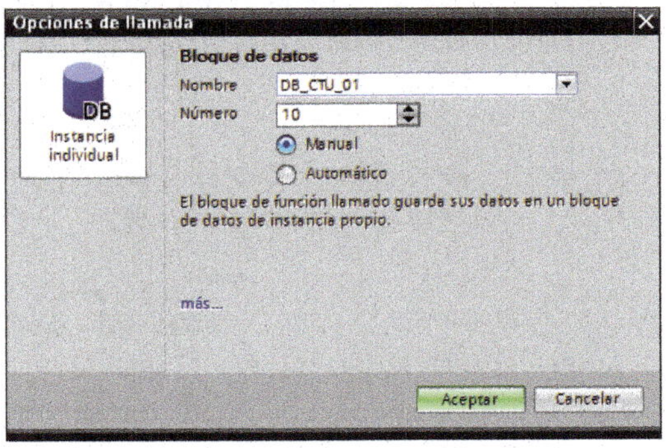

Fig. 4.5

Al crear el bloque de datos, lo podemos encontrar en la carpeta **Bloques de programa** > **Bloques de sistema** > **Recursos de programa** del árbol del proyecto.

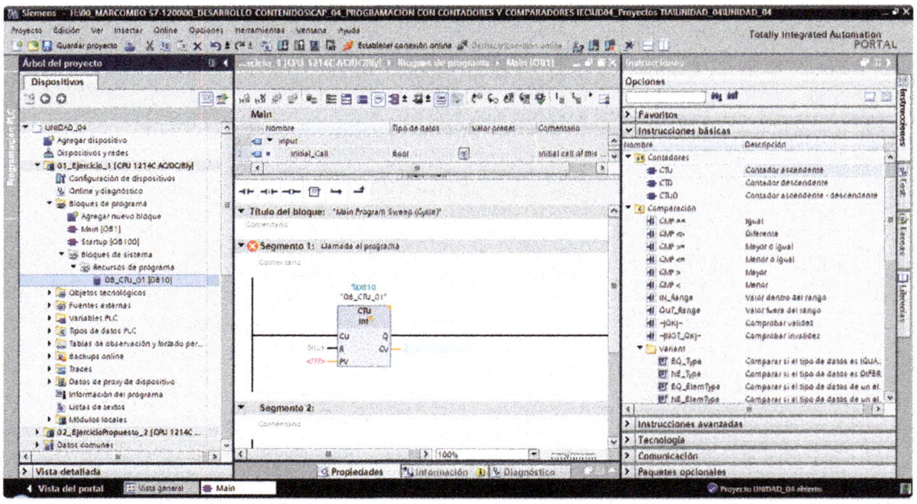

Fig. 4.6

Seguidamente ya se puede observar cómo el contador insertado tiene el DB declarado asignado a ese contador.

El funcionamiento de este tipo de contador es el siguiente:

- El contador se incrementa en 1 unidad cada vez que el valor del parámetro CU cambia de 0 a 1.
- Si el valor del parámetro de desactivación R cambia de 0 a 1, el valor de contaje actual se pone a 0.
- La salida CV muestra el valor actual en formato DECIMAL.
- Si el contador ha alcanzado el valor de preselección CV (por ejemplo, 3), y continúan entrando pulsos por la entrada CU, el registro del contador sigue incrementando su valor (4, 5, 6, 7, 8, 9, ...).
- Si el contador alcanza el valor máximo y continúan entrando pulsos por CU, el valor actual se mantendrá en ese valor máximo.
- Siempre que el valor del parámetro CV (valor de contaje actual) sea igual o mayor que el valor de preselección PV, el parámetro de salida del contador Q = 1.
- Según el tipo de datos que se haya seleccionado mediante el desplegable, el formato del valor de preselección en la entrada PV deberá coincidir con el tipo seleccionado.

Recuerda • • •

Básicamente el funcionamiento del tipo de contador CTU provoca el aumento del valor actual una unidad cada vez que se conecta la entrada «CU», y cuando el valor actual «CV» alcanza o supera el valor de preselección «PV», entonces se activa la salida «Q».

A continuación, se muestra el diagrama del funcionamiento de este tipo de contador (donde PV = 3):

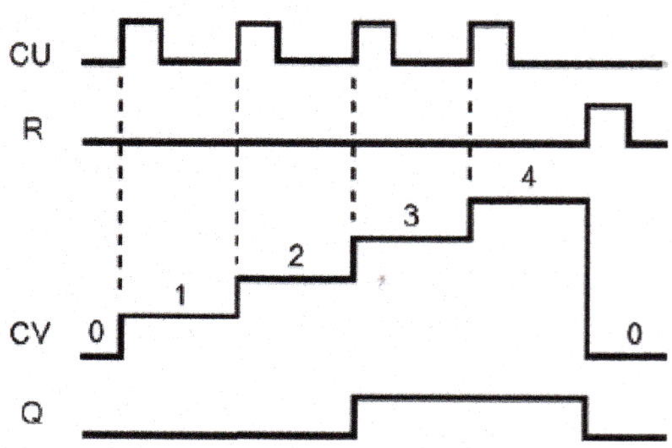

Fig. 4.7

Ejemplo:

Este es un pequeño programa de ejemplo:

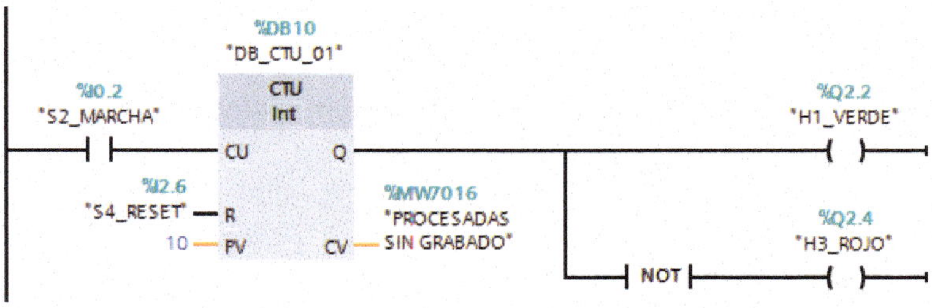

Fig. 4.8

En este caso el contador irá contando los pulsos que lleguen al parámetro CU mediante la entrada I 0.2 correspondiente al pulsador MARCHA, y mediante la entrada I2.6, correspondiente al pulsador RESET conectado a la entrada R, el contador se pondrá al valor **0**.

Al alcanzar el valor actual el valor de preselección, **10** en este caso, la salida Q se activará, poniendo en funcionamiento el piloto verde y desconectando el piloto rojo. El valor actual se mostrará en todo momento en el registro MW7016 (Valor_Actual).

Mediante la activación del pulsador inferior de reset (Valores de producción), el registro del valor actual se pondrá a **0**.

En este caso, para contabilizar los pulsos se ha elegido el registro MW7016, que corresponde al visualizador **Ninguna** de los **Valores de producción** del panel **Registros de pedido y de contaje**. Este panel contiene además el pulsador RESET.

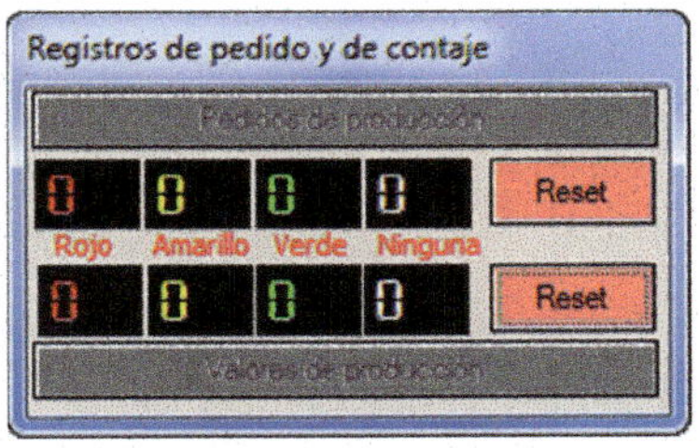

Fig. 4.9

En el modelo IEC, al querer cargar el programa en el PLC, nos indica que hay un bloque, DB10 "DB_CTU_01", que es el que hemos asociado al contador, que también se debe cargar. En caso contrario, el PLC indicará el fallo mediante el led SF de System Fail de la CPU.

Al comprobar el funcionamiento sobre la maqueta 3D, si accedemos al panel **Control del proceso**, podemos actuar sobre el pulsador **MARCHA**:

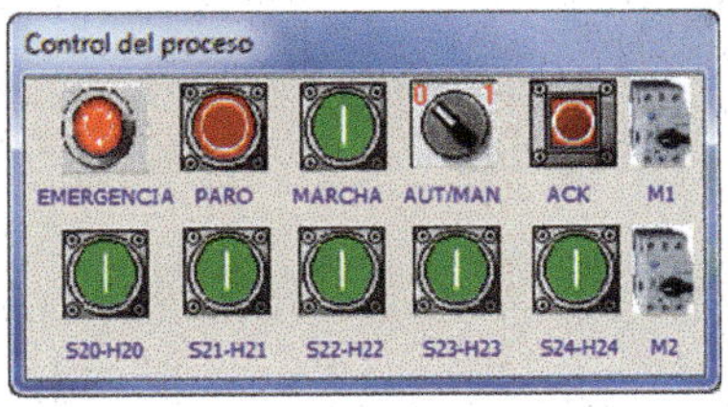

Fig. 4.10

4.2.2 CTD. Contador descendente

Con la instrucción **CTD** se pueden registrar impulsos de forma descendente, es decir, que por cada pulso que llegue a la instrucción **CTD** por el parámetro de entrada CD (Counter Down), se decrementará en una unidad su valor actual. El proceso se iniciará por el valor de preselección indicado en el parámetro de entrada PV (Preset Value) al activar el parámetro de entrada LD.

El contador IEC tipo **CTD** dispone de los siguientes parámetros:

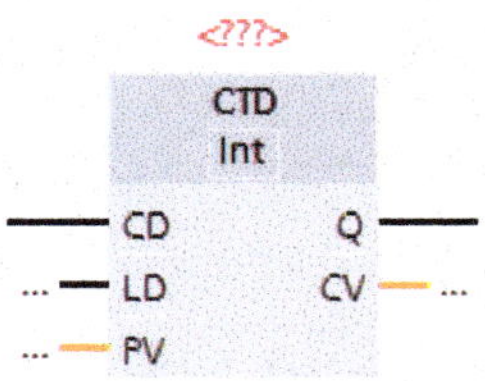

Fig. 4.11

CD: entrada de pulsos para el contaje descendente.
LD: entrada para cargar como valor actual el valor de preselección programado en la entrada PV.
PV: valor de preselección, valor que se graba como valor actual al activar la entrada LD.
Q: salida booleana para indicar con un **1** que el valor actual ha alcanzado el valor **0** o inferior (negativo) si se trabaja con el tipo de datos que admite valores con signo.
CV: salida para indicar el valor actual del contaje en el formato seleccionado.

En el momento de insertar este modelo de contador IEC, **CTD**, nos solicita la declaración de un DB asociado al mismo en el que guardará de forma permanente el valor de los parámetros. Por tanto, nos aparecerá el cuadro de diálogo **Opciones de llamada**:

En él aparece el campo **Nombre**, en el que se asigna un nombre simbólico al DB asociado al contador. Podemos dejar el que viene por defecto o bien modificarlo.

También nos ofrece la posibilidad mediante las opciones:

- **Manual:** podemos elegir el número del DB asociado.
- **Automático**: asigna un número de DB libre de forma automática.

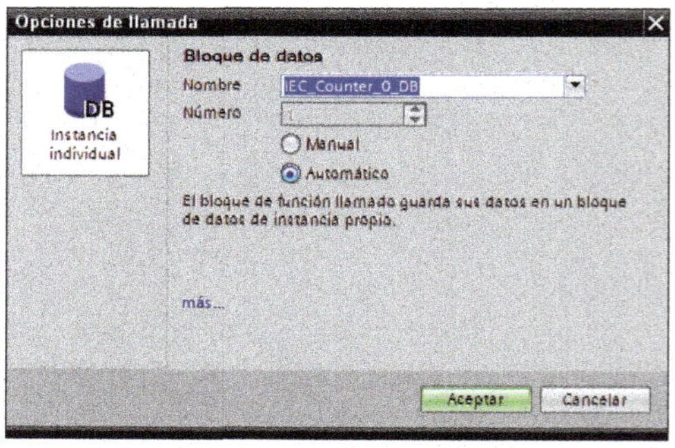

Fig. 4.12

En este caso modificamos el nombre, escribiendo DB_CTD_01, y de forma manual le asignamos el DB10 como DB asociado a este contador:

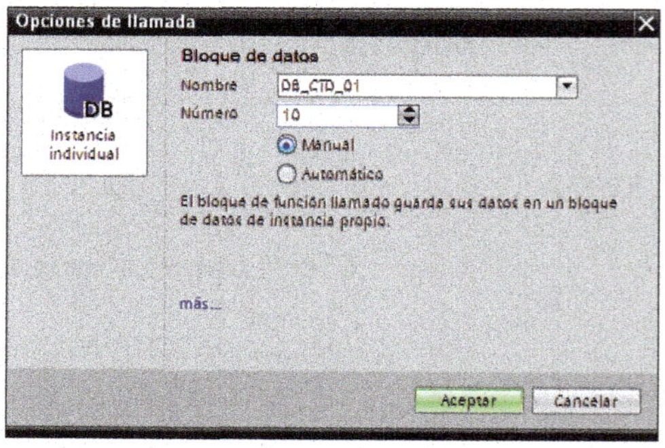

Fig. 4.13

Al crear el bloque de datos, lo podemos encontrar en la carpeta **Bloques de programa** > **Bloques de sistema** > **Recursos de programa** del árbol del proyecto.

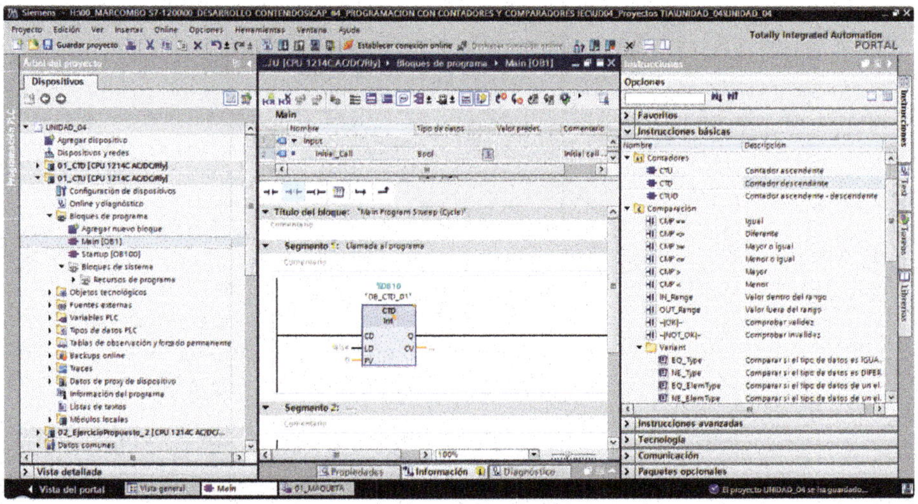

Fig. 4.14

Seguidamente ya se puede observar cómo el contador insertado tiene el DB declarado asignado a ese contador.

El funcionamiento de este tipo de contador es el siguiente:

- El contador se decrementa en 1 unidad cada vez que el valor del parámetro CD cambia de **0** a **1**.
- Si el valor del parámetro de carga LD cambia de **0** a **1**, el valor de contaje actual se fija en el valor registrado en la entrada PV.
- La salida CV muestra el valor actual en formato DECIMAL.
- Si el contador ha alcanzado el valor **0** y continúan entrando pulsos por la entrada CD, el registro del contador continúa decrementando su valor (-1, -2, -3, -4, -5, ...) siempre que se haya elegido el tipo de datos con signo (SInt, Int, DInt). En caso de elegir el tipo de datos sin signo, el valor permanecerá en **0**.
- Siempre que el valor del parámetro CV (valor de contaje actual) sea igual o menor que el valor **0**, el parámetro de salida del contador Q = 1.
- Según el tipo de datos que se haya seleccionado mediante el desplegable, el formato del valor de preselección en la entrada PV deberá coincidir con el tipo seleccionado.

A continuación, se muestra el diagrama del funcionamiento de los dos tipos de contador (donde PV = 3):

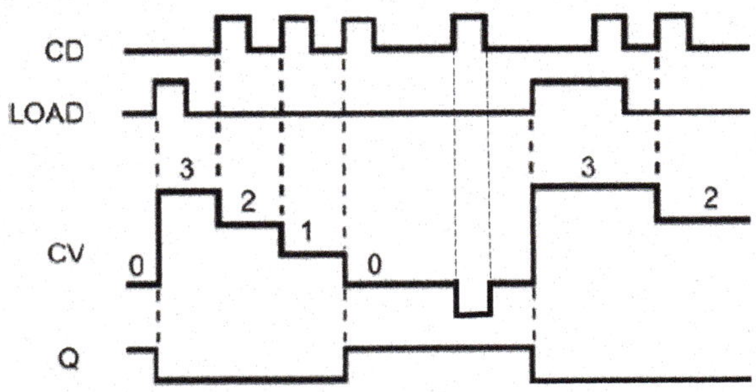

Fig. 4.15

Recuerda • • •

Básicamente el funcionamiento del tipo de contador CTD provoca el decremento del valor actual una unidad cada vez que se conecta la entrada «CD», y cuando el valor actual «CV» alcanza el valor «0», o un valor negativo, entonces se activa la salida «Q».

Ejemplo:

Este es un pequeño programa de ejemplo:

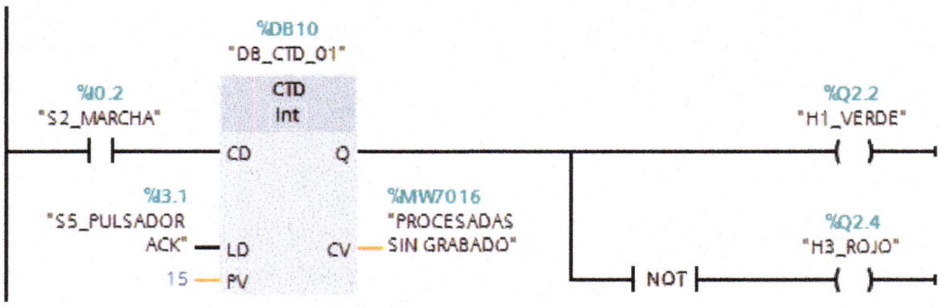

Fig. 4.16

En este caso el contador se ha elegido con un tipo de datos **Int**, lo que significa que es del tipo entero con signo de 16 bits (-32768 hasta 32767). Por tanto, puede contener valores positivos y negativos.

Al accionar el pulsador ACK a través de la entrada I 3.1, programado en la entrada LD, el valor actual registrado en la salida CV contendrá el valor introducido a través de la entrada PV.

Por cada pulso que le llegue por la entrada CD, a través de la entrada I 0.2 correspondiente al pulsador MARCHA, el valor actual registrado en la salida CV descontará una unidad.

Cuando el valor actual sea igual o inferior a **0**, la salida Q quedará activada, poniendo en funcionamiento el piloto verde y desconectando el piloto rojo. El valor actual se mostrará en todo momento en el registro MW7016 (Valor_Actual), que corresponde al visualizador **Ninguna** de **Valores de producción** del panel **Registros de pedido y de contaje**.

Fig. 4.17

Igual que en el ejemplo anterior, para comprobar el funcionamiento sobre la maqueta 3D, accederemos al panel **Control del proceso**, para actuar sobre el pulsador **MARCHA**:

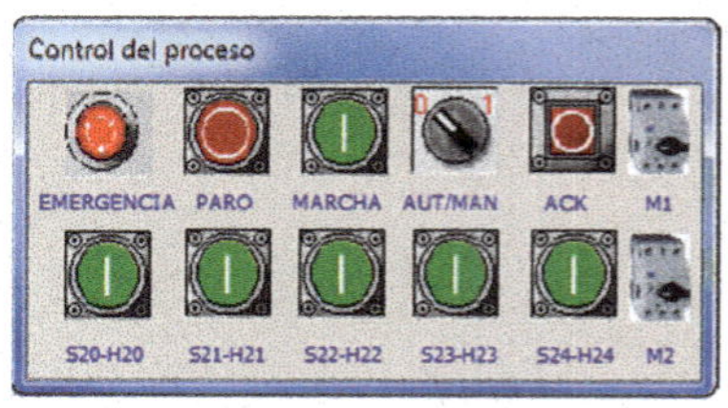

Fig. 4.18

4.2.3 CTUD. Contador ascendente-descendente

El tipo de contador **CTUD** podemos decir que integra los dos tipos de contadores anteriores **CTU** y **CTD**. Por tanto, puede registrar impulsos de forma ascendente y descendente, y es por ello que cuenta con dos entradas de contaje: una para incrementar (CU) y otra para decrementar (CD) una unidad su valor actual. También dispone de entrada de puesta a cero (R) y entrada de preselección de un valor inicial.

El contador IEC tipo **CTUD** dispone de los siguientes parámetros:

CU: entrada de pulsos para el contaje ascendente.

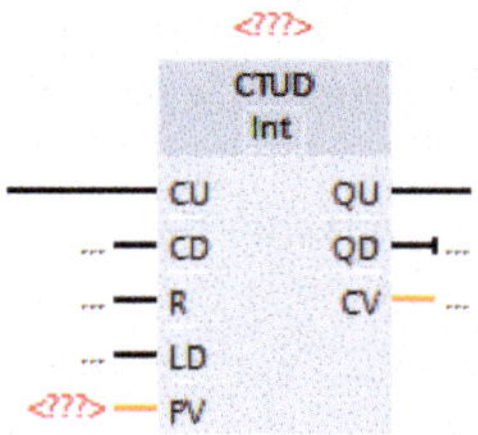

CD: entrada de pulsos para el contaje descendente.
R: pulso para la puesta a cero del valor actual.
LD: entrada para cargar como valor actual el valor de preselección programado en la entrada PV.
PV: valor de preselección, que es el valor que se graba como valor actual al activar la entrada LD.
QU: salida booleana para indicar con un **1** que el valor actual ha alcanzado o superado el valor que tenemos en PV.
QD: salida booleana para indicar con un **1** que el valor actual ha alcanzado el valor **0** o menor de **0**.
CV: salida para indicar el valor actual del contaje en el formato seleccionado.

En el momento de insertar este modelo de contador IEC, CTUD, nos solicita la declaración de un DB asociado al mismo donde guardará de forma permanente el valor de los parámetros. Por tanto, nos aparecerá el cuadro de diálogo **Opciones de llamada**.

En él aparece el campo **Nombre**, en el que se asigna un nombre simbólico al DB asociado al contador. Podemos dejar el que viene por defecto o bien modificarlo.

También nos ofrece otras dos opciones:

- **Manual**: podemos elegir el número del DB asociado.
- **Automático**: asigna un número de DB libre de forma automática.

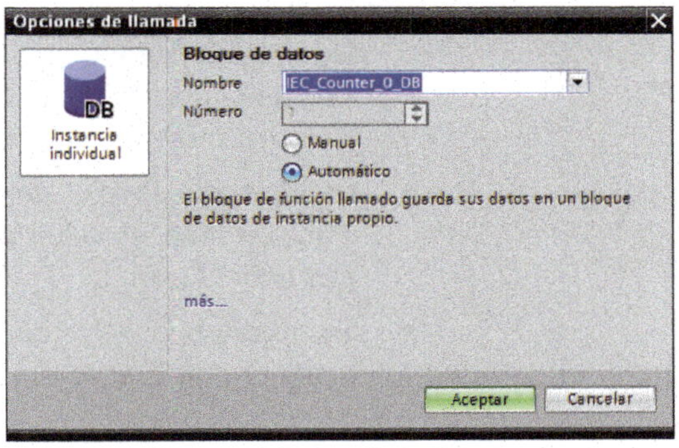

Fig. 4.20

En este caso modificamos el nombre, escribiendo DB_CTUD_01, y de forma manual le asignamos el DB10 como DB asociado a este contador:

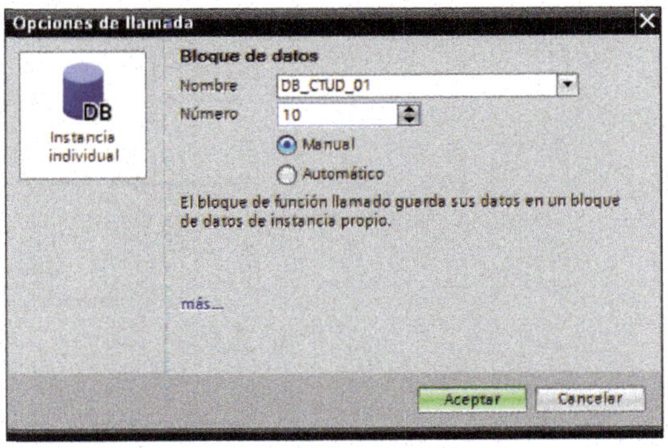

Fig. 4.21

Al crear el bloque de datos, lo podemos encontrar en la carpeta **Bloques de programa** > **Bloques de sistema** > **Recursos de programa** del árbol del proyecto.

Seguidamente ya se puede observar cómo el contador insertado tiene el DB declarado asignado a ese contador.

El funcionamiento de este tipo de contador es el siguiente:

- El contador se incrementará en 1 unidad cada vez que el valor del parámetro CU cambia de **0** a **1**, o bien se decrementará una unidad cada vez que el valor del parámetro CD cambia de **0** a **1**.
- Si el valor del parámetro R cambia de **0** a **1**, el valor de contaje actual se pone a **0**.
- La salida CV muestra el valor actual en formato DECIMAL.
- Si el contador ha alcanzado el valor de preselección PV (por ejemplo, 3), y continúan entrando pulsos por la entrada CU, el registro del contador continúa incrementando su valor (4, 5, 6, 7...).
- Si el contador alcanza el valor máximo, según el tipo de datos seleccionado, y continúan entrando pulsos por CU, el valor actual se mantendrá en ese valor máximo.
- Cuando la entrada LD cambie de **0** a **1**, el valor actual del contador se fija al valor especificado en la entrada PV como valor de preselección inicial.
- Si el contador va descontando y alcanza el valor **0**, en el caso de que continúen entrando pulsos por la entrada CD, el registro del contador seguirá descontado poniéndose en valores negativos (-1, -2, -3, ...) si se ha elegido el tipo de datos con signo (SInt, Int, DInt). En caso de elegir el tipo de datos sin signo, el valor permanecerá en **0**.
- Siempre que el valor del parámetro CV (valor de contaje actual) sea igual o mayor que el valor de preselección PV, el parámetro de salida del contador QU = 1.
- Siempre que el valor del parámetro CV (valor de contaje actual) sea igual o menor que **0**, el parámetro de salida del contador QD = 1.

Recuerda • • •

Básicamente el funcionamiento del tipo de contador CTUD contiene los dos contadores, tanto el CTU como el CTD, lo que provoca que el mismo contador pueda incrementar y decrementar el mismo valor actual «CV» del contador.

A continuación se muestra el diagrama del funcionamiento de los dos tipos de contador (donde PV = 3):

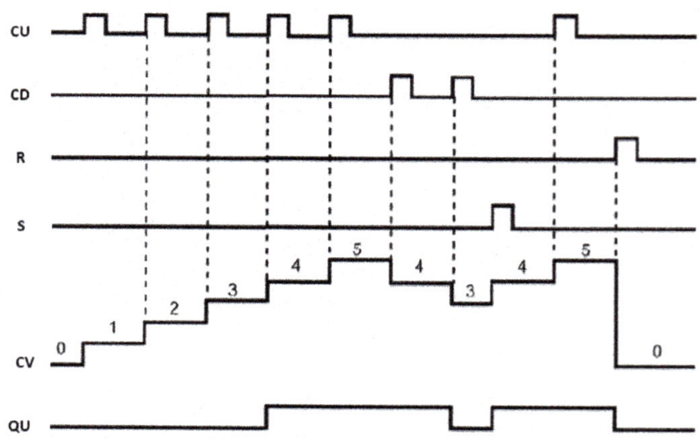

Fig. 4.22

Ejemplo:

Este es un pequeño programa de ejemplo:

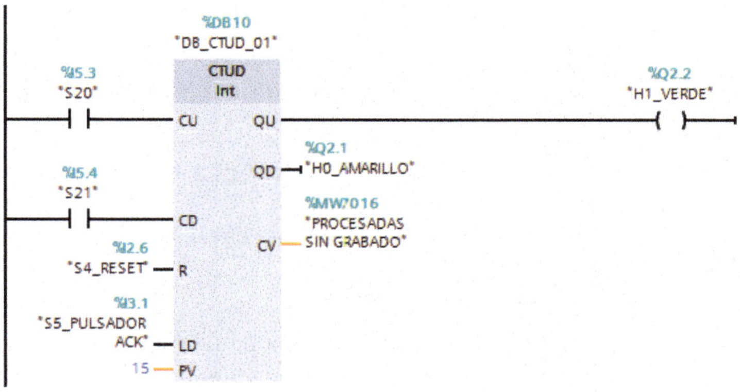

Fig. 4.23

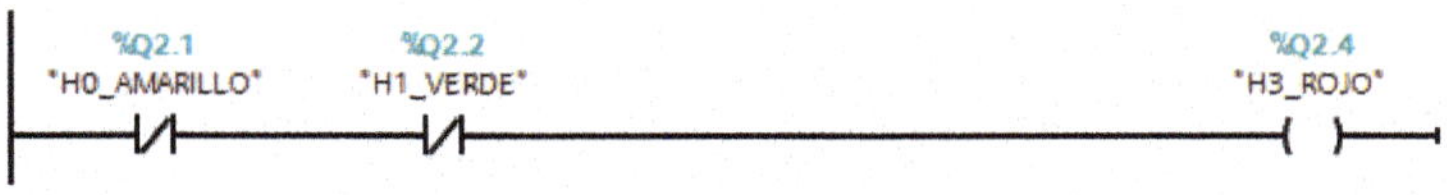

Fig. 4.24

En este caso el contador se ha elegido con un tipo de datos **Int**, lo que significa que es del tipo entero con signo de 16 bits (-32768 hasta 32767). Por tanto, puede contener valores positivos y negativos.

Al accionar el pulsador **RESET**, programado en la entrada R, el valor actual registrado en la salida CV se pone al valor 0.

Al accionar el pulsador **ACK**, programado en la entrada LD, el valor actual registrado en la salida CV contendrá el valor introducido a través de la entrada PV.

Por cada pulso que le llegue por la entrada CU, a través de la entrada I 5.3 correspondiente al pulsador S20, el valor actual registrado en la salida CV descontará una unidad.

Por cada pulso que le llegue por la entrada CD, a través de la entrada I 5.4 correspondiente al pulsador S21, el valor actual registrado en la salida CV descontará una unidad.

Cuando el valor actual CV sea igual o inferior a **0**, la salida QD quedará activada, poniendo en funcionamiento el piloto amarillo y desconectando el rojo.

Cuando el valor actual CV sea igual o superior al valor de preselección PV, la salida QU quedará activada, poniendo en funcionamiento el piloto verde y desconectando el rojo.

El valor actual se mostrará en todo momento en el registro MW7016 (Valor_Actual) asociado a la salida CV, que corresponde al visualizador **Ninguna** de los **Valores de producción** del panel **Registros de pedido y de contaje**.

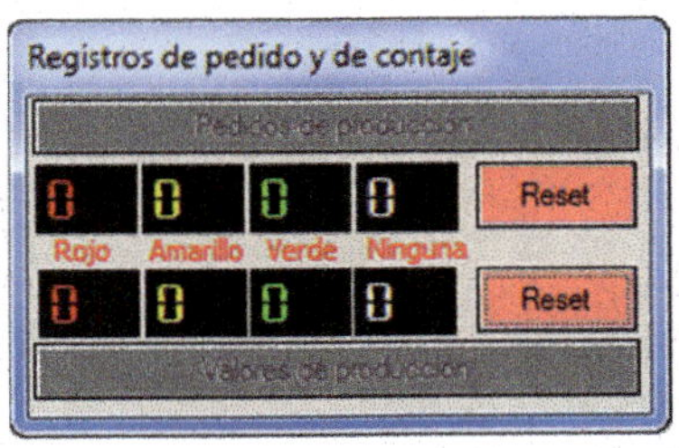

Fig. 4.25

Al comprobar el funcionamiento sobre la maqueta 3D desde el panel **Control del proceso**, podemos actuar sobre los pulsadores **S20-H20** y **S21-H21**:

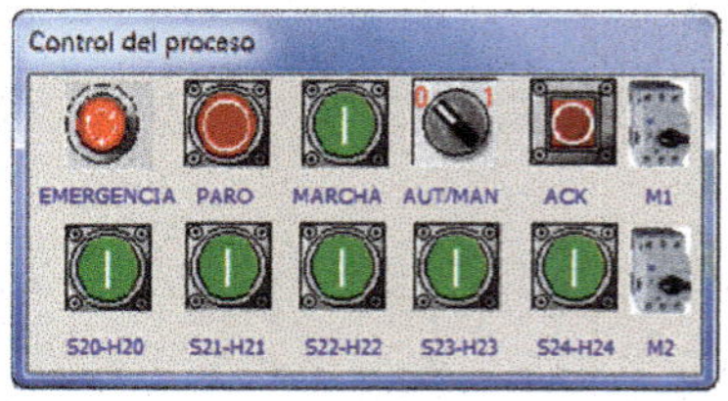

Fig. 4.26

4.3 Preselección directa e indirecta de contadores

Se pueden programar los diferentes contadores de forma que el valor de preselección sea del tipo:

- Constante o direccionamiento directo.
- Variable o direccionamiento indirecto.

4.3.1 Valor de preselección del contador constante o direccionamiento directo

Recuerda • • •

La preselección directa o constante del valor de preselección se basa en asignar un valor fijo en formato «Int» en la entrada «PV».

Se programará un valor constante cuando no sea necesario modificarlo una vez ajustado para la aplicación que se debe realizar.

En este caso, en el parámetro PV, en los contadores IEC, introducimos un valor constante en formato decimal, como es 10:

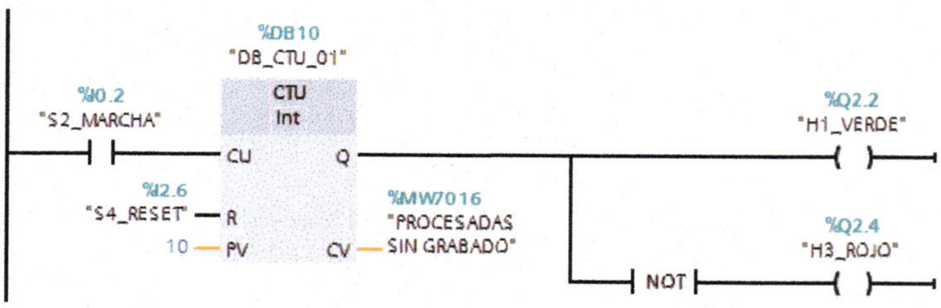

Fig. 4.27

4.3.2 Valor de preselección del contador variable o direccionamiento indirecto

Se programará un registro cuando sea necesario modificarlo durante el funcionamiento del proceso en el que se aplica. La modificación del valor de preselección pasa por modificar el valor contenido en el registro programado, como por ejemplo desde una pantalla táctil.

Recuerda • • •

La introducción indirecta del valor de preselección se basa en asignar un registro en formato palabra en la entrada «PV», que deberá contener el valor de preselección en formato «Int».

En este caso, en el parámetro PV, en los contadores IEC, introducimos un registro que deberá contener un valor en formato decimal:

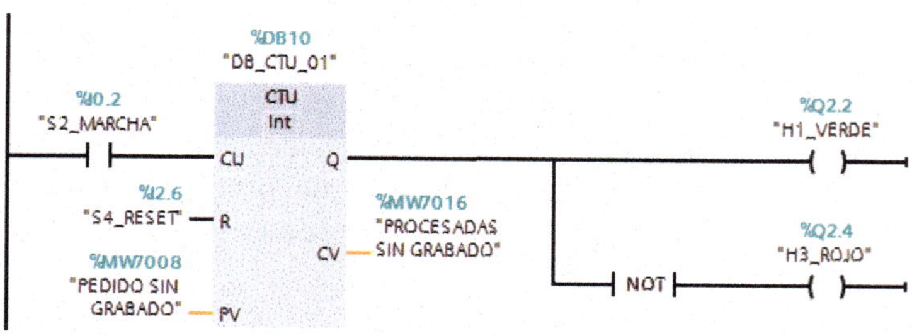

Fig. 4.28

Este registro es el MW 7008, que se puede controlar mediante el panel **Pedido de registros y contaje**, que corresponde al display **Ninguna** de **Pedidos de producción**. Para poder introducir un nuevo valor tan solo es necesario pulsar sobre el display correspondiente, ya que a continuación se abre la siguiente ventana para introducir el valor adecuado. Al cerrar esta ventana mediante el botón **Validar**, el valor se puede visualizar en el display correspondiente.

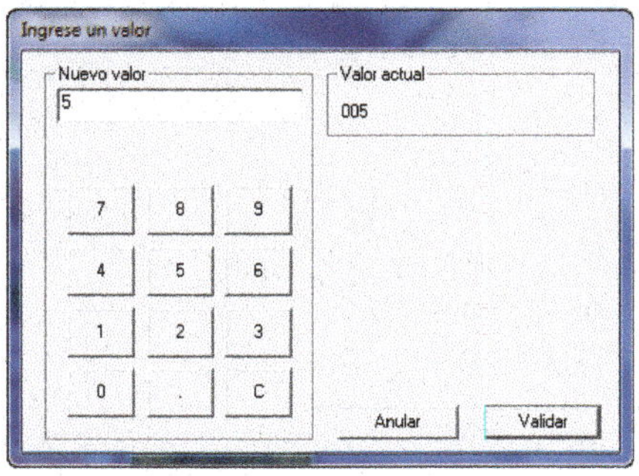

Fig. 4.29

La comprobación del funcionamiento se puede realizar completamente mediante el panel **Control de proceso**, además del mencionado **Pedido de registros y contaje**, para visualizar el estado de los pilotos en la baliza del simulador 3D.

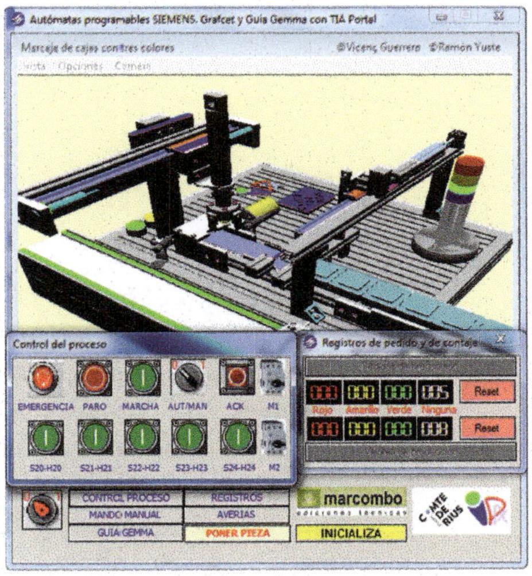

Fig. 4.30

Mediante el accionamiento del pulsador **MARCHA** iremos incrementando el valor actual, que en este momento es **8**, según se visualiza en el display **Valores de producción – Ninguna**. Si se acciona el pulsador **Valores de producción – Reset**, el valor actual pasará a ser **0**. En todo momento la baliza mostrará el piloto verde o rojo que corresponda, según el estado del contador. En este caso muestra el piloto verde porque el valor actual (**8**) es superior al valor de preselección (**5**).

4.4 Varios contadores en un único DB de instancia

De igual forma que en los temporizadores, hemos visto cómo en el momento de incorporar un contador al programa nos solicita un DB de instancia asociado en el que guardará el estado de cada uno de los parámetros. Pues bien, hay una diferencia entre si programamos el contador en un OB o una FC, o si lo programamos en un FB.

4.4.1 Contadores programados en un bloque de organización (OB) o en una función (FC)

Como hemos visto en los apartados anteriores, al insertar un contador IEC en el editor de diagrama de contactos, se solicita que este se asocie a un bloque de

> **Recuerda • • •**
>
> Cuando se programa un contador en un bloque OB o FC se debe asignar un DB de instancia para cada uno de ellos.

datos DB. En el ejemplo mostrado a continuación, en el DB10 el funcionamiento será semiautomático, ya que el contador registrará pulsos cada segundo (M8191.5) mientras mantengamos accionado el pulsador de marcha (I0.2). Es decir, se está registrando el tiempo en segundos que se tiene accionado el pulsador de marcha:

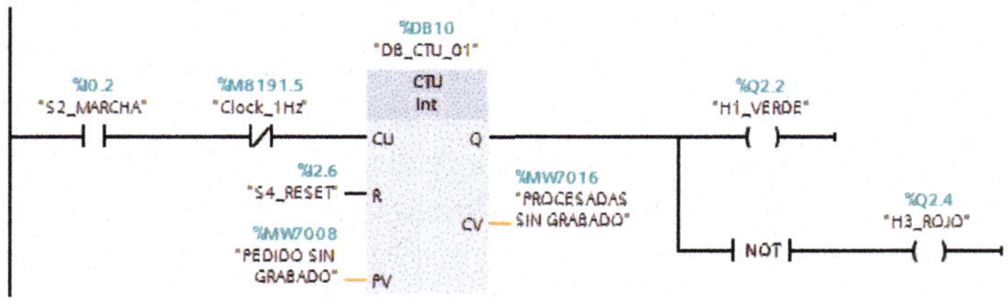

Fig. 4.31

Al abrir el DB de instancia, sea cual sea el tipo de contador seleccionado, se observa la declaración automática de los parámetros siguientes:

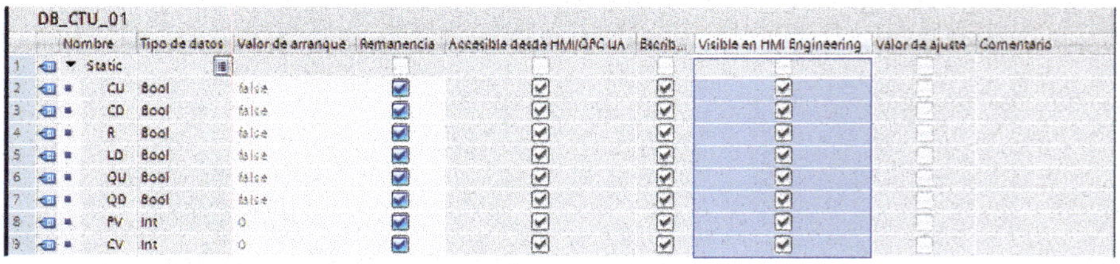

DB_CTU_01

	Nombre	Tipo de datos	Valor de arranque	Remanencia	Accesible desde HMI/OPC UA	Escrib...	Visible en HMI Engineering	Valor de ajuste	Comentario
1	▼ Static			☐	☐	☐	☐	☐	
2	CU	Bool	false	☑	☑	☑	☑	☐	
3	CD	Bool	false	☑	☑	☑	☑	☐	
4	R	Bool	false	☑	☑	☑	☑	☐	
5	LD	Bool	false	☑	☑	☑	☑	☐	
6	QU	Bool	false	☑	☑	☑	☑	☐	
7	QD	Bool	false	☑	☑	☑	☑	☐	
8	PV	Int	0	☑	☑	☑	☑	☐	
9	CV	Int	0	☑	☑	☑	☑	☐	

Fig. 4.32

Si antes de abrir el bloque de datos de instancia que se ha guardado en nuestro proyecto dentro de la carpeta **Bloques de programa – Bloques de sistema – Recursos de programa**, lo seleccionamos y elegimos la opción del menú **Edición – Propiedades**, se abrirá una ventana de propiedades de este bloque, en el que dentro de la opción **Atributos** debemos deseleccionar el atributo **Acceso optimizado al bloque**. Obtendremos la siguiente vista:

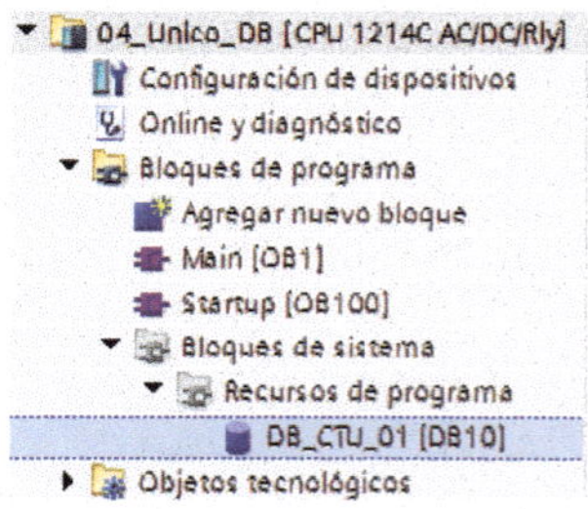

Fig. 4.33

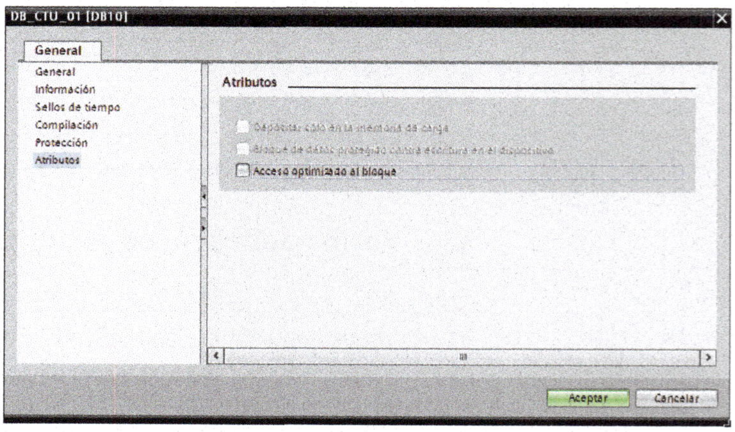

Fig. 4.34

Ahora, si volvemos a abrir ese mismo bloque de datos, se observa cómo aparece una nueva columna llamada **Offset** en la que se muestran las direcciones absolutas de cada parámetro dentro del DB:

DB_CTU_01

	Nombre	Tipo de datos	Offset	Valor de arranque	Remanencia	Accesible desde HMI/OPC UA	Escribible desde HMI/OPC UA	Visible en HMI Engineering	Valor de ajuste	Comentario
1	▼ Static				☐	☐	☐	☐	☐	
2	CU	Bool	0.0	false	☑	☑	☑	☑	☐	
3	CD	Bool	0.1	false	☑	☑	☑	☑	☐	
4	R	Bool	0.2	false	☑	☑	☑	☑	☐	
5	LD	Bool	0.3	false	☑	☑	☑	☑	☐	
6	QU	Bool	0.4	false	☑	☑	☑	☑	☐	
7	QD	Bool	0.5	false	☑	☑	☑	☑	☐	
8	PV	Int	2.0	0	☑	☑	☑	☑	☐	
9	CV	Int	4.0	0	☑	☑	☑	☑	☐	

Fig. 4.35

Recuerda • • •

Cuando se programa un contador en un bloque OB o FC, se puede acceder a los registros del DB mediante su dirección absoluta o simbólica.

Podemos hacer uso de los parámetros de este DB de instancia de forma individual en cualquier lugar del programa, ya sea en ese mismo bloque o en otro bloque del programa diferente. Podemos utilizar tanto las direcciones simbólicas como las absolutas:

Fig. 4.36

4.4.2 Contadores programados en un bloque de función (FB) con bloque de datos multi-instancia

Recuerda • • •

Cuando se programa un contador en un bloque FB, se puede elegir un DB multi-instancia, que permite incorporar varios contadores en el mismo DB.

Cuando el contador se programa en un bloque de función, podemos seguir utilizando el bloque de datos de instancia, como en el caso de la programación en el OB o en la FC, o bien como al realizar la llamada a un FB con parámetros. Este ya se asocia a un bloque de datos de instancia DB y podemos utilizar ese mismo DB para registrar el estado actual de cada uno de los parámetros usados en el contador programado.

Para ello, una vez abierto el bloque de datos FB, en la zona superior de declaración de parámetros podemos declarar una variable dentro de la zona **Static** del tipo de datos **IEC_COUNTER**. Una vez declarada, la desplegamos y se observan todos los parámetros de un contador:

Contador_Parametrizado

	Nombre	Tipo de datos	Valor predet.	Remanencia	Accesible desde HMI/OPC UA	Escribible desde HMI/OPC UA	Visible en HMI Engineering	Valor de ajuste	Comentario
1	▶ Input				☐	☐	☐	☐	
2	▶ Output				☐	☐	☐	☐	
3	▶ InOut				☐	☐	☐	☐	
4	▼ Static				☐	☐	☐	☐	
5	▼ CONTADOR_01	IEC_COUNTER		No remanente	☑	☑	☑	☐	
6	CU	Bool	false	No remanente	☑	☑	☑	☐	
7	CD	Bool	false	No remanente	☑	☑	☑	☐	
8	R	Bool	false	No remanente	☑	☑	☑	☐	
9	LD	Bool	false	No remanente	☑	☑	☑	☐	
10	QU	Bool	false	No remanente	☑	☑	☑	☐	
11	QD	Bool	false	No remanente	☑	☑	☑	☐	
12	PV	Int	0	No remanente	☑	☑	☑	☐	
13	CV	Int	0	No remanente	☑	☑	☑	☐	
14	▶ Temp				☐	☐	☐	☐	
15	▼ Constant				☐	☐	☐	☐	

Fig. 4.37

Ahora sí realizamos el programa dentro de ese mismo FB, de forma que la instancia asociada al temporizador sea la variable estática declarada anteriormente:

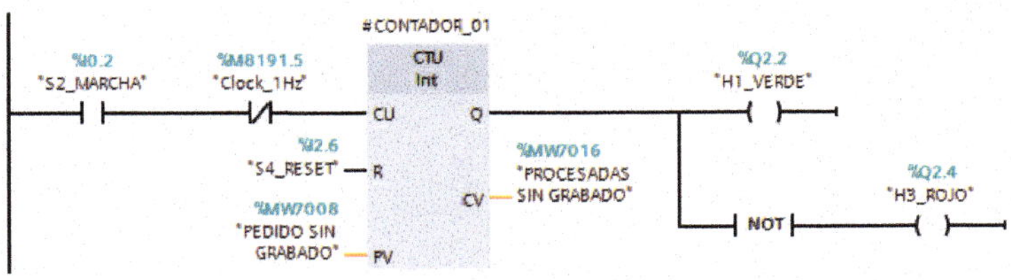

Fig. 4.38

De esta misma forma podemos declarar los diferentes contadores a utilizar en el área de parámetros del FB. En el caso que se presenta a continuación es con dos contadores:

Contador_Parametrizado

	Nombre	Tipo de datos	Valor predet.	Remanencia	Accesible desde HMI/OPC UA	Escribible desde HMI/OPC UA	Visible en HMI Engineering	Valor de ajuste	Comentario
1	▸ Input				☐	☐	☐	☐	
2	▸ Output				☐	☐	☐	☐	
3	▸ InOut				☐	☐	☐	☐	
4	▾ Static				☐	☐	☐	☐	
5	▾ CONTADOR_01	IEC_COUNTER		No remanente	☑	☑	☑	☐	
6	CU	Bool	false	No remanente	☑	☑	☑	☐	
7	CD	Bool	false	No remanente	☑	☑	☑	☐	
8	R	Bool	false	No remanente	☑	☑	☑	☐	
9	LD	Bool	false	No remanente	☑	☑	☑	☐	
10	QU	Bool	false	No remanente	☑	☑	☑	☐	
11	QD	Bool	false	No remanente	☑	☑	☑	☐	
12	PV	Int	0	No remanente	☑	☑	☑	☐	
13	CV	Int	0	No remanente	☑	☑	☑	☐	
14	▾ CONTADOR_02	IEC_COUNTER		No remanente	☑	☑	☑	☐	
15	CU	Bool	false	No remanente	☑	☑	☑	☐	
16	CD	Bool	false	No remanente	☑	☑	☑	☐	
17	R	Bool	false	No remanente	☑	☑	☑	☐	
18	LD	Bool	false	No remanente	☑	☑	☑	☐	
19	QU	Bool	false	No remanente	☑	☑	☑	☐	
20	QD	Bool	false	No remanente	☑	☑	☑	☐	
21	PV	Int	0	No remanente	☑	☑	☑	☐	
22	CV	Int	0	No remanente	☑	☑	☑	☐	
23	▸ Temp				☐	☐	☐	☐	
24	▾ Constant				☐	☐	☐	☐	

Fig. 4.39

Por tanto, utilizaremos para cada contador declarado sus propios parámetros sin que estos se solapen entre sí, ya que esto provocaría un incorrecto funcionamiento.

Ahora tan solo nos queda realizar la llamada a ese FB desde el OB1. En el momento de insertar el FB en un segmento, nos aparece la ventana para asociar el bloque de datos DB de instancia, por ejemplo:

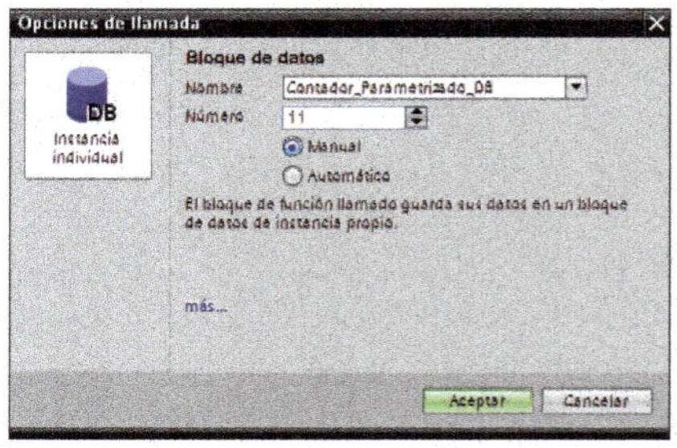

Fig. 4.40

De modo que la llamada programada queda de la siguiente forma:

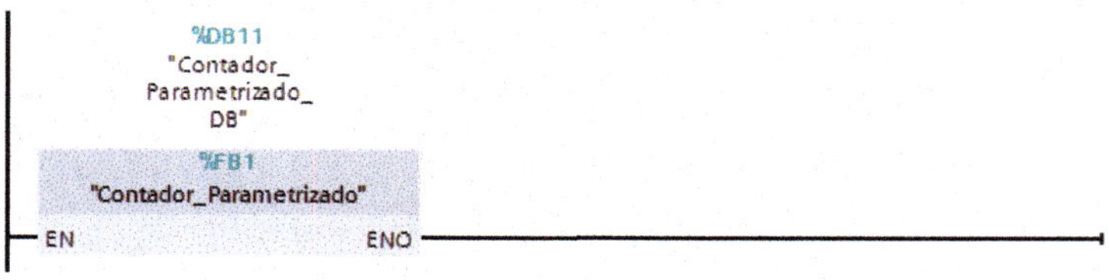

Fig. 4.41

Ahora, si abrimos el bloque de datos de instancia asociado a este FB, se observa cómo aparecen todos los parámetros de los contadores declarados en el FB:

Contador_Parametrizado_DB

	Nombre	Tipo de datos	Valor de arranq...	Remanencia	Accesible desde HMI/OPC UA	Escribible desde HMI/OPC UA	Visible en HMI Engineering	Valor de ajuste	Comentario
1	Input			☐	☐	☐	☐	☐	
2	Output			☐	☐	☐	☐	☐	
3	InOut			☐	☐	☐	☐	☐	
4	▾ Static			☐	☐	☐	☐	☐	
5	▾ CONTADOR_01	IEC_COUNTER		☐	☑	☑	☑	☐	
6	CU	Bool	false	☐	☑	☑	☑	☐	
7	CD	Bool	false	☐	☑	☑	☑	☐	
8	R	Bool	false	☐	☑	☑	☑	☐	
9	LD	Bool	false	☐	☑	☑	☑	☐	
10	QU	Bool	false	☐	☑	☑	☑	☐	
11	QD	Bool	false	☐	☑	☑	☑	☐	
12	PV	Int	0	☐	☑	☑	☑	☐	
13	CV	Int	0	☐	☑	☑	☑	☐	
14	▾ CONTADOR_02	IEC_COUNTER		☐	☑	☑	☑	☐	
15	CU	Bool	false	☐	☑	☑	☑	☐	
16	CD	Bool	false	☐	☑	☑	☑	☐	
17	R	Bool	false	☐	☑	☑	☑	☐	
18	LD	Bool	false	☐	☑	☑	☑	☐	
19	QU	Bool	false	☐	☑	☑	☑	☐	
20	QD	Bool	false	☐	☑	☑	☑	☐	
21	PV	Int	0	☐	☑	☑	☑	☐	
22	CV	Int	0	☐	☑	☑	☑	☐	

Fig. 4.42

Recuerda • • •

Cuando se programa un contador en un bloque FB asociado a un DB multi-instancia, tan solo se puede acceder a los registros del DB mediante su dirección simbólica.

En este caso, se añade la ventaja de que podemos utilizar los parámetros de los contadores en cualquier bloque del programa, por ejemplo:

Fig. 4.43

Donde se observa que, para hacer uso de cualquiera de los parámetros, se llama a:

Nombre simbólico del DB de instancia: Contador_Parametrizado_DB
Nombre simbólico de la variable declarada en el FB: CONTADOR_01
Nombre simbólico del parámetro del contador a utilizar del CONTADOR_01: QU

En este caso no será posible el acceso de forma absoluta a las direcciones, debido a que no se puede deseleccionar la opción **Acceso optimizado al bloque** dentro de las propiedades del DB.

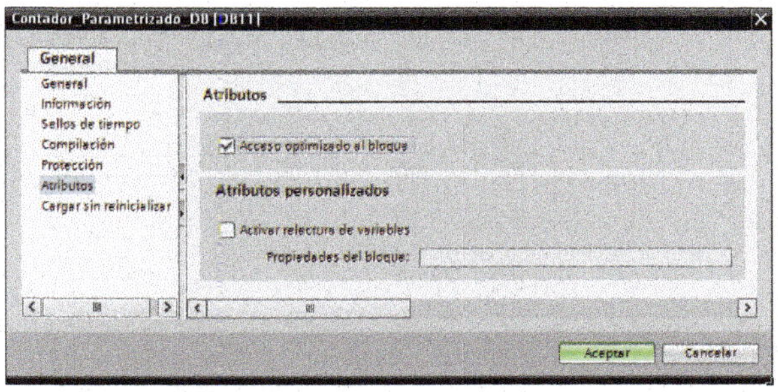

Fig. 4.44

4.4.3 Declaración de varios contadores IEC en un mismo bloque de datos

Recuerda • • •

Otra opción para la declaración de los contadores es la utilización de un DB global en el que se declaren previamente todos los contadores a utilizar con tipo de datos «IEC_COUNTER».

Otra forma es la de no trabajar con DB de instancia y trabajar con un DB global en el que declaramos los diferentes contadores a utilizar. En el momento de incorporar un contador al programa, nos solicita un DB. En este caso le asociaremos el DB global declarado con los diferentes contadores.

Por tanto, antes de entrar a utilizar los contadores en nuestro programa, creamos un DB global:

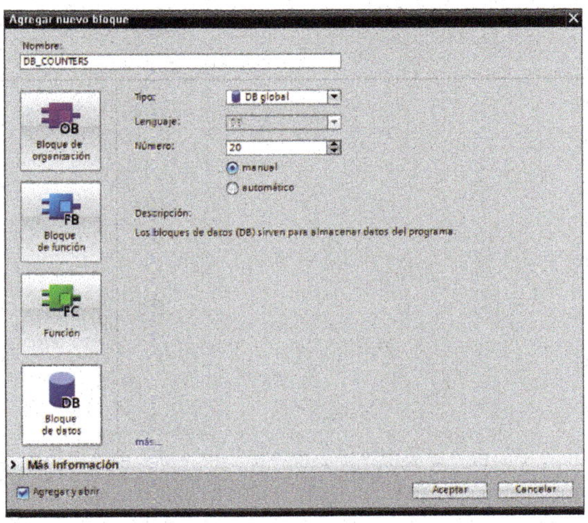

Fig. 4.45

A continuación, declaramos los diferentes contadores a utilizar, donde los tipos de datos pueden ser IEC_COUNTER, IEC_DCOUNTER, IEC_SCOUNTER IEC_UCOUNTER, IEC_UDCOUNTER o IEC_USCOUNTER, en función del valor máximo que queramos registrar. Si queremos tener en cuenta también los valores negativos, en ese caso los declaramos como IEC_COUNTER, que es un registro de 16 bits para valores enteros.

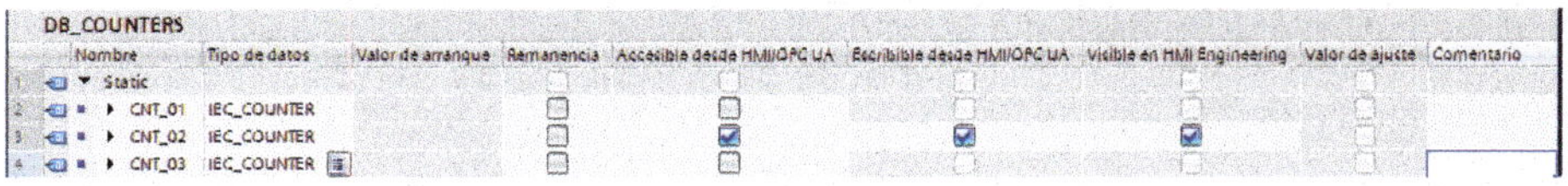

Fig. 4.46

De forma que, al desplegarlos, observamos todos los parámetros que pueden intervenir en un contador IEC, donde además podemos decidir cuál de ellos queremos que sea remanente o no. Para ello basta con marcar la opción en la columna **Remanencia** del contador correspondiente:

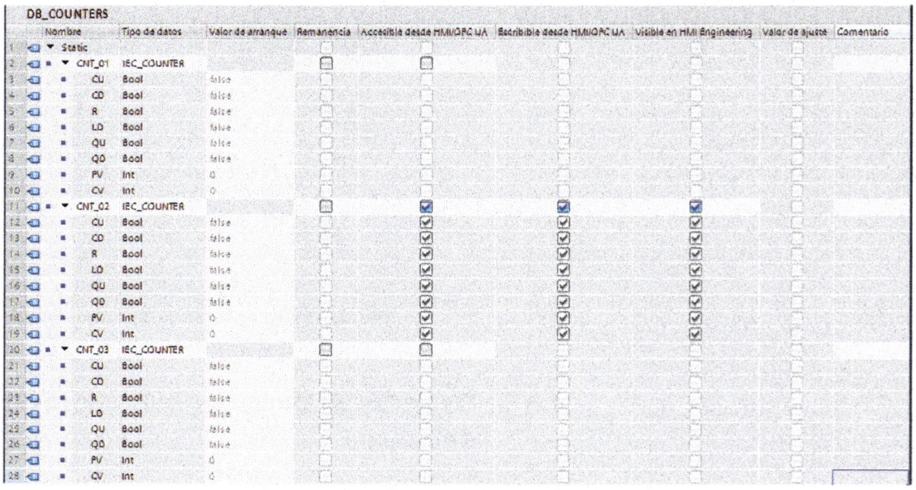

Fig. 4.47

Una vez generado el DB global con los contadores a utilizar, creamos un nuevo bloque de programa (FC20):

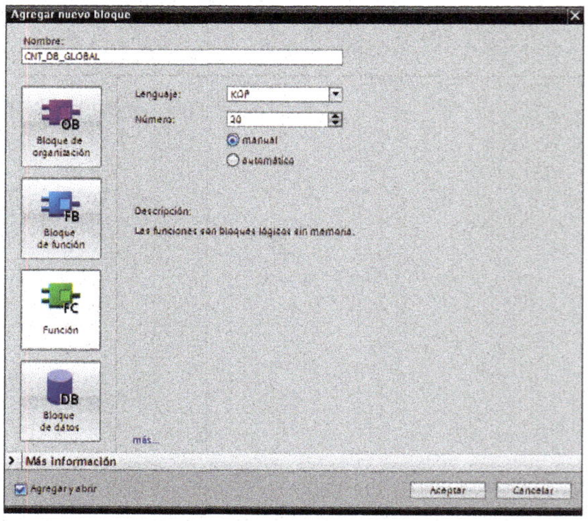

Fig. 4.48

Creado el bloque de programa, insertamos un bloque contador CTU. En el momento de incorporarlo, nos aparece como siempre una ventana para asignarle un DB de instancia:

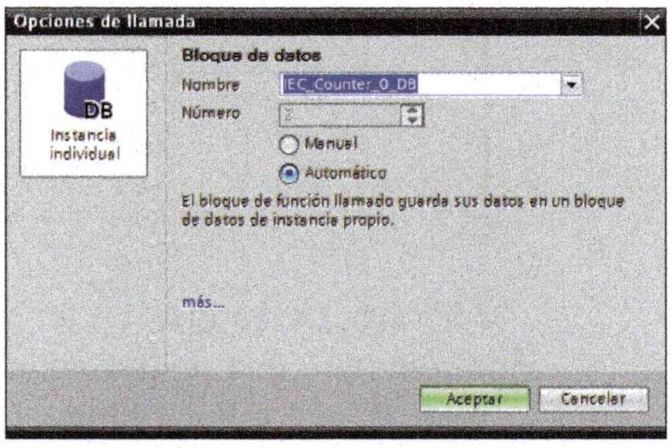

Fig. 4.49

Pero en este caso, mediante el botón **Cancelar**, cancelaremos la petición, ya que queremos utilizar como DB el DB global declarado anteriormente.
En ese momento nos aparece el contador programado de la siguiente forma:

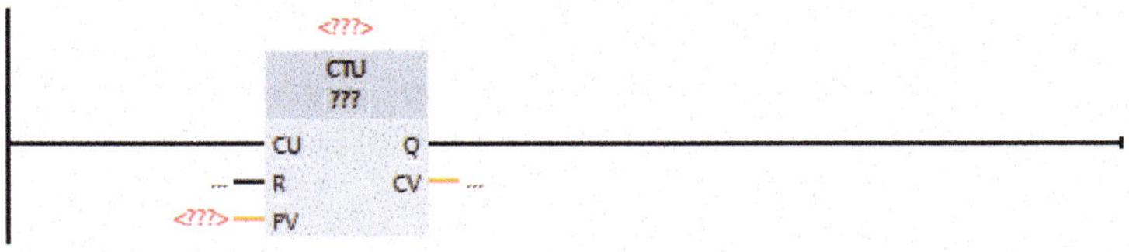

Fig. 4.50

A continuación pulsamos en la zona de asignación del DB asociado, en la parte superior de la caja del contador, y elegimos en primer lugar el nombre del DB global, en este caso "DB_COUNTERS". Para ello podemos seleccionar el DB de nuestro árbol del proyecto y arrastrarlo directamente hasta la posición correspondiente, con lo que obtenemos el siguiente resultado:

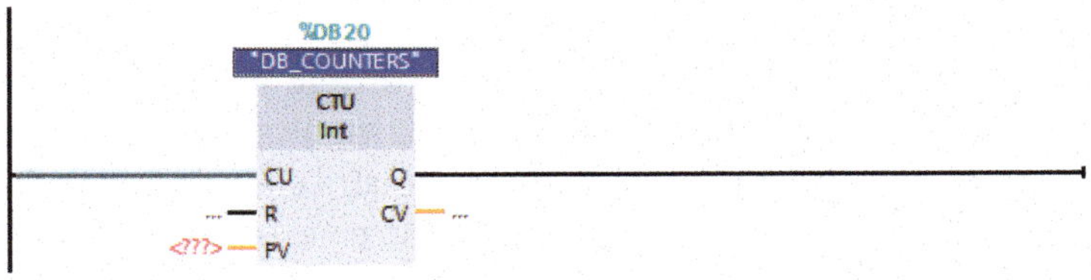

Fig. 4.51

Después escribimos un punto y aparece de forma automática una ventana para elegir el contador de la lista de los declarados en ese DB:

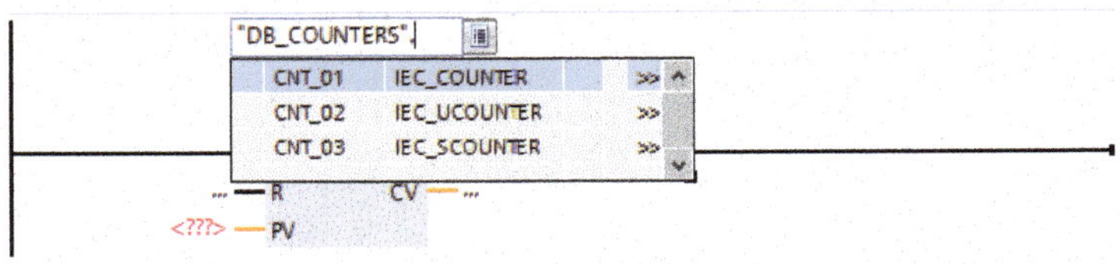

Fig. 4.52

Cuando seleccionamos el contador correspondiente, aparece otro punto, y para finalizar elegimos **Ninguna entrada**:

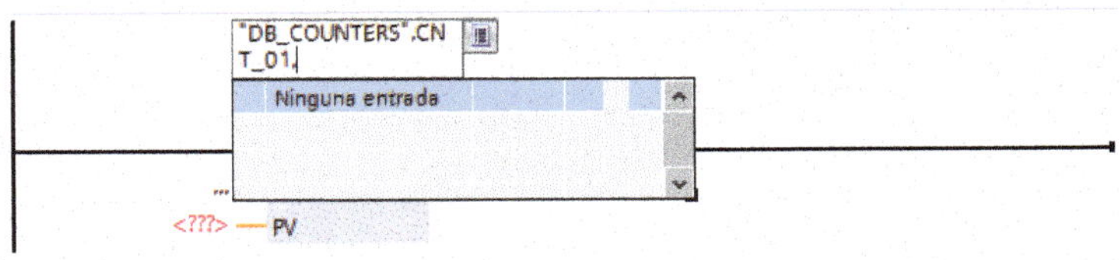

Fig. 4.53

Completamos el programa y el resultado obtenido es el siguiente:

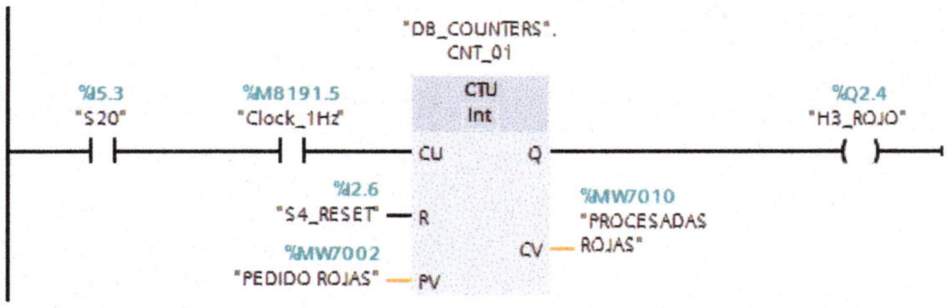

Fig. 4.54

Ahora se desea que, en función del pulsador accionado, en este caso el **S20**, se incremente una unidad cada segundo el registro de piezas procesadas de color rojo, y que una vez alcance el valor de preselección indicado en el registro **PEDIDO ROJAS**, el piloto rojo se ponga en funcionamiento. El valor de pulsos quedará guardado en el registro **PROCESADAS ROJAS**.

De la misma forma insertamos un nuevo contador y lo asociamos al DB global, pero en esta ocasión con el contador 2. En este caso el registro incrementado será el de piezas amarillas al tener accionado el pulsador **S21** y el piloto que se pondrá en funcionamiento al alcanzar el valor de preselección indicado en el registro **PEDIDO AMARILLAS** será el amarillo. El valor de pulsos quedará guardado en el registro **PROCESADAS AMARILLAS**.

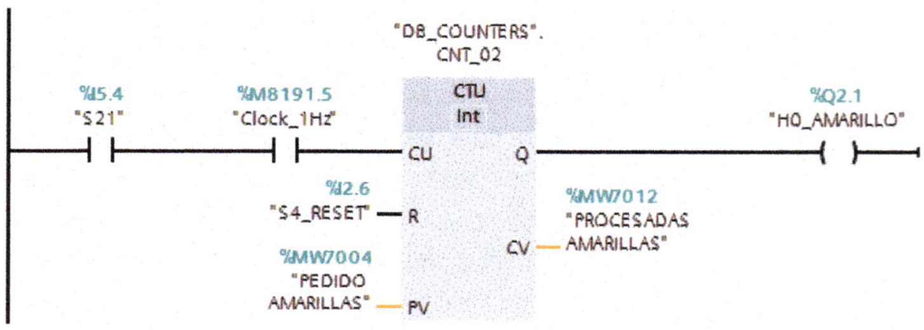

Fig. 4.55

Y por último el contador 3, que incrementará su valor cada segundo al tener accionado el pulsador **S22**. Al alcanzar el valor indicado en el registro **PEDIDO VERDES**, el piloto que se pondrá en funcionamiento será el de color verde. El valor de pulsos quedará guardado en el registro **PROCESADAS VERDES**.

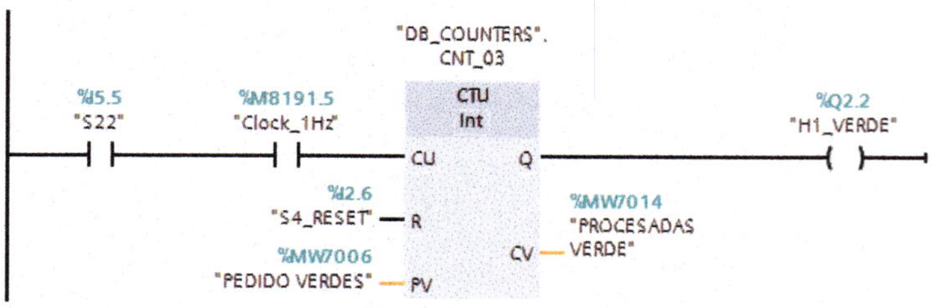

Fig. 4.56

Recuerda • • •

El hecho de utilizar un DB global para la declaración de los contadores permite seleccionar de forma independiente cuál de ellos configuramos con remanencia.

Además, añadiremos una señalización con los pilotos H20, H21 y H22 para indicar el pulsador S21, S22 o S23 respectivamente, que está accionado en cada momento:

Fig. 4.57

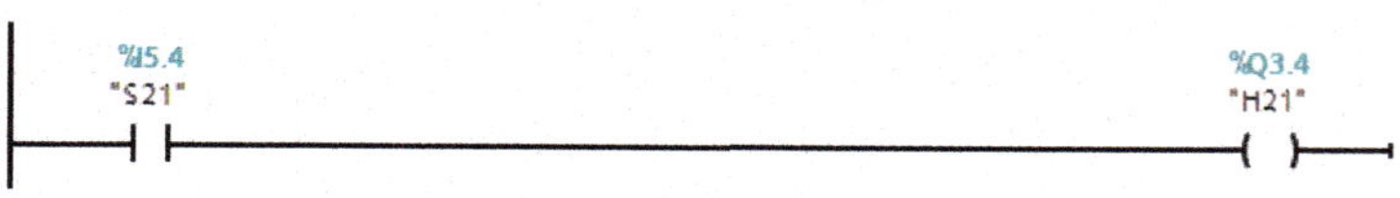

Fig. 4.58

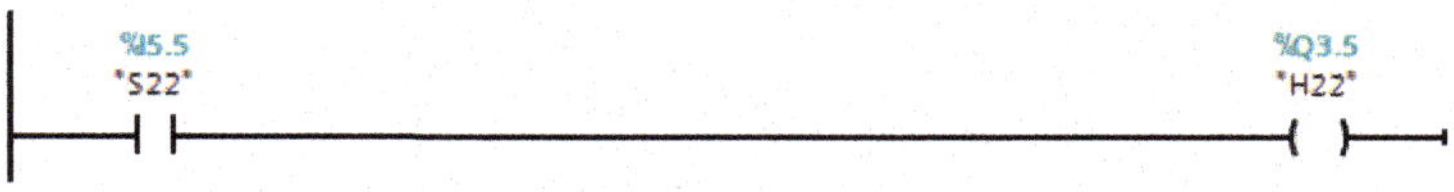

Fig. 4.59

Ahora al poner en funcionamiento el programa, observamos cómo cada contador funciona de forma independiente:

DB_COUNTERS

	Nombre	Tipo de datos	Valor de arranque	Valor de observación	Remanencia	Accesible desde HMI/OPC UA	Escribible desde HMI/OPC UA	Visible en HMI Engineering	Valor de ajuste	Comentario
1	▼ Static									
2	▼ CNT_01	IEC_COUNTER								
3	CU	Bool	false	TRUE						
4	CD	Bool	false	FALSE						
5	R	Bool	false	FALSE						
6	LD	Bool	false	FALSE						
7	QU	Bool	false	FALSE						
8	QD	Bool	false	FALSE						
9	PV	Int	0	250						
10	CV	Int	0	125						

Fig. 4.60a

	Nombre	Tipo de datos	Valor de arranque	Valor de observación	Remanencia	Accesible desde HMI/OPC UA	Escribible desde HMI/OPC UA	Visible en HMI Engineering	Valor de ajuste	Comentario
11	▼ CNT_02	IEC_COUNTER				✓	✓	✓		
12	CU	Bool	false	FALSE		✓	✓	✓		
13	CD	Bool	false	FALSE		✓	✓	✓		
14	R	Bool	false	FALSE		✓	✓	✓		
15	LD	Bool	false	FALSE		✓	✓	✓		
16	QU	Bool	false	TRUE		✓	✓	✓		
17	QD	Bool	false	FALSE		✓	✓	✓		
18	PV	Int	0	55		✓	✓	✓		
19	CV	Int	0	166		✓	✓	✓		

Fig. 4.60b

	Nombre	Tipo de datos	Valor de arranque	Valor de observación	Remanencia	Accesible desde HMI/OPC UA	Escribible desde HMI/OPC UA	Visible en HMI Engineering	Valor de ajuste	Comentario
20	▼ CNT_03	IEC_COUNTER								
21	CU	Bool	false	TRUE						
22	CD	Bool	false	FALSE						
23	R	Bool	false	FALSE						
24	LD	Bool	false	FALSE						
25	QU	Bool	false	FALSE						
26	QD	Bool	false	FALSE						
27	PV	Int	0	100						
28	CV	Int	0	96						

Fig. 4.60c

Podemos hacer uso de los parámetros de este DB global de forma individual en cualquier lugar del programa, ya sea en ese mismo bloque o en otro bloque del programa diferente, y utilizar además tanto las direcciones simbólicas como las absolutas. Para utilizar las direcciones absolutas debemos configurar las propiedades del DB mediante la opción del menú **Edición** – **Propiedades**. Se abrirá la ventana de propiedades de este bloque en el que, dentro de la opción **Atributos**, deseleccionaremos el atributo **Acceso optimizado al bloque** y obtendremos la siguiente vista:

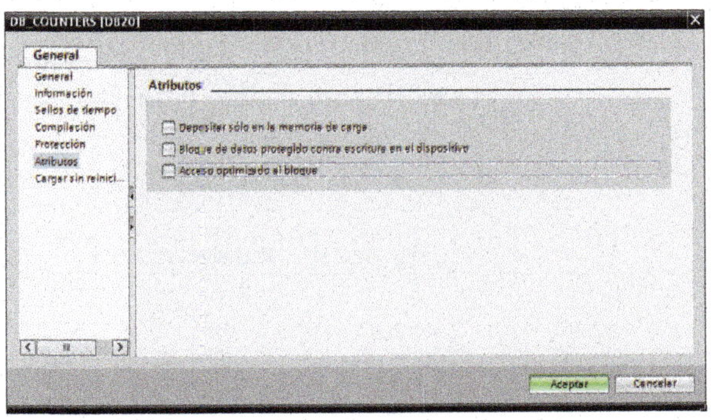

Fig. 4.61

Una vez compilado el proyecto, al volver a abrir el DB global, observamos cómo aparecen las direcciones absolutas de cada parámetro:

DB_COUNTERS

	Nombre	Tipo de datos	Offset	Valor de arranque	Remanencia	Accesible desde HMI/OPC UA	Escribible desde HMI/OPC UA	Visible en HMI Engineering	Valor de ajuste	Comentario
1	▼ Static									
2	▼ CNT_01	IEC_COUNTER	0.0							
3	CU	Bool	0.0	false						
4	CD	Bool	0.1	false						
5	R	Bool	0.2	false						
6	LD	Bool	0.3	false						
7	QU	Bool	0.4	false						
8	QD	Bool	0.5	false						
9	PV	Int	2.0	0						
10	CV	Int	4.0	0						

Fig. 4.62a

11	CNT_02	IEC_COUNTER	6.0	
12	CU	Bool	6.0	false
13	CD	Bool	6.1	false
14	R	Bool	6.2	false
15	LD	Bool	6.3	false
16	QU	Bool	6.4	false
17	QD	Bool	6.5	false
18	PV	Int	8.0	0
19	CV	Int	10.0	0

Fig. 4.62b

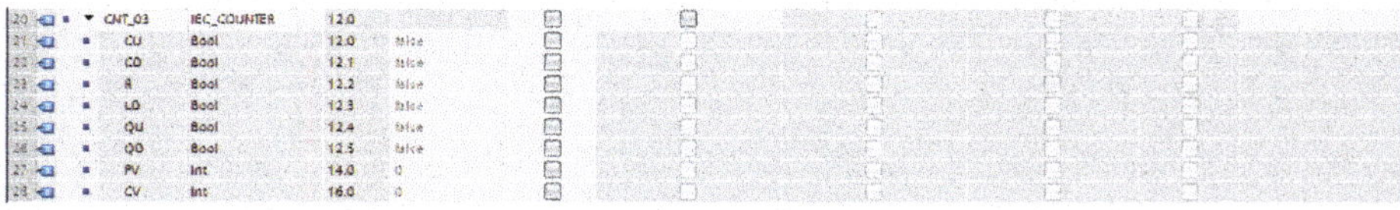

20	CNT_03	IEC_COUNTER	12.0	
21	CU	Bool	12.0	false
22	CD	Bool	12.1	false
23	R	Bool	12.2	false
24	LD	Bool	12.3	false
25	QU	Bool	12.4	false
26	QD	Bool	12.5	false
27	PV	Int	14.0	0
28	CV	Int	16.0	0

Fig. 4.62c

A parte de esa diferencia, también nos encontramos con que no podemos seleccionar niveles de remanencia diferente para cada una de las variables, es decir, que son todas o ninguna. En el caso de tener activada la opción **Acceso optimizado al bloque**, se puede seleccionar qué variable se desea que sea remanente y cuál no.

4.5 Funciones de comparación

> **Recuerda • • •**
>
> Las instrucciones de comparación comparan dos datos del mismo tipo para determinar si son:
> - iguales,
> - diferentes,
> - mayor o igual,
> - menor o igual,
> - mayor,
> - menor.

Las instrucciones de comparación son contactos que permiten realizar un tipo de comparación entre dos valores o registros.

Los tipos de comparadores que se pueden programar se encuentran dentro de la carpeta **Comparación del catálogo** en **Instrucciones básicas**, y son los siguientes:

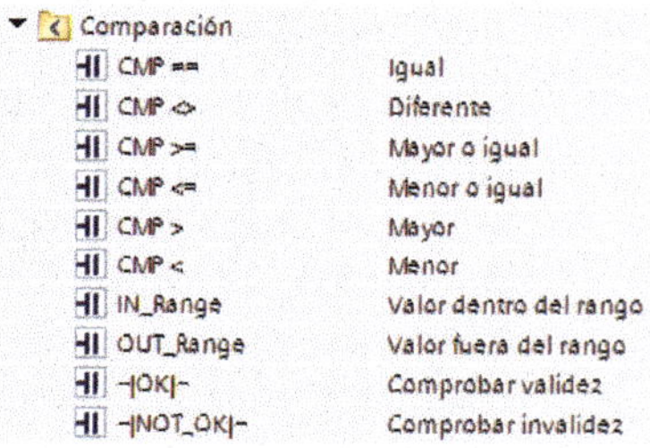

Fig. 4.63

La estructura de los comparadores está formada por los siguientes campos:

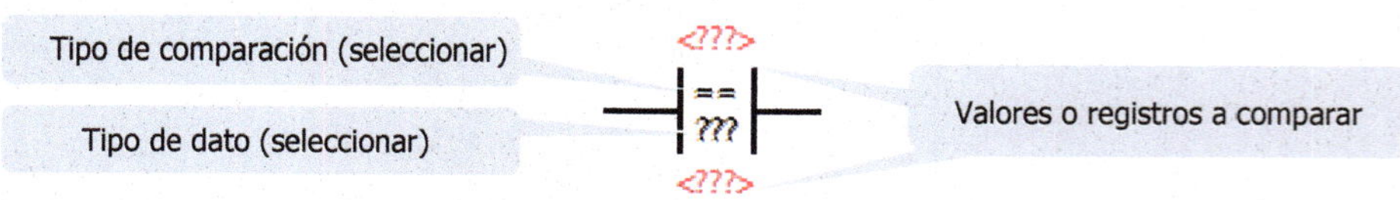

Fig. 4.64

Al elegir el símbolo del comparador, se tiene acceso a dos zonas para poder seleccionar tanto el tipo de comparación como el tipo de dato. Para ello se deberá pulsar en una de las esquinas superior o inferior derecha del símbolo de comparación:

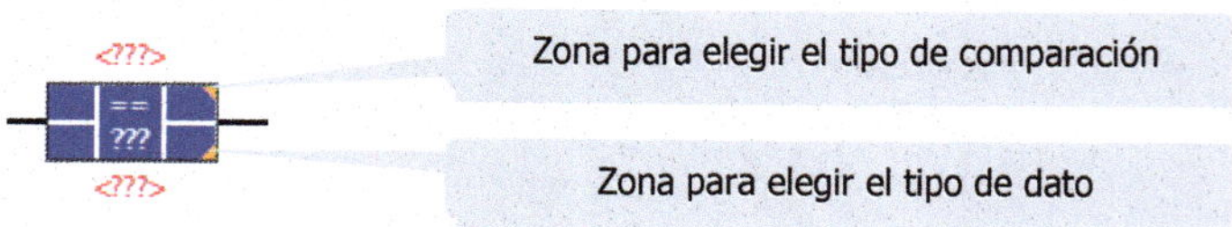

Fig. 4.65

Al desplegar los diferentes campos, se dispondrá de las siguientes opciones:

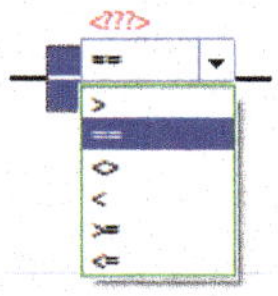

Tipo de comparación

Fig. 4.66

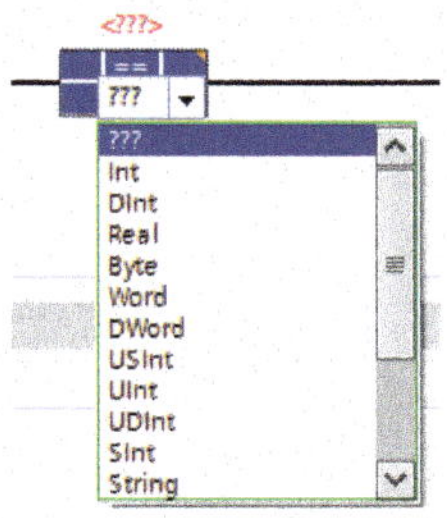

Tipo de datos

Fig. 4.67

Ejemplos:

- Comparación entre el valor actual del registro MW7002, que corresponde con el display PEDIDOS ROJAS, con otro valor guardado en el registro MW7010, que corresponde con el display PROCESADAS ROJAS, realizando la operación MW7002 = MW7010:

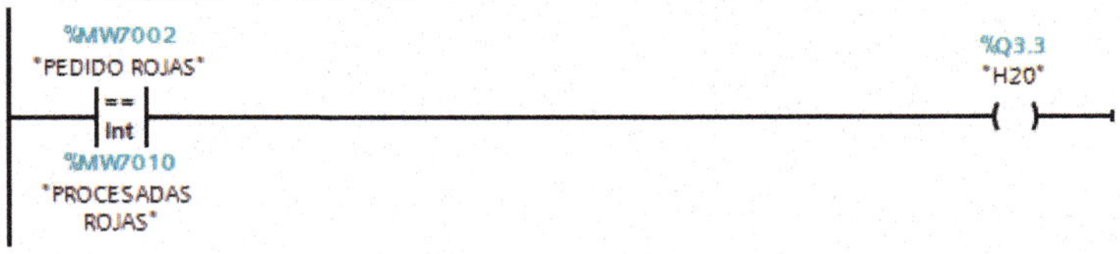

Fig. 4.68

Recuerda • • •

Las instrucciones de comparación comparan dos datos del mismo tipo, pudiendo ser alguno de ellos, o los dos, registros del PLC.

- Comparación entre el valor contenido en el registro MW7004 correspondiente al display PEDIDO AMARILLAS con el valor constante 100, realizando la operación MW7004 >= 100:

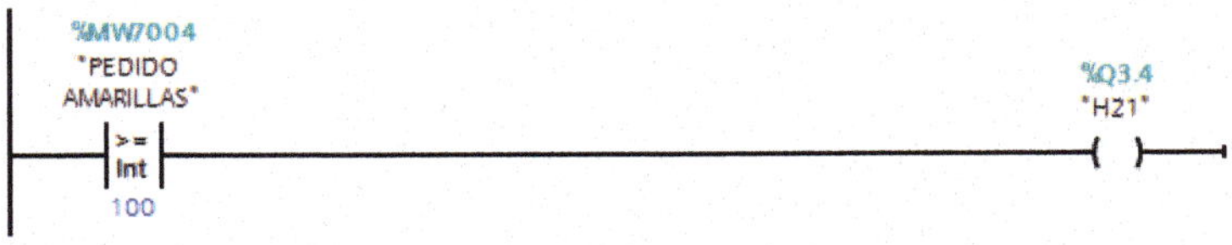

Fig. 4.69

- Comparación entre el valor actual de un contador guardado en el registro DB20.DBW4 y un valor constante 10, realizando la operación DB20.DBW4 >= 10:

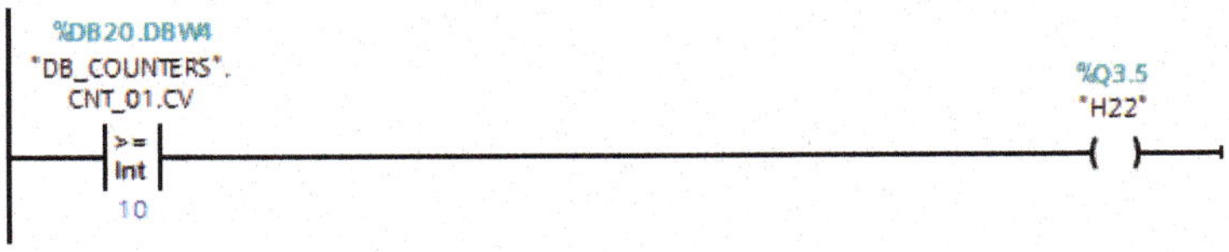

Fig. 4.70

Recuerda • • •

La instrucción «IN_RANGE» comprueba si el valor que se lee por el parámetro «VAL» se encuentra dentro del rango marcado por los valores introducidos mediante los parámetros «MIN» y «MAX».

- La salida Q3.6 estará activada cuando, para la comparación entre el valor actual de un registro correspondiente a una temperatura analógica guardado en el MD100 y un valor constante de 10.0, y para la comparación entre un valor de tiempo guardado en el registro MD110 y el valor de 22s, se cumpla que MD100 < 10.0 y que MD110 >= 22s:

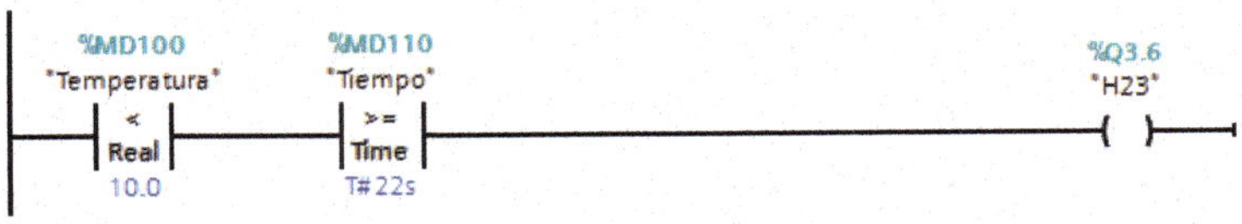

Fig. 4.71

- La instrucción IN_RANGE nos puede servir para poder comprobar si un valor contenido en un registro se encuentra entre un límite máximo y otro mínimo. En el siguiente ejemplo se muestra cómo la salida Q3.7 estará activada siempre que el valor del registro MW7006 sea mayor que 9 y menor que 21.

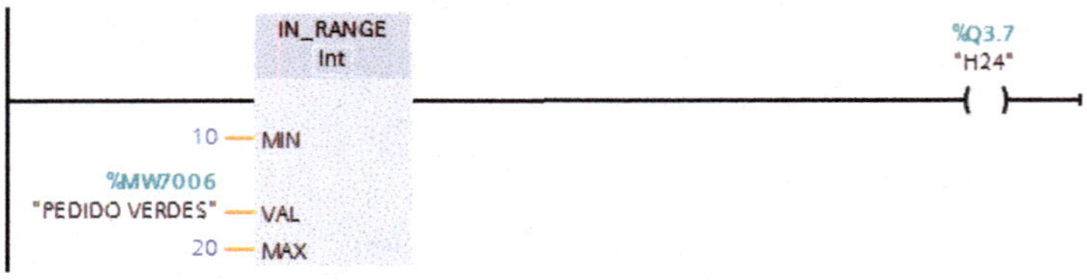

Fig. 4.72

Utilizando funciones de comparación, sería equivalente a:

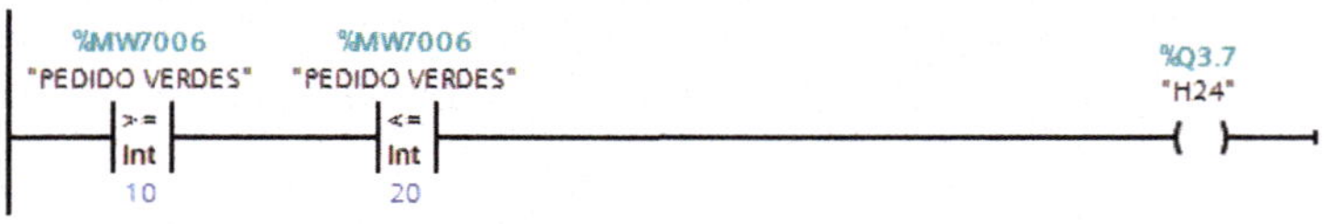

Fig. 4.73

Si modificamos el tipo de operación y en lugar de IN_RANGE utilizamos OUT_RANGE, entonces la salida Q3.7 estará en funcionamiento siempre que el valor del registro MW7006 sea menor que 10 o mayor que 20.

Recuerda • • •

La instrucción «OUT_RANGE» comprueba si el valor que se lee por el parámetro «VAL» se encuentra fuera del rango marcado por los valores introducidos mediante los parámetros «MIN» y «MAX».

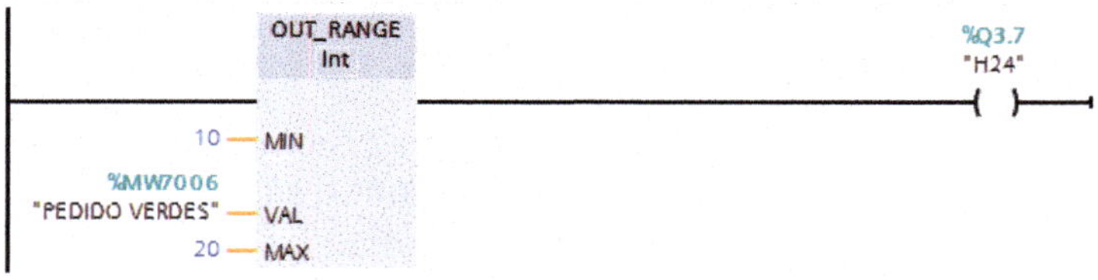

Fig. 4.74

Utilizando funciones de comparación, sería equivalente a:

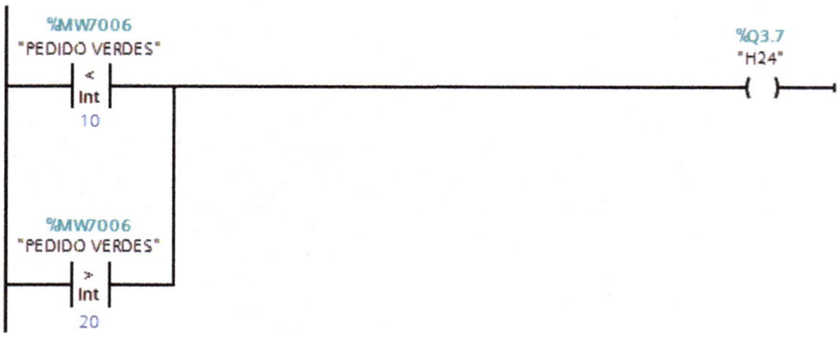

Fig. 4.75

4.6 Programación en Grafcet (III)

En esta tercera parte de Grafcet, además de integrar la función de contaje y comparación en un diseño realizado en Grafcet, estudiaremos un nuevo tipo de estructura como es la de selección de secuencia o de bifurcación en O. Por tanto, trabajaremos las diferentes posibilidades de programar un contador en una acción asociada, así como la de integrar contactos de contaje y de comparación en una transición.

4.6.1 Tipo de secuencia Selección de secuencia o Bifurcación en O

Este tipo de secuencia llamada **Selección de secuencia** o **Bifurcación en O** ofrece la posibilidad de varios caminos en el recorrido del Grafcet, donde tan solo se autoriza un único camino posible.

Cuando un Grafcet tiene la necesidad de seleccionar entre diferentes alternativas, las condiciones de las diferentes transiciones que intervengan deberán ser excluyentes entre sí, es decir, en ningún caso el Grafcet podrá evolucionar por más de un camino de forma simultánea.

Para entrar en una de las ramas alternativas, se entrará con una transición diferente para cada una de las ramas, y para salir de esa rama alternativa también cada una tendrá su propia transición.

Recuerda • • •

Cuando se debe diseñar un Grafcet en el que en un momento determinado del mismo pueden existir varias posibilidades de funcionamiento según unas condiciones, entonces se aplica un tipo de secuencia conocida como «Selección de secuencia» o «Bifurcación en O»

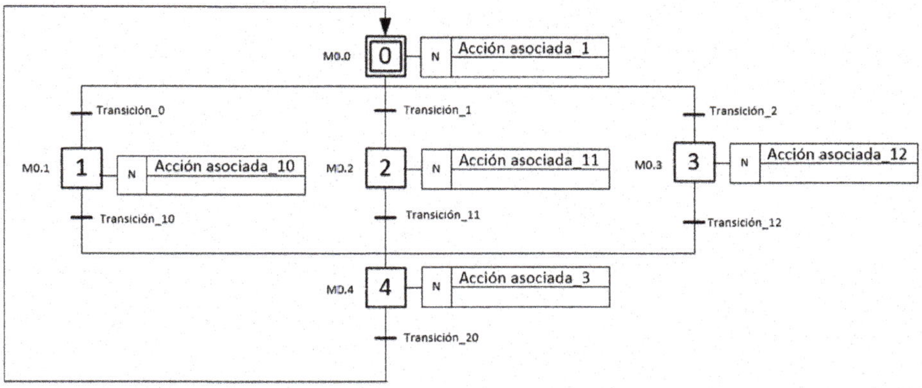

Se observa cómo para acceder a cada una de las ramas alternativas, etapa 1, 2, o 3, se necesita que se cumpla una de las transiciones, 0, 1 o 2, y que estas sean excluyentes. Para finalizar la rama alternativa se debe cumplir su transición correspondiente, 10, 11 o 12, y esta no tiene por qué ser excluyente con el resto.

Nos podemos encontrar con un caso particular de este tipo de secuencia, que es la secuencia denominada **Salto de etapa**. Como su nombre indica, tiene la función de no ejecutar todas las etapas de una rama de secuencia, saltándose las necesarias según sea el caso.

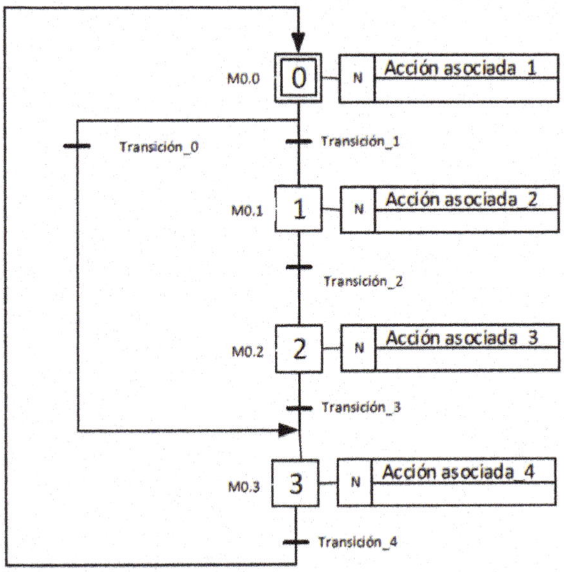

Recuerda • • •

En un Grafcet, el concepto «salto de etapa» es un caso particular de una «selección de secuencia».

En este caso, al cumplirse la transición **1**, el Grafcet evoluciona por toda la rama formada por las etapas 1, 2 y 3, mientras que si la transición que se cumple es la **0**, entonces el Grafcet salta directamente a la etapa 3. No se ejecutan en ningún caso las etapas 1 y 2.

Acabamos de observar cómo el salto de etapas lo realiza hacia adelante, es decir en el sentido de evolución del Grafcet. Pues bien, también nos podemos encontrar que tengamos que realizar un salto de etapas pero hacia arriba, lo que se conoce también como reinicio de secuencia.

En este caso, llegado el Grafcet a la etapa 2, puede evolucionar hacia la etapa 3 si se cumple la transición 31, o bien si se cumple la transición 30 hacer un salto hacia la etapa 1, de manera que se vuelve a repetir la secuencia de las etapas 1 y 2.
Al igual que en los casos anteriores, en este Grafcet las transiciones 30 y 31 deben ser excluyentes entre sí, es decir, que las transiciones se deberán programar para que en ningún caso se puedan cumplir las dos condiciones de forma simultánea.

Recuerda • • •

Se puede diseñar un Grafcet en el que el «Salto de etapa» pueda ser tanto hacia abajo como hacia arriba, provocando en este caso un funcionamiento de tipo bucle.

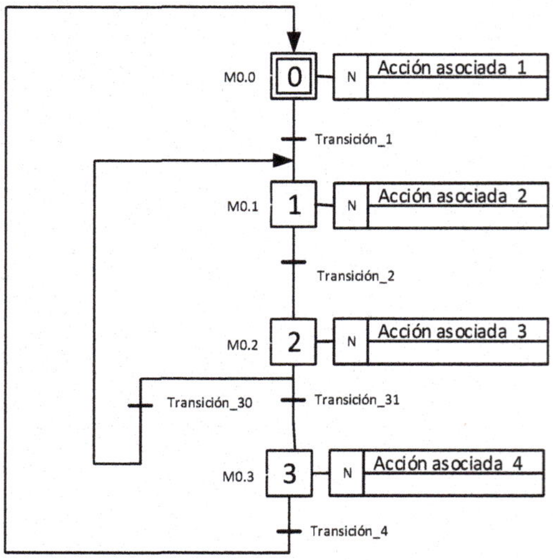

4.6.2 Programa basado en diseño Grafcet

Para practicar con este tipo de secuencias alternativas vamos a trabajar con algún que otro ejercicio práctico. En el primer caso queremos controlar el motor de la cinta de palets mediante un pulsador de paro y uno de marcha, a la vez que se encuentra protegido por su disyuntor magnetotérmico. También se mostrará una señalización del funcionamiento del motor con piloto verde, de motor parado con piloto rojo y de motor con avería con piloto amarillo.

- **Condiciones de funcionamiento:**

  - Al poner en marcha el sistema, tendremos activado el piloto rojo (Q2.4), que indica que el motor está parado.

En ese momento en el que el motor está detenido, tenemos dos opciones:

- Hacer saltar manualmente el disyuntor magnetotérmico (I3.0), con lo cual se activará el piloto amarillo (Q2.1) de forma intermitente con una frecuencia de 1 Hz. Si rearmamos el disyuntor, se apagará el piloto amarillo (Q2.1) y volverá a funcionar el piloto rojo (Q2.4).

- Si el disyuntor esta rearmado y accionamos el pulsador de marcha (I0.2), dejando en reposo el pulsador de paro (I0.1), entonces se pondrá en funcionamiento el motor (Q1.1) y además quedará señalizado con la activación del piloto verde (Q2.2).

Una vez que el motor está funcionado, tenemos también dos opciones:

- Que haya una avería en el motor y por tanto el disyuntor (I3.0) se dispare, o bien que se haga saltar de forma manual. En este caso, el motor (Q1.1) y el piloto de señalización verde (Q2.2) dejarán de funcionar, conectándose el piloto amarillo (Q2.1) de forma intermitente (1 Hz). Al rearmar el disyuntor, el motor seguirá sin funcionar y se apagará el piloto amarillo (Q2.1), volviéndose a activar el piloto rojo (Q2.4).
- Que accionemos el pulsador de paro (I0.1). En este caso, el motor (Q1.1) y el piloto verde (Q2.2) dejarán de funcionar, activándose únicamente el piloto rojo (Q2.4).

- **Desarrollo del Grafcet**

A continuación, se presenta el Grafcet que da respuesta al enunciado dado.

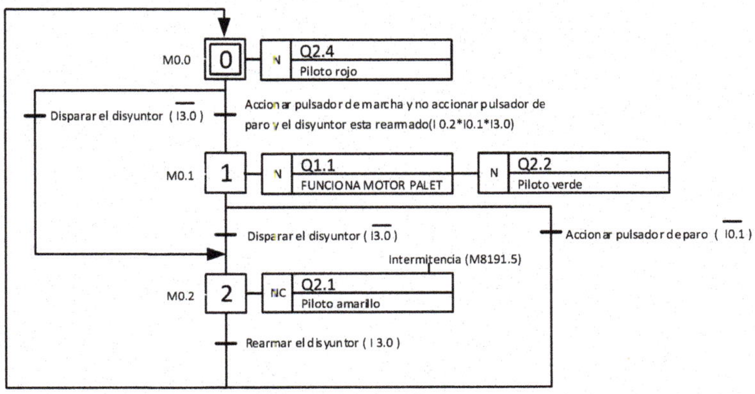

- **Programa en diagrama de contactos**

El programa que responde al diseño del Grafcet dado sería el siguiente:

- Activación de etapas

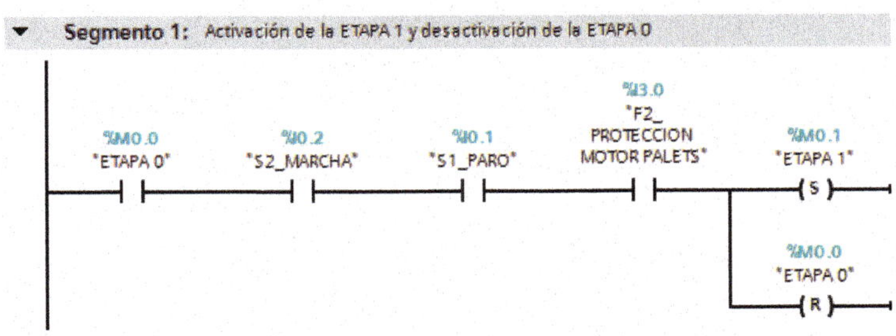

Fig. 4.76a

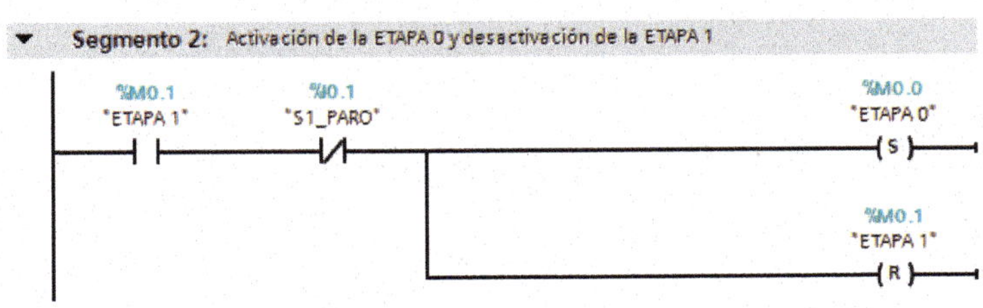

Fig. 4.76b

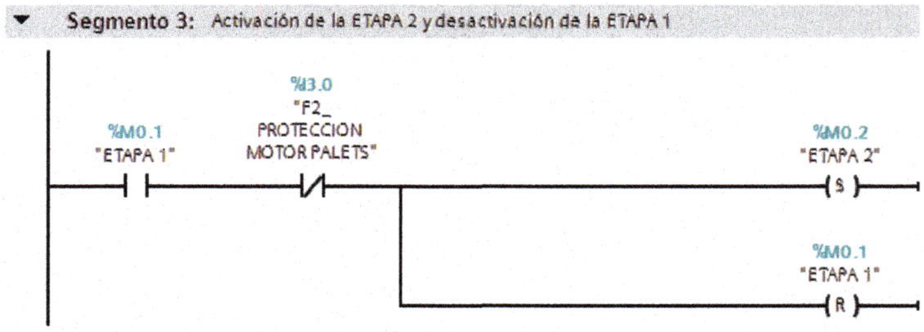

Fig. 4.76c

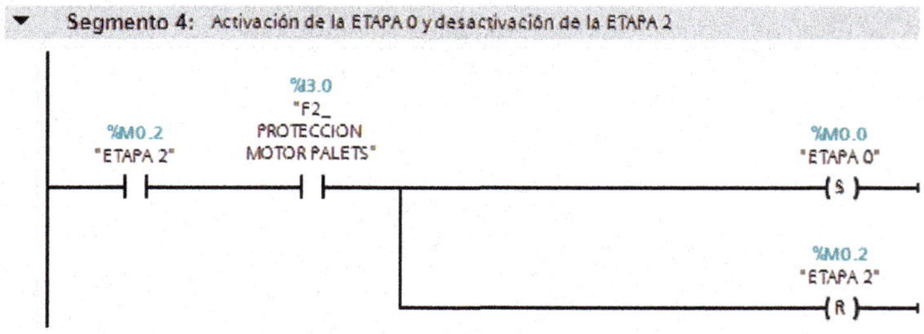

Fig. 4.76d

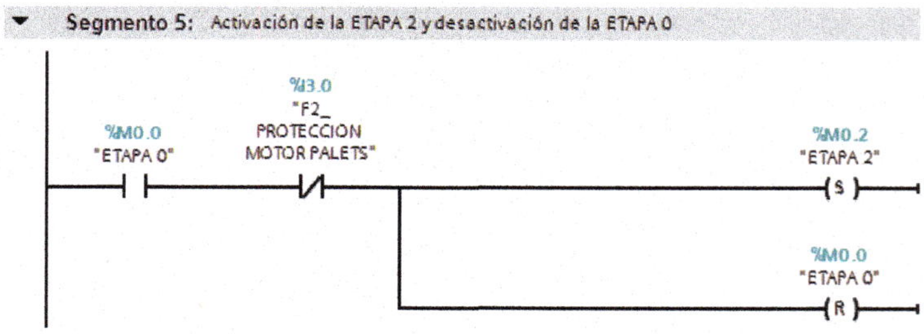

Fig. 4.76e

- Activación de salidas

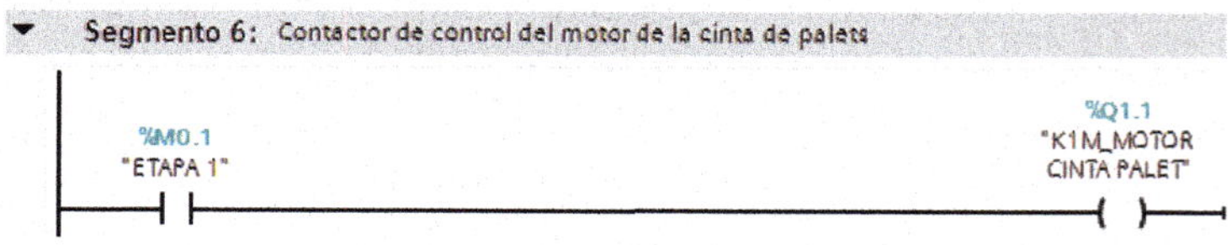

Fig. 4.77a

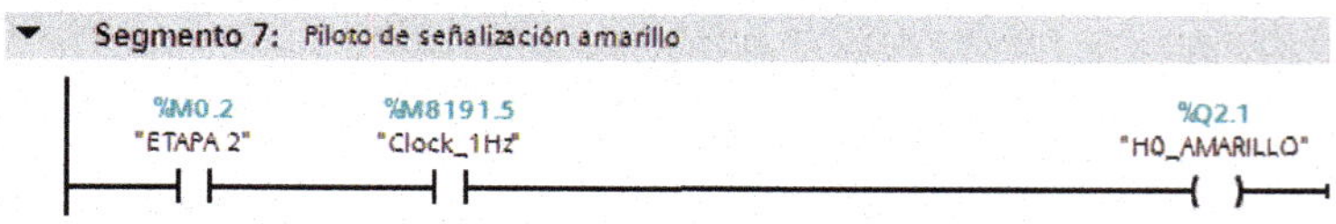

Fig. 4.77b

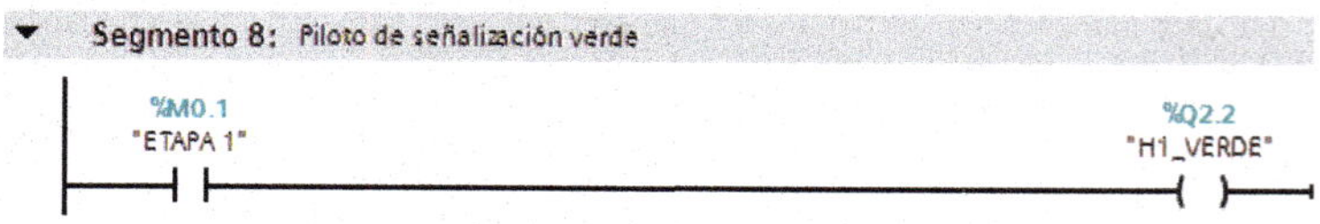

Fig. 4.77c

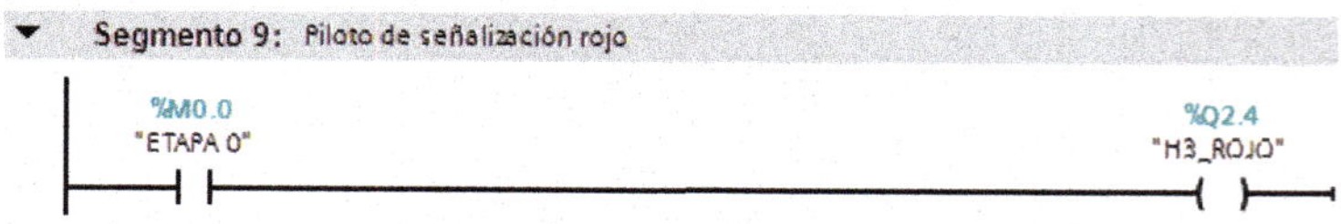

Fig. 4.77d

- Activación de la etapa inicial

En el OB100 se debe programar la activación de la etapa inicial:

Recuerda • • •

Siempre se deben activar en el primer scan todas las etapas iniciales que se hayan programado en el proyecto y desactivar el resto.

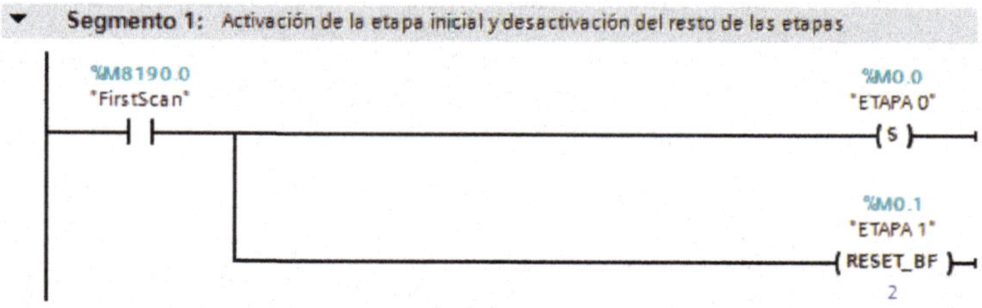

Fig. 4.78

- Llamada desde el OB1 a la función FC1 donde tenemos el programa

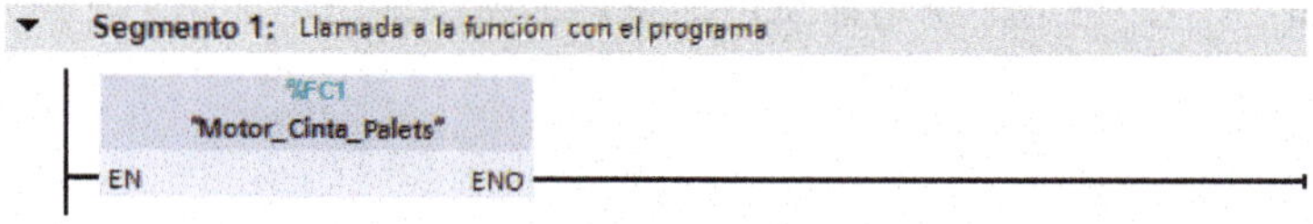

Fig. 4.79

- Comprobación del funcionamiento con maqueta de simulación 3D

Para hacer este ejercicio tan solo hemos de utilizar los pulsadores **PARO** y **MARCHA** del panel **Control del proceso** para controlar el funcionamiento del motor de la cinta de palets, así como el disyuntor del **M2** de protección del motor de la cinta:

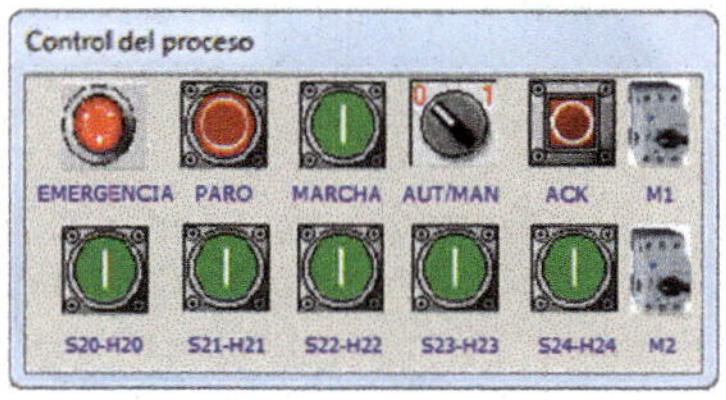

Fig. 4.80

Podemos observar en el simulador 3D cómo el motor de la cinta de palets responde al funcionamiento programado, así como la señalización del estado del proceso mediante los pilotos ROJO, AMARILLO y VERDE de la baliza:

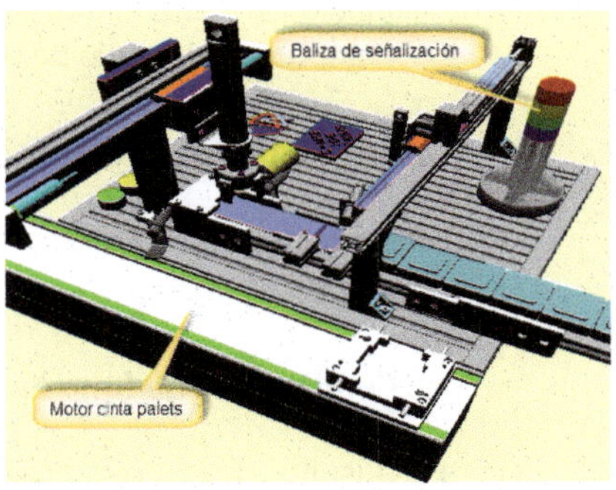

Fig. 4.81

4.6.3 Acciones y transiciones asociadas con contadores

Un contador contiene diferentes entradas y salidas que se utilizarán por separado para poderlas incluir en un diseño Grafcet.

- Acciones

A continuación, mediante diferentes ejemplos describiremos cómo asignar en una acción asociada un contador:

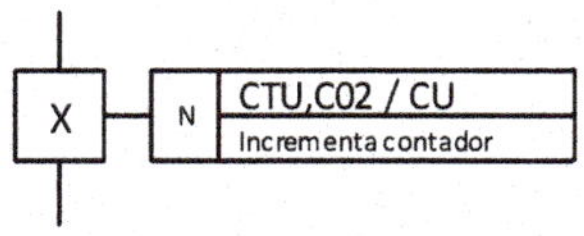

Contador ascendente (CTU), símbolo del contador (C02), contaje (CU)
Incremento del valor actual en una unidad

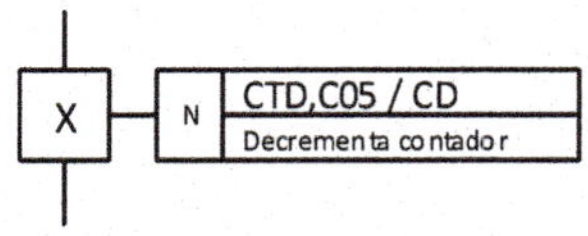

Contador descendente (CTD), símbolo del contador (C05), descontaje (CD)
Decremento del valor actual en una unidad

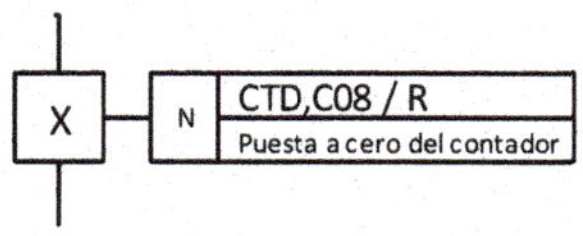

Contador descendente (CTD), símbolo del contador (C08), reset (R)
Puesta a cero del valor actual

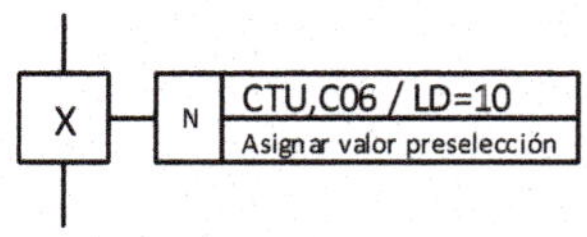

Contador ascendente (CTU), símbolo del contador (C06), carga valor preselección (LD)
Asignación de un valor como valor actual

- Transiciones

A continuación, mediante diferentes ejemplos, describiremos cómo asignar en una transición elementos asociados a un contador:

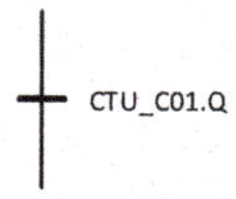

Contador ascendente (CTU), símbolo del contador (C01), salida (Q).
Comprueba el estado de la salida Q

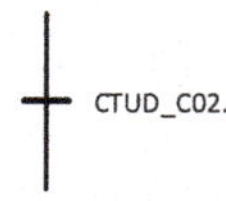

Contador ascendente-descendente (CTUD), símbolo del contador (C02), salida (QU).
Comprueba el estado de la salida QU

Contador ascendente-descendente (CTUD), símbolo del contador (C05), salida (QD).
Comprueba el estado de la salida QD

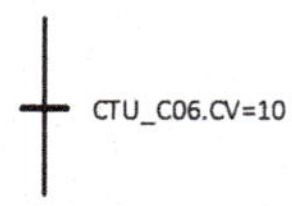

Contador ascendente (CTU), símbolo del contador (C06), salida valor actual (CV).
Comprueba si el valor actual es igual a 10

4.6.4 Programa basado en diseño Grafcet

Ahora incluimos un ejemplo completo en el que queda aplicado el contador tanto en acciones asociadas como en transiciones.

- **Condiciones de funcionamiento**

El diseño que se presenta responde a las siguientes condiciones de funcionamiento:

- Al poner en marcha el sistema, tendremos activado el piloto rojo (Q2.4), que indica que el sistema está preparado para funcionar.
- En ese momento, al accionar el pulsador de marcha (I0.2), se activará el piloto verde (Q2.2) y al mismo tiempo un contador ascendente (CTU_C0) incrementará en una unidad su valor actual.
- Al soltar el pulsador de marcha (I0.2), si el contador (CTU_C0) no ha llegado al valor 5, dejará de funcionar el piloto verde (Q2.2) y volverá a funcionar el piloto rojo (Q2.4).

- Habrá que ir repitiendo el mismo proceso anterior, es decir, ir accionando el pulsador de marcha (I0.2) hasta que el contador alcance el valor 5 como valor actual. En ese momento se pondrá en funcionamiento el piloto amarillo (Q2.1) de forma intermitente (f=1Hz), lo que indicará que ha finalizado el contaje.
- El sistema permanecerá en este estado hasta accionar el pulsador de paro (I0.1), momento en el que se hará el reset al contador (CTU_C0) y el sistema quedará al inicio para volver a contar 5 nuevos pulsos.

- **Desarrollo del Grafcet**

A continuación, se presenta el Grafcet que da respuesta al enunciado dado.

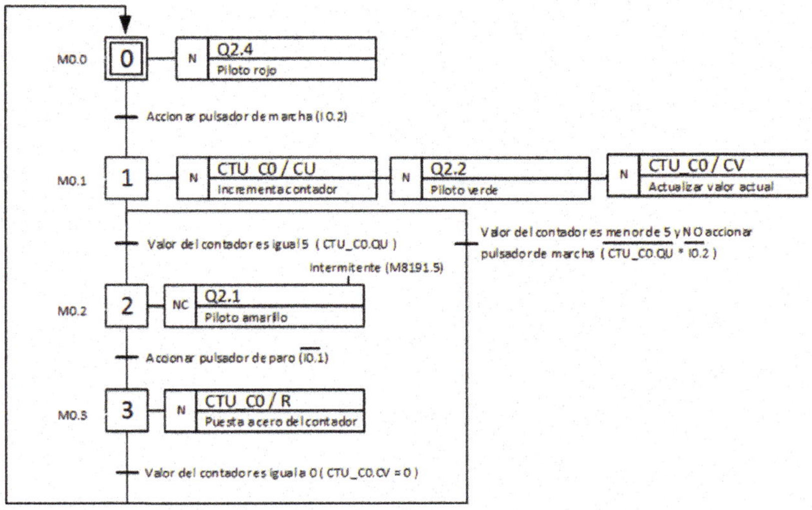

- **Programa en diagrama de contactos**

Recuerda • • •

Cuando se programa un contador mediante la utilización de DB globales, se puede acceder a los registros de esos DB mediante su dirección absoluta o simbólica.

El programa que responde al diseño del Grafcet dado sería el siguiente:

- Activación de etapas

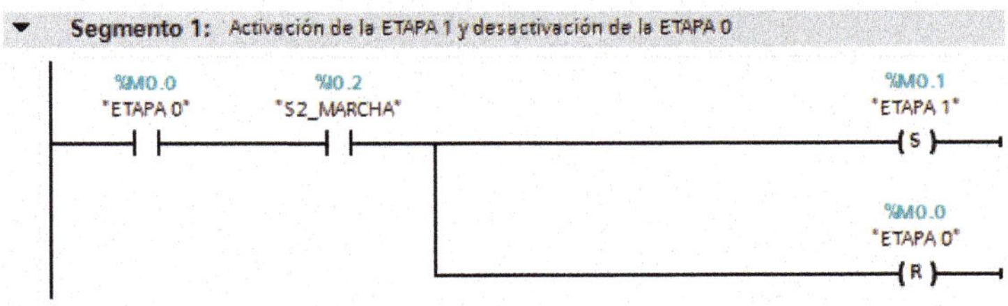

Fig. 4.82a

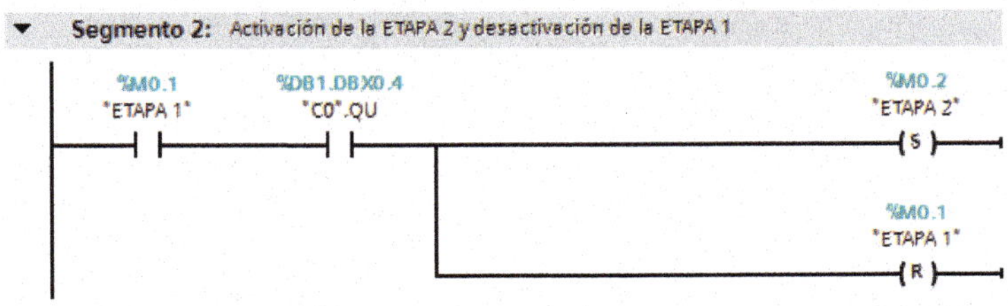

Fig. 4.82b

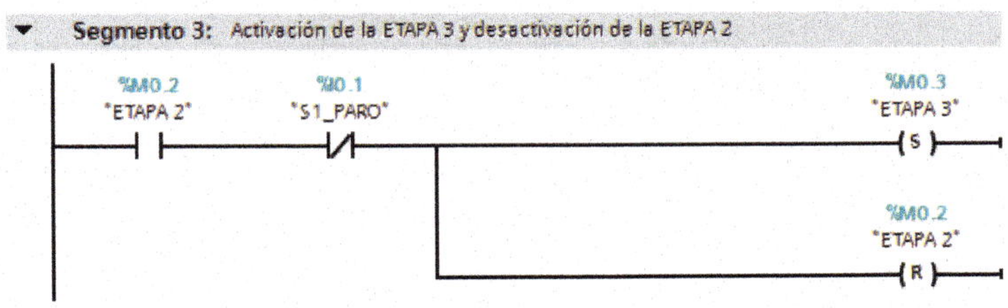

Fig. 4.82c

Recuerda • • •

Una comparación también puede realizarse con el valor actual de un contador

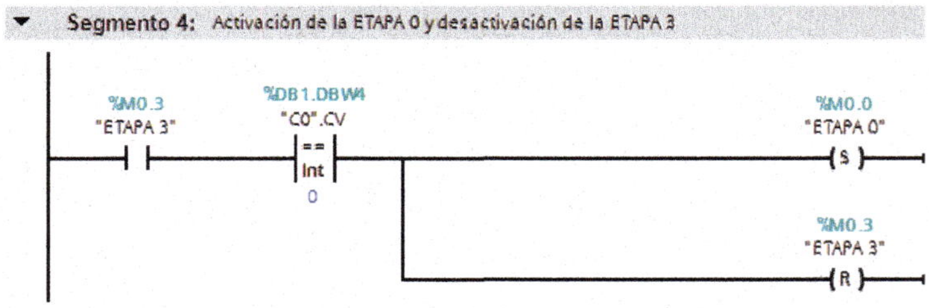

Fig. 4.82d

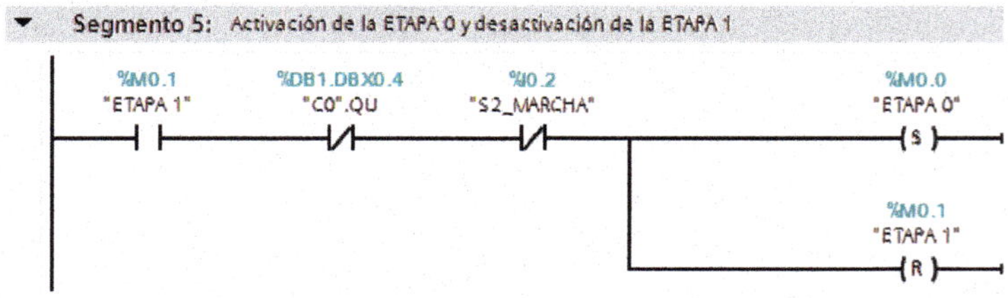

Fig. 4.82e

- Activación de contadores

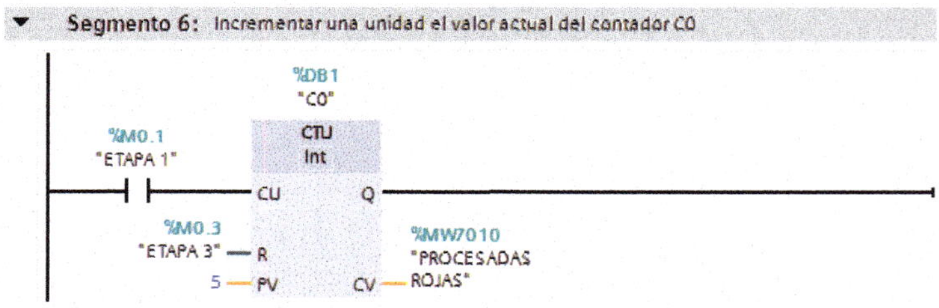

Fig. 4.83

- Activación de salidas

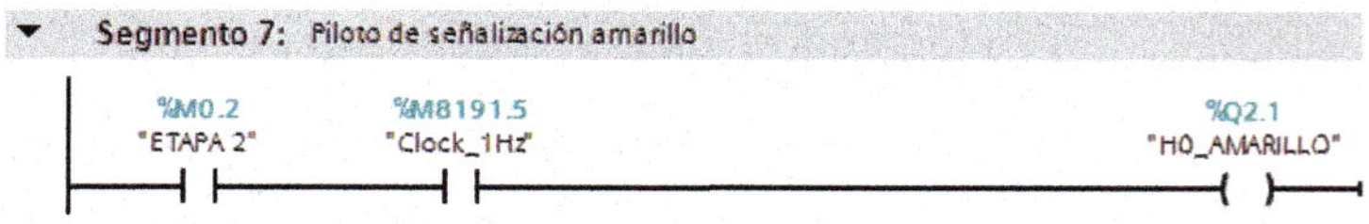

Fig. 4.84a

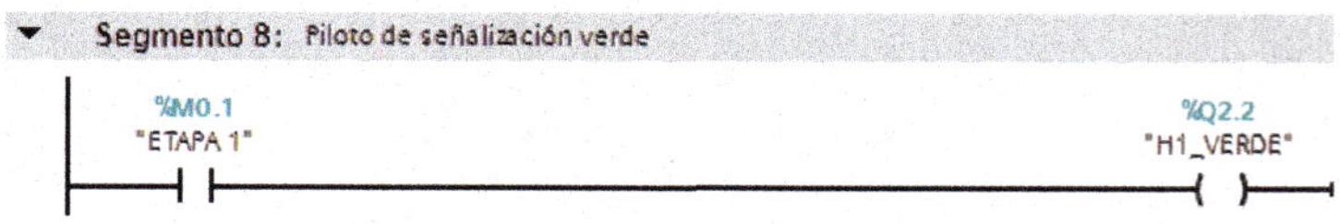

Fig. 4.84b

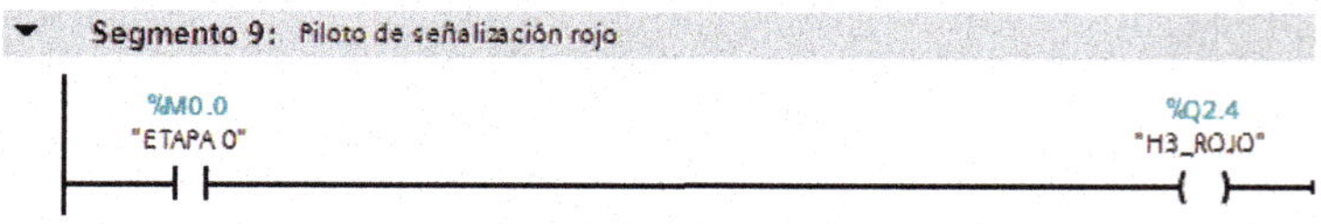

Fig. 4.84c

- Activación de la etapa inicial

En el OB100 se debe programar la activación de la etapa inicial:

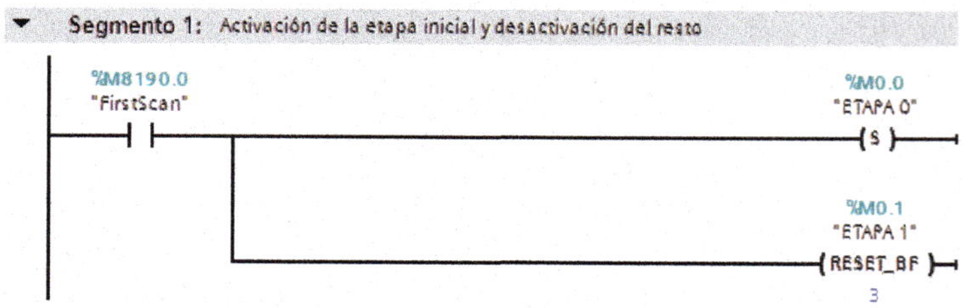

Fig. 4.85

- Llamada desde el OB1 a la función FC1 donde tenemos el programa

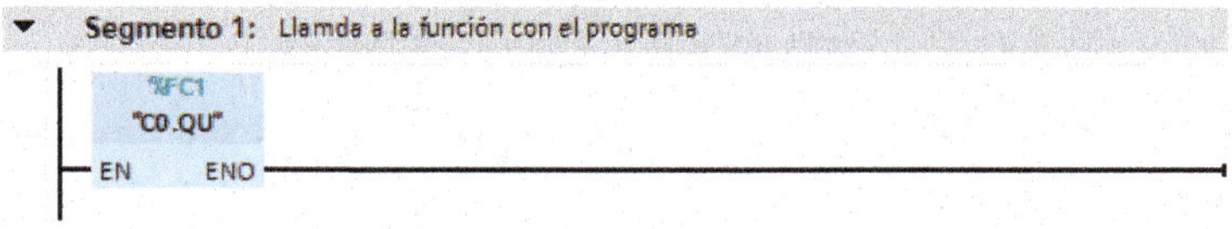

Fig. 4.86

- Comprobación del funcionamiento con maqueta de simulación 3D

Para hacer este ejercicio tan solo hemos de utilizar el pulsador **MARCHA** del panel **Control del proceso**, que hemos de ir accionando de forma sucesiva para hacer evolucionar el Grafcet, y el pulsador **PARO** para poner a cero el valor actual del contador:

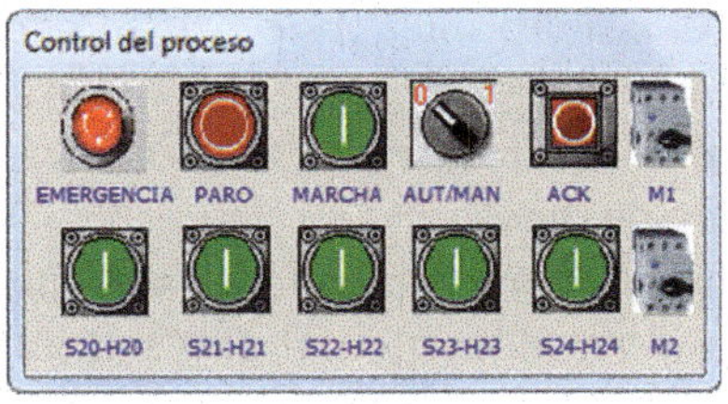

Fig. 4.87

El valor actual del contador se puede observar en el display **PROCESADAS ROJAS**:

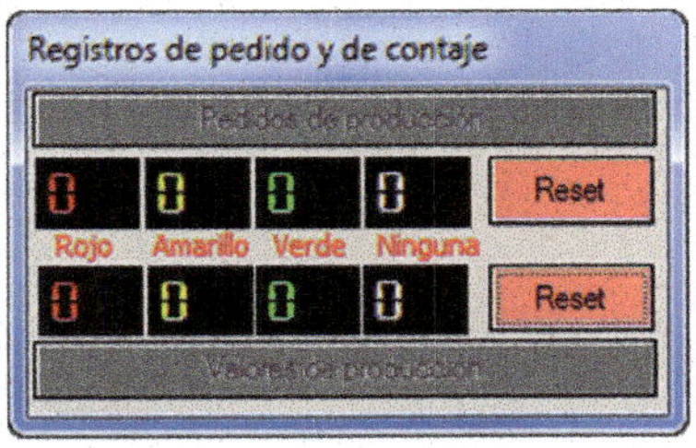

Fig. 4.88

Además de visualizar los diferentes pilotos en la baliza del simulador 3D.

Piloto ROJO

Fig. 4.89a

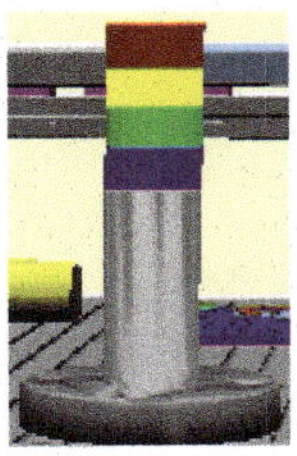

Piloto AMARILLO

Fig. 4.89b

Piloto VERDE

Fig. 4.89c

Ejercicio

CONTROL DEL NÚMERO DE MANIOBRAS QUE REALIZA UN CILINDRO

Tenemos un sistema formado por dos cilindros que controlan los movimientos del manipulador de grabado: el cilindro multiposicional pequeño mandado por una electroválvula monoestable y el cilindro marcador mandado por una electroválvula biestable. Tanto un cilindro como el otro disponen de dos sensores magnéticos que nos indican la posición del cilindro.

Condiciones de funcionamiento:

- Al poner en marcha el sistema, se pondrá en funcionamiento el piloto rojo.
- Al accionar el pulsador de marcha, si tanto el cilindro multiposicional como el cilindro marcador se encuentran en la posición de reposo, entonces el cilindro multiposicional avanzará.
- Cuando el cilindro multiposicional se encuentra en la posición de avance, el cilindro marcador descenderá.
- Cuando el cilindro marcador se encuentra en la posición inferior, el cilindro marcador ascenderá a la posición de reposo.
- El cilindro marcador repetirá el ciclo de descender y ascender tres veces, registrado por un contador y visualizado en el display producción de piezas rojas. Una vez finalizados los ciclos, cuando el cilindro marcador se encuentre en la posición de reposo, el cilindro multiposicional se recogerá.
- Cuando el cilindro multiposicional se encuentre recogido, se pondrá en funcionamiento el piloto rojo y el sistema quedará preparado para realizar un nuevo ciclo.
- Durante toda la secuencia de funcionamiento del proceso, el piloto verde permanecerá funcionando y dejará de funcionar cuando el proceso haya finalizado.

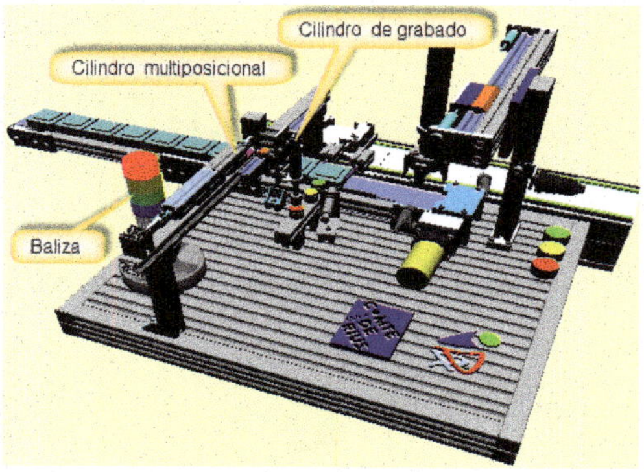

Fig. 4.90

Relación de entradas, salidas y registros de contaje:

ENTRADAS	
Dirección	**Dispositivo**
I0.2	S2 Pulsador de marcha
I1.0	B5 Detector cilindro multiposición pequeño en reposo
I1.1	B6 Detector cilindro multiposición pequeño en trabajo
I1.4	B9 Detector cilindro marcador en reposo
I1.5	B10 Detector cilindro marcador en trabajo

SALIDAS	
Dirección	**Dispositivo**
Q0.3	Y4 EV Cilindro multiposicional pequeño
Q0.6	Y7 EV Cilindro marcador a trabajo
Q0.7	Y8 EV Cilindro marcador a reposo
Q2.2	H1 Piloto verde
Q2.4	H3 Piloto rojo

REGISTROS DE CONTAJE	
Dirección	**Dispositivo**
MW7010	Display piezas rojas procesadas

Realizar:

- Diseño del Grafcet.
- Implementación a programa del PLC.
- Comprobación del funcionamiento mediante la maqueta de simulación 3D.

Unidad 5 Aplicaciones con flancos

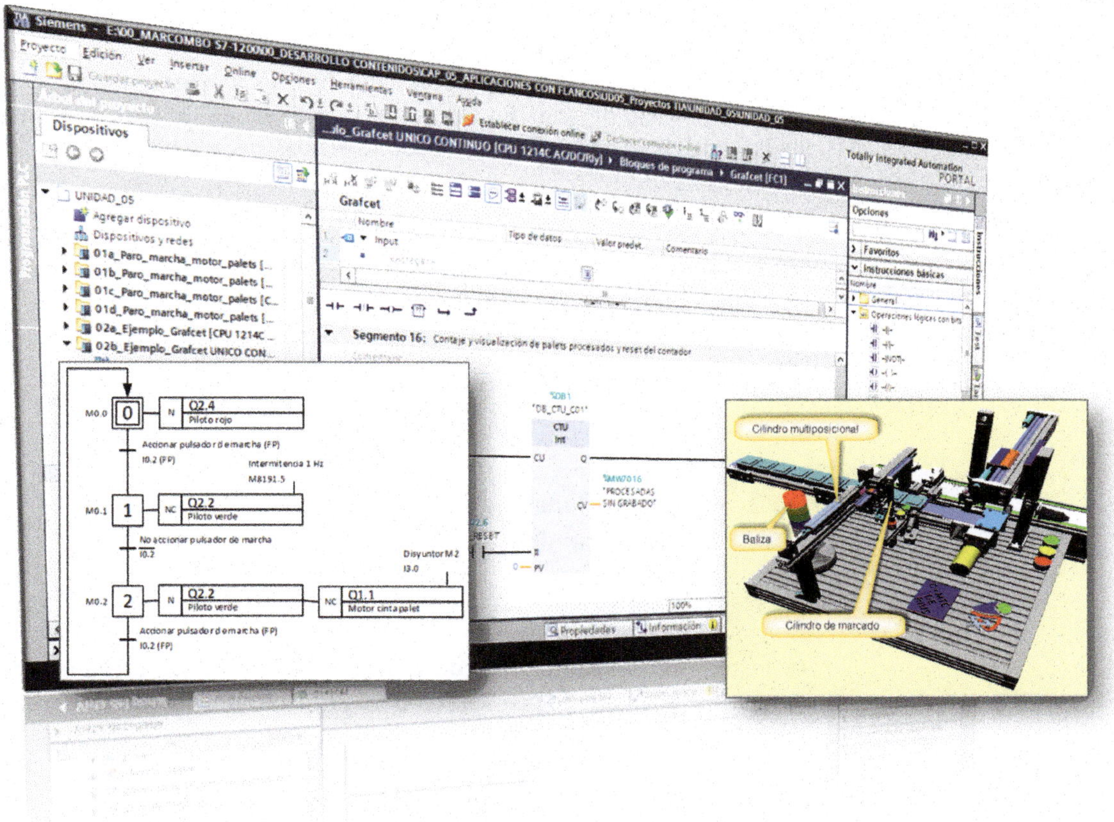

En este capítulo:

5.1. Instrucciones de tratamiento de flancos

El flanco de un operando convierte una señal continua de ese operando en un pulso de un tiempo de scan de duración (una ejecución del programa).

Recuerda • • •

Los flancos se utilizan cuando se desea dar un pulso de duración igual a un ciclo de scan.
Los flancos se pueden utilizar como positivo o ascendente, o bien como negativo o descendente.

Por tanto, utilizaremos los flancos cuando sea necesario dar un solo impulso durante un ciclo de scan. En TIA Portal se dispone de las siguientes instrucciones de flanco dentro de la carpeta **Instrucciones básicas con bits**:

-|P|-	Consultar flanco de señal ascendente de un operando
-|N|-	Consultar flanco de señal descendente de un operando
-(P)-	Activar operando con flanco de señal ascendente
-(N)-	Activar operando con flanco de señal descendente
P_TRIG	Consultar flanco de señal ascendente del RLO
N_TRIG	Consultar flanco de señal descendente del RLO
R_TRIG	Detectar flanco de señal ascendente
F_TRIG	Detectar flanco de señal descendente

Fig. 5.1

5.1.1. Consultar flanco de señal ascendente o descendente de un operando

- **Flanco positivo**

Recuerda • • •

El flanco positivo ofrece un pulso de duración un ciclo de scan al activar el operando asociado.

La instrucción **Consultar flanco de señal ascendente de un operando** permite detectar si el estado lógico de un operando indicado, **Operando_1**, ha cambiado de **0** a **1**.

La instrucción compara el estado lógico actual del **Operando_1** con el estado lógico de la consulta anterior, que está almacenado en una marca de flancos, **Operando_2**. Si la instrucción detecta un cambio del resultado lógico (RLO) de **0** a **1**, significa que hay un flanco de señal ascendente.

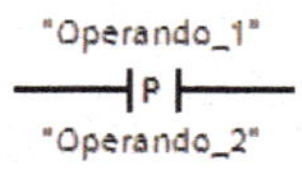

Fig. 5.2

Cuando activamos de forma permanente o durante un tiempo, por ejemplo, una entrada, la salida programada funcionará durante un ciclo de scan en el instante en el que la entrada pase de **0** a **1**.

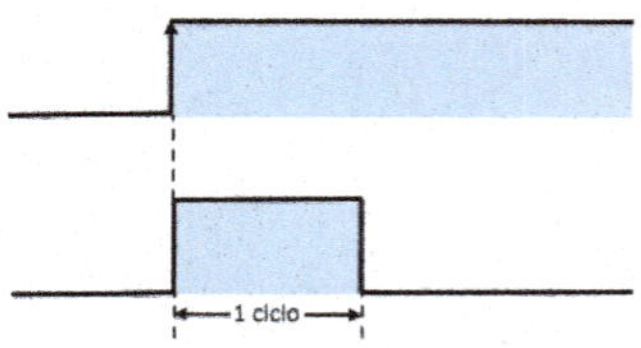

Fig. 5.3

Es aconsejable utilizar marcas, datos locales o registros de un bloque de datos en el **Operando_2** y es importante NO repetir su uso, ni en otro flanco ni en otra operación lógica, ya que provocaríamos que el programa no funcione correctamente.

- **Flanco negativo**

La instrucción **Consultar flanco de señal descendente de un operando** permite detectar si el estado lógico de un operando indicado, **Operando_1**, ha cambiado de **1** a **0**.

La instrucción compara el estado lógico actual del **Operando_1** con el estado lógico de la consulta anterior, que está almacenado en una marca de flancos, **Operando_2**. Si la instrucción detecta un cambio del resultado lógico (RLO) de **1** a **0**, significa que hay un flanco de señal descendente.

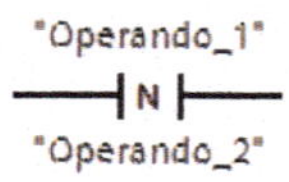

Fig. 5.4

Recuerda • • •

El flanco negativo ofrece un pulso de duración un ciclo de scan al desactivar el operando asociado.

Si activamos de forma permanente o durante un tiempo, por ejemplo, una entrada, al desactivarla, la salida programada funcionará durante un ciclo de scan en el instante en el que la entrada pase de **1** a **0**.

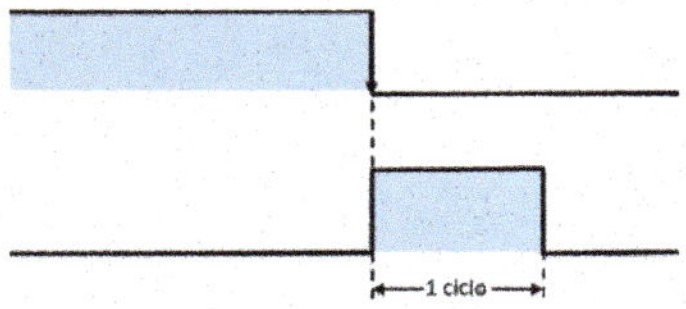

Fig. 5.5

Es aconsejable utilizar marcas, datos locales o registros de un bloque de datos en el **Operando_2** y NO debemos repetir su uso ni en otro flanco ni en otra operación lógica, ya que provocaríamos que el programa no funcione correctamente.

Ejemplo:

Queremos controlar el funcionamiento del motor de la cinta transportadora de palets (Q1.1) mediante dos pulsadores y con un único impulso: negativo para el de paro (I0.1) y positivo para el de marcha (I0.2).

Para ello, si aplicamos el concepto de los flancos y realizamos el siguiente programa, no se observa funcionamiento alguno del motor:

Recuerda • • •

Un flanco va asociado siempre a un registro en forma de bit que será el encargado de comprobar si ha habido un cambio de estado en el último scan.

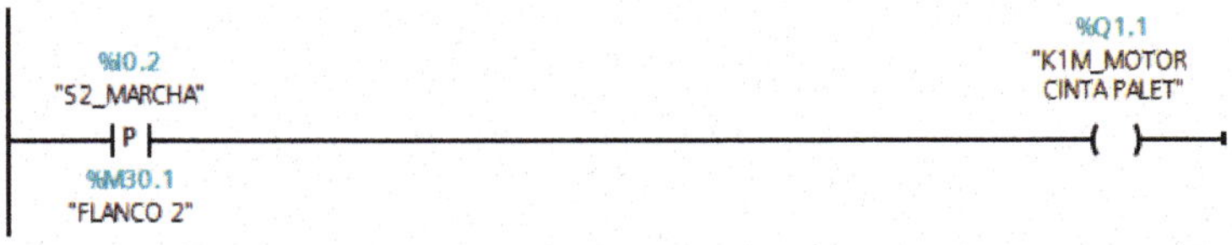

Fig. 5.6

Debido a que apenas ha estado en marcha algunos milisegundos (tiempo de duración de un scan) como se muestra en el siguiente gráfico:

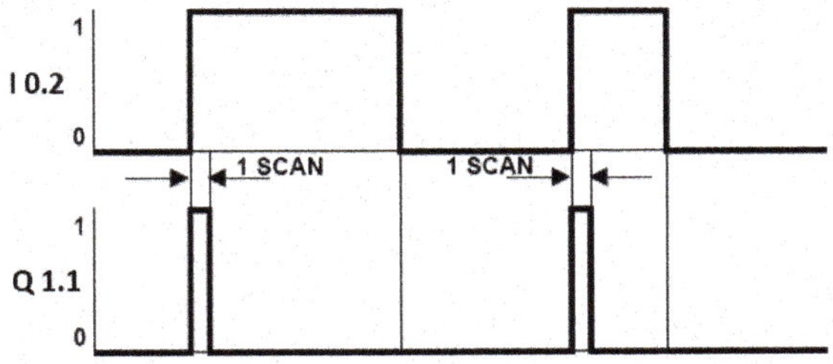

Fig. 5.7

Para poder observar que realmente la pulsación por flanco se ha realizado, modificamos el programa del siguiente modo:

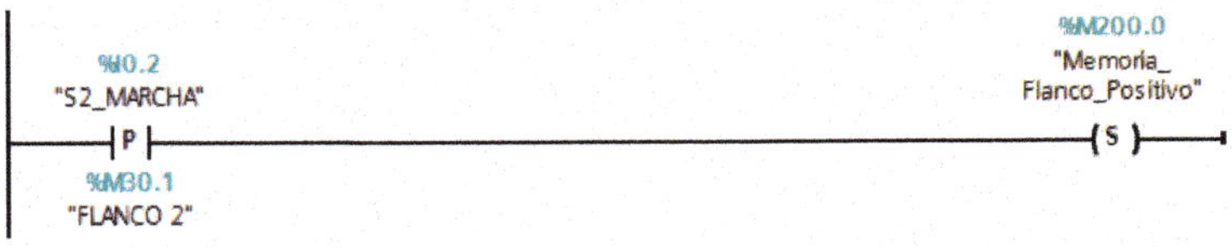

Fig. 5.8a

Fig. 5.8b

Y para detener el funcionamiento del motor, lo realizamos también con otro flanco a través del pulsador de paro (I0.1).

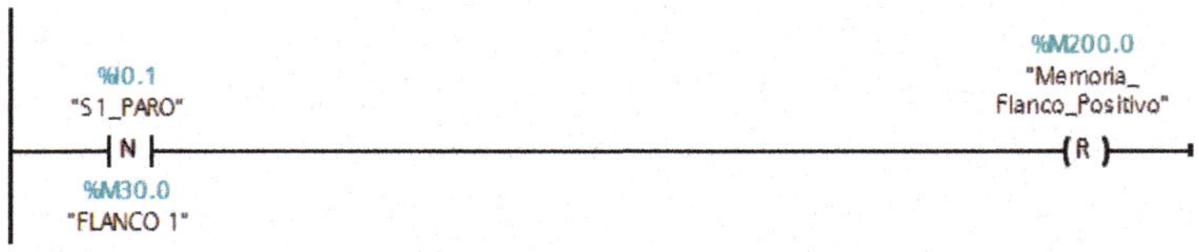

Fig. 5.9

Se observa cómo se ha asociado a cada señal de flanco una marca que es la encargada de comprobar si ha habido un cambio de estado con respecto al último scan.

En el caso de programar alguna condición antes o después de estos flancos, dichas condiciones se deberán cumplir antes de hacer cumplir el operando 1 de los flancos, tal como se muestra en el siguiente programa:

Fig. 5.10

Por tanto, para hacer efectivo el flanco y poner en marcha el motor, antes debe cumplirse la condición de la entrada del disyuntor magnetotérmico del motor (I3.0).

5.1.2. Activar operando con flanco de señal ascendente o descendente

Las instrucciones **Activar operando con flanco de señal ascendente** o **Activar operando con flanco de señal descendente** permiten activar una bobina, pero durante el tiempo de duración de un ciclo de scan cuando se cumpla la condición lógica que le precede.

Recuerda • • •

Un flanco puede estar programado tanto en un contacto como en una bobina.

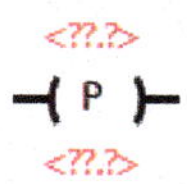

Activar operando con flanco positivo

Fig. 5.11a

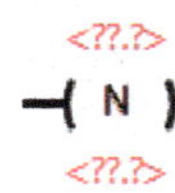

Activar operando con flanco negativo

Fig. 5.11b

Ejemplo:

Queremos realizar el mismo control que en el ejercicio anterior, es decir, controlar el funcionamiento del motor de la cinta transportadora de palets (Q1.1) mediante dos pulsadores y con un único impulso: negativo para el de paro (I0.1) y positivo para el de marcha (I0.2). Sin embargo, en este caso buscamos una solución mediante activación de operandos por flanco.

Observamos cómo algunas de las bobinas de salida en el programa están utilizadas con flanco:

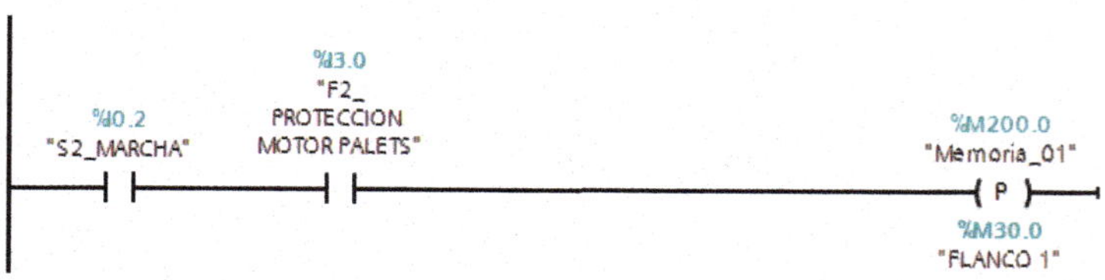

Fig. 5.12a

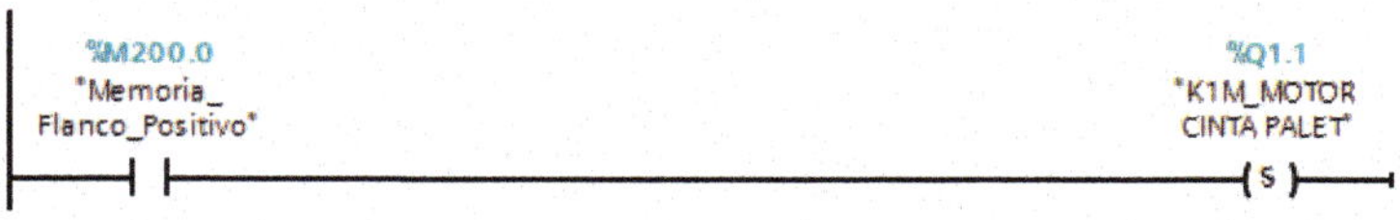

Fig. 5.12b

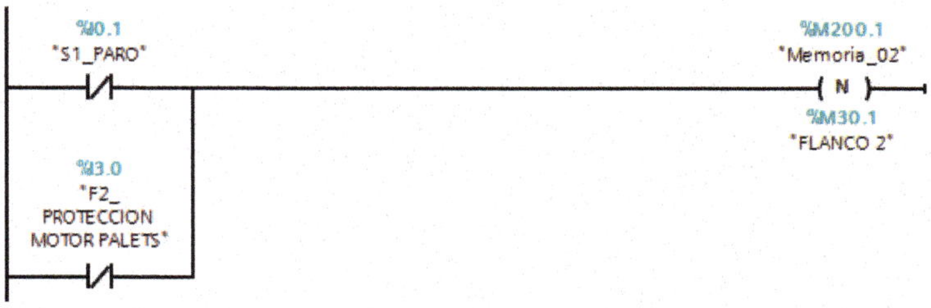

Fig. 5.12c

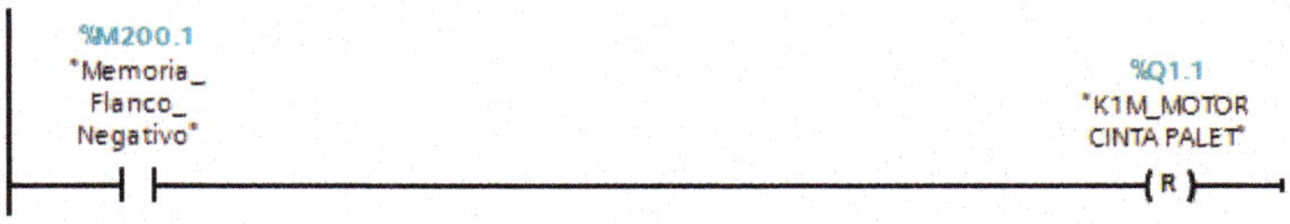

Fig. 5.12d

5.1.3. Consultar flanco de señal ascendente o descendente del RLO

Recuerda • • •

Se utilizará la instrucción «P_TRIG» para, una vez consultado el estado actual de la ecuación lógica anterior (es decir, el estado del bit RLO) ofrecer en su salida un pulso de duración un ciclo de scan en el momento de activarse el bit RLO.

Las instrucciones **Consultar flanco de señal ascendente del RLO** o **Consultar flanco de señal descendente del RLO** permiten pasar un flanco después de consultar el estado del RLO. Esto quiere decir que comprueban si la condición lógica que le precede se cumple o no.

En el caso de cumplirse la condición lógica previa, el bit RLO pasará del estado **0** a **1**, de modo que la función **P_TRIG** dejará pasar un **1** en su salida durante un tiempo de duración de un scan. Del mismo modo, en el instante en el que el estado del bit RLO pase de **1** a **0**, la función **N_TRIG** dejará pasar un **1** en su salida durante un tiempo de duración de un scan.

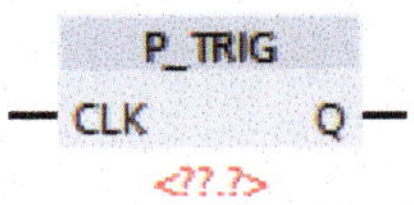

Consultar flanco positivo del RLO

Fig. 5.13a

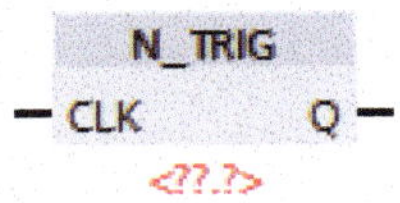

Consultar flanco negativo del RLO

Fig. 5.13b

Si existe alguna condición programada después de una de las instrucciones **P_TRIG** o **N_TRIG**, para que funcione correctamente, se deberá cumplir antes de hacer efectiva la lectura del RLO y ejecutar el flanco correspondiente.

Ejemplo:

Queremos realizar de nuevo el control del funcionamiento del motor de la cinta transportadora de palets (Q1.1) mediante dos pulsadores: el de paro (I0.1) y el de marcha (I0.2).

Para que funcione correctamente la acción de puesta en funcionamiento con el accionamiento del pulsador de marcha, previamente se ha de cumplir que el disyuntor magnetotérmico se encuentre rearmado. De esta forma, al cumplirse la condición de que se accione el pulsador de marcha y de que no detecte el sensor de palets, la instrucción **P_TRIG** realizará su función y dejará pasar un **1** en su salida. Como consecuencia del estado activado del disyuntor, se realizará un SET a la marca M200.0 que pondrá en funcionamiento el motor de la cinta de palets.

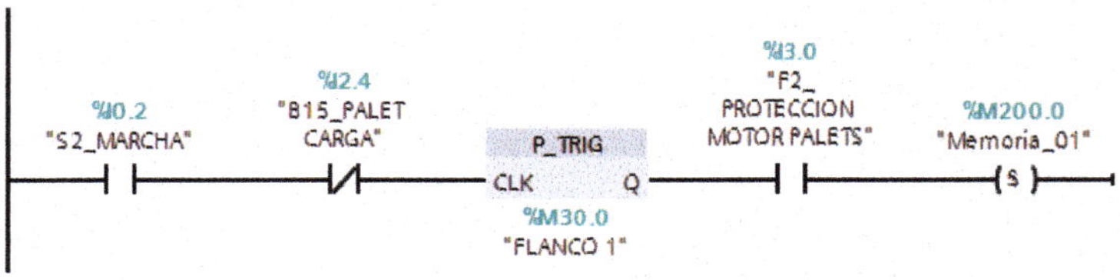

Fig. 5.14a

Recuerda • • •

Se utilizará la instrucción «N_TRIG» para, una vez consultado el estado actual de la ecuación lógica anterior (es decir, el estado del bit RLO), ofrecer en su salida un pulso de duración un ciclo de scan en el momento de desactivarse el bit RLO.

En la siguiente parte del programa que se presenta a continuación se muestran las condiciones que harán detener el motor:

Fig. 5.14b

En la siguiente parte del programa se muestra que el motor se podrá poner en marcha mediante las condiciones del flanco positivo (M200.0) y también de forma manual mediante el pulsador ACK (I3.1):

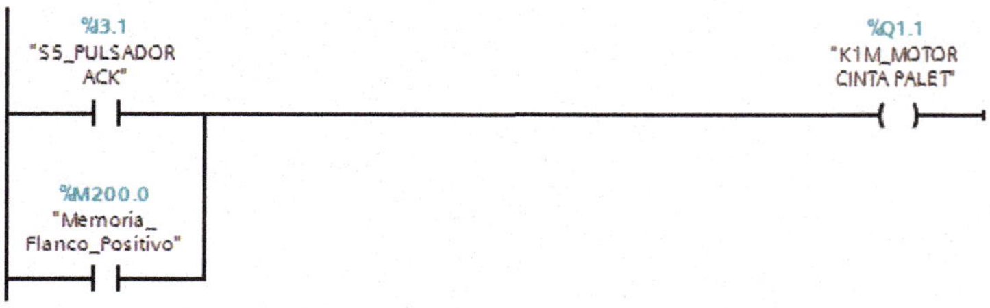

Fig. 5.14c

Recuerda • • •

La diferencia entre las instrucciones consultar flanco («P_TRIG» y «N_TRIG») y detectar flanco («R_TRIG» y «F_TRIG») es que estas trabajan con un DB de instancia y las primeras no.

5.1.4. Detectar flanco de señal ascendente o descendente

Las instrucciones **Detectar flanco de señal ascendente** o **Detectar flanco de señal descendente** permiten pasar un flanco después de consultar el estado del RLO. Esto quiere decir que comprueban si la condición lógica que le precede se cumple o no.

En el caso de cumplirse la condición lógica previa, el bit RLO pasará del estado **0** a **1**, y la función **R_TRIG** dejará pasar un **1** en su salida durante un tiempo de duración de un scan. Del mismo modo, en el instante en el que el estado del bit RLO pase de **1** a **0**, la función **F_TRIG** dejará pasar un **1** en su salida durante un tiempo de duración de un scan.

En relación a los anteriores tipos de flanco, estos se diferencian por estar asociados a un DB de instancia, lo que permitirá utilizar la consulta del flanco en cualquier punto y bloque del programa.

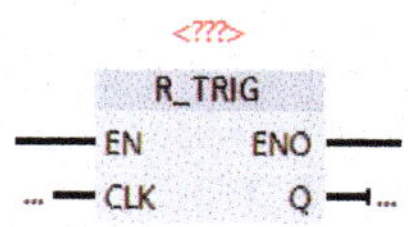

Detectar flanco positivo

Fig. 5.15a

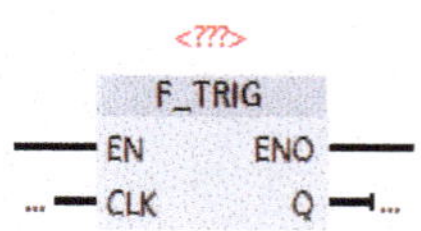

Detectar flanco negativo

Fig. 5.15b

Si existe alguna condición programada después de una de las instrucciones **R_TRIG** o **F_TRIG**, para que funcione correctamente, se deberá cumplir antes de hacer efectiva la lectura del RLO y ejecutar el flanco correspondiente.

Al insertar una de estas dos funciones **R_TRIG** o **F_TRIG**, nos aparece una ventana para indicar el DB de instancia al cual lo asociaremos. En este caso, al DB2 con nombre simbólico **F_TRIG_DB**:

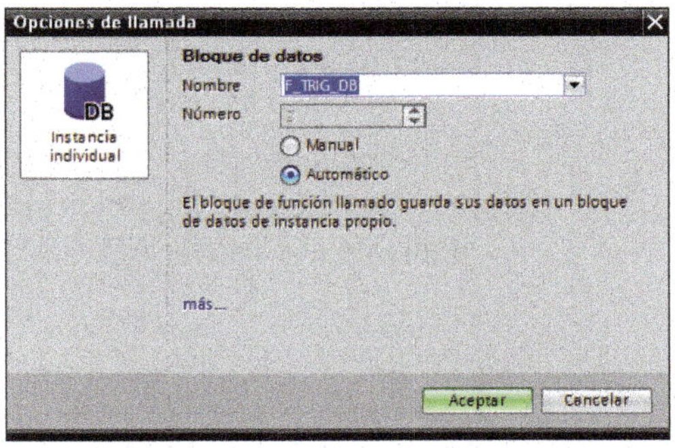

Fig. 5.16

Ejemplo:

Nuevamente queremos cumplir el objetivo de controlar el funcionamiento del motor de la cinta transportadora de palets (Q1.1) mediante dos pulsadores: el de paro (I0.1) y el de marcha (I0.2).

Para que funcione correctamente la acción de puesta en funcionamiento al accionar el pulsador de marcha, se deberá cumplir también que no se encuentre detectando el sensor de palet (I2.4) y que el disyuntor magnetotérmico (I3.0) se encuentre rearmado. Entonces la instrucción **R_TRIG** realizará su función y dejará pasar un **1** en su salida **Q**. En este caso, al tener que realizar un SET a la marca M200.0, no programaremos nada y utilizaremos el registro del DB de instancia para realizar esa actuación:

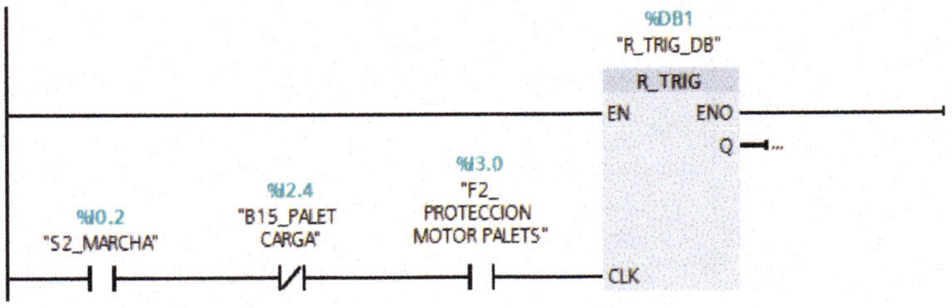

Fig. 5.17a

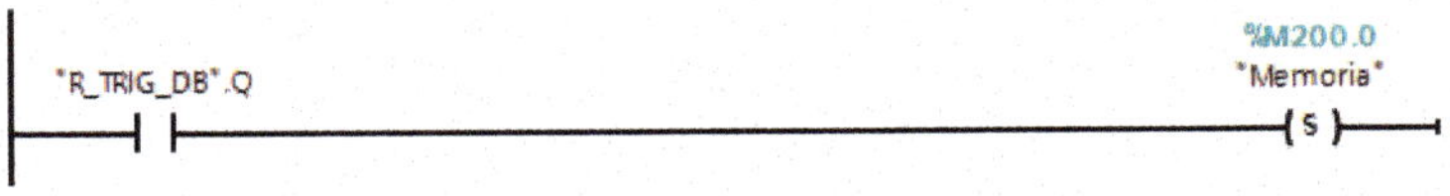

Fig. 5.17b

En la siguiente parte del programa que se presenta a continuación, se muestran las condiciones que harán detener el motor: mediante el pulsador de paro, que se dispare el disyuntor magnetotérmico o que detecte el sensor de palet:

Fig. 5.17c

En la siguiente parte del programa se muestra que el motor se podrá poner en marcha mediante las condiciones del flanco positivo (M200.0) y de forma manual mediante el pulsador ACK (I3.1):

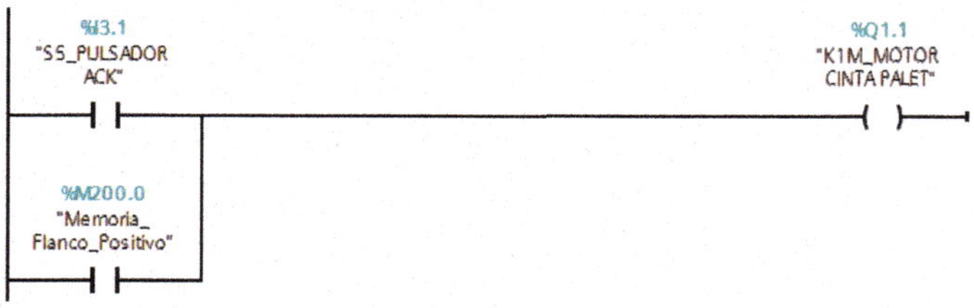

Fig. 5.17d

5.2. Programación en Grafcet (IV)

En esta cuarta entrega de aplicación del Grafcet exponemos cómo programar un flanco tanto en una transición como en una acción asociada.

- Flanco en una transición

Para indicar en una transición que una condición o una ecuación booleana debe funcionar por flanco se puede indicar de dos formas:

Para flanco positivo: flecha ascendente (↑) o añadiendo la indicación **FP** o **P**.

Recuerda • • •

En las transiciones podemos programar un flanco, tanto para una condición como para una ecuación booleana.

Detecta sensor de palet (FP) I2.4 (FP)	Flanco positivo de una condición
Detecta sensor de palet (↑) I2.4 (↑)	
(Detecta sensor de palet y disyuntor rearmado) (FP) (I2.4 * I3.0)(FP)	Flanco positivo de una ecuación booleana
(Detecta sensor de palet y disyuntor rearmado) (↑) (I2.4 * I3.0)(↑)	

Para flanco negativo: flecha descendente (↓) o añadiendo la indicación **FN** o **N**.

Accionar pulsador de marcha (FN) I0.2 (FN)	Flanco negativo de una condición
Accionar pulsador de marcha (↓) I0.2 (↓)	
(Accionar el pulsador de marcha y disyuntor rearmado) (↓) (I0.2 * I3.0)(↓)	Flanco negativo de una ecuación booleana
(Accionar el pulsador de marcha y disyuntor rearmado) (FN) (I0.2 * I3.0)(FN)	

Recuerda • • •

Se puede condicionar el funcionamiento de una acción asociada al estado de un flanco: puede ser positivo, con FP o S1, o negativo con FN o S0.

- Flanco en una acción asociada

Para indicar que una acción asociada a una etapa funciona por flanco se indica con un **FP** para flanco positivo, aunque también nos podemos encontrar con la indicación **S1** (Step a 1), y con **FN** o **S0** (Step a 0):

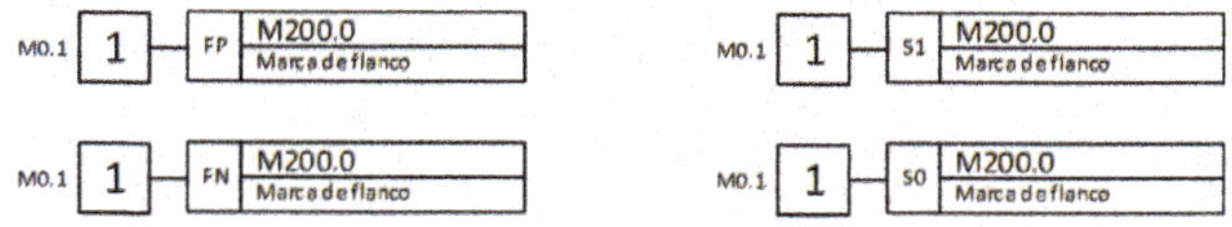

5.2.1 Programa basado en diseño Grafcet

Para practicar con los flancos plantearemos algunos ejercicios prácticos.

Ejemplo 1:

En este caso queremos controlar la puesta en marcha y parada del motor de la cinta de palets, además de la señalización del piloto verde con un solo pulsador, el de marcha.

- **Condiciones de funcionamiento:**

  - Con el circuito en reposo, se activará el piloto rojo (Q2.4).
  - Al accionar por primera vez el pulsador de marcha (I0.2), se activará el piloto verde (Q2.2) de forma intermitente.
  - Al dejar de accionar el pulsador de marcha (I0.2), el piloto verde (Q2.2) se mantendrá funcionando de forma permanente y además se pondrá en marcha el motor de la cinta de palets (Q1.1).
  - Al accionar de nuevo el pulsador de marcha (I 0.2), dejarán de funcionar tanto el piloto verde (Q2.2) como el motor de la cinta de palets (Q1.1) y se activará de nuevo el piloto rojo (Q2.4).

- **Desarrollo del Grafcet**

A continuación, se presenta el Grafcet que da respuesta al enunciado dado:

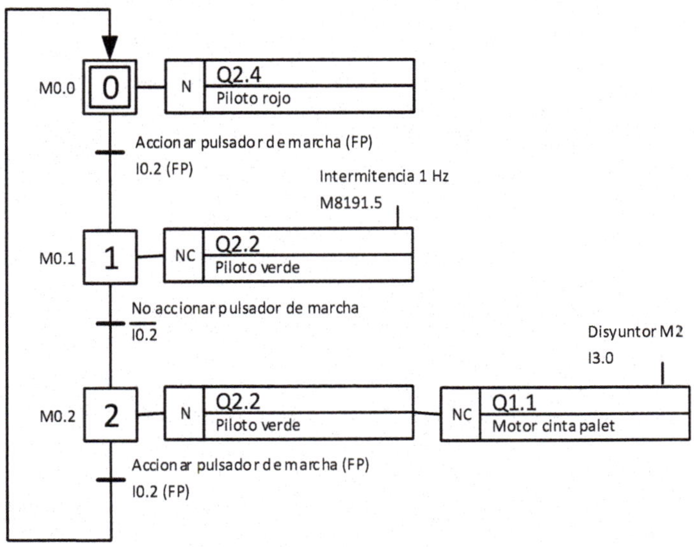

- **Programa en diagrama de contactos**

El programa que responde al diseño del Grafcet dado sería el siguiente:

- Activación de etapas

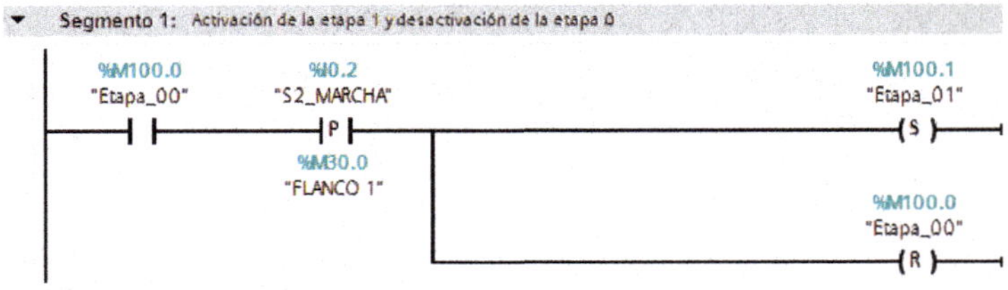

Fig. 5.18a

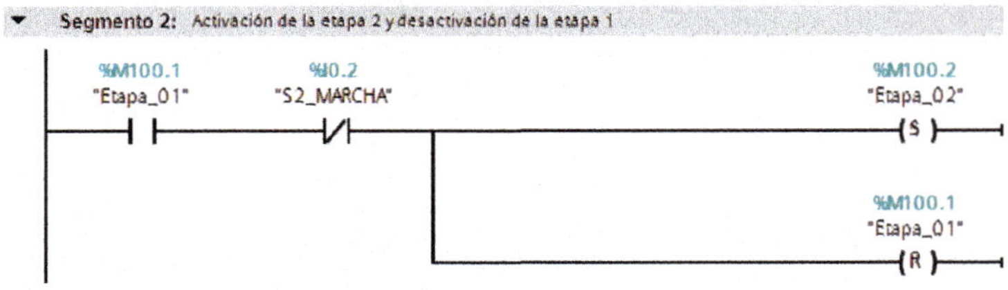

Fig. 5.18b

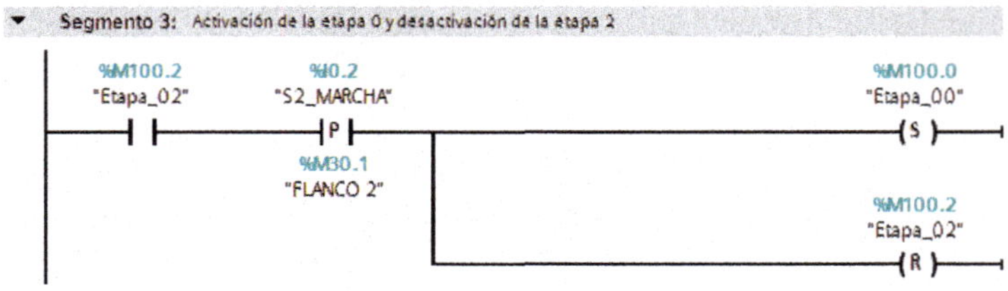

Fig. 5.18c

- Activación de salidas

Fig. 5.19a

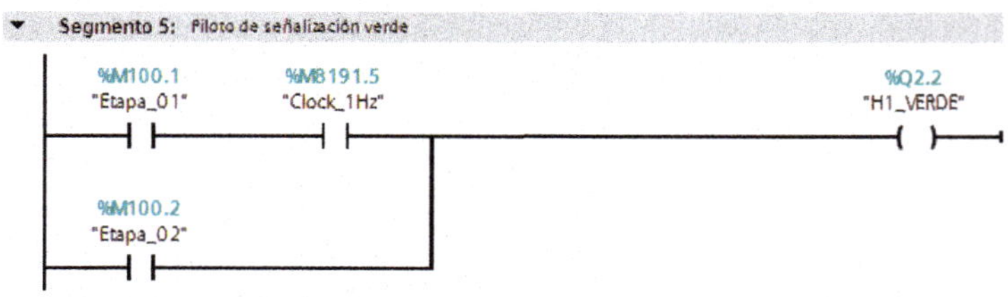

Fig. 5.19b

Fig. 5.19c

- Activación de la etapa inicial

En el OB100 se debe programar la activación de la etapa inicial, que tanto puede ser con la variable **FirstScan** como con la variable **Always_True**:

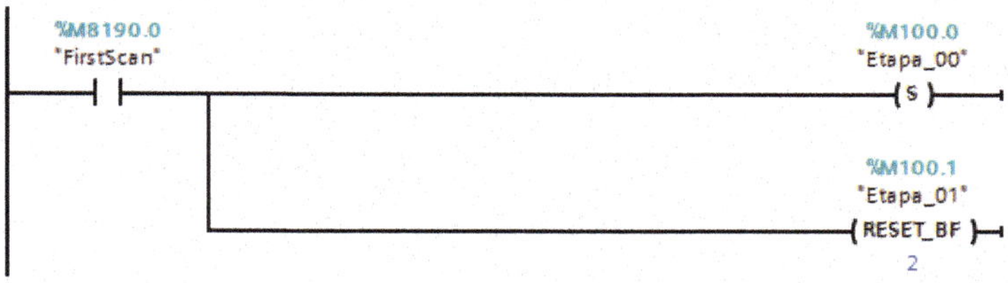

Fig. 5.20

- Llamada desde el OB1 a la función FC1 donde tenemos el programa

Fig. 5.21

- Comprobación del funcionamiento con maqueta de simulación 3D

Para hacer este ejercicio tan solo hemos de utilizar el pulsador **MARCHA** y el disyuntor **M2** de protección del motor de la cinta en el panel **Control del proceso** para controlar el funcionamiento del motor de la cinta de palets:

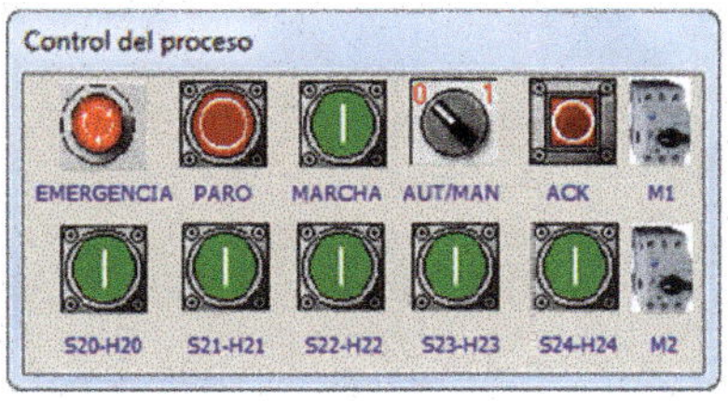

Fig. 5.22

A continuación observaremos en el simulador 3D cómo el motor de la cinta de palets responde al funcionamiento programado, así como la señalización del estado del proceso mediante los pilotos **ROJO** y **VERDE** de la baliza:

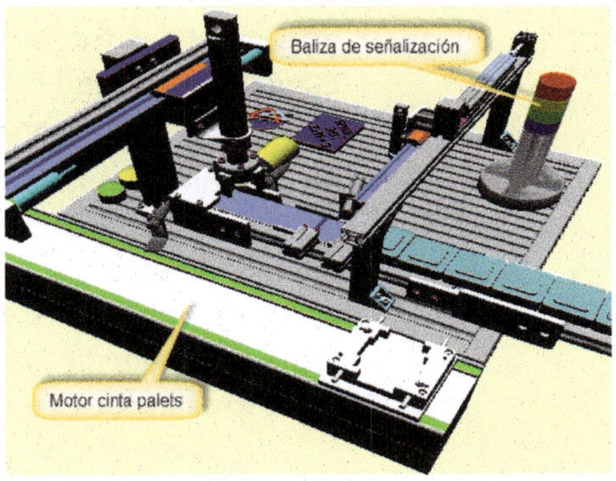

Fig. 5.23

Ejemplo 2:

En este segundo ejemplo tenemos un sistema formado por una cinta transportadora con un motor que desplaza los palets. Este motor está controlado por un contactor y protegido por un disyuntor magnetotérmico, además de un cilindro de doble efecto que realiza un desplazamiento horizontal controlado por una electroválvula biestable y que dispone de dos detectores magnéticos para determinar la posición, de reposo o de avance.

- **Condiciones de funcionamiento:**
  - Al poner en marcha el sistema, funcionará el piloto rojo (Q2.4).
  - Al accionar el pulsador de marcha (I0.2), si no accionamos el de paro (I0.1) y con el disyuntor magnetotérmico del motor de la cinta de palets rearmado

(I3.0) además de que el cilindro horizontal se encuentre en la posición de reposo (derecha) (I0.6), se pondrá en marcha el motor que controla la cinta que desplaza el palet (Q1.1), indicándose ese estado mediante el funcionamiento del piloto verde (Q2.2). Esto ocurrirá aunque el palet esté en zona de carga, detectando el sensor de palets (12.4).

- En ese momento pueden ocurrir dos cosas:
  - o Que falle el motor, con lo cual el disyuntor magnetotérmico (I3.0) se disparará provocando que el motor se detenga, dejando de funcionar el piloto verde (Q2.2) y poniéndose en funcionamiento el piloto amarillo (Q2.1) de forma intermitente (1 Hz), o bien que se accione el pulsador de paro (I0.1) y en este caso el piloto que funcionará de forma permanente será solo el azul (Q2.3). Al rearmar el disyuntor magnetotérmico (3.0), dejará de funcionar el piloto amarillo (Q2.1) y funcionará el piloto azul (Q2.3), a la espera de accionar el pulsador ACK (I3.1). En ese momento dejará de funcionar el piloto azul (Q2.3), se pondrá en marcha el piloto rojo (Q2.4) y el sistema quedará preparado para iniciar un nuevo ciclo.
  - o Que el motor funcione correctamente. En este caso, el palet transportado por la cinta (Q1.1) alcanzará a la zona de carga, donde el detector de palets (I2.4) provocará la parada del motor. En todo momento podemos detener el motor de la cinta al accionar el pulsador de paro (I0.1).
- Una vez que el motor de la cinta (Q1.1) se encuentra detenido, el cilindro del eje horizontal se desplazará hacia la posición de avance (izquierda) (Q0.1).
- Cuando el cilindro del eje horizontal alcance la posición de avance (izquierda) (I0.7), este retornará a la posición de reposo (derecha) (Q0.2).
- Cuando el cilindro del eje horizontal alcance la posición de reposo (derecha) (I0.6), se pondrá en funcionamiento el piloto rojo (Q2.4), el sistema quedará preparado para iniciar un nuevo ciclo y será cuando el piloto verde (Q2.2) deje de funcionar.
- Al finalizar completamente el ciclo, es decir, cuando el cilindro del eje horizontal ha vuelto a su posición de reposo, se deberá contabilizar el número de palets procesados mediante un contador que se visualizará en el display de piezas procesadas sin grabado (MW7016). La puesta a cero de dicho contador se realizará accionando el pulsador de reset cuando el proceso se encuentre en reposo al inicio.

- **Plano de situación**

En la siguiente figura se indican en el simulador 3D los diferentes dispositivos que intervienen en el ejemplo planteado:

- Cilindro del eje horizontal.
- Baliza de señalización.
- Detector de palets.
- Cinta transportadora de palets.

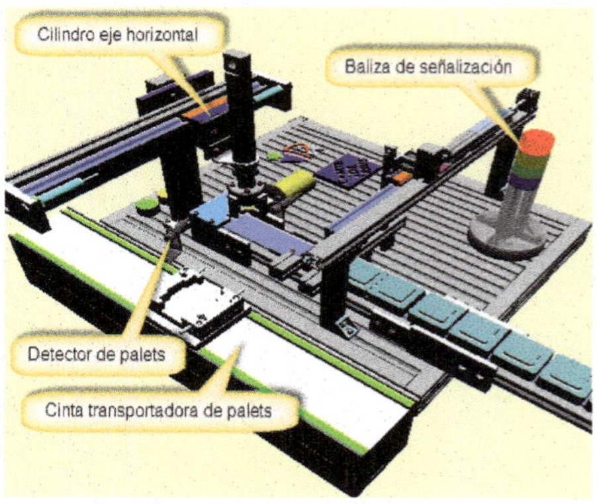

Fig. 5.24

- **Desarrollo del Grafcet**

A continuación, se presenta el Grafcet que da respuesta al enunciado dado.

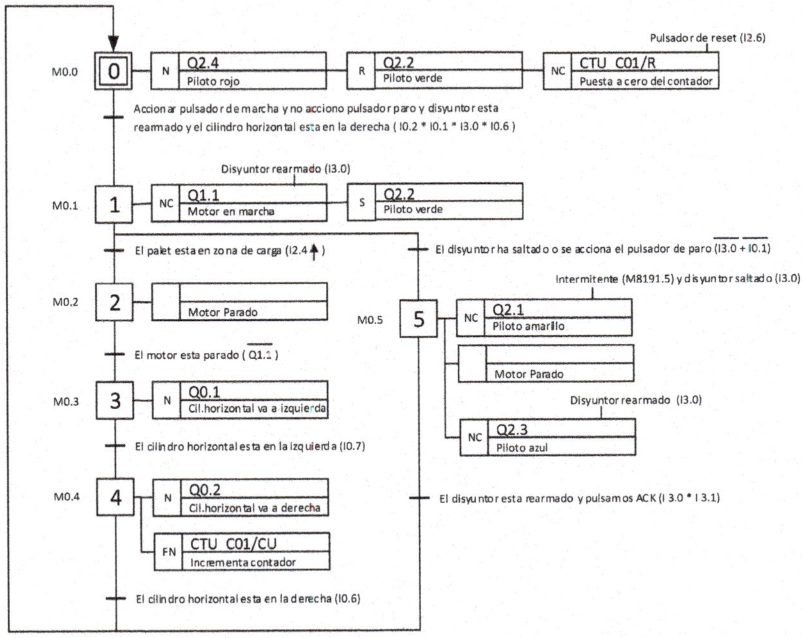

- **Programa en diagrama de contactos**

El programa que responde al diseño del Grafcet dado sería el siguiente:

  - Activación de etapas

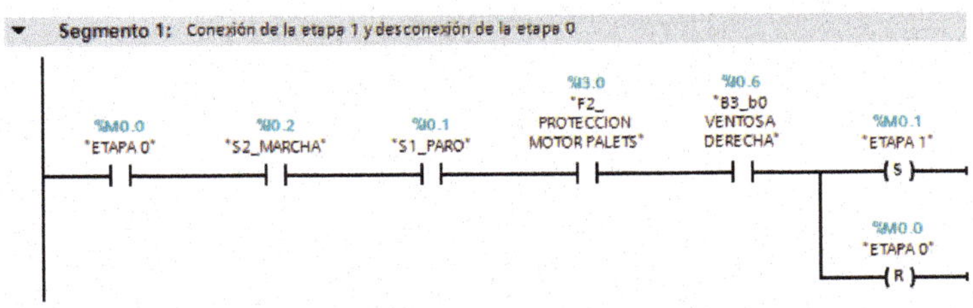

Fig. 5.25a

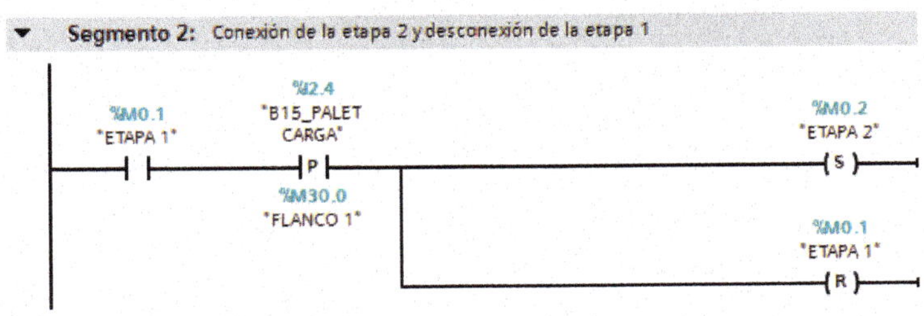

Fig. 5.25b

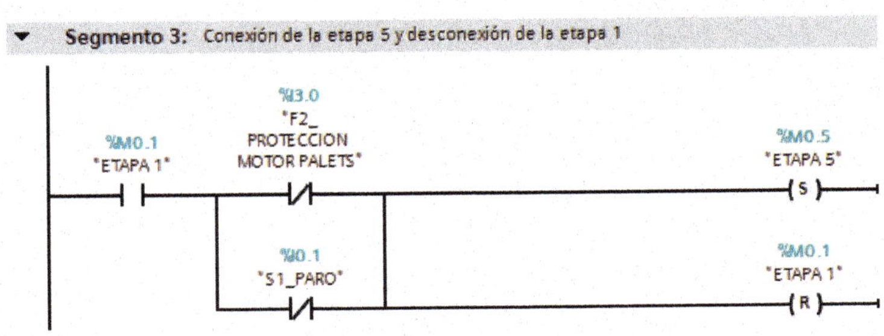

Fig. 5.25c

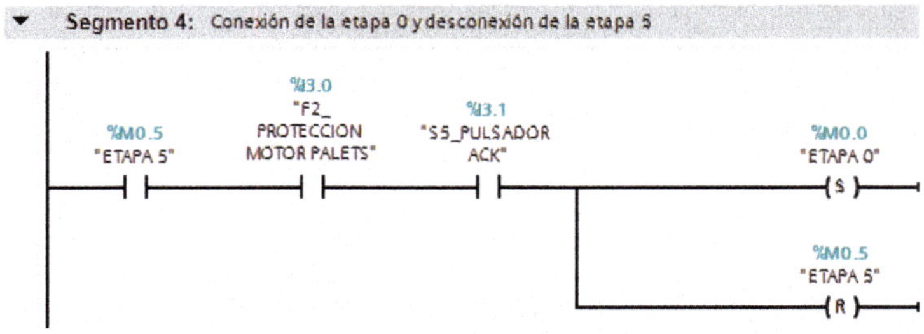

Fig. 5.25d

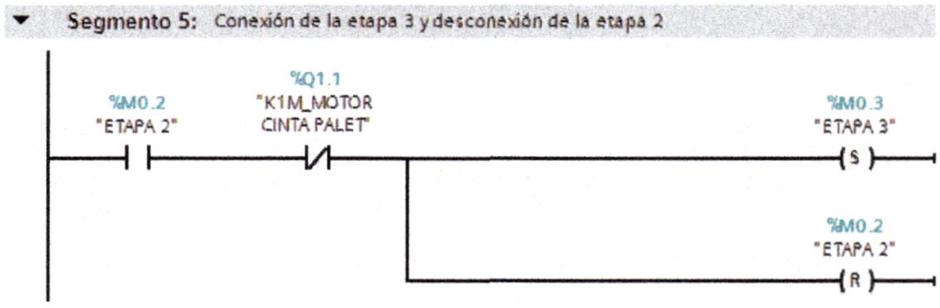

Fig. 5.25e

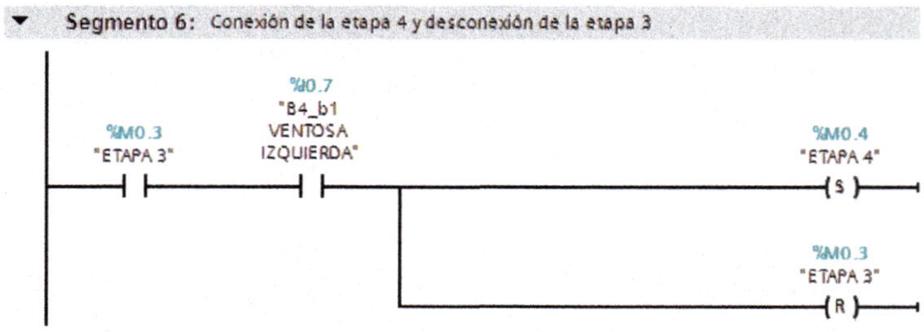

Fig. 5.25f

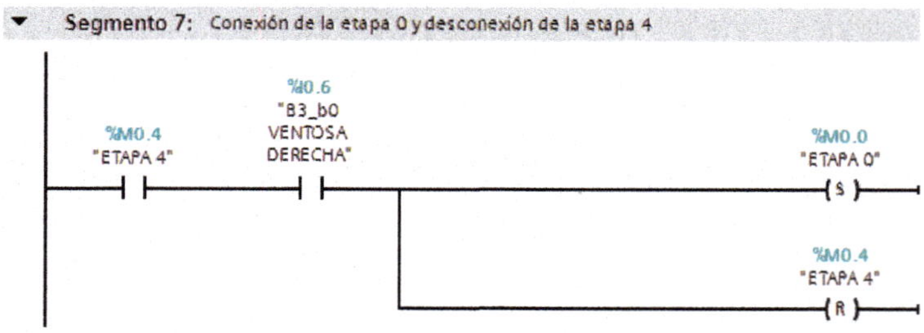

Fig. 5.25g

- Activación de salidas

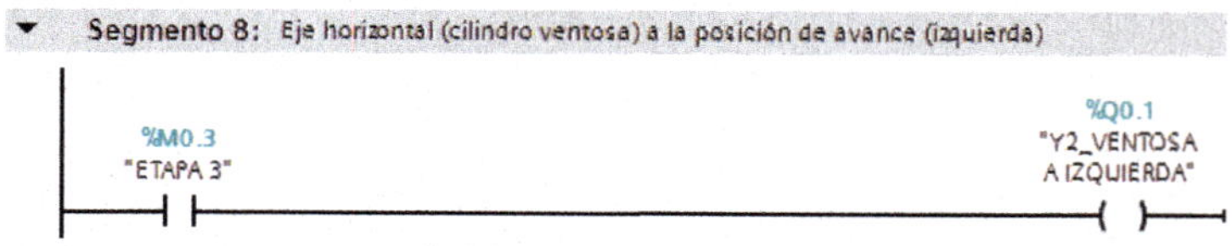

Fig. 5.26a

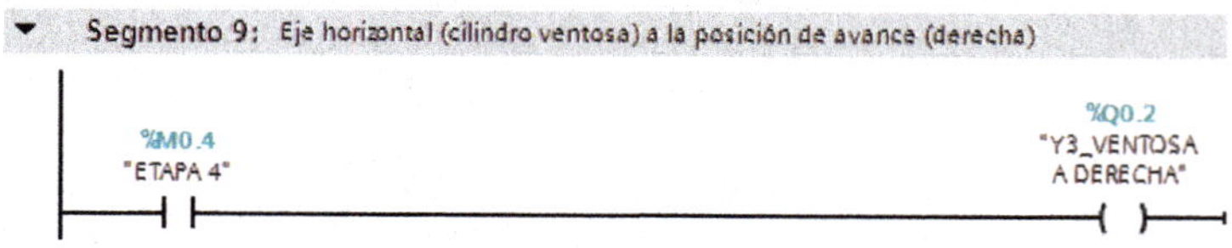

Fig. 5.26b

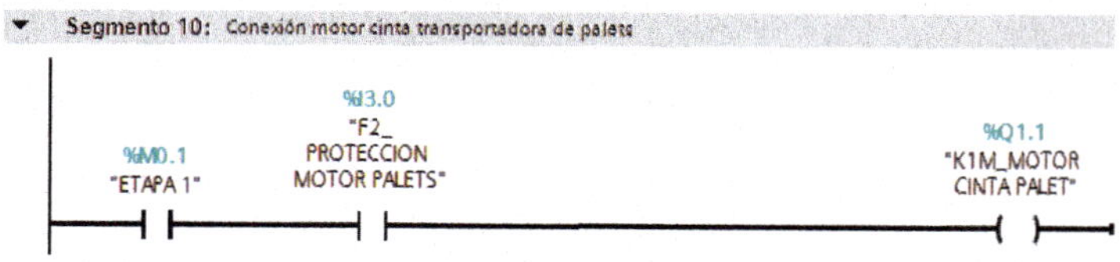

Fig. 5.26c

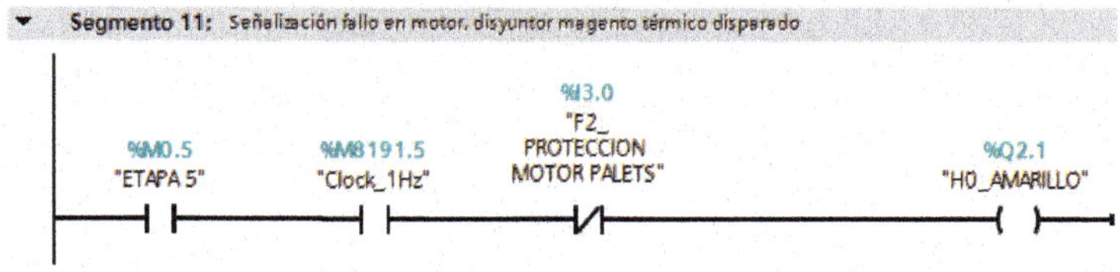

Fig. 5.26d

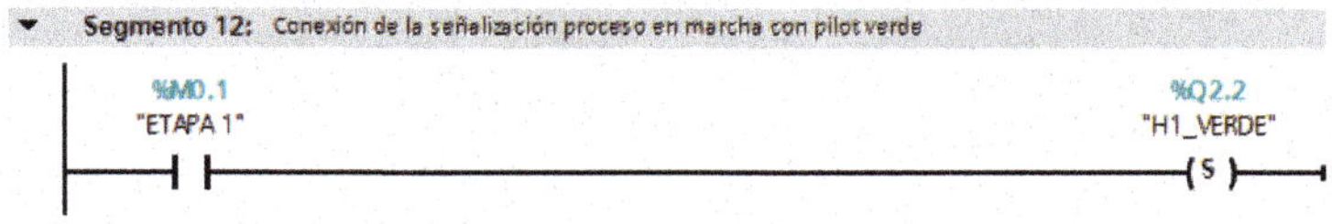

Fig. 5.26e

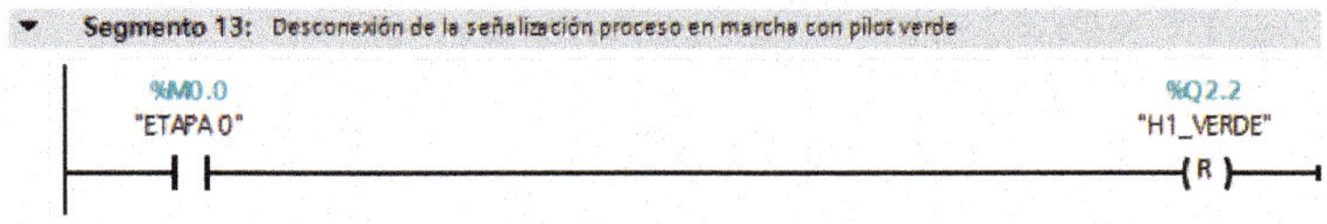

Fig. 5.26f

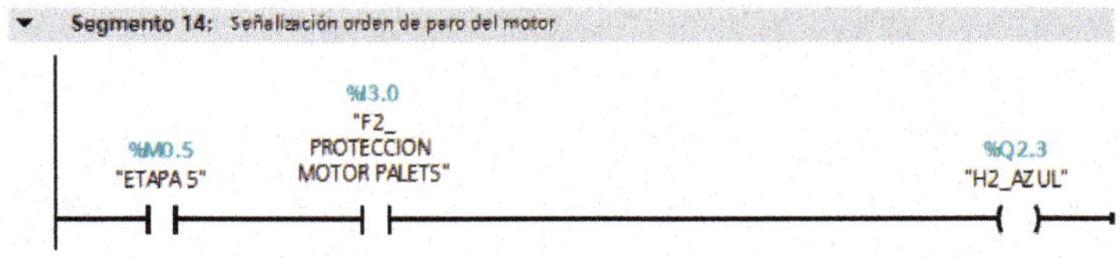

Fig. 5.26g

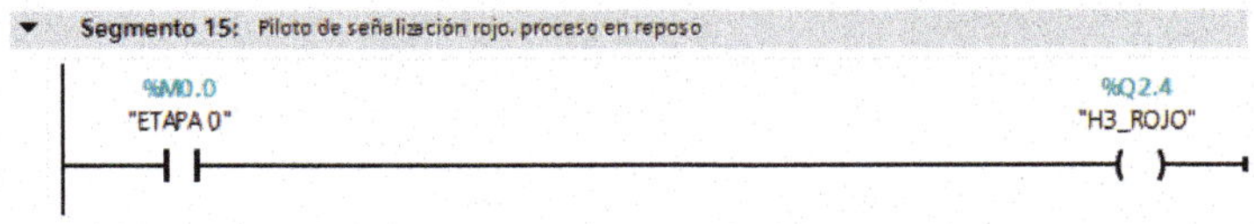

Fig. 5.26h

- Programación de los contadores

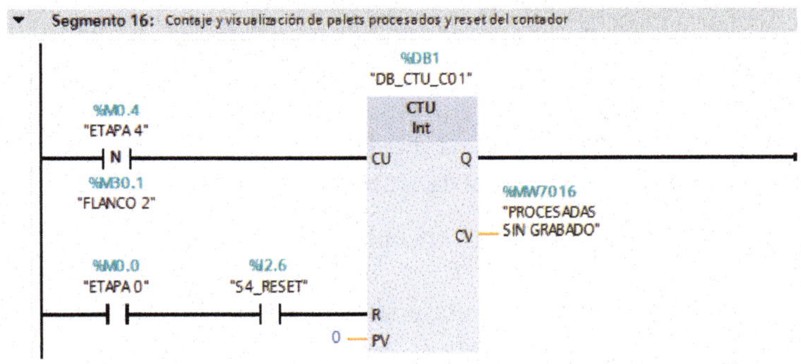

Fig. 5.27

- Activación de la etapa inicial

En el OB100 se debe programar la activación de la etapa inicial:

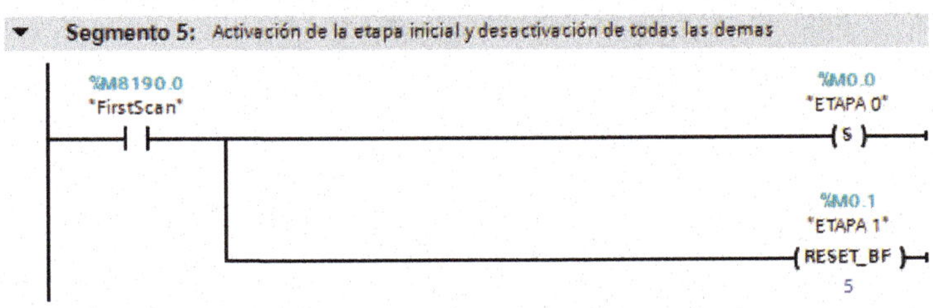

Fig. 5.28

- Llamada desde el OB1 a la función FC1 donde tenemos el programa

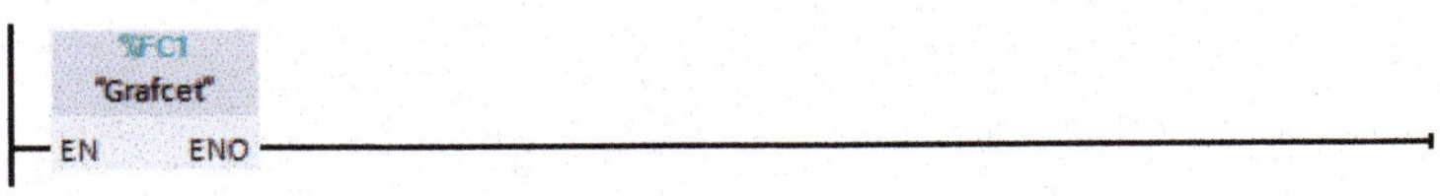

Fig. 5.29

- Comprobación del funcionamiento con maqueta de simulación 3D

Para hacer este ejercicio tan solo hemos de utilizar el pulsador **MARCHA**, el pulsador **ACK** y el disyuntor **M2** de protección del motor de la cinta en el panel **Control del proceso** para poder controlar el funcionamiento del motor de la cinta de palets y del cilindro del eje horizontal:

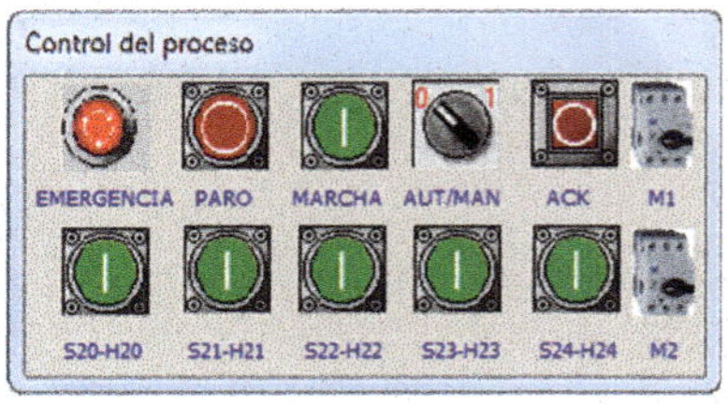

Fig. 5.30

Ejercicio

ORDEN EN LA ACTIVACIÓN DE ENTRADAS

Queremos asegurar que los movimientos de forma manual de dos cilindros de un mismo manipulador, el de grabado, no generen ninguna colisión y se realicen en el orden correcto. Si se actúa de forma apropiada sobre la secuencia de accionamiento de los dos selectores, se iluminará el piloto verde y se realizará la secuencia con los movimientos de los cilindros. En el caso de actuar de forma incorrecta, ya sea en la conexión o en la desconexión de los selectores, se señalizará con el piloto amarillo funcionando de forma intermitente y no realizando ningún movimiento.

Condiciones de funcionamiento:

- Al poner en marcha el sistema, se pondrá en funcionamiento el piloto rojo.
- Al accionar el pulsador de marcha, si tanto el cilindro multiposicional grande como el cilindro pequeño se encuentran en reposo (atrás), se realizará el desplazamiento del cilindro multiposicional pequeño a la posición de avance. En esta situación actuaremos sobre los selectores de control manual de ambos cilindros.
- A continuación, nos podemos encontrar con dos posibilidades:
    - Que la secuencia de accionamiento de los dos selectores se realice de forma correcta, que es, en primer lugar el selector manual del cilindro multiposicional pequeño y a continuación el selector del manual del cilindro multiposicional grande. Entonces se realizarán los dos movimientos de forma simultánea, cilindro multipequeño a retroceso (dentro) y cilindro multiposicional en avance (fuera), señalizándose en todo momento con el piloto verde en funcionamiento. Cuando ambos cilindros hayan alcanzado su posición, el piloto verde funcionará de forma intermitente,
    - Que la secuencia de accionamiento de los dos selectores se realice de forma incorrecta, es decir, que en primer lugar accionemos el selector manual del cilindro multiposicional grande y a continuación el selector del manual del cilindro multiposicional pequeño. En este caso, no se realizará ningún movimiento, funcionando de forma intermitente el piloto amarillo. Para salir de esta situación se deberán tener los dos selectores en posición de reposo (OFF) y accionar el pulsador ACK, continuando el piloto amarillo de forma intermitente. El cilindro marcador se recogerá a la posición de reposo (arriba) y llegando a este estado el proceso quedará al inicio para un nuevo ciclo con el piloto rojo en funcionamiento.

- Si hemos hecho la secuencia correcta y está funcionando el piloto verde intermitente, pueden ocurrir dos cosas:
    - Que desconecte los dos selectores siguiendo la secuencia correcta, esto es, primero el selector manual del multigrande y después el selector manual del multipequeño. Así el cilindro multigrande retrocederá hasta su posición de reposo, funcionando a su vez el piloto verde. Cuando el proceso llega a este estado, queda al inicio para un nuevo ciclo, teniendo el piloto rojo en funcionamiento.

    - Que desconecte los dos selectores siguiendo la secuencia incorrecta, es decir, primero el selector manual del multipequeño y después el selector manual del multigrande. En este caso funcionará intermitentemente el piloto amarillo. Para salir de esta situación se deberán tener los dos selectores en posición de reposo y accionar el pulsador ACK, continuando el piloto amarillo de forma intermitente. El cilindro marcador se recogerá a la posición de reposo (arriba) y llegando a este estado el proceso quedará al inicio para un nuevo ciclo con el piloto rojo en funcionamiento.

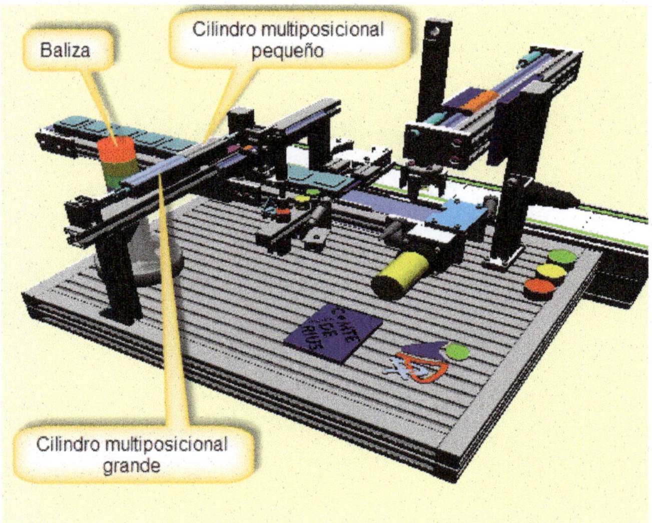

Relación de entradas y salidas:

ENTRADAS	
Dirección	**Dispositivo**
I0.2	S14 Pulsador Marcha
I1.0	B5 Cilindro multipequeño en reposo (dentro)
I1.1	B6 Cilindro multipequeño en avance (fuera)
I1.2	B7 Cilindro multigrande en reposo (dentro)
I1.3	B8 Cilindro multigrande en avance (fuera)
I3.1	S5 Pulsador ACK
I4.3	S12 Selector manual cilindro multipequeño
I4.4	S13 Selector manual cilindro multigrande

SALIDAS	
Dirección	**Dispositivo**
Q0.3	Y5 Cilindro multiposicional pequeño a la posición de avance (fuera)
Q0.4	Y5 Cilindro multiposicional grande a la posición de avance (fuera)
Q2.1	H0 Piloto amarillo
Q2.2	H1 Piloto verde
Q2.3	H2 Piloto azul
Q2.4	H3 Piloto rojo

Realizar:

- Diseño del Grafcet.
- Implementación a programa del PLC.
- Comprobación del funcionamiento mediante la maqueta de simulación 3D.

Unidad 6 Transferencia de datos y funciones matemáticas

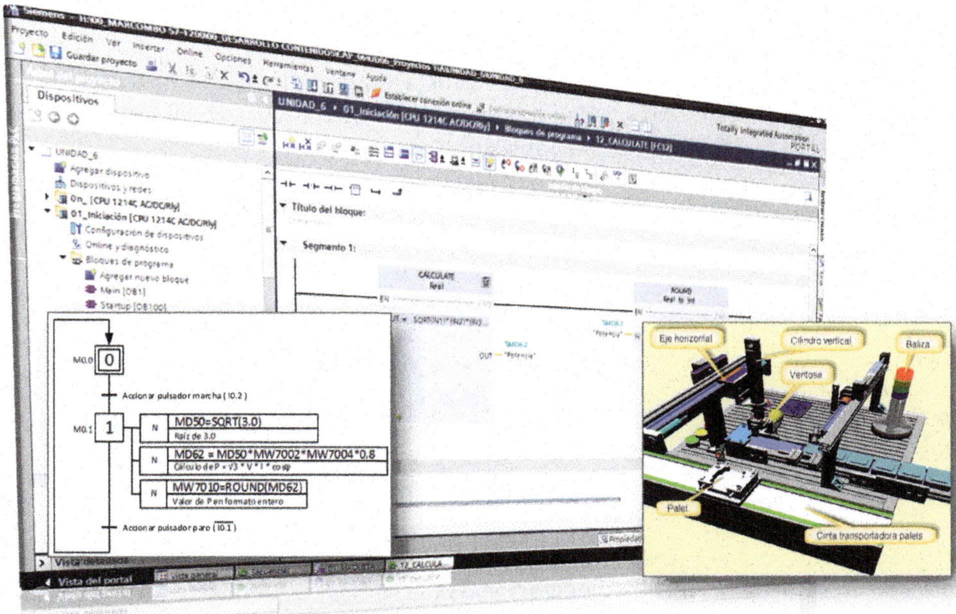

En este capítulo:

6.1 Funciones de transferencia de datos

Las funciones de transferencia de datos permiten leer datos de uno o varios registros y copiarlos en otro u otros registros

Dentro de la carpeta **Transferencia** del catálogo **Instrucciones básicas** podemos encontrar todos los tipos de transferencia que se pueden programar en un S7-1200, y que son las siguientes:

Recuerda • • •

Las instrucciones de transferencia de datos se pueden utilizar cuando necesitamos copiar un dato en un registro. El dato puede ser una constante o bien el que pueda contener otro registro.

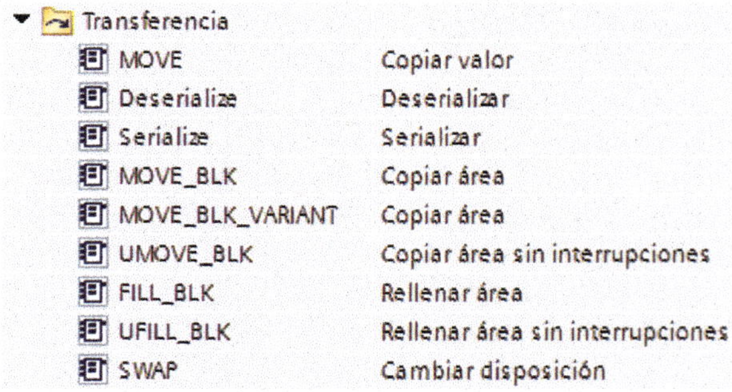

Fig. 6.1

6.1.1 Instrucción MOVE

La instrucción MOVE copia un elemento de datos individual que se encuentra en un **Registro_Origen**, introducido a través del parámetro IN, al **Registro_Destino** introducido en el parámetro OUT1.

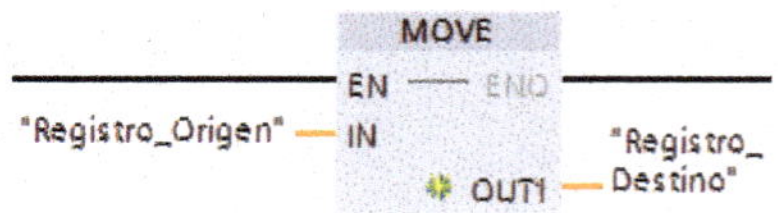

Fig. 6.2

También es importante resaltar que podemos copiar el mismo registro introducido a través de la entrada IN en varios registros indicados a través de los parámetros OUT1, OUT2, OUT3... Para poder conseguir ampliando el número de parámetros de salida tan solo se ha de ir pulsando sobre el icono amarillo que aparece a la izquierda de la última salida OUTx configurada.

Recuerda • • •

La instrucción MOVE copia un dato desde un registro origen a otro registro destino. El registro origen puede ser también una constante y como registro destino podemos configurar varios.

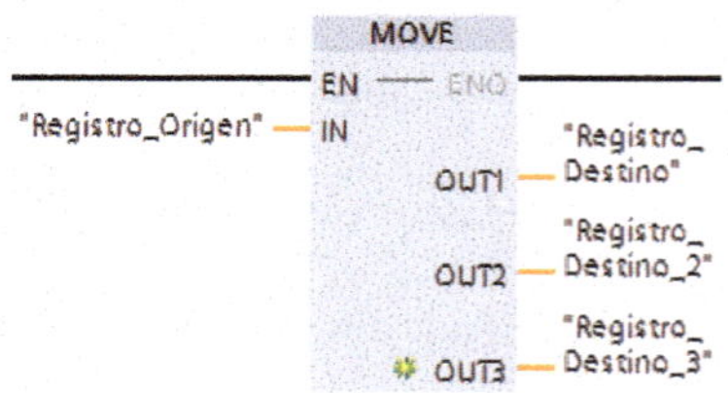

Fig. 6.3

Para eliminar una salida que hayamos añadido, tan solo hemos de tener seleccionada la salida a eliminar y pulsar la tecla **Supr**, o bien pulsar el botón secundario del ratón y elegir la opción **Borrar** del menú contextual:

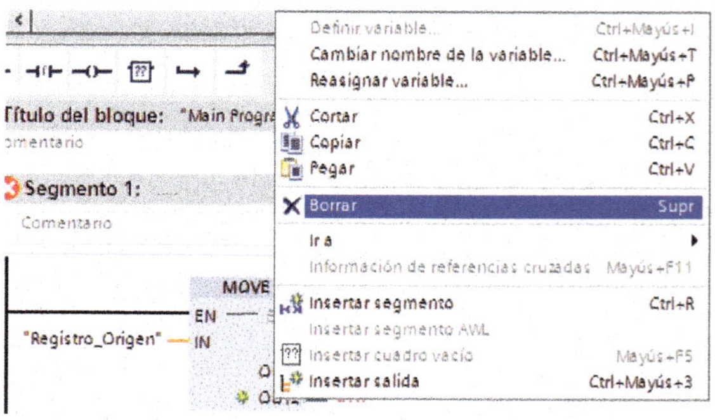

Fig. 6.4

La instrucción MOVE se puede programar de forma condicional o incondicional y para ello tan solo se necesita incluir la condición en la línea de entrada EN.

Por ejemplo, se desea leer el valor contenido en el registro **PEDIDOS SIN GRABADO** (MW7008) y lo queremos copiar en los registros siguientes:

- PROCESADAS ROJAS (MW7010).
- ROCESADAS VERDES (MW7014).
- PROCESADAS AMARILLAS (MW7012).

a) Incondicional

Para que sea incondicional no se debe programar nada en la línea que corresponde a la entrada EN:

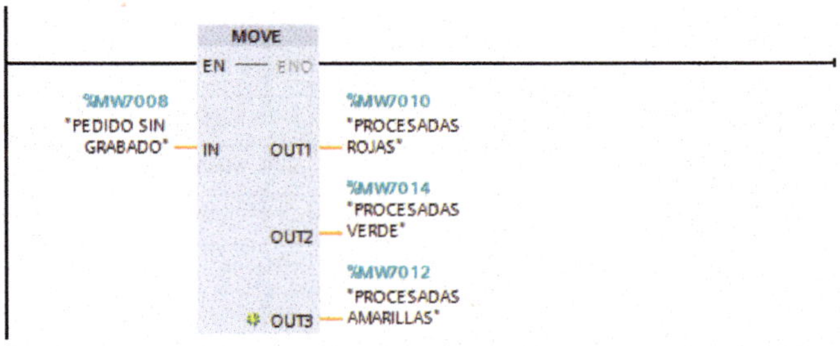

Fig. 6.5

b) Condicional

Para que sea condicional se debe programar la condición en la línea que corresponde a la entrada EN:

Recuerda • • •

La instrucción MOVE se puede programar tanto de forma incondicional como condicional y para ello tan solo debemos poner la condición en la línea del parámetro de entrada «EN».

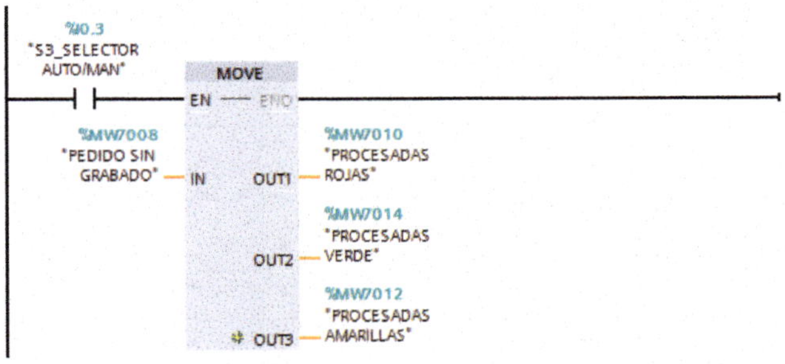

Fig. 6.6

Como hemos podido comprobar, la programación de la condición es totalmente opcional, al igual que programar la activación con condición o no en la salida ENO de la función MOVE:

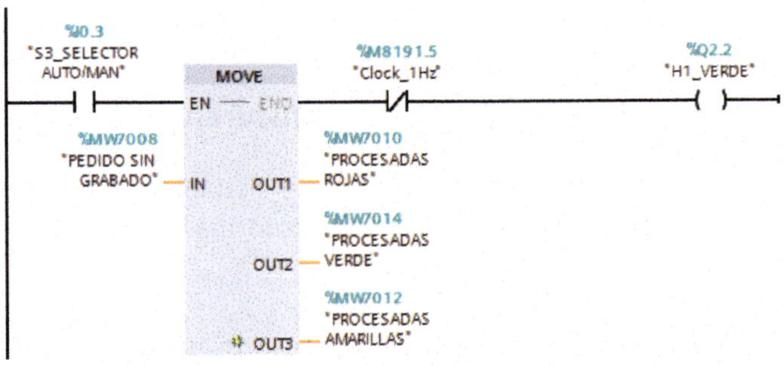

Fig. 6.7

En el caso anterior funcionará el piloto verde (Q2.2) de forma intermitente cuando se esté ejecutando la función MOVE. Esto es, cuando esté activado el selector AUT/MAN (I0.3).

A continuación se muestran los tipos de datos que se pueden utilizar en los parámetros origen (IN) y destino (OUT1):

Origen (IN)	Destino (OUT1)	
	Con verificación CEI	Sin verificación CEI
BYTE	BYTE, WORD, DWORD	BYTE, WORD, DWORD, SINT, USINT, INT, UINT, DINT, UDINT, TIME, DATE ,TOD, CHAR
WORD	WORD, DWORD	BYTE, WORD, DWORD, SINT, USINT, INT, UINT, DINT, UDINT, TIME, DATE, TOD, CHAR
DWORD	DWORD	BYTE, WORD, DWORD, SINT, USINT, INT, UINT, DINT, UDINT, REAL, TIME, DATE, TOD, CHAR
SINT	SINT	BYTE, WORD, DWORD, SINT, USINT, INT, UINT, DINT, UDINT, TIME, DATE, TOD
USINT	USINT, UINT, UDINT	BYTE, WORD, DWORD, SINT, USINT, INT, UINT, DINT, UDINT, TIME, DATE, TOD
INT	INT	BYTE, WORD, DWORD, SINT, USINT, INT, UINT, DINT, UDINT, TIME, DATE, TOD
UINT	UINT, UDINT	BYTE, WORD, DWORD, SINT, USINT, INT, UINT, DINT, UDINT, TIME, DATE, TOD
DINT	DINT	BYTE, WORD, DWORD, SINT, USINT, INT, UINT, DINT, UDINT, TIME, DATE, TOD
UDINT	UDINT	BYTE, WORD, DWORD, SINT, USINT, INT, UINT, DINT, UDINT, TIME, DATE, TOD
REAL	REAL	DWORD, REAL
LREAL	LREAL	LREAL
TIME	TIME	BYTE, WORD, DWORD, SINT, USINT, INT, UINT, DINT, UDINT, TIME
DATE	DATE	BYTE, WORD, DWORD, SINT, USINT, INT, UINT, DINT, UDINT, DATE
TOD	TOD	BYTE, WORD, DWORD, SINT, USINT, INT, UINT, DINT, UDINT, TOD
DTL	DTL	DTL
CHAR	CHAR	BYTE, WORD, DWORD, CHAR, carácter de una cadena[1)]
WCHAR	WCHAR	BYTE, WORD, DWORD, CHAR, WCHAR, carácter de una cadena[1)]
Carácter de una cadena[1)]	Carácter de una cadena	CHAR, WCHAR, carácter de una cadena
ARRAY[2)]	ARRAY	ARRAY
STRUCT	STRUCT	STRUCT
Tipo de datos PLC (UDT)	Tipo de datos PLC (UDT)	Tipo de datos PLC (UDT)
IEC_TIMER	IEC_TIMER	IEC_TIMER
IEC_SCOUNTER	IEC_SCOUNTER	IEC_SCOUNTER
IEC_USCOUNTER	IEC_USCOUNTER	IEC_USCOUNTER
IEC_COUNTER	IEC_COUNTER	IEC_COUNTER
IEC_UCOUNTER	IEC_UCOUNTER	IEC_UCOUNTER
IEC_DCOUNTER	IEC_DCOUNTER	IEC_DCOUNTER
IEC_UDCOUNTER	IEC_UDCOUNTER	IEC_UDCOUNTER

Fig. 6.8

6.1.2 Funciones de transferencia en un Grafcet

La función de transferencia estudiada **MOVE** se puede utilizar en cualquier proceso y en un Grafcet en forma de acción asociada. Puede tener diferentes aplicaciones, por ejemplo:

- En el flanco positivo de activación de la etapa, en la puesta a cero de un registro que se utiliza de contaje.

Recuerda • • •

La instrucción MOVE programada en un Grafcet nos puede ser útil, por ejemplo, para poder poner a «0» el valor de un contaje, para forzar una etapa concreta o para guardar un valor.

Forzado de un Grafcet a una etapa concreta. Por ejemplo, un Grafcet de 12 etapas en la que cada una de ellas está asociada a una marca correlativa iniciada en la M50.0, es decir, la etapa 0 (M50.0), la etapa 1 (M50.1)..., y que independientemente de la etapa actual activa, el Grafcet se posicione a la etapa 10 (M51.2). Por tanto, debemos cargar en el registro MW50 el valor 4.

- Guardar un valor de un registro en otro. Por ejemplo, guardar un valor, en el registro DB10.DBD50, de una señal analógica que una vez realizado el escalado la tenemos en el registro MD100.

Ejemplo:

Si nos fijamos en uno de los ejemplos representados anteriormente como:

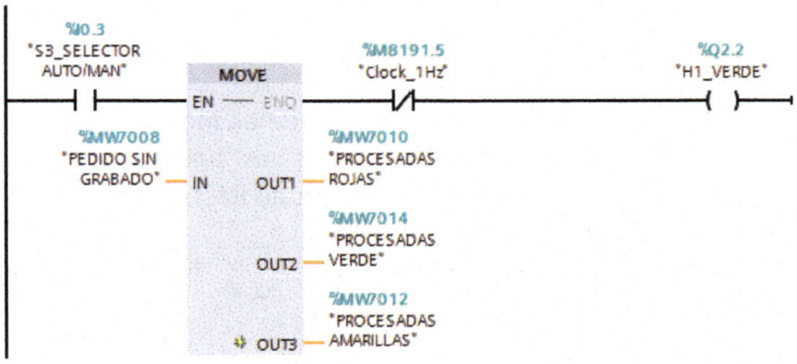

Fig. 6.9a

Y lo queremos representar en un Grafcet, sería:

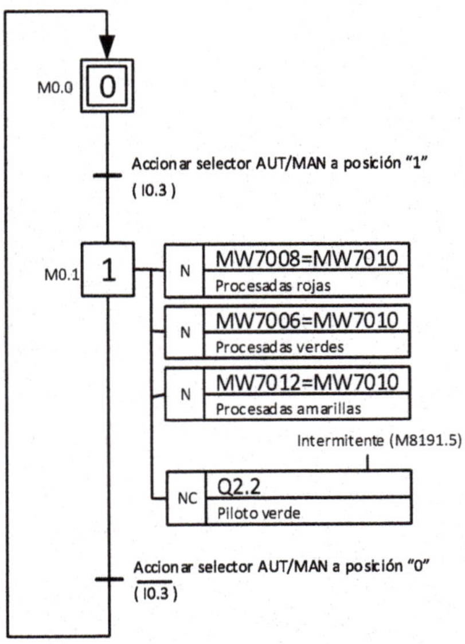

En el apartado de programar las acciones asociadas tendremos:

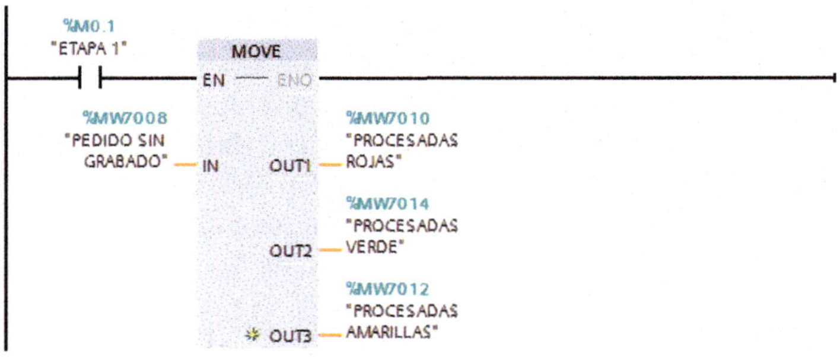

Fig. 6.9b

Fig. 6.9c

6.2 Funciones matemáticas

Las funciones matemáticas permiten realizar operaciones matemáticas, tanto con valores enteros, con o sin signo, como con valores reales, y guardar el resultado en el registro de salida indicado en el parámetro OUT.

Dentro de la carpeta **Funciones matemáticas** del catálogo **Instrucciones básicas** podemos encontrar todos los tipos posibles de operaciones que se pueden programar y que son los siguientes:

Recuerda • • •

Las funciones matemáticas nos permiten realizar cálculos tanto con operaciones básicas (sumar, restar, multiplicar y dividir) como avanzadas (raíz cuadrada, potencia, logaritmos, funciones trigonométricas...).

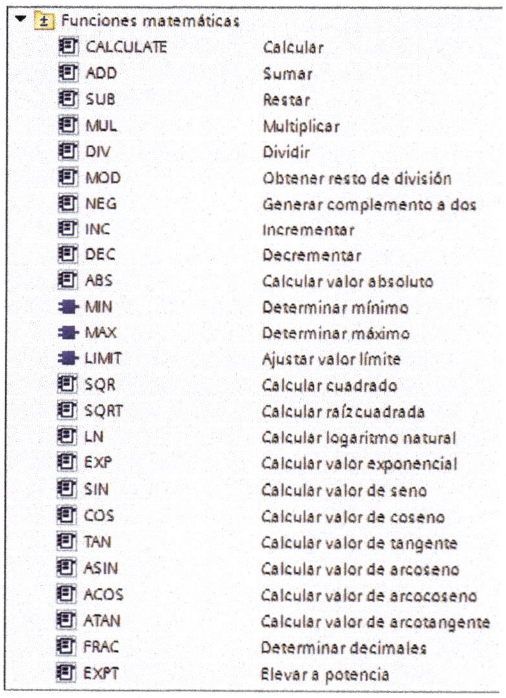

Fig. 6.10

6.2.1 Operaciones básicas ADD, SUB, MUL, DIV

Este grupo de operaciones básicas tiene la misma estructura: «n» entradas (INx) de datos y una única salida (OUT) para el resultado.

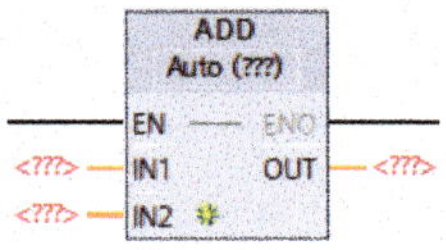

SUMA

Fig. 6.10a

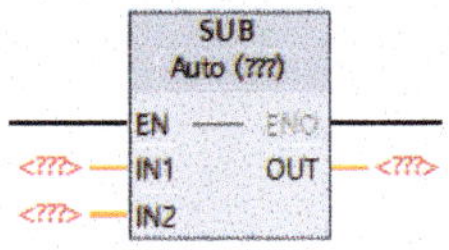

RESTA

Fig. 6.10b

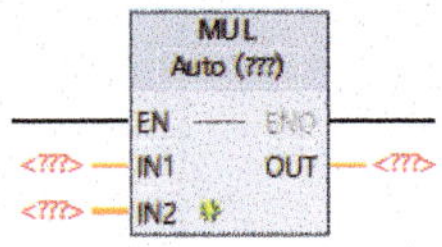

PRODUCTO

Fig. 6.10c

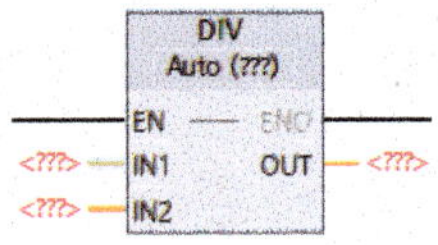

COCIENTE

Fig. 6.10d

Tanto la suma ADD como el producto MUL tienen la posibilidad de ampliar en número de entradas. Para ello, y de igual forma que hemos realizado anteriormente en la función MOVE, al pulsar sobre el icono amarillo que aparece a la derecha de una de las entradas iremos aumentando el número, pero esto no sucede en las operaciones de resta SUB y cociente DIV, en las que como es obvio tan solo se admiten dos entradas.

Desplegando el campo del tipo de datos **AUTO (???)** podemos seleccionar entre:

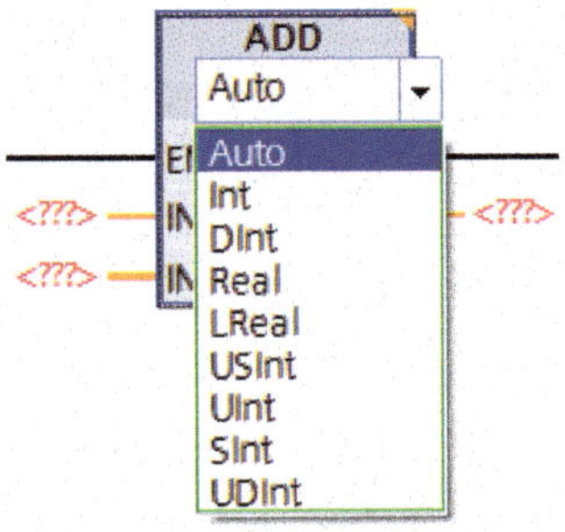

Fig. 6.11

Donde cada opción tiene el siguiente significado:

- **Sint**: enteros positivos y negativos de 8 bits (-128 a 127).
- **Int**: enteros positivos y negativos de 16 bits (-32768 a 32767).
- **Dint**: enteros positivos y negativos de 32 bits (-2147483648 a +2147483647).
- **USInt**: enteros positivos de 8 bits (0 a 255).
- **UInt**: enteros positivos de 16 bits (de 0 a 65535).
- **UDint**: enteros positivos de 32 bits (0 a 4294967295).
- **Real**: real de 32 bits (+1.175e-38 a +3.402e+38).
- **LReal**: real de 64 bits (+2.225e-308 a +1.797e+308).

Ejemplos:

Queremos sumar los datos de los posibles pedidos de piezas (rojas, verdes, amarillas y sin grabado) y que el resultado se presente en el registro **Procesadas sin grabado**. Para ello, al insertar la función suma ADD veremos que tan solo cuenta con dos entradas de datos, pero la ampliaremos hasta obtener cuatro entradas y posteriormente introduciremos los diferentes registros en cada una de ellas y en la salida, obteniendo el siguiente resultado:

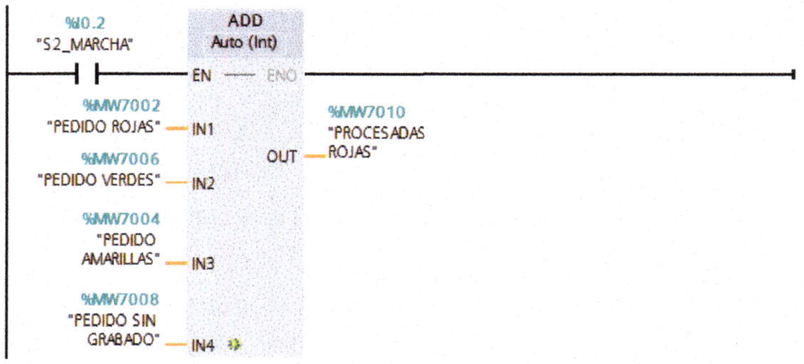

Fig. 6.12

Aquí hay que tener en cuenta que, al utilizar los registros asociados a los diferentes displays del simulador 3D para comprobar el funcionamiento, los valores de entrada han de ser enteros y deben dar un resultado también entero. En caso contrario, se visualizarán datos no coincidentes en el resultado final en la salida.

Para la multiplicación realizaremos el mismo procedimiento que para la suma, pero pondremos un registro diferente para el resultado:

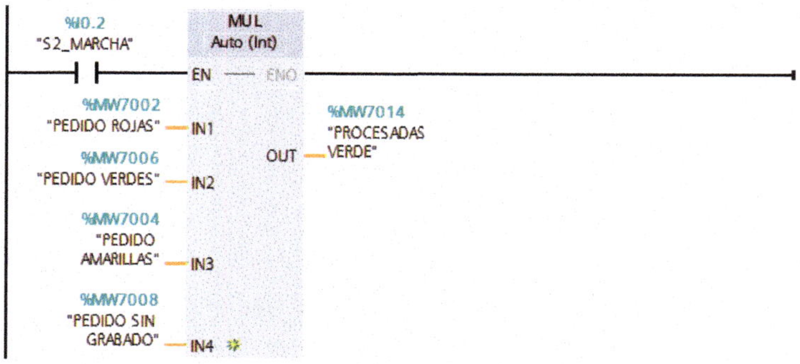

Fig. 6.13

Recuerda • • •

Las funciones matemáticas básicas, como sumar, restar, multiplicar y dividir, tienen la misma estructura, en la que podemos ampliar el número de valores de entrada, y tienen tan solo una salida para el resultado.

Para la resta y para la división tan solo se pueden utilizar dos entradas, por lo que podríamos hacer lo siguiente:

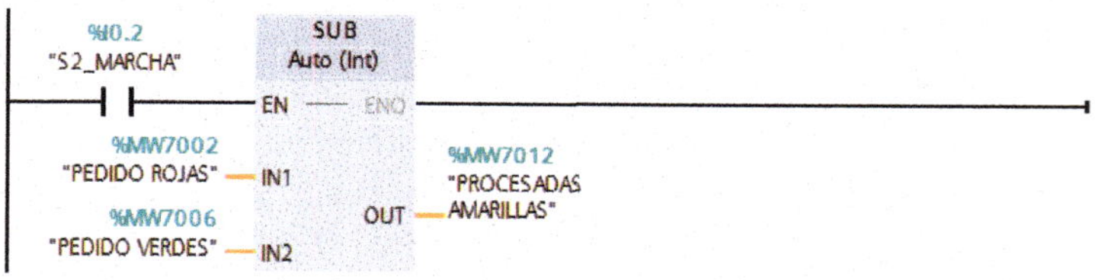

Fig. 6.14

Fig. 6.15

Al comprobar el funcionamiento de este programa en el simulador 3D y visualizando el panel **Registros de pedido y de contaje**, podemos obtener, con los datos introducidos en los displays de la zona superior, los resultados de los displays de la zona inferior.

Fig. 6.16

6.2.2 Instrucciones de incrementar INC y decrementar DEC

Las instrucciones **Incrementar** y **Decrementar** permiten modificar el registro asociado al parámetro IN/OUT al siguiente valor superior o inferior, respectivamente, así como consultar el valor de ese mismo registro como resultado de la operación.

Fig. 6.17a

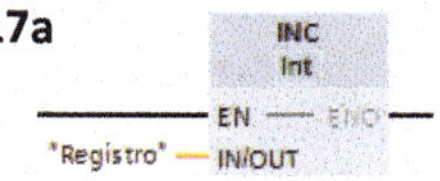

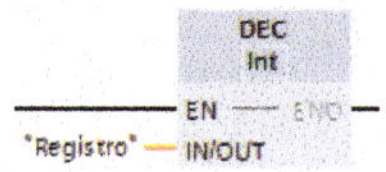

Fig. 6.17b

La entrada de habilitación EN de ambas instrucciones funciona por nivel, lo que indica que mientras la entrada EN de habilitación se encuentra activada, estará realizando la operación de incrementar o decrementar de forma continua.

En función del tipo de datos elegido al desplegar ese parámetro de la instrucción, el registro a asociar deberá ser del mismo tipo. Pueden ser los siguientes: Sint, Int, DInt, USint, UInt y UDInt. Sabemos que cuando se sobrepasa su valor máximo, pasa al valor mínimo y, al contrario, al sobrepasar el valor mínimo, el valor actual pasará a tener el valor máximo.

Ejemplo:

En el siguiente ejemplo se muestra cómo mientras no se accione el selector AUT/MAN (I0.3) al mantener accionado el pulsador de marcha (I0.2), aparte de indicarlo con el piloto rojo de la baliza (Q2.4), el registro de piezas procesadas de color rojo (MW7010) irá incrementando su valor en cada ciclo de scan:

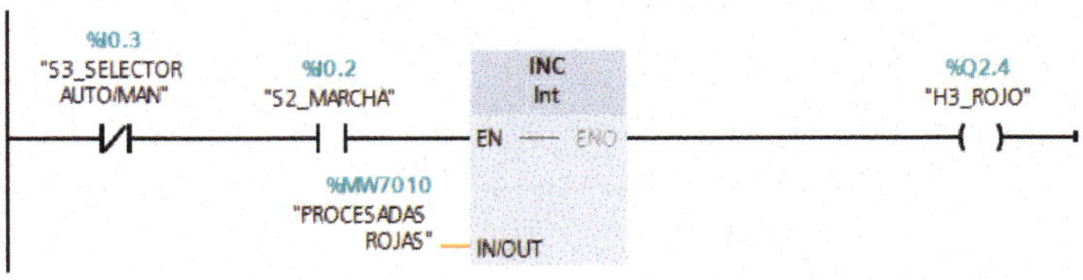

Fig. 6.18

Mientras que sin modificar el estado del selector AUT/MAN y si el pulsador que se acciona es el de ACK (I3.1), aparte de señalizarlo con el piloto amarillo de la baliza (Q2.1), irá decrementando su valor en cada ciclo de scan:

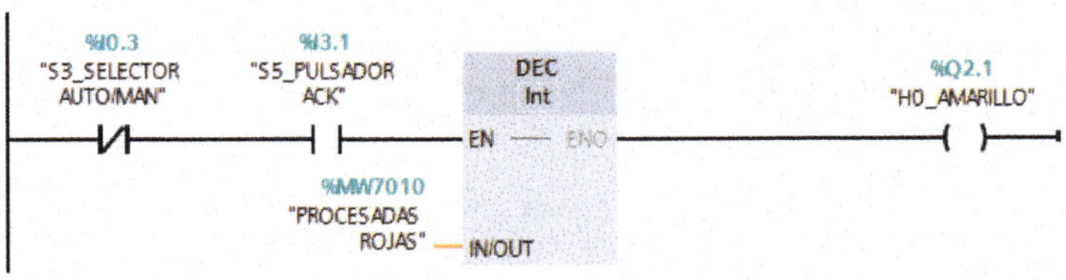

Fig. 6.19

Pero si lo que nos interesa es poder incrementar o decrementar el valor del registro de piezas rojas procesadas (MW7010) cada vez que se accione el pulsador de marcha (I0.2) o el de ACK (I3.1), respectivamente, debemos hacerlo aplicándole un flanco. En este caso positivo, como estamos trabajando con el mismo registro, ahora debemos modificar previamente el estado del selector AUT/MAN (I0.3). Además, mientras estamos accionando el pulsador de marcha o el de ACK, se señaliza con los pilotos verde (Q2.2) y azul (Q2.3), respectivamente. Como se puede observar, estos pilotos ahora no se pueden programar como antes en la salida ENO, ya que tan solo se verían en funcionamiento durante un scan, hecho que hace imposible poderlo visualizar:

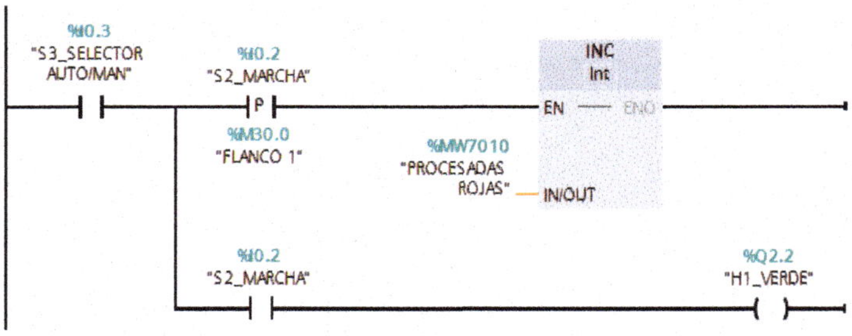

Fig. 6.20

Recuerda • • •

Las instrucciones de incrementar (INC) y decrementar (DEC) funcionan por nivel. Por tanto, lo normal será programar en la entrada «EN» un flanco, de forma que pueda incrementar o decrementar una sola unidad cada vez que se cumpla la condición programad en la misma entrada.

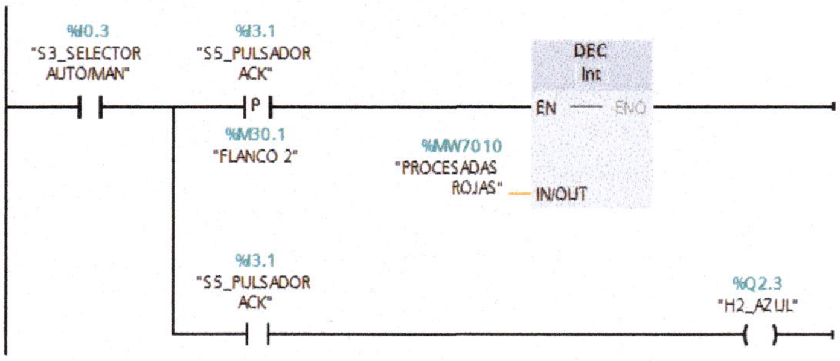

Fig. 6.21

Ahora además podemos añadir alguna instrucción de comparación para comprobar cuándo el valor actual del registro ha alcanzado o no un límite indicado, como puede ser 10. En la solución presentada, hacemos que se señalice mediante el funcionamiento intermitente (2 Hz) del piloto del pulsador de marcha (Q3.1) cuando el valor sea inferior a 10, mientras que cuando el valor sea superior, el piloto que funcionará intermitentemente será el correspondiente al piloto del pulsador de ACK (Q3.2):

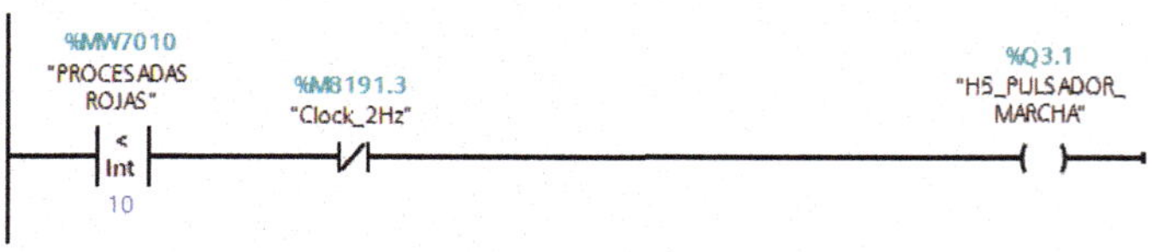

Fig. 6.22

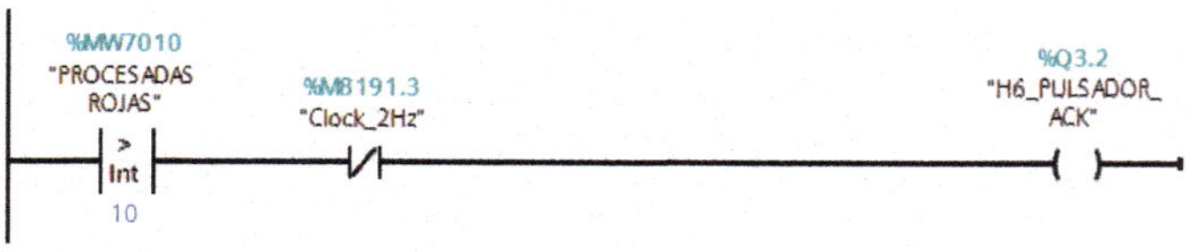

Fig. 6.23

También podemos poner a **0** el valor actual mediante la instrucción MOVE:

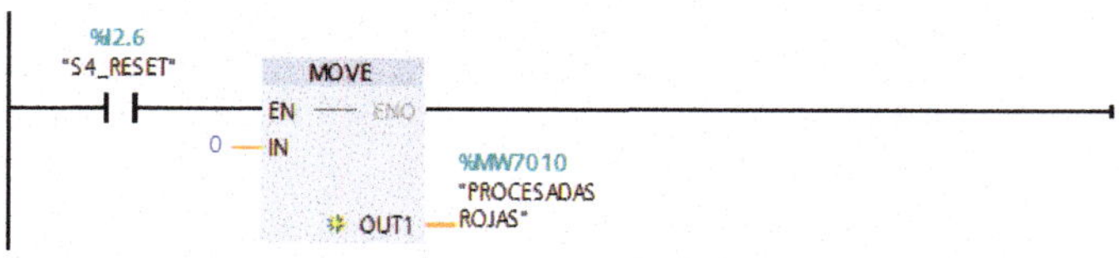

Fig. 6.24

En la solución presentada se realiza la inicialización del registro de piezas rojas procesadas al accionar el pulsador de reset (I2.6), que corresponde al pulsador **Reset** de los **Valores de producción** del panel **Registros de pedido y contaje** del simulador 3D.

Fig. 6.25

6.2.3 Operaciones trigonométricas SIN, COS, TAN, ASIN, ACOS, ATAN

También podemos encontrar instrucciones para realizar operaciones trigonométricas, como la de seno, coseno y tangente, y también sus inversas como son arco seno, arco coseno y arco tangente:

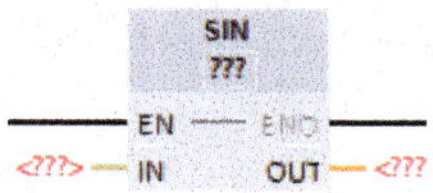

Fig. 6.26a

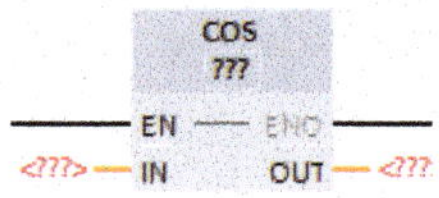

Fig. 6.26b

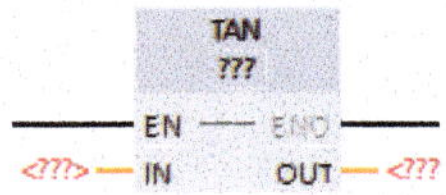

Fig. 6.26c

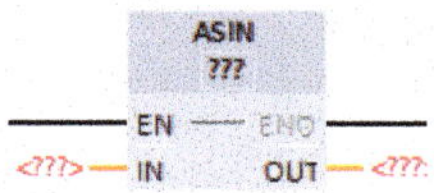

Fig. 6.26d

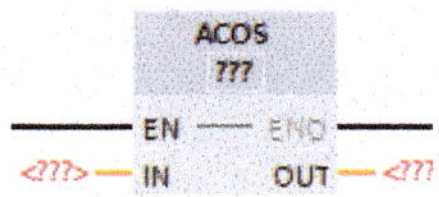

Fig. 6.26e

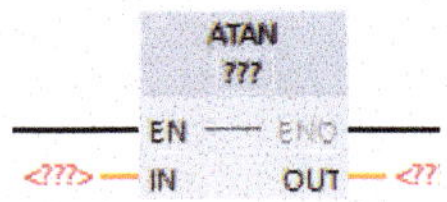

Fig. 6.26f

Recuerda • • •

Las funciones trigonométricas, como seno, coseno y tangente además de sus inversas, tienen la misma estructura: disponen de una entrada para el valor al que se le quiere aplicar la función y una salida donde guardar el resultado.

Como se observa en las figuras de las diferentes operaciones, los parámetros tanto de entrada como de salida son iguales. Es obvio, pues se le ha de indicar con qué registro o valor se quiere realizar la operación trigonométrica (IN) indicada y en qué registro se quiere guardar (OUT). La operación se podrá condicionar a través de la entrada EN.

Se deberá elegir el tipo de datos con el que se vaya a trabajar y en todos los casos tan solo admite dos tipos:

- **Real**: valores en coma flotante de 32 bits (+1.175e-38 a +3.402e+38).
- **LReal**: valores en coma flotante de 64 bits (+2.225e-308 a +1.797e+308).

Recuerda • • •

Para trabajar con cualquiera de las funciones trigonométricas, tan solo podemos hacerlo con valores en formato REAL o LREAL.

Debemos señalar también que en todas estas funciones trigonométricas se ha de indicar el valor del dato (IN) en radianes y no en grados.

Por tanto, sería conveniente realizar en primer lugar un cálculo de conversión de grados a radianes antes de aplicar la función trigonométrica. Por ejemplo, realizando el siguiente cálculo:

$$Dato_{radianes} = \frac{Datos_{grados} * 2 * \pi}{360}$$

De este modo, tendríamos el siguiente programa:

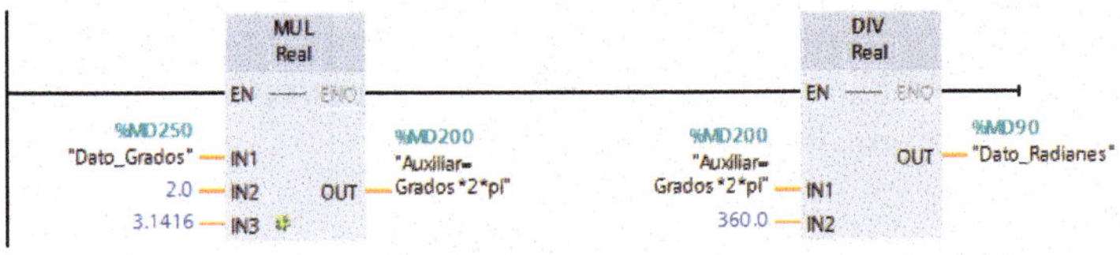

Fig. 6.27

Ahora ya podemos aplicar cualquiera de las funciones trigonométricas y obtener un cálculo correcto. Por ejemplo, si hacemos el cálculo con 60 grados, tenemos que Dato_Grados = 60:

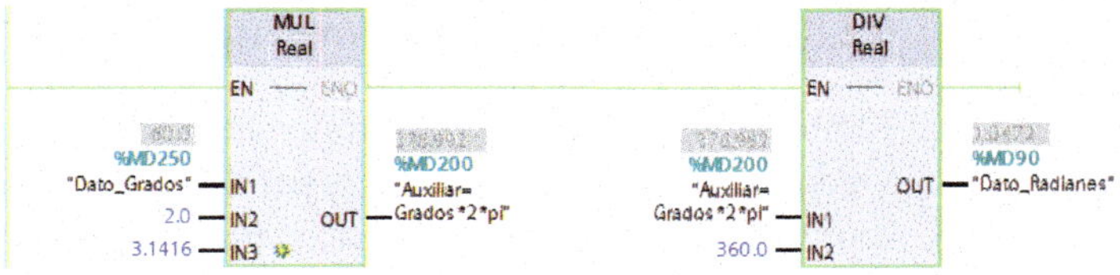

Fig. 6.28

Y los cálculos trigonométricos resultarán ser los siguientes:

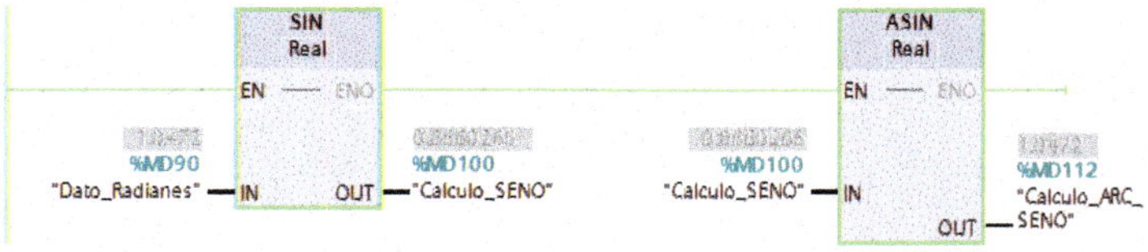

Fig. 6.29a

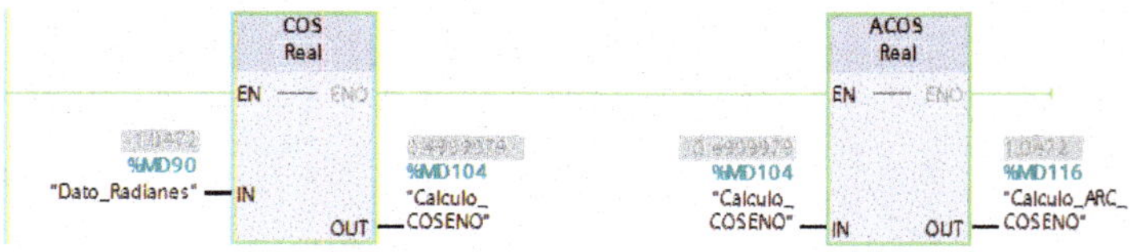

Fig. 6.29b

Fig. 6.29c

6.2.4 Operaciones exponenciales SQR, SQRT, EXPT

Las instrucciones matemáticas para realizar operaciones exponenciales son:

- **SQR**: calcular el cuadrado de un número.
- **SQRT**: calcular la raíz cuadrada de un número.
- **EXPT**: elevar a potencia, que permite elevar el valor de un número a la potencia de otro número.

Recuerda • • •

Las funciones exponenciales tienen todas la misma estructura: una entrada para el valor al que se quiere aplicar la función y una salida donde guardar el resultado.

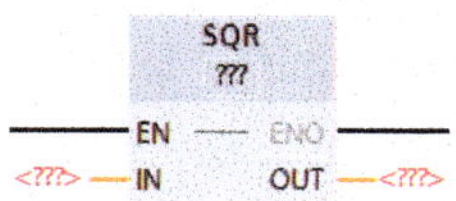

Fig. 6.30a

Fig. 6.30b

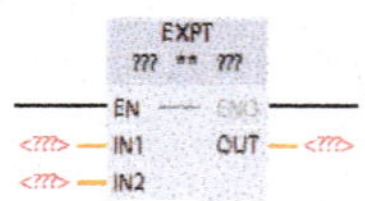

Fig. 6.30c

A continuación presentamos un ejemplo con cada operación. Para poder comprobar correctamente el funcionamiento en el panel **Registros de pedido y de contaje**, se debe tener en cuenta que los datos introducidos en los displays de la fila superior **Pedidos de producción** nos deben dar un valor entero como resultado, por ejemplo:

- **Cálculo del cuadrado de un valor**

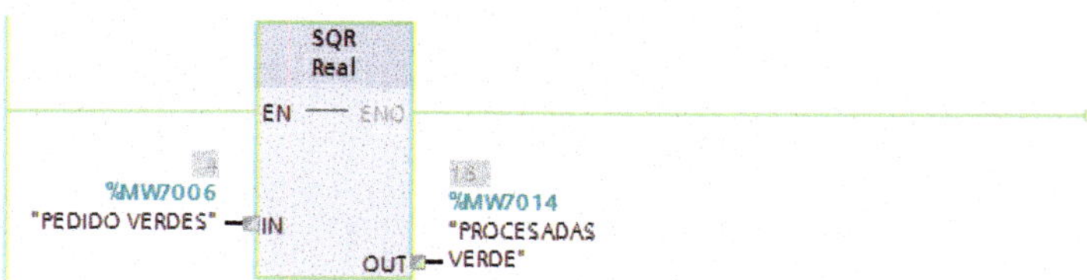

Fig. 6.31

Recuerda • • •

Para trabajar con cualquiera de las funciones exponenciales, tan solo podemos hacerlo con valores en formato REAL.

- **Cálculo de la raíz cuadrada de un valor**

Fig. 6.32

- **Elevar a potencia un valor de base sobre otro de exponente**

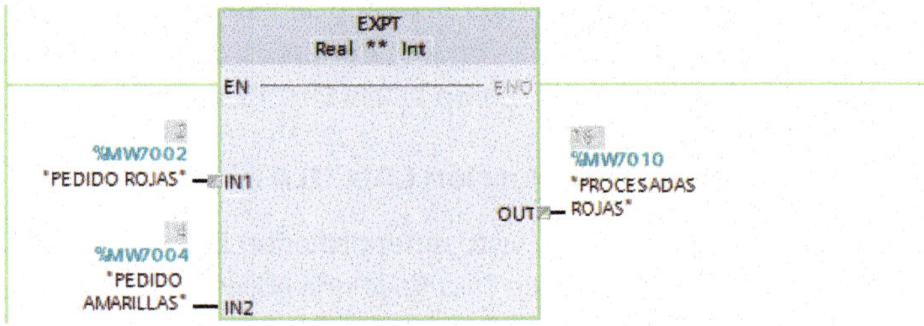

Fig. 6.33

Ejemplo:

Deseamos realizar el cálculo de la potencia activa en una red trifásica para posteriormente utilizarla para el control de una salida analógica. La ecuación a calcular es la siguiente:

$$P = \sqrt{3} * V * I * \cos\varphi$$

Para ello, debemos utilizar diferentes instrucciones estudiadas anteriormente. En primer lugar hemos de realizar la operación de la raíz cuadrada del valor 3 con la instrucción SQRT:

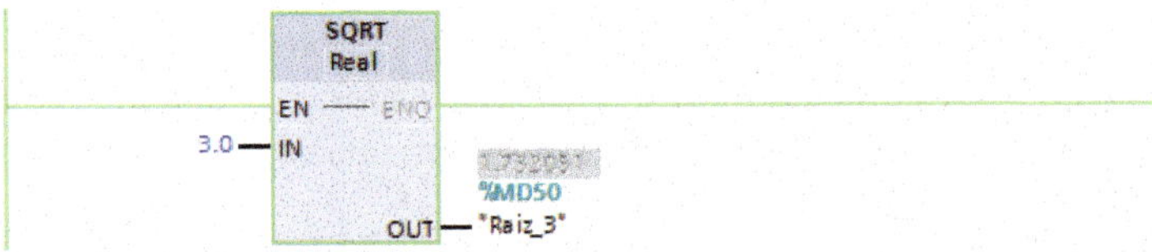

Fig. 6.34

A continuación, se calcula el producto de todos los factores que intervienen en la ecuación y se obtiene un resultado en valor real. Para poder visualizar este valor en el display de piezas **Procesadas Rojas** debemos pasarlo a valor entero (Int), y para ello utilizamos la función **ROUND,** que redondea el valor en formato real indicado en el parámetro de entrada (IN) y lo muestra en el parámetro de salida (OUT) en formato entero (Int).

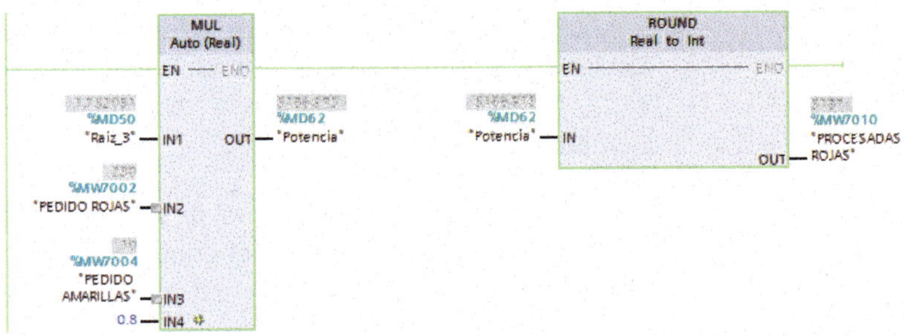

Fig. 6.35

Esta función **ROUND** la podemos encontrar dentro de la carpeta **Conversión** del catálogo **Instrucciones básicas**, entre otras funciones:

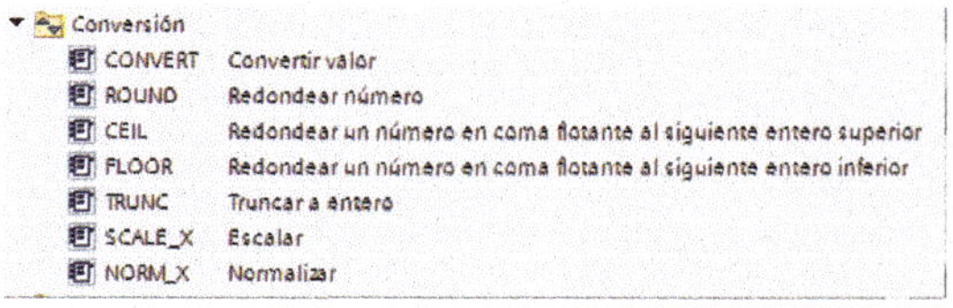

Fig. 6.36

Igual que hemos utilizado la función **ROUND** para realizar la conversión de un valor real a valor Int, podemos utilizar también otras funciones de conversión equivalentes, como **CONVERT**, **CEIL**, **FLOOR** o **TRUNC**.

6.2.5 Instrucción CALCULATE

Como hemos visto anteriormente, hemos utilizado diferentes funciones por separado para realizar un cálculo de una ecuación. Es obvio que a medida que la ecuación es más compleja, el número de funciones matemáticas a utilizar es mayor y en estos casos es posible que sea más conveniente hacer uso de la función **CALCULATE**, ya que aporta la ventaja de que podemos introducir la ecuación a calcular en una sola función:

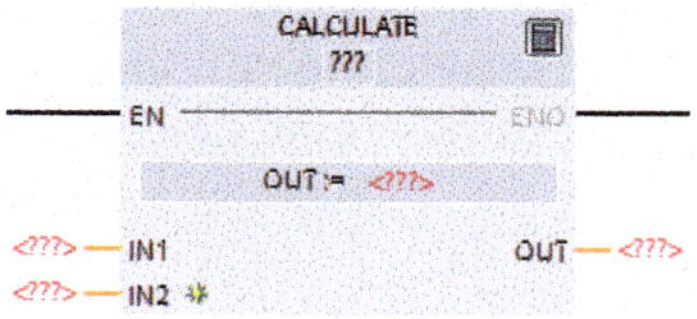

Fig. 6.37

Recuerda • • •

Con la función CALCULATE se puede introducir una fórmula de cálculo utilizando diferentes operadores matemáticos, en los que todas sus variables corresponden a una de las entradas previamente configuradas.

La función **CALCULATE** permite ampliar el número de entradas (IN1, IN2, IN3, ...) para poder indicar a la función los datos que intervienen en la ecuación, y tiene una sola salida (OUT) donde presentará la solución.

Pulsando sobre el icono calculadora que aparece dibujado en la parte superior derecha de la propia función aparecerá una ventana para introducir la ecuación:

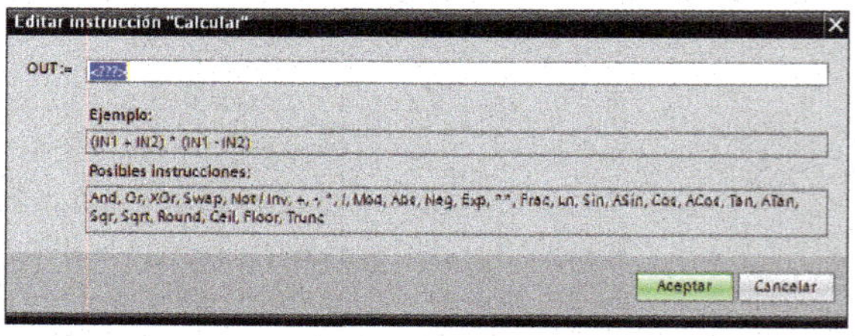

Fig. 6.38

Si se usan tan solo los parámetros de entrada (IN1, IN2, IN3, ...) en combinación con las posibles instrucciones, se realizará el cálculo del resultado final.

Ejemplo:

Deseamos realizar el cálculo de la potencia activa en una red trifásica para posteriormente utilizarla para el control de una salida analógica. La ecuación a calcular es la siguiente:

$$P = \sqrt{3} * V * I * \cos\varphi$$

Ahora tenemos que colocar en las diferentes entradas de la función **CALCULATE** el 3 (IN1), el registro que contiene el valor de la tensión (IN2), el registro que contiene el valor de la intensidad (IN3) y el registro que contiene el valor del cos ρ (IN4), y a continuación introducir la siguiente expresión:

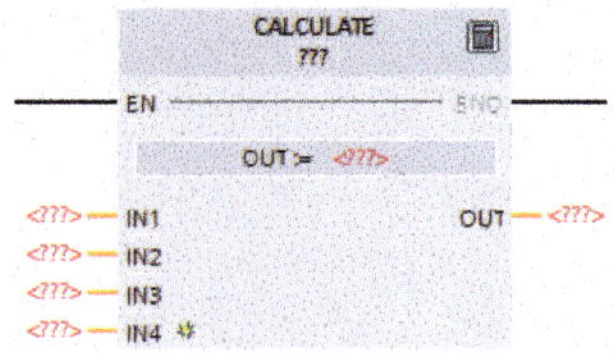

Fig. 6.39

OUT: = SQRT(IN1) * (IN2) * (IN3) * (IN4)

La instrucción será esta:

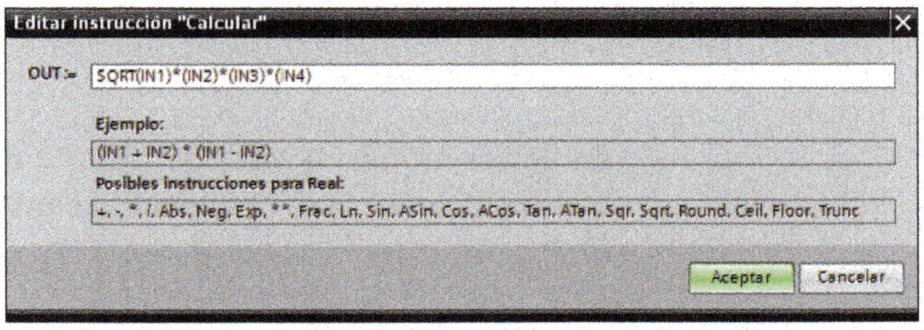

Fig. 6.40

El programa quedará de la siguiente forma:

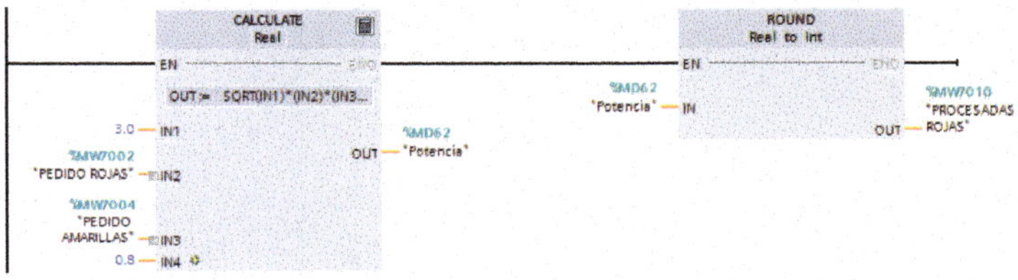

Fig. 6.41

El valor resultante de la función **CALCULATE**, a través del parámetro OUT, es el resultado final en formato real, y como lo queremos presentar en el display de piezas **Procesadas Rojas** debemos pasarlo a valor entero (Int). Es por ello que utilizamos la función **ROUND**.

Se puede observar en la instrucción **CALCULATE** como aparecen unos cuadrados de forma automática en les entradas IN2 e IN3, esto sucede porque ha detectado que en esas dos entradas, las variables asociadas son valores del tipo entero y dado que el formato de la instrucción es Real, la propia instrucción **CALCULATE** realiza la conversión de los datos de esas dos entradas al formato Real.

6.2.6 Funciones MIN, MAX y LIM

Las instrucciones para la evaluación de los datos introducidos a través de sus entradas son:

- **MIN**: da como resultado en su salida el valor mínimo de los presentados a través de los parámetros de entrada.
- **MAX**: da como resultado en su salida el valor máximo de los presentados a través de los parámetros de entrada.
- **LIM**: da como resultado un valor comprendido entre dos límites asociados a los parámetros de entrada (MAX y MIN), siendo estos los valores máximo y mínimo que podrá presentar en su salida (OUT).

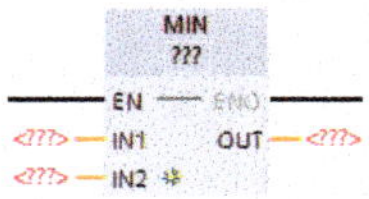

Fig. 6.42a

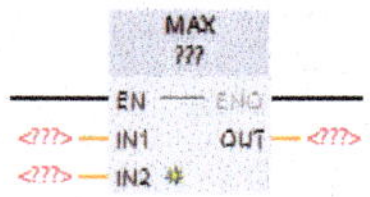

Fig. 6.42b

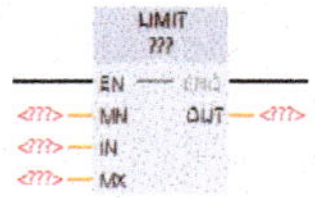

Fig. 6.42c

A continuación, presentamos un ejemplo con cada función. Para poder comprobar correctamente el funcionamiento en el panel **Registros de pedido y de contaje**, se debe tener en cuenta que los datos introducidos en los displays de la fila superior **Pedidos de producción** nos deben dar un valor entero como resultado, por ejemplo:

- **Cálculo del valor mínimo**

En este ejemplo se trata de determinar cuál es el valor más pequeño de los tres que se asocian a las correspondientes entradas y para ello introduciremos los diferentes valores a través de los display del panel **Registros de pedido y contaje**:

Recuerda • • •

La función «MIN» ofrece en su salida el valor inferior de los introducidos a través de sus entradas.

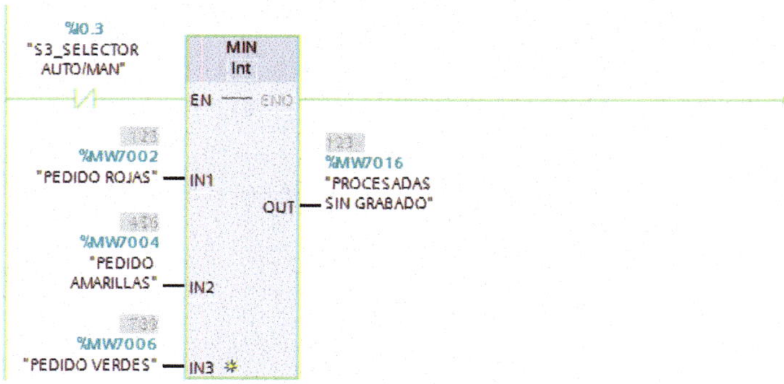

Fig. 6.43

- **Cálculo del valor máximo**

En este ejemplo se trata de determinar cuál es el valor más grande de los tres que se asocian a las correspondientes entradas y para ello introduciremos los diferentes valores a través de los display del panel **Registros de pedido y contaje**:

Recuerda • • •

La función «MAX» ofrece en su salida el valor superior de los introducidos a través de sus entradas.

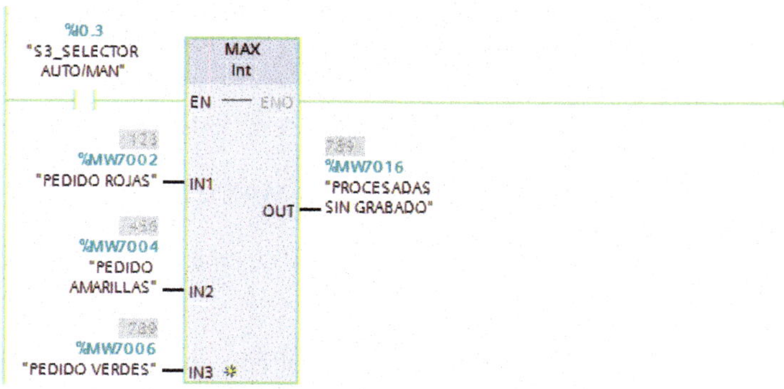

Fig. 6.44

- **Control por valores límite**

En este ejemplo se trata de controlar que el valor introducido (IN) se encuentre entre dos valores límites, inferior (MN) y superior (MX). Si el valor es correcto, se visualizará en el parámetro de salida (OUT), mientras que si el valor introducido (IN) está fuera de los valores límites, entonces presentará el valor límite que haya sido superado. Para comprobar el funcionamiento, introduciremos los diferentes valores a través de los display del panel **Registros de pedido y contaje**:

Recuerda • • •

La función «LIM» ofrece en su salida el mismo valor introducido a través de su entrada «IN», siempre que este se encuentre entre los valores límites «MIN» y «MAX»; en caso contrario, muestra en su salida «OUT» el valor superado.

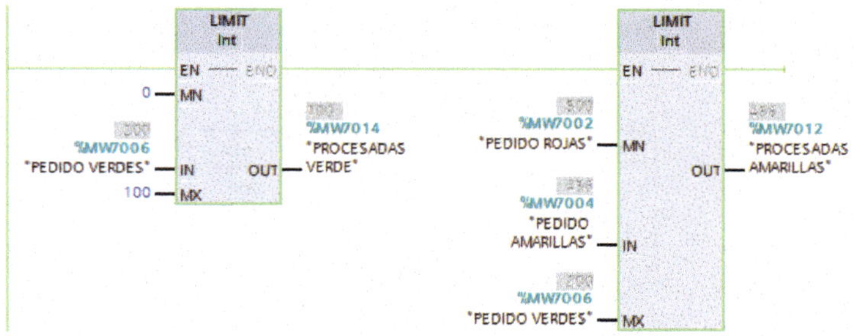

Fig. 6.45

6.2.7 Funciones matemáticas en un Grafcet

Las diferentes funciones matemáticas se pueden utilizar en un Grafcet en forma de acción asociada, y pueden tener diferentes aplicaciones, como:

- Aplicación de la función suma (ADD). En el flanco positivo de activación de la etapa incrementaremos una unidad un registro que se utiliza de contaje.

- Aplicación de una ecuación sencilla con la función producto (MUL). Por ejemplo, queremos realizar el siguiente cálculo: V = R * I, donde: V (MD10), R (MD20) e I (MD30).

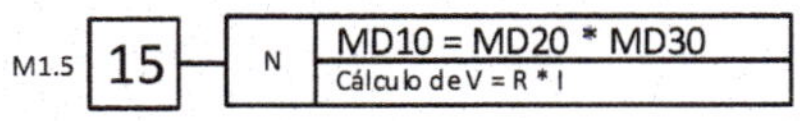

- Aplicación de una ecuación compleja con la función calcular (CALCULATE). Por ejemplo, queremos realizar el siguiente cálculo: $P = \sqrt{3} * V * I * \cos\varphi$.

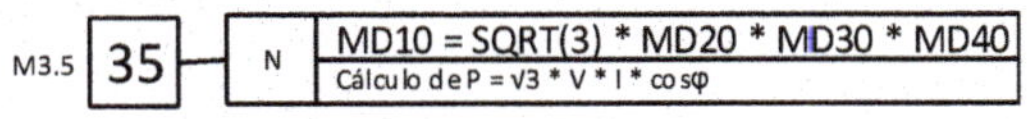

Recuerda • • •

Algunas aplicaciones de operaciones matemáticas en un Grafcet nos pueden servir para:

- Incrementar un registro.
- Realizar un cálculo simple.
- Realizar un cálculo complejo.

Ejemplo:

Si nos fijamos en el último ejemplo representado anteriormente, como es el cálculo de la potencia, tendremos:

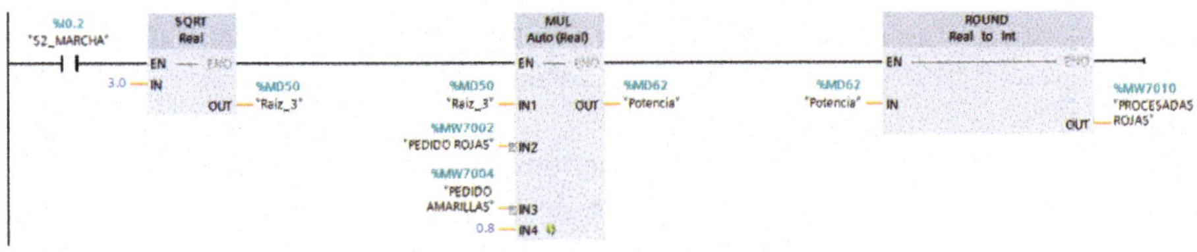

La representación en un Grafcet sería así:

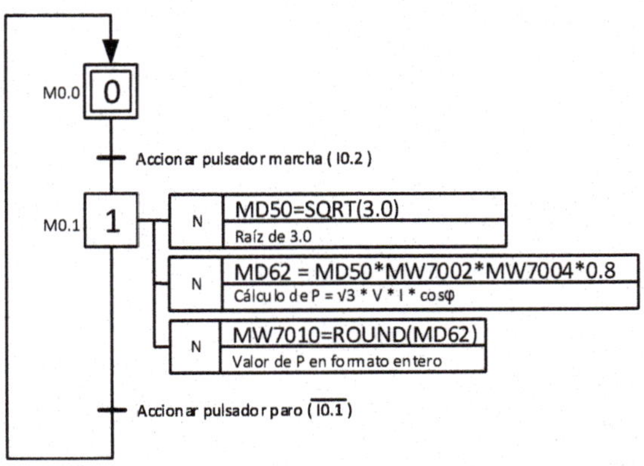

En el apartado de programar las acciones asociadas tendremos:

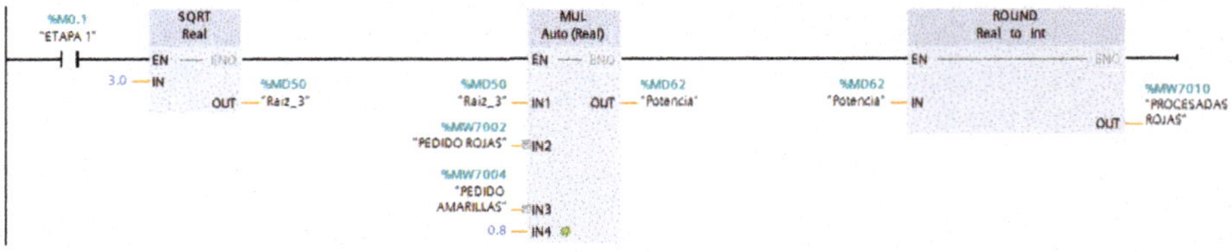

6.3 Programación en Grafcet (V)

En esta cuarta parte de Grafcet explicamos, además de integrar las funciones estudiadas, cómo son las funciones de transferencia y matemáticas en un diseño realizado en Grafcet. También estudiaremos un nuevo tipo de estructura como es la de trabajos paralelos o también llamado bifurcación en Y.

6.3.1 Tipo de secuencia Trabajos paralelos o Bifurcación en Y

Este tipo de secuencia llamada **Trabajos paralelos**, que también se conoce como **Bifurcación en Y** o **Secuencias simultáneas**, ofrece la posibilidad de que la evolución del Grafcet siga por diferentes caminos de forma simultánea.

Estas secuencias se utilizan cuando un proceso tiene la necesidad de realizar diferentes operaciones de forma simultánea, de modo que cada una de esas operaciones puede tener una duración diferente en el tiempo. Es entonces cuando diseñamos un Grafcet con bifurcación en Y. Tanto la divergencia del Grafcet para entrar en una bifurcación en Y como la convergencia se indican con una doble línea.

Para entrar en una bifurcación en Y se necesita una única transición (Transición_Entrada), de manera que se activan todas las primeras etapas de cada rama. A partir de ahí, cada rama evoluciona a su ritmo de forma independiente, llegando cada una de ellas al finalizar su secuencia particular a una etapa final denominada etapa de espera, que lo que hace es esperar a que el resto de ramas finalice su secuencia.

Una vez tenemos todas las etapas finales de espera activadas, para salir de la bifurcación en Y se deberá cumplir una única transición (Transición_Salida), que normalmente se indica como **=1**, ya que en un principio ya no queda ninguna condición previa que se deba cumplir. Este **=1** indica que siempre se está cumpliendo esa transición. Podemos utilizar el bit de marca especial **Always TRUE** y a partir de ahí el Grafcet continuará evolucionando según el diseño realizado.

A continuación, se muestra un ejemplo de diseño de un Grafcet con bifurcación en Y que está formada por tres ramas con secuencias diferentes:

Recuerda • • •

Cuando es necesario tener que realizar varios trabajos en paralelo, utilizaremos el tipo de secuencia en Grafcet llamada «Bifurcación en Y», donde varias secuencias funcionan de forma independiente pero sincronizadas entre ellas.

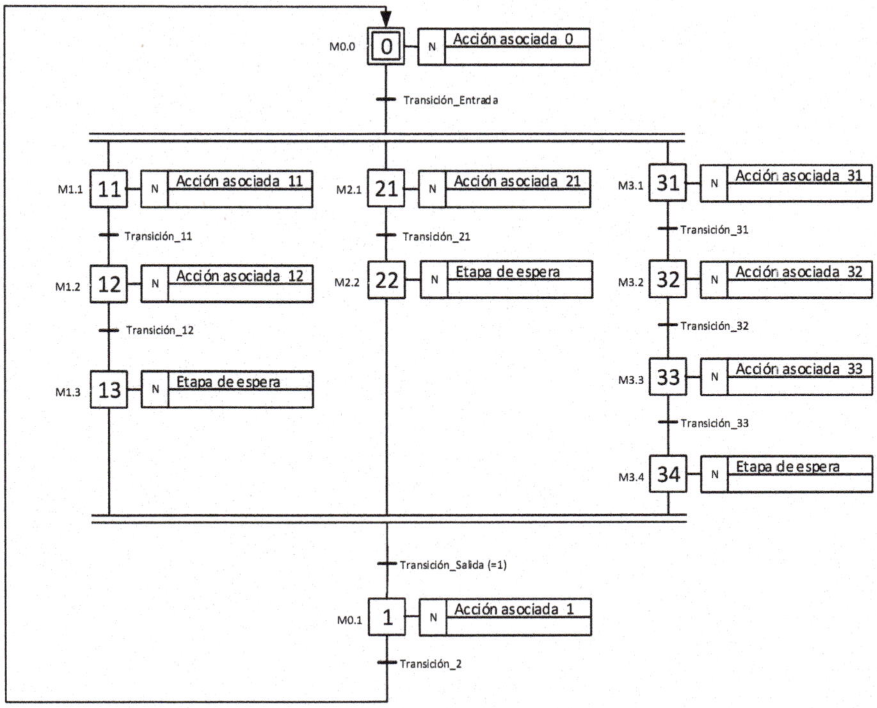

Se observa cómo para acceder a las tres ramas simultáneas se deberá cumplir únicamente la **Transición_Entrada** para que se activen en ese momento las tres etapas iniciales de cada secuencia en Y, esto es, las etapas 11, 21 y 31, y se desactive la etapa 0. A partir de ahí cada secuencia evolucionará de forma independiente pasando a la siguiente etapa al cumplirse la transición correspondiente. Una vez la secuencia ha alcanzado su etapa final, en este caso las etapas 13, 22 y 34, el Grafcet esperará a que estas tres etapas se encuentren activas, indicando que las tres secuencias han finalizado. Será entonces cuando en el momento de cumplirse la **Transición_Salida** se activará la etapa siguiente (1) y se desactivarán de forma simultánea las tres anteriores, en este caso 13, 22 y 34.

Hay que vigilar para no cometer errores, ya que los dos ejemplos siguientes no son válidos por incumplir el principio de evolución de un Grafcet de transición-etapa-transición.

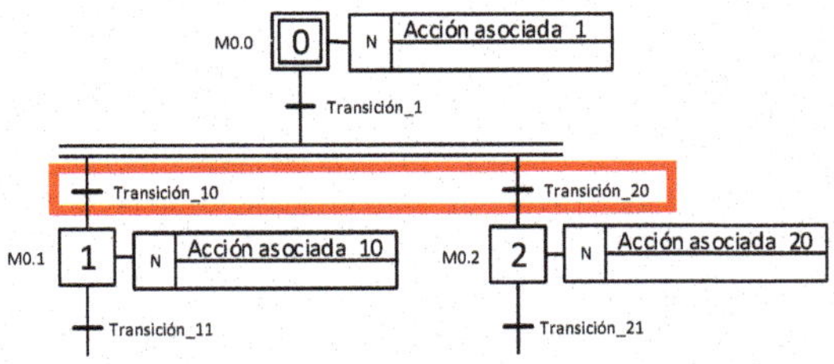

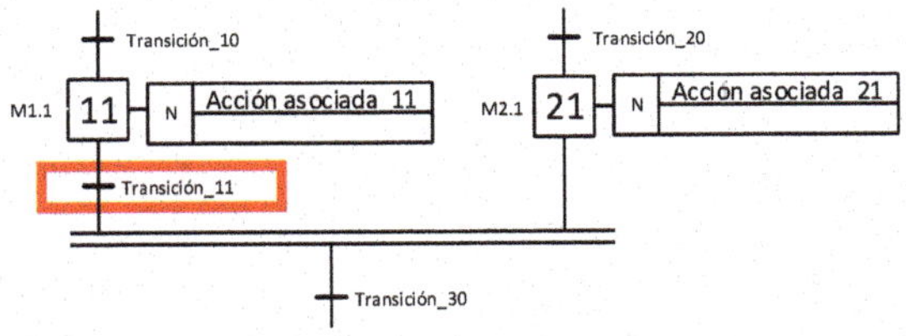

6.3.2 Programa basado en diseño Grafcet

Para practicar con este tipo de secuencia vamos a plantear un ejemplo basado en el simulador 3D, donde se desea controlar el movimiento de los dos manipuladores, el de grabado y el de carga, de forma simultánea. Del manipulador de grabado realizamos el control del cilindro de doble efecto multiposicional grande, gobernado por una electroválvula monoestable, unido de forma perpendicular a este cilindro se encuentra otro de doble efecto llamado de marcado y gobernado por una válvula biestable. Del manipulador de carga realizamos el control del conjunto formado por el cilindro del eje horizontal, gobernado por una electroválvula biestable, y unido de forma perpendicular a este encontramos otro cilindro, como es el de la ventosa, gobernado por una electroválvula monoestable. Todos los cilindros disponen de sensores de posición para los dos estados: reposo y avance. Además, se deberán indicar los diferentes estados de funcionamiento mediante los pilotos de la baliza de señalización.

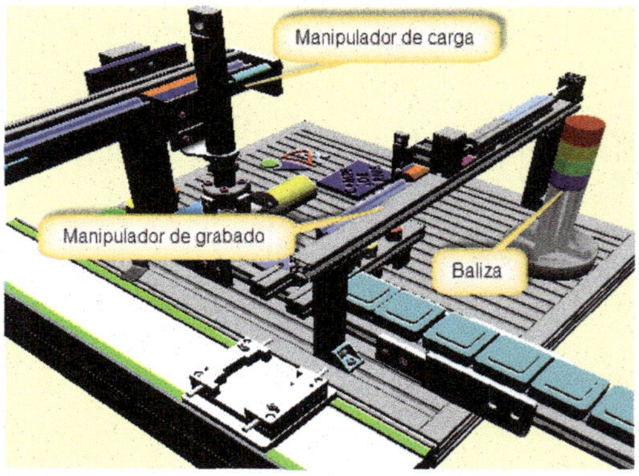

Fig. 6.46

- **Condiciones de funcionamiento:**

  - Al poner en marcha el sistema tendremos activado el piloto rojo (Q2.4), que indica que el sistema se encuentra en reposo y totalmente detenido.

En ese momento, y para poner en funcionamiento el sistema, comprobamos que los diferentes cilindros se encuentren en sus posiciones de reposo:

- Cilindro marcador arriba (I1.4).
- Cilindro multiposicional grande dentro (I1.2).
- Cilindro del eje horizontal a la derecha (I0.6).
- Cilindro del eje vertical con la ventosa arriba (I0.4).

Al accionar el pulsador de marcha (I0.2), se pondrán en funcionamiento las dos secuencias independientes previstas para el control de los dos manipuladores, que serán:

- Secuencia 1 (manipulador de grabado):
  - Se pondrá en funcionamiento el piloto verde (Q2.2) de forma permanente, manteniéndose en marcha durante toda la secuencia de movimientos.
  - El cilindro multiposicional grande avanzará (adelante) (Q0.4).
  - Cuando el cilindro multiposicional grande se encuentre en la posición de avance (adelante) (I1.3), el cilindro marcador iniciará el proceso de avance (abajo) (Q0.6).
  - Cuando el cilindro marcador se encuentre en la posición de avance (abajo) (I1.5), el cilindro marcador retornará a su posición de reposo (Q0.7).
  - Cuando el cilindro marcador se encuentre en la posición de reposo (arriba) (I1.4), será cuando el cilindro multiposicional grande retorne a la posición de reposo (desconectando la Q0.4), movimiento que realizará hasta detectar su correspondiente sensor de posición (I1.2).

  - En este momento esperará a que finalice la secuencia 2 para pasar a la etapa común siguiente. Esta situación quedará señalizada por el funcionamiento del piloto verde (Q2.2) de forma intermitente (1 Hz).

- Secuencia 2 (manipulador de carga):
  - Se pondrá en funcionamiento el piloto amarillo (Q2.1) de forma permanente, manteniéndose en marcha durante toda la secuencia de movimientos.
  - El cilindro del eje horizontal avanzará hacia la izquierda (Q0.1).
  - Cuando el eje horizontal alcance la posición de avance (izquierda) (I0.7), el cilindro de la ventosa avanzará hasta la posición inferior (Q0.0).
  - Cuando el cilindro de la ventosa haya alcanzado la posición inferior (I0.5), el cilindro de la ventosa retrocederá hasta la posición de reposo (arriba) (desconectando la Q0.0).
  - Cuando el cilindro de la ventosa haya alcanzado la posición superior (I0.4), el cilindro del eje horizontal retrocederá hasta la posición de reposo (derecha) (Q0.2).
  - En este momento esperará a que finalice la secuencia 1 para pasar a la etapa común siguiente, esta situación quedará señalizada por el funcionamiento del piloto amarillo (Q2.1) de forma intermitente (1 Hz).

- Finalizadas las dos secuencias, el proceso se posicionará en la etapa inicial (X0) y se desactivarán las dos secuencias de forma simultánea, el piloto rojo (Q2.4) se pondrá en funcionamiento y el sistema quedará preparado para realizar un nuevo ciclo.

- **Desarrollo del Grafcet**

A continuación se presenta el Grafcet que da respuesta al enunciado dado.

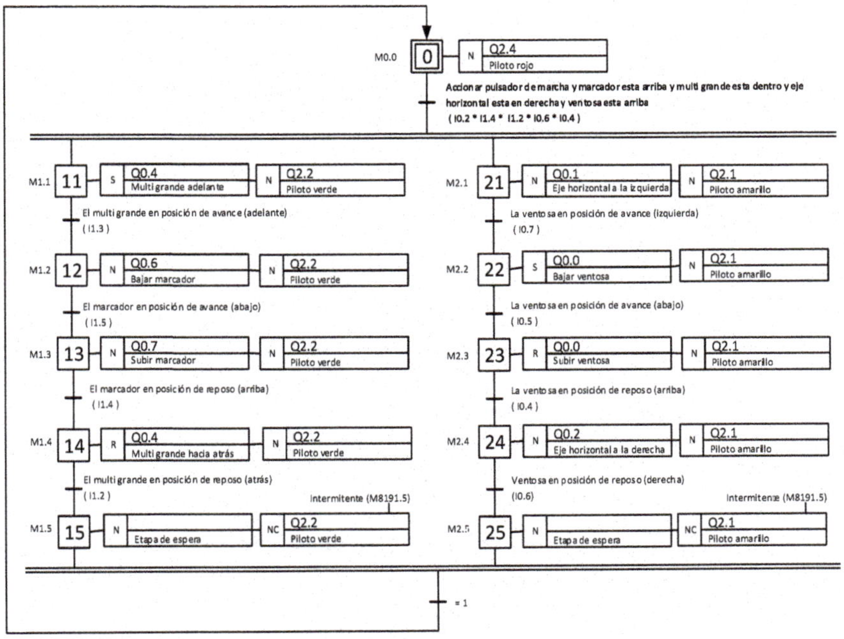

En algún caso es posible que las etapas de espera de cada una de las secuencias puedan ser la última etapa de cada una de ellas. En cualquier caso, debemos mantener el concepto de eficiencia y ahorro energético, de forma que no quede ningún dispositivo mantenido inútilmente con tensión. En este caso, la transición de salida de las secuencias simultáneas correspondería a una condición AND formada por las condiciones de cierre de cada una de las secuencias.

Si aplicamos ese concepto en nuestra solución (Grafcet aportado anteriormente) y realizamos la modificación, debemos eliminar las etapas 15 y 25, y las transiciones de paso de las etapas 14 a 15 y 24 a 25, de forma que la transición de salida esté formada por una condición AND entre las dos condiciones de las transiciones eliminadas. Además, debemos añadir una condición en la acción asociada a la etapa 24 con el objeto de no mantener la electroválvula (Q2.2) activada cuando ya no sea necesaria mientras espera la finalización de otras secuencias simultáneas. Por tanto, tendríamos la siguiente finalización:

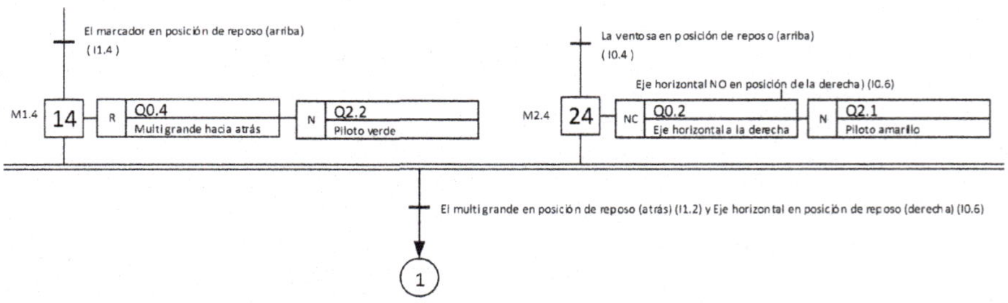

Pero al eliminar las etapas de espera, también hemos eliminado la señalización intermitente de los pilotos verde y amarillo que nos indicaba esa situación. Por ese motivo, si las queremos incluir, debemos realizar una nueva modificación hasta obtener el siguiente diseño:

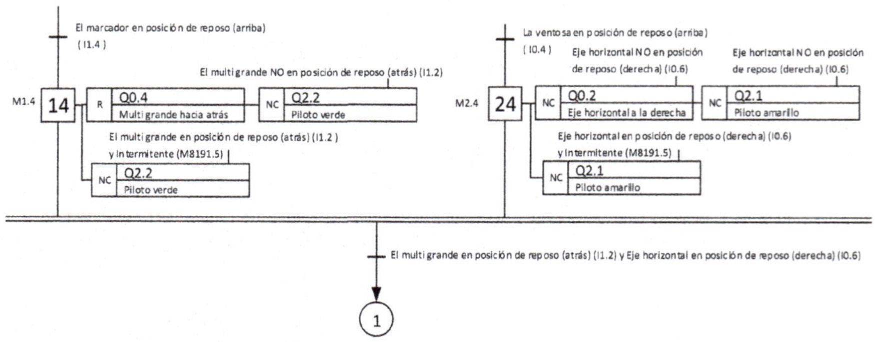

Como se puede comprobar, el diseño del primer caso es más entendible y es el concepto que cubrirá la mayoría de los casos, aún más cuanto más complejos y de mayor envergadura sean los procesos. Por tanto, en este caso la solución de programa que ofrecemos corresponde al diseño completo del Grafcet presentado en primer lugar.

- **Programa en diagrama de contactos**

  - Activación de etapas

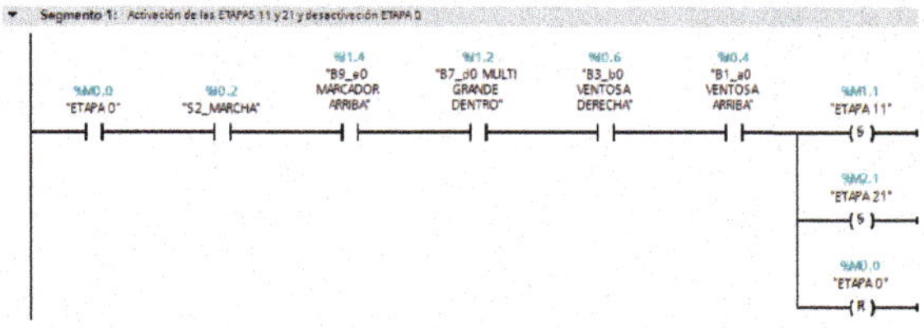

Fig. 6.47

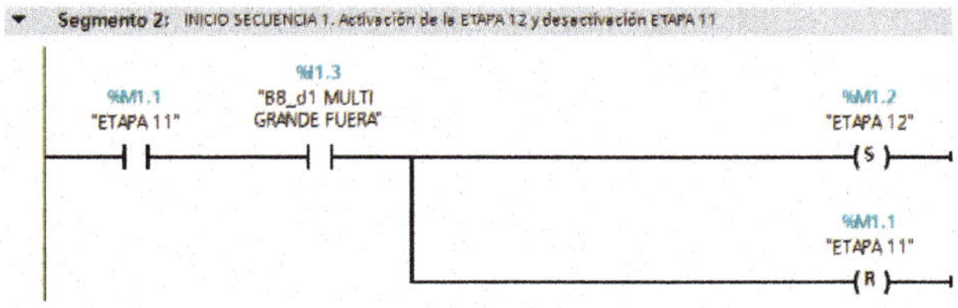

Fig. 6.48

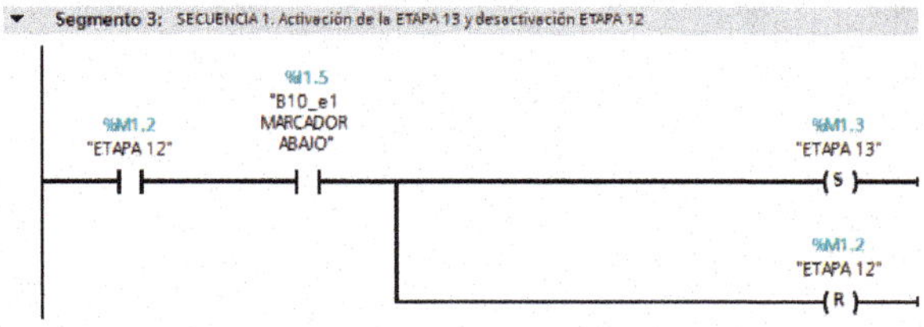

Fig. 6.49

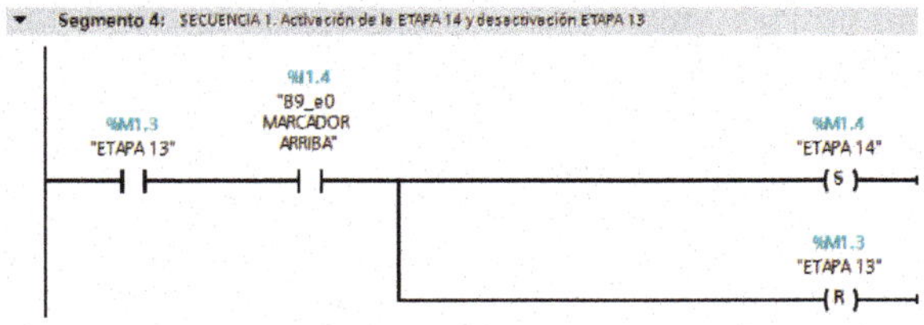

Fig. 6.50

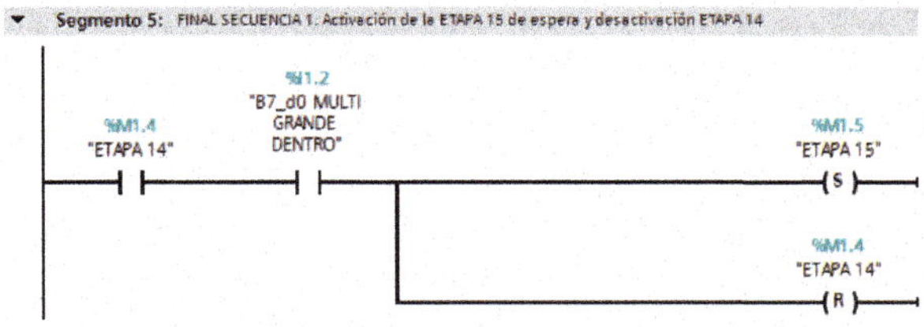

Fig. 6.51

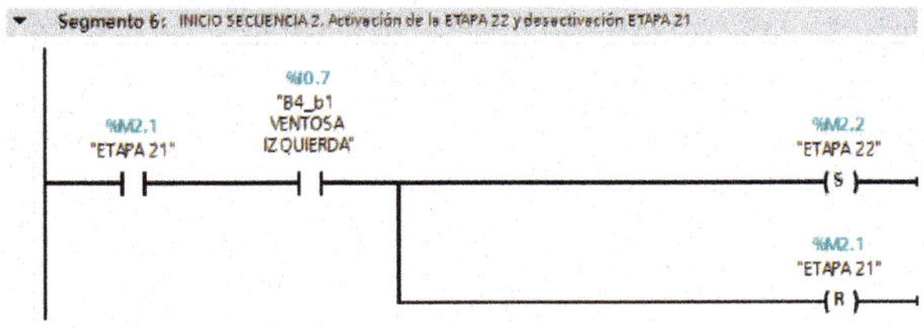

Fig. 6.52

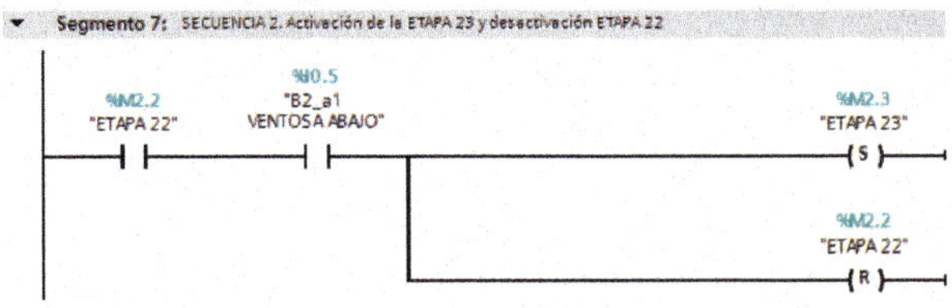

Fig. 6.53

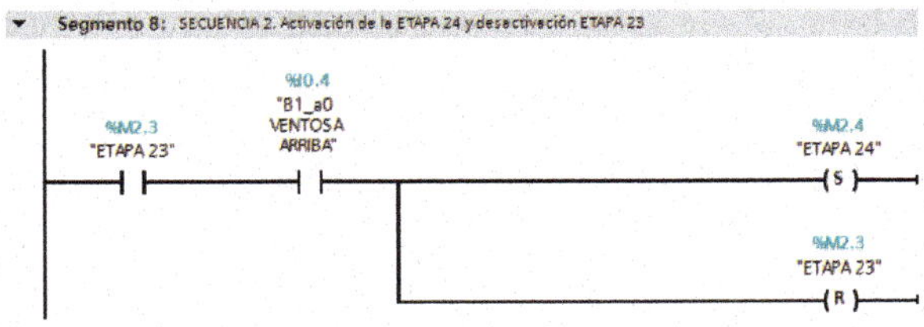

Fig. 6.54

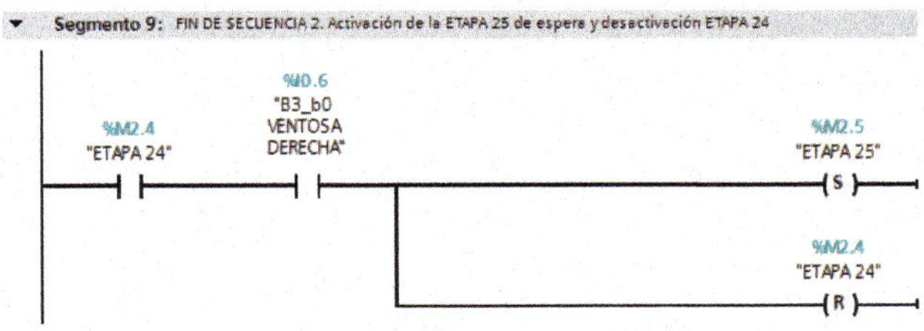

Fig. 6.55

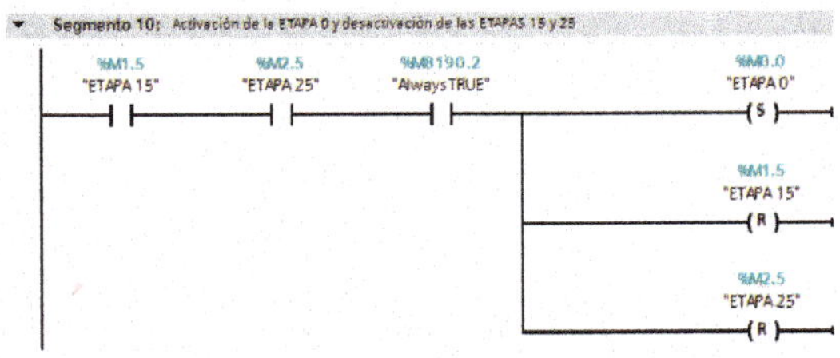

Fig. 6.56

- Activación de salidas

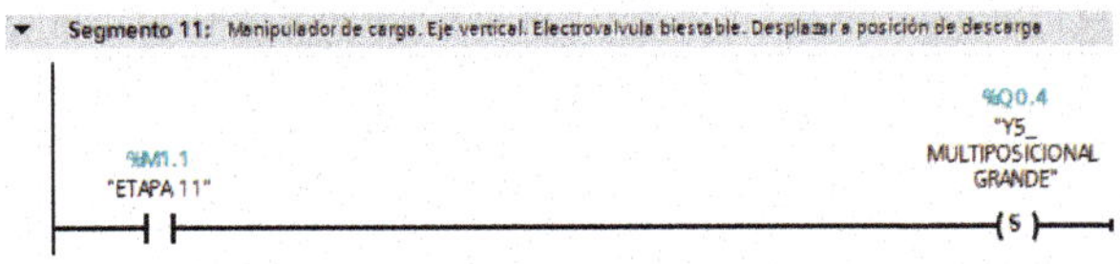

Fig. 6.57

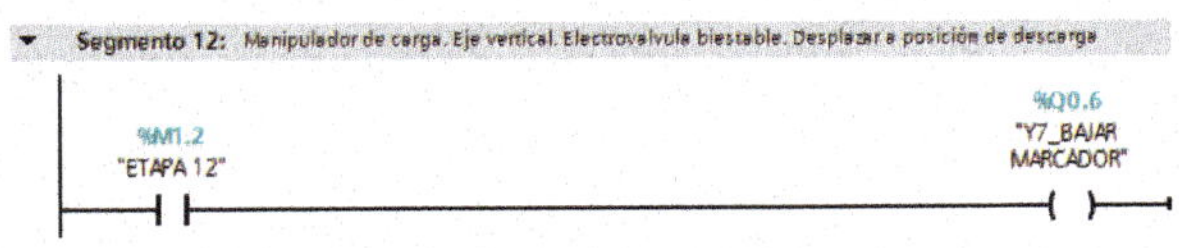

Fig. 6.58

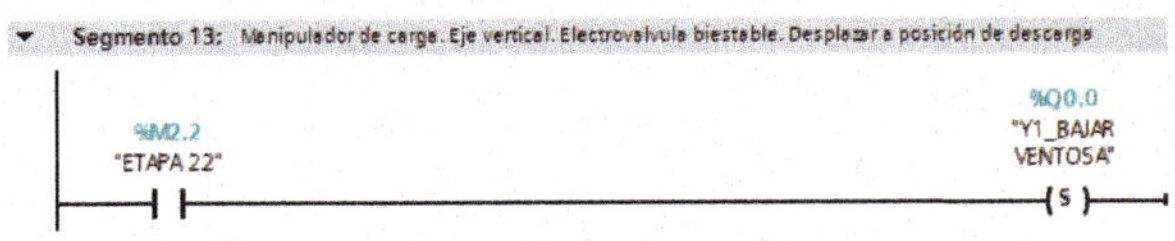

Fig. 6.59

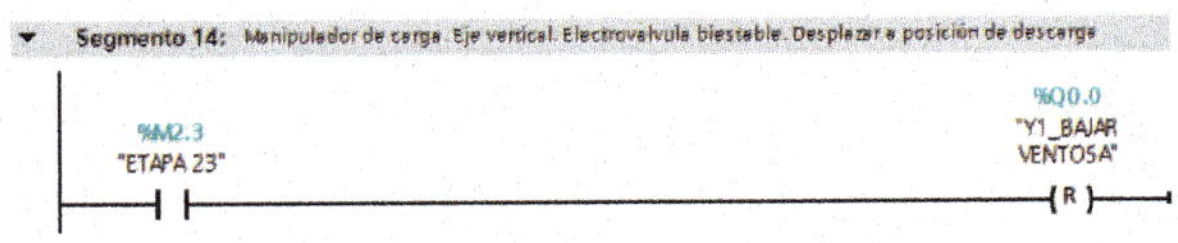

Fig. 6.60

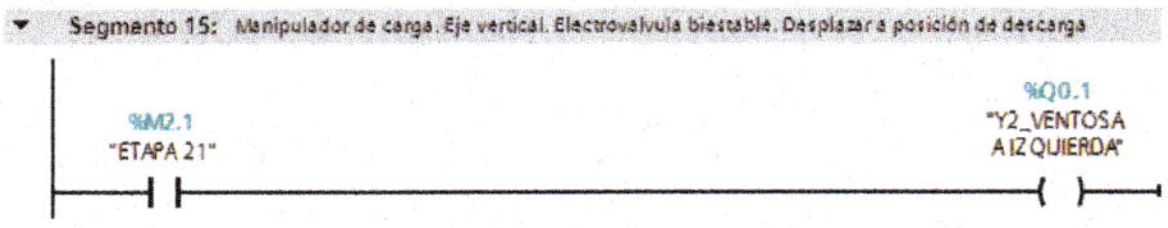

Fig. 6.61

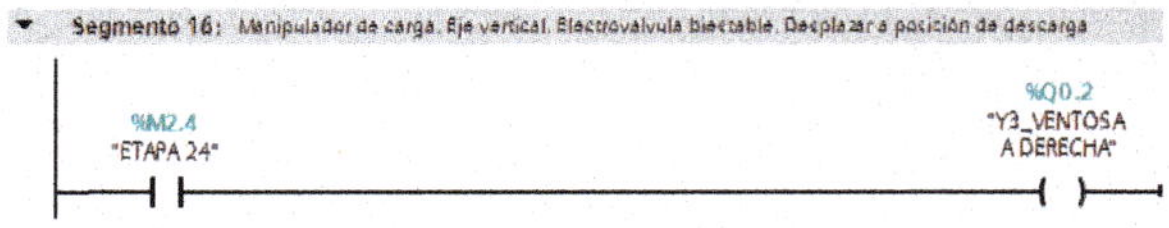

Fig. 6.62

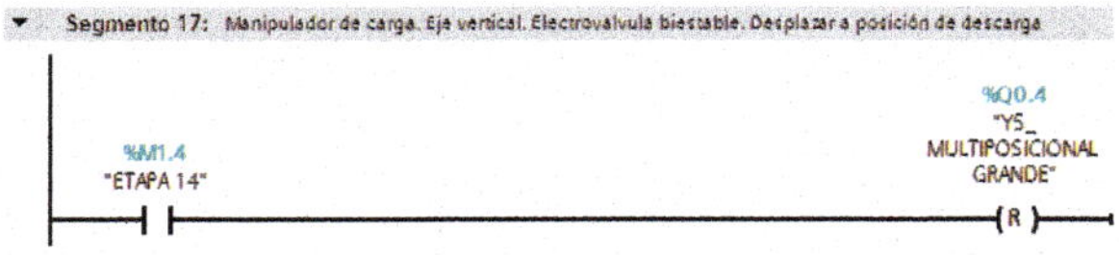

Fig. 6.63

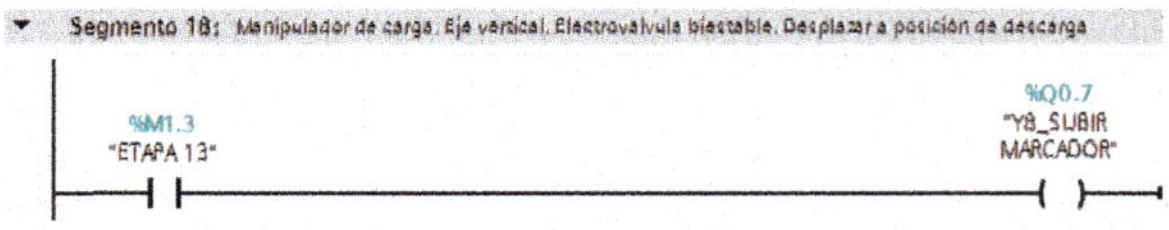

Fig. 6.64

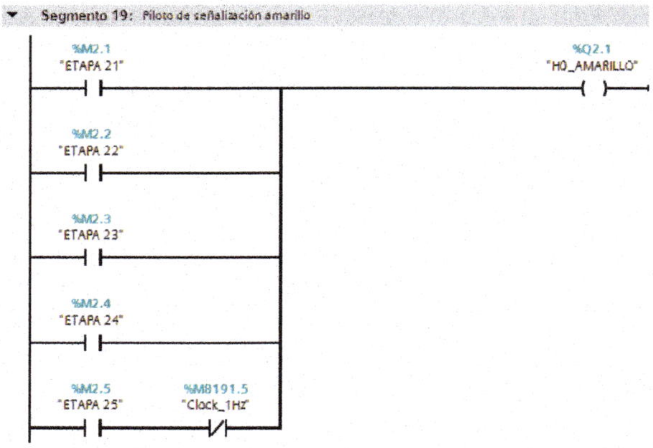

Fig. 6.65

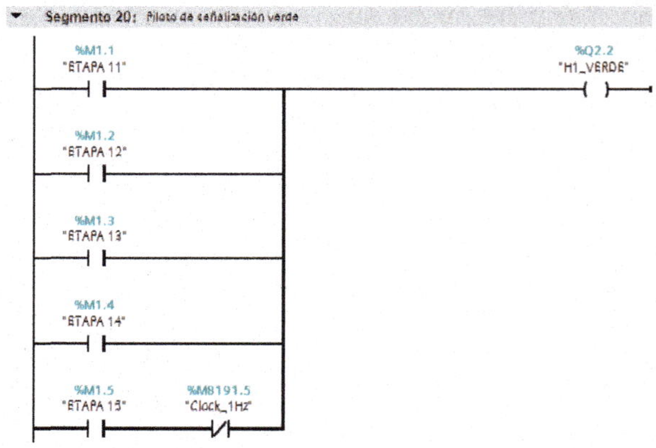

Fig. 6.66

Fig. 6.67

- Activación de la etapa inicial

  En el OB100 se debe programar la activación de la etapa inicial y la desactivación del resto de etapas del Grafcet:

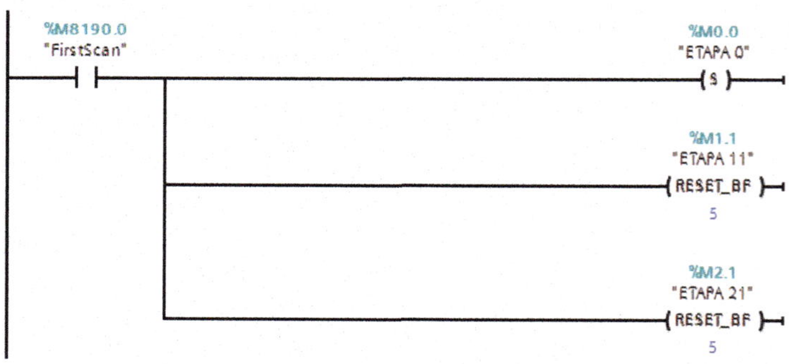

Fig. 6.68

- Llamada desde el OB1 a la función FC1 donde tenemos el programa

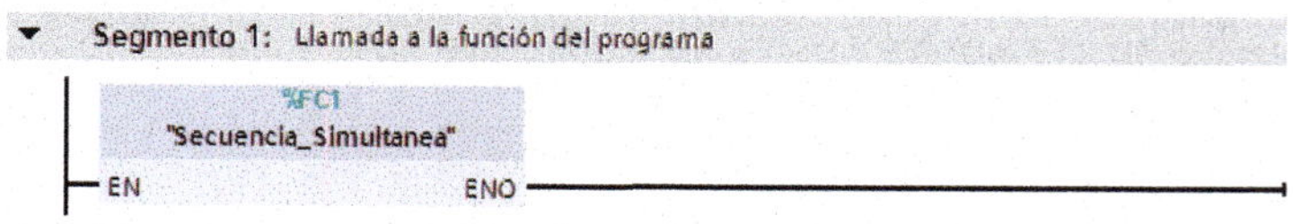

Fig. 6.69

- **Comprobación del funcionamiento con maqueta de simulación 3D**

Para realizar este ejercicio tan solo hemos de utilizar el pulsador **MARCHA** del panel **Control del proceso** para controlar el funcionamiento de todo el proceso:

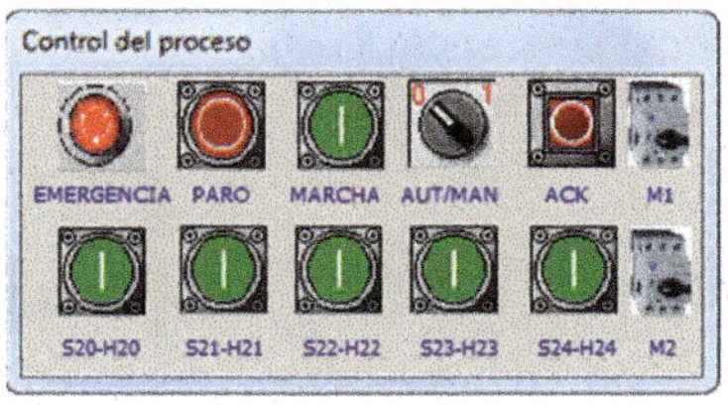

Fig. 6.70

Observaremos en el simulador 3D cómo al accionar el pulsador de marcha, los dos manipuladores se pondrán en funcionamiento de forma simultánea. También observaremos el funcionamiento de los pilotos de la baliza indicando el estado actual del proceso.

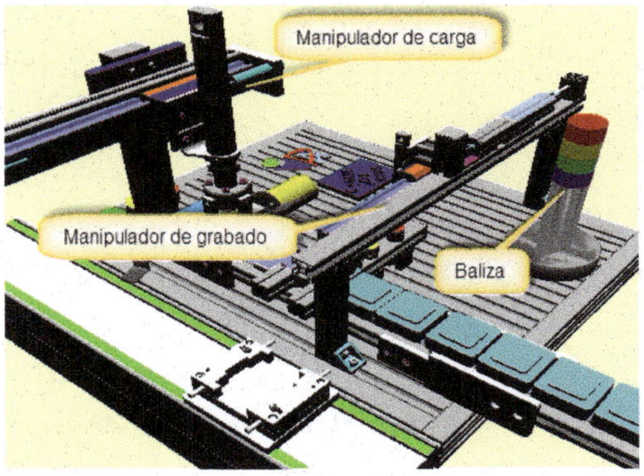

Fig. 6.71

6.3.3 Grafcet paralelos y sincronización de Grafcet

Cuando realizamos un diseño Grafcet con secuencias simultáneas, también podemos optar por realizar cada secuencia en un Grafcet diferente y mantener uno principal que será el que se encargue de la coordinación del resto de Grafcets.

Por ejemplo, si partimos del diseño del Grafcet del apartado 6.3.1, donde había tan solo un único Grafcet que incluía tres secuencias simultáneas, a continuación presentamos los diferentes Grafcet paralelos que dan respuesta a ese mismo diseño:

Grafcet principal:

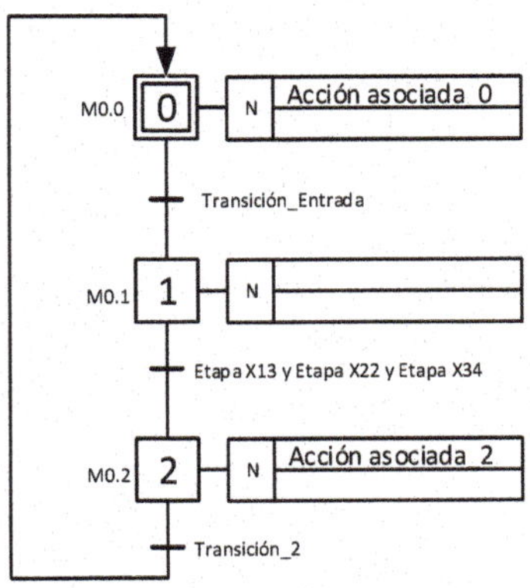

Grafcet secuencia 1

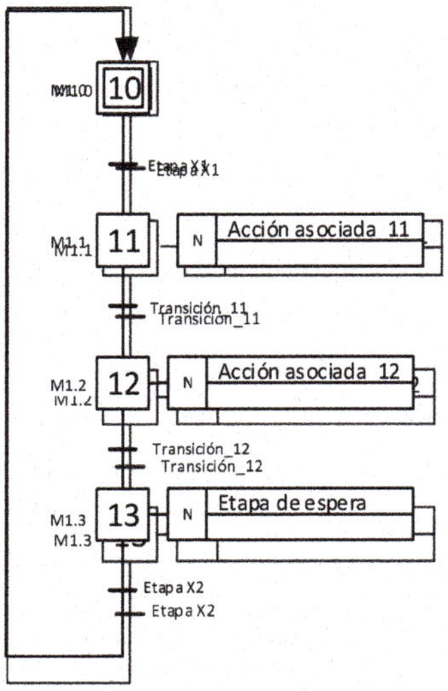

Grafcet secuencia 2

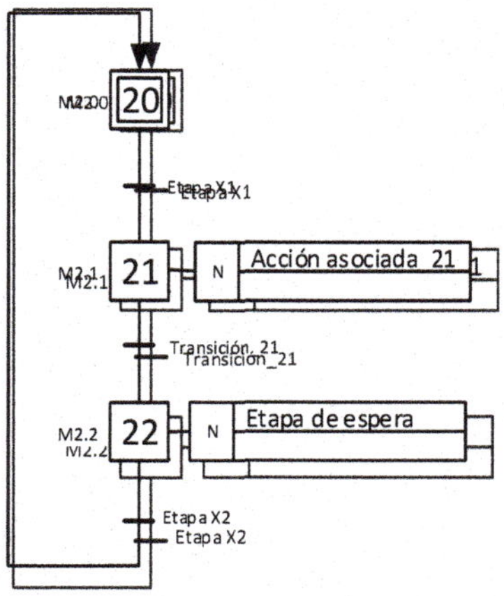

Grafcet secuencia 3

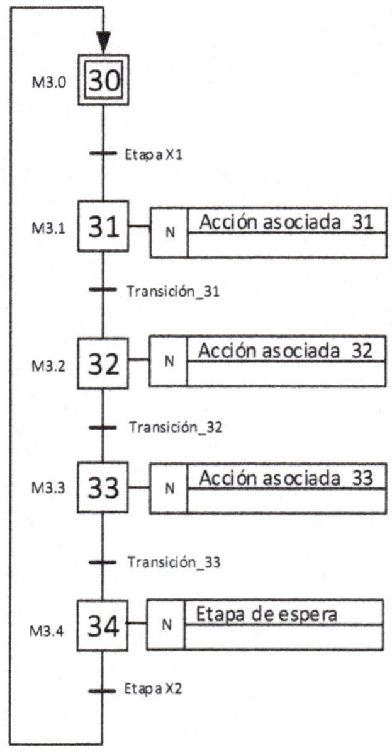

Para indicar la dependencia de uno respecto al otro, se utiliza en el Grafcet que sea necesario el número de etapa del Grafcet del cual dependa. Para eso usaremos la expresión «X + número de etapa», por ejemplo «X20».

En la puesta en marcha, todas las etapas iniciales se pondrán en funcionamiento de forma automática (es decir, las etapas 0, 10, 20 y 30) y a partir de ahí cada Grafcet irá evolucionando a su ritmo.

El Grafcet principal será el que dará la orden de cuándo deben iniciar la evolución del funcionamiento los otros tres Grafcets correspondientes a las tres secuencias a realizar. En este ejemplo, cuando el Grafcet principal se encuentre en la etapa 1, será cuando la primera transición de los Grafcets de las secuencias se cumpla y por tanto se iniciará su evolución de forma paralela pero independiente. Y cuando estos tres Grafcets hayan finalizado su recorrido, se irán posicionando en sus correspondientes etapas de espera, como son 13, 22 y 34. Únicamente cuando estas tres etapas se encuentren activadas, será cuando se cumpla la transición de paso de la etapa 1 a la etapa 2 del Grafcet principal, pasando entonces este a continuar su evolución particular. Cuando se encuentre en la etapa 2, dará paso a que se cumplan las transiciones que harán que se inicien los tres Grafcets de secuencias para estabilizarse en sus etapas iniciales, 10, 20 y 30, que esperarán una nueva orden desde el Grafcet principal para realizar un nuevo ciclo.

La espera a que se cumpla la transición de un Grafcet por la activación de una etapa de otro Grafcet se conoce como sincronización entre Grafcets, de forma que el control del proceso sea completo.

6.3.4 Programa basado en diseño Grafcet

Para practicar con este tipo de secuencia vamos a utilizar el mismo ejercicio basado en el simulador 3D del apartado 6.3. De esta forma, podemos comparar las diferencias entre estos dos sistemas.

Recuerda • • •

El tipo de secuencia conocida como «Bifurcación en Y» puede ser sustituida también por varios Grafcets independientes, uno por cada secuencia, pero, que puedan estar sincronizados entre ellos. Esto se conoce como Grafcets paralelos.

- **Desarrollo del Grafcet**

A continuación, se presentan los Grafcets que dan respuesta al enunciado dado. Observamos que aparecen tres, uno de ellos principal:

Grafcet principal

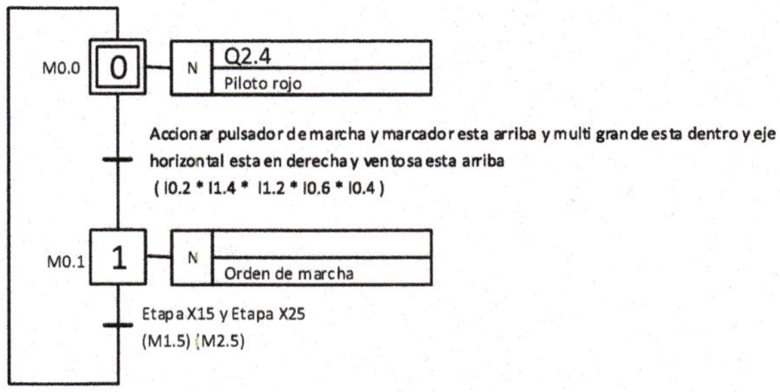

Y otros dos que corresponden cada uno a una de las secuencias, donde encontramos en la primera y en la última transición de cada una de ellas el concepto aplicado de la sincronización entre estos Grafcets y el Grafcet principal.

Grafcet secuencia 1

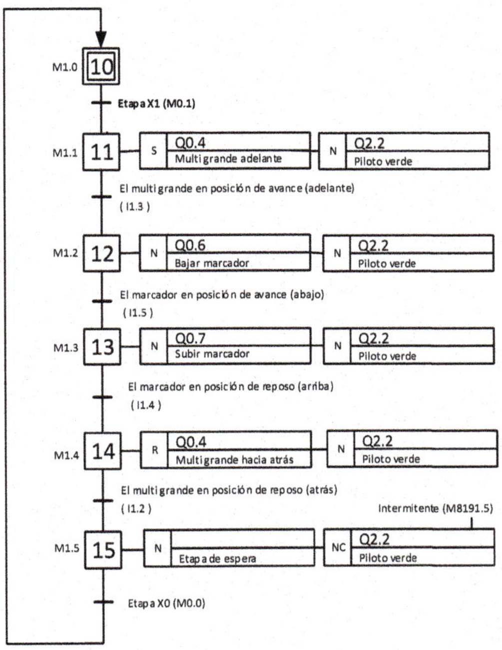

Grafcet secuencia 2

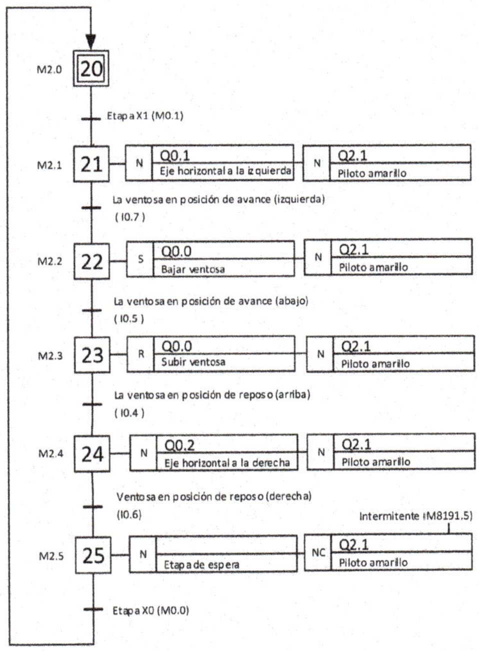

- **Programa en diagrama de contactos**

  - Activación de etapas

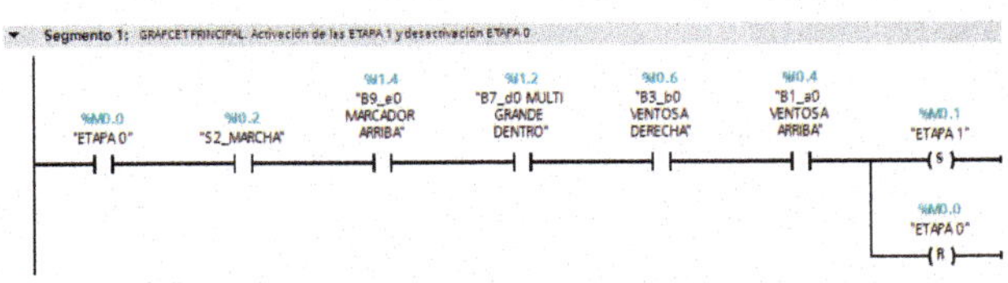

Fig. 6.72

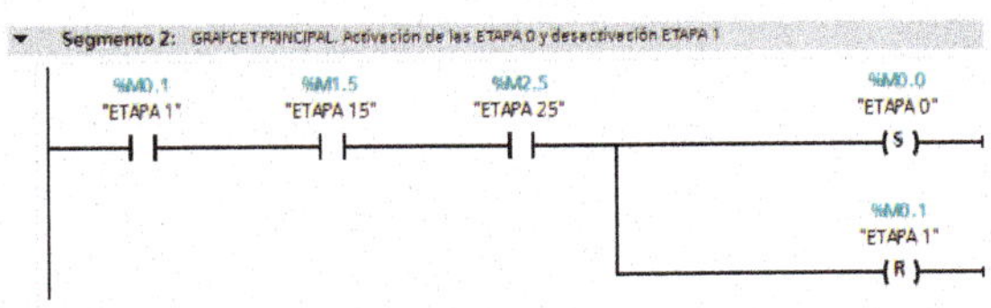

Fig. 6.73

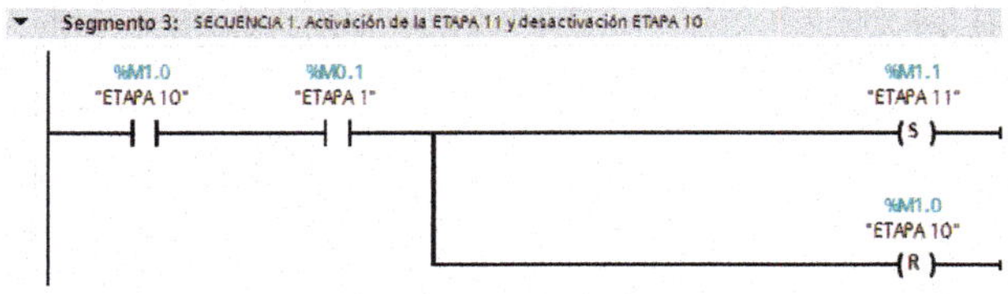

Fig. 6.74

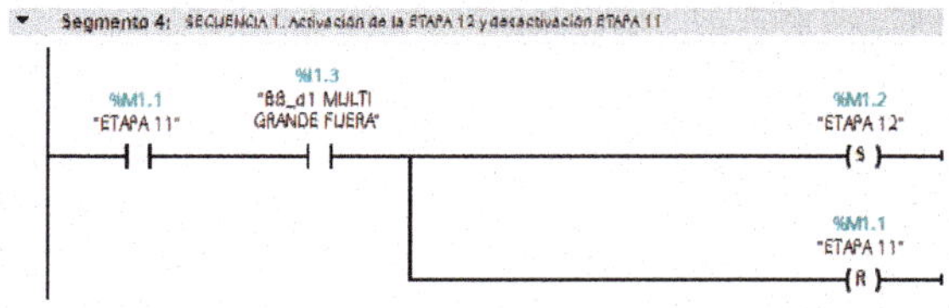

Fig. 6.75

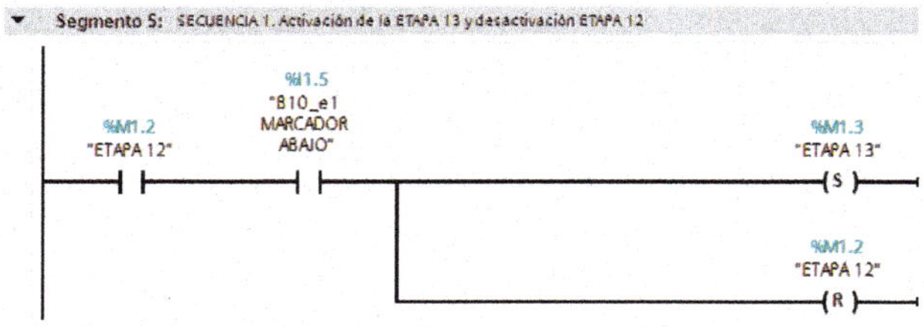

Fig. 6.76

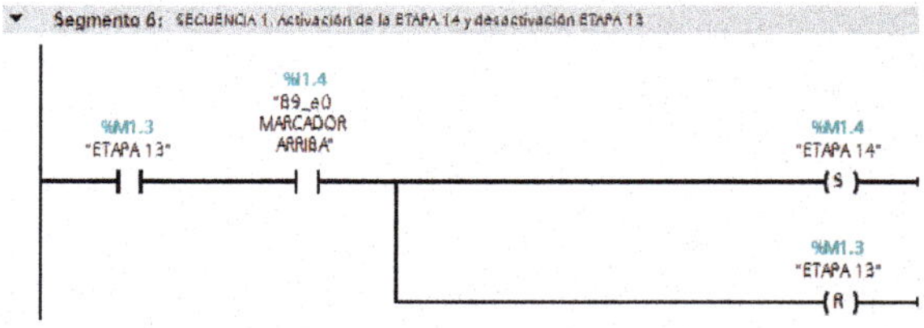

Fig. 6.77

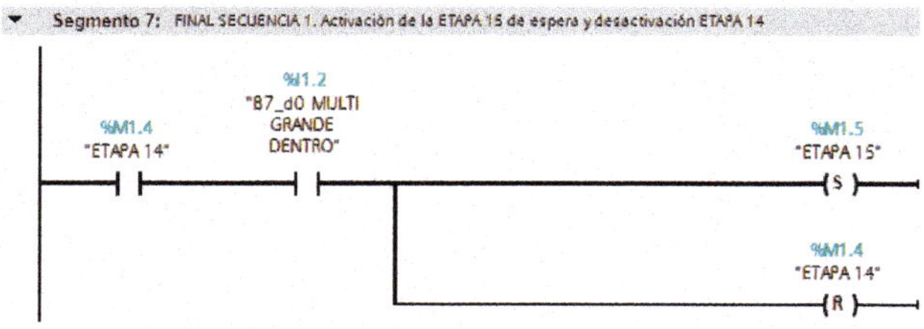

Fig. 6.78

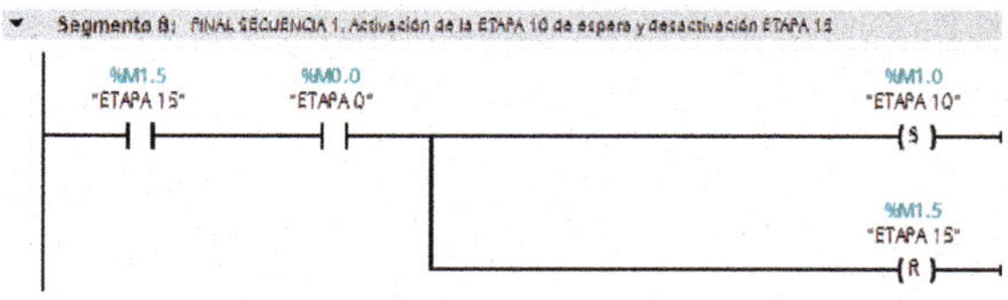

Fig. 6.79

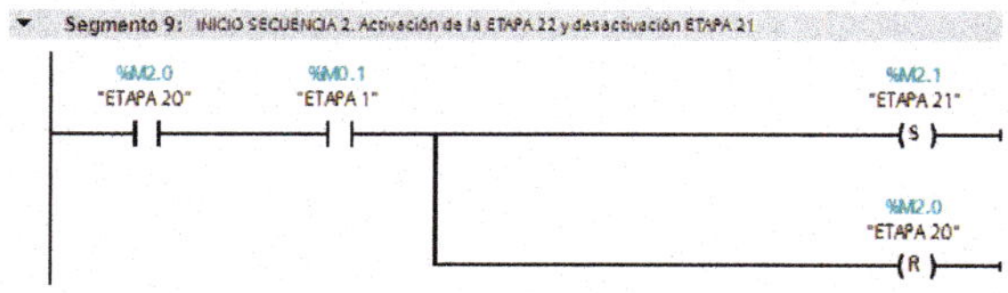

Fig. 6.80

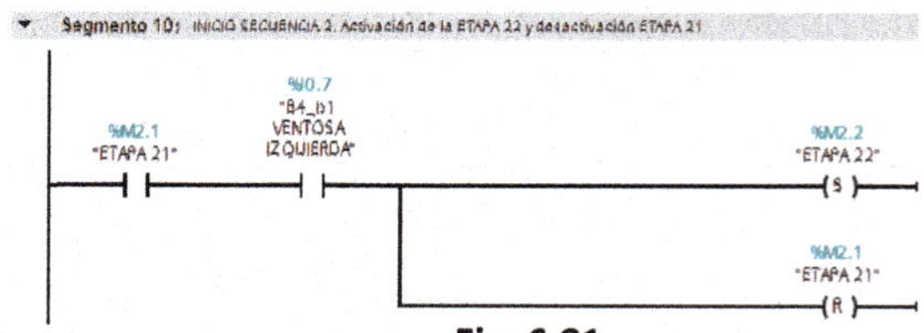

Fig. 6.81

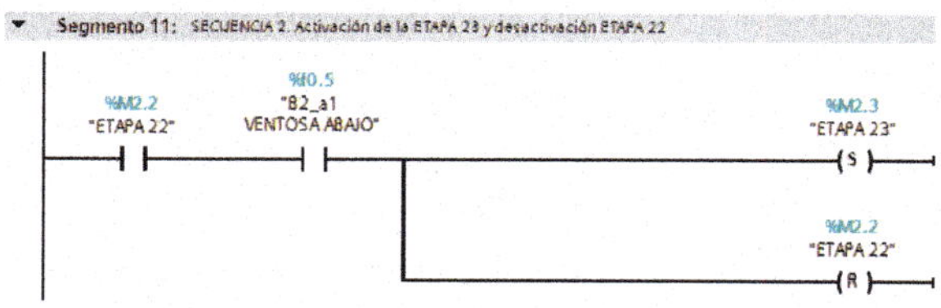

Fig. 6.82

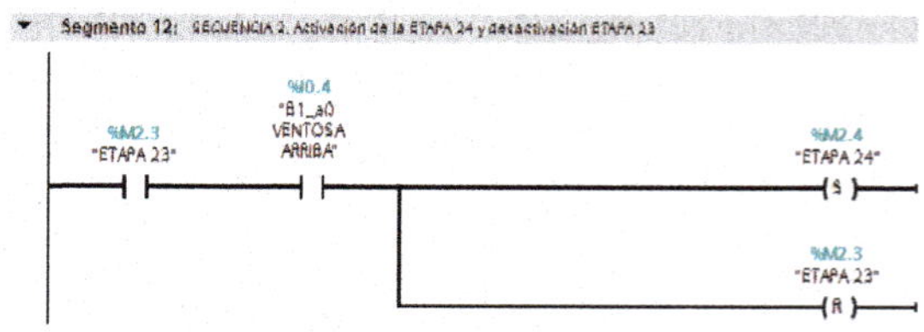

Fig. 6.83

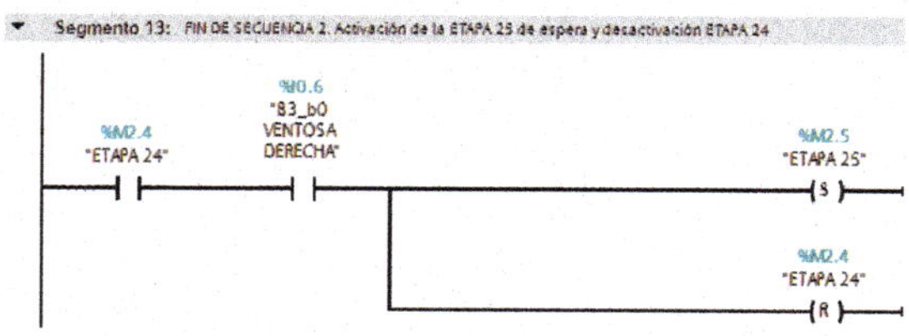

Fig. 6.84

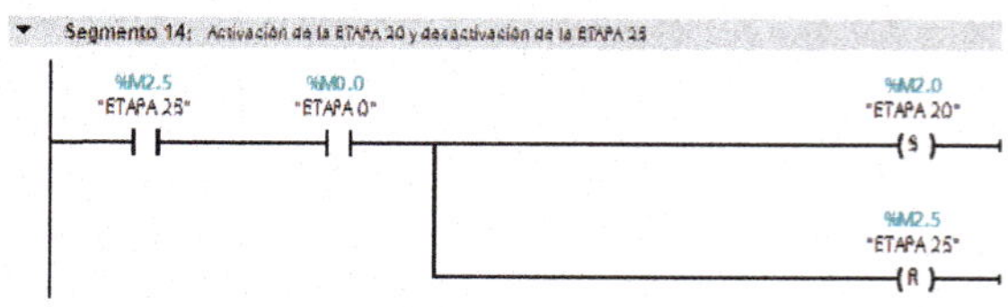

Fig. 6.85

- Activación de salidas

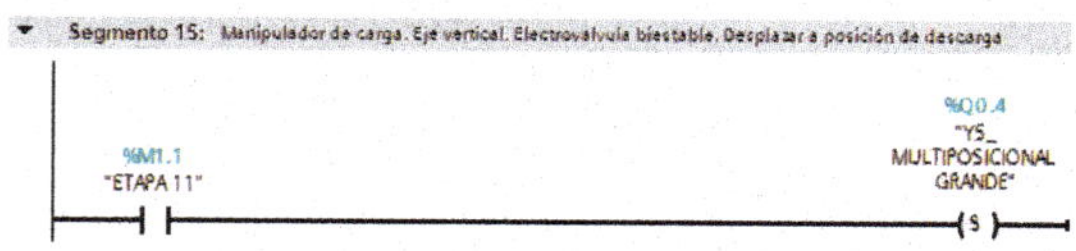

Fig. 6.86

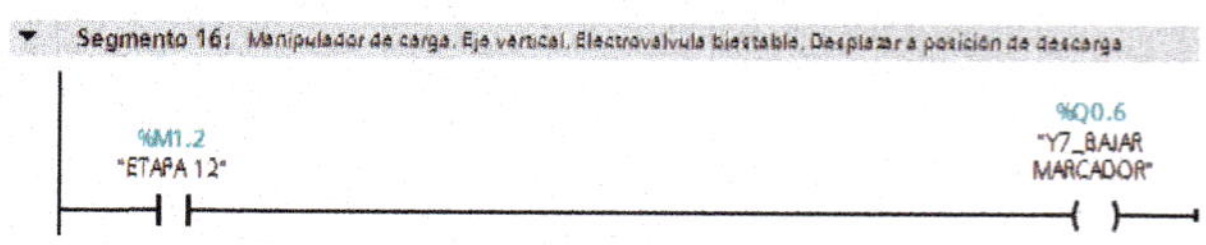

Fig. 6.87

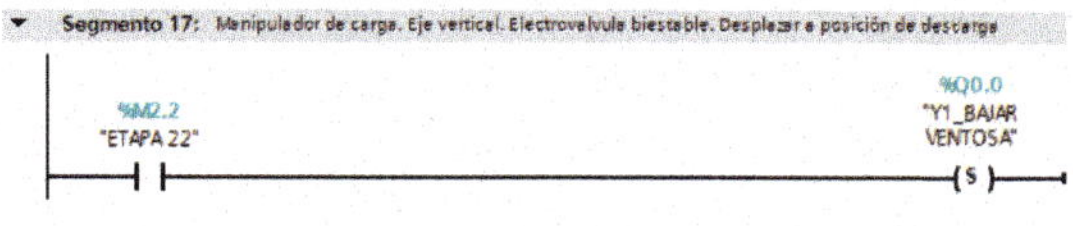

Fig. 6.88

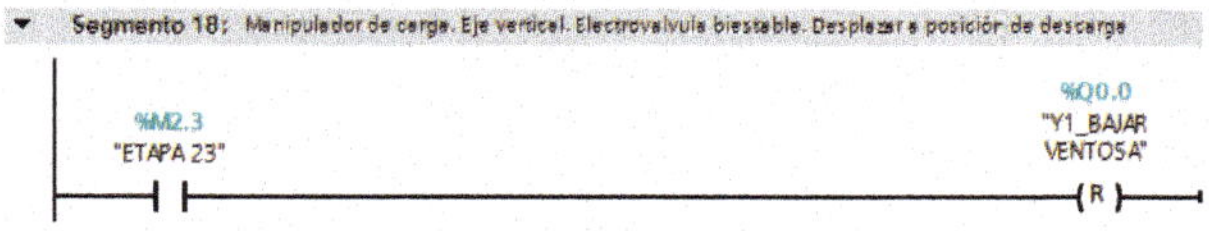

Fig. 6.89

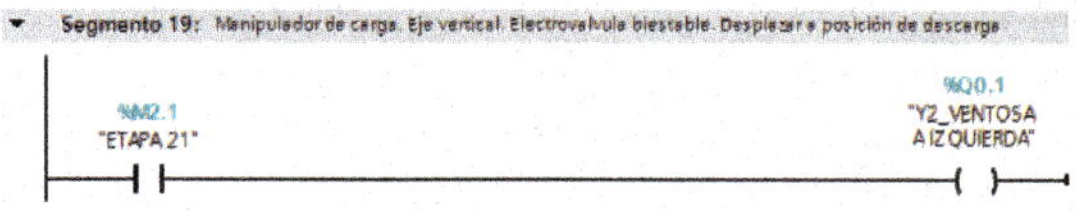

Fig. 6.90

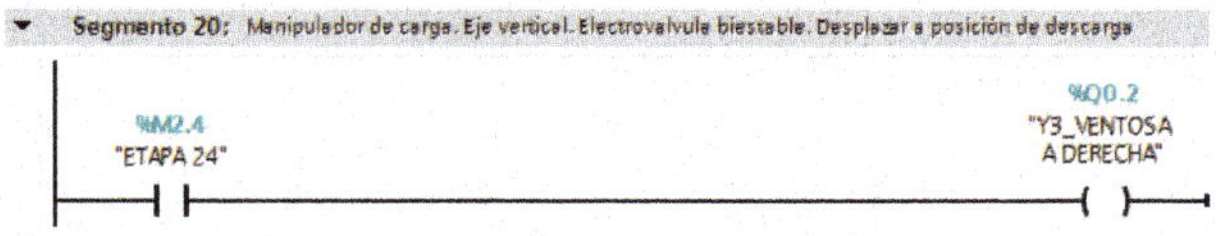

Fig. 6.91

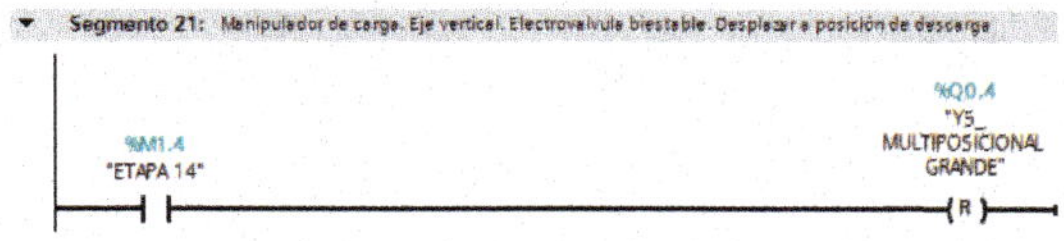

Fig. 6.92

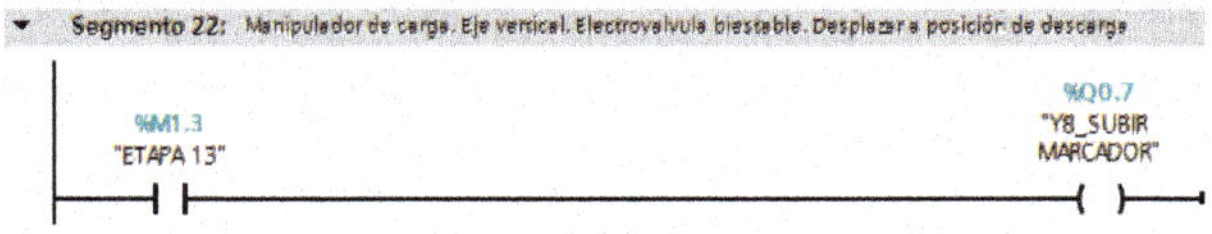

Fig. 6.93

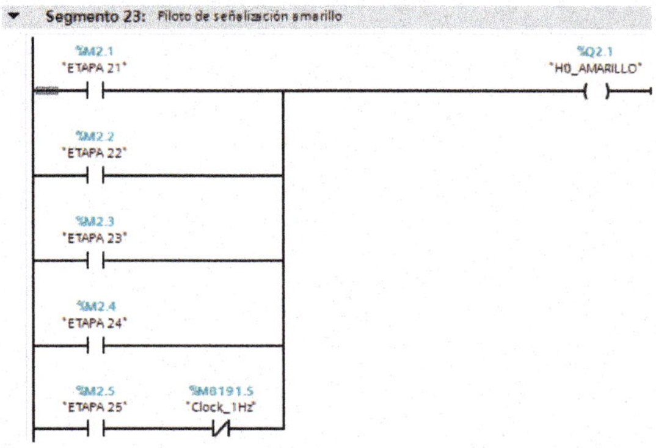

Fig. 6.94

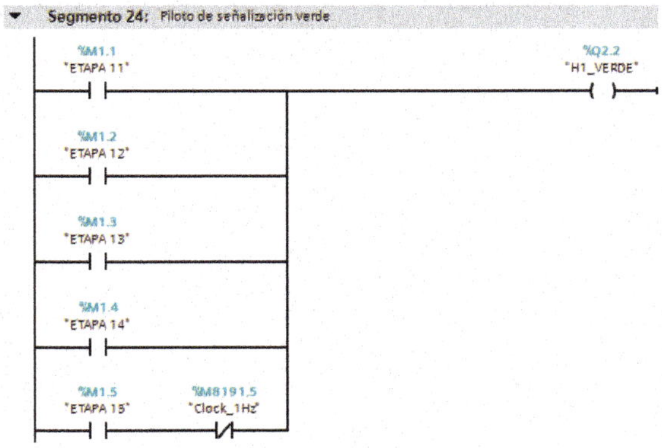

Fig. 6.95

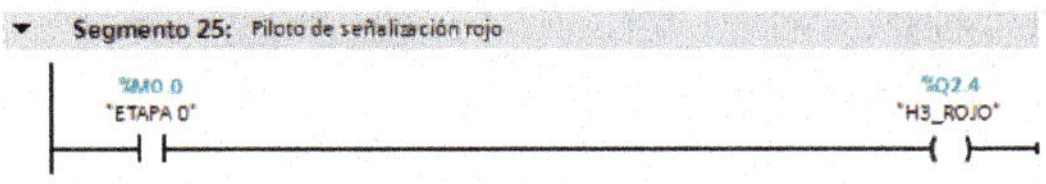

Fig. 6.96

- Activación de la etapa inicial

  En el OB100 se debe programar la activación de la etapa inicial y la desactivación del resto de etapas del Grafcet:

Fig. 6.97a

Fig. 6.97b

- Llamada desde el OB1 a la función FC1 donde tenemos el programa

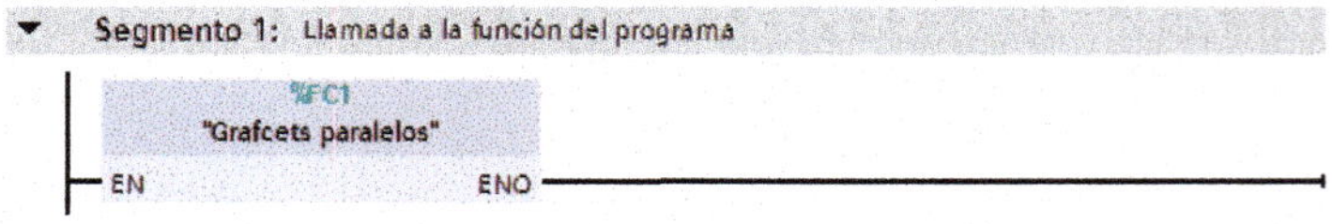

Fig. 6.98

Ejercicio

CARGA DE PIEZAS EN PALETS

Tenemos que controlar la carga de piezas que nos aparecerá en la estación de recogida del manipulador de carga, de forma que las vayamos poniendo en cada uno de los palets, para que posteriormente la cinta transportadora las traslade a una nueva estación.
Lo primero que hemos de hacer es colocar una pieza en la estación de recogida del manipulador de carga. Para ello, en el momento preciso se deberá accionar el pulsador PONER PIEZA del simulador 3D. Podemos colocar hasta un total de cuatro piezas y una vez agotadas estas, debemos pulsar el botón INICIALIZA para volver a tener disponibles otras cuatro nuevas piezas.
El llamado manipulador de carga está formado por dos cilindros unidos en perpendicular: uno que es el eje horizontal controlado por una electroválvula biestable para el traslado desde la estación de carga hasta la posición del palet, y el otro cilindro, controlado por una electroválvula monoestable, que es el que recoge y suelta la pieza con ayuda de una ventosa unida en su extremo que trabaja con una electroválvula monoestable.

Condiciones de funcionamiento:

Grafcet o secuencia principal:

- Al poner en marcha el sistema, se pondrá en funcionamiento el piloto rojo.
- Al accionar el pulsador de marcha, se dará la orden a las dos secuencias (cinta transportadora de palets y manipulador de carga) para que puedan iniciar su evolución.
- Cuando las dos secuencias hayan finalizado, el Grafcet se posicionará a su etapa inicial, con el piloto rojo funcionando, y dando la orden a las dos secuencias para que también se posicionen al inicio, de forma que el sistema quedará preparado para iniciar un nuevo ciclo.
- Cuando el sistema se encuentre totalmente detenido al inicio, al accionar el pulsador de reset del panel **Registros de pedido y contaje** pondremos a cero el registro de contaje PROCESADAS SIN GRABADO.

Secuencia 1. Control del motor de la cinta transportadora de palets:

- Al poner en marcha el sistema, no realizará ninguna acción y esperará la orden del Grafcet principal.
- Cuando reciba la orden del Grafcet principal, esta secuencia iniciará su evolución y se activará el piloto verde que funcionará durante todo el proceso.
- Una vez que el motor de la cinta de transporte de palets está funcionado, tenemos tres alternativas:
    - Que el palet llegue a la zona de carga. En este momento se detendrá el motor que controla la cinta transportadora.
    - Que accionemos el pulsador de paro, con lo cual el motor se detendrá, estado que se indicará mediante la activación del piloto verde de forma intermitente rápida (f = 2 Hz). Para volver a poner en funcionamiento el motor, se deberá accionar de nuevo el pulsador de marcha.
    - Que haya una avería en el motor y el disyuntor se dispare. En este caso se desactiva el piloto verde y se activa el piloto amarillo de forma intermitente (f = 1 Hz). Cuando se rearme el disyuntor, se deberá además accionar el pulsador ACK y en ese momento dejará de funcionar el piloto amarillo intermitente y el motor volverá a ponerse en marcha conjuntamente con el piloto verde.

- Una vez se haya depositado la pieza en el palet, se deberá volver a poner en marcha la cinta de transporte hasta que deje detectar el sensor de palet y hayan transcurrido 5 segundos.
- Pasados los 5 segundos, la secuencia se da por finalizada, lo que queda indicado mediante la activación del piloto verde, pero en este caso de forma intermitente lento (f = 1 Hz).
- Cuando el palet haya marchado de la posición de detección en la estación de carga, deberá ir contabilizando en el registro PROCESADAS SIN GRABADO el número de palets completados con piezas. Utilizar para ello la instrucción ADD.
- Cuando las dos secuencias hayan finalizado, el Grafcet principal dará la orden para que estas se posicionen a su etapa inicial.

Secuencia 2. Manipulador de carga de piezas:

- Al poner en marcha el sistema, no realizará ninguna acción esperando la orden del Grafcet principal.
- Cuando reciba la orden del Grafcet principal, esta secuencia iniciará su evolución, activando el piloto azul que funcionará durante todo el proceso si se cumplen las condiciones iniciales, que son:
    - Cilindro eje horizontal en reposo (derecha).
    - Cilindro eje vertical de la ventosa en reposo (arriba).
    - No existe ninguna pieza sujetada por la ventosa.
    - No se detecta pieza en la posición de recogida.
- El proceso esperará a detectar una pieza en la posición de recogida, para lo que se pulsará el botón PONER PIEZA del simulador 3D.
- Cuando se detecte la pieza en la posición de recogida, el cilindro vertical de la ventosa se trasladará a la posición de avance (abajo).
- Cuando el cilindro vertical de la ventosa esté abajo, se activará la ventosa para generar el vacío y de esta forma sujetará la pieza.
- Cuando la pieza esté sujeta, lo que se indica mediante el detector de vacío, el cilindro vertical de la ventosa se trasladará a la posición de reposo (arriba).
- A continuación, al alcanzar el cilindro vertical la posición de reposo, el cilindro del eje horizontal se desplazará a la posición de avance (izquierda).
- Cuando el cilindro del eje horizontal se encuentre en la izquierda y se detecte un palet en zona de carga, el cilindro vertical de la ventosa se trasladará de nuevo a la posición de avance (abajo).
- Cuando el cilindro vertical de la ventosa se encuentre abajo, se debe liberar la pieza sujeta, con lo que esta quedará encajada sobre el palet.
- Cuando se detecte que la pieza ha sido liberada y no detecte vacío, el cilindro vertical de la ventosa se trasladará de nuevo a la posición de reposo (arriba).
- Cuando el cilindro vertical de la ventosa alcance la posición de reposo (arriba), el cilindro del eje horizontal se desplazará a la posición de reposo (derecha).
- Cuando el cilindro del eje horizontal alcance la posición de reposo (derecha), se puede decir que la secuencia ha finalizado, pasando el piloto azul a funcionar de forma intermitente (f = 1 Hz).
- Cuando las dos secuencias hayan finalizado, el Grafcet principal dará la orden para que estas se posicionen a su etapa inicial.

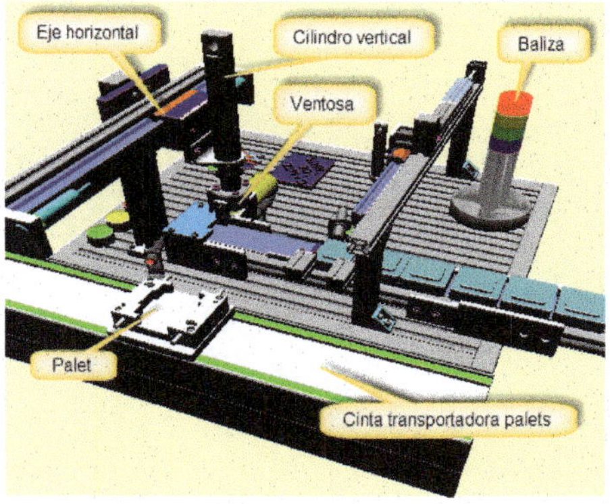

Fig. 6.99

Relación de entradas y salidas:

ENTRADAS	
Dirección	**Dispositivo**
I0.1	S1 Pulsador de paro
I0.2	S2 Pulsador de marcha
I0.4	B1 El brazo con ventosa está arriba
I0.5	B2 El brazo con ventosa está abajo
I0.6	B3 El brazo horizontal está en la derecha
I0.7	B4 El brazo horizontal está en la izquierda
I2.0	B11 Hay pieza sujeta en la ventosa
I2.4	B15 El palet está en zona de descarga
I3.0	F2 Disyuntor motor cinta palets
I3.1	S5 Pulsador ACK

SALIDAS	
Dirección	**Dispositivo**
Q0.0	Y1 EV Bajar brazo con ventosa
Q0.1	Y2 EV Cilindro horizontal va a la izquierda
Q0.2	Y3 EV Cilindro horizontal va a la derecha
Q1.0	Y9 EV Hace vacío en ventosa
Q1.1	K1M Motor de la cinta de los palets
Q2.1	H0 Piloto amarillo
Q2.2	H1 Piloto verde
Q2.3	H2 Piloto azul
Q2.4	H3 Piloto rojo

REGISTRO DE CONTAJE	
Dirección	**Dispositivo**
MW7016	Procesadas sin grabado

Realizar:

- Diseño de los Grafcets necesarios para dos soluciones diferentes:
  - Mediante secuencias simultáneas.
  - Mediante Grafcets paralelos o dependientes.
- Implementación en ambos casos del programa en el PLC.
- Comprobación del funcionamiento mediante la maqueta de simulación 3D.

Unidad 7 Programación estructurada

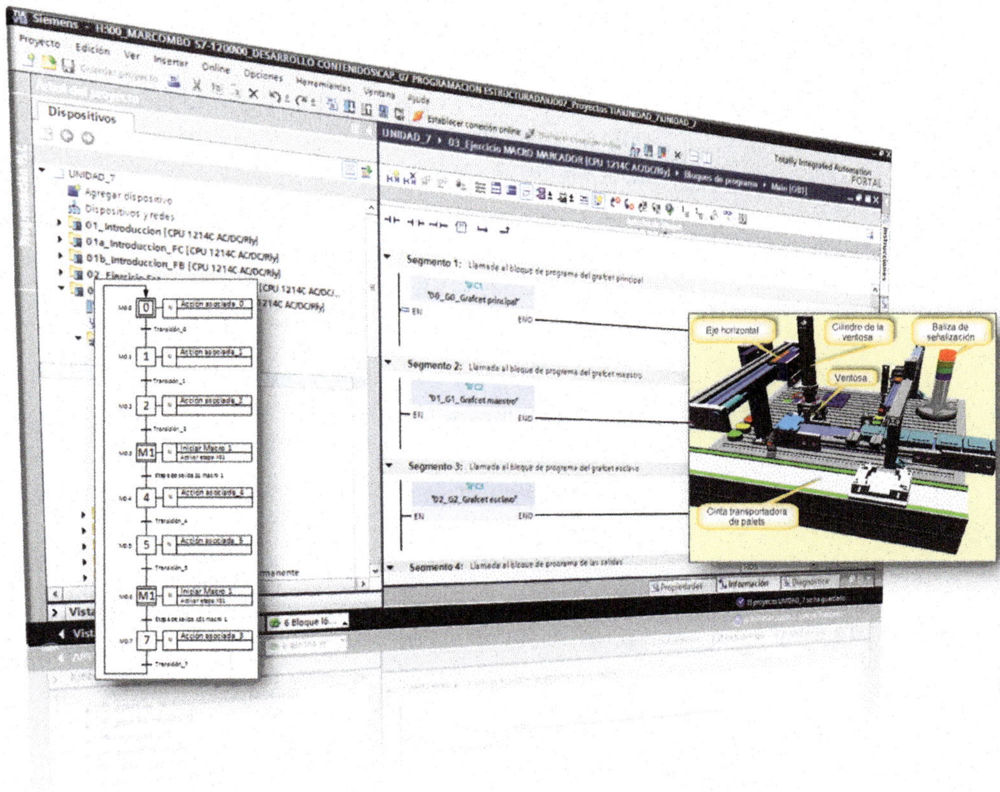

En este capítulo:

7.1 Introducción a la programación estructurada

Antes de introducir el programa a través de la plataforma correspondiente, en este caso TIA Portal, realizaremos el diseño del programa. En ese momento podemos decidir entre dos modelos de programación:

- Programación lineal: es aquella en la que todo el código del programa se escribe en un único bloque y que, por tanto, el ciclo de scan lo recorrerá siempre de forma completa.
- Programación estructurada: es aquella en la que el código está distribuido en diferentes bloques, de forma que se puedan ir ejecutando en caso de que sea necesario. Además, esos bloques pueden ser llamados varias veces desde diferentes lugares con lo que logramos que el programa tenga ciertas ventajas:
  - Se simplifica la organización del programa.
  - Los programas de gran tamaño se pueden programar de forma más entendible.
  - Se consiguen ciclos de scan adaptados a lo que en ese momento tenga que funcionar.
  - Podemos reutilizar bloques de programa para otros proyectos.
  - Se pueden estandarizar determinadas partes del programa programándolo en un bloque.
  - Las modificaciones del programa se pueden ejecutar más fácilmente.
  - Se simplifica el test del programa, ya que puede ejecutarse por partes.
  - Se simplifica la puesta en servicio.

Recuerda • • •

La programación lineal es aquella en la que todo el programa se introduce en un mismo bloque. Tan solo es válida para programas sencillos y cortos.

Recuerda • • •

La programación estructurada es aquella en la que el programa se divide en diferentes secciones, de forma que cada sección se pueda programar en bloques diferentes. Uno de esos bloques es el principal, que tiene la función de ir organizando qué bloque se ejecuta en cada momento. Se utiliza para cualquier tipo de programa.

Programación Lineal

Fig. 7.1a

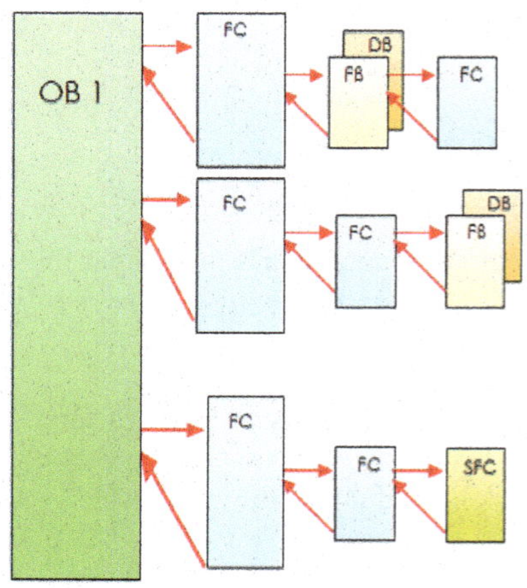

Programación Estructurada

Fig. 7.1b

En esta unidad vamos a estudiar cómo realizar programas de forma estructurada, por lo que, además de utilizar diferentes bloques, también usaremos diferentes instrucciones para realizar las diferentes llamadas a estos.

7.2 Tipos de bloques

Los diferentes tipos de bloques con los que se puede trabajar son OB, FC, FB y DB:

- **OB**. Bloques de organización.
- **FC**. Funciones de llamada.

- o **FB**. Bloques de funciones.
- o **DB**. Bloques de datos.

Recuerda • • •

Para la organización de un programa estructurado se utilizan diferentes bloques, como son:
- OB. Bloques de organización.
- FC. Funciones.
- FB. Bloques de funciones.
- DB. Bloques de datos.

El número máximo de bloques direccionables es de 1 a 65535. No hay ninguna restricción, únicamente depende del tamaño de la memoria de trabajo.

También se pude trabajar con bloques FC, FB y DB, pero de sistema:

- o **SFC**. Funciones de sistema.
- o **SFB**. Bloques de funciones de sistema.
- o **SDB**. Bloques de datos de sistema.

Estos son bloques que dispone cada CPU cargados de fábrica (firmware) y que el usuario puede utilizar pero no modificar. No se han de enviar a la CPU, puesto que ya están cargados.

7.2.1 OB. Bloques de organización

Los bloques OB, llamados bloques de organización, pueden ser programados por el usuario, pero se ejecutan bajo un evento asociado y asignado por el propio sistema operativo del PLC (en el caso de la CPU 1214C, dispone de 13 tipos de bloques de organización, mientras que la CPU 1512C dispone de 20 tipos). Los podemos seleccionar en el momento de añadir un nuevo bloque al programa, apareciendo la siguiente ventana en la que se ofrece una breve descripción cuando seleccionamos cada uno de ellos:

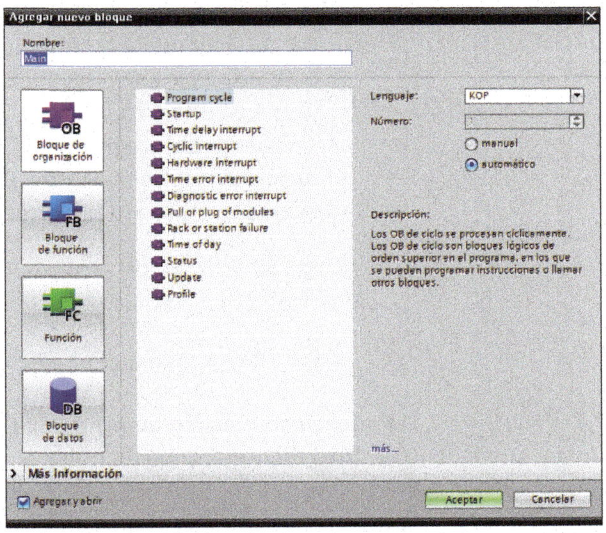

Fig. 7.2

Veamos de forma breve algunos:

- o **OB 1**: bloque de funcionamiento cíclico, es decir, que se ejecuta en cada ciclo de scan. Este bloque debe estar siempre programado, pues hace de subrutina principal en la que se inician todos los programas y que a partir de él se pueden realizar saltos a otros bloques.
- o **OB 20**: bloque de alarma de retardo. Los OB de retardo sirven para ejecutar una acción un tiempo después de que produzca un evento. No se repiten automáticamente, por lo que necesariamente deberemos de volver a lanzar la llamada desde el código de nuestro programa.

- **OB 30**: bloque de ejecución cíclica. Los OB de ejecución cíclica son bloques llamados a intervalos regulares de tiempo por el sistema operativo del PLC. Para que se produzca la llamada a los mismos, el único requisito es su existencia dentro de la memoria del PLC. El periodo de tiempo para las llamadas a los OB de ejecución cíclica es parametrizable desde la configuración de hardware.

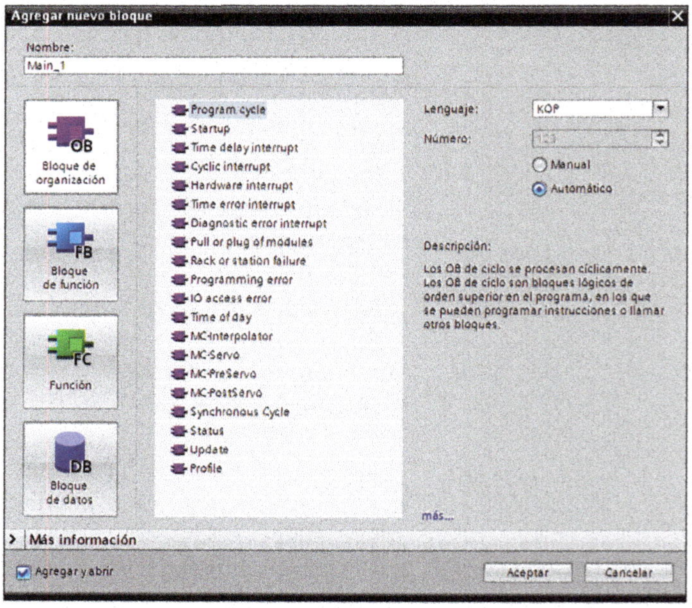

- **OB 40**: bloque de alarma de proceso. Determinados módulos de función, módulos de entradas analógicas o módulos de contadores de alta velocidad, son capaces de generar alarmas de proceso que detienen la secuencia de programa del PLC, realizan un salto a la OB asociada a los mismos. Dentro de dicho OB se debe programar el código asociado al evento que generó la alarma de proceso.

- **OB 80**: bloque de error de tiempo, que se ejecuta únicamente cuando el tiempo del ciclo de scan supera el tiempo configurado (Watchdog).

- **OB 100**: bloque que se ejecuta únicamente al inicio del primer scan.

Recuerda • • •

Los bloques de organización, OB, se ejecutan de forma automática cuando se cumple el evento que tiene asociado.

La capacidad máxima de programación de cada uno de ellos viene limitada por la cantidad de la memoria de trabajo.

Estos bloques se ejecutarán durante un único scan en el momento de producirse el evento asociado a cada uno de ellos, interrumpiendo así la ejecución del programa de forma instantánea y no volviéndose a ejecutar hasta que de nuevo se vuelva a producir el evento asociado.

7.2.2 FC. Funciones de llamada

Las funciones FC, según IEC 1131-3, son bloques lógicos sin memoria. Una función ofrece la posibilidad de transferir parámetros en el programa de usuario. Por ello, las funciones son adecuadas para programar funciones complejas que se repiten con frecuencia, por ejemplo, cálculos. Tiene la posibilidad de poder direccionar desde 0 a 65535 FC el programa que se desee incluir en cada uno de ellos, únicamente está limitado por la capacidad de la memoria de trabajo.

Una función contiene un programa que se ejecuta cada vez que la función es llamada por otro bloque lógico. Las funciones se pueden utilizar para los siguientes fines:

- Devolver valores del resultado de la función programada al bloque llamador, por ejemplo, en funciones matemáticas.
- Ejecutar funciones tecnológicas, por ejemplo, controles individuales con operaciones lógicas binarias.
- Una misma función también se puede llamar varias veces en diferentes puntos de un programa. Esto facilita la programación de funciones de uso frecuente.

Recuerda • • •

La principal diferencia entre una función FC y un bloque de función FB es que este último está unido a un DB de instancia que le hace mantener memorizado el estado de las variables configuradas.

7.2.3 FB. Bloques de función

Los bloques de función FB son bloques lógicos que depositan sus parámetros de entrada, salida y entrada/salida de forma permanente en bloques de datos instancia, DBi, de modo que siguen estando disponibles después de editar el bloque. Por eso también se denominan «bloques con memoria».

Los bloques de función también pueden funcionar con variables temporales. No obstante, las variables temporales no se almacenan en el DB instancia, sino que únicamente permanecen disponibles durante un ciclo.

Tiene la posibilidad de poder direccionar desde 0 a 65535 FC el programa que se desee incluir en cada uno de ellos, únicamente está limitado por la capacidad de la memoria de trabajo.

Los bloques de función contienen subprogramas que se ejecutan cada vez que un bloque de función es llamado por otro bloque lógico. Un bloque de función también se puede llamar varias veces en diferentes puntos de un programa. Esto facilita la programación de funciones de uso frecuente.

7.2.4 DB. Bloques de datos

Recuerda • • •

Los bloques de datos son bloques, pero no de programa, en los que podemos registrar tanto estados de variables como datos. Existen dos tipos:

- DB global.
- DB de instancia.

Los bloques de datos DB, son bloques en los que podemos guardar valores del programa. Se distinguen dos tipos de bloques de datos:

- DB global: configurados por el usuario y de aplicación general.
- DB de instancia: asociados a funciones FB y de configuración automática.

Tiene la posibilidad de poder direccionar desde 1 a 59999 DB el programa que se desee incluir en cada uno de ellos, únicamente está limitado por la capacidad de la memoria de trabajo.

7.3 Tipos de llamadas a los bloques

Nos podemos encontrar con diferentes situaciones en el momento de realizar una llamada a un bloque, ya que este bloque puede ser con o sin parámetros. En este apartado vamos a ver las diferentes posibilidades de programación para realizar las llamadas a cualquier bloque FC o FB dependiendo del lenguaje utilizado y de si contiene o no parámetros.

7.3.1 Llamadas a bloques sin parámetros

Las llamadas a bloques FC o FB sin parámetros se pueden realizar de forma:

- **Incondicional**: sin condiciones para su ejecución.
- **Condicional**: con condiciones para su ejecución.

Veamos con ejemplos como sería su aplicación; para ello, lo primero que tenemos que hacer es crear nuevos bloques.

- **Aplicación utilizando una función FC sin parámetros**

Seleccionamos la opción **Agregar nuevo bloque** que encontramos dentro del árbol del proyecto y dentro de la carpeta **Bloques de programa**:

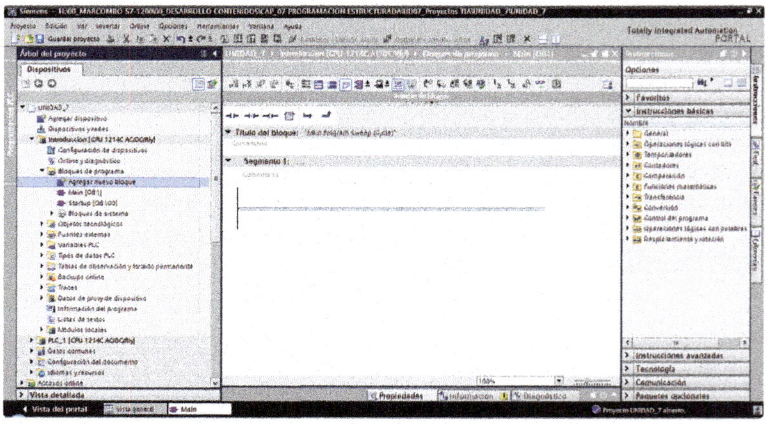

Fig. 7.3

Realizando una doble pulsación sobre esa opción, nos aparece una ventana en la que seleccionamos el botón correspondiente a **Función FC** y donde podemos completar los siguientes campos:

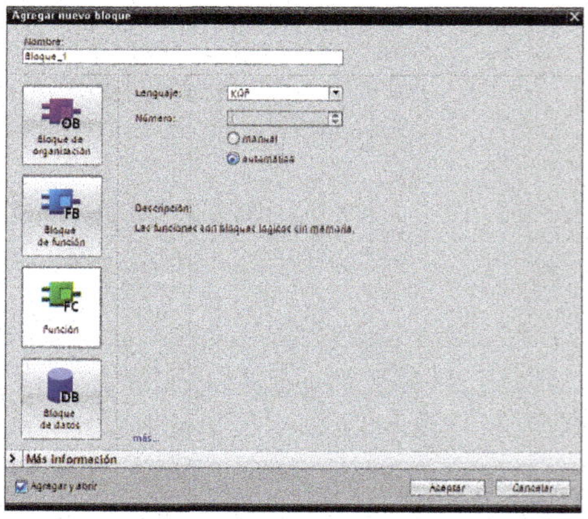

Fig. 7.4

Nombre: para asignar un nombre simbólico a la función creada.

Lenguaje: para seleccionar el lenguaje que vamos a utilizar en su programación, aunque posteriormente lo podemos modificar. Al desplegar el campo, podemos elegir entre KOP, FUP y SCL para el S7-1200, mientras que para el S7-1500 se amplía con el AWL:

Fig. 7.5

Número: corresponde al número que tendrá la función; para ello tenemos dos opciones:

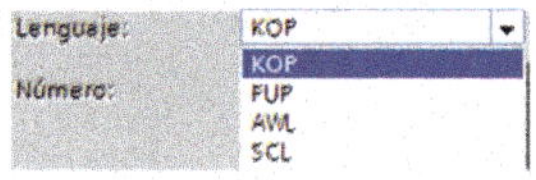

Fig. 7.5a

- **Manual**: elegimos esta opción cuando se desee elegir el número a asignar al FC. Podemos asignar un número dentro del rango numérico de 0 a 65535.

- **Automático**: seleccionamos esta opción cuando dejamos que TIA Portal asigne un número de forma automática. Siempre asignará el siguiente número libre a partir del 1.

En este caso lo configuramos para dejarlo así:
Nombre: Control_Eje_Horizontal
Lenguaje: KOP
Número: 10

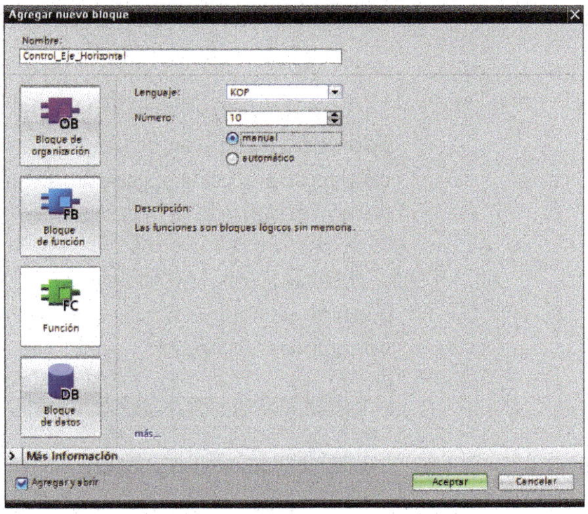

Fig. 7.6

En la parte inferior se observa que podemos desplegar el apartado **Más información**, en el que aparecerá ampliada esta ventana en la que se muestran unos campos que el autor pueda completar si lo cree conveniente, por ejemplo:

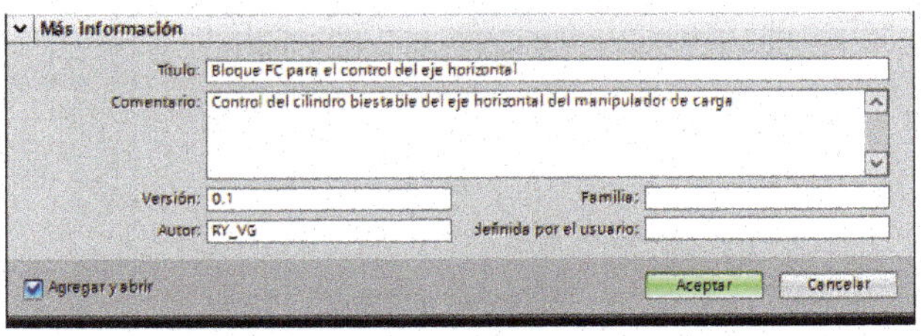

Fig. 7.7

Como tenemos activada la opción **Agregar y abrir**, situada en la parte inferior izquierda de esa misma ventana de creación del bloque, si a continuación accionamos el botón **Aceptar**, nos aparecerá dentro de la carpeta **Bloques de programa** el bloque **Control_Eje_Horizontal (FC10)** creado, que queda automáticamente abierto para ser programado:

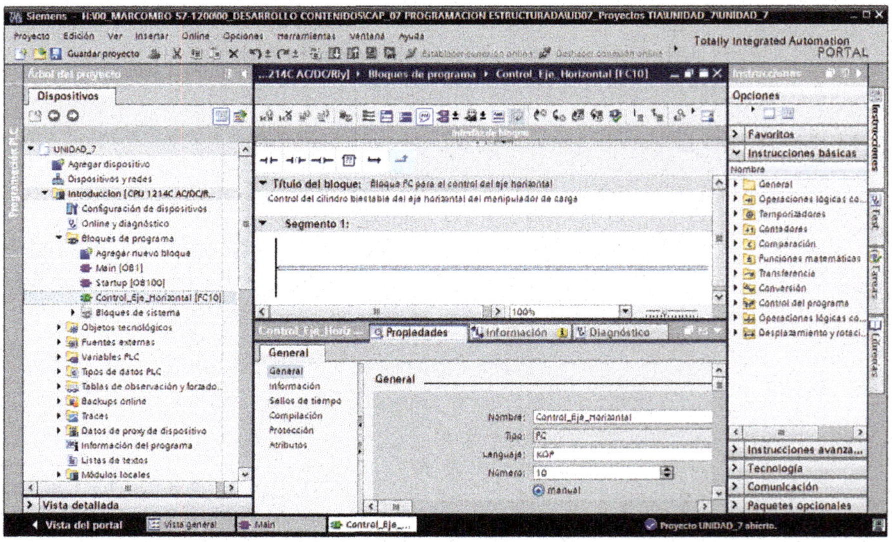

Fig. 7.8

En la parte inferior se muestran las propiedades, en las que se observa cómo podemos modificar tanto el nombre simbólico, el lenguaje de programación y el número de bloque asignado. En la parte superior tenemos el editor de programa para introducir el programa deseado.

A continuación, introducimos el programa que representa el funcionamiento del control del cilindro del eje horizontal del manipulador de carga mediante los pulsadores S20 y S21:

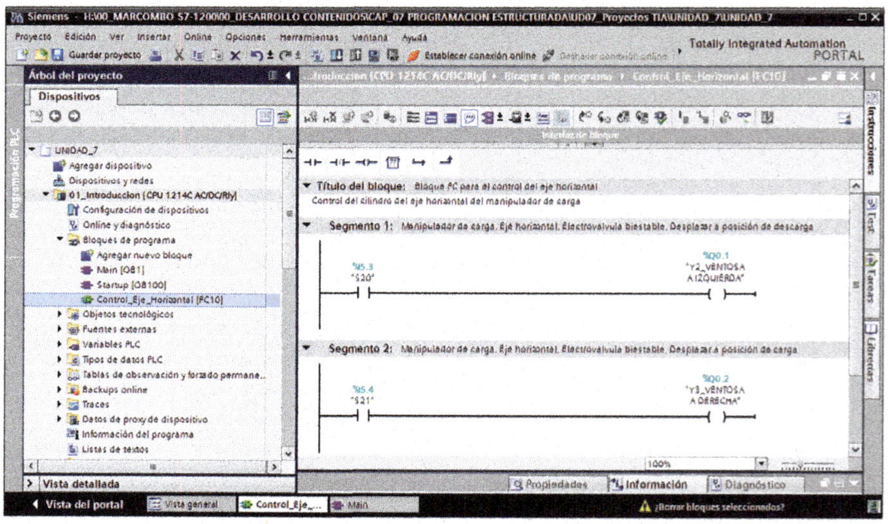

Fig. 7.9

- **Aplicación utilizando un bloque de función FB sin parámetros**

Realizamos la misma operación que para la creación del FC. En primer lugar, seleccionamos la opción **Agregar nuevo bloque** que encontramos dentro del árbol del proyecto y dentro de la carpeta **Bloques de programa**:

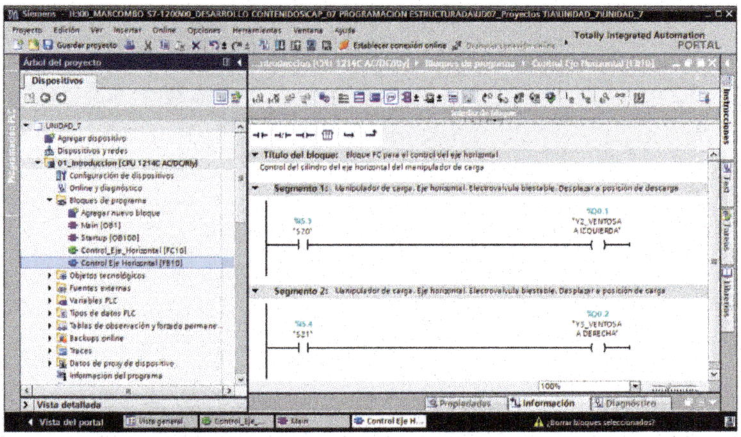

Fig. 7.10

Realizando una doble pulsación sobre esa opción, nos aparece la ventana **Agregar nuevo bloque**, en la que seleccionamos el botón correspondiente a **Bloque de función** y en donde podemos completar los siguientes campos:

Fig. 7.11

Nombre: para asignar un nombre simbólico a la función creada.
Lenguaje: para seleccionar el lenguaje que vamos a utilizar en su programación, aunque posteriormente lo podemos modificar. Al desplegar el campo, podemos elegir entre KOP, FUP y SCL para el S7-1200, mientras que para el S7-1500 se amplía con el AWL, GRAPH y FB ProDiag:

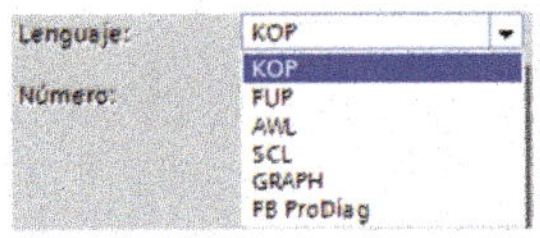

Fig. 7.11a

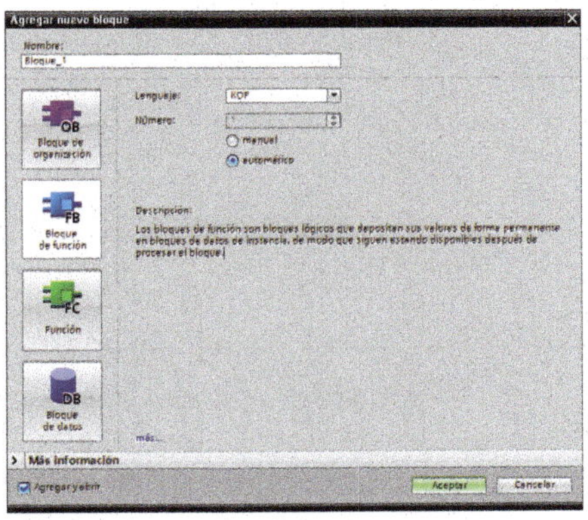

Fig. 7.12

Número: corresponde al número que tendrá la función; disponemos de dos opciones:

- **Manual**: elegimos esta opción cuando se desee elegir el número a asignar al FC. Podemos asignar un número dentro del rango numérico de 0 a 65535.

- **Automático**: seleccionamos esta opción cuando dejamos que TIA Portal asigne un número de forma automática. Siempre asignará el siguiente número libre a partir del 1.

En este caso lo configuramos así:

Nombre: Control_Cilindro_Marcado
Lenguaje: KOP
Número: 10

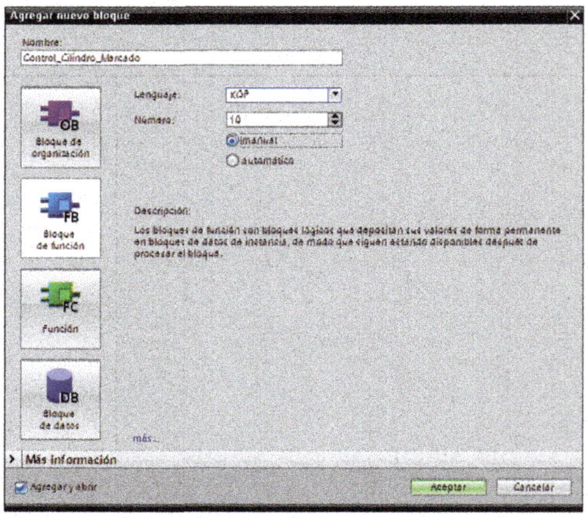

Fig. 7.13

Si accionamos el botón **Aceptar**, en ese momento ya nos aparece dentro de la carpeta **Bloques de programa** el bloque **Control_Cilindro_Marcado** (FB10) creado, que automáticamente queda abierto para ser programado:

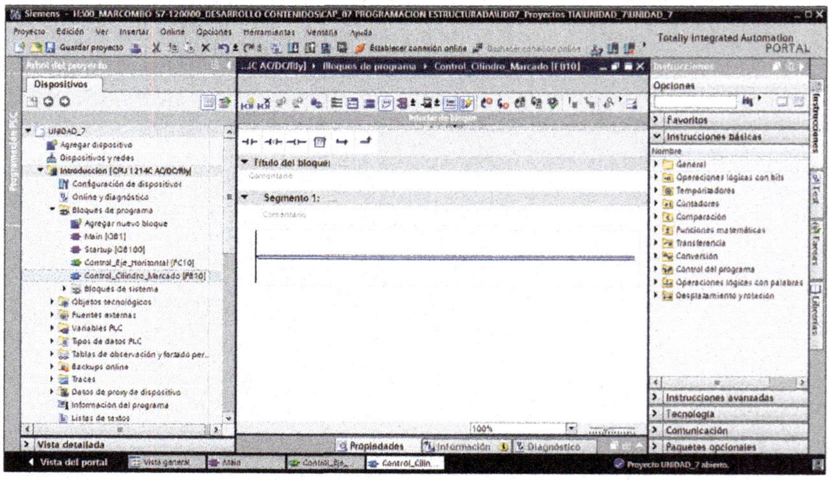

Fig. 7.14

A continuación, introducimos el programa que representa el funcionamiento del control del cilindro de marcado mediante dos pulsadores, S22 y S23:

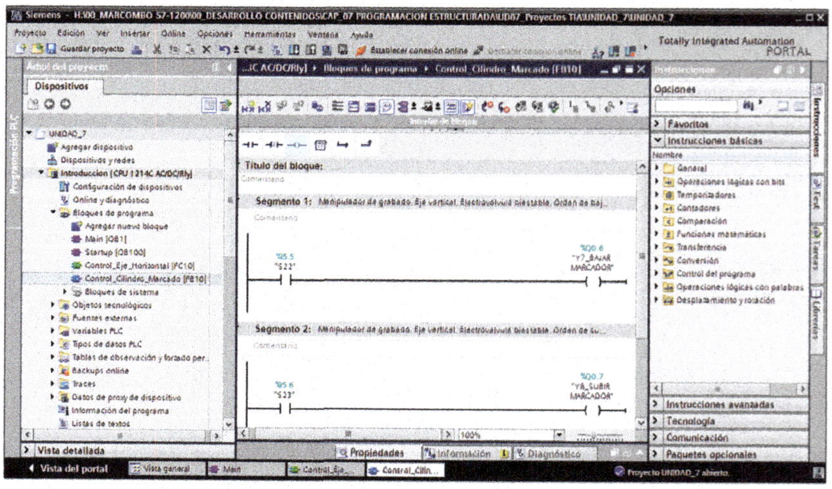

Fig. 7.15

Recuerda • • •

Un bloque FC o FB sin parámetros es aquel que contiene un programa que realizará la misma función siempre con los mismos operandos.

- **Ejemplo de llamadas a bloques sin parámetros**

A continuación, debemos realizar la llamada a los bloques FC y FB, ambos sin parámetros, y creados anteriormente. Esto lo haremos desde el bloque OB1 y los ejemplos los realizaremos utilizando las diferentes instrucciones de llamadas, UC, CC y CALL, tanto de forma incondicional como condicional.

Para hacer la llamada tanto a un FC como a un FB, seleccionamos el bloque y lo arrastramos a la zona de edición. Si programamos la llamada al bloque FC, quedaría:

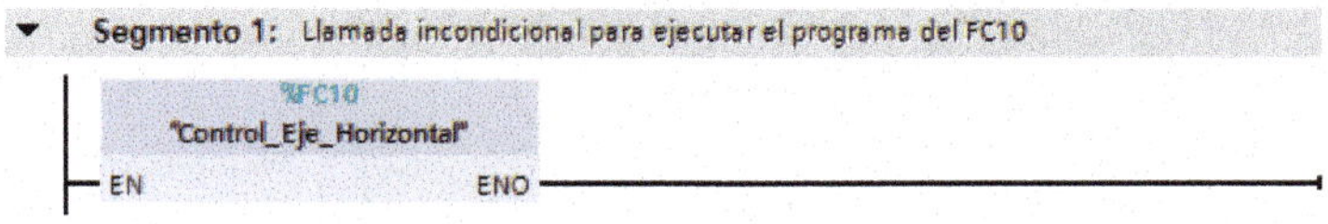

Fig. 7.16

Pero si hacemos una llamada a un bloque FB, nos pide que asignemos el bloque de datos, que será de instancia, y se asociará para que ese DB haga de memoria y pueda guardar el estado del funcionamiento del programa del FB. Por tanto, en el momento de arrastrar el bloque FB a la zona de edición nos solicita que declaremos un DB de instancia, de modo que aparece una pantalla tal como la que vemos en la siguiente figura:

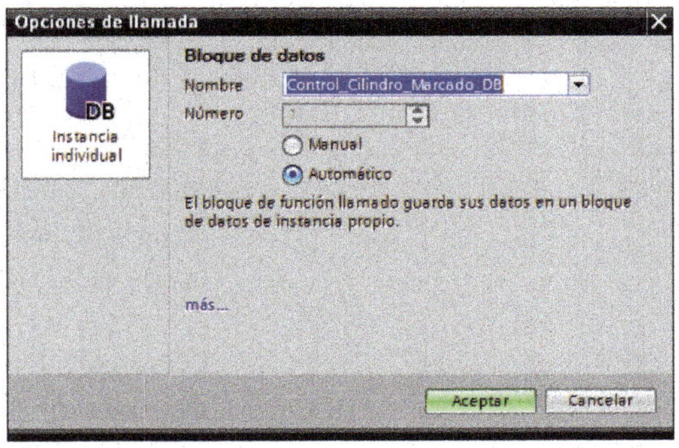

Fig. 7.17

La configuramos y asignamos un nombre y un número al DB, en este caso el 10:

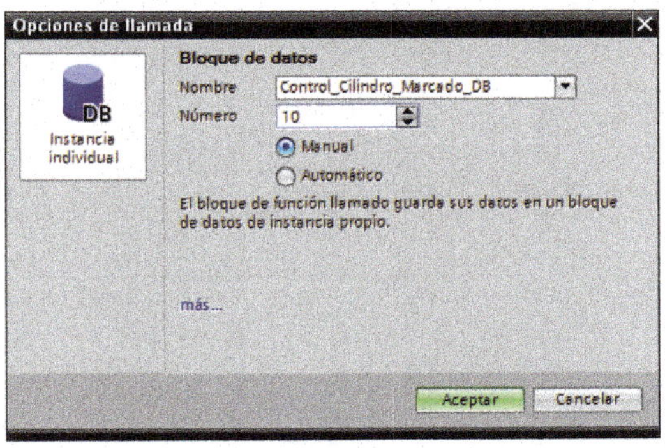

Fig. 7.18

Finalizada esta operación, podemos observar cómo en la parte superior del bloque llamado aparece el DB asociado a la llamada en ese punto de programa a ese bloque FB. Además, podemos comprobar cómo en la lista **Bloques de programa** aparece el nuevo DB creado:

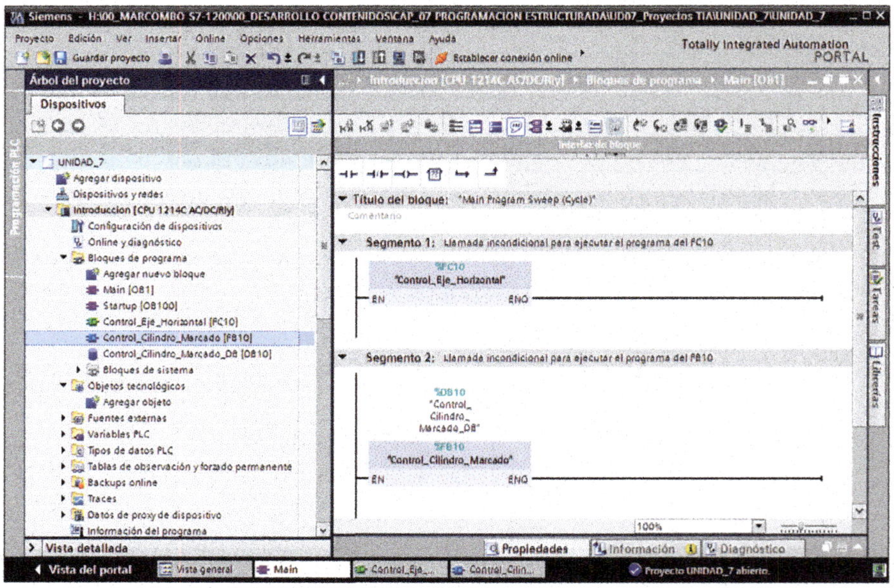

Fig. 7.19

En este caso se han realizado las llamadas a los bloques FC10 y FB10 de forma incondicional, pero también se podrían haber realizado las llamadas a los bloques dependiendo de una condición previa y en este caso se dice que la llamada a los bloques ha sido de forma condicional.

Recuerda • • •

La llamada a un bloque de función FB siempre se asocia a un bloque de datos de instancia, mientras que para la llamada a una función FC no.

Como se observa en la siguiente figura, se ha condicionado la llamada al estado del selector AUTO/MAN, es decir, que según sea su estado ejecutará una función (FC10) u otra (FB10):

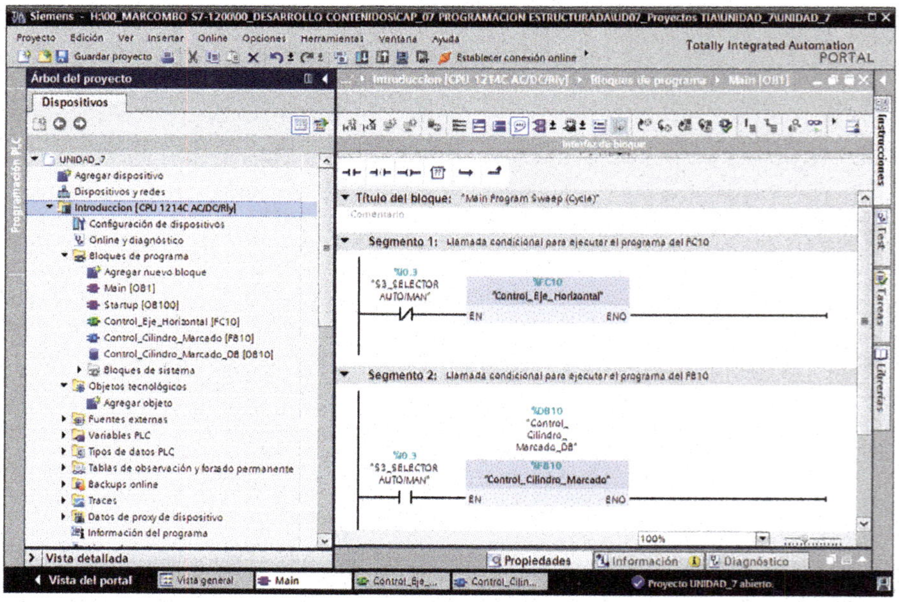

Fig. 7.20

7.3.2 Llamadas a bloques con parámetros

En primer lugar, vamos a ver cuáles son las diferencias entre un bloque con parámetros y otro sin parámetros. Se conoce como bloque sin parámetros a aquel bloque programado, sea FC o FB, en el que las variables utilizadas del PLC son siempre fijas. Por tanto, y a pesar de que el bloque puede ser llamado en diferentes momentos del programa, siempre se ejecutará con las mismas variables del PLC.

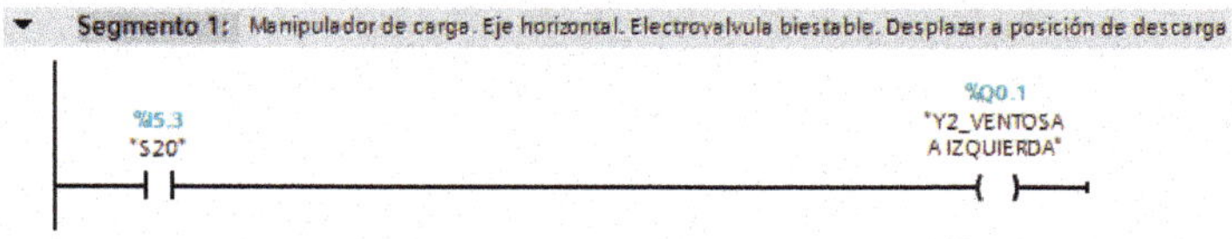

Fig. 7.21a

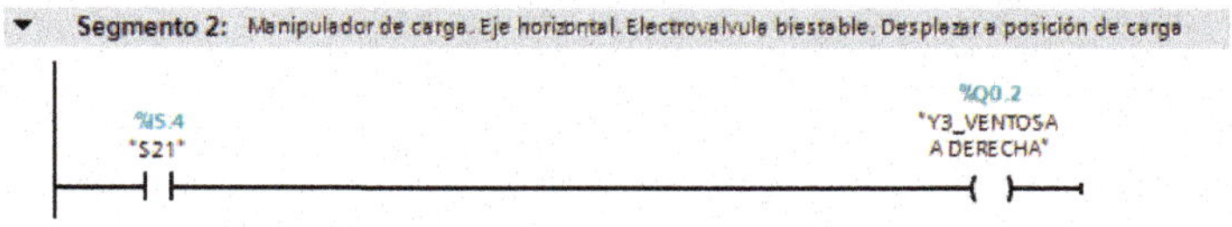

Fig. 7.21b

Programado en un bloque FC o FB sin parámetros

Una vez tenemos programado el bloque, hay varias opciones:

- **Reutilización**. En un mismo programa podemos utilizar este bloque para el control, por ejemplo, para el control de un nuevo cilindro. Si es así, se deberá actualizar el programa con las nuevas direcciones de ese cilindro.

- **Llamada**. Crear el bloque de programa para poderlo utilizar en diferentes proyectos y, por tanto, tan solo se realiza la llamada en un punto de cada programa.
- **Rellamada**. Cuando se tiene la necesidad de realizar la llamada de la ejecución de este bloque de programa desde varios puntos del programa principal con el objetivo de no repetir el mismo programa en varias zonas.

En el siguiente ejemplo se muestra cómo se va a ejecutar el bloque FC10 sin parámetros desde dos puntos diferentes del programa principal programado en el bloque OB1:

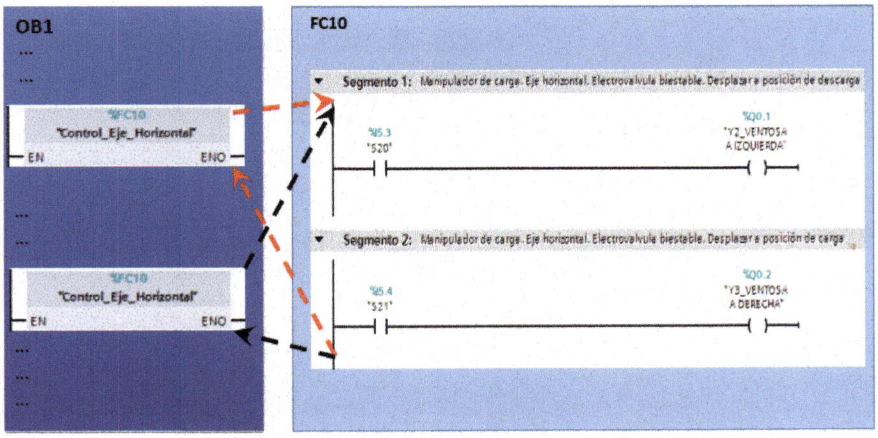

Fig. 7.22

Sin embargo, en el bloque con parámetros se declaran una serie de variables para que el bloque pueda ser llamado en diferentes momentos del programa, de modo que podrá hacer que el mismo programa se ejecute con diferentes registros del PLC.

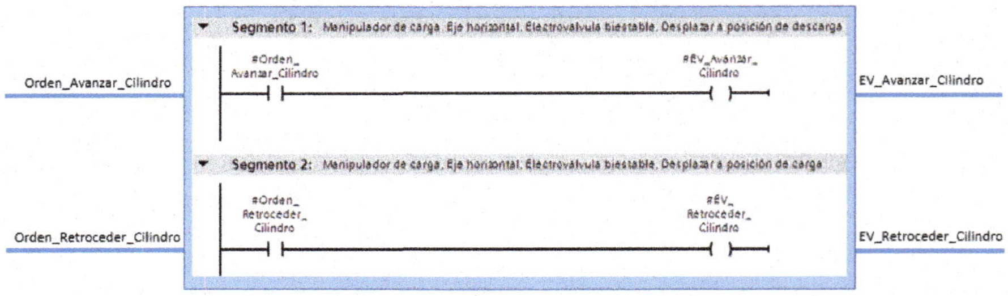

Bloque FC o FB con parámetros

Fig. 7.23

En el siguiente ejemplo se muestra cómo se va a ejecutar el bloque FB10 con parámetros desde dos puntos diferentes del programa principal programado en el bloque OB1:

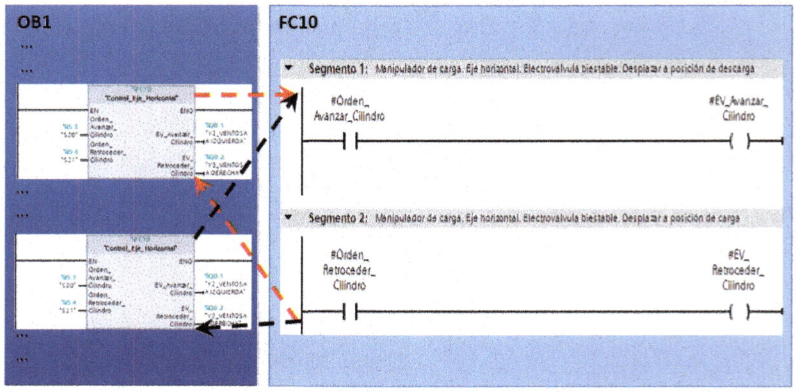

Fig. 7.24

- **Aplicación utilizando una función FC con parámetros**

Si partimos del programa creado anteriormente en el bloque FC10, pero creándolo en otro FC1, llamado **Control_Cilindro_FC**:

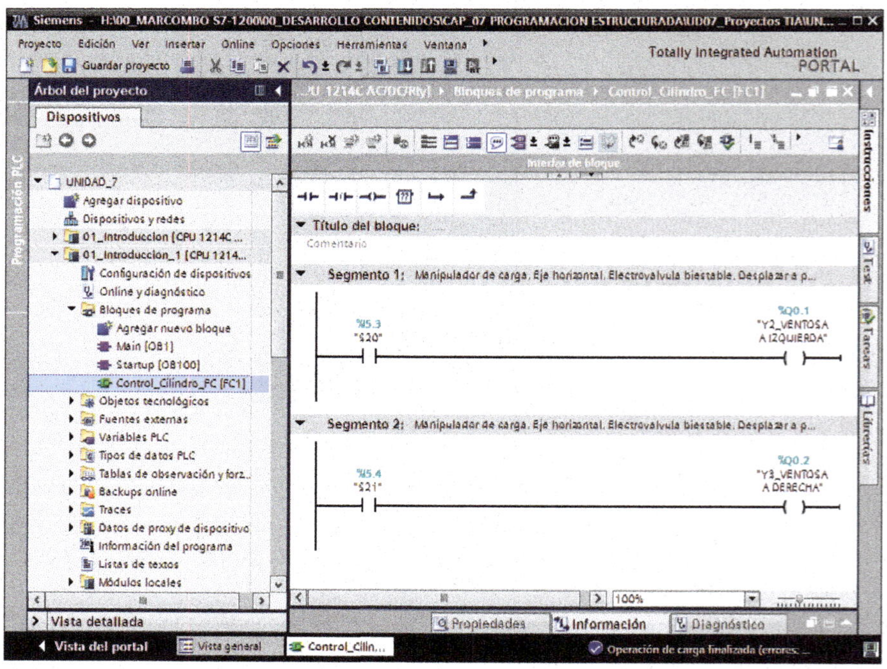

Fig. 7.25

Para poder incluir parámetros en este programa, tenemos que conocer en primer lugar dónde se declaran dichos parámetros y qué tipos de parámetros podemos utilizar.

El lugar donde se declaran los parámetros se encuentra dentro del bloque FC, en una ventana que existe en la parte superior de la zona de edición del propio programa. Al desplegarla, tendremos la siguiente vista:

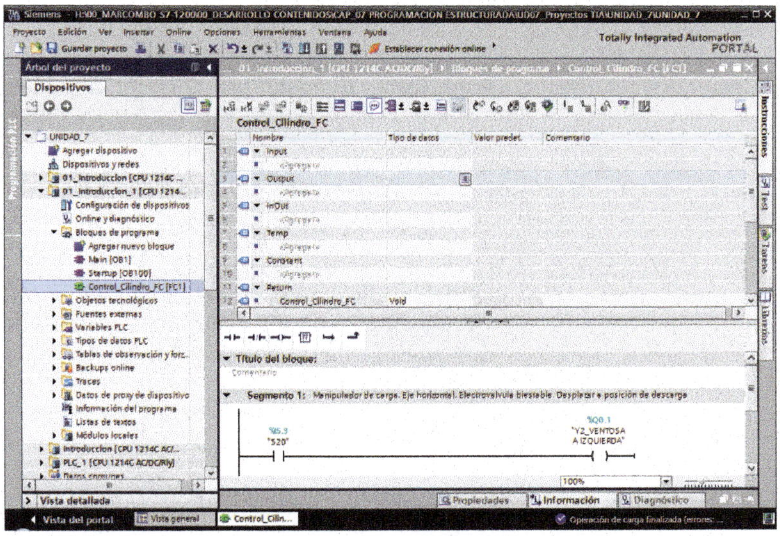

Fig. 7.26

Aquí nos encontramos con la lista de los diferentes tipos de parámetros que podemos utilizar.

A continuación, vamos a exponer los tipos de parámetros de un bloque FC, que se pueden clasificar en dos tipos:

a) Parámetros del bloque:

Tipo	Sección	Función
Parámetros de entrada	Input	Parámetros cuyos valores lee el bloque.
Parámetros de salida	Output	Parámetros cuyos valores escribe el bloque.
Parámetros de entrada/salida	InOut	El bloque lee los valores de estos parámetros al efectuar la llamada y los vuelve a escribir en ellos tras la ejecución.
Valor de retorno	Return	Valor que se devuelve al bloque que realiza la llamada.

Fig. 7.27

b) Datos locales:

Tipo	Sección	Función
Datos locales temporales	Temp	Variables que sirven para almacenar resultados intermedios temporales. Los datos temporales se conservan solo durante un ciclo. Si utiliza datos locales temporales, se debe asegurar de que los valores se escriben dentro del ciclo en el que desea leerlos. De lo contrario, los valores serán aleatorios.
Constante	Constant	Constantes con nombres simbólicos declarados que se utilizan dentro del bloque.

Fig. 7.28

A continuación, realizaremos la declaración de los diferentes parámetros que utilizaremos en nuestro ejemplo. Estos serán:

Parámetros de entrada: se declaran aquellos parámetros de los que el FC necesita leer su estado para poder ejecutar su programa.

- Orden_Avanzar_Cilindro
- Orden_Retroceder_Cilindro

Parámetros de salida: se declaran aquellos parámetros de los que el FC necesita escribir su estado a medida que va ejecutando su programa.

- EV_Avanzar_Cilindro
- EV_Retroceder_Cilindro

Para ello, basta con elegir el campo correspondiente, escribir el nombre de la variable en la columna **Nombre** y seleccionar el tipo de variable en el desplegable que aparece en la columna **Tipo de datos**. La tabla de declaración quedaría así:

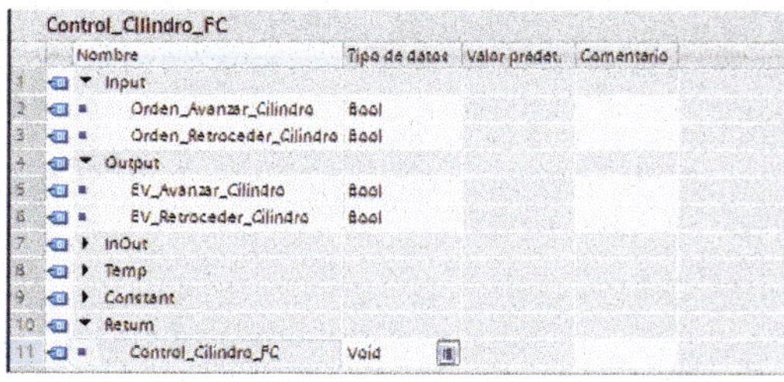

Fig. 7.29

En dicha tabla no hemos declarado ningún parámetro del tipo:

Parámetros de entrada/salida: se declaran aquellos parámetros de los que el FC necesita leer su estado para poder ejecutar su programa y, además, escribir, porque es el resultado de alguna operación programada.

Temp: se declaran aquellos parámetros que van a trabajar de forma interna y que no son ni de entrada ni de salida, por ejemplo, para operaciones internas.

A continuación, introducimos el programa en la parte de edición, donde al querer escribir el nombre de la variable se desplegará una ventana con todas las variables declaradas en el proyecto, además de las declaradas como parámetros. Estas variables se reconocen porque carecen del símbolo de etiqueta en su izquierda, su nombre empieza con el símbolo # y no están asociadas a ninguna variable del PLC:

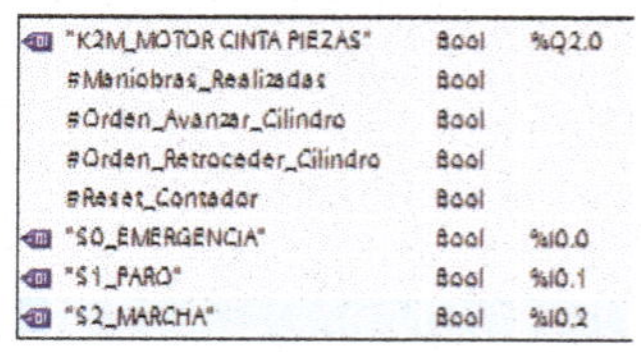

Fig. 7.30

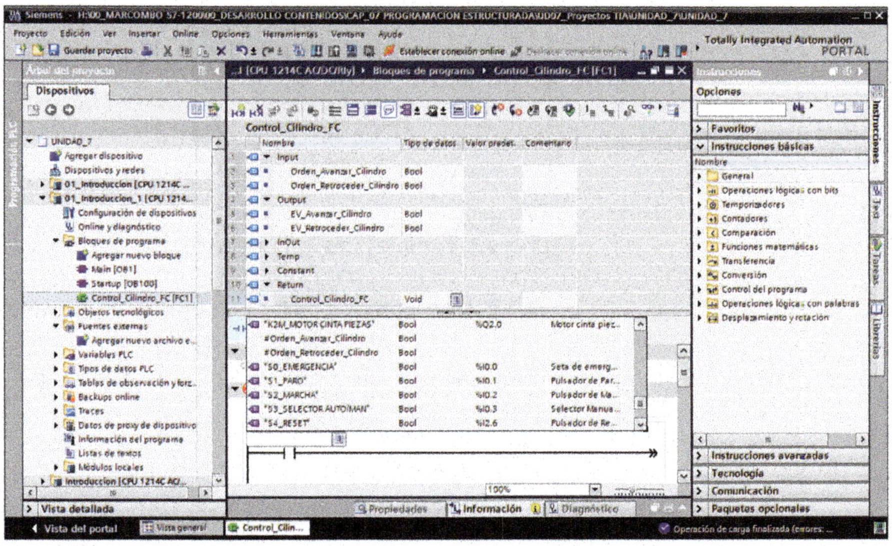

Fig. 7.31

Una vez introducido el programa, tendremos:

Fig. 7.32a

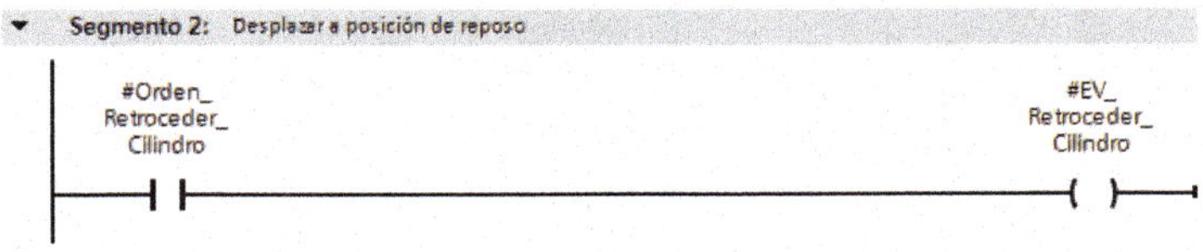

Fig. 7.32b

Todas las variables declaradas en el bloque solo serán válidas para ser utilizadas dentro del mismo bloque y no fuera de él. Esto no quiere decir que un bloque con parámetros esté compuesto únicamente de esos parámetros declarados como variables, sino que también existe la posibilidad de poder incluir registros del PLC.

El hecho de combinar registros del PLC con variables declaradas para los parámetros no será recomendable cuando protejamos el bloque contra lectura y escritura, ya que el usuario del mismo desconocerá en un principio qué registros del PLC se han utilizado y por tanto existe la peligrosa posibilidad de poder duplicar esos registros al ser utilizados en otras zonas del programa.

Para finalizar, debemos compilar el programa generado en el FC1 y comprobar que no existen errores. Si no se compila, al realizar la llamada del bloque desde el OB1, no aparecerán los parámetros configurados.

Ahora tan solo nos falta realizar la llamada de este bloque FC con parámetros desde otro bloque, por ejemplo, desde el OB1. Al seleccionar el bloque FC programado y arrastrarlo hasta situarlo en la posición deseada de la zona de edición, aparecerán campos <??.?>, que deberán ser completados con alguno de los registros o variables del PLC que harán funcionar el programa.

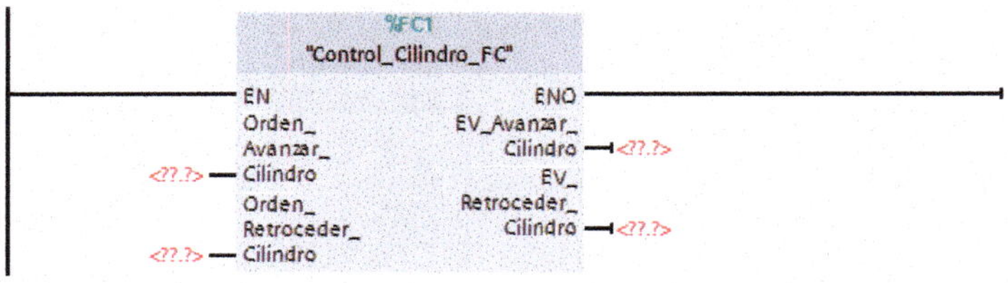

Fig. 7.33

Una vez completado, en nuestro caso, quedará de la siguiente forma:

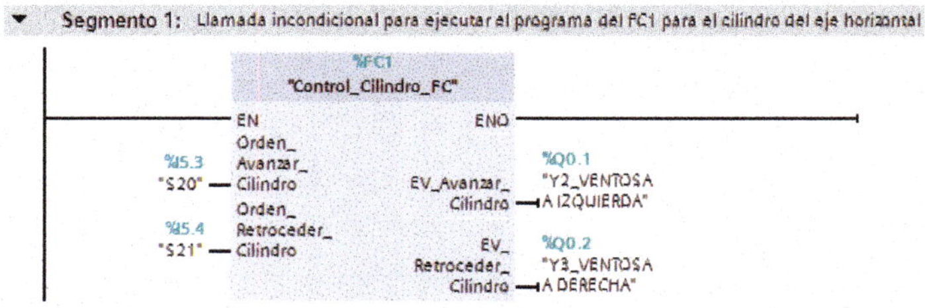

Fig. 7.34

Ahora realizaremos una nueva llamada a este bloque, pero utilizándolo para controlar otro cilindro, como es el de control de marcado. Por tanto, utilizaremos los registros del PLC correspondientes a ese cilindro, con lo que quedará:

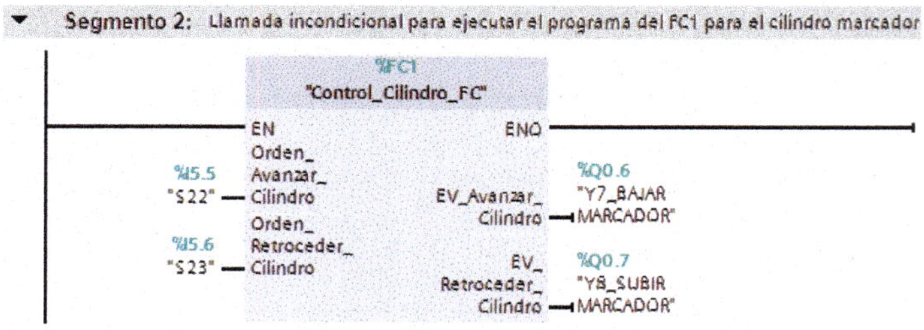

Fig. 7.35

Si ahora comprobamos, se observa cómo con el mismo programa elaborado en el FC1 se pueden controlar los dos cilindros de forma independiente.

Con esto logramos reducir la ocupación del programa en la memoria del PLC, además de evitar que sea repetitivo, pues esta llamada la podemos realizar para tantos cilindros como sea necesario y que, al mismo tiempo, lógicamente, responda al funcionamiento programado en el FC10. Cuanto más complejo y largo sea el programa incluido en el FC, más reducción de memoria se consigue.

Pero este tipo de bloque no nos va a servir para todas nuestras aplicaciones. Veamos otro ejemplo en el que vamos a añadir algunos parámetros más para que vaya contabilizando el número de maniobras que realiza el cilindro y su resultado lo mostraremos a través de un parámetro que asociaremos en la llamada a un registro del PLC. También añadimos un parámetro de entrada **Reset** para poner el registro de contaje a cero.

Por tanto, con esta ampliación de parámetros, ahora tendremos los siguientes declarados:

Control_Cilindro_FC

	Nombre	Tipo de datos	Valor predet.	Comentario
1	▼ Input			
2	Orden_Avanzar_Cilindro	Bool		
3	Orden_Retroceder_Cilindro	Bool		
4	Detector_Cilindro_Avance	Bool		
5	Reset_Contador	Bool		
6	▼ Output			
7	EV_Avanzar_Cilindro	Bool		
8	EV_Retroceder_Cilindro	Bool		
9	▼ InOut			
10	Maniobras_Realizadas	Int		
11	▼ Temp			
12	Flanco	Bool		
13	▸ Constant			

Fig. 7.36

Ahora completamos el programa con el segmento 3 en el bloque FC1, para incluir el contador. Quedaría así:

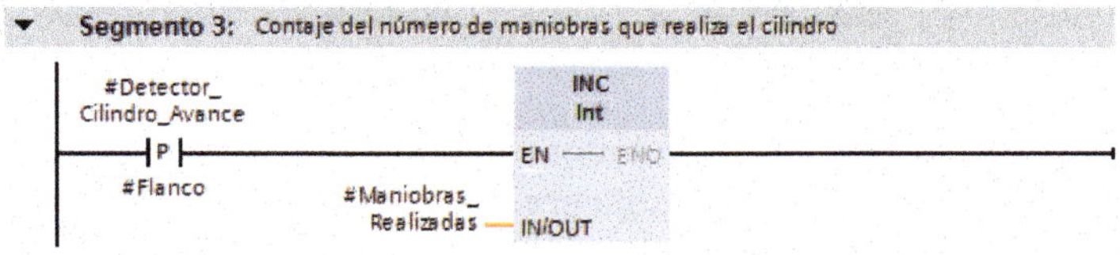

Fig. 7.37

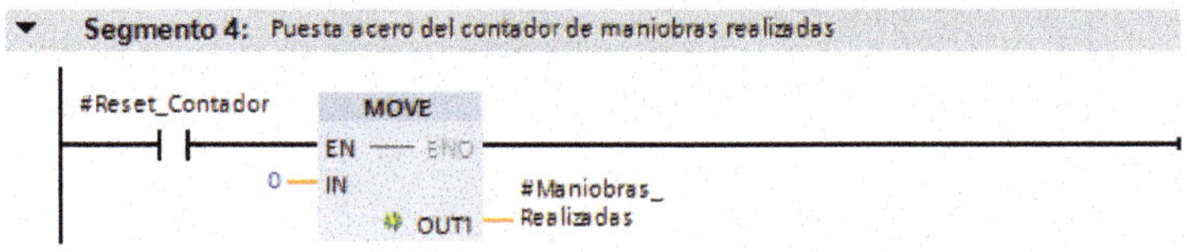

Fig. 7.38

Para finalizar, debemos compilar el programa del FC1 (menú **Edición-Compilar**) para actualizar la lista de parámetros añadidos. Será entonces el momento de volver a visualizar el programa del OB1, donde tenemos realizadas las llamadas al FC1. Nos aparece en error, lógico, pues ya no coinciden los parámetros porque han aumentado:

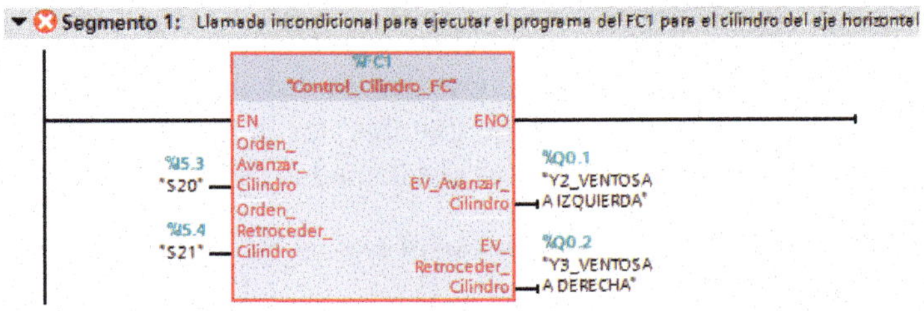

Fig. 7.39

A partir de aquí tenemos dos opciones, bien borrar el segmento y volver a realizar la llamada de nuevo, o actualizar la llamada y completar lo que nos falte. Para ello, seleccionamos la llamada incorrecta y al pulsar el botón secundario del ratón, aparece un menú contextual del que elegiremos la opción **Actualizar**:

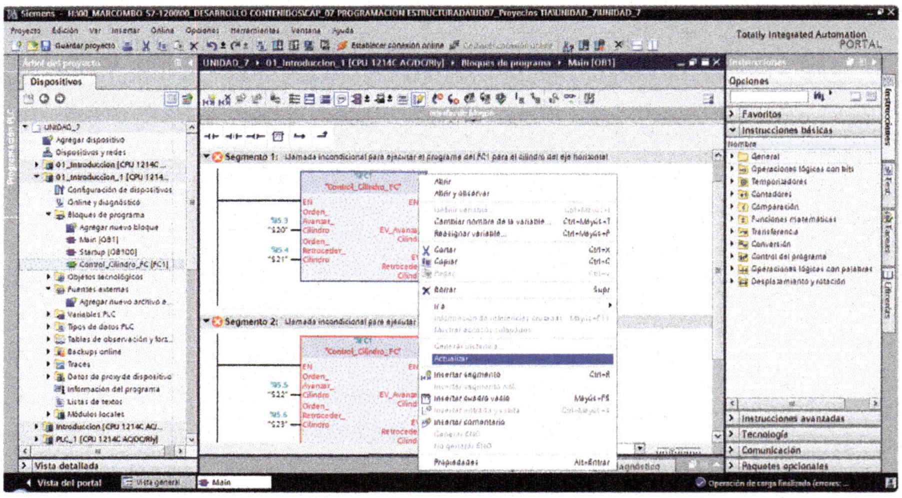

Fig. 7.40

Nos aparecerá una nueva ventana dividida en dos zonas: la de la izquierda muestra la configuración antigua y la de la derecha muestra la nueva, que es la que quedaría si aceptamos la última actualización:

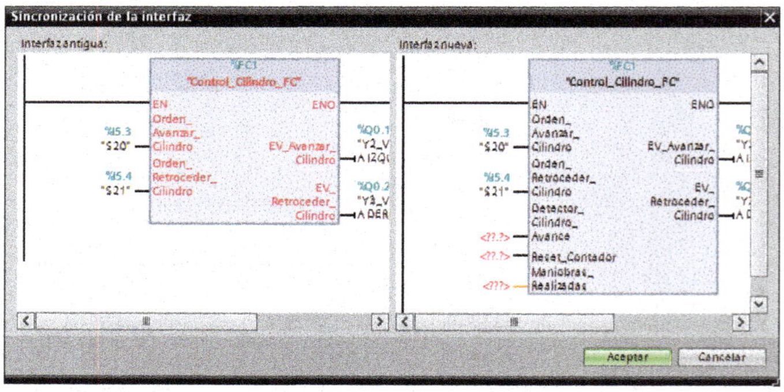

Fig. 7.41

En este caso, es obvio, pulsamos el botón **Aceptar** y así podemos completar en los campos correspondientes los datos que faltan. Al final queda el siguiente programa para las dos llamadas de los dos cilindros:

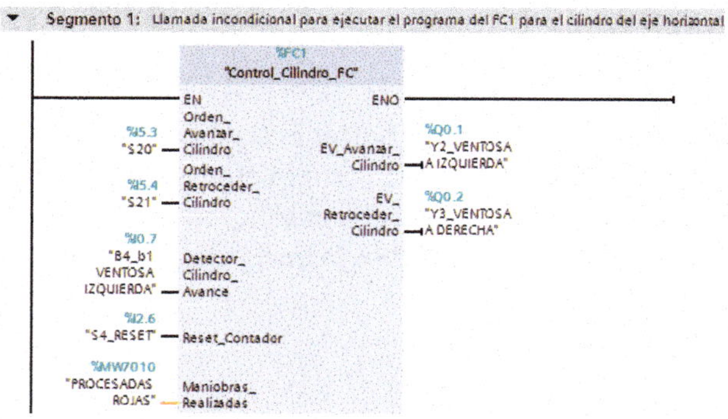

Fig. 7.42

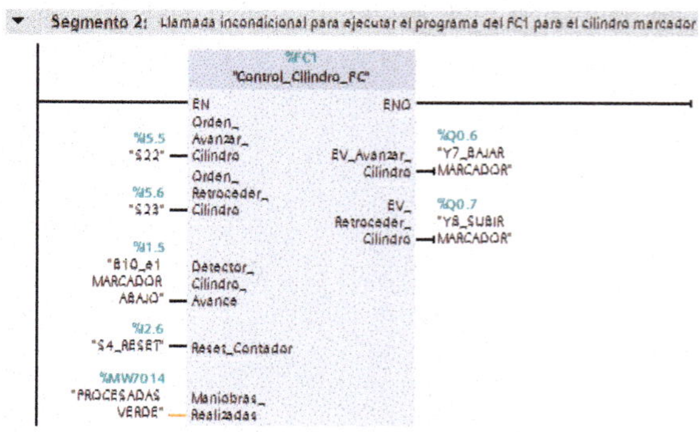

Fig. 7.43

Si realizamos la comprobación del programa con el simulador 3D haciendo uso del panel **Control de proceso** y del panel **Registros de pedido y de contaje**, observaremos que los contadores no funcionan correctamente por efecto de la declaración del flanco como variable del tipo TEMP. Si se declara como variable **InOut**, entonces tenemos que asignar un registro a ese nuevo parámetro que nos

Recuerda • • •

Una función FC con parámetros es aquella que contiene un programa en donde el resultado de su ejecución dependerá del estado que tengan en ese momento los diferentes parámetros configurados.

aparecerá en la llamada al FC1. Esto es tan solo un ejemplo de que los FC son válidos, pero tiene sus limitaciones. Es por ello que para la elaboración de bloques de programa se determina que la mayoría de sus parámetros sean del tipo **Input**, **Output** e **InOut**, y se utilizan las variables de tipo TEMP para alguna operación intermedia, pero que no sea entre otras cosas un flanco. En estos bloques de programa FC, si existe algún parámetro declarado como TEMP, no se podrán hacer varias llamadas a esa función, ya que se solaparán los datos y funcionará de forma incorrecta. Tan solo se podrá realizar más de una llamada a una función FC cuando no exista ningún parámetro del tipo TEMP declarado.

Para poder solucionar este problema y obtener otras ventajas, se utilizan los bloques de función FB que pasamos a exponer a continuación.

- **Aplicación utilizando una función FB con parámetros**

Seleccionamos la opción **Agregar nuevo bloque** que encontramos dentro del árbol del proyecto y dentro de la carpeta **Bloques de programa**:

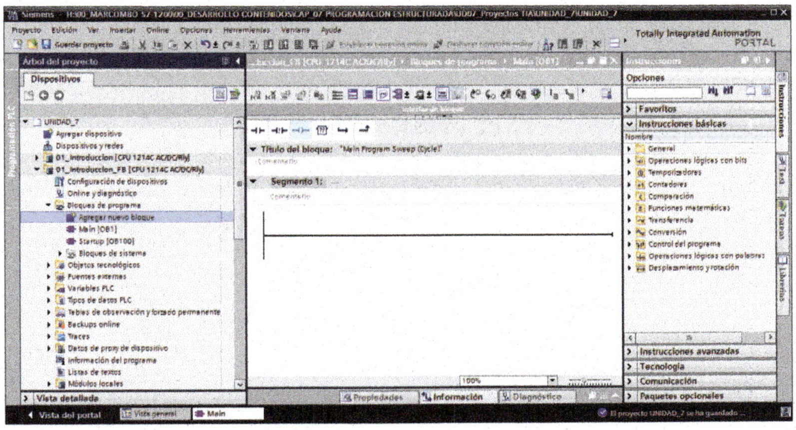

Fig. 7.44

Repitiendo el mismo procedimiento que hemos utilizado para crear un bloque FC, crearemos otro nuevo módulo, en este caso un FB al que asignaremos el nombre **Control_Cilindro_FB**. Cuando ya lo tengamos abierto, lo que hemos de hacer es declarar los diferentes parámetros, y para ello nos fijaremos en la parte superior de la ventana de edición del programa donde encontraremos la zona para la declaración de los parámetros:

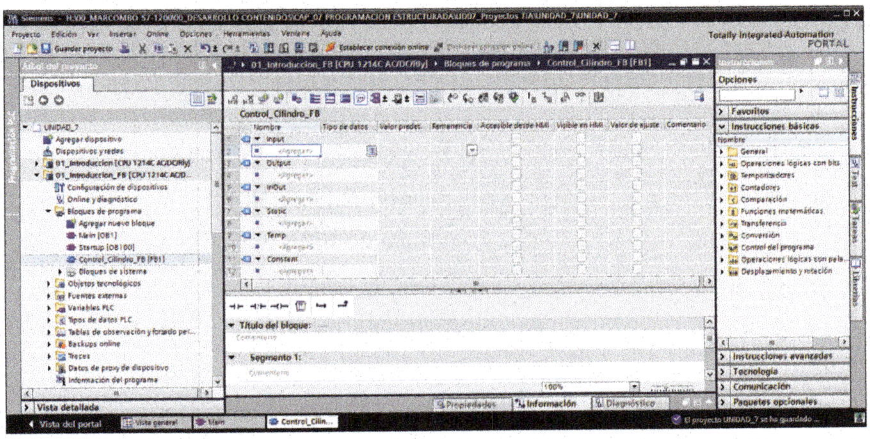

Fig. 7.45

La interfaz contiene las declaraciones de las variables y constantes locales que se utilizan en el bloque. Las variables se dividen en dos grupos:

- Parámetros de bloque que forman la interfaz del bloque para la llamada en el programa.
- Datos locales que sirven para almacenar resultados intermedios.

A continuación, vamos a exponer los tipos de parámetros de un bloque FB:

a) Parámetros del bloque:

Tipo	Sección	Función	Disponible en
Parámetros de entrada	Input	Parámetros cuyos valores lee el bloque.	Funciones, bloques de función y algunos tipos de bloques de organización
Parámetros de salida	Output	Parámetros cuyos valores escribe el bloque.	Funciones y bloques de función
Parámetros de entrada/salida	InOut	El bloque lee los valores de estos parámetros al efectuar la llamada y los vuelve a escribir en ellos tras la ejecución.	Funciones y bloques de función
Valor de retorno	Return	Valor que se devuelve al bloque que realiza la llamada.	Funciones

Fig. 7.46

b) Datos locales:

Tipo	Sección	Función	Disponible en
Datos locales temporales	Temp	Variables que sirven para almacenar resultados intermedios temporales. Los datos temporales se conservan solo durante un ciclo. Si utiliza datos locales temporales, se debe asegurar de que los valores se escriben dentro del ciclo en el que desea leerlos. De lo contrario, los valores serán aleatorios.	Funciones, bloques de función y bloques de organización **Nota:** en los bloques de datos de instancia no se visualizan los datos locales temporales.
Datos locales estáticos	Static	Variables que sirven para almacenar resultados intermedios estáticos en el bloque de datos de instancia. Los datos estáticos se conservan hasta que se vuelven a escribir, también a lo largo de varios ciclos. Los nombres de los bloques que son llamados como multiinstancia en un bloque lógico también se depositan en datos locales estáticos.	Bloques de función
Constante	Constant	Constantes con nombres simbólicos declarados que se utilizan dentro del bloque.	Funciones, bloques de función y bloques de organización **Nota:** en los bloques de datos de instancia no se visualizan las constantes locales.

Fig. 7.47

Pulsando el botón secundario del ratón sobre la fila de títulos de la tabla (Nombre, Tipos de datos, etc.), nos aparece un menú contextual en el que podemos fijar que se muestren más o menos columnas de entre las posibles. Para un FB son:

- Valor predeterminado
- Remanencia
- Accesible desde HMI
- Visible en HMI
- Valor de ajuste
- Comentario

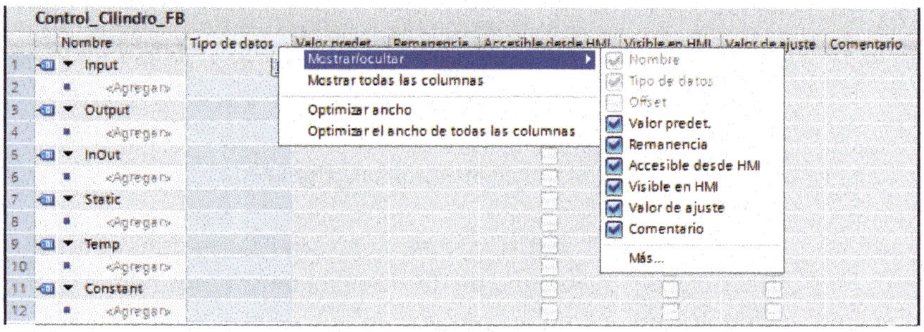

Fig. 7.48

En la siguiente tabla se explica el significado de las distintas columnas. El número de columnas mostradas varía en función de la familia de CPU y del tipo de objeto abierto.

Columna	Significado
	Símbolo en el que se puede hacer clic para arrastrar un elemento mediante Drag & Drop hasta un programa y utilizarlo allí como operando.
Nombre	Nombre del elemento.
Tipo de datos	Tipo de datos del elemento.
Offset	Dirección relativa de una variable. Esta columna solo es visible en los bloques con acceso estándar.
Valor predeterminado	Valor que permite predeterminar determinadas variables en la interfaz del bloque lógico o bien valor de una constante local. La indicación del valor predeterminado es opcional para variables. Si no se especifica ningún valor, se utilizará el valor predefinido para el tipo de datos indicado. Por ejemplo, el valor predefinido para BOOL es "false". El valor predeterminado de una variable se aplica como valor de arranque en el respectivo bloque de datos de instancia. Los valores aplicados pueden sustituirse en el bloque de datos de instancia por los valores de arranque específicos de la instancia. Las constantes siempre tienen el valor predeterminado que se declaró en la interfaz del bloque. No se visualizan en los bloques de datos de instancia y por tanto tampoco se les puede asignar valores específicos de la instancia.
Remanencia	Marca una variable como remanente. Los valores de variables remanentes se conservan tras desconectar la alimentación. Esta columna solo es visible en la interfaz de bloques de función con acceso optimizado.
Visible en HMI	Indica si una variable está visible en la lista de selección de HMI mediante un ajuste predeterminado.
Accesible desde HMI	Indica si HMI puede acceder a esta variable en tiempo de ejecución.
Valor de ajuste	Marca una variable como valor de ajuste. Los valores de ajuste son valores que requieren un ajuste fino en la puesta en marcha. Esta columna solo existe en la interfaz de bloques de función.
Comentario	Comentario para documentar el elemento.

Fig. 7.49b

A continuación, realizaremos la declaración de los diferentes parámetros que utilizaremos en nuestro ejemplo. Estos serán:

Parámetros de entrada: se declaran aquellos parámetros de los que el FB necesita leer su estado para poder ejecutar su programa.

- Orden_Avanzar_Cilindro
- Orden_Retroceder_Cilindro
- Detector_Cilindro_Avance
- Reset_Contador

Parámetros de salida: se declaran aquellos parámetros de los que el FC necesita escribir su estado a medida que va ejecutando su programa.

- EV_Avanzar_Cilindro
- EV_Retroceder_Cilindro

Parámetros de entrada/salida: se declaran aquellos parámetros de los que el FB necesita leer su estado para poder ejecutar su programa y, además, escribir, porque es el resultado de alguna operación programada.

- Maniobras_Realizadas

Static: este tipo de variables se utiliza para guardar operaciones intermedias en el bloque de datos de instancia asociado.

- Flanco

Para ello, basta con elegir el campo correspondiente, escribir el nombre de la variable en la columna **Nombre** y seleccionar el tipo de variable en el desplegable que aparece en la columna **Tipo de datos**. Nos quedaría así:

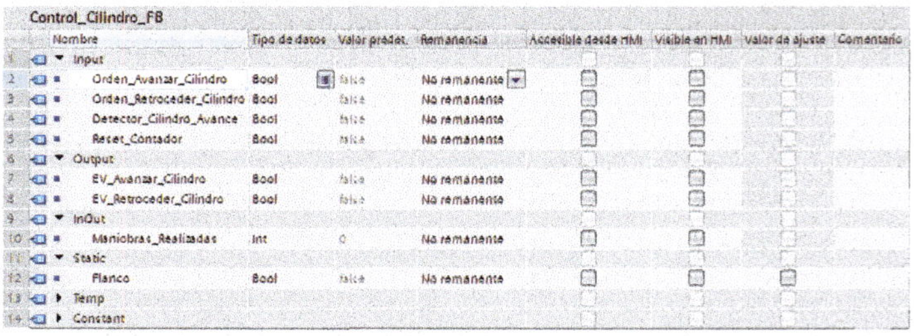

Fig. 7.50

No se ha declarado ningún parámetro del tipo:

Temp: se declaran aquellos parámetros que van a trabajar de forma interna y que no son ni de entrada ni de salida, por ejemplo, para operaciones internas.

A continuación, introducimos el programa en la parte de edición, donde al querer escribir el nombre de la variable se desplegará una ventana con todas las variables declaradas en el proyecto, además de las declaradas como parámetros. Estas variables se reconocen porque carecen del símbolo de etiqueta en su izquierda, su nombre empieza con el símbolo # y no están asociadas a ninguna variable del PLC:

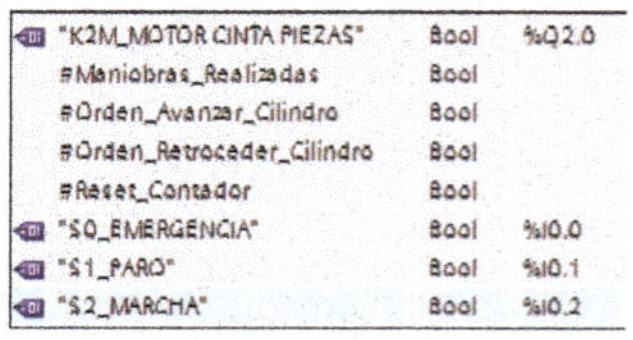

Fig. 7.51

Una vez introducido el programa, tendremos:

Fig. 7.52a

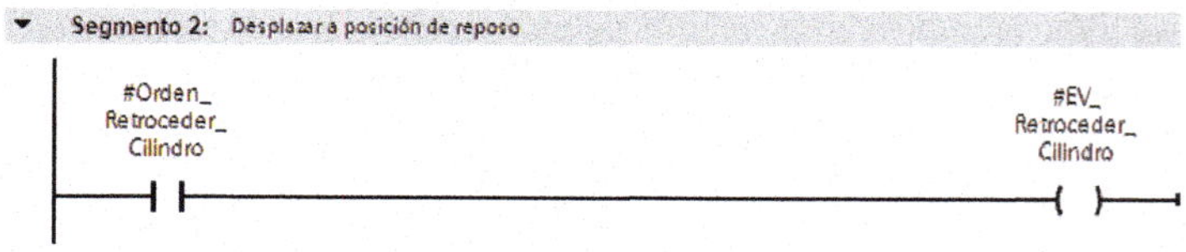

Fig. 7.52b

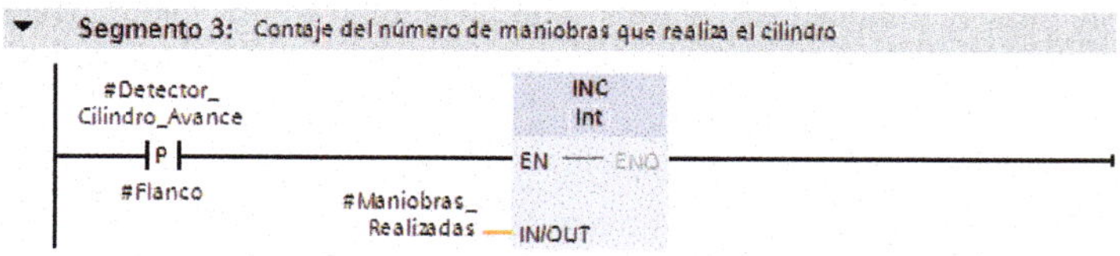

Fig. 7.52c

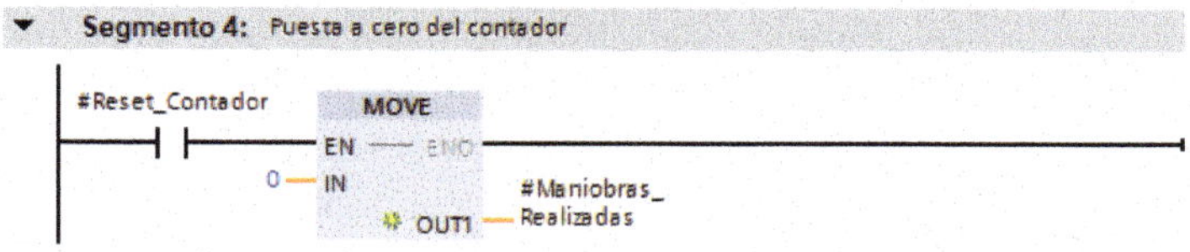

Fig. 7.52d

Esto no quiere decir que un bloque con parámetros esté compuesto únicamente de esos parámetros, sino que también existe la posibilidad de poder incluir registros del PLC.

El hecho de combinar registros del PLC con variables locales para los parámetros no será recomendable cuando protejamos el bloque contra lectura y escritura, ya que el usuario del mismo desconocerá qué registros del PLC se han utilizado y por tanto existe la peligrosa posibilidad de poder duplicar esos registros al ser utilizados en otras zonas del programa.

Finalizada la introducción del programa en el bloque FB, es del todo necesario realizar la compilación del mismo (opción **Compilar** del menú **Edición**). De esta forma podemos conocer si tenemos algún error y también es necesario para que posteriormente aparezcan los parámetros declarados en la llamada a ese bloque.

Ahora tan solo nos falta realizar la llamada de este bloque FB con parámetros desde otro bloque, por ejemplo, desde el OB1. Al seleccionar el bloque FB programado y arrastrarlo hasta situarlo en la posición deseada de la zona de edición, y a diferencia del bloque FC, nos solicita la declaración de un bloque de datos DB de instancia asociado a este FB para poder guardar el estado de los parámetros del tipo **Static** en todo momento. Le asignamos el DB1 con el nombre simbólico **Control_Cilindro_FB_DB**:

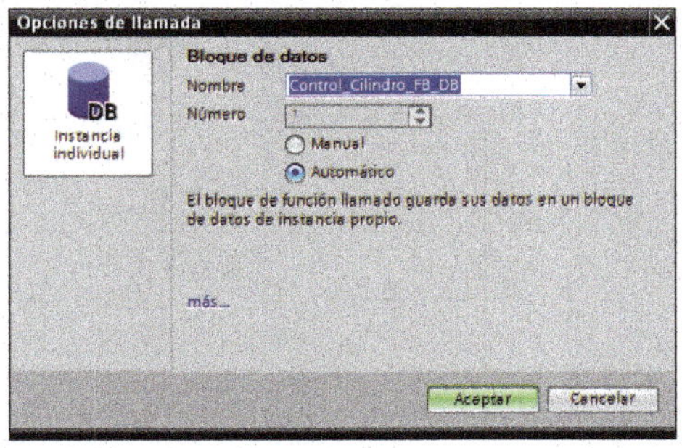

Fig. 7.53

A continuación, aparece el bloque FB1 asociado al bloque de datos DB1 de forma automática, listo para poder completar la llamada si se introducen los valores correspondientes en cada parámetro:

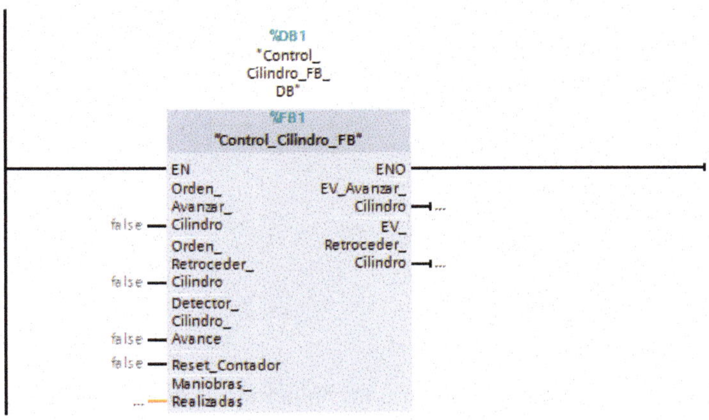

Fig. 7.54

A diferencia de un FC, se observa cómo en el lugar donde se debe introducir el registro o valor para cada parámetro configurado no aparece el símbolo **??.?** de color rojo como sucedía en el FC, sino que aparece el símbolo **false** para variables del tipo Bool o «...». Para variables de tipos no Bool, esto nos indica que no es obligatorio completar todos los parámetros, mientras que en un FC es totalmente obligatorio completarlo, pues en caso contrario el compilador del programa nos muestra que hay un error.

Función de llamada FC	Bloque de función FB
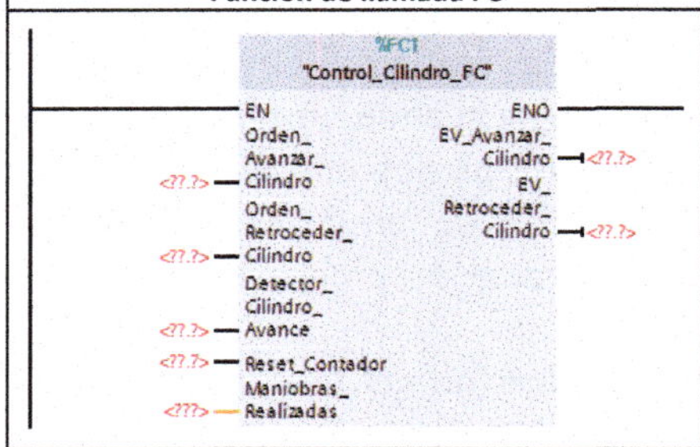	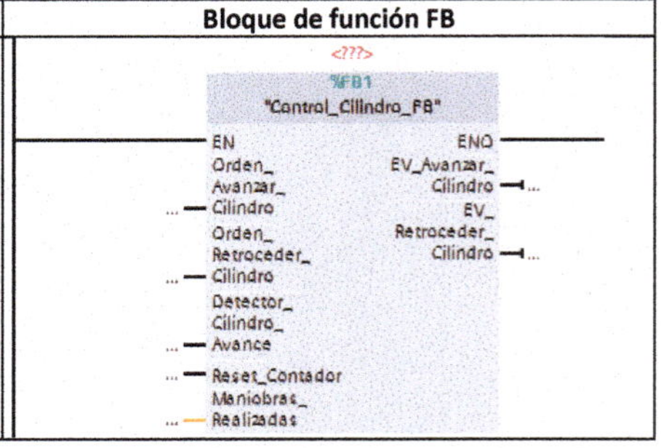

Fig. 7.55

Fig. 7.56

En nuestro caso es necesario completar todos los parámetros para que el programa pueda funcionar. Por tanto, haciendo dos llamadas al bloque de función FB1 y teniendo en cuenta que se ha de asignar un DB de instancia diferente, nos quedará:

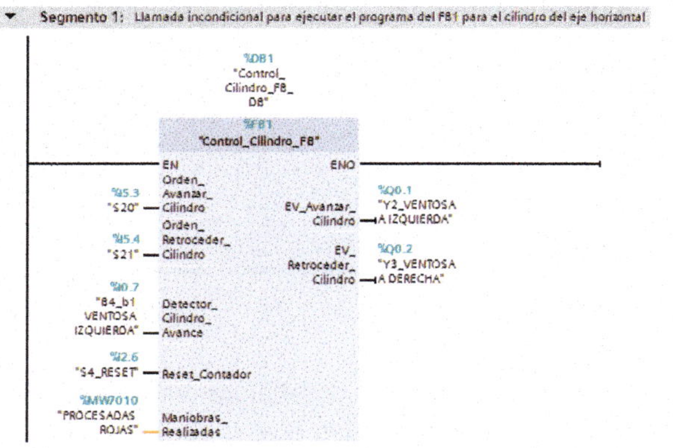

Fig. 7.57

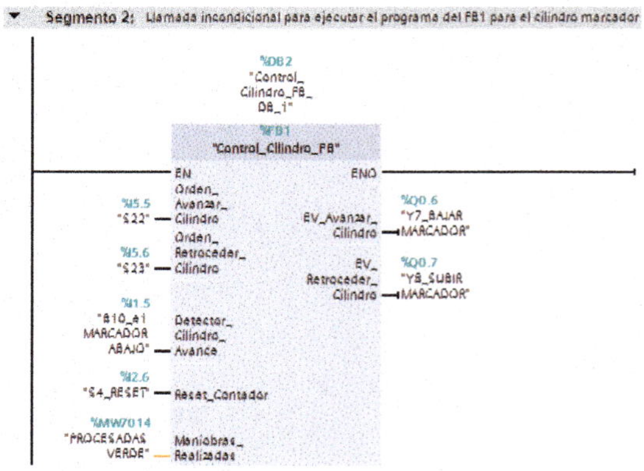

Fig. 7.58

Si visualizamos el contenido del DB de instancia, podemos observar que contiene todos los parámetros declarados para el FB:

Control_Cilindro_FB_DB

	Nombre	Tipo de datos	Valor predet.	Valor de arranque	Instantánea	Valor de observación	Remanencia	Accesible desde HMI	Visible en HMI	Valor de ajuste	Comentario
1	▼ Input										
2	Orden_Avanzar_Cilindro	Bool	false	false	–						
3	Orden_Retroceder_Cilindro	Bool	false	false	–						
4	Detector_Cilindro_Avance	Bool	false	false	–						
5	Reset_Contador	Bool	false	false	–						
6	▼ Output										
7	EV_Avanzar_Cilindro	Bool	false	false	–						
8	EV_Retroceder_Cilindro	Bool	false	false	–						
9	▼ InOut										
10	Maniobras_Realizadas	Int	0	0	–						
11	▼ Static										
12	Flanco	Bool	false	false	–						

Fig. 7.59

En él aparecen unas columnas ya conocidas, pues estaban contenidas en el FB, y otras nuevas:

Columna	Significado
Valor de arranque	Valor que debe adoptar la variable durante el arranque. Al crear el bloque de datos, los valores predeterminados definidos en un bloque lógico se utilizan como valores de arranque. Estos valores aplicados pueden sustituirse aquí por valores de arranque específicos de la instancia. La indicación de un valor de arranque es opcional. Si no se especifica ningún valor, la variable adopta el valor predeterminado durante el arranque. Si tampoco se ha definido ningún valor predeterminado, se utiliza el valor estándar válido para el tipo de datos. Por ejemplo, el valor estándar de BOOL es "FALSE".
Valor de observación	Valor de datos actual en la CPU. Esta columna se visualiza si existe una conexión online y se hace clic en el botón "Observar todo".
Instantánea	Muestra los valores que se han cargado desde el dispositivo.

Fig. 7.60

Recuerda • • •

Un bloque de función FB con parámetros es aquel que contiene un programa en el que el resultado de su ejecución dependerá del estado que tengan en ese momento los diferentes parámetros configurados. La diferencia con una FC es que los datos de la ejecución del programa serán memorizados en un DB de instancia.

A continuación, podemos comprobar el funcionamiento cargando todos los bloques de programa, como es el OB1, el FB1 y el DB1, aunque como se observa en la ventana que nos aparece, ya nos avisa de los bloques que no existen o bien que no son coincidentes con los existentes actualmente en la CPU y que además se utilizan en el programa. Por tanto, es necesario cargarlos.

Poniendo online el programa con el PLC, visualizamos los estados de los parámetros del bloque de función FB1:

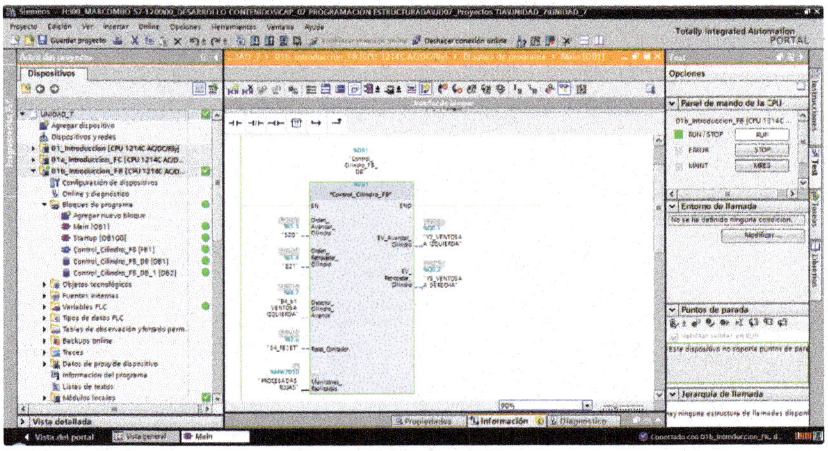

Fig. 7.61

Si hacemos doble clic sobre el mismo bloque FB llamado, se abre automáticamente el editor del programa de ese bloque, en el que, tras ponerlo online con el PLC, tendremos la visualización actual del funcionamiento del programa:

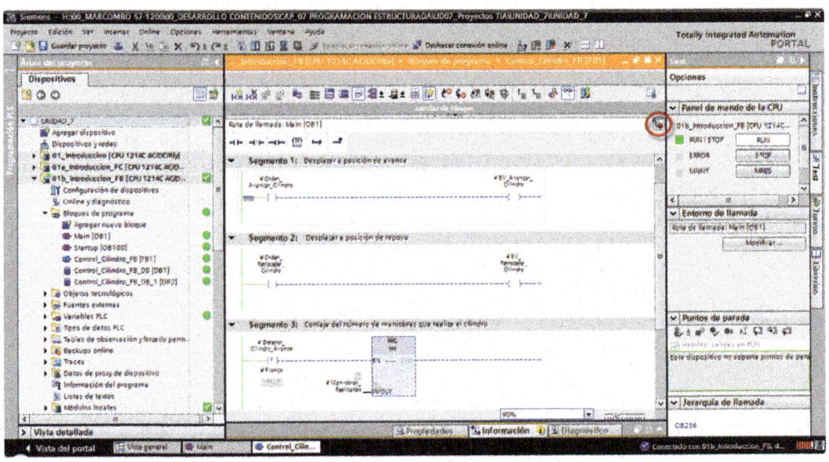

Fig. 7.62

Fig. 7.63

Recuerda • • •

Para la visualización del programa online con el PLC o PLCSim, y cuando se realizan diferentes llamadas a un mismo bloque de función FB parametrizado, se deberá indicar el DB de instancia asociado en cada llamada para poder visualizar el funcionamiento correspondiente a la llamada.

Al ser el programa del bloque FB, desconocemos con qué DB de las dos llamadas se está visualizando el programa. Para averiguarlo o bien cambiar la visualización con el otro DB hemos de pulsar sobre el icono que encontraremos en la esquina superior derecha del editor de programa KOP. Al hacerlo, se abre la siguiente pantalla:

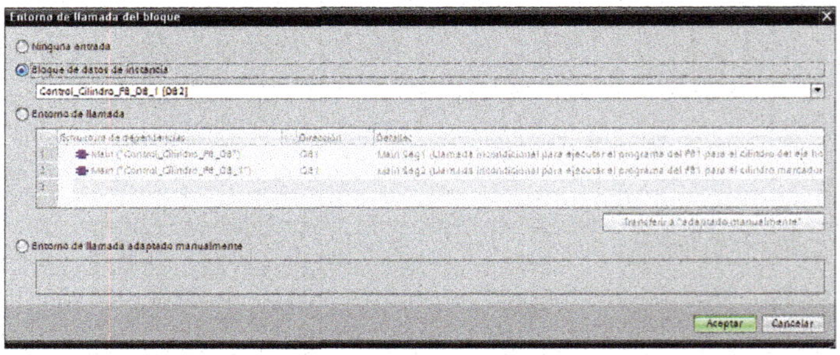

Fig. 7.64

Donde al seleccionar la opción **Bloque de datos de instancia** se habilitará el acceso para elegir de la lista habilitada con qué DB se desea visualizar el funcionamiento del programa.

Si observamos también la visualización online del bloque de datos de instancia asociado, DB1, vemos cómo registra el valor del estado actual de todos los parámetros configurados:

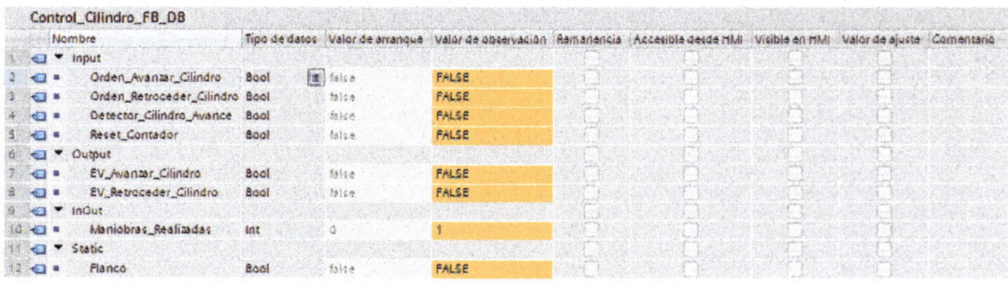
Control_Cilindro_FB_DB

	Nombre	Tipo de datos	Valor de arranque	Valor de observación	Remanencia	Accesible desde HMI	Visible en HMI	Valor de ajuste	Comentario
1	▼ Input								
2	Orden_Avanzar_Cilindro	Bool	false	FALSE					
3	Orden_Retroceder_Cilindro	Bool	false	FALSE					
4	Detector_Cilindro_Avance	Bool	false	FALSE					
5	Reset_Contador	Bool	false	FALSE					
6	▼ Output								
7	EV_Avanzar_Cilindro	Bool	false	FALSE					
8	EV_Retroceder_Cilindro	Bool	false	FALSE					
9	▼ InOut								
10	Maniobras_Realizadas	Int	0	1					
11	▼ Static								
12	Flanco	Bool	false	FALSE					

Fig. 7.65

También nos podemos aprovechar de las variables declaradas en el DB de instancia para utilizarlas en el programa de forma independiente, por ejemplo, podemos programar lo siguiente:

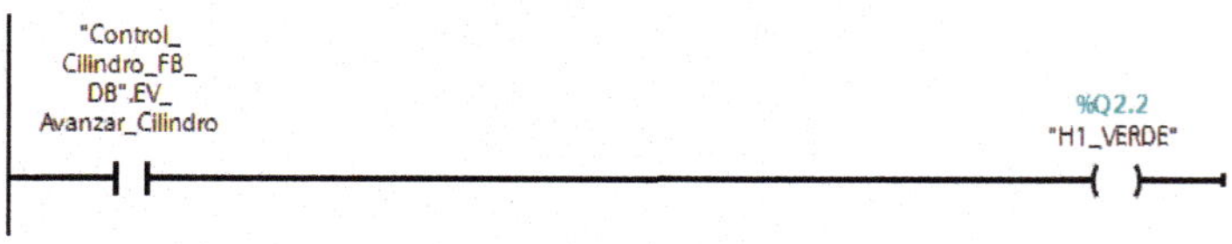

Fig. 7.66

Según lo que se ha programado, la variable parametrizada **EV_Avanzar_Cilindro**, del DB **Control_Cilindro_FB_DB**, que corresponde con el DB1, determinará el funcionamiento del piloto verde (Q2.2).

Por tanto, una vez llegado a este punto de conocimiento, podemos realizar un resumen de las ventajas e inconvenientes de utilizar un bloque FC o un bloque FB.

Utilización de un bloque FC	Utilización de un bloque FB
o Si se utilizan parámetros de tipo TEMP, no se podrán usar en diferentes llamadas.	o Se podrá utilizar en diferentes llamadas, tanto si se utilizan parámetros del tipo TEMP como si no.

Utilización de un bloque FC	Utilización de un bloque FB
o Se podrán realizar diferentes llamadas al bloque si todos los parámetros definidos son del tipo In, InOut u Out. o Se pueden utilizar para una programación estructurada. o No dispone de memoria, por tanto, ante un corte de alimentación eléctrica, al restablecerse, el programa no habrá guardado ninguna información de los parámetros definidos.	o Se pueden utilizar para una programación estructurada. o Dispone de memoria, ya que las informaciones del estado de los diferentes parámetros quedan guardadas en el DB de instancia asociado a cada FB. Por tanto, ante un corte de alimentación eléctrica, al restablecerse, el programa habrá guardado toda la información del estado de todos los parámetros definidos.

7.4 Protección know-how de bloques FC y FB

Se pueden proteger los bloques, tanto FC como FB, de forma que el usuario tan solo pueda tener acceso para utilizarlos, pero no para modificarlos ni visualizar su contenido.

Recuerda • • •

Mediante el sistema de protección know-how se pueden proteger, con una contraseña, bloques FC y FB contra lectura y modificaciones.

En un bloque con protección de know-how se pueden leer únicamente los datos siguientes sin conocimiento de su contraseña:

- Parámetros definidos: Input, Output, InOut, Return, Static.
- Título del bloque.
- Comentario del bloque.
- Propiedades de bloques.
- Variables de bloques de datos globales sin indicación de la ubicación.

Además, en un bloque con protección de know-how se pueden realizar las acciones siguientes:

- Copiar y borrar.
- Llamar en un programa.
- Comparación online/offline.
- Cargar.

También se han de tener en cuenta las siguientes consideraciones:

- El programa del bloque no se puede leer ni modificar si no se dispone de la autorización necesaria (contraseña).
- En las versiones offline y online de los bloques con protección de know-how solo se comparan los datos sin protección.
- Sin la contraseña no es posible acceder al bloque.
- Las referencias cruzadas a variables, marcas, entradas y salidas utilizadas en bloques con protección de know-how no se muestran ni siquiera después de introducir la contraseña correcta.
- Si se modifica el número de un bloque, el componente binario cargable del bloque ya no será actual. Eso significa que el bloque debe volver a compilarse antes de cargarlo en un dispositivo, lo que en el caso de un bloque con protección de know how solo es posible con la contraseña correcta. Este punto debe recordarse especialmente si se desea copiar un bloque con protección de know how a otro dispositivo que ya contenga un bloque con ese número.

7.4.1 Protección de un bloque FC o FB

Para poder proteger un bloque FC o FB será necesario seguir los siguientes pasos:

- Seleccionamos el bloque que se desea proteger, en este caso el FB1, y a continuación pulsamos el botón secundario del ratón y elegimos la opción **Protección de know-how** del menú contextual que aparecerá:

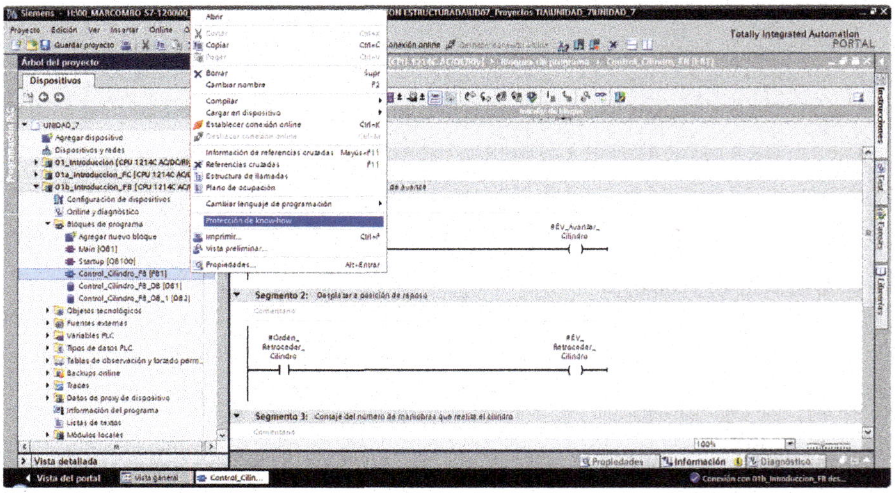

Fig. 7.67

Aunque también podemos acceder al mismo punto desde la ventana **Propiedades** una vez abierto el bloque a proteger. Seleccionando la opción **Protección**, pulsaremos el botón **Protección**:

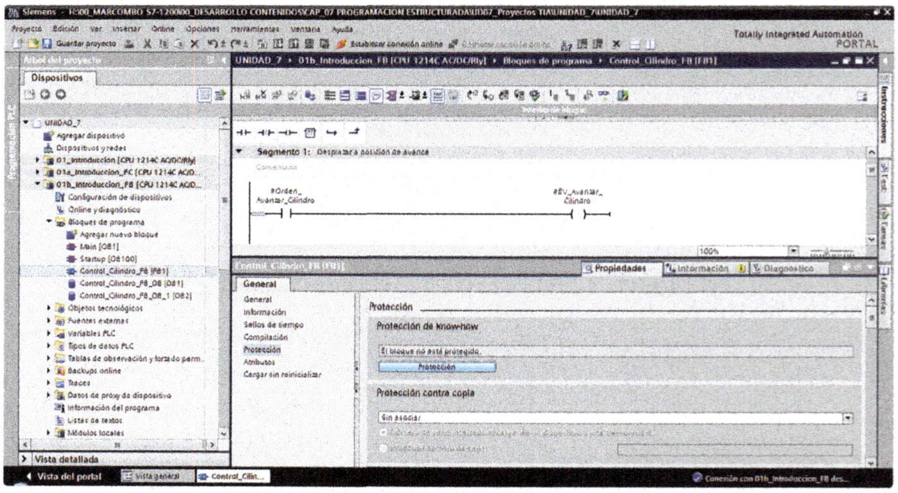

Fig. 7.68

En cualquier caso, nos aparecerá la siguiente ventana:

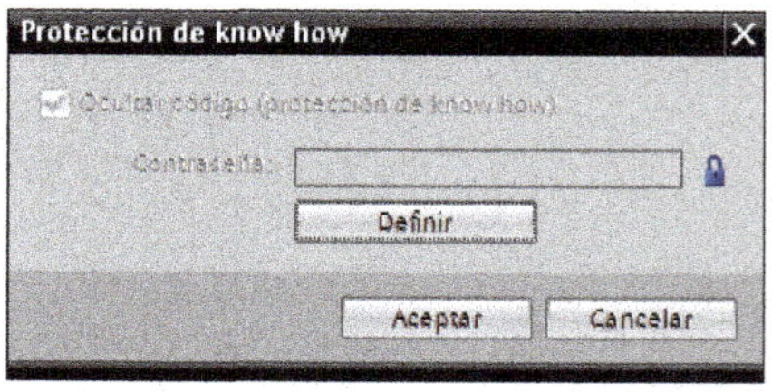

Fig. 7.69

Aquí, al pulsar el botón **Definir**, podemos introducir la contraseña deseada.

En este caso escribimos la contraseña «protegido»:

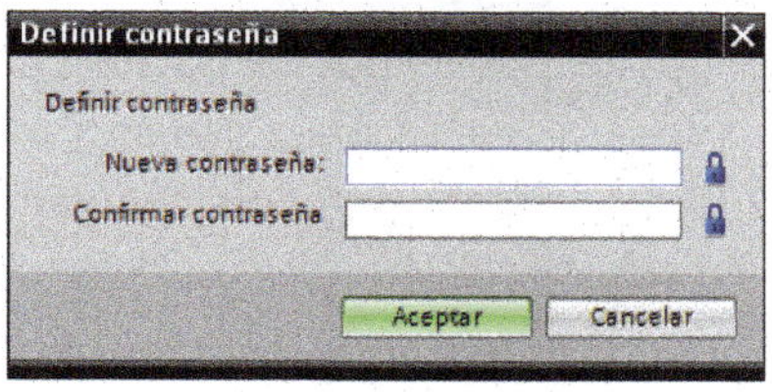

Fig. 7.70

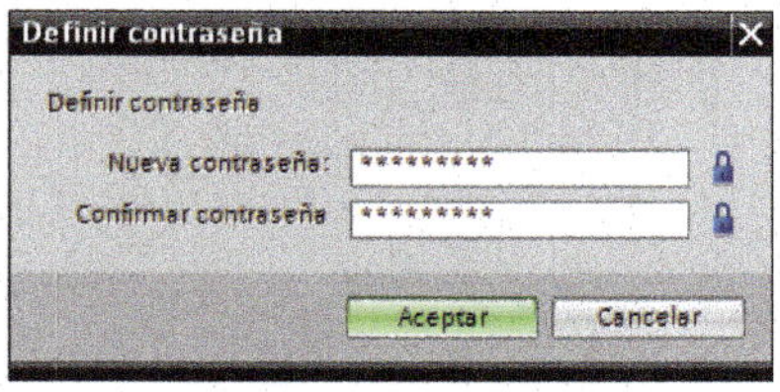

Fig. 7.71

A continuación, se deberá pulsar el botón **Aceptar**, para que aparezca la ventana inicial, pero en esta ocasión con la contraseña definida:

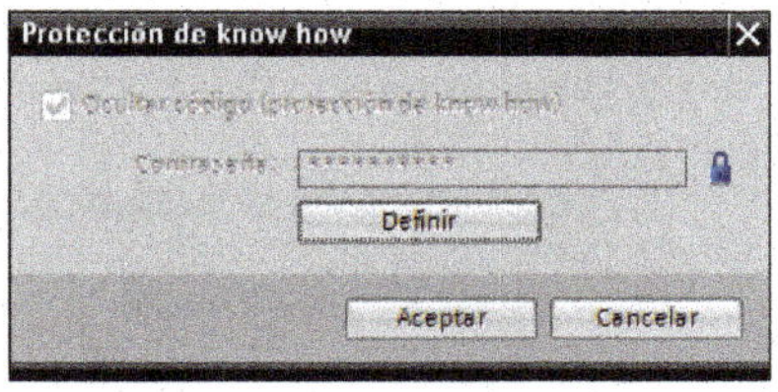

Fig. 7.72

Después hay que pulsar el botón **Aceptar** para finalizar esta configuración, momento en el que se observa cómo justo a la izquierda del nombre del bloque protegido en el árbol de proyecto aparece un símbolo diferente, además de desaparecer el contenido del programa y mostrarse la información que indica que el bloque se encuentra protegido.

Recuerda • • •

Cuando un bloque de programa ha sido protegido, aparece un cambio en su icono, un candado, dentro del árbol del proyecto.

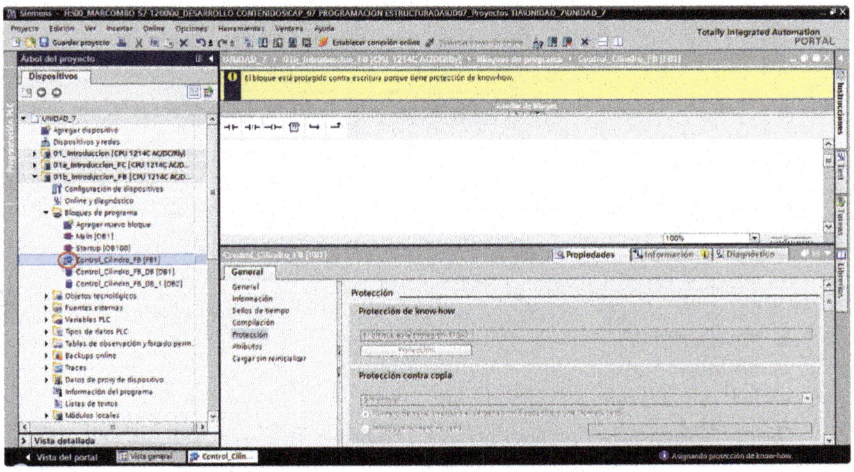

Fig. 7.73

Si cerramos el bloque, al querer abrirlo de nuevo, aparecerá una ventana en la que se solicita la contraseña:

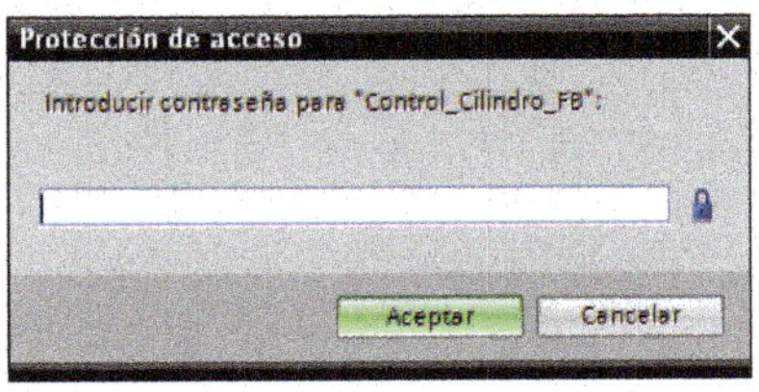

Fig. 7.74

Si la desconocemos o no introducimos ninguna, al pulsar el botón **Aceptar**, aparecerá el mensaje «La contraseña no es válida»:

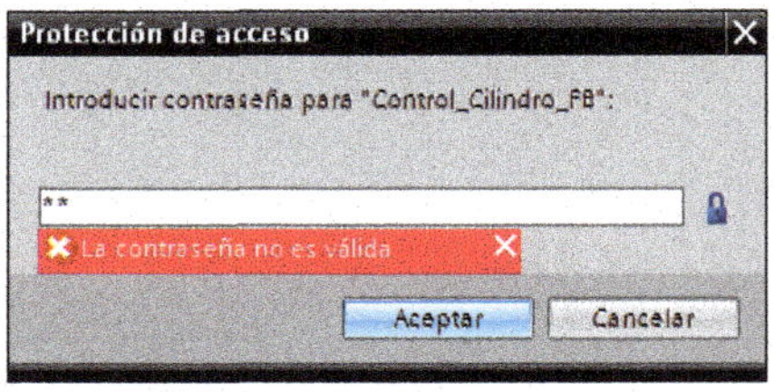

Fig. 7.75

Por tanto, si no la conocemos, tan solo tenemos la opción de pulsar sobre el botón **Cancelar**. En ese momento se abre el bloque FB, pero sin programa visible, aunque sí que se puede ver la lista de parámetros declarados, además del mensaje «El bloque está protegido contra escritura porque tiene protección de know-how».

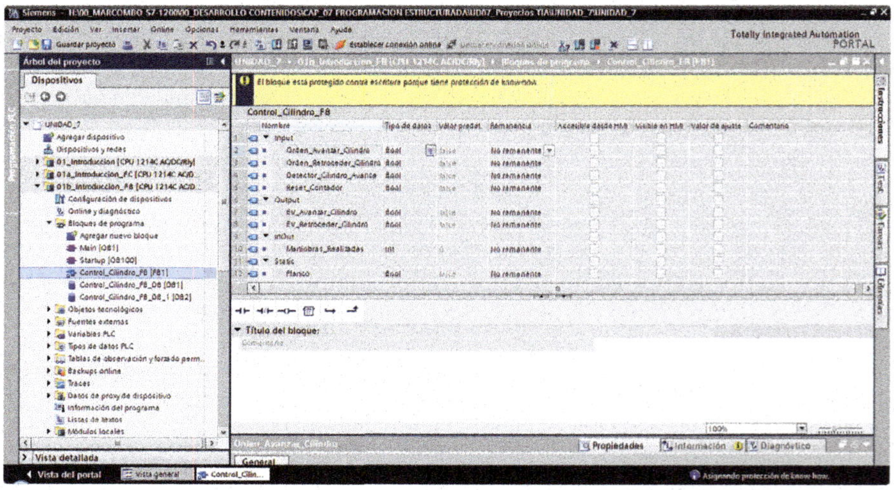

Fig. 7.76

Recuerda • • •

Al abrir un bloque de programa FC o FB protegido mediante el sistema know-how, tan solo se podrá visualizar la lista de parámetros configurados, pero no el programa.

Si, por el contrario, cuando aparece la ventana para introducir la contraseña, la introducimos correctamente y pulsamos el botón **Aceptar**:

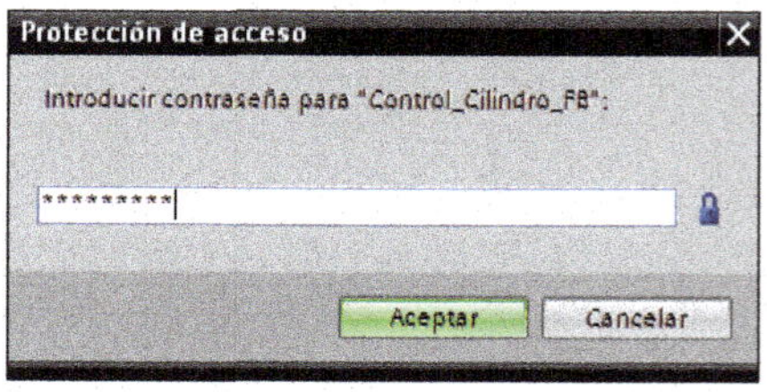

Fig. 7.77

Entonces, se abrirá el bloque y se visualizará todo su contenido, declaración de parámetros y programa, aunque continuará con protección bajo contraseña:

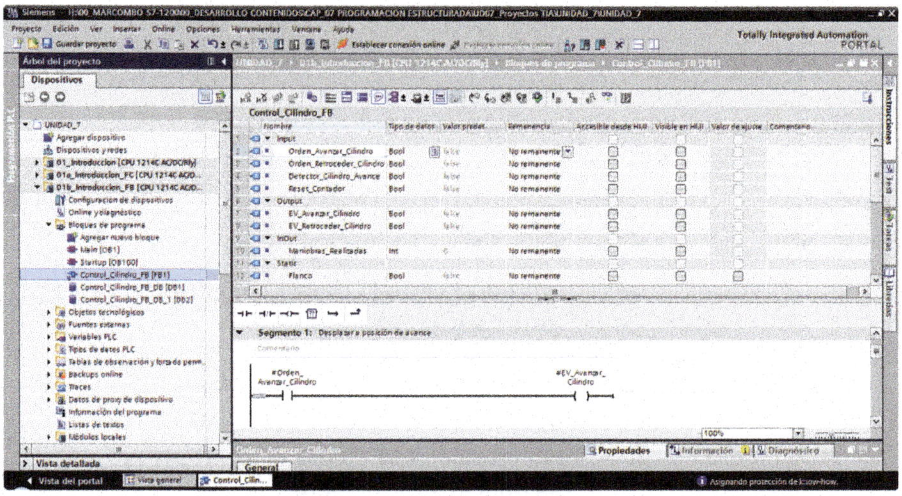

Fig. 7.78

7.4.2 Desprotección de un bloque FC o FB

Una vez tenemos un bloque protegido y se desea desprotegerlo, en primer lugar, nos debemos asegurar de que este bloque no se encuentre ya abierto:

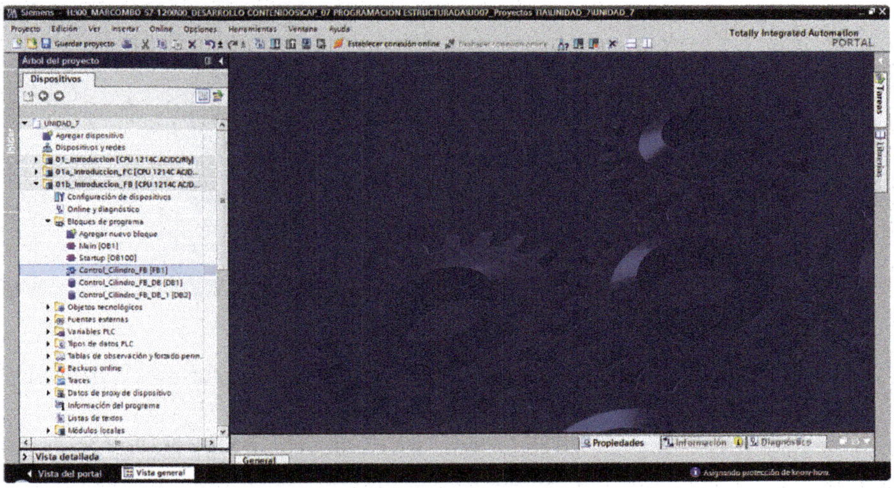

Fig. 7.79

Recuerda • • •

Si se conoce la contraseña, entonces se puede desproteger el bloque de programa FC o FB.

Seleccionamos el bloque protegido que deseamos desproteger y pulsamos el botón secundario del ratón, con lo que aparecerá un menú contextual:

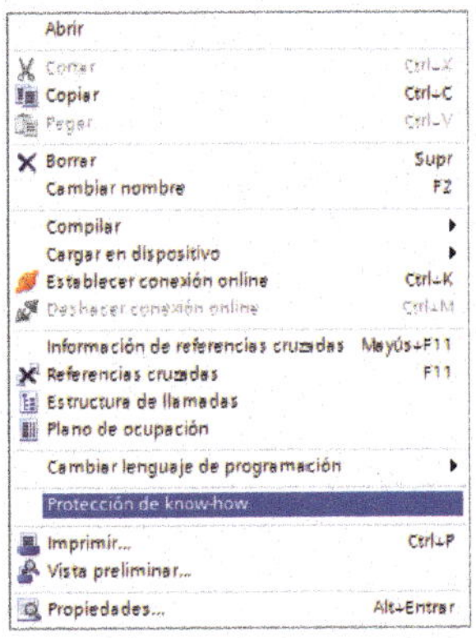

Fig. 7.80

Elegimos la opción **Protección de know-how** y se muestra la siguiente ventana:

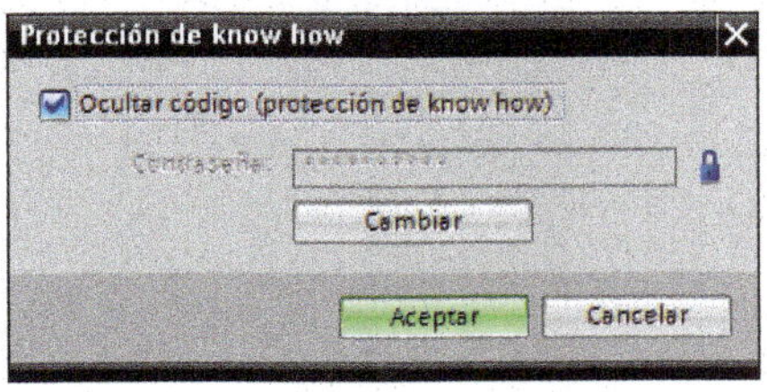

Fig. 7.81

Aquí deberemos desactivar la casilla de verificación **Ocultar código (protección de know-how)**:

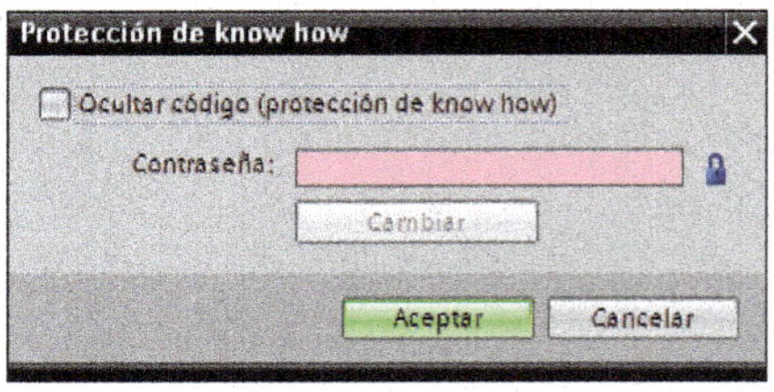

Fig. 7.82

Introduciremos la contraseña correcta, en este caso, «protegido»:

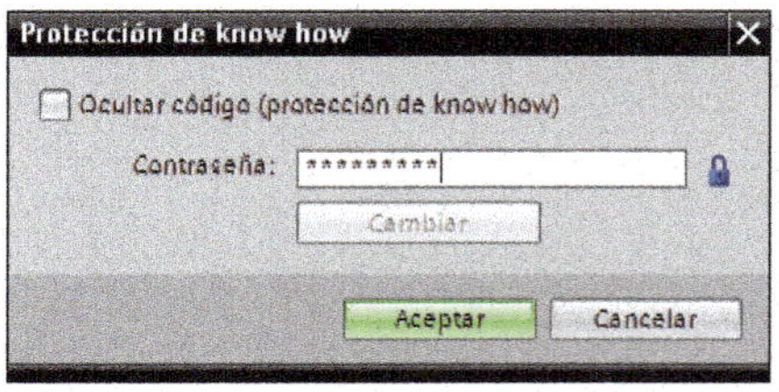

Fig. 7.83

Al pulsar el botón **Aceptar** tendremos de nuevo el bloque desprotegido y volveremos a visualizar el icono normal a la izquierda del nombre:

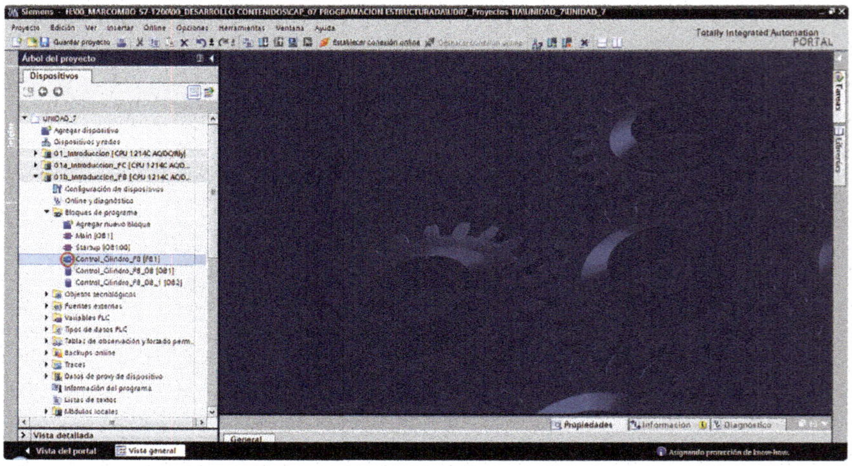

Fig. 7.84

7.4.3 Cambiar la contraseña de un bloque FC o FB protegido

Si lo que se desea es modificar la contraseña de un bloque ya protegido, debemos, en primer lugar, asegurarnos de tener cerrado el bloque al que deseamos cambiar la contraseña:

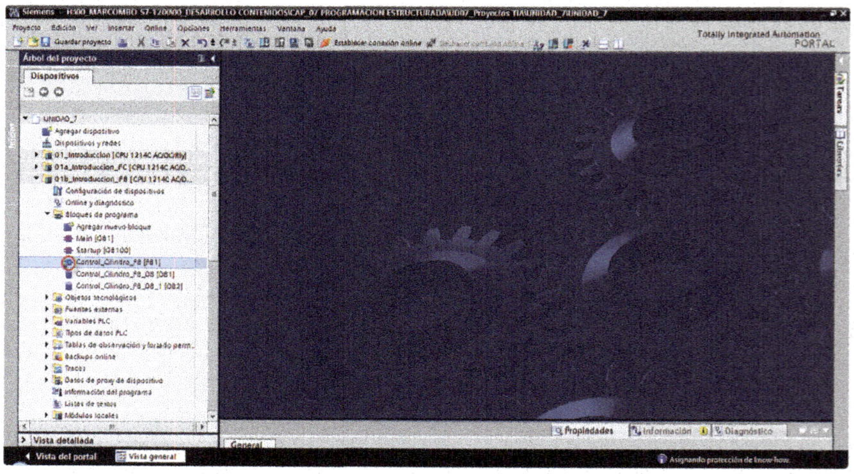

Fig. 7.85

Seleccionamos el bloque protegido que deseamos desproteger y pulsamos el botón secundario del ratón, con lo que nos aparece un menú contextual:

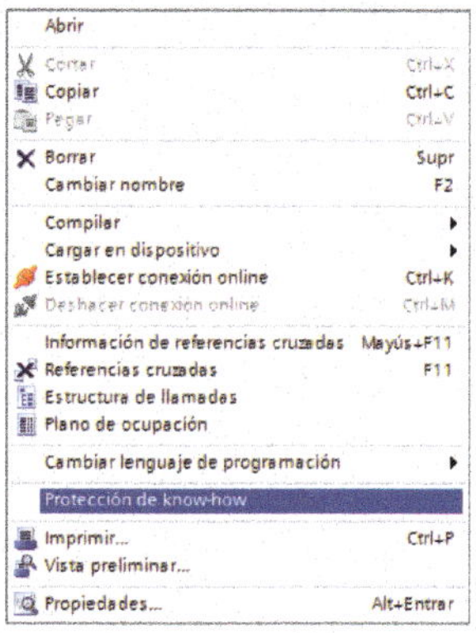

Fig. 7.86

Elegimos la opción **Protección de know-how** y se muestra la siguiente ventana:

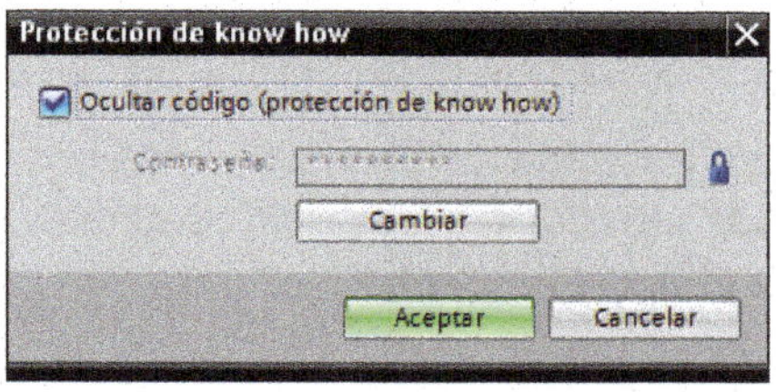

Fig. 7.87

Ahora debemos pulsar el botón **Cambiar**, momento en el que aparece la siguiente ventana:

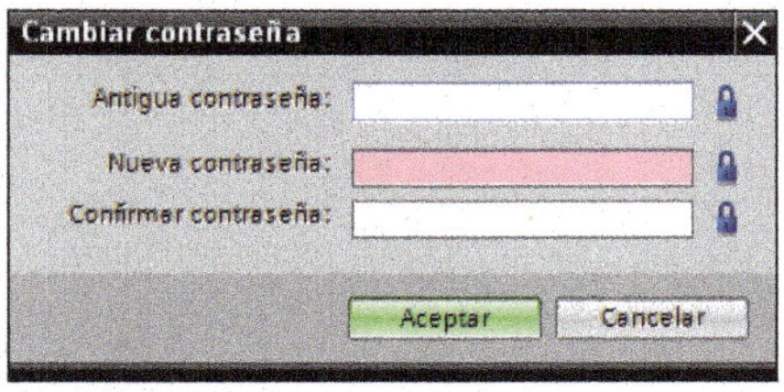

Fig. 7.88

Seguidamente, hemos de completar los tres campos con la antigua contraseña y la nueva contraseña:

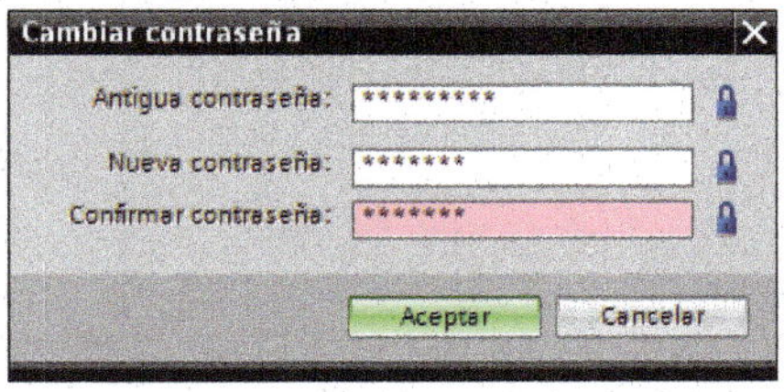

Fig. 7.89

Para finalizar, hay que pulsar el botón **Aceptar**.

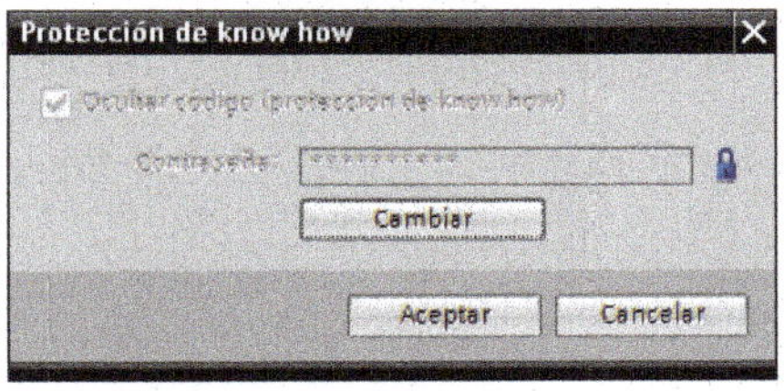

Fig. 7.90

Recuerda • • •

Si se conoce la contraseña, también es posible cambiarla.

Al pulsar de nuevo sobre el botón **Aceptar**, nos aparece una ventana informativa indicando que ha finalizado el proceso:

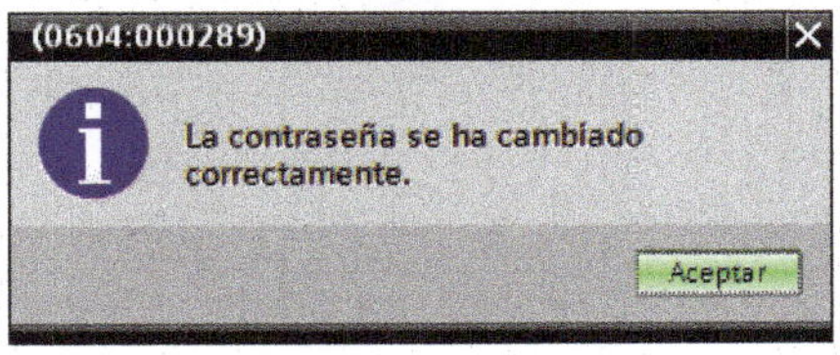

Fig. 7.91

La cerramos pulsando el botón **Aceptar**.

7.5 Programación en Grafcet (VI)

En esta quinta parte de Grafcet vamos a ver cómo podemos estructurar en diferentes bloques los programas diseñados en Grafcet. También exponemos cómo elaborar un Grafcet con secuencias en los que intervengan macroetapas.

7.5.1 Estructuración de programas en bloques

Vamos a exponer con un ejemplo diferentes posibilidades de realizar la programación, lineal o estructurada. Para ello nos basaremos en el ejercicio resuelto en el apartado 6.3.4, en el que además incluiremos el concepto de ciclo continuo y de fin de ciclo.

- **Ciclo continuo**: indica que el proceso se irá ejecutando de forma continua indefinidamente hasta realizar la petición de fin de ciclo.
- **Fin de ciclo**: indica que se ha realizado la petición para que cuando el proceso realice el ciclo completo actual, se detenga.

Para ello modificaremos el llamado Grafcet principal, de forma que pueda controlar ambas situaciones, la de ciclo continuo y la de final de ciclo. Este Grafcet pasará a tener el siguiente diseño:
Grafcet principal:

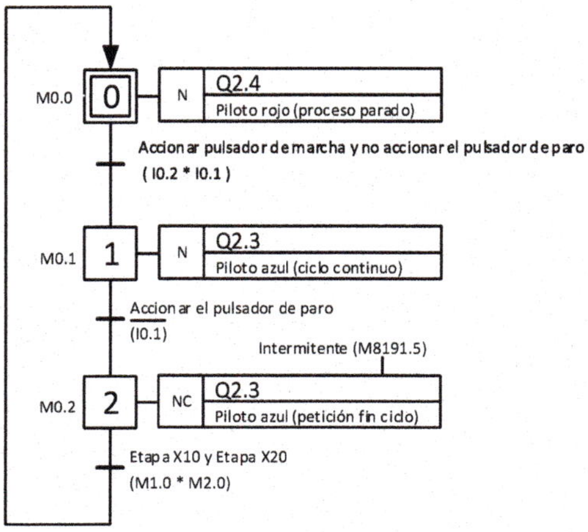

Este Grafcet realizará la función de puesta en marcha accionando el pulsador de marcha. La etapa X1 se pondrá en funcionamiento, quedando de forma estable en esta situación (ciclo continuo). Para realizar la petición de final de ciclo, se deberá accionar el pulsador de paro, pasando el Grafcet a la etapa X2 (fin de ciclo) y esperando a que realmente el proceso finalice el ciclo actual en funcionamiento.

Y en estos dos Grafcet, que corresponden cada uno a una de las secuencias, también se ha modificado la primera transición y eliminado la última etapa-transición, para ajustarlos al concepto de ciclo continuo y petición de fin de ciclo.

Grafcet secuencia 1

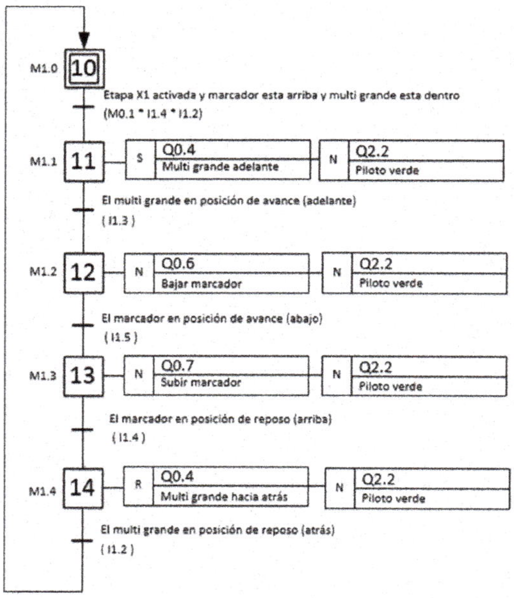

Grafcet secuencia 2

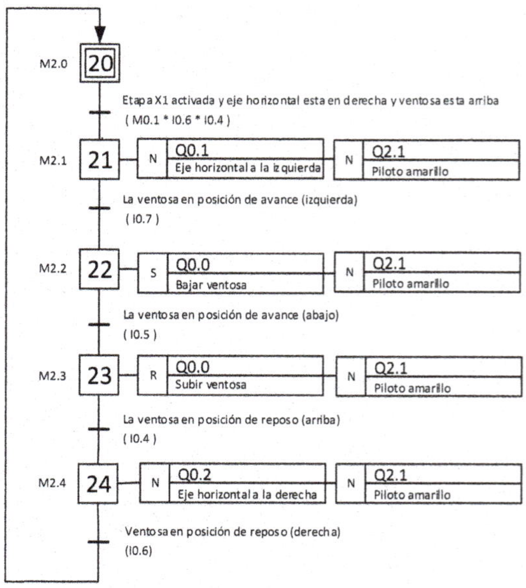

Una vez tenemos del diseño de los Grafcet que intervienen, podemos realizar dos tipos de programación:

- Lineal.
- Estructurada.

- Lineal

Se trata de realizar todo el programa en un único bloque de programa, por ejemplo, en el OB1, o en un FB o una FC, y después realizar la llamada desde el OB1, tal y como se ha resuelto en el apartado 6.3.4.

- Estructurada

Se trata de realizar el programa utilizando diferentes bloques de programa, por ejemplo:

OB30: programa correspondiente a la comunicación con el Simulador 3D.
OB1: llamada al resto de bloques de programa.
OB100: puesta en marcha de las etapas iniciales de todos los Grafcet.
FC1: programa correspondiente a la activación de las etapas del Grafcet principal.
FC2: programa correspondiente a la activación de las etapas del Grafcet secuencia 1.
FC3: programa correspondiente a la activación de las etapas del Grafcet secuencia 2.
FC4: programa para la activación de las salidas.

Por lo que nuestro proyecto tendría la siguiente estructura:

Recuerda • • •

Una forma de estructurar un programa diseñado en Grafcet es programar cada Grafcet en un bloque de programa diferente.

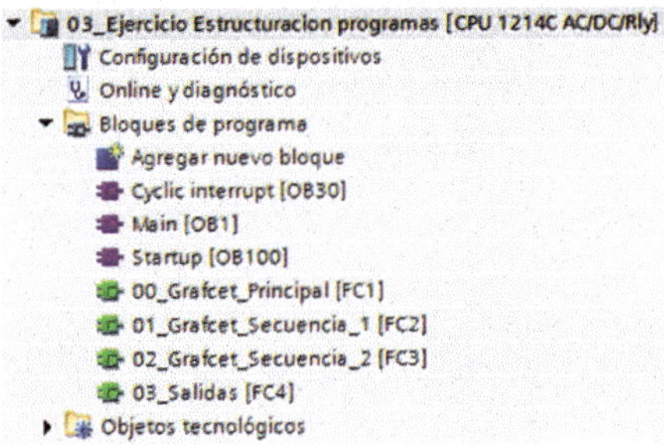

Fig. 7.92

También se podría ir ampliando si fuera el caso, por ejemplo, crear nuevos FB o FC para temporizadores, contadores, etc.

- **Programa en diagrama de contactos**

El programa que responde al diseño del Grafcet dado sería el siguiente:

- FC1. Activación de etapas del Grafcet principal.

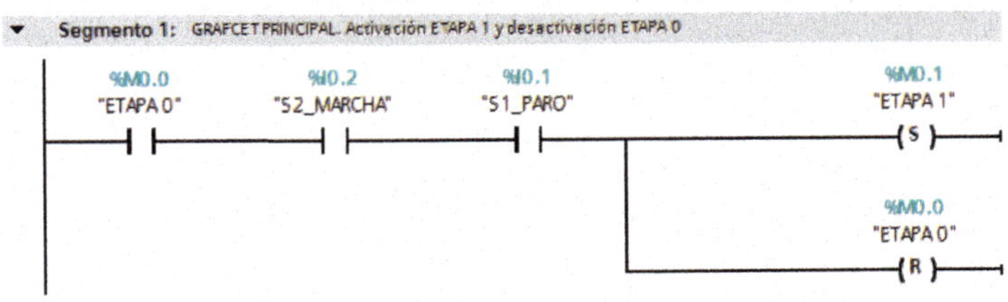

Fig. 7.93

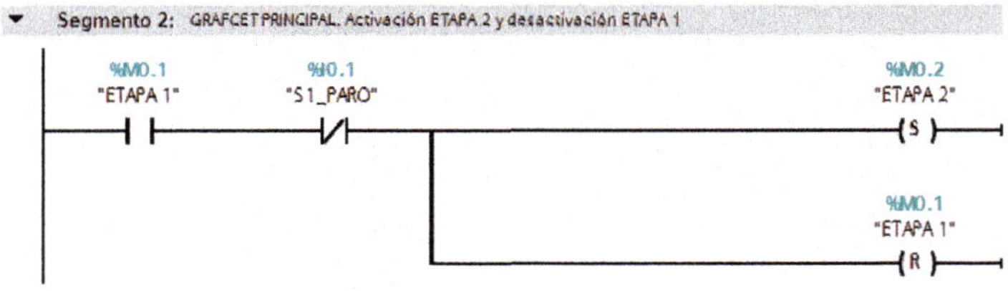

Fig. 7.94

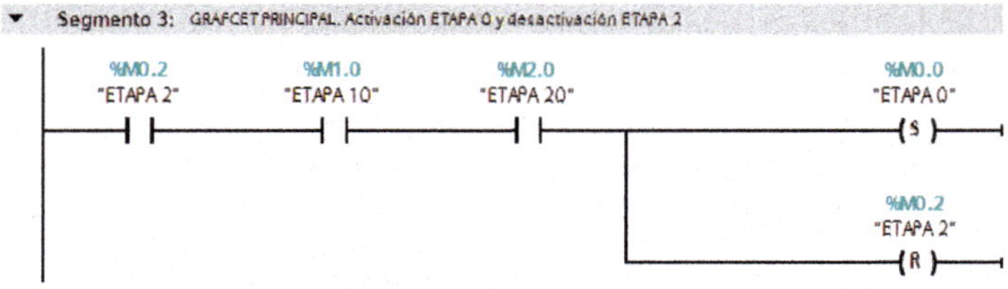

Fig. 7.95

- FC2. Activación de etapas del Grafcet secuencia 1.

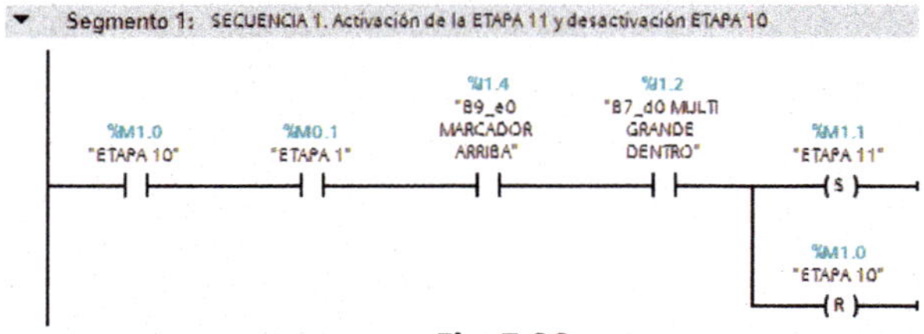

Fig. 7.96

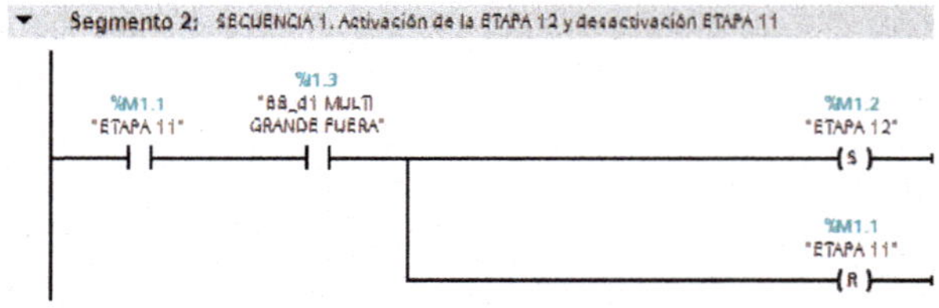

Fig. 7.97

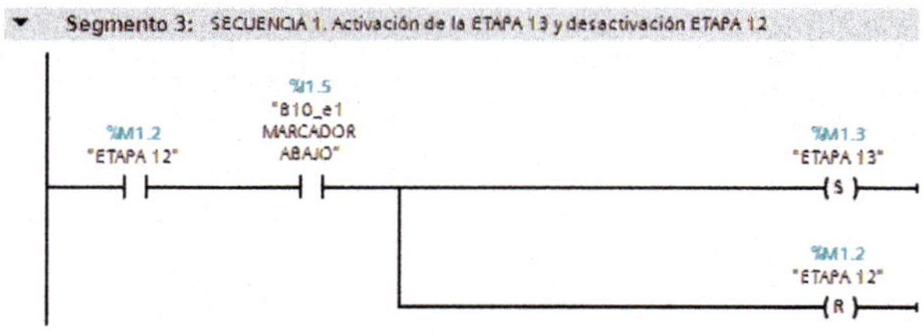

Fig. 7.98

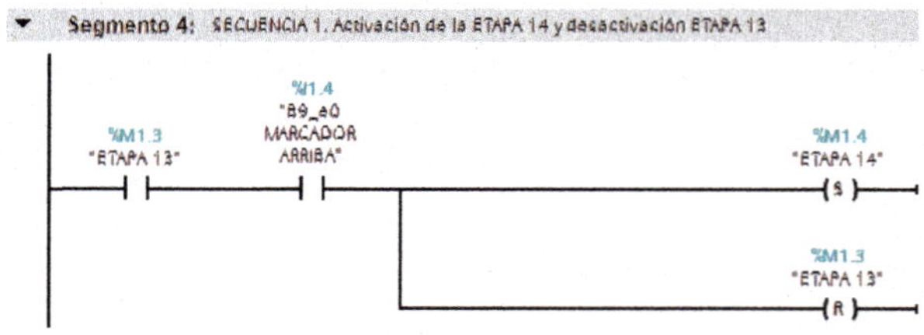

Fig. 7.99

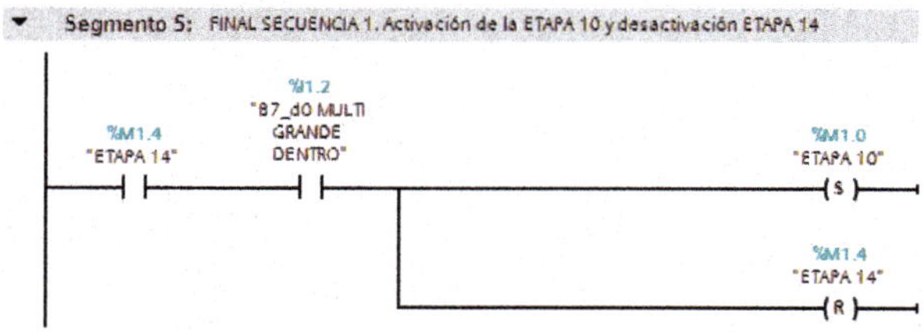

Fig. 7.100

- FC3. Activación de etapas del Grafcet secuencia 2.

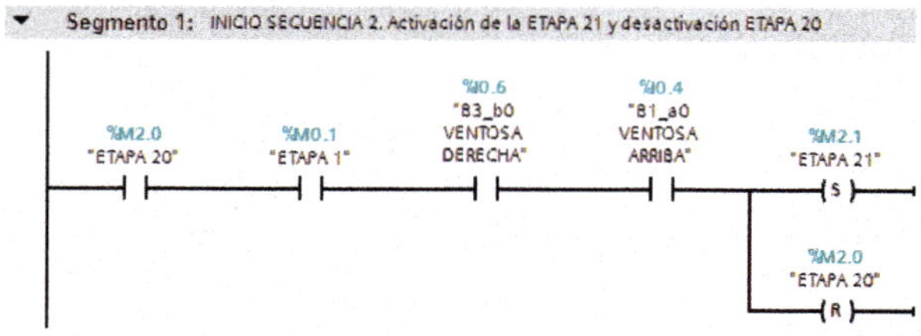

Fig. 7.101

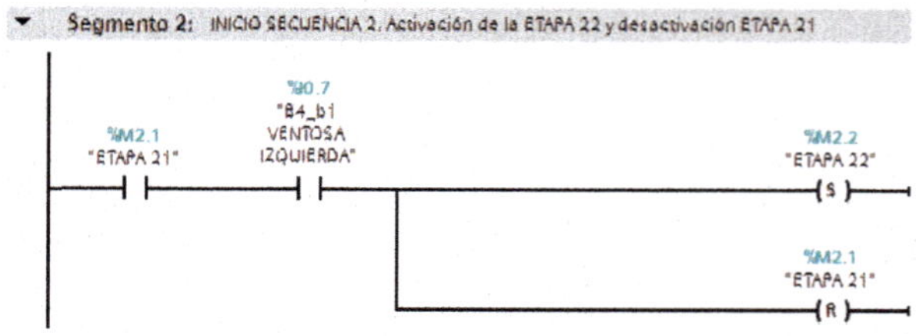

Fig. 7.102

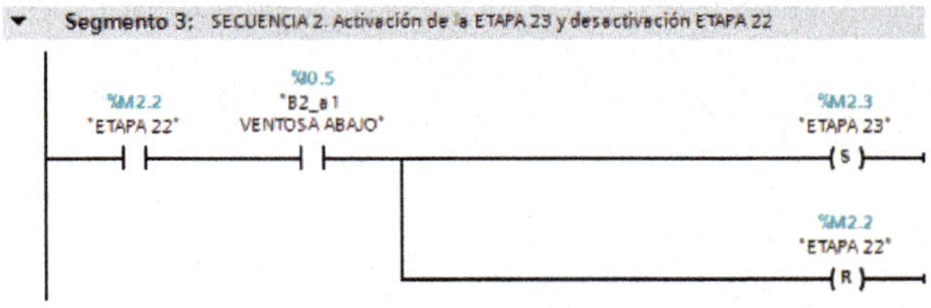

Fig. 7.103

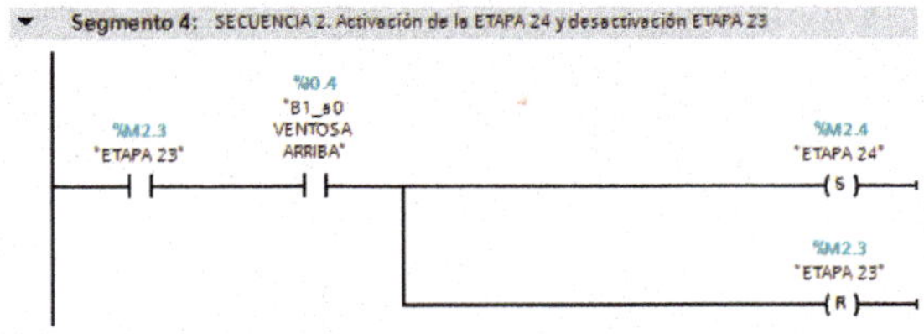

Fig. 7.104

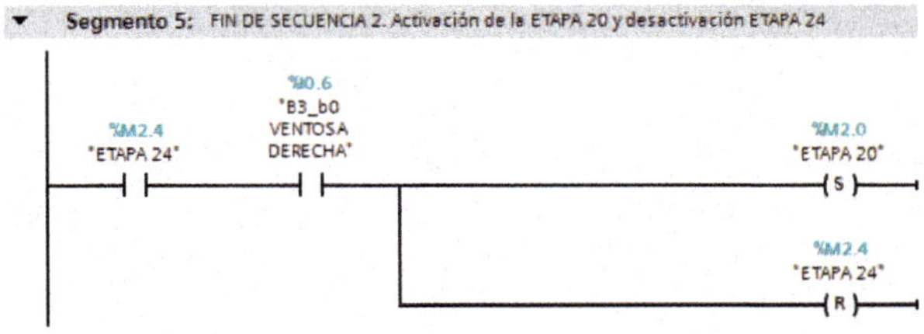

Fig. 7.105

- FC4. Activación de las salidas.

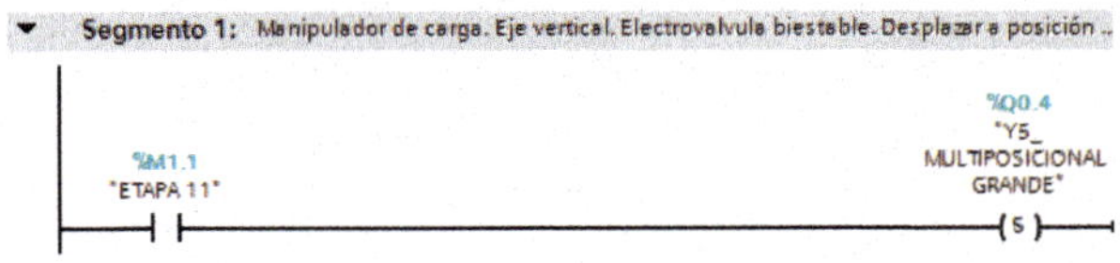

Fig. 7.106

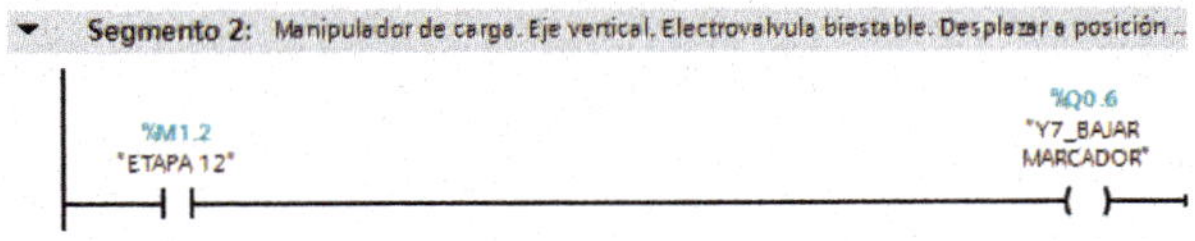

Fig. 7.107

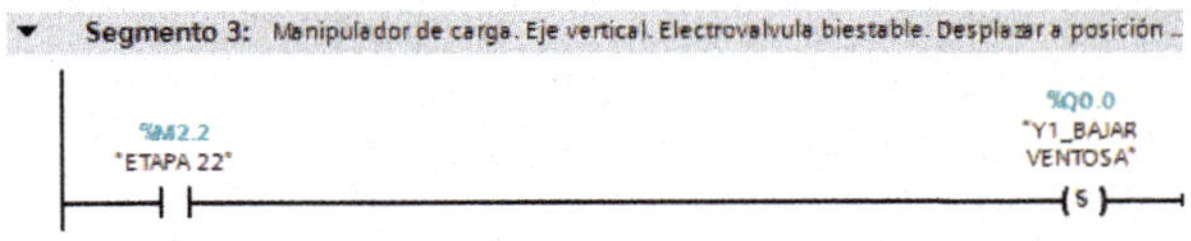

Fig. 7.108

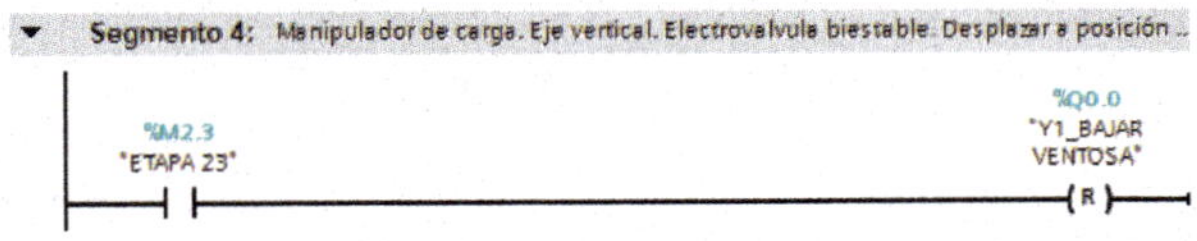

Fig. 7.109

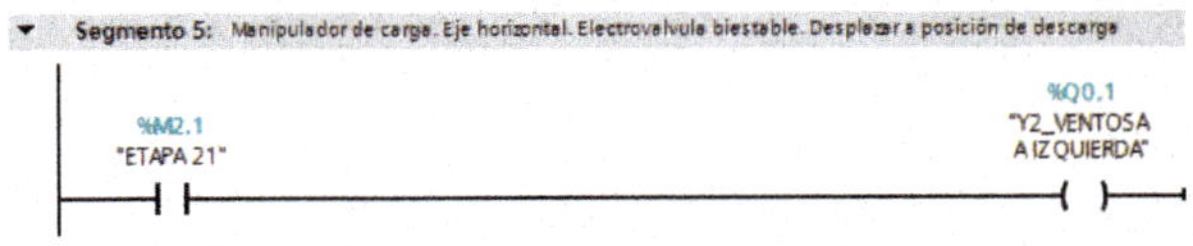

Fig. 7.110

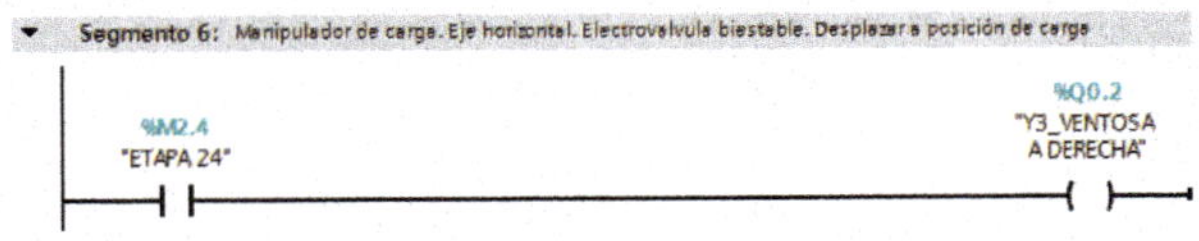

Fig. 7.111

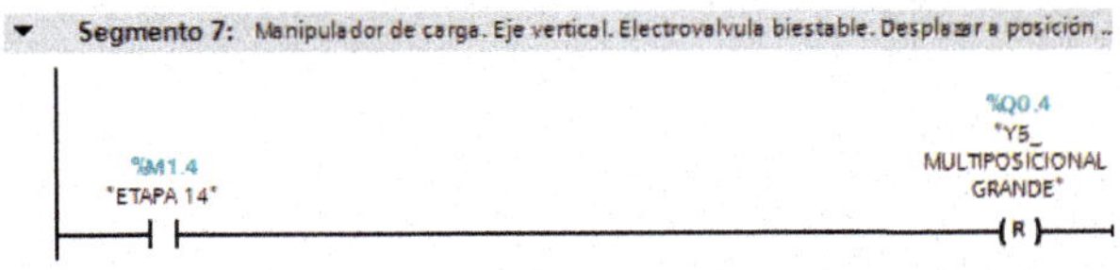

Fig. 7.112

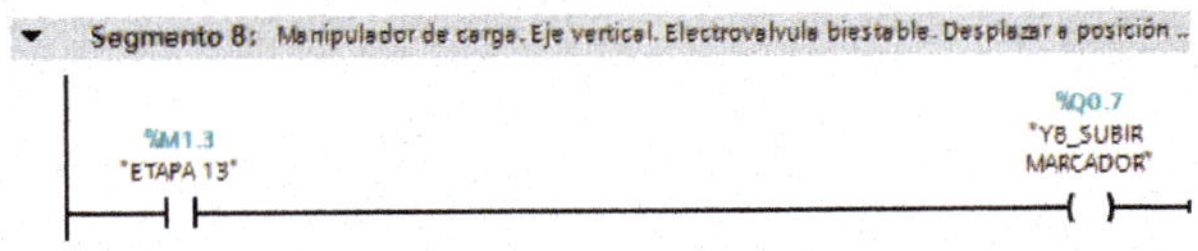

Fig. 7.113

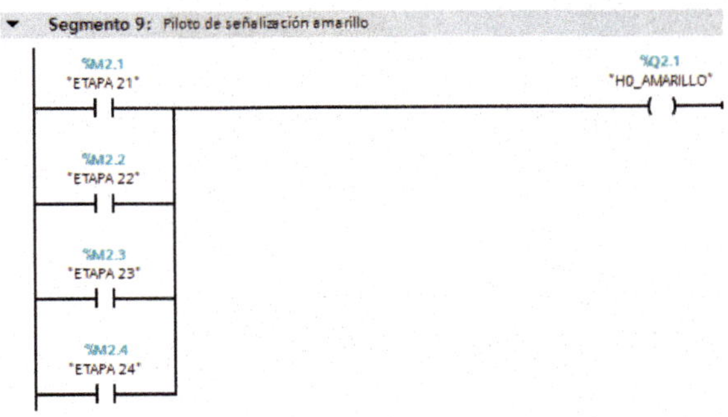

Fig. 7.114

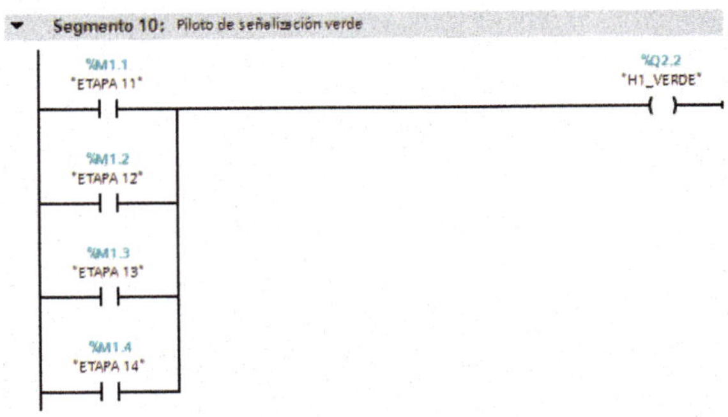

Fig. 7.115

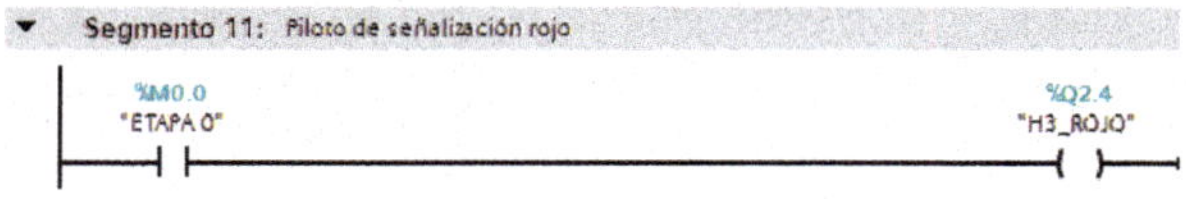

Fig. 7.116

- OB1. Llamada a los bloques de programa.

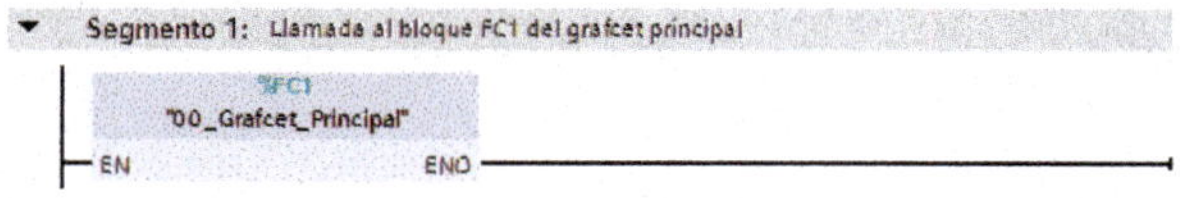

Fig. 7.117

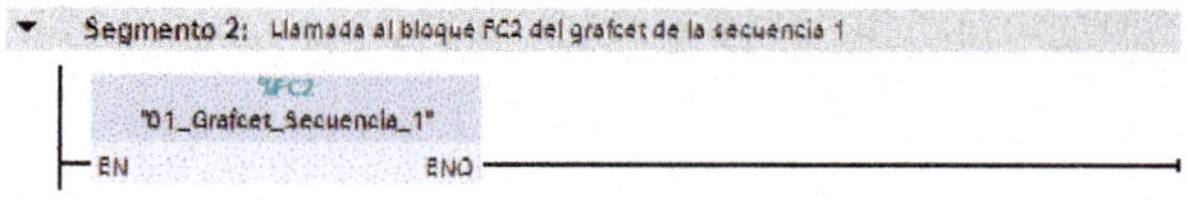

Fig. 7.118

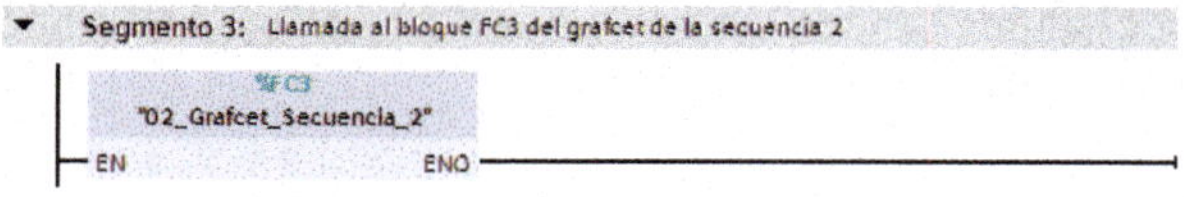

Fig. 7.119

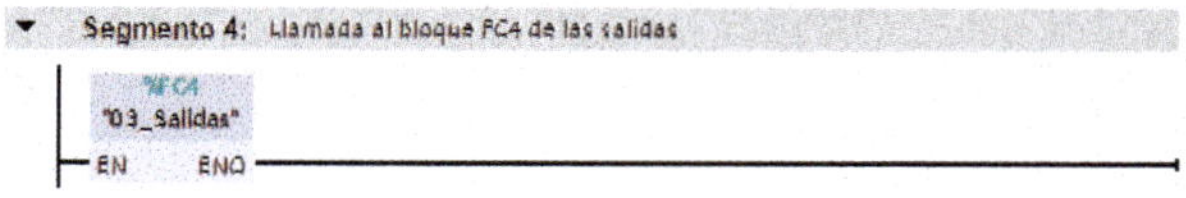

Fig. 7.120

- OB100. Activación de las etapas iniciales de cada Grafcet.

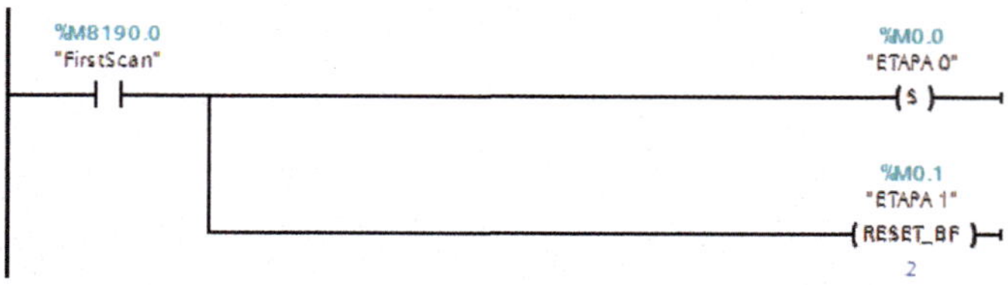

Fig. 7.121

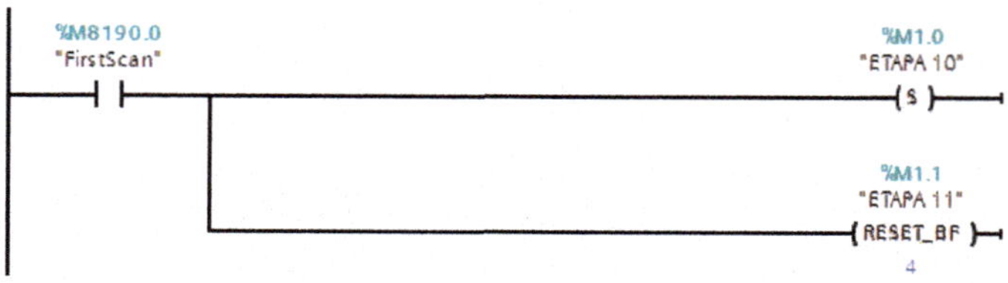

Fig. 7.122

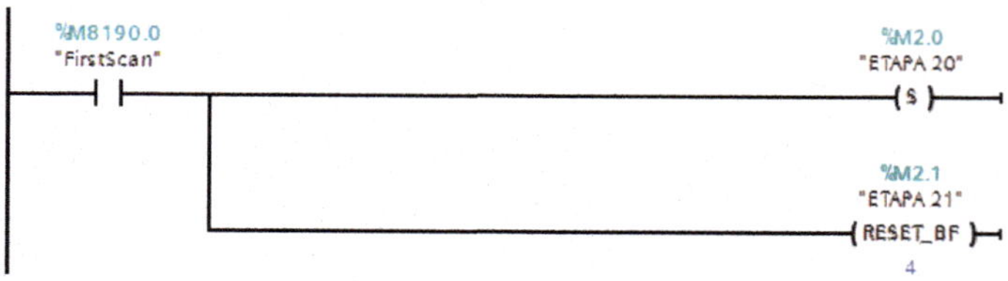

Fig. 7.123

Por tanto, podemos indicar que la estructura de este programa sería la siguiente:

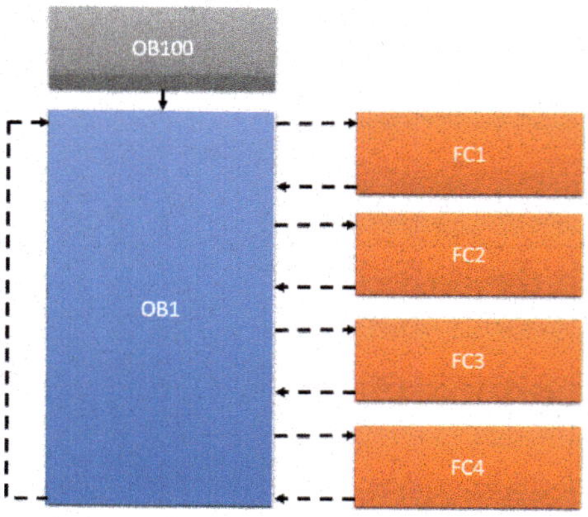

Fig. 7.124

7.5.2 Macroetapa

Recuerda • • •

Cuando una parte de la secuencia se repite varias veces dentro del mismo ciclo de funcionamiento, se puede programar la secuencia repetitiva en otro Grafcet que será llamado desde el principal. La etapa que se encarga de realizar la llamada a la secuencia repetitiva se conoce como «macroetapa».

En este apartado vamos a introducir el concepto de macroetapa, que es una representación simbólica de una parte de un Grafcet, parte conocida como expansión de la macroetapa. Tiene como misión descomponer Grafcet complejos en subgrafcets más pequeños para su mayor entendimiento, así como facilitar su estructuración. Gráficamente se representa como una etapa normal con dos líneas horizontales en cuyo interior se escribe un identificador que empieza por la letra **M** seguido de un número identificativo, por ejemplo **M5**:

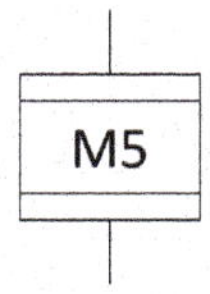

Fig. 7.125

Pero antes de iniciar la exposición de utilización de una macroetapa, vamos a ver cómo se representa un forzado de un Grafcet a una etapa concreta, ya que es la operación que se va a utilizar en el desarrollo de las macroetapas.

- **Forzado de un grafcet a una etapa o etapas**

El forzado de un Grafcet sobre otro establece una relación jerárquica de mando del primero sobre el segundo. Podemos identificar al Grafcet que fuerza como «Grafcet maestro» y al que es forzado como «Grafcet esclavo».
Como orden de mando, es también una acción que permite imponer un estado actual de la evolución del Grafcet que recibe la orden (esclavo). La ejecución del forzado tiene prioridad sobre las reglas de evolución ordinarias.

Para representar un forzado, este se realiza en una acción asociada a la etapa definida como macroetapa, donde la descripción de la acción emplea la sintaxis que identifica el estado al que se quiere forzar el Grafcet esclavo.

La norma prevé las siguientes pautas de evolución del forzado:

- Desde el punto de vista del Grafcet maestro, la acción de forzado es una acción continua convencional, que dejará de ejecutarse al desactivarse la etapa a la que va asociada.
- Como consecuencia de la orden, el Grafcet esclavo se sitúa en el estado de actividad de etapas descrito en la orden recibida.
- Mientras está activa la etapa forzante en el maestro, el esclavo no puede evolucionar (se dice que está congelado), es decir, que el Grafcet forzado (esclavo) no evolucionará, aunque se cumpla la transición correspondiente mientras se mantenga el forzado desde el Grafcet maestro.

A continuación, se muestran diferentes ejemplos de acciones asociadas con forzados. Algunos ejemplos son de acciones asociadas a etapas intermedias, pero también pueden ser con etapas iniciales y macroetapas:

- Al activarse la etapa 2, se fuerza la etapa 12 del Grafcet 5 y se desactivan las restantes.

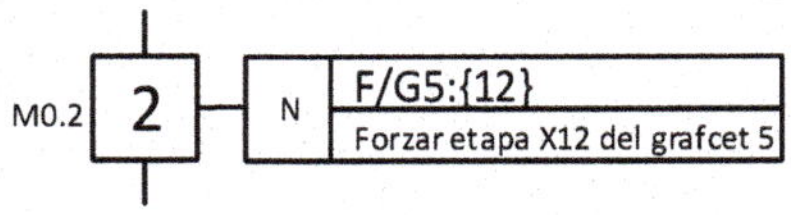

Al pasar a programar esta acción asociada, hemos de suponer, por ejemplo, que el Grafcet esclavo se inicia en la etapa 10 (M1.0) y finaliza en la etapa 17 (M1.7). Entonces debemos escribir en el byte un 4 y de esta forma activamos tan solo el bit 2 (M1.2, etapa 12) del byte, en este caso MB1, poniendo a cero el resto de bits.

Nº etapa	17	16	15	14	13	12	11	10
Bit	M1.7	M1.6	M1.5	M1.4	M1.3	M1.2	M1.1	M1.0
= 4	0	0	0	0	0	1	0	0

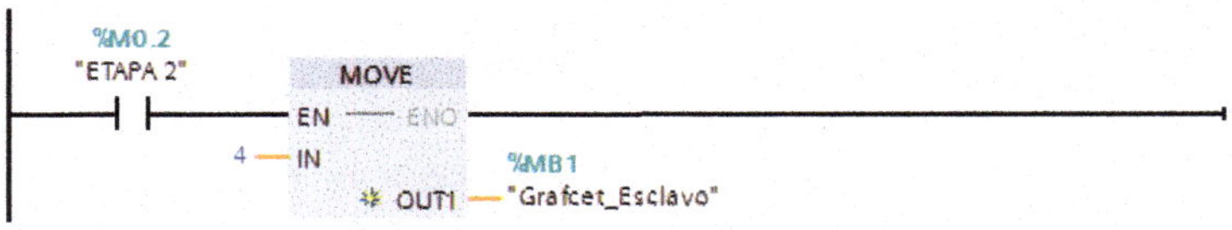

Fig. 7.126

- Al activarse la etapa 5, se fuerzan las etapas X17 y X22 del Grafcet 2 y se desactivan las restantes. Este caso de forzado a múltiples etapas se puede producir en los Grafcet con secuencias simultáneas o bifurcación en Y.

Recuerda • • •

Desde una acción asociada a una etapa de un Grafcet, se puede provocar que el funcionamiento de otro Grafcet pase su estado a una etapa o varias etapas concretas.

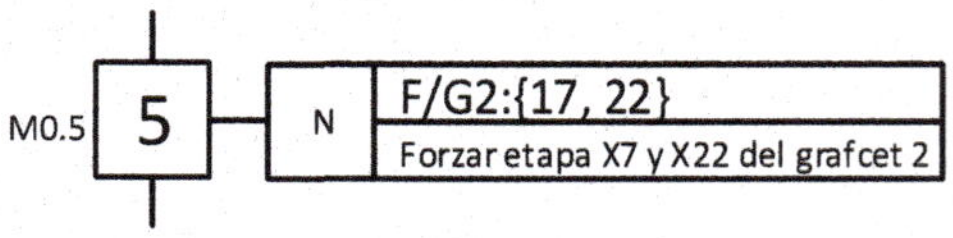

Al pasar a programar esta acción asociada, hemos de suponer, por ejemplo, que el Grafcet esclavo se inicia en la etapa 10 (M1.0) y finaliza en la etapa 27 (M2.7). Entonces debemos escribir en el byte MB1 un 128, y en el MB2 un 4. De esta forma activamos tan solo el bit 17 (M1.7, etapa 17) del byte MB1 y el bit 2 (M2.2, etapa 22) del byte MB2, poniendo a cero el resto de bits. También, para simplificar el programa y al ser el MB1 y el MB2 dos bytes consecutivos, podemos escribir el valor 32772 en el MW1.

Nº etapa	17	16	15	14	13	12	11	10
Bit	M1.7	M1.6	M1.5	M1.4	M1.3	M1.2	M1.1	M1.0
= 128	1	0	0	0	0	0	0	0
Nº etapa	27	26	25	24	23	22	21	20
Bit	M2.7	M2.6	M2.5	M2.4	M2.3	M2.2	M2.1	M2.0
= 4	0	0	0	0	0	1	0	0

Recuerda • • •

Desde una acción asociada a una etapa de un Grafcet se puede provocar que el funcionamiento de otro Grafcet se detenga en su etapa activa actual, quedando este último «congelado».

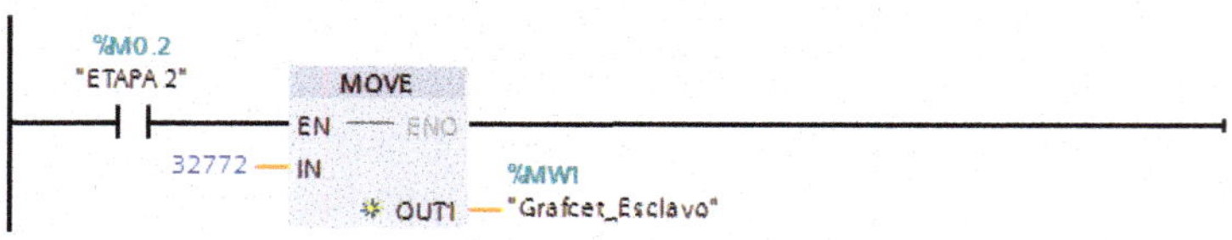

Fig. 7.127

De la misma forma que el valor introducido es un valor entero (32772), se puede introducir en otros formatos, por ejemplo:

Binario: 2#10000000 00000100

Hexadecimal: 16#8004

Al activarse la etapa 14, el Grafcet 3 se detiene en la etapa actual, con lo que conseguimos que el Grafcet quede «congelado».

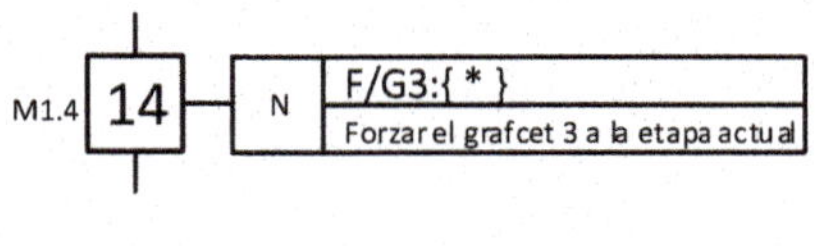

Este caso se debe resolver de forma diferente a los casos anteriores, ya que se desconoce la etapa en la que se encuentra el Grafcet a forzar en el momento del forzado. La forma más sencilla es condicionar la llamada a ese Grafcet para que pueda evolucionar siempre que la etapa X14 no se encuentre activada, lo que sería:

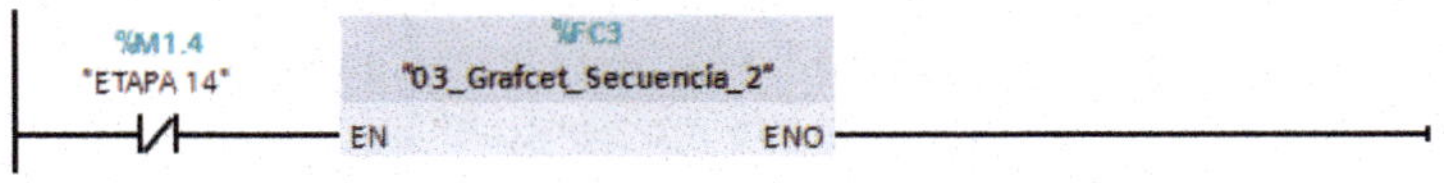

Fig. 7.128

- **Utilización de macroetapas**

Una macroetapa se utiliza cuando en un proceso se repite una determinada secuencia varias veces en un mismo ciclo de programa.

Por tanto, se deberá diseñar una secuencia en Grafcet, que se pondrá en marcha cuando la macroetapa se encuentre activa. Esto quiere decir que tendremos una secuencia que se ejecutará varias veces en un mismo ciclo de programa y que en el Grafcet principal tendremos en varios puntos de la secuencia una macroetapa que indicará la activación de la secuencia.

Por ejemplo, tenemos un Grafcet con una secuencia lineal, **Grafcet Maestro**, formada por ocho etapas, en la que en las dos etapas nombradas como M1 hay integradas sendas macroetapas. Por otro lado tenemos otra secuencia lineal, **Grafcet Esclavo**, formada por cinco etapas, más la etapa de entrada E1, que tiene la particularidad de que no es etapa inicial, y la etapa de salida S1:

Grafcet Maestro

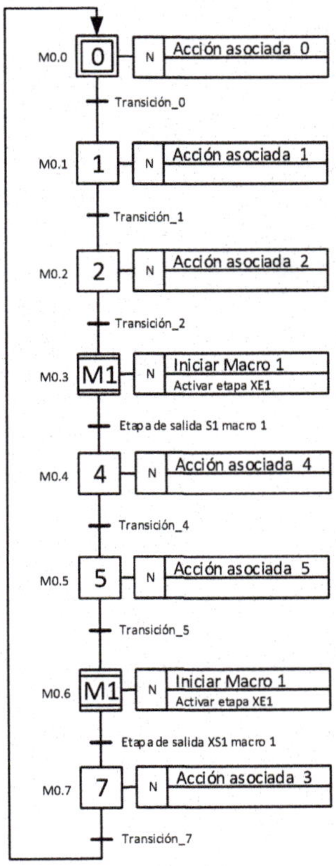

Grafcet Esclavo

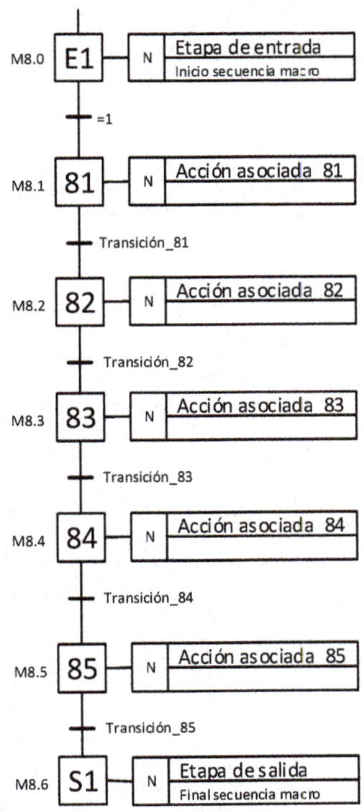

En el ejemplo anterior se observa cómo el Grafcet esclavo lleva obligatoriamente una etapa de entrada, con nombre **En** y una etapa de salida con nombre **Sn** donde **n** es el mismo identificador de la macroetapa de donde procede, Grafcet maestro. En este caso, como la macroetapa la hemos nombrado M1, las etapas de entrada y de salida del Grafcet esclavo serán E1 y S1.

La evolución de la macroetapa depende de que una de las dos etapas M1 se encuentre activa. En ese momento se fuerza el Grafcet esclavo a la etapa XE1. Como la primera transición ya se cumple, podrá ser flanqueada y hacer que el Grafcet esclavo siga su normal evolución, haciendo a su vez que el Grafcet maestro no evolucione hasta que el Grafcet esclavo finalice la secuencia y active la etapa de salida XS1. En ese momento el Grafcet maestro pasa a activar la siguiente etapa, la X4 o la X7, desactivando a su vez la etapa de salida XS1 del Grafcet esclavo, que queda sin ninguna etapa activa y preparado para un nuevo ciclo.

7.5.3 Programa basado en diseño Grafcet

Para practicar con este tipo de secuencia vamos a plantear un ejemplo basado en el control del manipulador de grabado del simulador 3D, en el que se desea controlar el movimiento de los dos manipuladores, el de grabado y el de carga. El de grabado, gobernado por una electroválvula biestable, deberá realizar sus movimientos tres veces controlado dentro de la secuencia principal, secuencia principal que además trata de controlar el cilindro de doble efecto multiposicional, formado por dos cilindros, uno grande y otro pequeño, estos gobernados por una electroválvula monoestable cada uno. Todos los cilindros disponen de sensores de posición para las dos posiciones: reposo y avance. Además, se deberán indicar los diferentes estados de funcionamiento mediante los pilotos de la baliza de señalización.

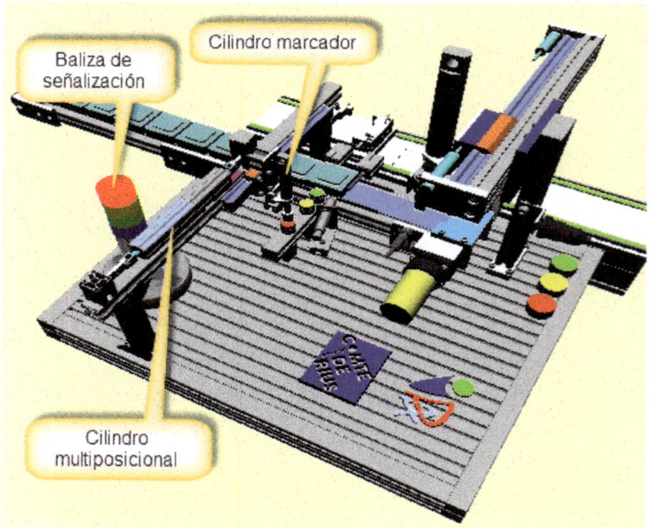

Fig. 7.129

- **Condiciones de funcionamiento:**

En este caso diferenciaremos el funcionamiento en dos secuencias diferentes, como son la secuencia máster y la secuencia esclava (macroetapa). Incluiremos también otra para poder controlar que el funcionamiento sea en ciclo continuo o se pueda solicitar un paro fin de ciclo.

GRAFCET PRINCIPAL:

- Al poner en marcha el sistema, tendremos activado el piloto rojo (Q2.4), que indica que el sistema está parado.
- Al accionar tan solo el pulsador de marcha (I0.2), se dará la orden para que el proceso inicie su funcionamiento, indicándose esta situación mediante la señalización del piloto amarillo. En este estado, el funcionamiento se realizará de forma continua ciclo tras ciclo.
- Cuando se desee dar la petición de fin de ciclo, tan solo hay que accionar el pulsador de paro (I0.1) para pasar al estado de espera hasta que finalice el ciclo completo actual. Este estado quedará señalizado mediante el funcionamiento de forma intermitente del piloto amarillo.
- Cuando el ciclo actual de funcionamiento del proceso haya finalizado totalmente, el proceso quedará totalmente detenido y volverá a funcionar el piloto rojo a la espera de iniciar de nuevo otro ciclo mediante la activación del pulsador de marcha.

SECUENCIA GRAFCET MÁSTER:

- Si se dispone de la orden de funcionamiento dada por el Grafcet principal, y si el cilindro multiposicional grande y el pequeño están en la posición de reposo (dentro) (I1.0 * I1.2) y además el cilindro marcador también se encuentra en reposo (arriba) (I1.4), los cilindros multiposicional, tanto el grande (Q0.4) como el pequeño (Q0.3), realizarán el movimiento para alcanzar la posición de avance (fuera).
- Cuando los dos cilindros multiposicional, el pequeño y el grande, se encuentren en la posición de avance (fuera) (I1.1 * I1.3), se deberá ejecutar la secuencia correspondiente al cilindro grabador (macroetapa).
- Finalizada la ejecución de la secuencia del cilindro marcador, el cilindro multiposicional pequeño retrocederá a su posición de reposo (dentro) (Q0.3).
- Cuando el cilindro multiposicional pequeño se encuentre en la posición de reposo (I1.0), se volverá a ejecutar de nuevo la secuencia correspondiente al cilindro marcador (macroetapa).
- Finalizada la ejecución de la secuencia del cilindro marcador, el cilindro multiposicional grande retrocederá a su posición de reposo (dentro) (Q0.4) y el pequeño avanzará hasta alcanzar su posición de avance (fuera) (Q0.3).
- Cuando el cilindro multiposicional pequeño se encuentre en la posición de avance (fuera) (I1.1) y el grande se encuentre en la posición de reposo (I1.2), se deberá ejecutar de nuevo la secuencia correspondiente al cilindro marcador (macroetapa).
- Finalizada la ejecución de la secuencia del cilindro marcador, el cilindro multiposicional pequeño retrocederá hasta alcanzar su posición de reposo (dentro) (Q0.3).
- Cuando el cilindro multiposicional pequeño alcance la posición de reposo (dentro) (I1.0), se volverá a ejecutar de nuevo la secuencia correspondiente al cilindro marcador (macroetapa).
- Finalizada la ejecución de la secuencia del cilindro marcador, el contador C01 registrará el número de ciclos realizados, visualizando su valor actual en el registro **Procesadas rojas** (MW7010). Justo en ese momento se activará de nuevo el piloto rojo (Q2.4) y el sistema quedará preparado para empezar de nuevo el ciclo.

- Durante todo el tiempo que dura la secuencia debemos tener activado el piloto verde (Q2.2).
- Únicamente cuando el sistema se encuentra detenido, etapa inicial de esta secuencia principal, será cuando al accionar el pulsador de reset (I2.6) se pondrá a cero el contador de ciclos.

SECUENCIA GRAFCET ESCLAVO (MACROETAPA):

- Dada la orden de ejecución de la secuencia de la macroetapa, se activará la primera etapa de la secuencia (etapa de entrada).
- En ese momento el cilindro marcador avanzará hasta alcanzar la posición de avance (abajo) (Q0.6).
- Alcanzada la posición de avance por el cilindro marcador (I1.5), debemos esperar 2 segundos antes de iniciar el movimiento de retroceso (arriba) (Q0.7).
- Alcanzada la posición de retroceso por el cilindro marcador (I1.4), se dará por finalizada la secuencia de la macroetapa.
- Durante todo el tiempo que dura la secuencia debemos tener activado el piloto azul (Q2.3).

- **Desarrollo del Grafcet**

A continuación se presentan los Grafcet que dan respuesta al enunciado dado.

Grafcet principal

Este Grafcet realizará la función de puesta en marcha accionando el pulsador de marcha. La etapa X1 se pondrá en funcionamiento y quedará de forma estable en esta situación (ciclo continuo). Para realizar la petición de final de ciclo, se deberá accionar el pulsador de paro, momento en el que el Grafcet pasará a la etapa X2 (fin de ciclo), esperando a que realmente el proceso finalice el ciclo actual en funcionamiento.

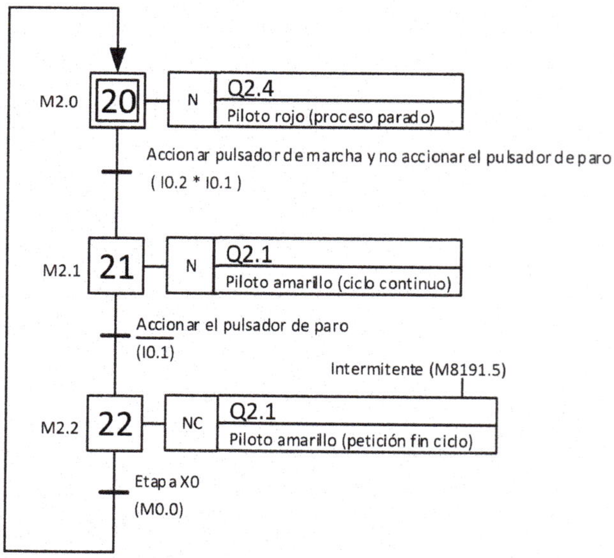

Grafcet esclavo que corresponde a la secuencia de la macroetapa 1 controlada desde el Grafcet maestro.

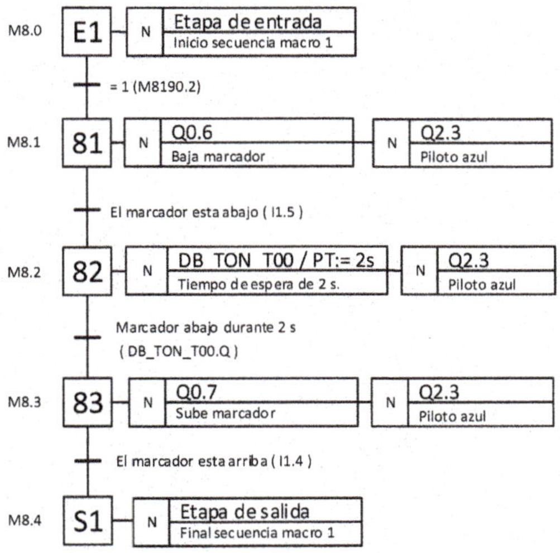

Grafcet maestro que corresponde a la secuencia general que, entre otras cosas, controla el Grafcet esclavo mediante las macroetapas.

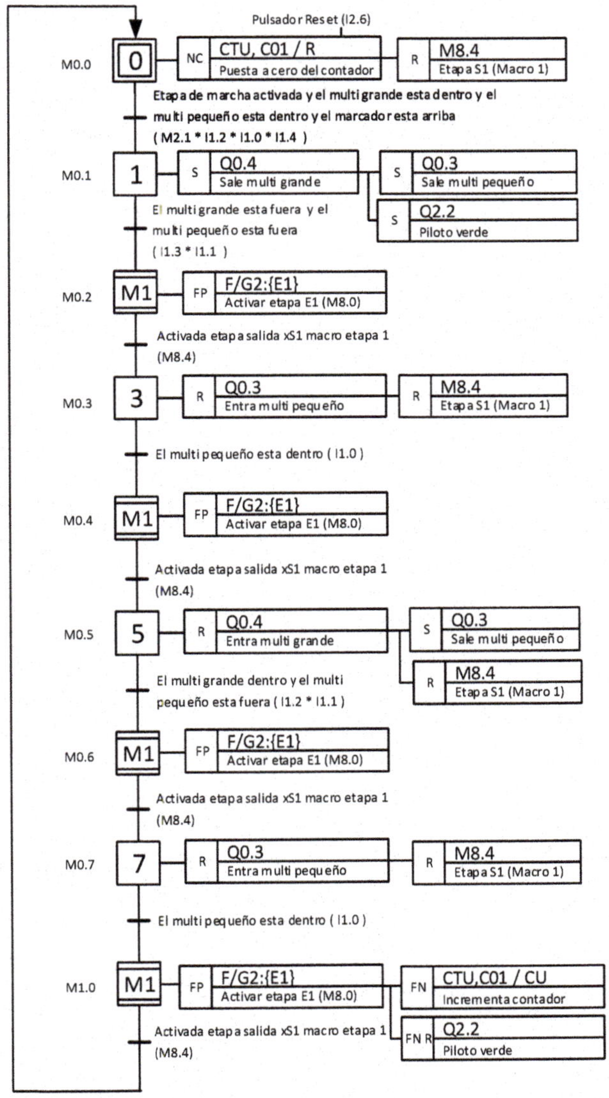

- **Programa en diagrama de contactos**

Antes de empezar a introducir el programa presentamos el diseño para determinar cómo vamos a estructurarlo:

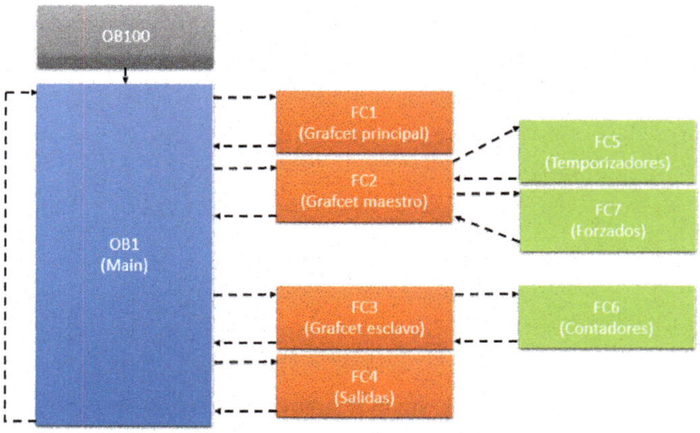

Fig. 7.130

Por tanto, nuestro proyecto estará formado por los siguientes bloques de programa:

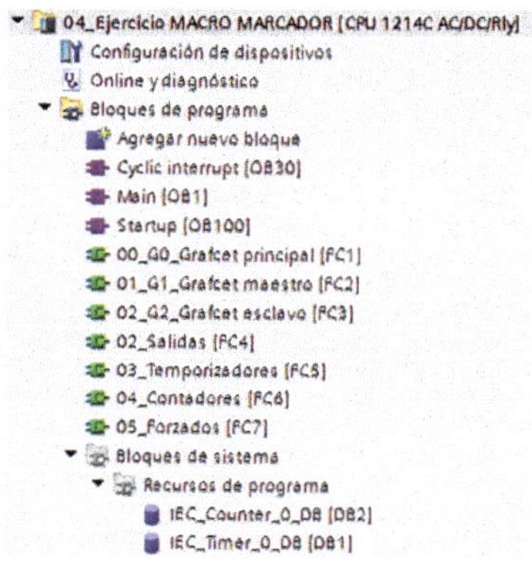

Fig. 7.131

De este modo, el programa de cada uno de los bloques, que responde al diseño de los Grafcet dados, sería el siguiente:

- FC1. Grafcet principal. Activación de etapas.

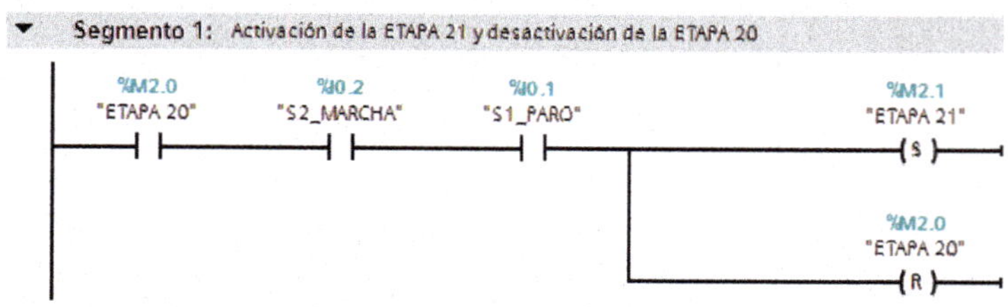

Fig. 7.132a

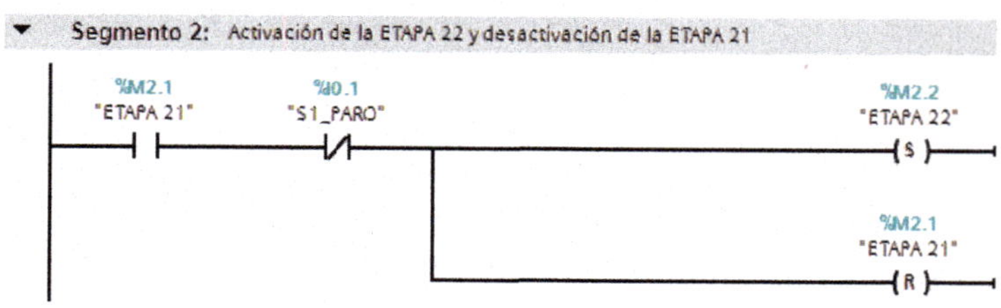

Fig. 7.132b

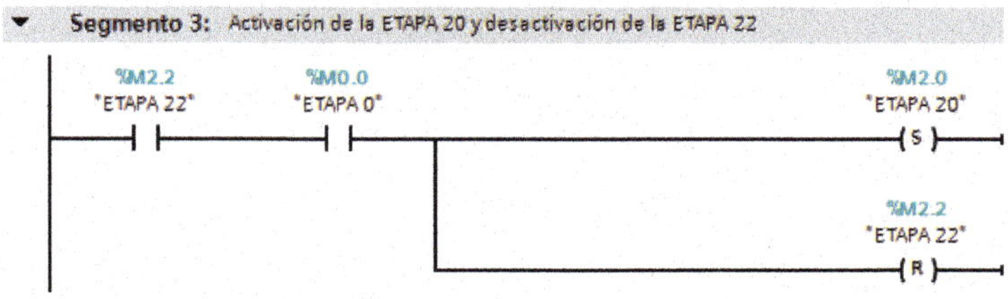

Fig. 7.132c

- FC2. Grafcet maestro. Activación de etapas.

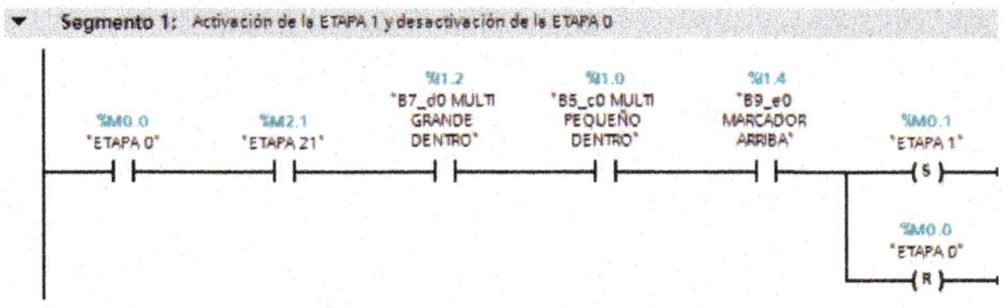

Fig. 7.133a

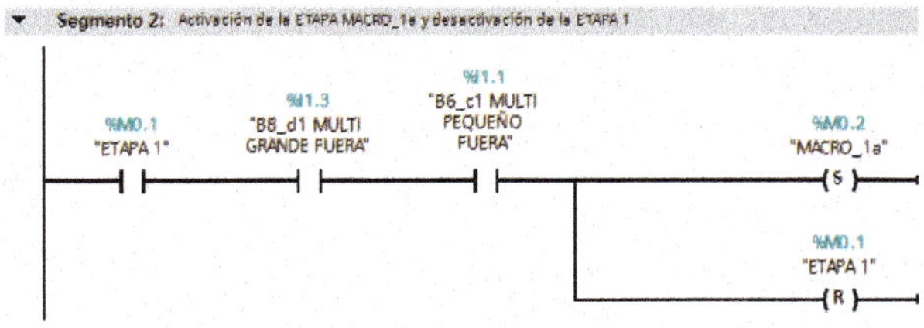

Fig. 7.133b

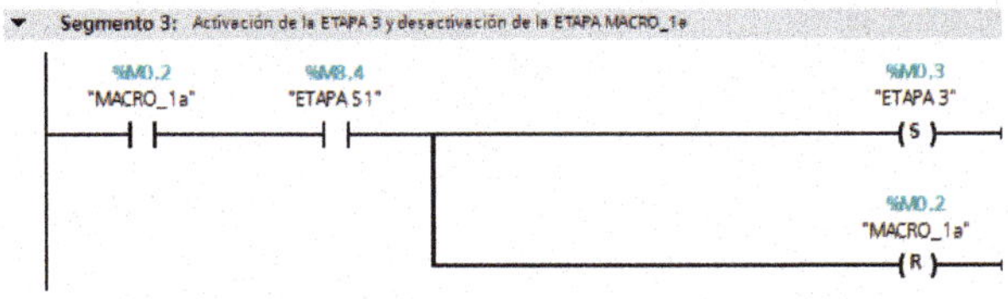

Fig. 7.133c

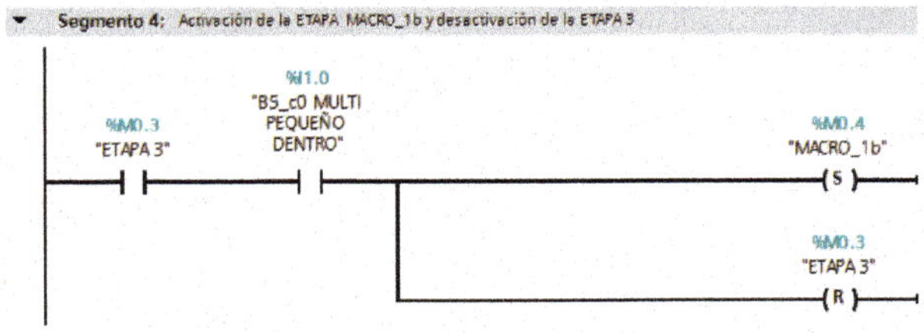

Fig. 7.133d

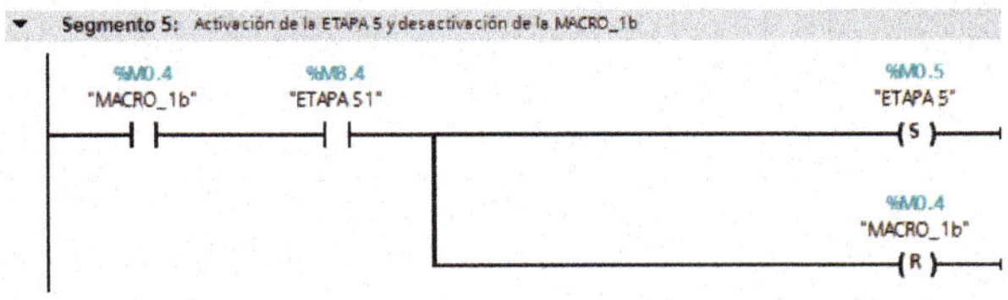

Fig. 7.133e

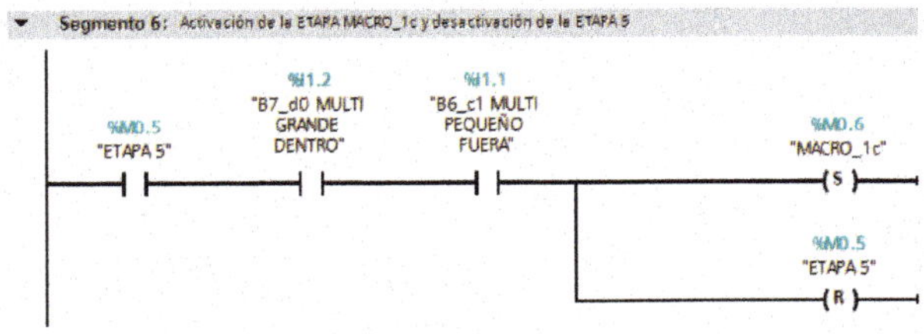

Fig. 7.133f

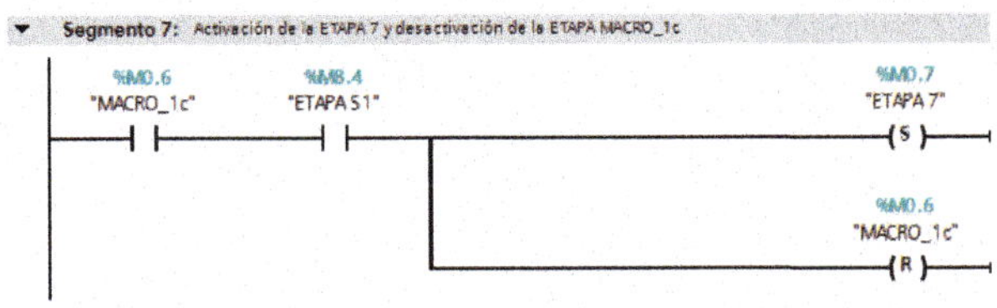

Fig. 7.133g

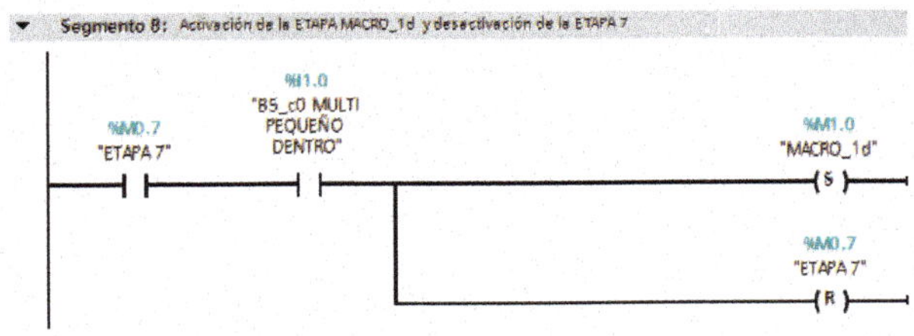

Fig. 7.133h

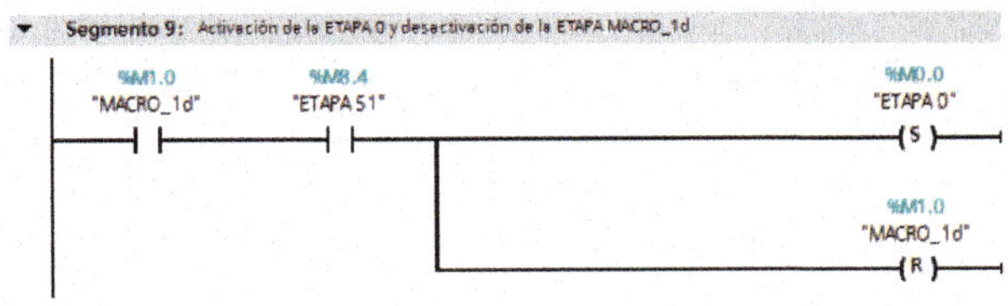

Fig. 7.133i

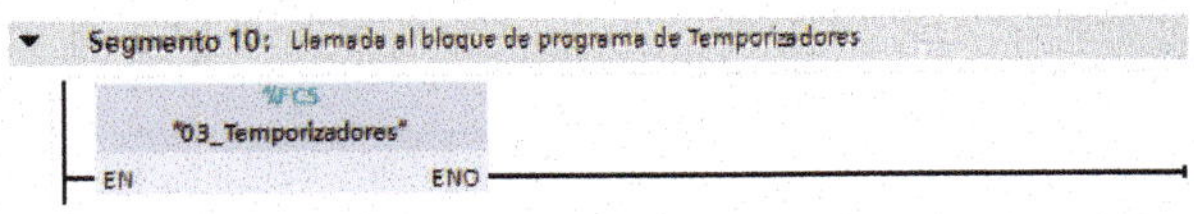

Fig. 7.133j

Fig. 7.133k

- FC3. Grafcet esclavo. Activación de etapas.

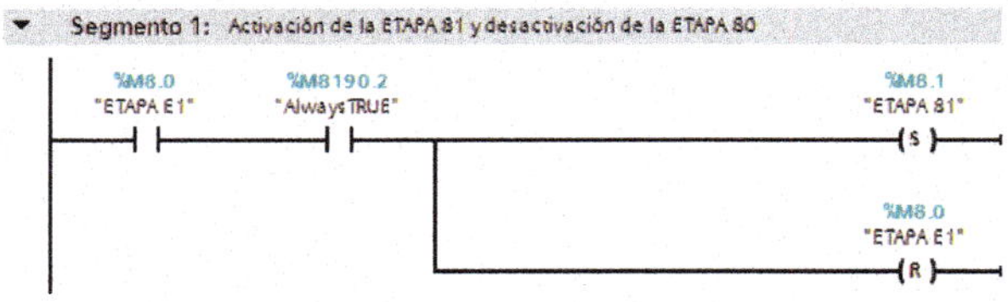

Fig. 7.134a

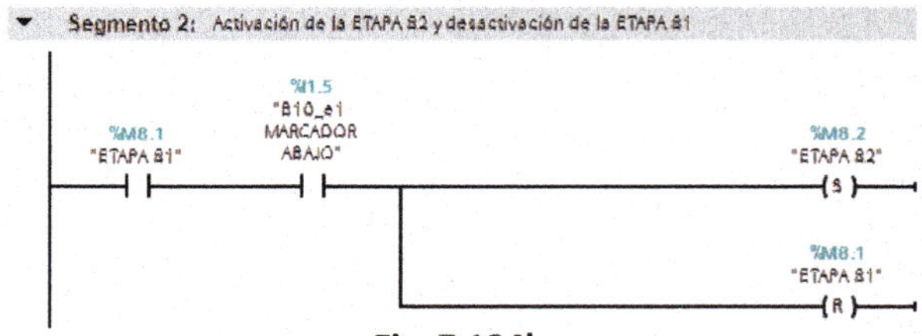

Fig. 7.134b

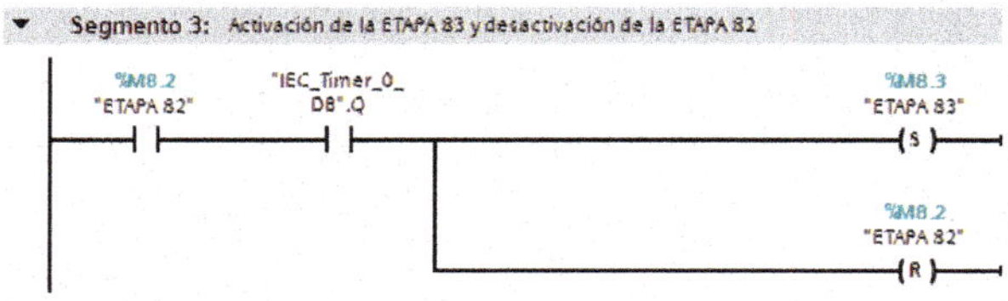

Fig. 7.134c

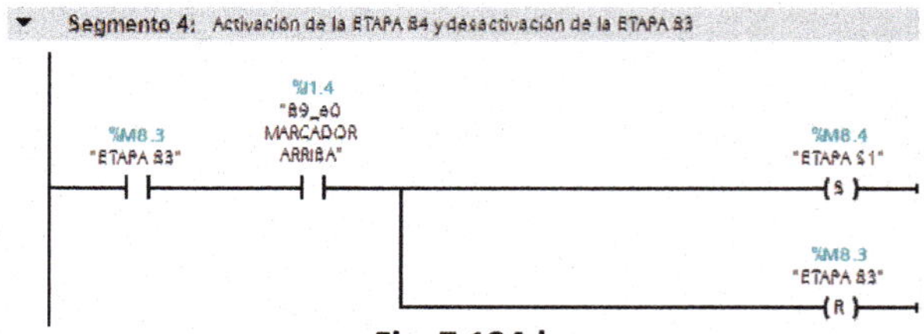

Fig. 7.134d

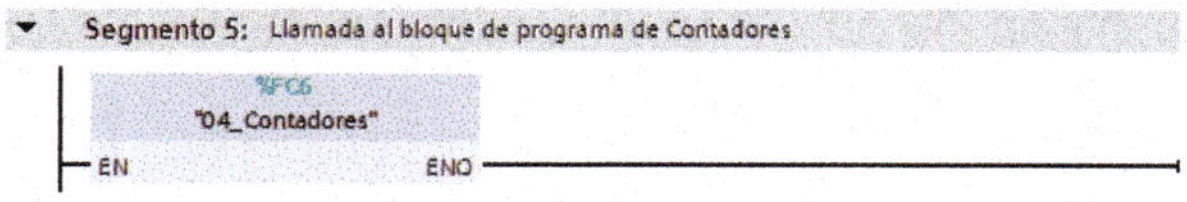

Fig. 7.134e

- FC4. Activación de salidas.

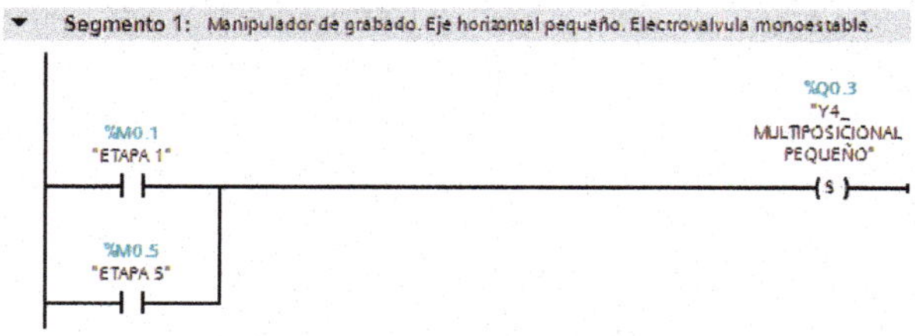

Fig. 7.135a

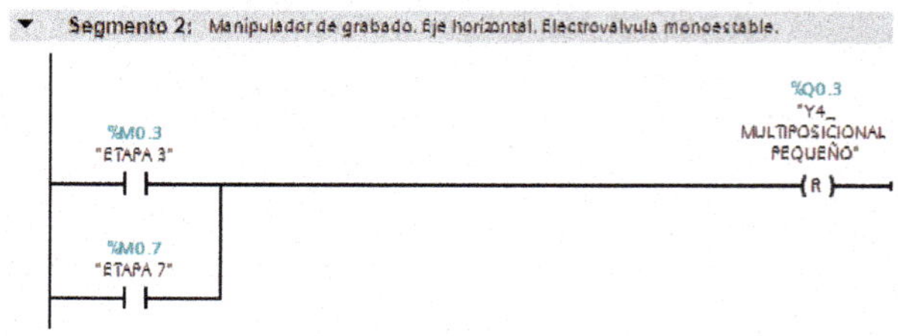

Fig. 7.135b

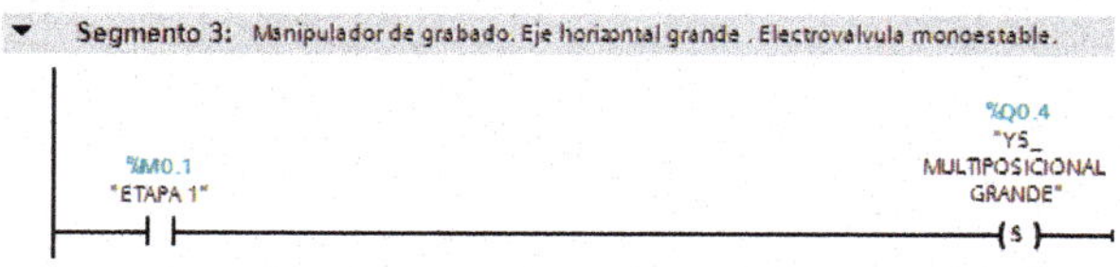

Fig. 7.135c

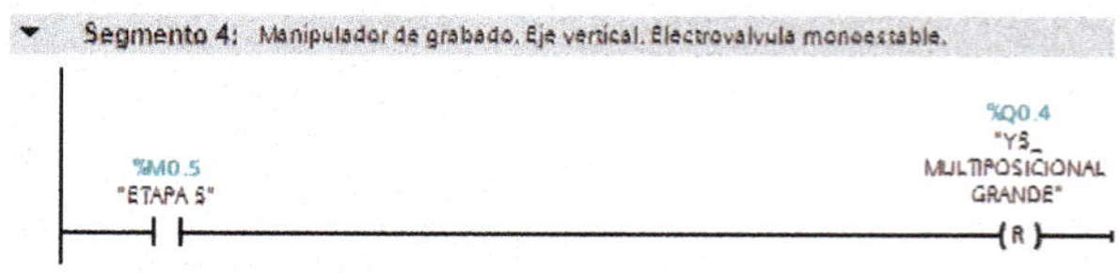

Fig. 7.135d

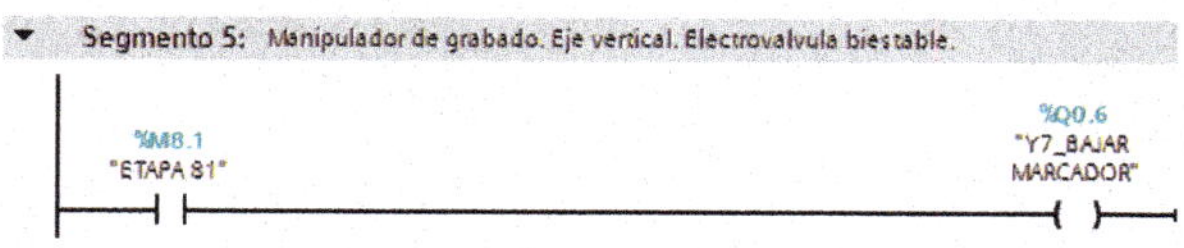

Fig. 7.135e

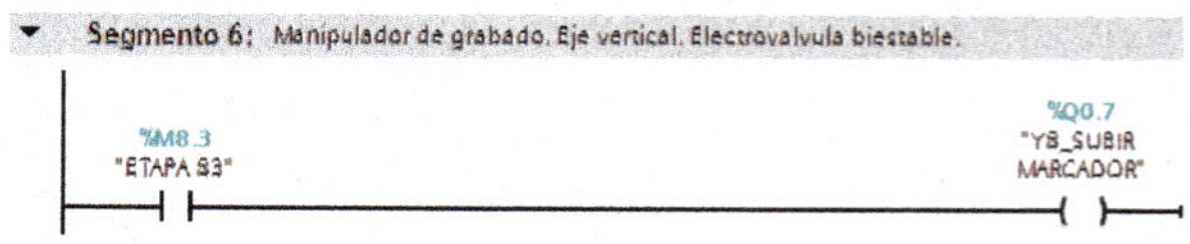

Fig. 7.135f

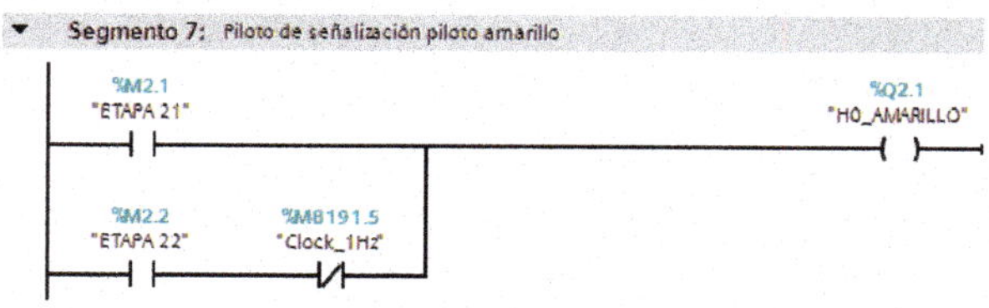

Fig. 7.135g

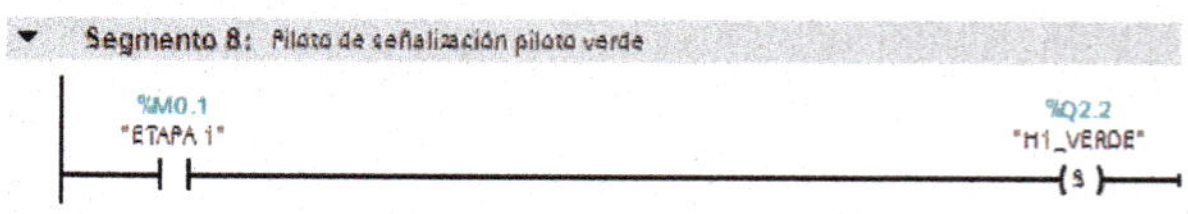

Fig. 7.135h

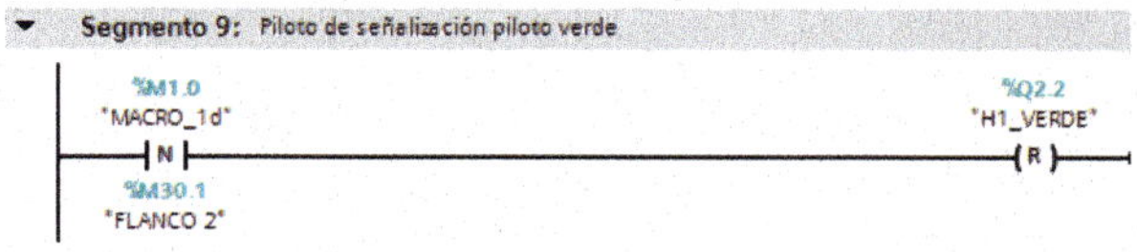

Fig. 7.135i

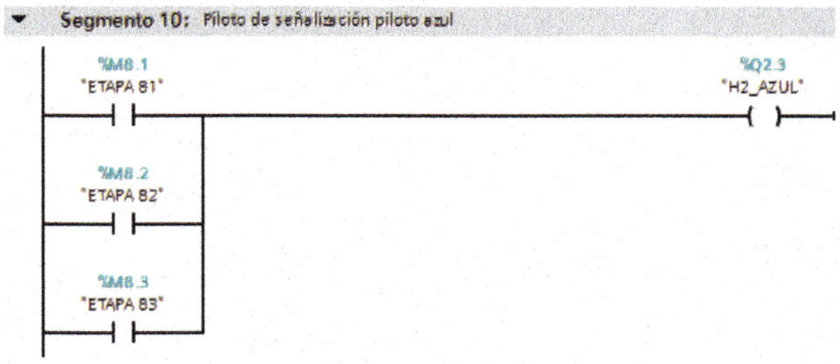

Fig. 7.135j

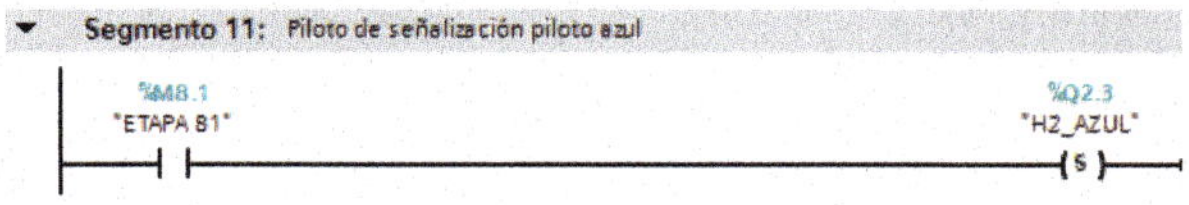

Fig. 7.135k

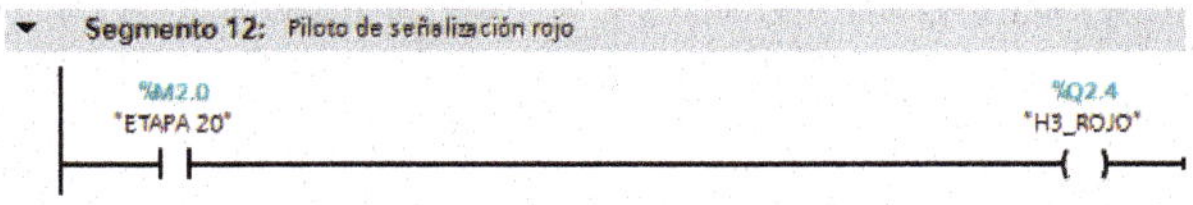

Fig. 7.135l

- FC5. Temporizadores.

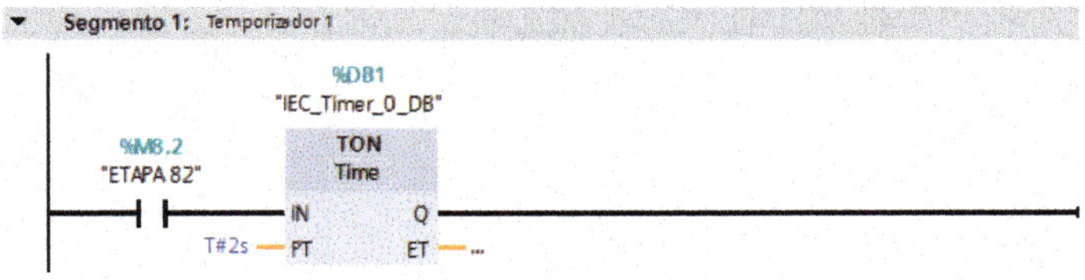

Fig. 7.135m

- FC6. Contadores.

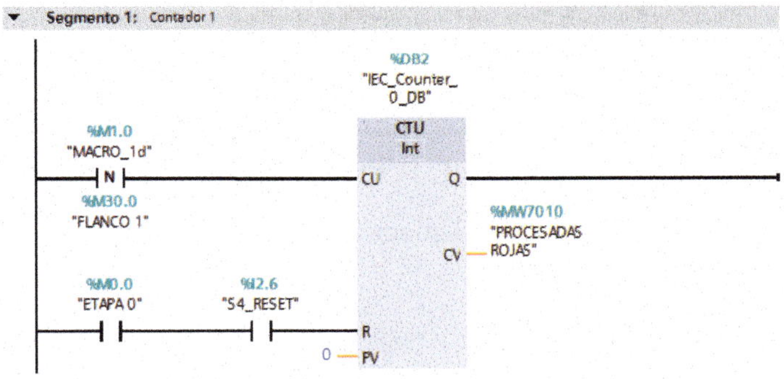

Fig. 7.135n

- FC7. Forzado en la secuencia de la macroetapa M1.

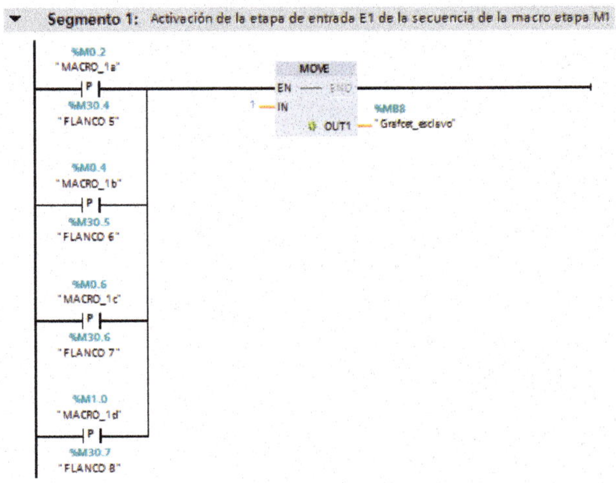

Fig. 7.135o

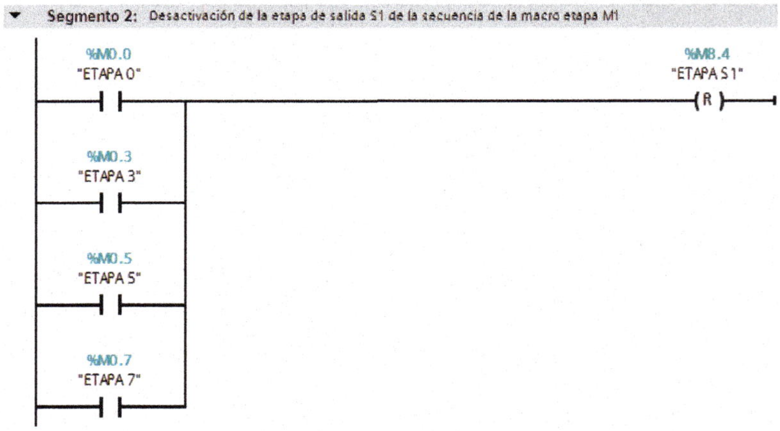

Fig. 7.135p

- OB100. Activación de la etapa inicial y desactivación del resto.

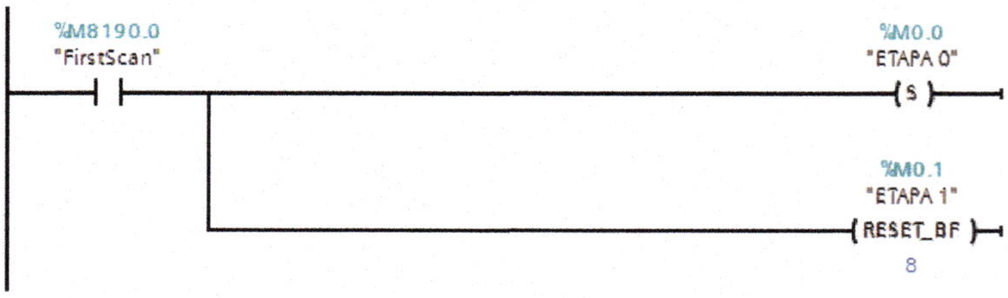

Fig. 7.136a

Fig. 7.136b

- OB1. Llamada a las funciones que completan el proyecto.

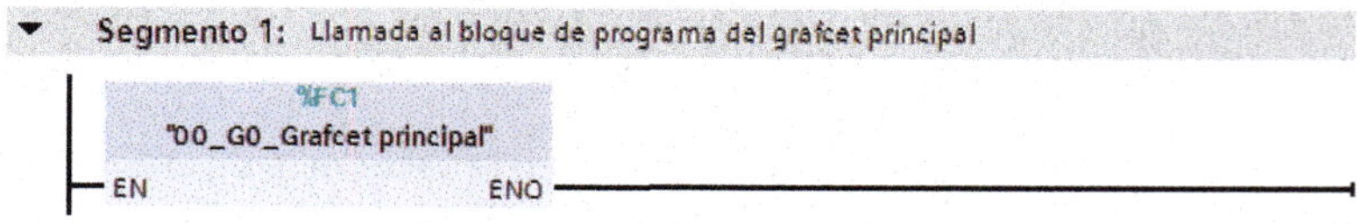

Fig. 7.137a

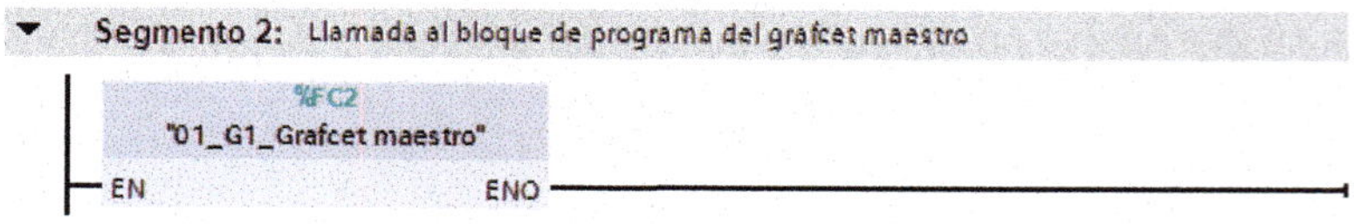

Fig. 7.137b

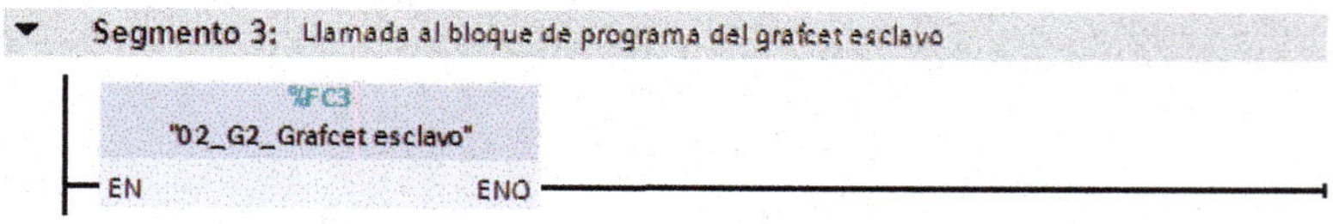

Fig. 7.137c

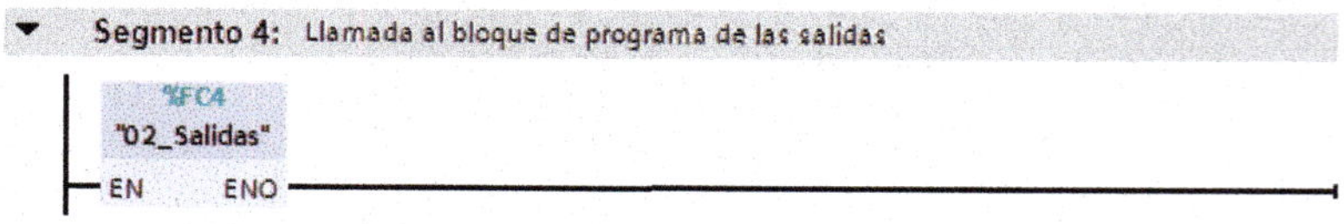

Fig. 7.137d

- Comprobación del funcionamiento con maqueta de simulación 3D

Para hacer este ejercicio tan solo hemos de utilizar los pulsadores **PARO** y **MARCHA** del panel **Control del proceso** para controlar el funcionamiento del manipulador de grabado:

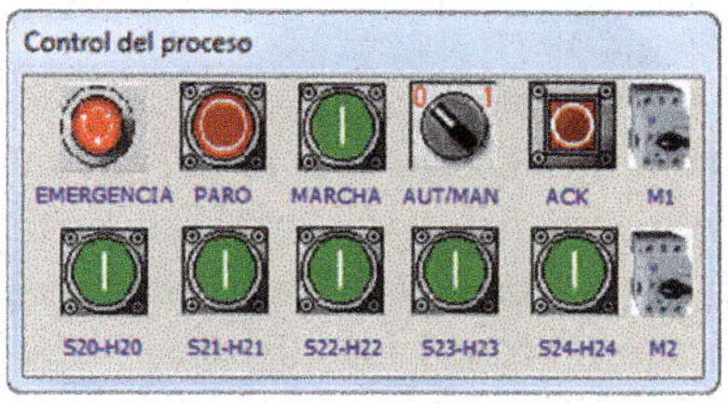

Fig. 7.138

Fig. 7.139

Podemos observar en el simulador 3D cómo los cilindros que intervienen en el programa, multiposicional y marcador, responden al funcionamiento programado, así como la señalización del estado del proceso mediante los pilotos **ROJO**, **AMARILLO**, **AZUL** y **VERDE** de la baliza:

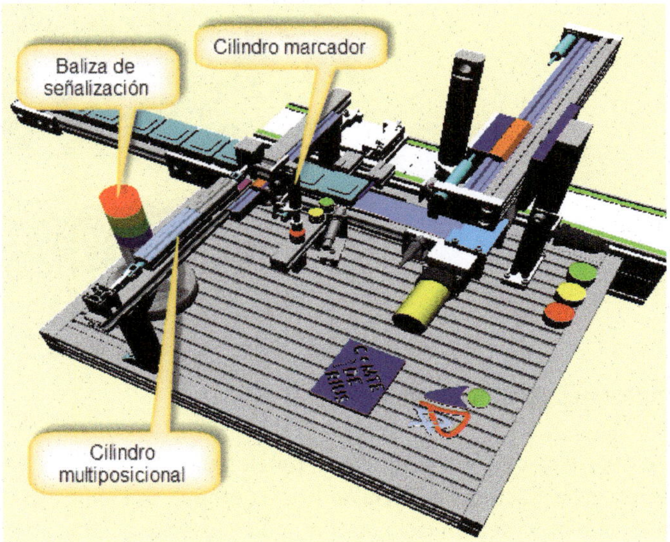

Fig. 7.140

Ejercicio

APLICACIÓN MACRO DEL MANIPULADOR DE CARGA

Se desea controlar los movimientos de los diferentes actuadores del manipulador de carga, como son, el cilindro del eje horizontal, y el conjunto formado por el cilindro vertical de la ventosa y la propia ventosa. En la secuencia maestra se trata de controlar el desplazamiento del cilindro del eje horizontal gobernado por una electroválvula biestable, que traslada la ventosa desde la posición de carga de la pieza hasta la posición de descarga de la misma sobre el palet. En esta secuencia, habrá dos momentos en los que se debe actuar sobre el cilindro vertical, controlado por una electroválvula monoestable para coger y soltar la pieza. El palet alcanzará la posición de carga mediante el control del motor de la cinta transportadora. Todos los cilindros disponen de sensores de posición para las dos posiciones, reposo y avance. Además, se deberán indicar los diferentes estados de funcionamiento mediante los pilotos de la baliza de señalización.

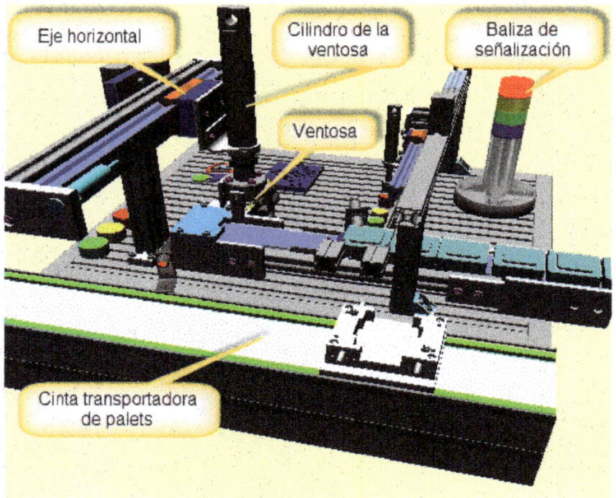

Fig. 7.141

Condiciones de funcionamiento:

En este caso, diferenciaremos el funcionamiento en dos secuencias diferentes, como son la secuencia máster y la secuencia esclava (macroetapa). Incluiremos también otra para poder controlar que el funcionamiento sea en ciclo continuo o se pueda solicitar un paro fin de ciclo.

GRAFCET PRINCIPAL:

- Al poner en marcha el sistema, tendremos activado el piloto rojo que indica que el sistema está parado.
- Al accionar tan solo el pulsador de marcha, se dará la orden para que el proceso inicie su funcionamiento, situación que se indicará mediante la señalización del piloto amarillo. En este estado, el funcionamiento se realizará de forma continua ciclo tras ciclo.
- Cuando se desee dar la petición de fin de ciclo, solo habrá que accionar el pulsador de paro, pasando al estado de espera hasta que finalice el ciclo completo actual. Este estado quedará señalizado mediante el funcionamiento de forma intermitente del piloto incorporado en el pulsador de paro, dejando de funcionar el piloto amarillo.
- Cuando el ciclo actual de funcionamiento del proceso haya finalizado totalmente, el proceso quedará totalmente detenido, volviendo a funcionar el piloto rojo a la espera de iniciar de nuevo otro ciclo mediante la activación del pulsador de marcha.

SECUENCIA GRAFCET MÁSTER:

- Si se dispone de la orden de funcionamiento dada por el Grafcet principal, y si los cilindros se encuentran en reposo, tanto el eje horizontal (derecha) como el cilindro de la ventosa (arriba), y el disyuntor del motor se encuentra activado, entonces el motor de la cinta transportadora se pondrá en funcionamiento. Si en este punto el disyuntor no está rearmado, entonces se pondrá en funcionamiento el piloto incorporado en el pulsador ACK y bastará con rearmarlo para iniciar el proceso con el cumplimiento del resto de condiciones.
- Cuando el palet haya alcanzado la posición de carga, se deberá ejecutar la secuencia correspondiente al cilindro de la ventosa (macroetapa), teniendo en cuenta que deberá recoger, mediante la ventosa, una pieza que previamente hemos hecho aparecer mediante el botón **PONER PIEZA** del simulador 3D.
- Finalizada la ejecución de la secuencia del cilindro de la ventosa, el cilindro del eje horizontal se desplazará a su posición de avance (izquierda).
- Alcanzada la posición de la izquierda por el eje horizontal, se volverá a ejecutar la secuencia correspondiente al cilindro de la ventosa (macroetapa), teniendo en cuenta que ahora deberá dejar la pieza.
- Finalizada la ejecución de la secuencia del cilindro de la ventosa, una vez liberada la pieza sobre el palet, se deberá registrar en un contador el número de ciclos realizados y se visualizará su valor actual en el registro **Procesadas sin grabado**. Seguidamente el eje horizontal retornará a su posición de reposo (derecha), a la vez que se pone en marcha la cinta de transporte de palets durante 5 s, tiempo para que el palet abandone la posición de carga con la pieza en su interior.
- En el momento en el que hayan transcurrido los 5 s de tiempo, cuando no se detecta palet en la posición de carga y el cilindro del eje horizontal se encuentra en reposo (derecha), se activará de nuevo el piloto rojo y el sistema quedará preparado para empezar de nuevo el ciclo.
- Durante todo el tiempo que dura la secuencia debemos tener activado el piloto verde.
- Únicamente cuando el sistema se encuentra detenido, etapa inicial de esta secuencia principal, será cuando al accionar el pulsador de reset se pondrá a cero del contador de ciclos.
- Si cuando se encuentra en funcionamiento el motor de la cinta de transporte de palets se dispara el disyuntor magnetotérmico, entonces dejará de funcionar el motor y se señalizará mediante el piloto incorporado en el pulsador ACK, que funcionará de forma intermitente. Para salir de este estado será necesario rearmar el disyuntor y accionar el pulsador ACK, pasando de nuevo a funcionar el motor.

SECUENCIA GRAFCET ESCLAVO (MACROETAPA):

- Dada la orden de ejecución de la secuencia de la macroetapa, se activará la primera etapa de la secuencia (etapa de entrada).
- En ese momento, y si se detecta pieza con el cilindro de la ventosa a la derecha, para el proceso de sujetar la pieza, o bien, si tan solo el cilindro de la ventosa se encuentra en la posición de la izquierda, para el proceso de liberar la pieza. En cualquier caso, el cilindro de la ventosa realizará el movimiento de bajada hasta alcanzar la posición de avance (abajo).
- En este momento debe evaluar si ha de coger la pieza o soltarla mediante la actuación de la ventosa, según se encuentre en la posición de carga o de descarga, y posteriormente realizar la acción que corresponda.
- Una vez completada la acción anterior, coger o dejar la pieza, esperará un tiempo de 2 s.
- Pasados los 2 s, el cilindro realizará el movimiento de ascenso hasta alcanzar la posición de reposo.
- Cuando el cilindro de la ventosa se encuentra en la posición de reposo, se dará por finalizada la secuencia de la macroetapa.
- Durante todo el tiempo que dura la secuencia debemos tener activado el piloto azul.

Relación de entradas y salidas:

ENTRADAS	
Dirección	**Dispositivo**
I0.1	S1 Pulsador de paro
I0.2	S2 Pulsador de marcha
I0.4	B1 Cilindro con ventosa en reposo (arriba)
I0.5	B2 Cilindro con ventosa en avance (abajo)
I0.6	B3 Cilindro eje horizontal en reposo (derecha)
I0.7	B4 Cilindro eje horizontal en reposo (izquierda)
I2.0	B11 Detector de vacío
I2.4	B15 Detector de palet en posición de carga
I2.5	B16 Detector de pieza en posición de carga
I2.6	S4 Pulsador de reset
I3.0	F2 Disyuntor protección motor cinta
I3.1	S5 Pulsador ACK

SALIDAS	
Dirección	**Dispositivo**
Q0.0	Y1 EV Descender cilindro con ventosa
Q0.1	Y2 EV Cilindro horizontal va a la izquierda
Q0.2	Y3 EV Cilindro horizontal va a la derecha
Q1.0	Y9 EV Vacío en ventosa
Q1.1	K1M Motor cinta transporte de palets
Q2.1	H0 Piloto amarillo
Q2.2	H1 Piloto verde
Q2.3	H2 Piloto azul
Q2.4	H3 Piloto rojo
Q3.0	H4 Piloto incorporado en el pulsador de paro
Q3.2	H6 Piloto incorporado en el pulsador ACK

REGISTRO DE CONTAJE	
Dirección	**Dispositivo**
MW7016	Procesadas sin grabado

Realizar:

- Planteamiento de la estructura del proyecto.
- Diseño del Grafcet.
- Implementación a programa.
- Comprobación del funcionamiento mediante la maqueta de simulación 3D.

Unidad 8 Guía Gemma

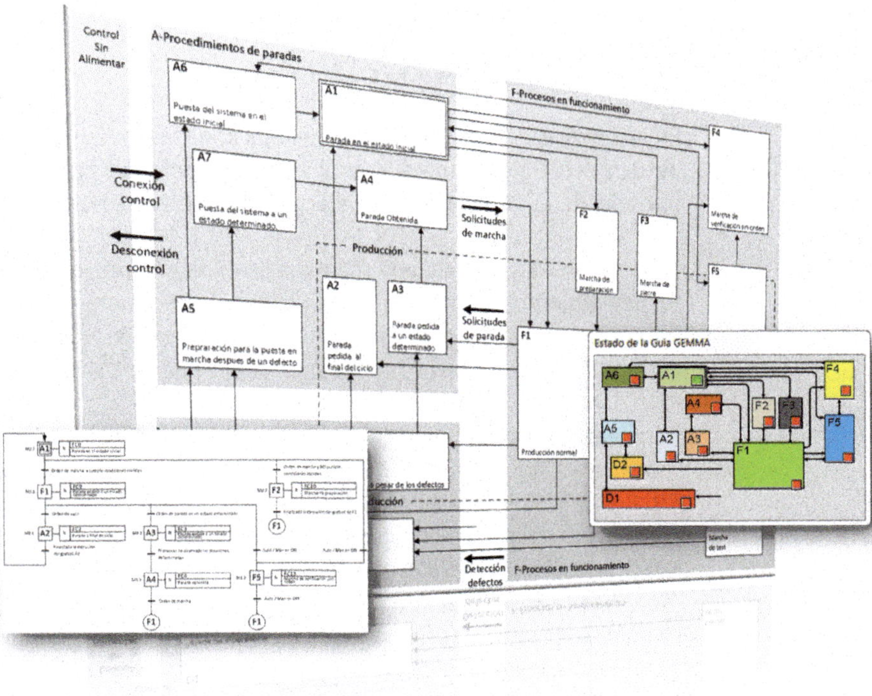

En este capítulo:

8.1 Guía Gemma

La guía GEMMA es un procedimiento que sirve para poder estandarizar los diferentes modos de funcionamiento y estados que contemplamos en cualquier sistema automatizado. Se define como Guía de Estudios de Modos de Marcha y de Parada de los Sistemas Automatizados.

8.1.1 Introducción a la Guía Gemma

En un proceso productivo, una máquina no está siempre funcionando en modo automático. Pueden aparecer problemas que obligan a parar el proceso, como averías, material defectuoso, falta de materia prima, necesidad de hacer mantenimiento, etc.

En la automatización de una máquina es necesario prever todos los estados posibles: funcionamiento automático o manual, paros de emergencia, de fin de ciclo y otros. Además, el propio automatismo ha de ser capaz de detectar defectos y ayudar al técnico de mantenimiento en la reparación y puesta en marcha del sistema.

Para fijar una forma universal de nombrar y definir los diferentes estados que puede tener un sistema, la ADEPA (Agence nationale pour le Développement de la Productique Apliquée à l'industrie, Agencia nacional francesa para el desarrollo de la producción aplicada a la industria), ha preparado la guía GEMMA (Guide d'Etude des Modes de Marches et d'Arrêts, Guía de estudio de los modos de marchas y paros).

La guía Gemma es una guía gráfica que permite representar de una manera sencilla e inteligible los diferentes modos de marcha y paro de un proceso de producción, así como las formas y condiciones para pasar de un modo a otro.

Recuerda • • •

La guía Gemma es una guía que representa todos los métodos de marcha y paro que se pueden encontrar en un proceso automatizado. No es una norma y, por tanto, podemos elegir los estados según la complejidad del proceso.

La guía Gemma y el GRAFCET se complementan y permiten una descripción progresiva del automatismo de producción.

El sistema de control de un automatismo puede estar en tres situaciones diferentes:

- En funcionamiento y, por tanto, en producción.
- Parado o proceso en paro.
- En situación de alarma o defecto, circunstancias en las que, o bien el producto no es aprovechable, o lo puede ser si se manipula adecuadamente.

Estas se dividen en estados que representan situaciones concretas usuales en cualquier sistema automatizado. Puede haber producción en cada una de estas tres situaciones: en funcionamiento sin lugar a dudas, pero también se puede producir cuando la máquina está en proceso de paro, para vaciar la máquina o para solucionar alguna avería, y cuando la máquina está en ciertas condiciones de defecto, a pesar de que quizá la producción no será aprovechable.

Otra situación es la máquina sin alimentación, aunque esta no nos interesa a la hora de definir los circuitos de automatismo.

La guía Gemma representa, mediante rectángulos, cada una de las situaciones que corresponden a cada estado diferente, y estos están interceptados por otro rectángulo que corresponde al grupo que define el modo de funcionamiento de un automatismo.

Cada una de las situaciones se puede subdividir, de forma que al final hay 17 estados de funcionamiento posibles.

Conviene mencionar que, al ser una guía y no una norma, no todos los procesos precisarán de todos estos estados y que la guía propone los principales caminos para pasar de un estado a otro, pero se pueden trazar otros nuevos.

En el siguiente gráfico podemos ver todos los estados previstos en la guía Gemma, a pesar de que cuando la utilicemos para describir el funcionamiento de una máquina, no tenemos por qué tenerlos en cuenta todos, sino que utilizaremos únicamente los estados que necesitemos en esa instalación.

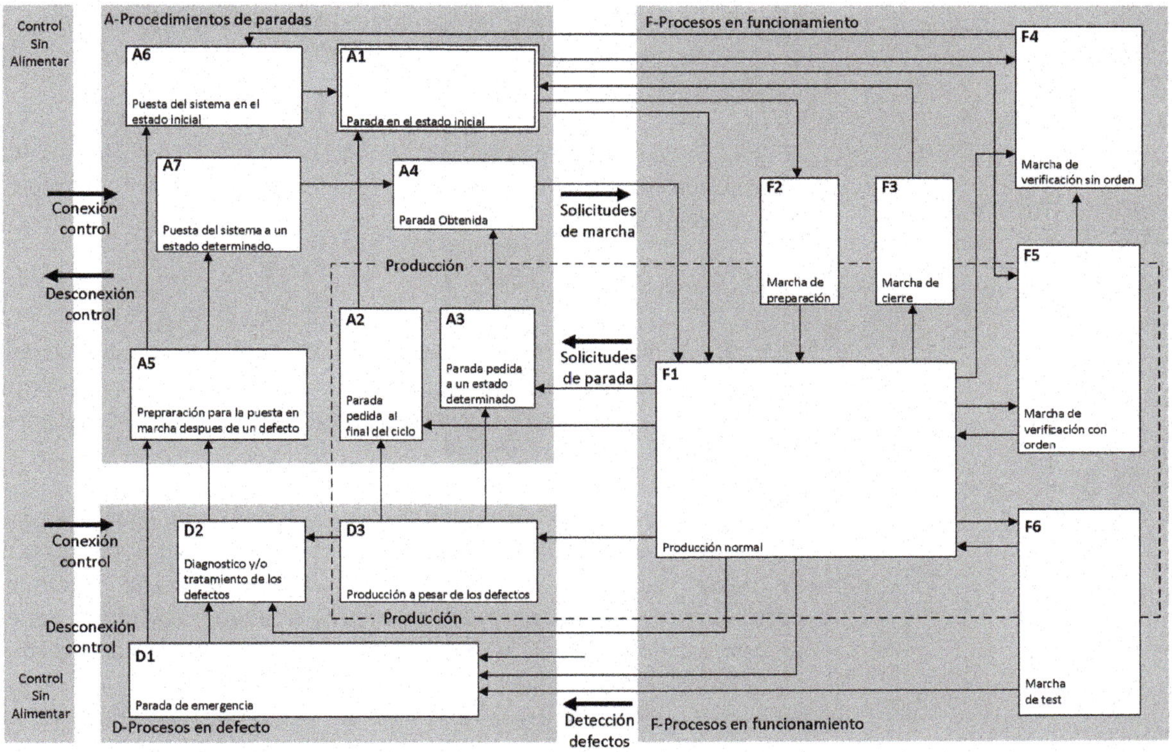

Fig. 8.1

Recuerda • • •

Todos los estados de la guía Gemma se integran en tres grandes bloques:

- A-Procedimientos de paradas.
- F-Procedimientos en funcionamiento.
- D-Procedimientos en defecto.

8.1.2 Estados de la Guía Gemma

Los diferentes modos de funcionamiento del sistema automatizado vendrán representados por un estado. Los estados irán agrupados según el modo de funcionamiento que realicen y se integran tres grupos:

- A - Procedimientos de paradas.
- F - Procedimientos en funcionamiento.
- D - Procedimientos en defecto.

- **Grupo F: Procedimientos en funcionamiento**

En este grupo están incluidos los estados cuyo funcionamiento está orientado a preparar el sistema para poder producir, verificar el funcionamiento correcto y finalmente conseguir que el sistema produzca de forma automática:

- F1. Producción normal.
- F2. Marcha de preparación.
- F3. Marcha de cierre.
- F4. Marcha de verificación sin orden.
- F5. Marcha de verificación con orden.
- F6. Marchas de test (prueba).

- *F1. Producción normal*

Recuerda • • •

Los procedimientos en funcionamiento están orientados a:

- Preparar el sistema para poder producir.
- Verificar el funcionamiento correcto.
- Conseguir que el sistema produzca.

Este es el estado en el que tendremos lo que denominamos «Producción normal». Normalmente corresponde a lo que sería un funcionamiento automático del proceso en el que la acción del operador solo sería necesaria para poner en marcha el proceso, ya que a partir de ahí el sistema funciona de forma autónoma y automática.

El Grafcet que realicemos en este estado nos servirá como base para crear los Grafcet que hemos de diseñar para que se cumpla el funcionamiento correcto en otros estados.

- *F2. Marcha de preparación*

En todo sistema, antes de empezar a producir, es posible que se deban realizar una serie de acciones para que pueda iniciarse la producción normal de forma correcta. En este estado se debe conseguir que los elementos del proceso se encuentren en condiciones iniciales de trabajo.

Si se dispone de un proceso productivo que se ha de poner en marcha cada jornada de trabajo (como podría ser un proceso de mezcla de líquidos, en el que los líquidos se deban encontrar previamente a una temperatura determinada para posteriormente realizar una mezcla y vaciarla en bidones), lo que se tiene que hacer en este estado de la guía Gemma es llenar los diferentes depósitos de líquidos y prepararlos para que se encuentren a una cierta temperatura, que el alimentador de bidones se encuentre a su completa capacidad, que todos los actuadores neumáticos estén en la posición inicial, que la presión del sistema sea la correcta, etc.

- *F3. Marcha de cierre*

Este estado sería el modo contrario al de Marcha de preparación (F2). Si el estado Marcha de preparación lo ejecutamos al poner en marcha el proceso, el de Marcha de cierre lo ejecutaríamos al finalizar la producción.

Siguiendo con el ejemplo anterior, cuando acabamos la jornada de trabajo al final del día pasaríamos del estado Producción normal (F2) al estado Marcha de cierre cuando se dé por finalizada la última mezcla. Entonces, se debería realizar un pequeño proceso de limpiado del mezclador para que este se encuentre limpio y preparado para su uso al día siguiente.

- *F4. Marcha de verificación sin orden*

El proceso en este caso podría realizar todos los movimientos de forma manual y en cualquier orden, siempre controlados por el operador de máquina. Sería un funcionamiento manual donde tendríamos que incorporar las condiciones necesarias para que no se produjeran colisiones mecánicas.

- *F5. Marcha de verificación con orden*

La máquina o el proceso realizará el mismo ciclo que tenemos en el estado Producción normal, con la salvedad de que el ciclo irá funcionando etapa a etapa y el propio operario será el que controle el paso de una etapa a otra. Cuando se vaya ejecutando cada una de las etapas, podremos ir comprobando si los actuadores hacen correctamente su función y si los sensores responden con exactitud. Serviría para poder ajustar bien los sensores y los actuadores en una primera puesta en marcha del proceso o en un momento de un trabajo de mantenimiento.

- *F6. Marchas de test*

En este estado el sistema programado debe responder a un funcionamiento de forma independiente y automática de cada uno de los actuadores, y de esa forma poder realizar un test para comprobar que los sensores han actuado de forma sincronizada con los actuadores.

Recuerda • • •

Los procedimientos de parada están orientados a:
- detener el funcionamiento de forma controlada,
- detener el funcionamiento al final del ciclo,
- preparar el sistema después de producirse un defecto.

- **Grupo A: Procedimientos de parada**

Este grupo contiene los modos en los que el sistema se encuentra detenido:

- A1. Parada en el estado inicial.
- A2. Parada solicitada al final del ciclo.
- A3. Parada solicitada en una posición determinada.
- A4. Parada obtenida.
- A5. Preparación para la puesta en marcha después de un defecto o avería.
- A6. Puesta del sistema al estado inicial.
- A7. Puesta del sistema a una posición determinada.

- *A1. Parada en el estado inicial*

Estado normal de reposo de la máquina. Se suele representar con un rectángulo de doble trazo, de la misma forma que hacemos con la etapa inicial de un Grafcet. Se considera el punto inicial o de arranque del funcionamiento del proceso.

- *A2. Parada solicitada al final del ciclo*

Cuando el operador decide finalizar el funcionamiento del ciclo actual, la guía Gemma pasa a este estado mientras continúa con el funcionamiento de Producción normal (F1) hasta finalizarlo por completo. Una vez finalizado el ciclo, este no continuará, ya que la guía Gemma se situará en el estado Parada en el estado inicial (A1).

- *A3. Parada solicitada en una posición determinada*

Cuando la guía Gemma se encuentre en este estado, el proceso se deberá detener en un estado concreto y previamente indicado del ciclo programado en el estado de Funcionamiento normal (F1). Podría ser un estado en el que nos interese verificar algo en la instalación. Por ejemplo, si tuviéramos un proceso de doble taladrado, podríamos hacer que una vez realizado dicho proceso, podamos verificar si se ha llevado a cabo de forma correcta o no.

- *A4. Parada obtenida*

Es el estado al que pasará de forma automática cuando el proceso se encuentre detenido en el estado concreto seleccionado en el Estado A3.

- *A5. Preparación para la puesta en marcha después de un defecto o avería*

Una vez que ha habido algún defecto o alarma, y en función del estado en el que se haya quedado del proceso, se deben realizar los movimientos correspondientes necesarios de los actuadores para que el operario, de forma manual, pueda realizar una intervención, por ejemplo, extraer piezas atascadas, trozos de recipientes rotos, etc. De este modo, en la siguiente etapa A6 se podrá proceder a poner en condiciones iniciales el sistema.

- *A6. Puesta del sistema al estado inicial*

En este estado de la guía Gemma, la máquina o el proceso deberá posicionarse en su estado inicial. Se realizará de forma automática y después de una orden del operador, una vez la máquina o el proceso alcance su posición inicial. Entonces, automáticamente pasaremos del Estado A6 al Estado A1.

- *A7. Puesta del sistema a una posición determinada*

En este estado y después de una parada por defecto, D1 o D2, se deberá llevar la máquina o el proceso a una posición concreta diferente a la inicial, siempre y cuando se verifique que el proceso puede continuar. Una vez conseguida esa posición, automáticamente se pasará al Estado A4.

- **Grupo D: Proceso en defecto**

Este grupo contiene todos los modos en los que el sistema se encuentra en defecto, tanto si está produciendo, como si está parado o en fase de diagnóstico o tratamiento de los defectos:

- Defecto con producción (D3).
- Defecto con máquina parada (D1).
- Tratamiento del defecto (D2).

Recuerda • • •

Los procedimientos en defecto están orientados a contemplar todas las situaciones que puedan provocar una parada inesperada o forzada del sistema.

- *D1. Parada de emergencia*

Podremos acceder a este estado en cualquier momento e independientemente del estado en el que se encuentre la guía Gemma. Para ello bastará con accionar un pulsador de emergencia. Activado este estado, se deberá encargar de detener por completo la máquina o el proceso, lo que conocemos como congelar el funcionamiento, además de dejar fuera de servicio, según cada caso, las diferentes fuentes de potencia (tanto eléctrica, como neumática e hidráulica), con lo que se conseguirá que no haya ningún peligro ni para la persona ni para la máquina.

Deberemos estudiar la instalación para comprobar cuál sería el estado en el que deben quedar los actuadores en función del momento en el que se ha activado esta parada de emergencia. En muchos casos, la instalación de los actuadores deberá estar preparada para gestionar de forma correcta esa parada. Por tanto, nos podemos encontrar con situaciones en las que sea preferible dejar que los actuadores continúen en funcionamiento o que dejen de funcionar, por ejemplo, ventosas que se queden sin presión de aire como los cilindros, otros bloqueados en una posición y con presión, detener el motor de una cinta de transporte, o de una electroválvula de paso de líquido, etc.

- *D2. Diagnóstico o tratamiento de los defectos*

En este estado se deberán analizar los posibles defectos que se puedan producir en el sistema y ver cómo podemos diagnosticarlos con efectividad, intentando facilitar la tarea del operario de la máquina para que los localice y los solucione con facilidad.

- *D3. Producción a pesar de los defectos*

En este estado se deberá provocar que el proceso continúe produciendo aun teniendo uno o más defectos, y evitar que pueda seguir funcionando de forma completamente automática y que tenga que ser mediante la actuación del operador.

Por ejemplo, tenemos un proceso con cilindros neumáticos que tiene instalados sensores de posición. Lo que deberíamos implementar en este estado son unos pulsadores que realicen la misma función que los sensores y, en el momento que uno de ellos no funcione, se pueda accionar el pulsador correspondiente haciendo que el proceso continúe produciendo «a pesar del defecto», pero con la intervención del operador.

En la aplicación que vamos a realizar usaremos la siguiente guía Gemma con los estados que se indican y se muestran a continuación:

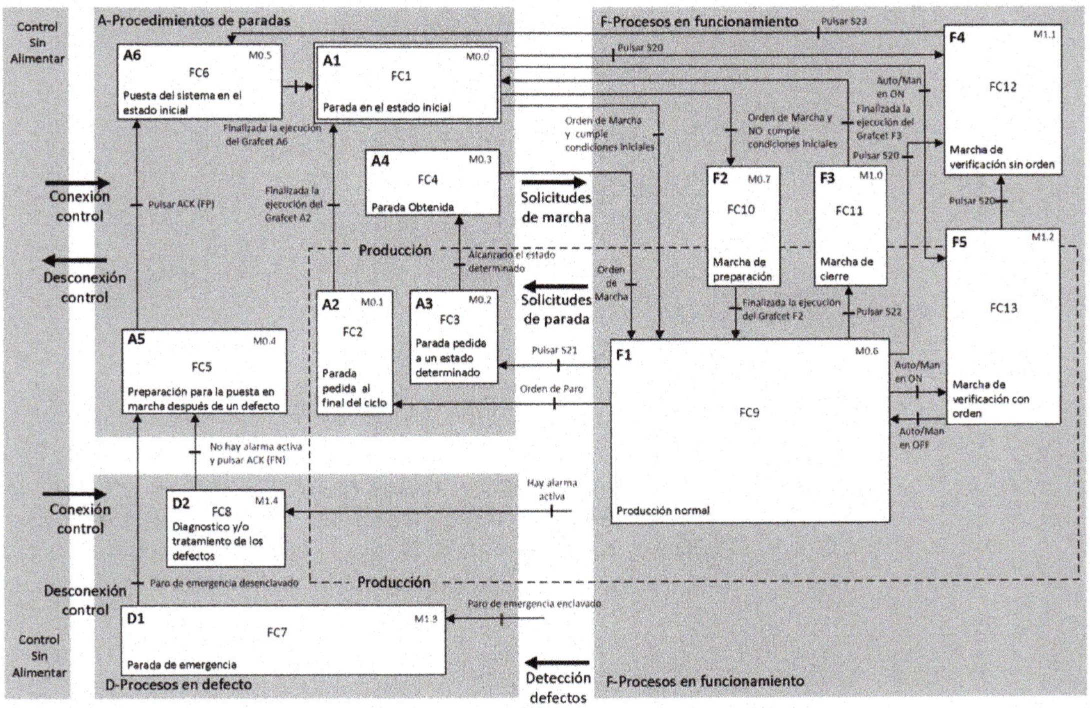

Fig. 8.2a

8.1.3 Configuración del proyecto: estructura y variables a utilizar

Para realizar la aplicación representada en la guía Gemma crearemos un proyecto nuevo en el que insertaremos un PLC S7-1200 o S7-1500 con la misma configuración del hardware del punto 1.3.1 de la Unidad 1, con las tarjetas de entradas y salidas configuradas. Necesitaremos esta configuración para la posterior comprobación de los programas con el simulador 3D.

Recuerda • • •

Estructurar el programa en diferentes bloques facilita tanto su construcción como su comprensión posterior.

A partir de ahora se expone una posible solución, tanto a nivel de estructura de programa, como de las variables a utilizar y del propio programa que hará funcionar el proceso. Por ello se debe tomar como ejemplo y no como modelo único. Lo que sí se deberá respetar es el direccionado de las entradas y salidas dadas en la tabla de variables, ya que son las que están asociadas al simulador 3D. Esta configuración dada servirá para poder comprobar la aplicación de todos los estados de la guía Gemma que son base del estudio.

Para la realización del proyecto mostrado se utilizará la programación estructurada, por lo que dentro de **Bloques de programa** crearemos unos bloques para cada uno de los estados y otros bloques auxiliares, que son los que se relacionan a continuación:

- 00 GUIA GEMMA (FC0)
- A1 ESTADO INICIAL (FC1)
- A2 PARO FIN DE CICLO (FC2)
- A3 PARADA ESTADO DETERMINADO (FC3)
- A4 PARADA OBTENIDA (FC4)
- A5 PREPARACIÓN PUESTA EN MARCHA (FC5)
- A6 PUESTA AL ESTADO INICIAL (FC6)
- D1 PARADA EMERGENCIA (FC7)
- D2 DIAGNOSIS AVERÍAS (FC8)
- DETECCIÓN AVERÍAS (FC23)
- F1 PRODUCCIÓN NORMAL (FC9)
- F2 MARCHA DE PREPARACIÓN (FC10)
- F3 MARCHA DE CIERRE (FC11)
- F4 MANUAL (FC12)
- F5 PASO A PASO (FC13)
- S_SALIDAS (FC20)
- T_TEMPORIZADORES (FC21)
- Z_CONTADORES (FC22)

Para poder tener más estructuradas las diferentes tablas de variables, incluiremos distintas carpetas dentro de la carpeta principal del árbol del proyecto, llamada **Variables PLC**. Por tanto, crearemos distintas carpetas, como son **Auxiliares**, **Grafcets** y **Simulador 3D**, y dentro de ellas a su vez diferentes tablas de variables. La estructura final será la siguiente.

Recuerda • • •

Es importante, antes de iniciar la programación y para la posterior comprensión del programa, etiquetar con símbolos todos los registros de programa a utilizar.

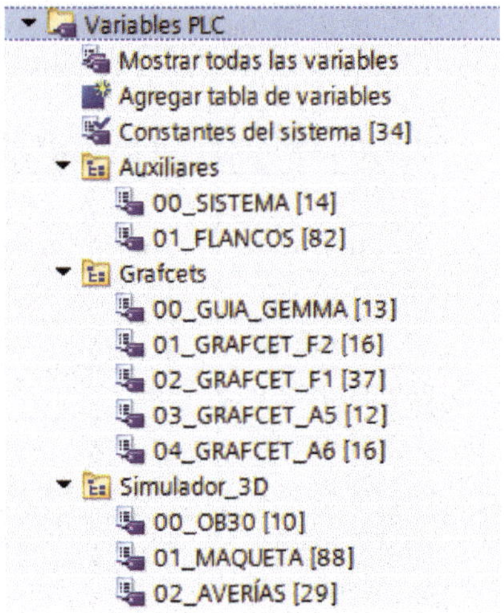

Fig. 8.2b

- **Variables a crear en cada carpeta:**

Carpeta **Auxiliares**, tabla de variables **00_SISTEMA**. En esta tabla se encuentran todas las variables de sistema de las que dispone el PLC S7-1200 o S7-1500:

NOMBRE	TIPO	REGISTRO	COMENTARIO
Clock_0.5Hz	Bool	%M8191.7	Marca que funcionará con una frecuencia de 0,5 Hz
Clock_0.625Hz	Bool	%M8191.6	Marca que funcionará con una frecuencia de 0,625 Hz
Clock_1Hz	Bool	%M8191.5	Marca que funcionará con una frecuencia de 1 Hz
Clock_1.25Hz	Bool	%M8191.4	Marca que funcionará con una frecuencia de 1,25 Hz
Clock_2Hz	Bool	%M8191.3	Marca que funcionará con una frecuencia de 2 Hz
Clock_2.5Hz	Bool	%M8191.2	Marca que funcionará con una frecuencia de 2,5 Hz
Clock_5Hz	Bool	%M8191.1	Marca que funcionará con una frecuencia de 5 Hz
Clock_10Hz	Bool	%M8191.0	Marca que funcionará con una frecuencia de 10 Hz
Clock_Byte	Byte	%MB8191	Byte de marcas de ciclo
AlwaysFALSE	Bool	%M8190.3	Marca que siempre tiene el valor 1
AlwaysTRUE	Bool	%M8190.2	Marca que siempre tiene el valor 0
DiagStatusUpdate	Bool	%M8190.1	Marca que vale 1 cuando cambia el estado del diagnóstico
FirstScan	Bool	%M8190.0	Marca que vale 1 solo en el primer scan
System_Byte	Byte	%MB8190	Byte de marcas de sistema

Carpeta **Auxiliares**, tabla de variables **01_FLANCOS**. En esta tabla se encuentran declarados 50 bits para utilizar como flanco, tanto negativo como positivo:

NOMBRE	TIPO	REGISTRO	COMENTARIO
FLANCO 1	Bool	% M230.0	Marca auxiliar para usar en la programación de un flanco
FLANCO 2	Bool	% M230.1	Marca auxiliar para usar en la programación de un flanco
FLANCO 3	Bool	% M230.2	Marca auxiliar para usar en la programación de un flanco
FLANCO 4	Bool	%M230.3	Marca auxiliar para usar en la programación de un flanco
.../...	.../...	.../...	.../...
FLANCO 50	Bool	%M236.1	Marca auxiliar para usar en la programación de un flanco

Carpeta **Grafcets**, tabla de variables **00_GUIA_GEMMA**. Esta tabla integra la declaración de las variables que vamos a asociar a cada etapa de la guía Gemma:

NOMBRE	TIPO	REGISTRO	COMENTARIO
GG_ESTADO A1	Bool	%M0.0	Estado de parada en el estado inicial
GG_ESTADO A2	Bool	%M0.1	Estado de parada pedida a final de ciclo
GG_ESTADO A3	Bool	%M0.2	Estado de parada a un estado determinado
GG_ESTADO A4	Bool	%M0.3	Estado de parada obtenida
GG_ESTADO A5	Bool	%M0.4	Estado de preparación posterior al defecto
GG_ESTADO A6	Bool	%M0.5	Estado de puesta del sistema al estado inicial
GG_ESTADO F1	Bool	%M0.6	Estado de producción normal
GG_ESTADO F2	Bool	%M0.7	Estado de marcha de preparación
GG_ESTADO F3	Bool	%M1.0	Estado de marcha de cierre
GG_ESTADO F4	Bool	%M1.1	Estado de verificación sin orden
GG_ESTADO F5	Bool	%M1.2	Estado de verificación con orden
GG_ESTADO D1	Bool	%M1.3	Estado de parada de emergencia
GG_ESTADO D2	Bool	%M1.4	Estado de diagnóstico o tratamiento de los defectos

Carpeta **Grafcets**, tabla de variables **01_GRAFCET_F2**. Esta tabla integra la declaración de las variables que vamos a asociar a cada posible etapa del Grafcet integrado en el estado F2 de la guía Gemma:

NOMBRE	TIPO	REGISTRO	COMENTARIO
F2_ETAPA 20	Bool	%M2.0	Marca asignada a la etapa 20 del Estado F2
F2_ETAPA 21	Bool	%M2.1	Marca asignada a la etapa 21 del Estado F2
F2_ETAPA 22	Bool	%M2.2	Marca asignada a la etapa 22 del Estado F2
F2_ETAPA 23	Bool	%M2.3	Marca asignada a la etapa 23 del Estado F2
F2_ETAPA 24	Bool	%M2.4	Marca asignada a la etapa 24 del Estado F2
F2_ETAPA 25	Bool	%M2.5	Marca asignada a la etapa 25 del Estado F2
.../...	.../...	.../...	.../...
F2_ETAPA 37	Bool	%M3.7	Marca asignada a la etapa 37 del Estado F2

Carpeta **Grafcets**, tabla de variables **02_GRAFCET_F1**. Esta tabla integra la declaración de las variables que vamos a asociar a cada posible etapa del Grafcet integrado en el estado F1 de la guía Gemma:

NOMBRE	TIPO	REGISTRO	COMENTARIO
ETAPA 40	Bool	%M4.0	Marca asignada a la etapa 40 del Estado F1
ETAPA 41	Bool	%M4.1	Marca asignada a la etapa41 del Estado F1
ETAPA 42	Bool	%M4.2	Marca asignada a la etapa 42 del Estado F1
ETAPA 43	Bool	%M4.3	Marca asignada a la etapa 43 del Estado F1
ETAPA 44	Bool	%M4.4	Marca asignada a la etapa 44 del Estado F1
ETAPA 45	Bool	%M4.5	Marca asignada a la etapa 45 del Estado F1
ETAPA 46	Bool	%M4.6	Marca asignada a la etapa 46 del Estado F1
ETAPA 47	Bool	%M4.7	Marca asignada a la etapa 47 del Estado F1
.../...	.../...	.../...	.../...
ETAPA 84	Bool	%M8.4	Marca asignada a la etapa 84 del Estado F1

Carpeta **Grafcets**, tabla de variables **03_GRAFCET_A5**. Esta tabla integra la declaración de las variables que vamos a asociar a cada posible etapa del Grafcet integrado en el Estado A5 de la guía Gemma:

NOMBRE	TIPO	REGISTRO	COMENTARIO
A5_ETAPA 90	Bool	%M9.0	Marca asignada a la etapa 90 del Estado A5
A5_ETAPA 91	Bool	%M9.1	Marca asignada a la etapa 91 del Estado A5
A5_ETAPA 92	Bool	%M9.2	Marca asignada a la etapa 92 del Estado A5
A5_ETAPA 93	Bool	%M9.3	Marca asignada a la etapa 93 del Estado A5
A5_ETAPA 94	Bool	%M9.4	Marca asignada a la etapa 94 del Estado A5
A5_ETAPA 95	Bool	%M9.5	Marca asignada a la etapa 95 del Estado A5
A5_ETAPA 96	Bool	%M9.6	Marca asignada a la etapa 96 del Estado A5
A5_ETAPA 97	Bool	%M9.7	Marca asignada a la etapa 97 del Estado A5
A5_ETAPA 100	Bool	%M10.0	Marca asignada a la etapa 100 del Estado A5
A5_ETAPA 101	Bool	%M10.1	Marca asignada a la etapa 101 del Estado A5
A5_ETAPA 102	Bool	%M10.2	Marca asignada a la etapa 102 del Estado A5

Carpeta **Grafcets**, tabla de variables **04_GRAFCET_A6**. Esta tabla integra la declaración de las variables que vamos a asociar a cada posible etapa del Grafcet integrado en el Estado A6 de la guía Gemma:

NOMBRE	TIPO	REGISTRO	COMENTARIO
A6_ETAPA 110	Bool	%M11.0	Marca asignada a la etapa 110 del Estado A6
A6_ETAPA 111	Bool	%M11.1	Marca asignada a la etapa 111 del Estado A6
A6_ETAPA 112	Bool	%M11.2	Marca asignada a la etapa 112 del Estado A6
A6_ETAPA 113	Bool	%M11.3	Marca asignada a la etapa 113 del Estado A6
A6_ETAPA 114	Bool	%M11.4	Marca asignada a la etapa 114 del Estado A6
A6_ETAPA 115	Bool	%M11.5	Marca asignada a la etapa 115 del Estado A6
A6_ETAPA 116	Bool	%M11.6	Marca asignada a la etapa 116 del Estado A6
A6_ETAPA 117	Bool	%M11.7	Marca asignada a la etapa 117 del Estado A6
A6_ETAPA 120	Bool	%M12.0	Marca asignada a la etapa 120 del Estado A6
A6_ETAPA 121	Bool	%M12.1	Marca asignada a la etapa 121 del Estado A6
A6_ETAPA 122	Bool	%M12.2	Marca asignada a la etapa 122 del Estado A6
A6_ETAPA 123	Bool	%M12.3	Marca asignada a la etapa 123 del Estado A6

Carpeta **Simulador 3D**, tabla de variables **00 OB30**. Esta tabla integra la declaración de las variables que tenemos asociadas a la conexión entre el simulador PLCSIM y el simulador 3D, y que en ningún caso se deben borrar ni utilizar para otra función:

NOMBRE	TIPO	REGISTRO	COMENTARIO
CODIGO_I1	DWord	%MD7600	Registro de entradas para la comunicación con Simulador 3D
CODIGO_I2	DWord	%MD7604	Registro de entradas para la comunicación con Simulador 3D
ENTRADAS1_PLC	DWord	%ID0	Entradas reservadas para el Simulador 3D
ENTRADAS2_PLC	DWord	%ID4	Entradas reservadas para el Simulador 3D
CODIGO_Q1	DWord	%MD7800	Registro de salidas para la comunicación con Simulador 3D
CODIGO_Q2	DWord	%MD7804	Registro de salidas para la comunicación con Simulador 3D
SALIDAS1_PLC	DWord	%QD0	Salidas reservadas para el Simulador 3D

NOMBRE	TIPO	REGISTRO	COMENTARIO
SALIDAS2_PLC	DWord	%QD4	Salidas reservadas para el Simulador 3D
CODIGO_M1	Word	%MW8000	Registro de marcas internas para la comunicación con Simulador 3D
CODIGO_M2	Word	%MW8002	Registro de marcas internas para la comunicación con Simulador 3D

Carpeta **Simulador 3D**, tabla de variables **01 MAQUETA**. Esta tabla integra la declaración de todas las variables asociadas al proceso del simulador 3D:

NOMBRE	TIPO	REGISTRO	COMENTARIO
S0_EMERGENCIA	Bool	%I0.0	Seta de emergencia. Contacto NC
S1_PARO	Bool	%I0.1	Pulsador de paro. Contacto NC
S2_MARCHA	Bool	%I0.2	Pulsador de marcha. Contacto NO
S3_SELECTOR AUTO/MAN	Bool	%I0.3	Selector Manual (NC)/Automático (NO)
B1_a0 VENTOSA ARRIBA	Bool	%I0.4	Manipulador de carga. Eje vertical. Detector posición superior (NO)
B2_a1 VENTOSA ABAJO	Bool	%I0.5	Manipulador de carga. Eje vertical. Detector posición inferior (NO)
B3_b0 VENTOSA DERECHA	Bool	%I0.6	Manipulador de carga. Eje horizontal. Detector posición reposo (NO)
B4_b1 VENTOSA IZQUIERDA	Bool	%I0.7	Manipulador de carga. Eje horizontal. Detector posición trabajo (NO)
B5_c0 MULTIPEQUEÑO DENTRO	Bool	%I1.0	Manipulador de grabado. Eje horizontal. Cilindro pequeño. Detector posición reposo (NO)
B6_c1 MULTIPEQUEÑO FUERA	Bool	%I1.1	Manipulador de grabado. Eje horizontal. Cilindro pequeño. Detector posición trabajo (NO)
B7_d0 MULTIGRANDE DENTRO	Bool	%I1.2	Manipulador de grabado. Eje horizontal. Cilindro grande. Detector posición reposo (NO)
B8_d1 MULTIGRANDE FUERA	Bool	%I1.3	Manipulador de grabado. Eje horizontal. Cilindro grande. Detector posición trabajo (NO)
B9_e0 MARCADOR ARRIBA	Bool	%I1.4	Manipulador de grabado. Eje vertical. Detector posición superior (NO)
B10_e1 MARCADOR ABAJO	Bool	%I1.5	Manipulador de grabado. Eje vertical. Detector posición inferior (NO)
B11_f1 PIEZA SUJETA	Bool	%I2.0	Manipulador de carga. Eje vertical. Detector vacío. Pieza sujeta (NO)
B12_g0 TOPE ATRAS	Bool	%I2.1	Cinta piezas. Tope salida pieza. Detector segundo tope posición trabajo (NO)
B13_g1 TOPE DELANTE	Bool	%I2.2	Cinta piezas. Tope salida pieza. Detector primer tope posición trabajo (NO)
B14_PIEZA EN TOPE	Bool	%I2.3	Cinta piezas. Detector pieza en posición del segundo tope de salida (NO)
B15_PALET CARGA	Bool	%I2.4	Cinta portapalets. Detector de palet en posición de carga de la pieza (NO)
B16_PIEZA BAJO VENTOSA	Bool	%I2.5	Cinta piezas. Detector de pieza en posición de ser cargada por la ventosa (NO)
S4_RESET	Bool	%I2.6	Pulsador de Reset. Contacto NO
F1_PROTECCION MOTOR PIEZAS	Bool	%I2.7	Disyuntor magnetotérmico motor cinta transporte de piezas (NC)
F2_PROTECCION MOTOR PALETS	Bool	%I3.0	Disyuntor magnetotérmico motor cinta transporte de palets (NC)
S5_PULSADOR ACK	Bool	%I3.1	Pulsador de reconocimiento de alarmas (ACK). Contacto NO
S6_SELECCION SELLO AMARILLO	Bool	%I3.2	Pulsador de selección de tipo de sello amarillo a marcar en las piezas (NO)
S7_SELECCION SELLO ROJO	Bool	%I3.3	Pulsador de selección de tipo de sello rojo a marcar en las piezas (NO)
S8_SELECCION SELLO VERDE	Bool	%I3.4	Pulsador de selección de tipo de sello verde a marcar en las piezas (NO)
S25	Bool	%I3.5	Mando manual. Selector libre
S9_MANUAL VENTOSA BAJA	Bool	%I4.0	Mando manual. Bajar eje vertical manipulador de carga (NO). Selector biestable
S10_MANUAL VENTOSA IZQUIERDA	Bool	%I4.1	Mando manual. Desplazar eje horizontal manipulador de carga a posición de descarga (NO). Selector monoestable
S11_MANUAL VENTOSA DERECHA	Bool	%I4.2	Mando manual. Desplazar eje horizontal manipulador de carga a posición de carga (NO). Selector monoestable

NOMBRE	TIPO	REGISTRO	COMENTARIO
S12_MANUAL MULTIPEQUEÑO	Bool	%I4.3	Mando manual. Desplazar eje pequeño horizontal manipulador de grabado (NO). Selector biestable
S13_MANUAL MULTIGRANDE	Bool	%I4.4	Mando manual. Desplazar eje grande horizontal manipulador de grabado (NO). Selector biestable
S14_MANUAL TOPE	Bool	%I4.5	Mando manual. Desplazar topes salida pieza en cinta de piezas (NO). Selector biestable
S15_MANUAL BAJA MARCADOR	Bool	%I4.6	Mando manual. Descender eje vertical manipulador de grabado (NO). Selector monoestable
S16_MANUAL SUBIR MARCADOR	Bool	%I4.7	Mando manual. Ascender eje vertical manipulador de grabado (NO). Selector monoestable
S17_MANUAL MOTOR PIEZAS	Bool	%I5.0	Mando manual. Motor cinta de piezas (NO). Selector biestable
S18_MANUAL MOTOR PALET	Bool	%I5.1	Mando manual. Motor cinta de palets (NO). Selector biestable
S19_MANUAL VENTOSA	Bool	%I5.2	Mando manual. Activar vacío en ventosa (NO). Selector biestable
S20	Bool	%I5.3	Pulsador auxiliar S20. Contacto NO
S21	Bool	%I5.4	Pulsador auxiliar S21. Contacto NO
S22	Bool	%I5.5	Pulsador auxiliar S22. Contacto NO
S23	Bool	%I5.6	Pulsador auxiliar S23. Contacto NO
S24	Bool	%I5.7	Pulsador auxiliar S24. Contacto NO
Y1_BAJAR VENTOSA	Bool	%Q0.0	Manipulador de carga. Eje vertical. Electroválvula monoestable. Descender eje
Y2_VENTOSA A IZQUIERDA	Bool	%Q0.1	Manipulador de carga. Eje horizontal. Electroválvula biestable. Desplazar a posición de descarga
Y3_VENTOSA A DERECHA	Bool	%Q0.2	Manipulador de carga. Eje horizontal. Electroválvula biestable. Desplazar a posición de carga
Y4_MULTIPOSICIONAL PEQUEÑO	Bool	%Q0.3	Manipulador de grabado. Eje vertical. Eje horizontal pequeño. Electroválvula monoestable. Desplazar eje
Y5_MULTIPOSICIONAL GRANDE	Bool	%Q0.4	Manipulador de grabado. Eje vertical. Eje horizontal grande. Electroválvula monoestable. Desplazar eje
Y6_TOPE	Bool	%Q0.5	Cinta piezas. Topes salida piezas. Electroválvula monoestable. Activar topes
Y7_BAJAR MARCADOR	Bool	%Q0.6	Manipulador de grabado. Eje vertical. Electroválvula biestable. Orden de bajar
Y8_SUBIR MARCADOR	Bool	%Q0.7	Manipulador de grabado. Eje vertical. Electroválvula biestable. Orden de subir
Y9_VENTOSA	Bool	%Q1.0	Manipulador de carga. Ventosa sujeción pieza. Electroválvula monoestable. Sujeción pieza
K1M_MOTOR CINTA PALET	Bool	%Q1.1	Motor cinta palets
K2M_MOTOR CINTA PIEZAS	Bool	%Q2.0	Motor cinta piezas
H0_AMARILLO	Bool	%Q2.1	Piloto de señalización amarillo
H1_VERDE	Bool	%Q2.2	Piloto de señalización verde
H2_AZUL	Bool	%Q2.3	Piloto de señalización azul
H3_ROJO	Bool	%Q2.4	Piloto de señalización rojo
H4_PULSADOR_PARO	Bool	%Q3.0	Piloto rojo de señalización integrado en el pulsador de PARO
H5_PULSADOR_MARCHA	Bool	%Q3.1	Piloto verde de señalización integrado en el pulsador de MARCHA
H6_PULSADOR_ACK	Bool	%Q3.2	Piloto rojo de señalización integrado en el pulsador ACK
H20	Bool	%Q3.3	Piloto verde de señalización integrado en el pulsador AUXILIAR S20
H21	Bool	%Q3.4	Piloto verde de señalización integrado en el pulsador AUXILIAR S21
H22	Bool	%Q3.5	Piloto verde de señalización integrado en el pulsador AUXILIAR S22
H23	Bool	%Q3.6	Piloto verde de señalización integrado en el pulsador AUXILIAR S23
H24	Bool	%Q3.7	Piloto verde de señalización integrado en el pulsador AUXILIAR S24
H7_ESTADO A1	Bool	%Q4.0	Piloto verde del panel Guía Gemma del Simulador 3D que indica Estado A1 activo
H8_ESTADO A2	Bool	%Q4.1	Piloto verde del panel Guía Gemma del Simulador 3D que indica Estado A2 activo

NOMBRE	TIPO	REGISTRO	COMENTARIO
H9_ESTADO A3	Bool	%Q4.2	Piloto verde del panel Guía Gemma del Simulador 3D que indica Estado A3 activo
H10_ESTADO A4	Bool	%Q4.3	Piloto verde del panel Guía Gemma del Simulador 3D que indica Estado A4 activo
H11_ESTADO A5	Bool	%Q4.4	Piloto verde del panel Guía Gemma del Simulador 3D que indica Estado A5 activo
H12_ESTADO A6	Bool	%Q4.5	Piloto verde del panel Guía Gemma del Simulador 3D que indica Estado A6 activo
H13_ESTADO F1	Bool	%Q4.6	Piloto verde del panel Guía Gemma del Simulador 3D que indica estado F1 activo
H14_ESTADO F2	Bool	%Q4.7	Piloto verde del panel Guía Gemma del Simulador 3D que indica estado F2 activo
H15_ESTADO F3	Bool	%Q5.0	Piloto verde del panel Guía Gemma del Simulador 3D que indica estado F3 activo
H16_ESTADO F4	Bool	%Q5.1	Piloto verde del panel Guía Gemma del Simulador 3D que indica estado F4 activo
H17_ESTADO F5	Bool	%Q5.2	Piloto verde del panel Guía Gemma del Simulador 3D que indica estado F5 activo
H18_ESTADO D1	Bool	%Q5.3	Piloto verde del panel Guía Gemma del Simulador 3D que indica estado D1 activo
H19_ESTADO D2	Bool	%Q5.4	Piloto verde del panel Guía Gemma del Simulador 3D que indica estado D2 activo
PEDIDO ROJAS	Int	%MW7002	Registro de pedido de piezas con grabado en rojo
PEDIDO AMARILLAS	Int	%MW7004	Registro de pedido de piezas con grabado en amarillo
PEDIDO VERDES	Int	%MW7006	Registro de pedido de piezas con grabado en verde
PEDIDO SIN GRABADO	Int	%MW7008	Registro de pedido de piezas sin grabado
PROCESADAS ROJAS	Int	%MW7010	Registro de piezas procesadas de color rojo
PROCESADAS AMARILLAS	Int	%MW7012	Registro de piezas procesadas de color amarillo
PROCESADAS VERDE	Int	%MW7014	Registro de piezas procesadas de color verde
PROCESADAS SIN GRABADO	Int	%MW7016	Registro de piezas procesadas de color verde

Carpeta **Simulador 3D**, tabla de variables **02 ALARMAS**. Esta tabla integra la declaración de las variables que tenemos asociadas a diferentes estados de posibles averías que se pueden originar desde el simulador 3D:

NOMBRE	TIPO	REGISTRO	COMENTARIO
AVERÍA Y2 VENTOSA IZQUIERDA	Bool	%M7100.0	La electroválvula del desplazamiento izquierda del eje horizontal está averiada
AVERÍA Y3 VENTOSA DERECHA	Bool	%M7100.1	La electroválvula del desplazamiento derecha del eje horizontal está averiada
AVERÍA B4 VENTOSA IZQUIERDA	Bool	%M7100.2	El detector izquierdo del eje horizontal está averiado
AVERÍA B3 VENTOSA DERECHA	Bool	%M7100.3	El detector derecho del eje horizontal está averiado
AVERÍA Y1 BAJAR VENTOSA	Bool	%M7100.4	La electroválvula del brazo vertical está averiada
AVERÍA B1 VENTOSA ARRIBA	Bool	%M7100.5	El detector de arriba del brazo vertical está averiado
AVERÍA B2 VENTOSA ABAJO	Bool	%M7100.6	El detector de abajo del brazo vertical está averiado
AVERÍA Y5 MULTIPOSICIONAL PEQUEÑO	Bool	%M7100.7	El detector de atrás del multiposicional pequeño está averiado
AVERÍA B5_MULTIPEQUEÑO DENTRO	Bool	%M7101.0	El detector de atrás del multiposicional pequeño está averiado
AVERÍA B6_MULTIPEQUEÑO FUERA	Bool	%M7101.1	El detector de delante del multiposicional pequeño está averiado
AVERÍA Y5 MULTIPOSICIONAL GRANDE	Bool	%M7101.2	La electroválvula del multiposicional grande está averiada
AVERÍA B7 MULTIGRANDE DENTRO	Bool	%M7101.3	El detector de atrás del multiposicional grande está averiado
AVERÍA B8 MULTIGRANDE FUERA	Bool	%M7101.4	El detector de delante del multiposicional grande está averiado
AVERÍA Y7 BAJAR MARCADOR	Bool	%M7101.5	La electroválvula de bajar marcador está averiada
AVERÍA Y8 SUBIR MARCADOR	Bool	%M7101.6	La electroválvula de subir marcador está averiada
AVERÍA B9 MARCADOR ARRIBA	Bool	%M7101.7	El detector de arriba del marcador está averiado
AVERÍA B10 MARCADOR ABAJO	Bool	%M7102.0	El detector de abajo del marcador está averiado

NOMBRE	TIPO	REGISTRO	COMENTARIO
AVERÍA Y6 TOPE	Bool	%M7102.1	La electroválvula del tope está averiada
AVERÍA B12 TOPE ATRAS	Bool	%M7102.2	El detector de atrás del tope está averiado
AVERÍA B13 TOPE DELANTE	Bool	%M7102.3	El detector de delante del tope está averiado
AVERÍA Y9 VENTOSA	Bool	%M7102.4	La electroválvula de activar la ventosa o el sensor de vacío está averiado
ALARMA ACTIVA	Bool	%M7102.5	Indica que hay alguna avería
AVERÍA Y4 MULTIPOSICIONAL PEQUEÑO	Bool	%M7100.7	El detector de atrás del multiposicional pequeño está averiado
AVERÍA CILINDRO HORIZONTAL	Bool	%M7102.6	Cargador. Indica que hay avería en cilindro horizontal
AVERÍA CILINDRO VERTICAL	Bool	%M7102.7	Cargador. Indica que hay avería en cilindro vertical con ventosa
AVERÍA VENTOSA	Bool	%M7103.0	Cargador. Avería en ventosa
AVERÍA MULTIPEQUEÑO	Bool	%M7103.2	Grabador. Avería en cilindro multiposicional pequeño
AVERÍA MULTIGRANDE	Bool	%M7103.3	Grabador. Avería en cilindro multiposicional grande
AVERÍA MARCADOR	Bool	%M7103.1	Grabador. Avería en cilindro marcador
AVERÍA TOPE	Bool	%M7103.4	Grabador. Avería en cilindro tope

- **Señalización luminosa**

El proceso dispone de una baliza de señalización con cuatro pilotos para indicar diferentes estados del mismo. A medida que se vayan utilizando en el programa, asignaremos la siguiente función de señalización:

Piloto	Registro asociado	Funcionamiento	Estado del proceso señalizado
Rojo	Q 2.4	Permanente	Proceso en el estado inicial (A1)
		Intermitente	(Rápido Clock 2,5 Hz) Estado de emergencia (D1 – A5 – A6) (Lento Clock 1 Hz) Diagnóstico de alarmas (D2)
Amarillo	Q 2.1	Permanente	Mando manual (F4)
		Intermitente	Disyuntores magnetotérmicos disparados (Preferencia respecto a F4)
Verde	Q 2.2	Permanente	Proceso en estado de producción normal (F1)
		Intermitente	(Lento Clock 1 Hz) Marcha de preparación (F2) (Rápido Clock 2,5 Hz) Pedido de piezas acabado (Preferencia respecto a F1)
Azul	Q 2.3	Permanente	Proceso en modo paso a paso (F5)
		Intermitente	(Lento Clock 1 Hz) Parada solicitada a un estado determinado (A3) (Rápido Clock 2,5 Hz) No hay pieza esperando en tope
Rojo	Q 2.4	Intermitente	Parada solicitada a final de ciclo (A2) Marcha de cierre (F3)
Verde	Q 2.2	Permanente	
Azul	Q 2.3	Intermitente	Parada obtenida a un estado determinado (A4)
Verde	Q 2.2	Permanente	

Recuerda • • •

Es muy importante que el operario de la máquina reconozca la visualización de los diferentes estados en los que se pueda encontrar el proceso.

8.2 Programación en Grafcet (VII)

Vamos a aplicar la guía Gemma sobre un funcionamiento completo del proceso representado en el simulador 3D. Para ello, lo primero que haremos será diseñar el Grafcet del estado F1 que correspondería a la Producción normal, lo que en la mayoría de casos consideremos como funcionamiento automático. A partir de este estado F1 iremos añadiendo el resto de estados de la guía Gemma de forma sucesiva explicando los cambios a realizar, de forma que en el último apartado tengamos el programa completo que contemple la mayoría de los estados de la guía.

8.2.1 Guía Gemma del Estado F1 (Producción normal)

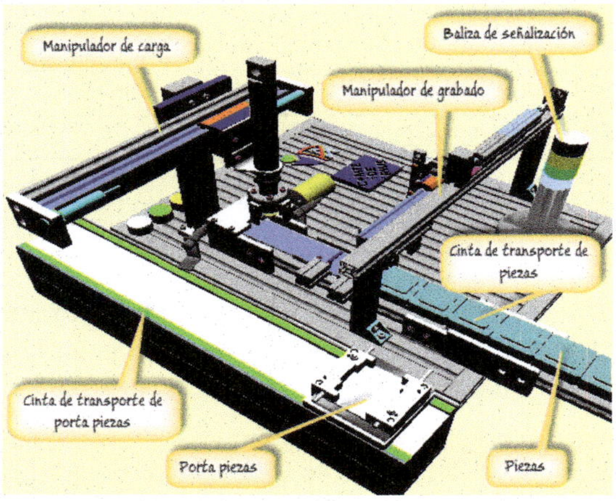

Fig. 8.2c

Presentaremos una posible solución, lo que no significa que sea la única, ya que podríamos conseguir el mismo funcionamiento con otras estructuras para el desarrollo del estado F1. Para esta solución se han desarrollado tres Grafcet:

- Grafcet de los manipuladores de grabado y de carga.
- Grafcet del motor de la cinta transportadora de palets.
- Grafcet del motor de la cinta transportadora de piezas.

A continuación, se indica el enunciado del funcionamiento de cada una de las secuencias en las que hemos subdividido el proceso.

- **Condiciones de funcionamiento**

  - CONDICIONES DE LOS MANIPULADORES DE GRABADO Y DE CARGA:

Al poner en marcha el sistema, se activará la etapa inicial y, si también están activas las etapas iniciales de los Grafcet de los motores, entrará en funcionamiento el piloto rojo.

El sistema deberá cumplir unas condiciones iniciales antes de arrancar el funcionamiento del ciclo:

- El cilindro vertical del manipulador de carga que incorpora la ventosa se debe encontrar en la posición de reposo (arriba).
- El cilindro del eje horizontal del manipulador de carga que desplaza a la ventosa se debe encontrar en la posición de reposo (derecha).
- No debe haber ninguna pieza sujeta en ventosa del manipulador de carga.
- El cilindro multiposicional pequeño del manipulador de grabado se debe encontrar en la posición de reposo (atrás).
- El cilindro multiposicional grande del manipulador de grabado se debe encontrar en la posición de reposo (atrás).
- El cilindro marcador del manipulador de grabado se debe encontrar en la posición de reposo (arriba).
- El tope de la cinta transportadora de piezas se debe encontrar en la posición de reposo (atrás).

- Al accionar el pulsador de marcha y, si se cumplen las condiciones iniciales, se activarán de forma simultánea las dos ramas del Grafcet, la del funcionamiento del manipulador de grabado y la del manipulador de carga.

MANIPULADOR DE GRABADO:

Al arrancar el ciclo de funcionamiento del manipulador de grabado se deberán tener en cuenta los tres casos siguientes:

- **Secuencia 1**: que no haya ninguna pieza situada en el tope de la cinta de transporte y se haya realizado el pedido, en el panel **Registros de contaje y pedidos**, de los tres tipos de piezas (rojas, verdes y amarillas) a marcar que se desean fabricar en el simulador 3D.
- **Secuencia 2**: que haya finalizado por completo el pedido realizado.
- **Secuencia 3**: que no se disponga de ninguna pieza situada en el tope de la cinta de transporte.

- **Secuencia 1**

Si existe pedido de los tres colores, primero realizará todas las piezas con el marcado de color rojo. Cuando finalice, realizará las de color verde y cuando haya finalizado el pedido de marcado en verde, realizará las de color amarillo. En el caso de que el pedido que se haga no sea completo, es decir, que sea de uno o dos colores, el proceso seguirá el mismo orden de colores indicado anteriormente para evitar realizar aquellas de las que no existe pedido.

En cualquier caso, la secuencia de trabajo del manipulador de grabado será la siguiente:

- *Si la pieza del pedido es roja:*

  - El cilindro marcador avanzará hasta alcanzar la posición inferior.
  - Cuando el cilindro marcador se encuentre en la posición de avance (inferior), este retornará a la posición de reposo (superior).
  - Cuando el cilindro marcador se encuentre en la posición de reposo (superior), el cilindro multiposicional pequeño avanzará. También avanzará el cilindro multiposicional grande y además se contabilizará en el registro correspondiente la pieza marcada roja.
  - Cuando los dos cilindros multiposicionales se encuentren en la posición de avance (fuera), el cilindro marcador deberá estar situado sobre la pieza y, por tanto, avanzará hasta alcanzar la posición inferior. En ese momento quedará marcada la pieza con el color rojo.
  - Cuando el cilindro marcador se encuentre en la posición de avance (abajo), retornará a la posición de reposo (superior).
  - Cuando el cilindro marcador alcance la posición de reposo (arriba), tanto el cilindro multiposicional pequeño como el grande retrocederán su posición a la de reposo (atrás).
  - Cuando el cilindro multiposicional pequeño y el grande hayan alcanzado la posición de reposo, se activará el conjunto cilindro-tope, el trasero avanzará y el delantero retrocederá, de modo que, con la cinta trasportadora en funcionamiento, arrastrará la pieza hacia la posición del manipulador de carga.

Recuerda • • •

Es importante conocer con detalle, en primer lugar, todas las condiciones de funcionamiento que deberá cumplir el proceso.

- Al alcanzar la pieza la posición final del recorrido de la cinta transportadora, quedará posicionada justo debajo del cilindro de la ventosa, el conjunto cilindro-tope volverá a su posición y la cinta de piezas arrastrará la nueva pieza a la zona de marcado.

- *Si la pieza del pedido es verde:*

  - El cilindro multiposicional grande avanzará hasta alcanzar la posición de avance (fuera).
  - Cuando el cilindro multiposicional grande se encuentre en la posición de avance (fuera), el cilindro marcador avanzará hasta alcanzar la posición inferior.
  - Cuando el cilindro marcador se encuentre en la posición de avance (inferior), retornará a la posición de reposo (superior).
  - Cuando el cilindro marcador se encuentre en la posición de reposo (superior), el cilindro multiposicional pequeño avanzará y además se contabilizará en el registro correspondiente la pieza marcada verde.
  - Cuando el cilindro multiposicional pequeño se encuentre en la posición de avance (fuera), el cilindro marcador deberá estar situado sobre la pieza y, por tanto, avanzará hasta alcanzar la posición inferior. En ese momento quedará marcada la pieza con el color verde.
  - Cuando el cilindro marcador se encuentre en la posición de avance (abajo), retornará a la posición de reposo (superior).
  - Cuando el cilindro marcador alcance la posición de reposo (arriba), tanto el cilindro multiposicional pequeño como el grande retrocederán su posición a la de reposo (atrás).
  - Cuando el cilindro multiposicional pequeño y el grande hayan alcanzado la posición de reposo, se activará el conjunto cilindro-tope, el trasero avanzará y el delantero retrocederá, de modo que, con la cinta trasportadora en funcionamiento, arrastrará la pieza hacia la posición del manipulador de carga.
  - Al alcanzar la pieza la posición final del recorrido de la cinta transportadora, quedará posicionada justo debajo del cilindro de la ventosa, el conjunto cilindro tope volverá a su posición y la cinta de piezas arrastrará la nueva pieza a la zona de marcado.

- *Si la pieza de pedido es amarilla:*

  - El cilindro multiposicional pequeño avanzará hasta alcanzar la posición de avance (fuera).
  - Cuando el cilindro multiposicional pequeño se encuentre en la posición de avance (fuera), el cilindro marcador avanzará hasta alcanzar la posición inferior.
  - Cuando el cilindro marcador se encuentre en la posición de avance (inferior), retornará a la posición de reposo (superior).
  - Cuando el cilindro marcador se encuentre en la posición de reposo (superior), el cilindro multiposicional grande avanzará y además se contabilizará en el registro correspondiente la pieza marcada en amarillo.
  - Cuando el cilindro multiposicional grande se encuentre en la posición de avance (fuera), el cilindro marcador deberá estar situado sobre la pieza y, por tanto, avanzará hasta alcanzar la posición inferior. En ese momento quedará marcada la pieza con el color amarillo.

- Cuando el cilindro marcador se encuentre en la posición de avance (abajo), retornará a la posición de reposo (superior).
- Cuando el cilindro marcador alcance la posición de reposo (arriba), tanto el cilindro multiposicional pequeño como el grande retrocederán su posición a la de reposo (atrás).
- Cuando el cilindro multiposicional pequeño y el grande hayan alcanzado la posición de reposo, se activará el conjunto cilindro tope, el trasero avanzará y el delantero retrocederá, de modo que, con la cinta trasportadora en funcionamiento, arrastrará la pieza hacia la posición del manipulador de carga.
- Al alcanzar la pieza la posición final del recorrido de la cinta transportadora, quedará posicionada justo debajo del cilindro de la ventosa. El conjunto cilindro tope volverá a su posición, haciendo que la cinta de piezas arrastre a la nueva pieza a la zona de marcado.

- **Secuencia 2:**

- El hecho de que el número de piezas del pedido coincida con el número de piezas procesadas se puede observar en dos situaciones:

  - Que haya finalizado el pedido realizado.
  - Que se haya puesto en marcha el proceso sin realizar un nuevo pedido.

  En cualquier caso, se activará de forma intermitente el piloto verde.

- Para que el sistema pueda realizar un nuevo ciclo, se deberá accionar el pulsador RESET, con lo que los registros de contaje de piezas pedidas se pondrán a cero. A partir de ese momento será necesario realizar un nuevo pedido de piezas en el panel **Registros de contaje y pedidos,** y a continuación accionar el pulsador ACK. Entonces se podrá iniciar un nuevo ciclo.

- **Secuencia 3**

- En el caso de que no haya finalizado el pedido y no tengamos piezas en la cinta transportadora, el piloto azul funcionará de forma intermitente. Para que el sistema recargue nuevas piezas en la cinta transportadora, deberemos accionar el botón amarillo **INICIALIZAR** del panel del simulador 3D. Volverán a aparecer piezas en la cinta y, a continuación, se deberá accionar el pulsador ACK.

MANIPULADOR DE CARGA:

Cada vez que se detecte una pieza bajo el cilindro vertical de la ventosa en zona de carga, tendrá lugar la siguiente secuencia:

- El cilindro vertical asociado a la ventosa descenderá hasta alcanzar la posición de avance (abajo).
- Cuando la ventosa alcance la posición de avance (abajo), se activará el vacío de la ventosa para sujetar la pieza.
- Cuando la pieza esté sujeta, se activará el detector de vacío, momento en el que el cilindro vertical de la ventosa con la pieza sujeta se trasladará a la posición de reposo (arriba).
- Cuando el cilindro vertical de la ventosa haya alcanzado la posición de reposo (arriba), ese mismo cilindro vertical se desplazará hacia la izquierda trasladado por el cilindro del eje horizontal.

- Cuando el eje horizontal haya alcanzado la posición de la izquierda, y si se detecta palet en zona de descarga, el cilindro vertical de la ventosa descenderá hasta la posición de avance (abajo).
- Cuando el cilindro vertical de la ventosa haya alcanzado la posición de avance (abajo), momento en el que se situará sobre el palet, se desactivará el vacío de la ventosa para dejar caer la pieza en el palet.
- Cuando se haya dejado la pieza encima del palet, el detector de vacío se desactivará y en ese momento el cilindro vertical de la ventosa recuperará su posición de reposo (arriba).
- Cuando el cilindro vertical de la ventosa se encuentre en reposo (arriba), el cilindro del eje horizontal desplazará el cilindro de la ventosa hacia su posición de reposo (derecha).
- Cuando el eje horizontal alcance su posición de reposo (derecha), se da por finalizado el ciclo de funcionamiento.

- CONDICIONES DE LA CINTA TRANSPORTADORA DE PIEZAS:

  Para que pueda funcionar la cinta transportadora de piezas ha de ocurrir lo siguiente:

  - Hemos de accionar el pulsador de marcha, además de comprobar que no haya ninguna pieza al final del recorrido de la cinta transportadora de piezas, es decir bajo el cilindro vertical de la ventosa y además que el disyuntor del motor se encuentre rearmado.
  - El motor se detendrá siempre que se detecte una pieza al final del recorrido de la cinta transportadora de piezas, es decir, bajo el cilindro vertical de la ventosa.
  - Si se dispara el disyuntor magnetotérmico, el motor se detendrá, lo cual se indicará al mismo tiempo con el piloto amarillo de forma intermitente. Cuando rearmemos el disyuntor, el motor volverá a funcionar y el piloto se apagará.

- CONDICIONES DE LA CINTA TRANSPORTADORA DE PALETS:

  Para que pueda funcionar la cinta transportadora de palets, ha de ocurrir lo siguiente:

  - Hemos de accionar el pulsador de marcha, además de comprobar que no se detecta palet alguno en la zona de descarga y que el disyuntor del motor se encuentre rearmado.
  - El motor se detendrá siempre que se detecte una palet en la zona de descarga.
  - Si se dispara el disyuntor magnetotérmico, el motor se detendrá y el piloto amarillo lucirá de forma intermitente. Cuando rearmemos el disyuntor, el motor volverá a funcionar y el piloto se apagará.

- **Diseño del Grafcet del Estado F1**

Como se ha comentado anteriormente, para dar solución estructurada al Estado F1 se ha realizado el diseño de tres Grafcet:

- GRAFCET DE LOS MANIPULADORES DE GRABADO Y DE CARGA:

  Este Grafcet se ha diseñado a partir de una combinación de estructuras de selección de secuencia y bifurcación en Y o trabajos paralelos, pero no deja de ser una propuesta de solución. No es la única, ya que se puede optar por una solución basada en los Grafcet paralelos sincronizados.

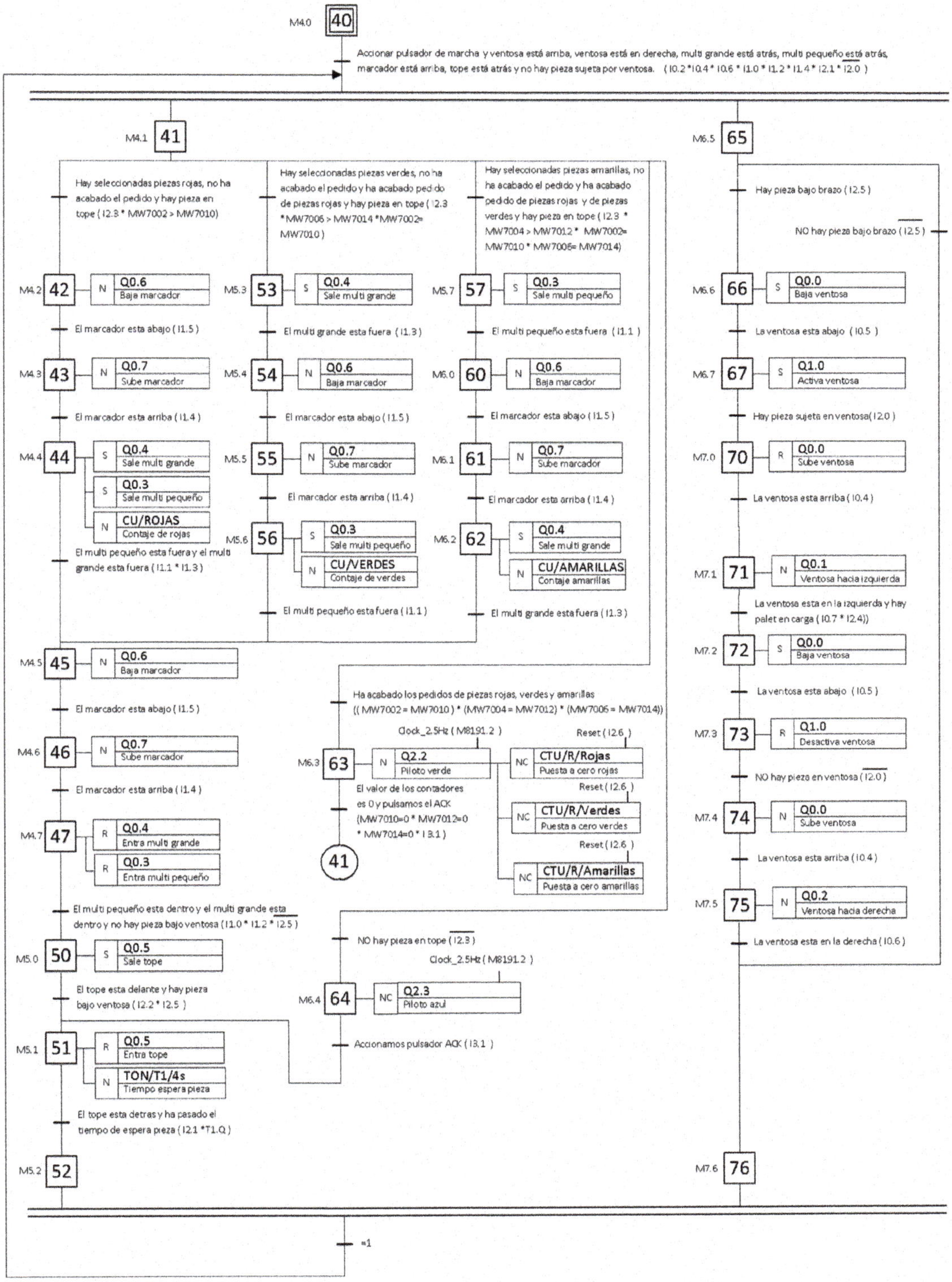

Fig. 8.3

- GRAFCET DE LA CINTA TRANSPORTADORA DE PIEZAS:

Este sencillo Grafcet está formado por una secuencia simple de dos etapas que cubre las condiciones del funcionamiento dado.

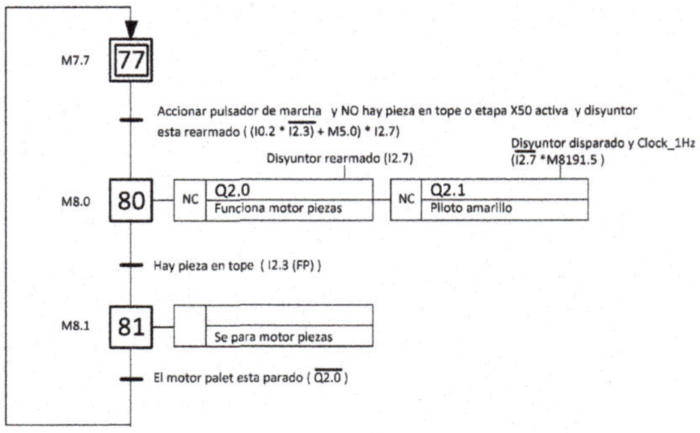

Fig. 8.4a

- GRAFCET DE LA CINTA TRANSPORTADORA DE PALETS:

Este sencillo Grafcet está formado por una secuencia simple de dos etapas que cubre las condiciones del funcionamiento dado.

Recuerda • • •

Cuando el proceso es complejo, resulta muy útil descomponerlo en diferentes pequeños problemas para poder resolver cada problema con su diseño Grafcet correspondiente.

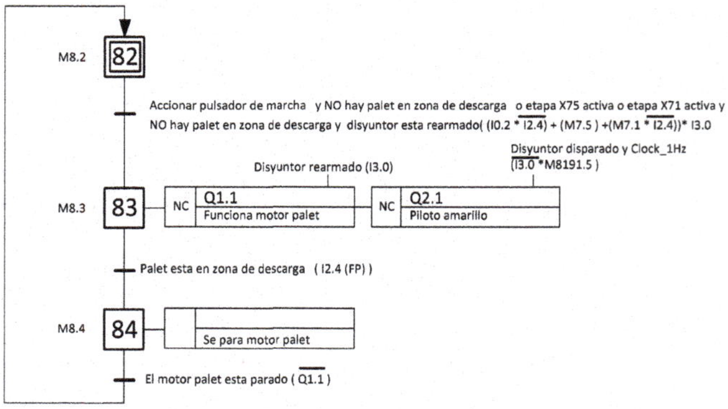

Fig. 8.4b

- **Programa del diseño Grafcet correspondiente al estado F1**

Estos tres Grafcet que pertenecen al Estado F1 los programaremos teniendo en cuenta el siguiente criterio:

- En el OB30 programaremos los códigos para que PLCSIM pueda acceder a la maqueta virtual.
- En el OB100 programaremos la inicialización de los tres Grafcet.
- El programa para la activación de las etapas lo programaremos en el FC9, bloque con el símbolo **F1 PRODUCCIÓN NORMAL**.
- La programación de las salidas la realizaremos en el FC20, bloque con el símbolo **S_SALIDAS**.
- La programación de los temporizadores la realizaremos en el FC21, bloque con el símbolo denominado **T_TEMPORIZADORES**.
- La programación de los contadores la llevaremos a cabo en el FC22, bloque con el símbolo **Z_CONTADORES**.
- Por tanto, para poder probar el funcionamiento del Estado F1, hemos de realizar las siguientes llamadas desde el OB1:
    - FC9 PRODUCCIÓN NORMAL.
    - FC20 S_SALIDAS.

- o FC21 T_TEMPORIZADORES.
- o FC22 Z_CONTADORES.

Programa del bloque de organización Cyclic interrupt (OB 30)

Para una correcta conexión entre el simulador 3D y el simulador de TIA Portal PLCSim, es necesario que en el bloque de programa llamado **Cyclic interrupt**, que corresponde con el OB30, se introduzca el siguiente programa:

Recuerda • • •

Es importante introducir en el bloque de programa OB30 los tres segmentos indicados en el texto, ya que es la configuración para que el programa cargado en el PLCSim pueda establecer comunicación con el Simulador 3D.

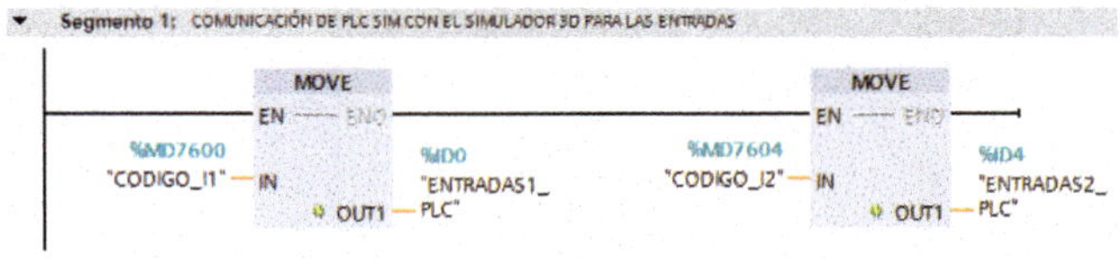

Fig. 8.5

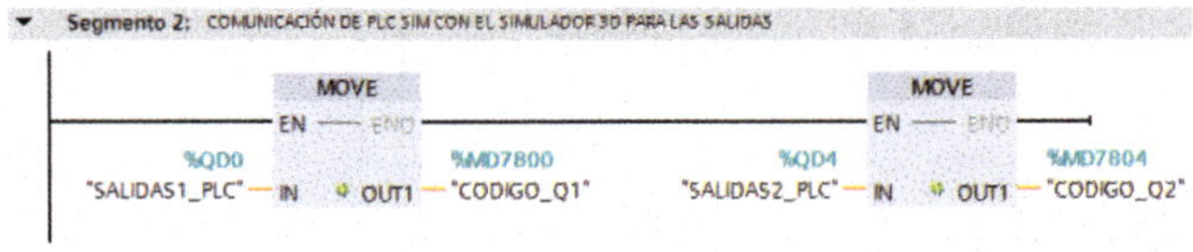

Fig. 8.6

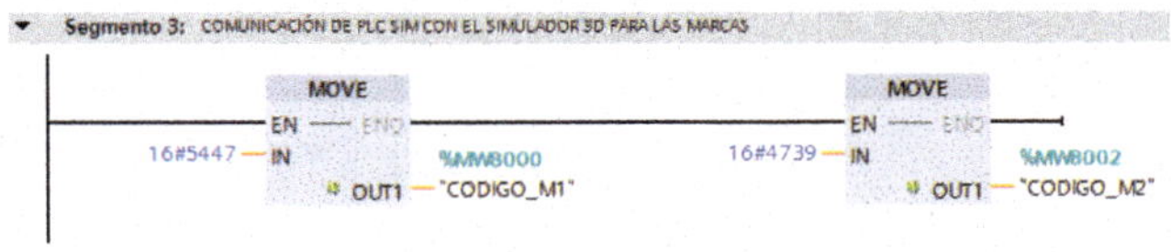

Fig. 8.7

Los diferentes términos que corresponden a las marcas, entradas y salidas utilizados para la carga de unos valores no se podrán utilizar en el programa, ya que ocasionaría una modificación en los valores cargados desde el OB30 y provocaría la pérdida de comunicación entre el simulador 3D y el simulador de TIA Portal PLCSim.

Programa del OB100

En el OB100 programaremos la inicialización de las etapas marcadas con doble cuadrado y resetearemos el resto de las etapas.

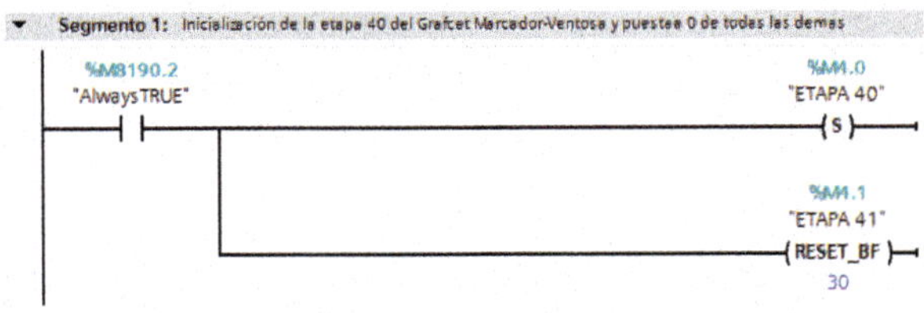

Fig. 8.8

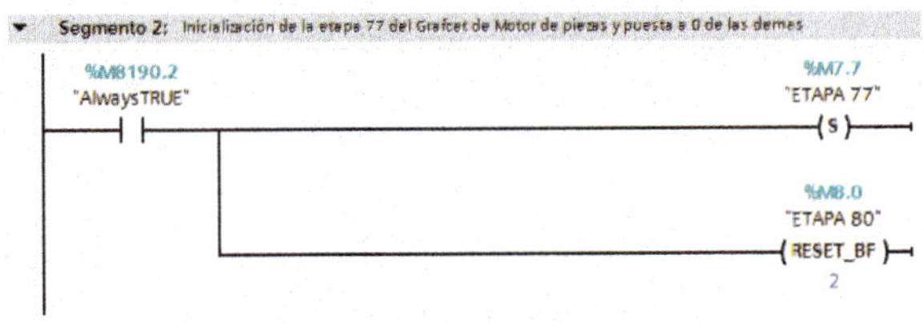

Fig. 8.9

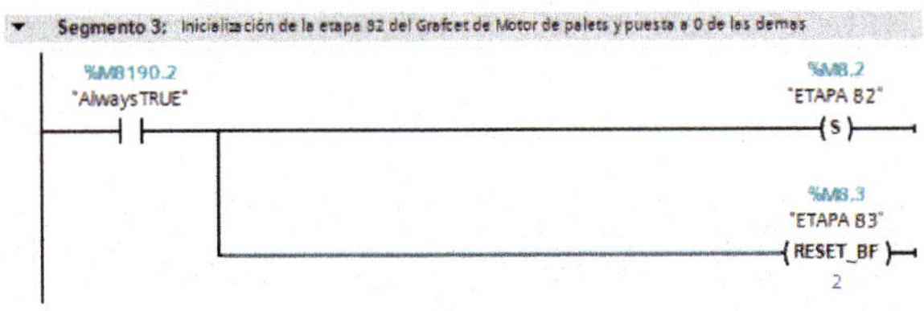

Fig. 8.10

Programa del FC9. F1_PRODUCCIÓN NORMAL.

En el bloque FC9 programaremos la activación de las etapas que harán evolucionar al Grafcet de producción normal.

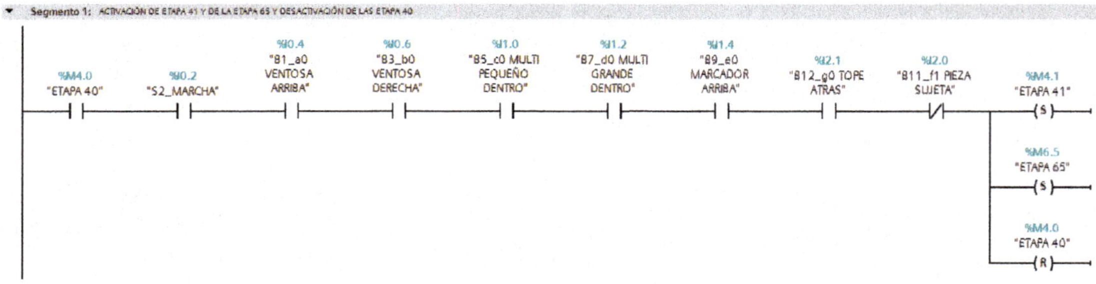

Fig. 8.11

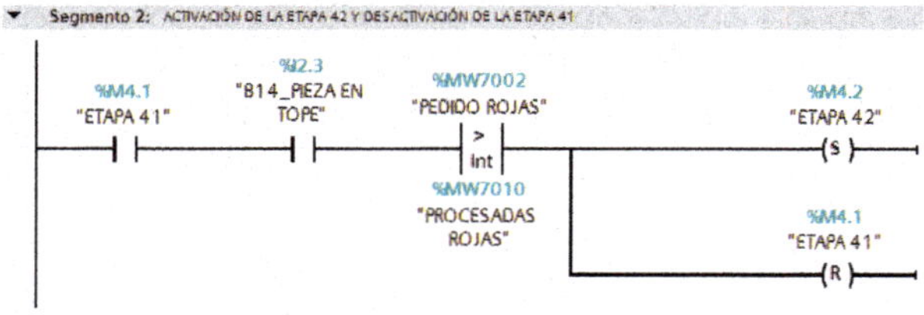

Fig. 8.12

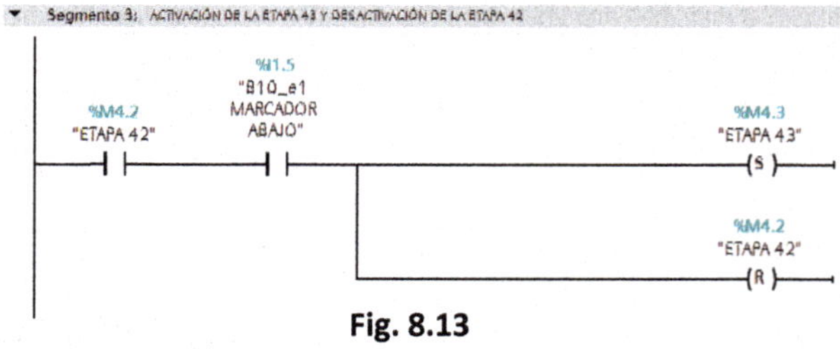

Fig. 8.13

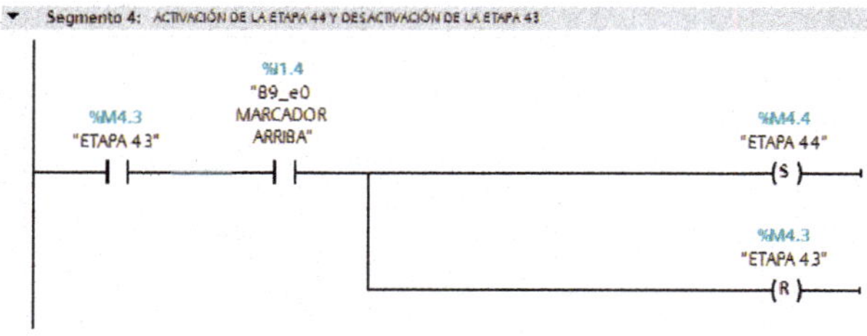

Fig. 8.14

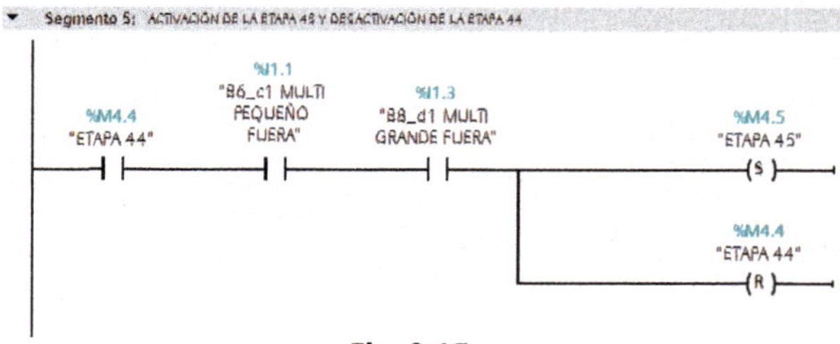

Fig. 8.15

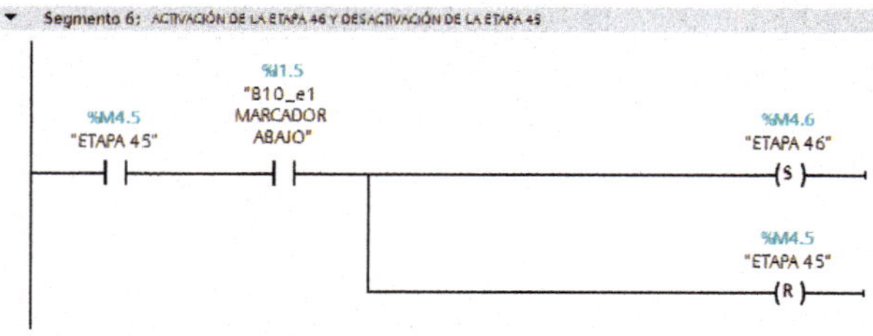

Fig. 8.16

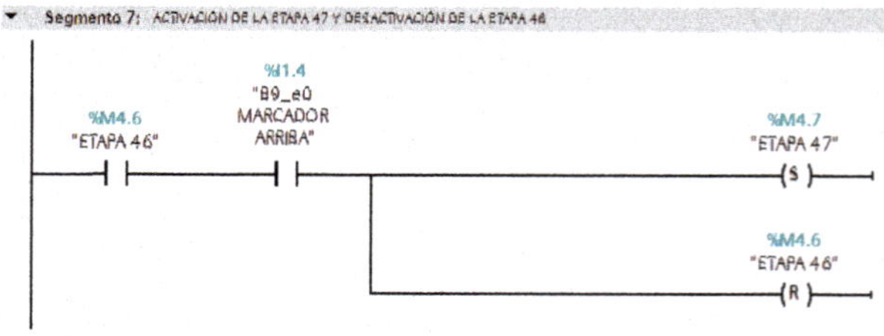

Fig. 8.17

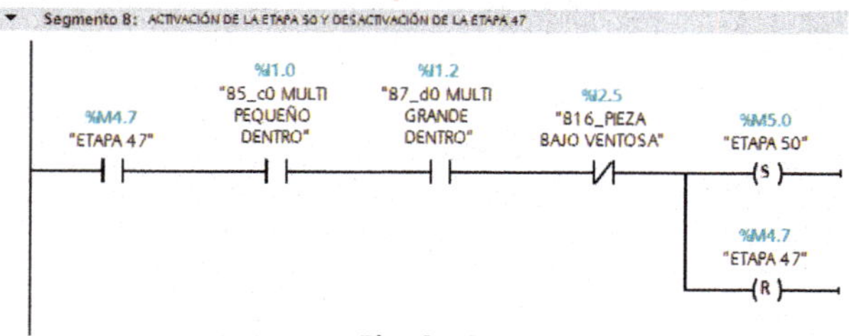

Fig. 8.18

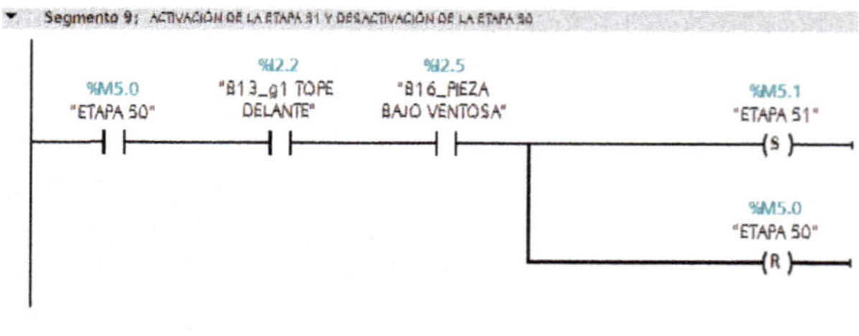

Fig. 8.19

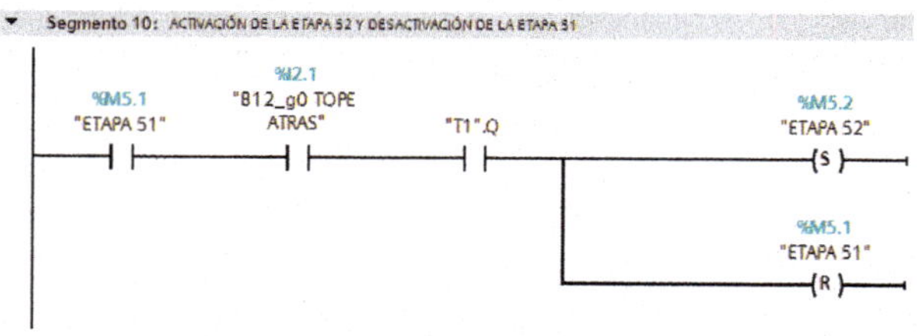

Fig. 8.20

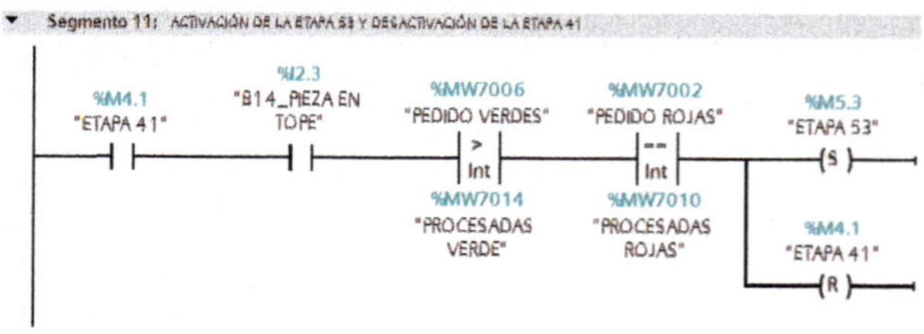

Fig. 8.21

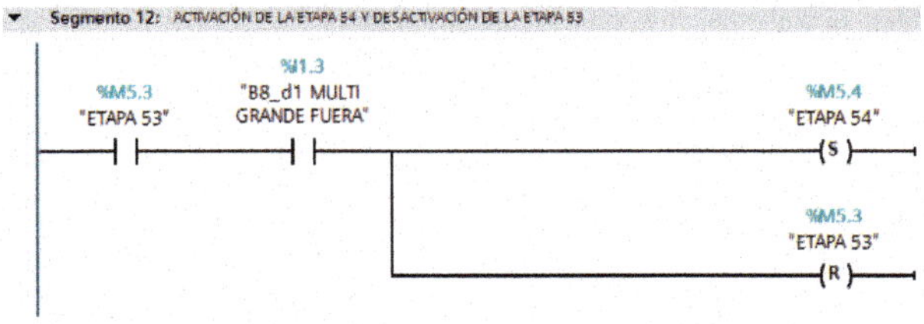

Fig. 8.22

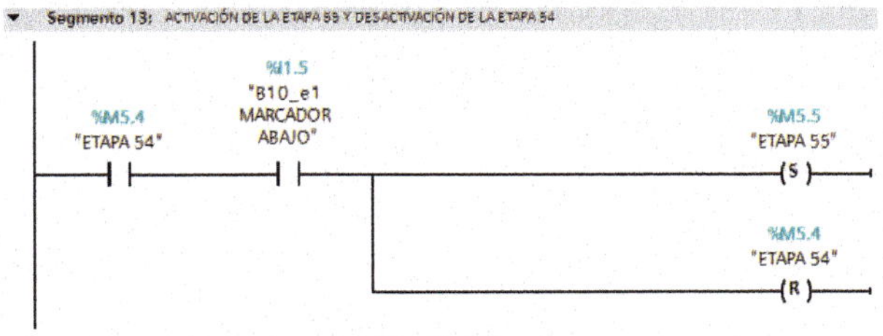

Fig. 8.23

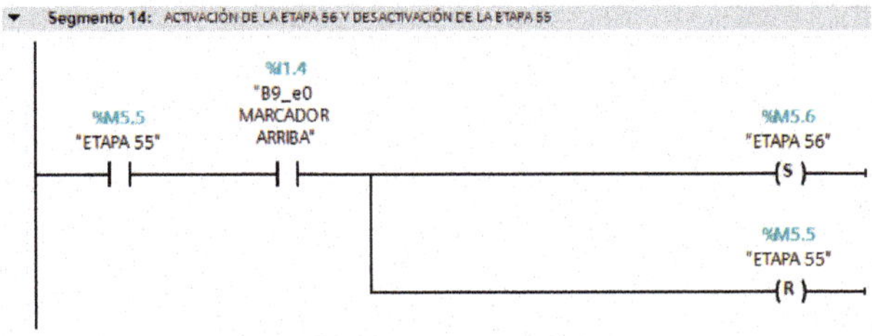

Fig. 8.24

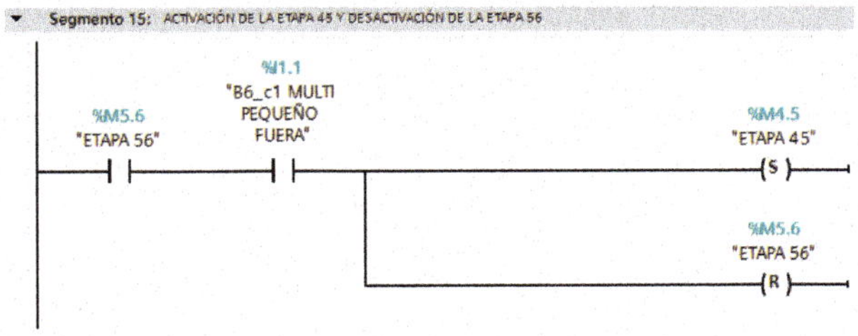

Fig. 8.25

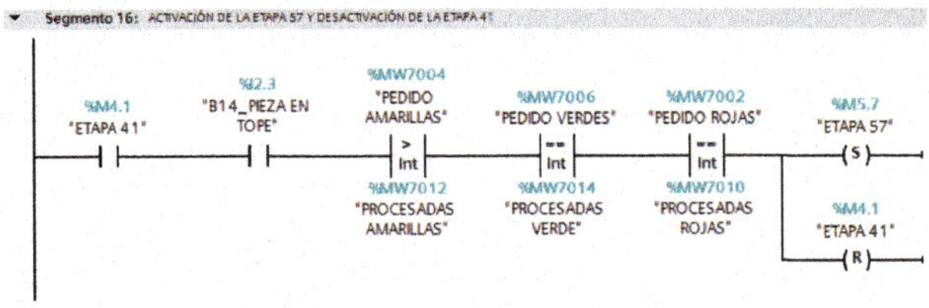

Fig. 8.26

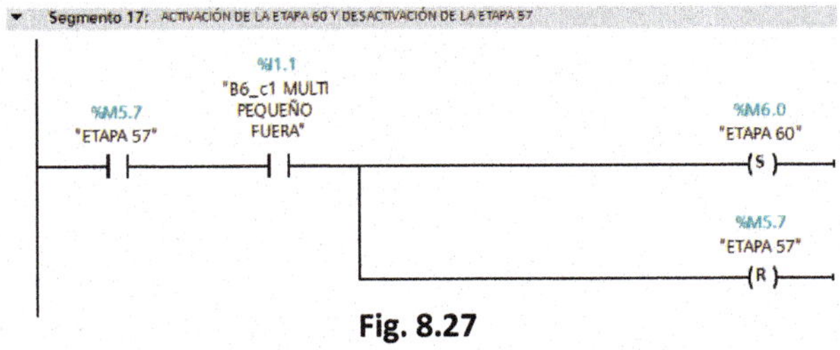

Fig. 8.27

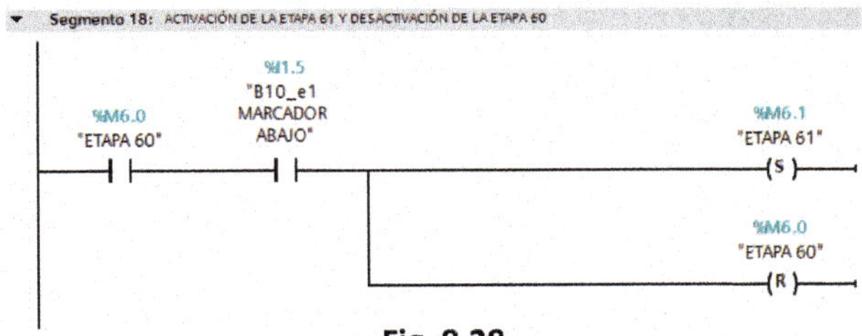

Fig. 8.28

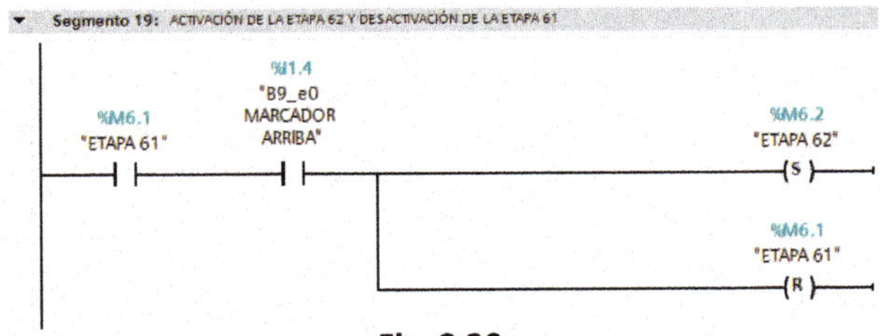

Fig. 8.29

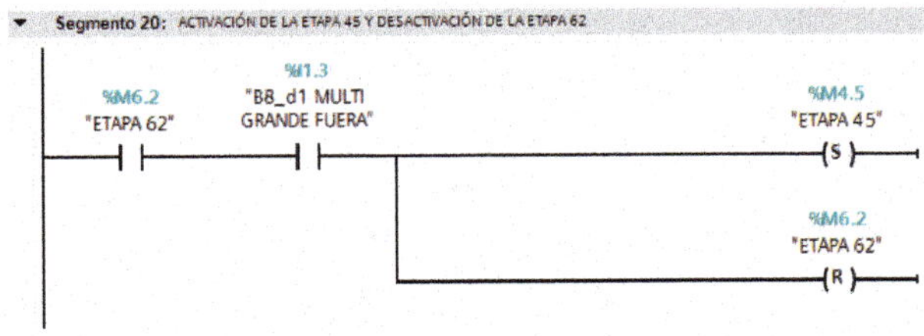

Fig. 8.30

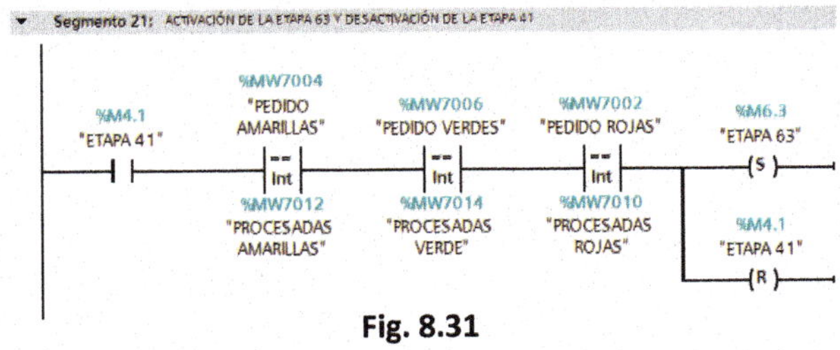

Fig. 8.31

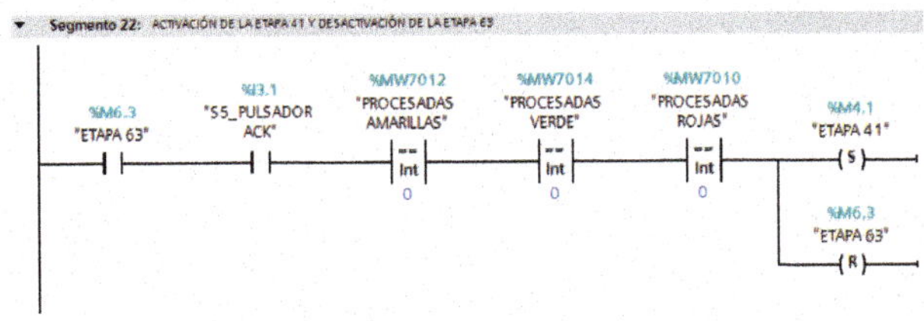

Fig. 8.32

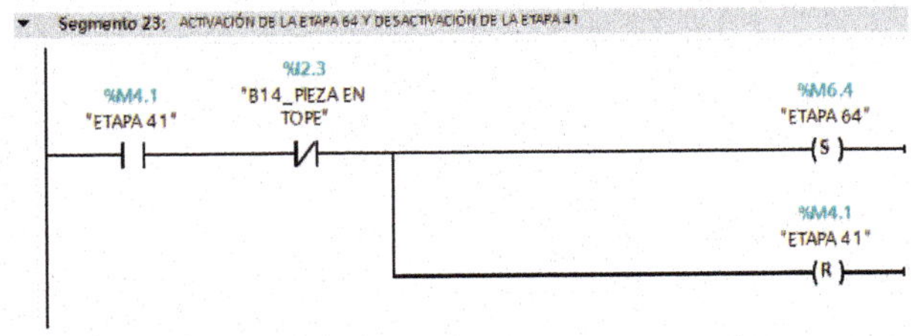

Fig. 8.33

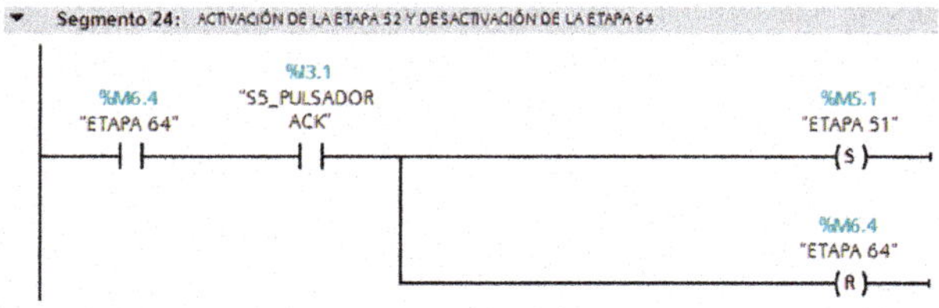

Fig. 8.34

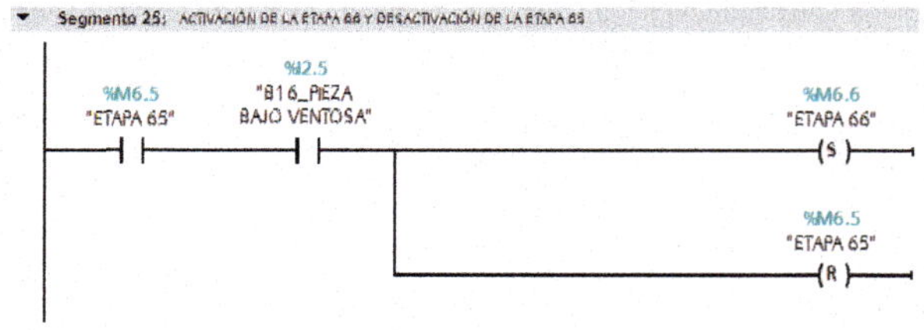

Fig. 8.35

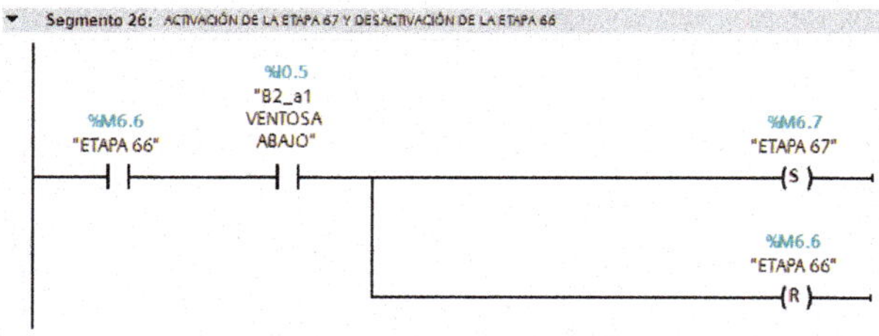

Fig. 8.36

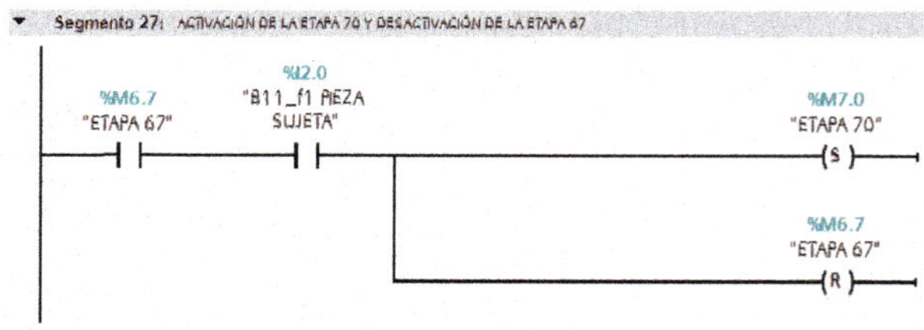

Fig. 8.37

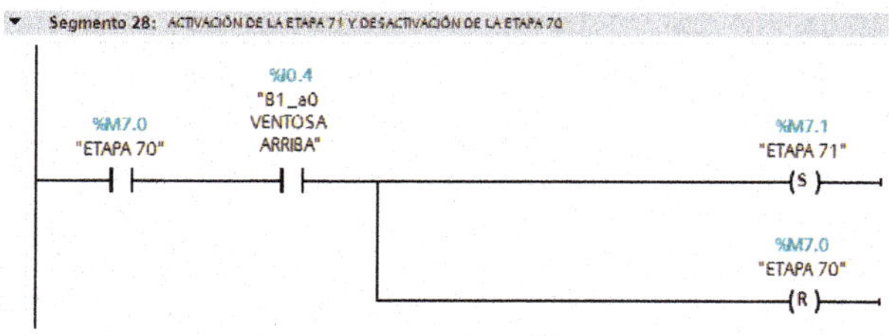

Fig. 8.38

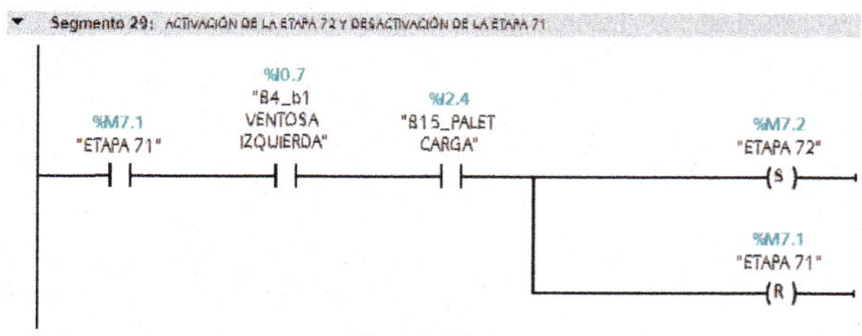

Fig. 8.39

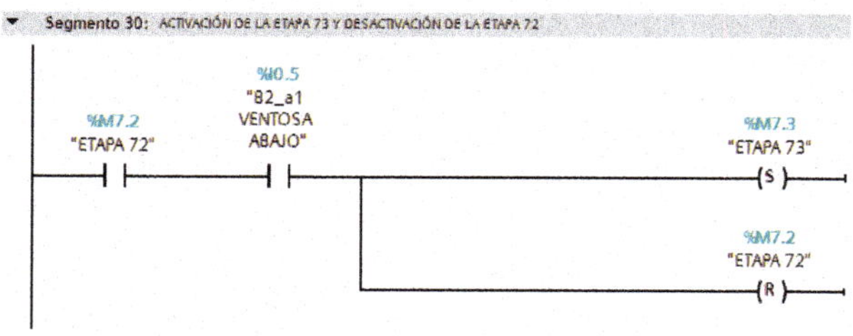

Fig. 8.40

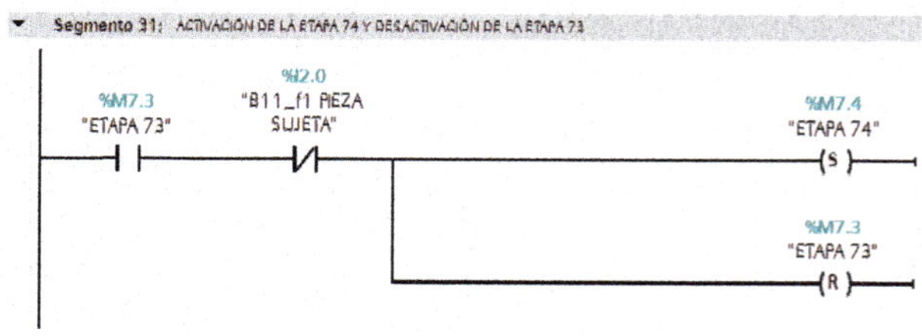

Fig. 8.41

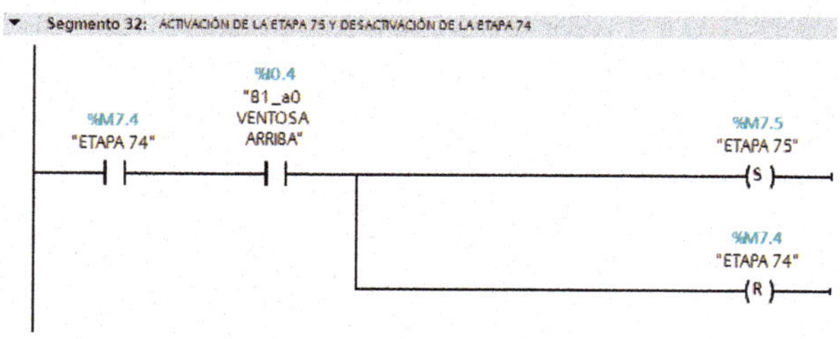

Fig. 8.42

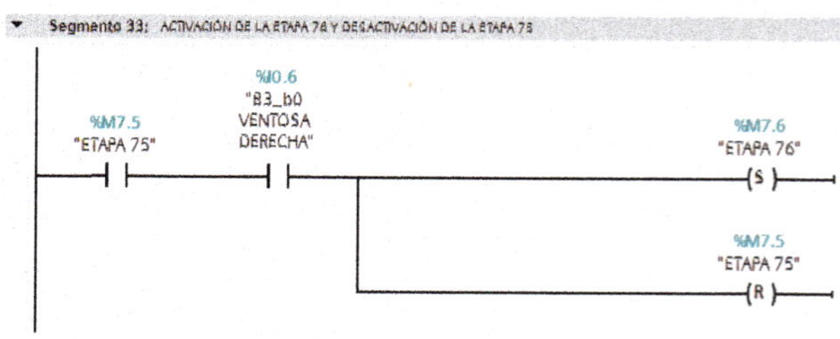

Fig. 8.43

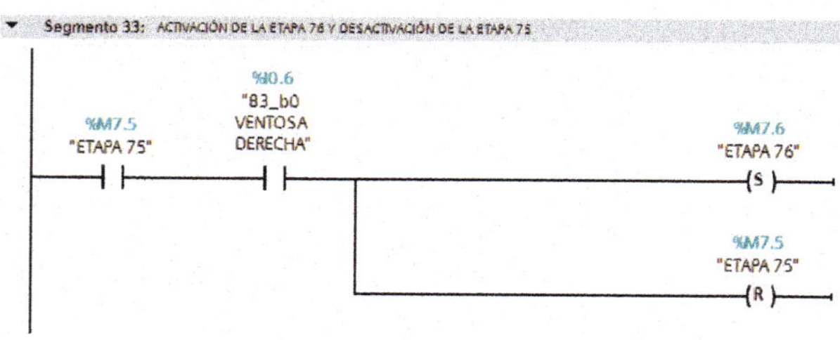

Fig. 8.44

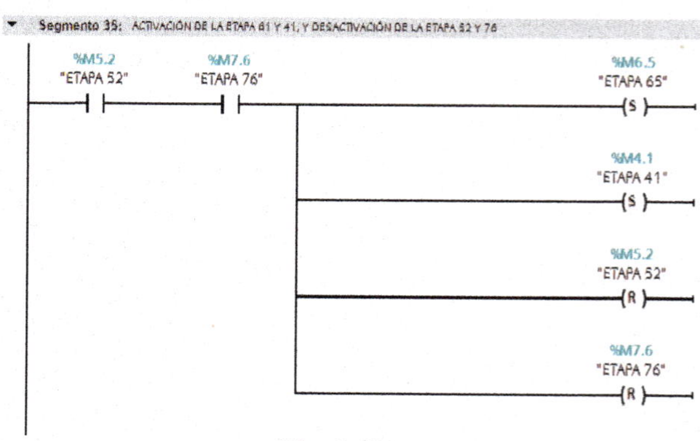

Fig. 8.45

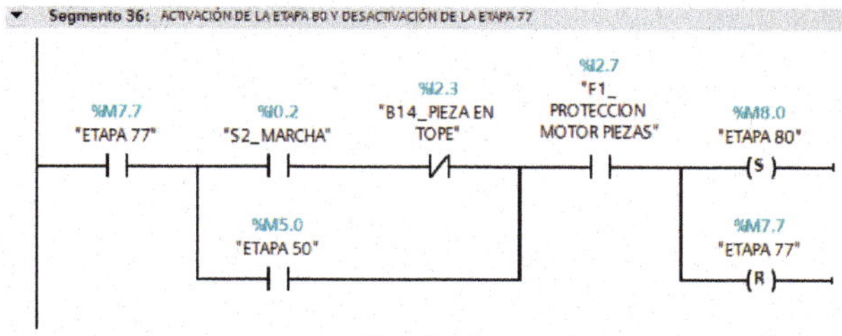

Fig. 8.46

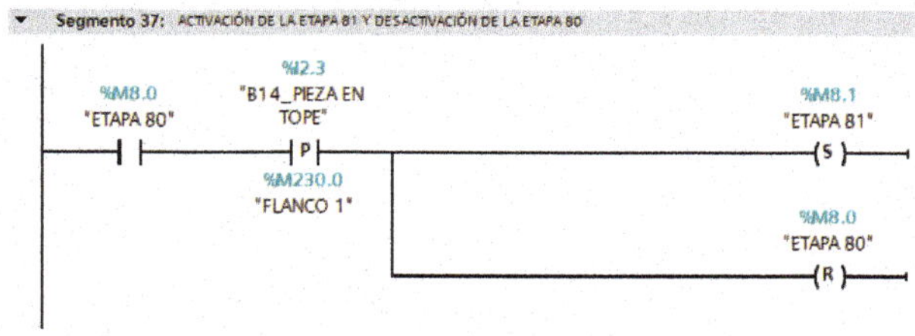

Fig. 8.47

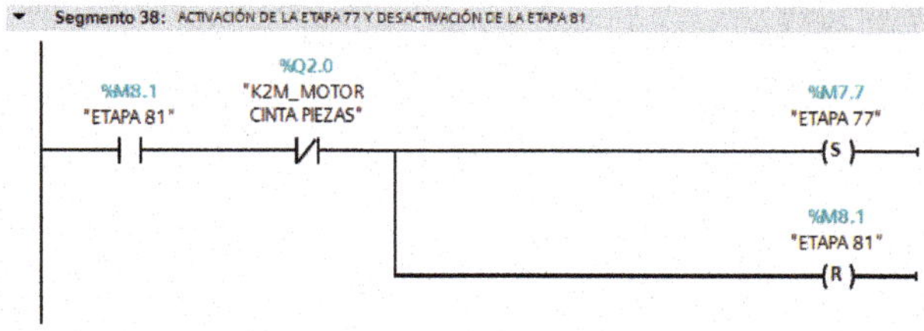

Fig. 8.48

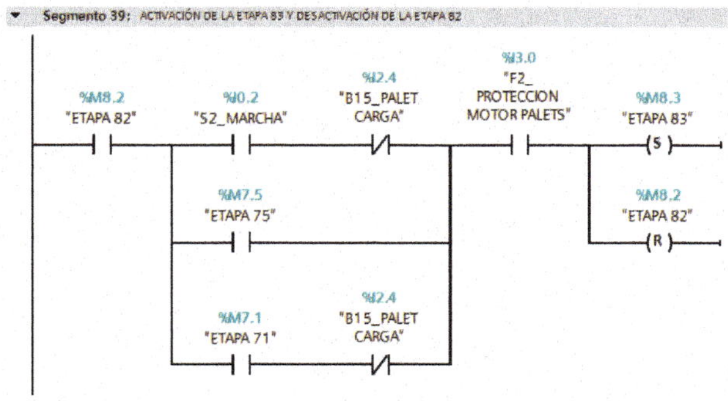

Fig. 8.49

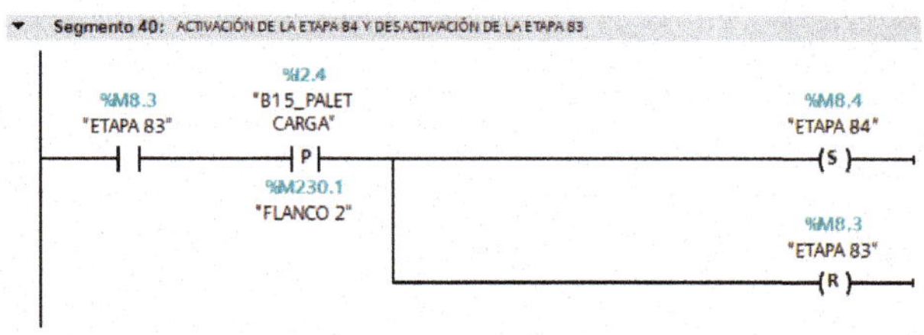

Fig. 8.50

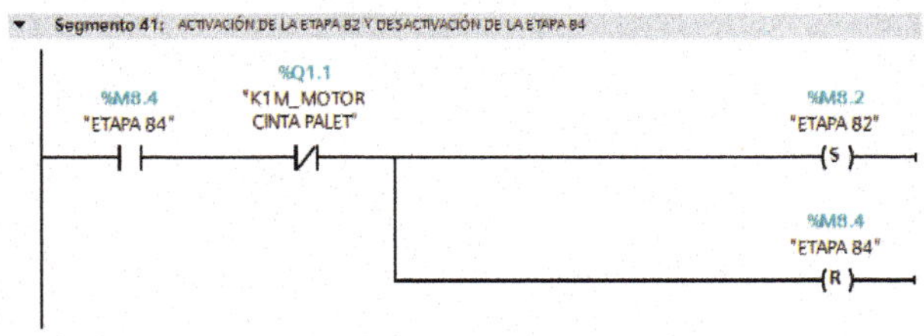

Fig. 8.51

Programa del FC20 S_SALIDAS

Recuerda • • •

Se debe utilizar un bloque de programa para todas las condiciones de funcionamiento de todas las salidas, ya que, ante una avería o un incorrecto funcionamiento del proceso, supone una ayuda a la hora de diagnosticarlos y localizarlos.

En este bloque FC20 programaremos las salidas que se tengan asociadas a cada etapa. Como ya hemos visto en capítulos anteriores, las salidas las podemos programar con instrucciones tipo bobinas. Dependiendo del tipo de electroválvula, se pueden programar con bobinas o con instrucciones SET-RESET.

En esta solución hemos seguido los siguientes criterios:

- Si una electroválvula es monoestable, cuando en una etapa queramos que el cilindro se mueva de su posición inicial, la marca de esa etapa activará la salida correspondiente mediante un SET, mientras que, cuando en una etapa queramos que el cilindro vuelva a la posición inicial, la marca de esa etapa desactivará la salida mediante un RESET. También se puede realizar el programa haciendo aparecer la activación de la salida correspondiente en cada una de las etapas en las que se deba mantener funcionando. En este caso se trabajaría con la activación de bobinas en lugar de con instrucciones SET/RESET.

- Si una electroválvula es biestable, esto indica que trabajaremos con dos salidas: una para cada bobina de la electroválvula. Cuando en una etapa queramos que el cilindro se mueva de su posición inicial, la marca de esa etapa activará la bobina normal de la salida correspondiente y cuando en una etapa queramos que el cilindro vuelva a la posición inicial, la marca de esa etapa activará la bobina normal de la salida correspondiente.

- Es importante recordar que NO podemos repetir una bobina normal. En caso de necesitar que una bobina normal sea activada por más de una etapa, hay que programar en paralelo las marcas de estas etapas activando una sola bobina normal.

- Los contactores de los motores están considerados elementos monoestables. Por lo tanto, en esta solución los hemos programado mediante instrucciones SET y RESET.

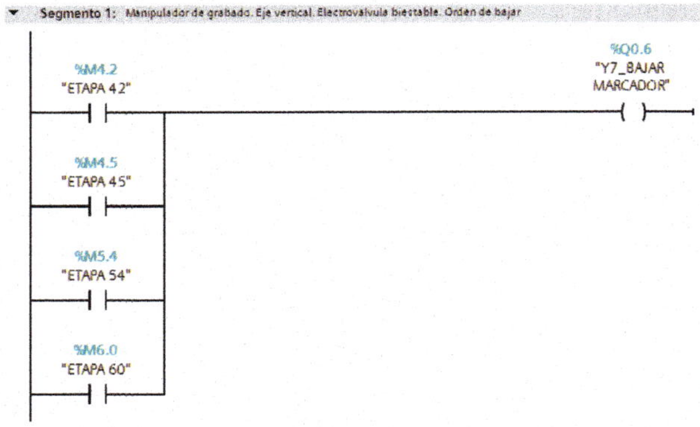

Fig. 8.52

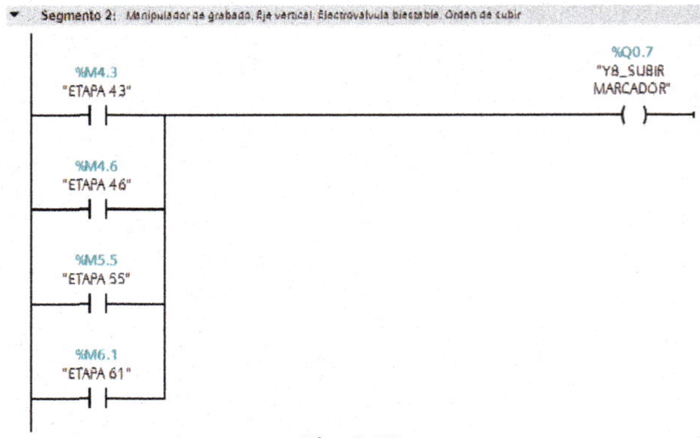

Fig. 8.53

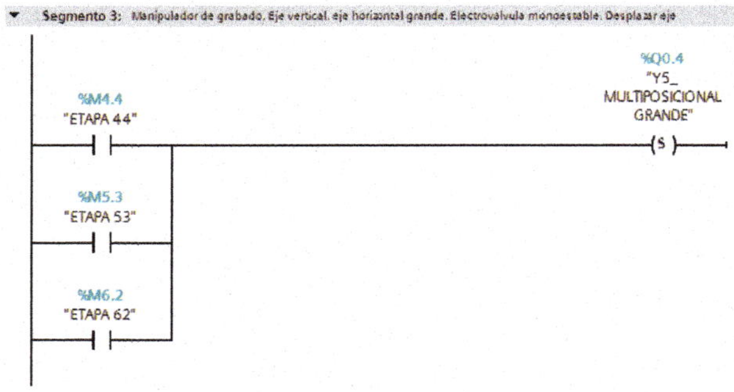

Fig. 8.54

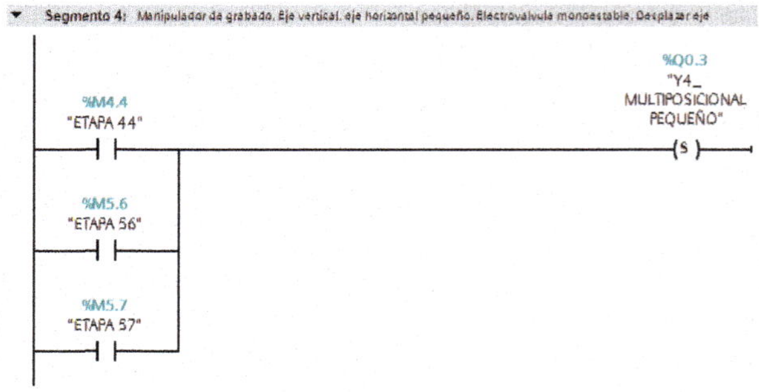

Fig. 8.55

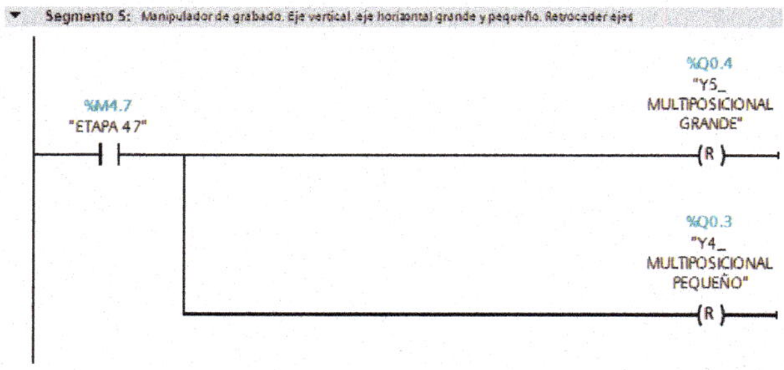

Fig. 8.56

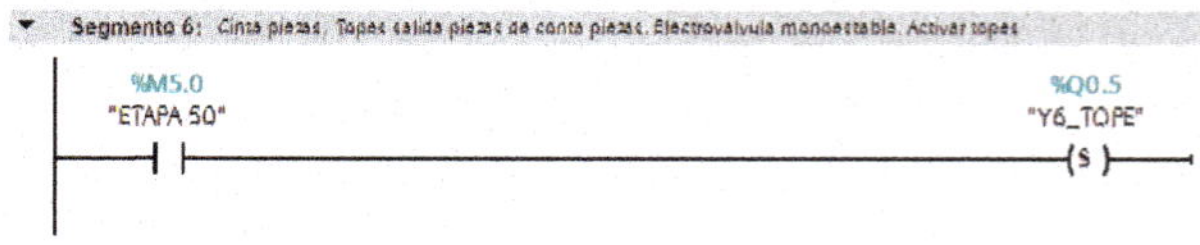

Fig. 8.57

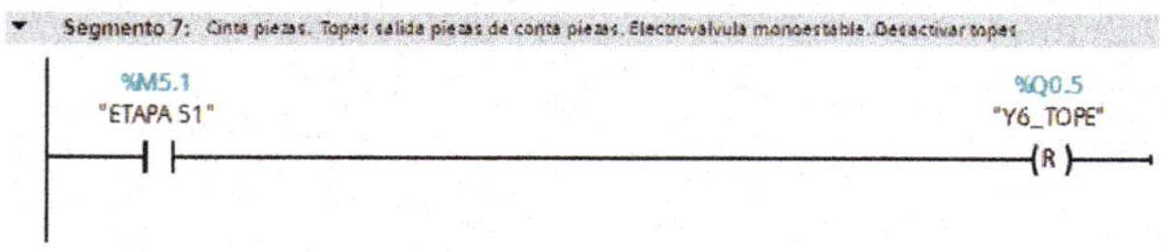

Fig. 8.58

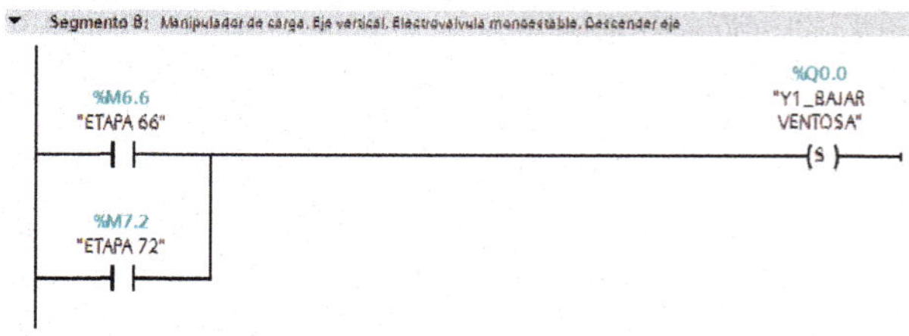

Fig. 8.59

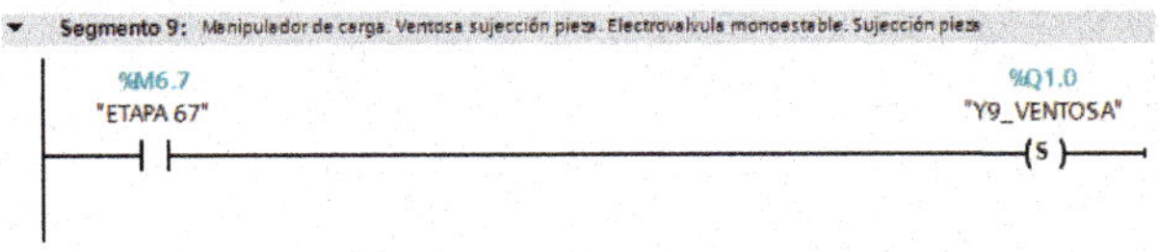

Fig. 8.60

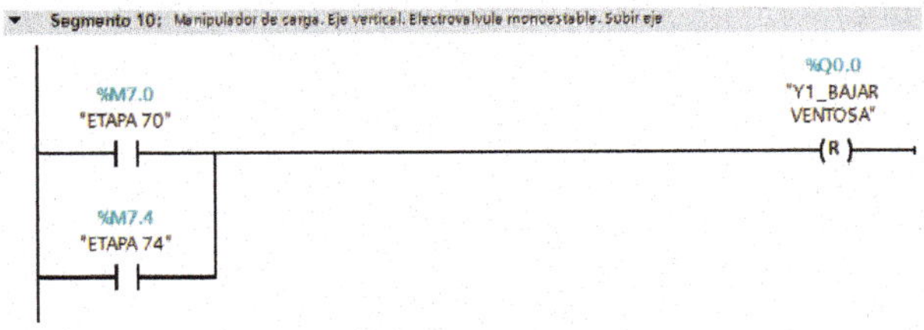

Fig. 8.61

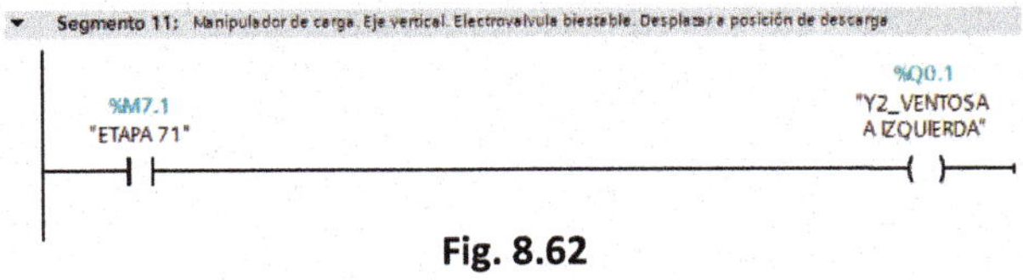

Fig. 8.62

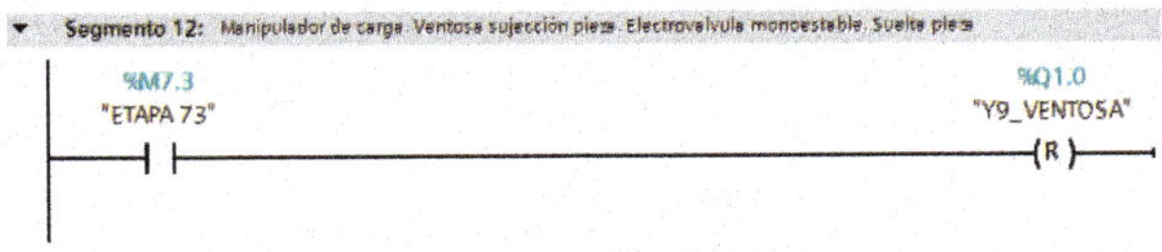

Fig. 8.63

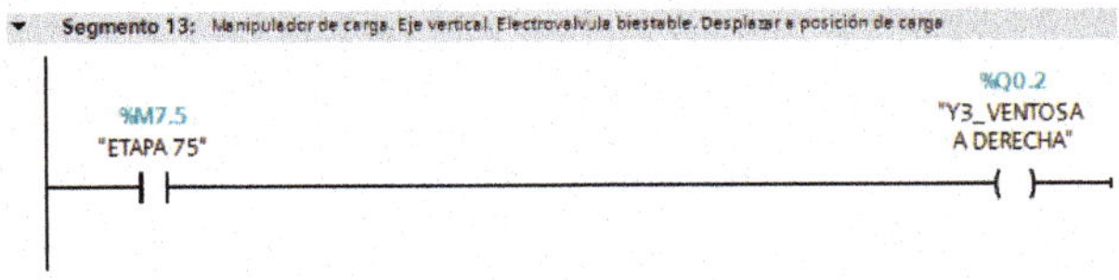

Fig. 8.64

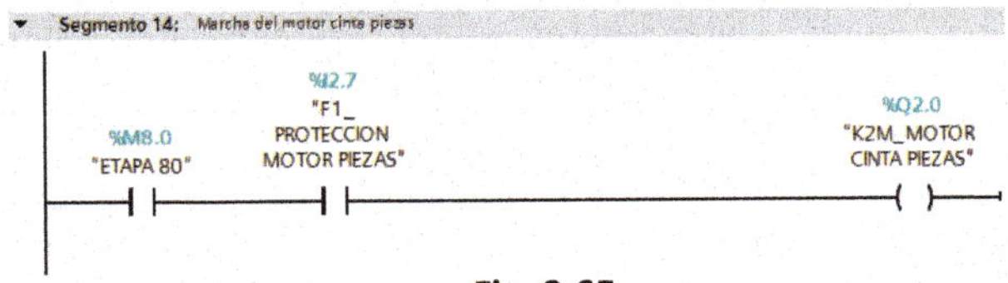

Fig. 8.65

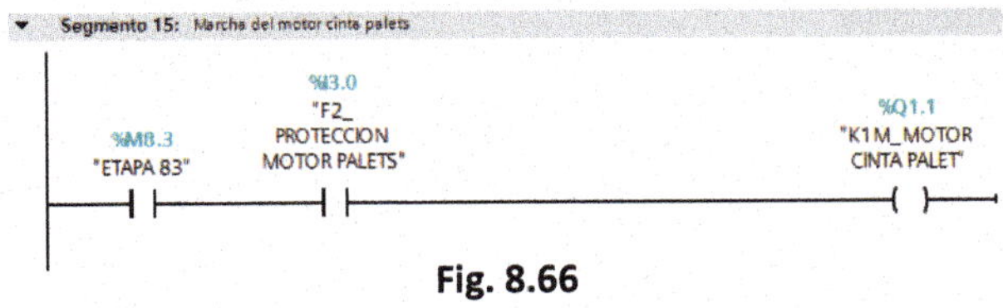

Fig. 8.66

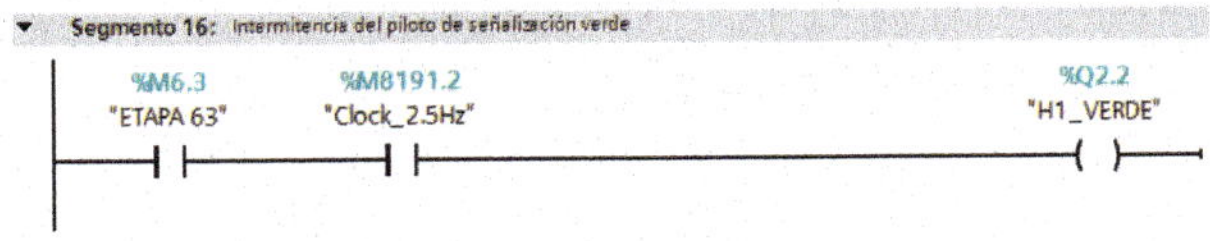

Fig. 8.67

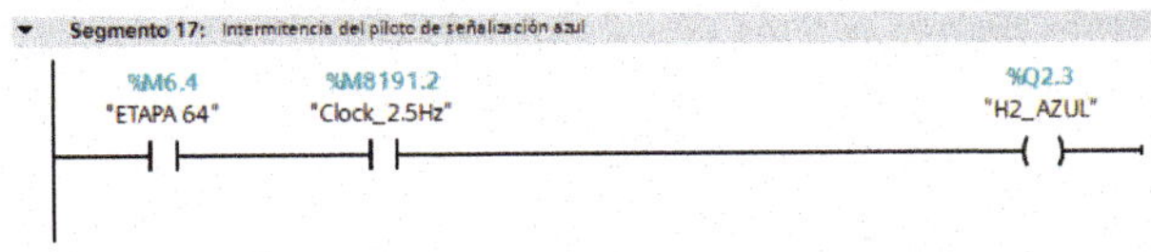

Fig. 8.68

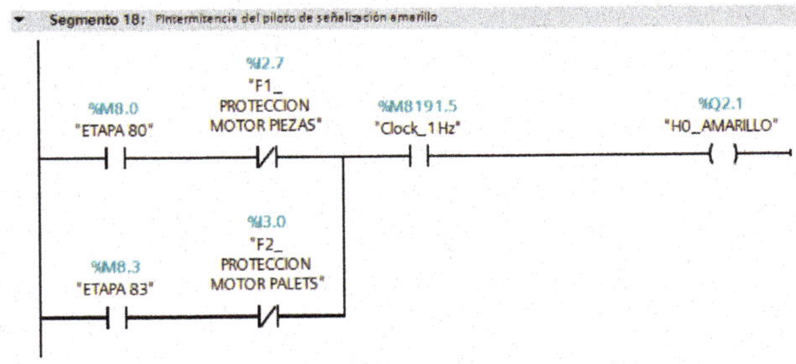

Fig. 8.69

Programa del FC21 T_TEMPORIZADORES

Recuerda • • •

Para una mayor estructuración del programa, se deben utilizar diferentes bloques, por ejemplo, uno para programar los temporizadores y otro para los contadores utilizados en el proceso.

En el bloque FC21 programaremos todos los temporizadores que intervengan en la solución y que quedan representados en el conjunto de los Grafcet. En este caso solamente tenemos un temporizador que se utiliza para que el motor de la cinta transportadora de piezas pueda desplazar la pieza fuera del alcance del tope.

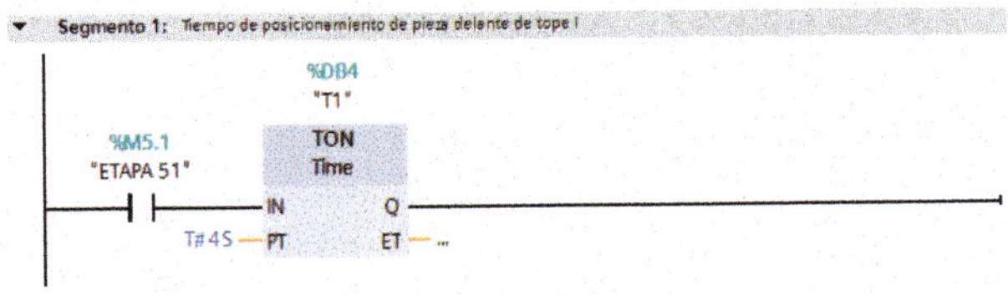

Fig. 8.70

Programa del FC22 Z_CONTADORES

En el bloque FC22 programaremos todos los contadores que intervengan en la solución y que quedan representados en el conjunto de los Grafcet. En este caso tenemos tres contadores que controlan el número de piezas procesadas: rojas, verdes y amarillas. En donde la puesta a cero se podrá realizar mediante el pulsador de Reset en un momento determinado del proceso o bien durante el primer scan cuando el PLC pase del modo Stop a Run.

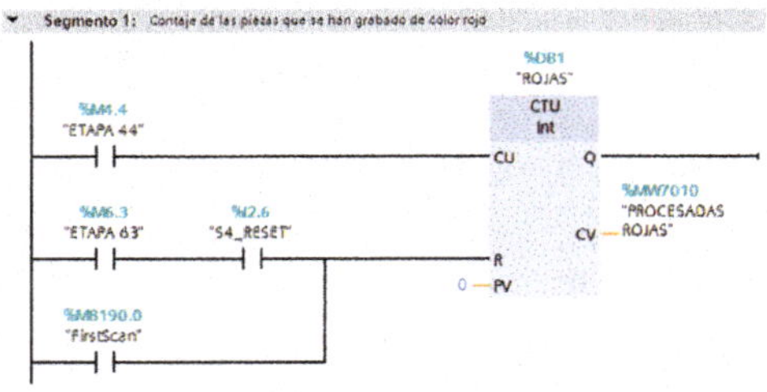

Fig. 8.71

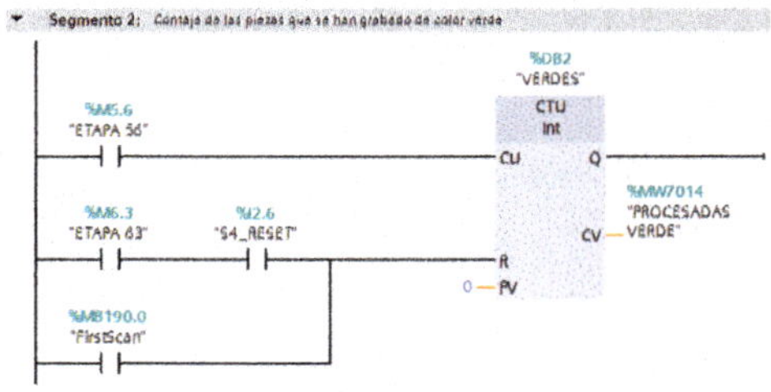

Fig. 8.72

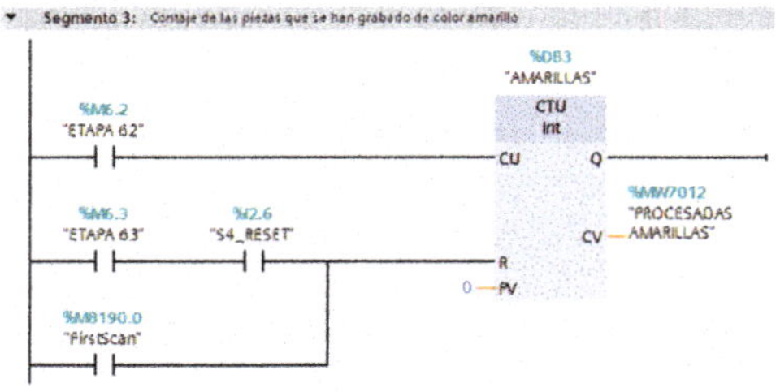

Fig. 8.73

Programa del OB1

Tal como hemos visto anteriormente, para poder probar el estado F1, programaremos en el OB1 las llamadas a los FC usados.

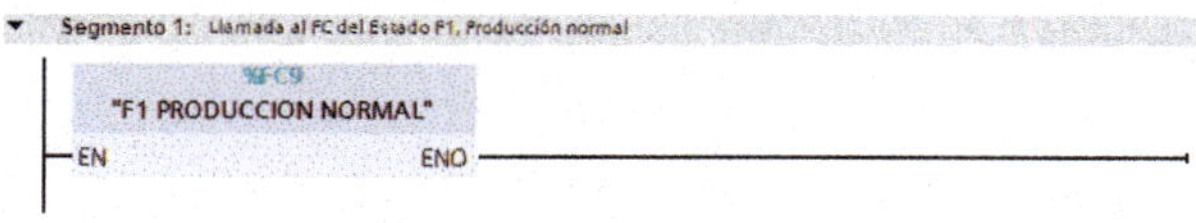

Fig. 8.74

Fig. 8.75

Fig. 8.76

Fig. 8.77

En este apartado vamos a implementar el programa de desarrollo de la guía Gemma en los diferentes estados. Para ello, primero realizaremos los programas asociados a cada estado y, a continuación, su implementación y la comprobación de su correcto funcionamiento. La implementación de la guía Gemma la haremos en el bloque FC0 00_GUIA GEMMA.

- **Comprobación del Grafcet de automático FC9**

Para poder comprobar el funcionamiento, debemos primero transferir el programa al simulador PLCSim. A continuación, hemos de abrir el simulador 3D, que quedará como se observa a continuación.

Recuerda • • •

El simulador 3D dispone de un panel llamado «Control del proceso», en el que se integran diferentes dispositivos que servirán para realizar distintas acciones con el fin de poner en marcha o detener el proceso. También cuenta con el panel «Registros de pedido y contaje», que está ligado a registros del PLC para poder realizar el pedido de fabricación, así como visualizar el estado actual de la producción.

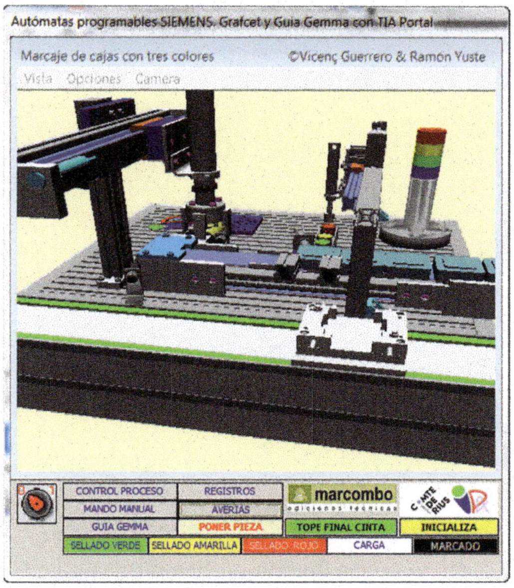

Fig. 8.78

Pulsaremos el botón **CONTROL PROCESO** y el botón **REGISTROS**. Así se nos abrirán los dos paneles que necesitamos para probar el ejercicio.

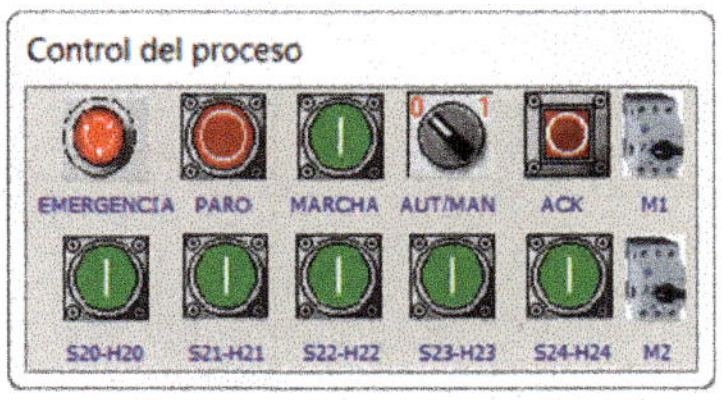

Fig. 8.79

Fig. 8.80

Para hacer funcionar el Grafcet F9, primero debemos indicar en el panel **Registros de pedido y de contaje** el número de piezas que queremos que sean marcadas en cada color.

A continuación, ya podemos accionar el pulsador de marcha, con lo cual el proceso se pondrá en marcha. Cuando se hayan marcado las piezas que hemos seleccionado, el proceso se quedará en pausa esperando que hagamos el reset de los contadores. Elegiremos la nueva selección de piezas y, a continuación, con el accionamiento del pulsador ACK, se pondrá en marcha de nuevo el proceso.

8.2.2 Guía Gemma con los estados A1 (Puesta al estado inicial), F1 (Producción normal) y A2 (Paro solicitado a final de ciclo)

A continuación, y como primer estudio del funcionamiento de la guía Gemma, vamos a asociar el estado F1 **Producción normal**, programado anteriormente, con otros dos estados más, como son el A1 **Puesta al estado inicial** y el A2 **Parada solicitada a final de ciclo**.

Para ello, si nos fijamos en la distribución de estos tres estados en el gráfico de la guía Gemma, tenemos lo siguiente:

GENÉRICO APLICADO

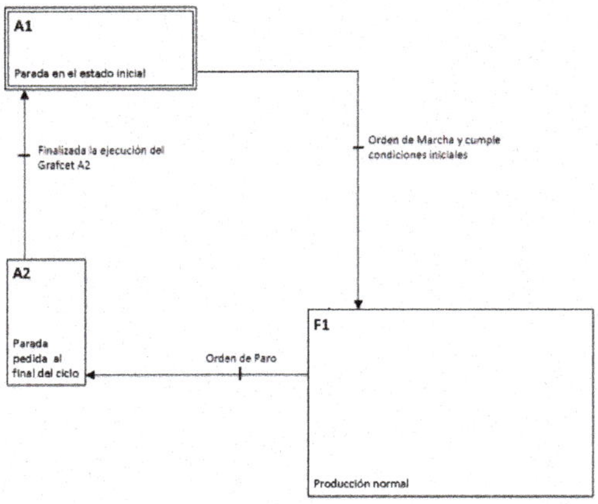

Fig. 8.81

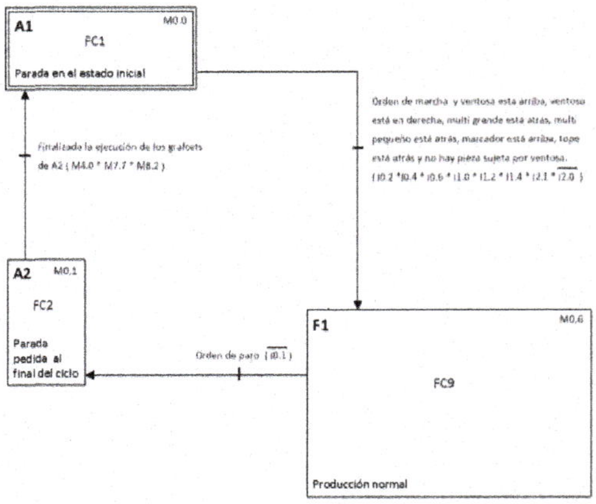

Fig. 8.82

La implementación de la guía Gemma en el PLC se hace de forma similar a cuando realizamos un Grafcet. Para ello:

- Asignamos una marca a cada uno de los estados.
- Indicamos la transición correspondiente entre cada uno de los estados.
- Cada transición realizará el SET de la marca del estado siguiente y el RESET de la marca del estado actual.
- Lo que en Grafcet serían las acciones, aquí serían las llamadas a los FC de los diferentes estados.
- Para poder ver reflejado el estado actual de la guía Gemma, asociamos en cada etapa una acción que corresponde con la activación de los pilotos que hay en el panel de la guía Gemma del simulador 3D.

Recuerda • • •

La implementación de la guía Gemma a programa se realiza de forma similar a cuando se programa un Grafcet.

Aquí podemos ver que la guía Gemma descrita anteriormente se puede representar como un Grafcet y, por tanto, desarrollar como tal.

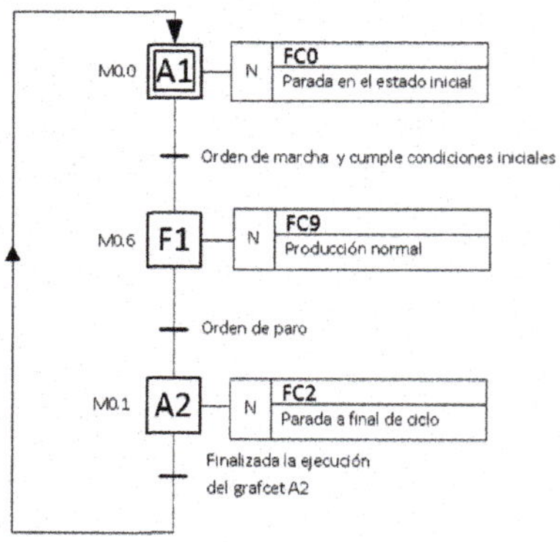

Fig. 8.83

- **Programa en el FC0 GUIA GEMMA**

Primero haríamos el desarrollo de las transiciones.

Paso de Estado A1 al Estado F1: si se cumplen las condiciones iniciales y accionamos el pulsador de marcha, se activará el Estado F1 y se desactivará el Estado A1.

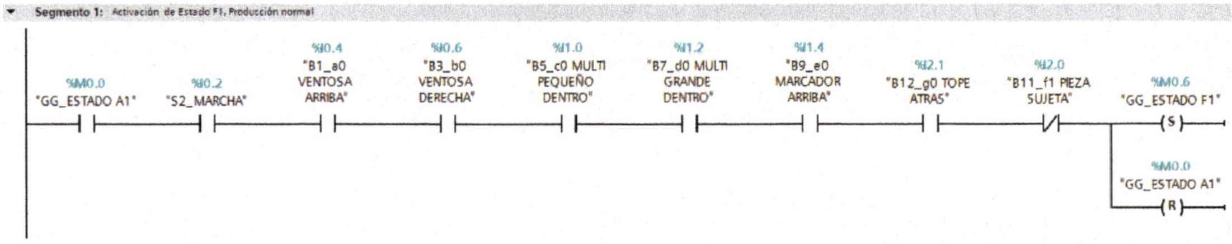

Fig. 8.84

Recuerda • • •

La guía Gemma se relaciona en un Grafcet, a partir del cual se derivan el resto de los Grafcet que originan el tipo de funcionamiento que en cada momento debe tener el proceso.

Paso de Estado F1 al Estado A2: si accionamos el pulsador del paro, se activará el Estado F1 y se desactivará el Estado A2.

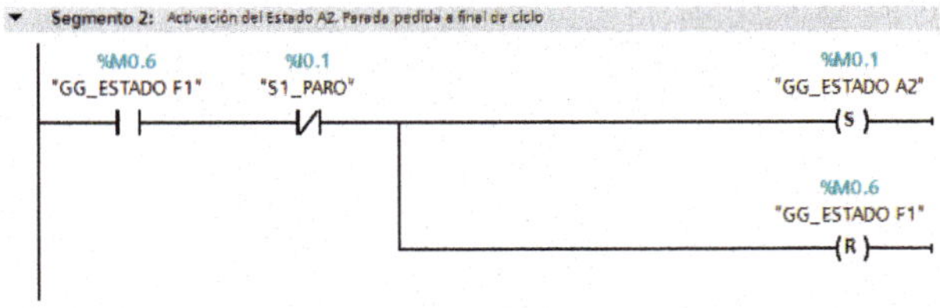

Fig. 8.85

Paso de Estado A2 al Estado A1: si están activadas las etapas iniciales de los tres Grafcet que hay en el Estado A2, se activará el Estado A1 y se desactivará el Estado A2.

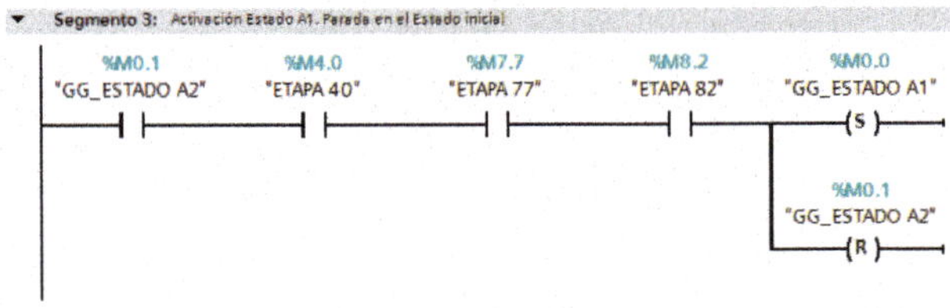

Fig. 8.86

A continuación, lo que en un Grafcet serían acciones asociadas, en la guía Gemma son las llamadas a los FC que contienen el programa para los diferentes modos de funcionamiento.

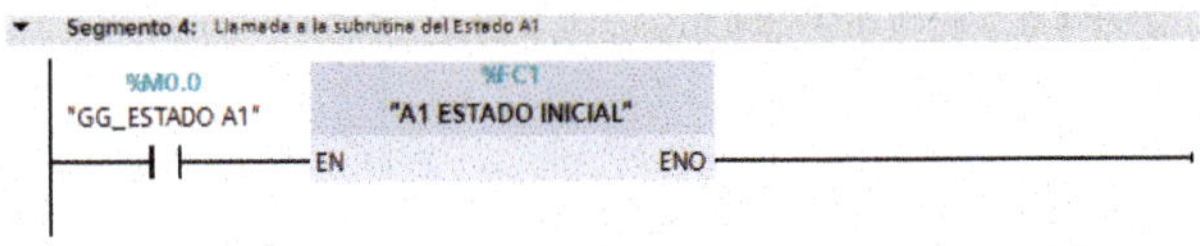

Fig. 8.87

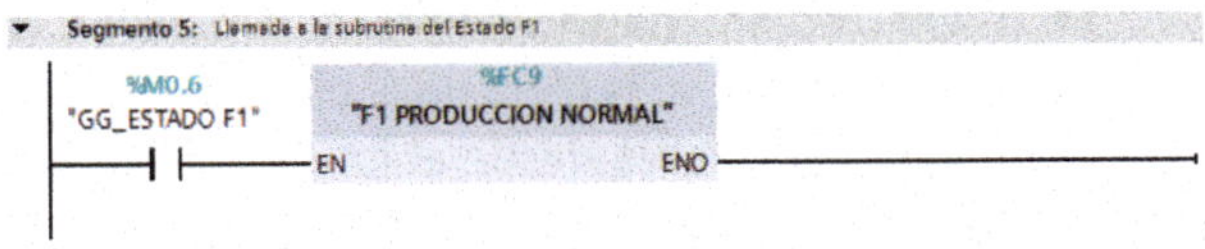

Fig. 8.88

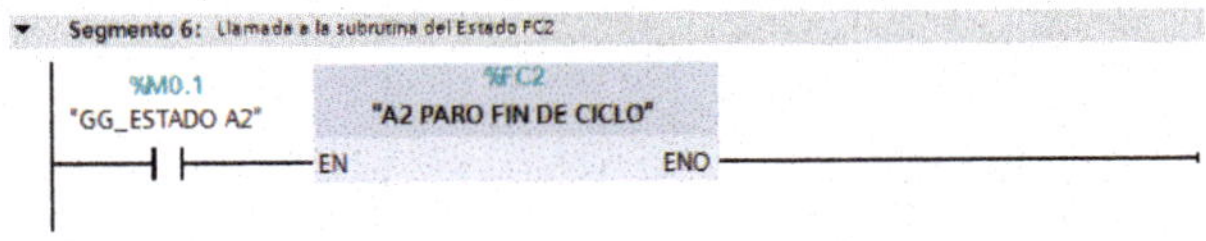

Fig. 8.89

Tal como hemos indicado anteriormente, cuando esté activado un estado, veremos activado un piloto en el panel de la guía Gemma del simulador 3D.

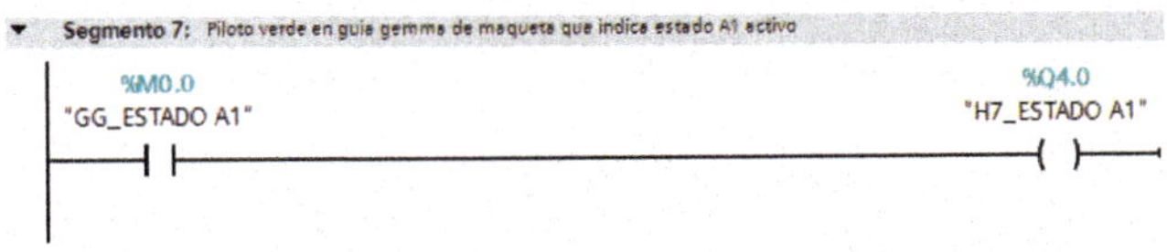

Fig. 8.90

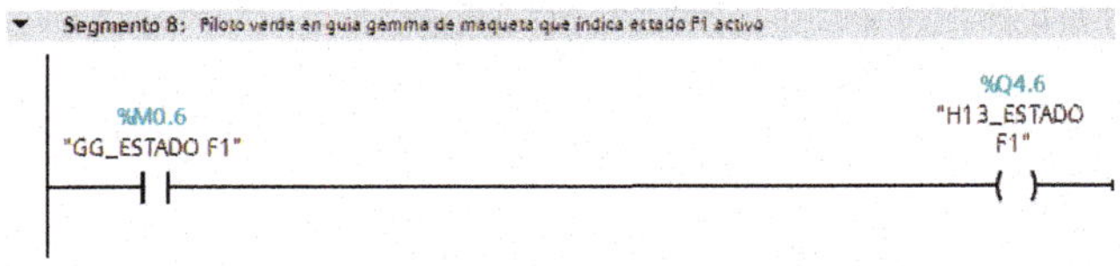

Fig. 8.91

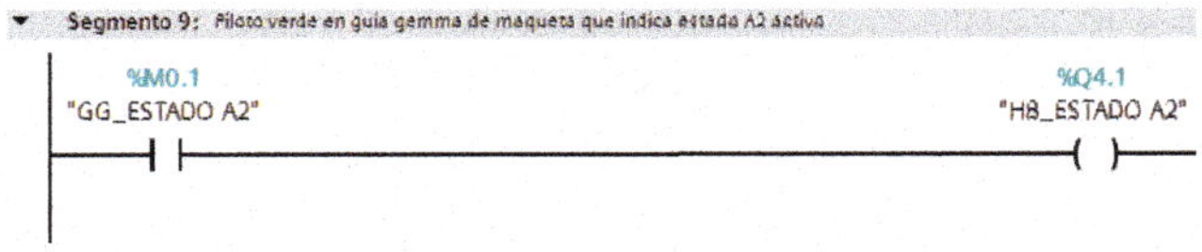

Fig. 8.92

Por otro lado, vamos a hacer que, en los pilotos de la baliza luminosa, se refleje el estado en el que la guía Gemma se encuentra en cada momento. Para ello usaremos el código que se indica en el punto **Señalización luminosa** del apartado 8.1.3.

Código luminoso:

- Estado A1.: el piloto rojo funciona de forma fija.
- Estado A2.: el piloto verde funciona de forma fija y el piloto rojo funciona de forma intermitente (Clock 1 Hz).
- Estado F1.: el piloto verde funciona de forma fija.

Respecto al piloto verde, en el caso de que coincidan el funcionamiento del Estado F1 con la indicación de que el pedido de piezas ya está completo (etapa 63 de F1), prevalecerá esta indicación sobre la anterior.

Abrimos S_SALIDAS (FC20), modificamos el segmento 16 y añadimos el segmento 19.

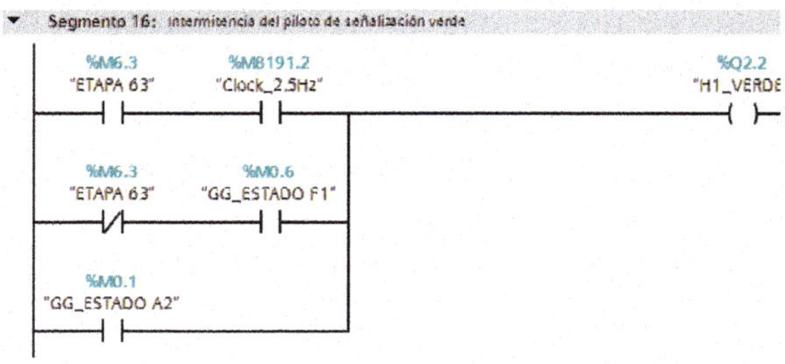

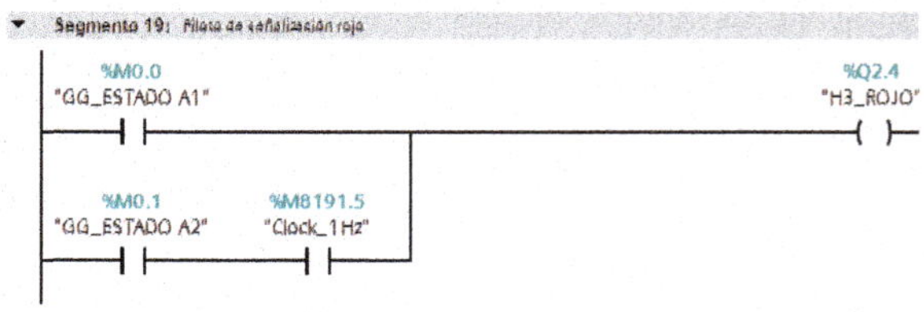

Fig. 8.94

Fig. 8.93

En el OB1 hemos de programar la llamada al bloque FC0 00_GUIA GEMMA. Es **importante** eliminar la llamada al bloque del FC9, **Producción normal,** ya que ahora esa llamada se realiza desde el interior de este mismo bloque FC0 GUIA GEMMA, por lo que en el segmento 1 eliminaremos el FC9 y pondremos en su lugar FC0.

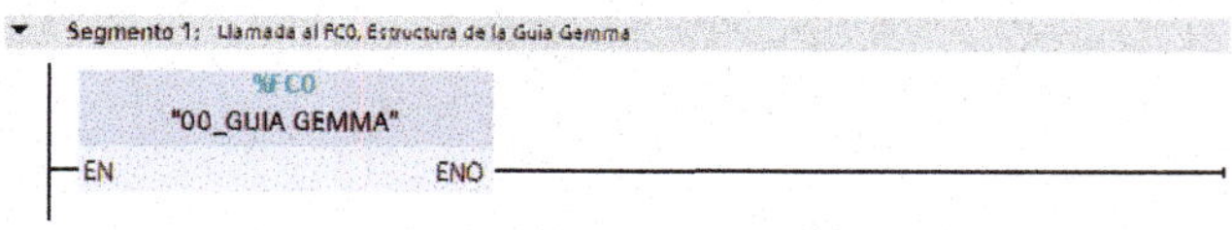

Fig. 8.95

En el OB100 hemos de programar la inicialización de la guía Gemma, activando la etapa inicial y desactivando el resto. Colocamos ya 13 etapas para que estén consideradas el resto de las etapas de la guía Gemma aunque en este momento tan solo estemos trabajando con tres estados.

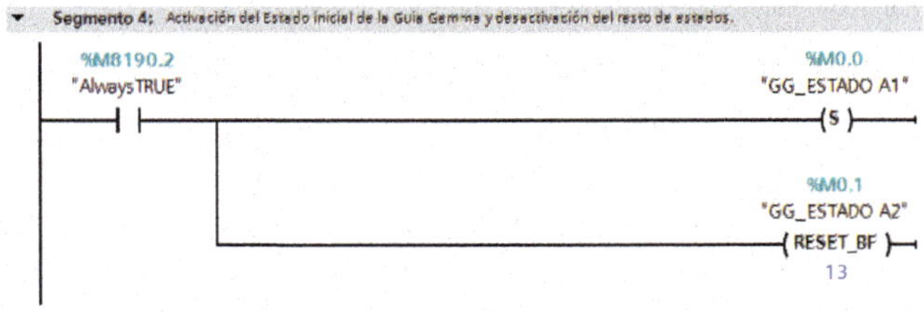

Fig. 8.96

- **Programa del Estado A1. Parada en estado inicial**

Recuerda • • •

El Estado A1 es el estado de la guía Gemma que indica que el proceso se encuentra detenido en el estado inicial, mientras que en el estado F1 se representa la secuencia de funcionamiento normal del proceso.

El Estado A1 **Parada en estado inicial** es un estado en el que el proceso se encuentra totalmente detenido, bien sea al inicio de la puesta en marcha, dado que es la etapa inicial del Grafcet de la guía Gemma, o como en este caso se quiere representar, cuando una vez puesto en funcionamiento, se desee detener el proceso.

Por tanto, este estado normalmente no tiene asociado ningún programa, sino que nos indicará que el proceso se encuentra detenido de forma estable a la espera de una orden por parte del operador.

- **Modificación del programa asociado al Estado F1. Producción normal**

Antes de programar la guía Gemma, en la primera transición del Grafcet de F1 el pulsador de marcha y las condiciones iniciales estaban como transición. Al implementar la guía Gemma, podemos observar que para acceder del Estado A1 al Estado F1 ya se han de cumplir todas esas condiciones, por lo cual no sería necesario que también estuvieran en el Grafcet del Estado F1. En su lugar, para sincronizar el Grafcet, pondremos la marca M0.6 que corresponde al Estado F1.

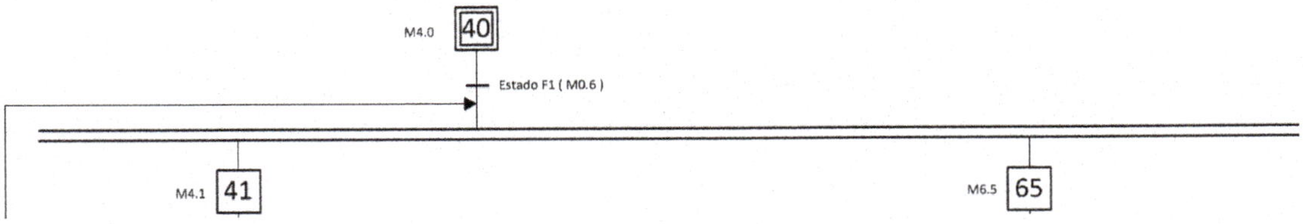

Fig. 8.97

De este modo, modificaremos el segmento 1 del FC9 (Estado F1), que quedará de la siguiente forma.

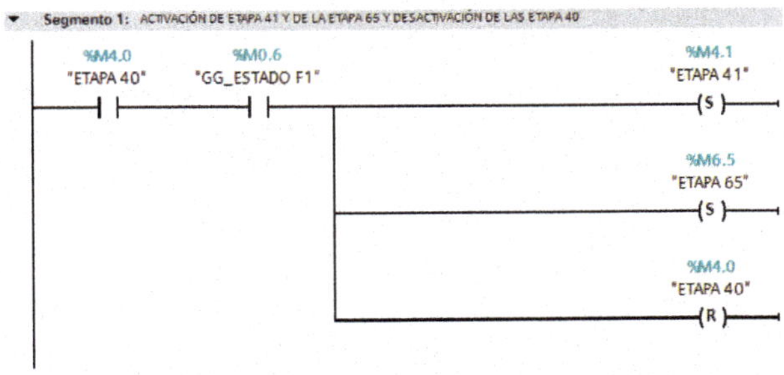

Fig. 8.98

Recuerda • • •

El Estado A2 nos indicará que se ha solicitado una parada del proceso al final del ciclo actual de funcionamiento.

- **Programa asociado al Estado A2. Parada solicitada a final de ciclo**

En el Estado A2 **Parada solicitada a final de ciclo**, la guía Gemma nos indica que se ha de realizar una parada al finalizar el ciclo de funcionamiento que esté realizando la producción normal (Estado F1). Por tanto, el Grafcet del conjunto formado por el manipulador de carga y el manipulador de grabado deberá seguir funcionando al igual que lo hacía cuando la guía Gemma se encontraba en el Estado F1. Esto quiere decir que el Grafcet asociado al Estado A2 será el mismo que el implementado en el Estado F1 con la siguiente modificación:

El retorno que viene de la finalización del ciclo y que está conectado a la divergencia en Y hay que llevarlo a la entrada de la etapa inicial 40.

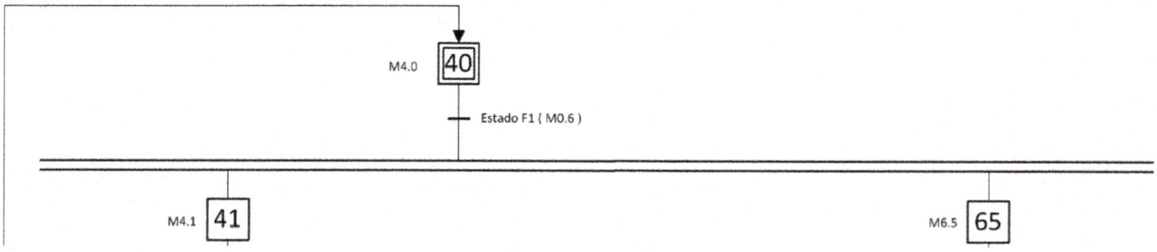

Fig. 8.99

Por tanto, copiaremos el Grafcet que hay en el bloque FC9 (Estado F1) en el FC2 (Estado A2) y modificaremos el último segmento del Grafcet grabador-carga que quedará de la siguiente forma.

Modificamos la última transición, de forma que cuando esta se cumpla, en lugar de activar las Etapas 41 y 65, se active la etapa 40.

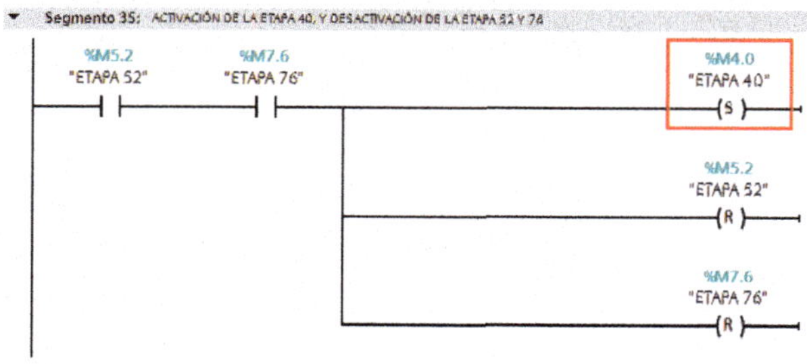

Fig. 8.100

Los otros dos Grafcet, tanto el del motor de la cinta transportadora de piezas como el del motor de la cinta trasportadora de palets, no sufren ninguna modificación.

- **Comprobación del funcionamiento de los estados A1, F1 y A2**

Para poder comprobar el funcionamiento, debemos primero transferir el programa al simulador PLCSim. A continuación, hemos de abrir el simulador 3D, que quedará como se observa a continuación.

Pulsaremos los botones **CONTROL PROCESO**, **GUIA GEMMA** y **REGISTROS**. Con ello se nos abrirán los tres paneles que necesitamos para poder probar el ejercicio.

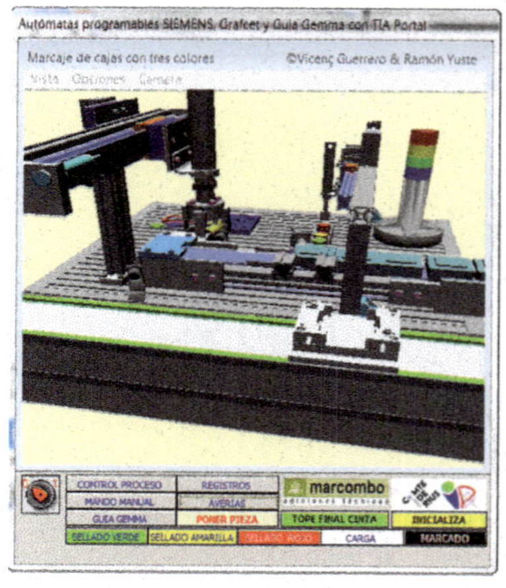

Fig. 8.78

Fig. 8.79

Fig. 8.80

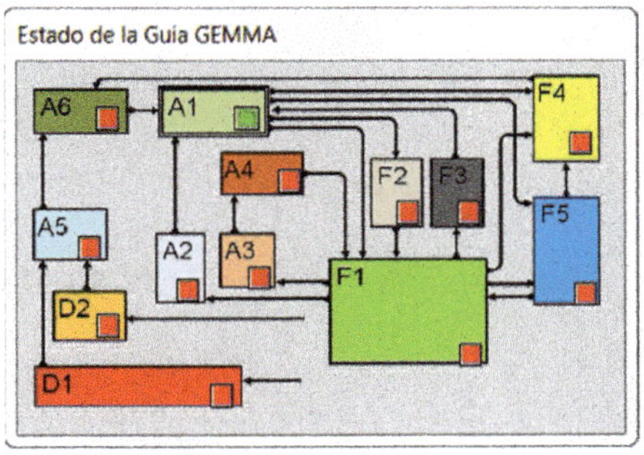

Fig. 8.101

Recuerda • • •

El simulador 3D dispone de un panel llamado «Estado de la guía Gemma» para poder visualizar el estado de funcionamiento actual.

Al pasar el PLCSim de STOP a RUN, veremos cómo se ilumina el piloto verde del Estado A1. Cuando un estado no se encuentre activo, el piloto se observará de color rojo.

Para poder hacer funcionar el Grafcet F9, primero debemos escribir en el panel **Registros de pedido y de contaje** el número de piezas que queremos que sean marcadas en cada color.

A continuación ya podemos accionar el pulsador **MARCHA**, con lo cual pasaremos del Estado A1 al Estado F1.

El Estado F1 estará ejecutando los Grafcet que tenga asociados (FC9) hasta que accionemos el pulsador de paro. En ese momento se activará el Estado A2 y se desactivará el Estado F1. Se ejecutarán los Grafcet del Estado A2 hasta que todos ellos se encuentren en la etapa inicial, y a partir de ese momento se activará el Estado A1 y se desactivará el Estado A2. En ese instante el sistema quedará detenido al inicio.

En el panel **Estado de la Guía GEMMA** podemos ver que en cada estado hay un piloto que quedará activado cuando el estado correspondiente se encuentre activo. En la figura se observa cómo el del Estado A1 está activado, de color verde, que corresponde a la salida Q4.0 (H7_ESTADO_A1).

8.2.3 Guía Gemma del estado F2 (Marcha de preparación)

Recuerda • • •

El estado F2 es el estado de la guía Gemma que indica que el proceso está realizando una preparación para dejarlo en un estado óptimo para el inicio de la producción normal.

Cuando el proceso se encuentra en la situación de reposo, Estado A1, al cumplirse la condición de puesta en marcha, la guía Gemma pasará al estado F2, que está indicado para poder preparar el proceso antes de entrar en un ciclo de funcionamiento normal de producción como es el Estado F1. En este Estado F2 se realizarán diferentes operaciones para poder colocar el proceso en un estado óptimo de producción, por ejemplo, poder preparar un horno para que alcance la temperatura de trabajo, esperar a que un grupo de presión hidráulico o neumático alcance una presión determinada para un correcto funcionamiento del circuito, o esperar a que un cargador (sea de piezas, de líquido, etc.) disponga de una carga mínima para iniciar el proceso.

En nuestro caso, al no ser un proceso en el que se tengan que alcanzar ciertas temperaturas ni presiones, ni trabajamos con cargadores, lo que haremos es comprobar que todos los actuadores se encuentran en una posición inicial para poder comenzar el proceso normal de funcionamiento. En el caso de que algún actuador no se encuentre en su posición establecida como inicial, al entrar al estado F2 y de forma automática, se realizarán los movimientos necesarios para que el proceso cumpla las condiciones iniciales. En este caso y dado la particularidad del proceso tratado, es muy probable que su programa pueda ser bastante coincidente con el que se incluye en otros estados, como podría ser el Estado A6.

Se puede provocar la situación de que, al iniciar el proceso, este no se encuentre cumpliendo las condiciones iniciales. Por ejemplo, por un corte de alimentación en el PLC cuando el proceso ya había iniciado el ciclo de funcionamiento normal, provocando que los actuadores puedan estar situados en una posición no inicial.

- **Condiciones de funcionamiento del Estado F2**

- Al activarse el estado F2 se pondrán en evolución las dos ramas simultáneas, las correspondientes al manipulador grabador y al manipulador de carga, realizando las siguientes acciones.

Manipulador grabador:

Tenemos una sola secuencia que funcionará de la siguiente forma:

- Primero subirá el cilindro marcador.
- Cuando el marcador esté en la posición de reposo (arriba), haremos retroceder al mismo tiempo el cilindro multiposicional, tanto el cilindro pequeño como el grande, que en principio ya estarán en esa posición. No obstante, la siguiente transición nos asegurará que los dos cilindros están en la posición inicial.

Manipulador de carga:

Tenemos unas secuencias alternativas y, por tanto, pueden ocurrir dos cosas:

- Secuencia 1: que haya pieza en la zona de carga.
- Secuencia 2: que NO haya ninguna pieza en zona de carga.

Secuencia 1:

- Si hay pieza en la zona de carga, el cilindro del eje vertical con la ventosa bajará.
- Cuando el cilindro del eje vertical con la ventosa se encuentre en la posición de avance (abajo), se activará la ventosa.
- Si la pieza está sujeta por la ventosa, el cilindro del eje vertical con la ventosa deberá ir a la posición de reposo (arriba).
- Cuando el cilindro del eje vertical con la ventosa se encuentre en la posición de reposo (arriba), mediante el eje horizontal, la ventosa se desplazará hasta alcanzar el eje horizontal la posición de avance (izquierda), además de poner en funcionamiento el motor de palets.
- Cuando el cilindro del eje horizontal se encuentre en la izquierda y haya un palet en la zona de carga, el cilindro del eje vertical con la ventosa descenderá a su posición de trabajo (abajo).
- Cuando el cilindro del eje vertical con la ventosa se encuentre abajo, se desactivará el vacío de la ventosa para liberar la pieza.
- Cuando se haya liberado la pieza, lo cual se detectará mediante la ausencia de vacío, el cilindro del eje vertical con la ventosa volverá a su posición de reposo (arriba).
- Cuando el cilindro del eje vertical con la ventosa se encuentre arriba, el eje horizontal se encargará de desplazar la ventosa hacia su posición de reposo (derecha) hasta alcanzar el detector de la derecha.

Secuencia 2:

- Si no hay pieza en zona de carga, el cilindro del eje vertical volverá a su posición de reposo (arriba).
- Cuando el cilindro del eje vertical de la ventosa se encuentre arriba, el eje horizontal se encargará de desplazar la ventosa hacia su posición de reposo (derecha) si es que no lo está.

- **Diseño del Grafcet del Estado F2**

Este Grafcet se basa en un diseño de bifurcación en Y, en el que intervienen dos ramas que funcionarán en paralelo, una para el manipulador de grabado y la otra para el manipulador de carga.

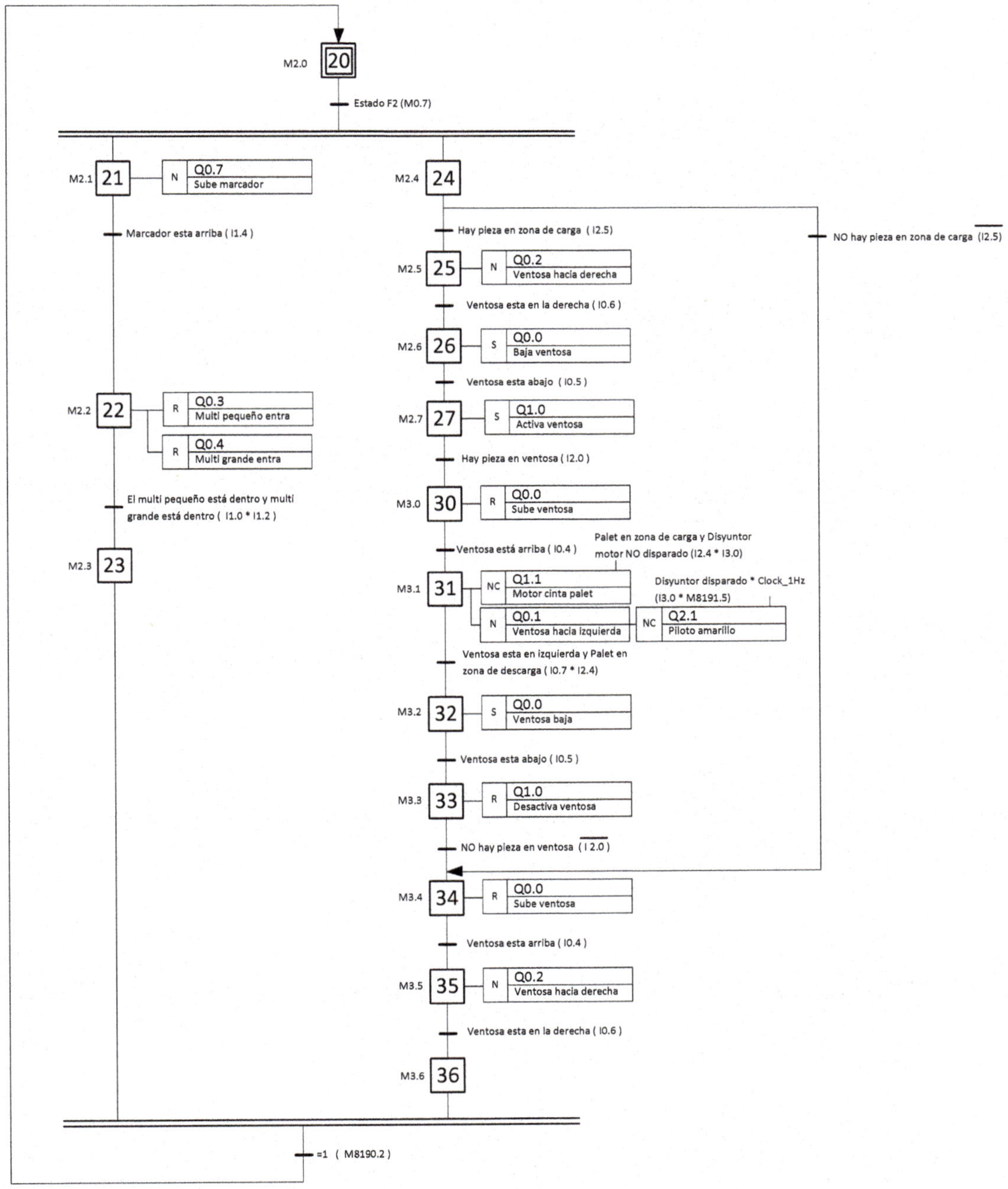

Fig. 8.102a

Una vez el sistema se encuentra cumpliendo las condiciones de preparación para la puesta en marcha, automáticamente deberá pasar el control de la guía Gemma al Estado F1 y el proceso arrancará de forma automática para realizar el ciclo de producción normal.

- **Modificación del OB100**

En el OB100 tenemos que añadir la inicialización del Grafcet F2, para lo que activaremos la etapa inicial del Grafcet F2 y desactivaremos todas las demás etapas.

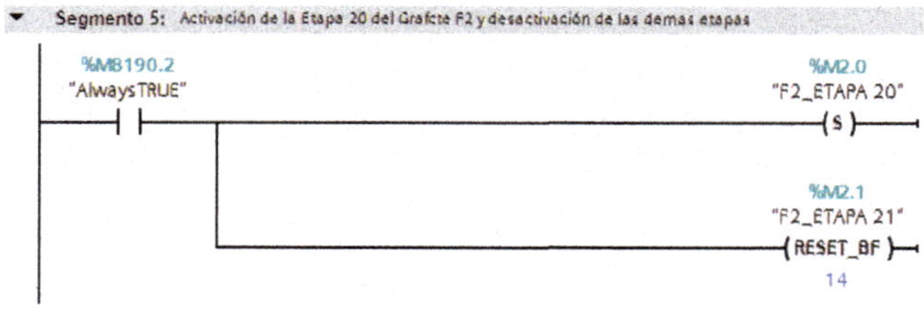

Fig. 8.102b

- **Programa del estado F2**

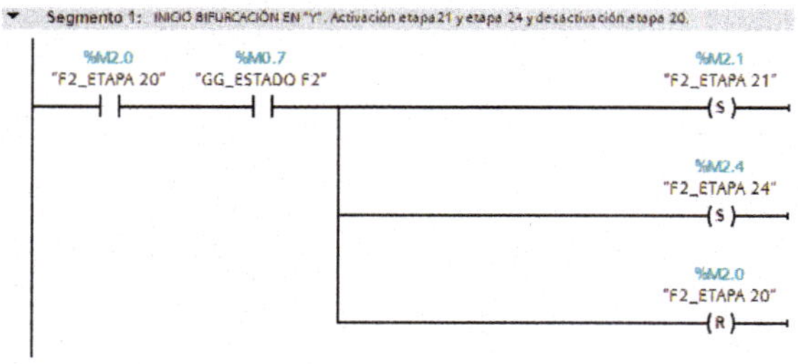

Fig. 8.103

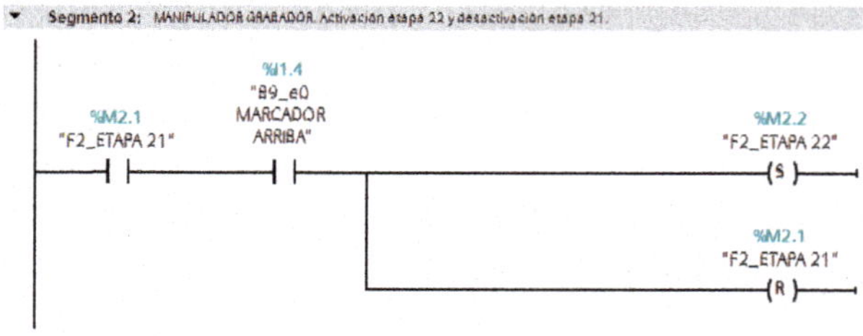

Fig. 8.104

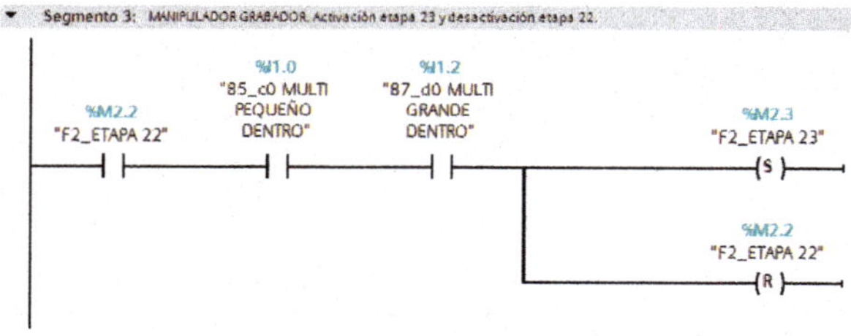

Fig. 8.105

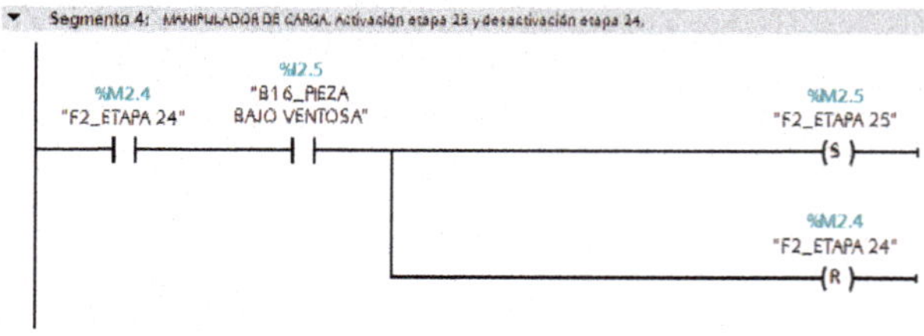

Fig. 8.106

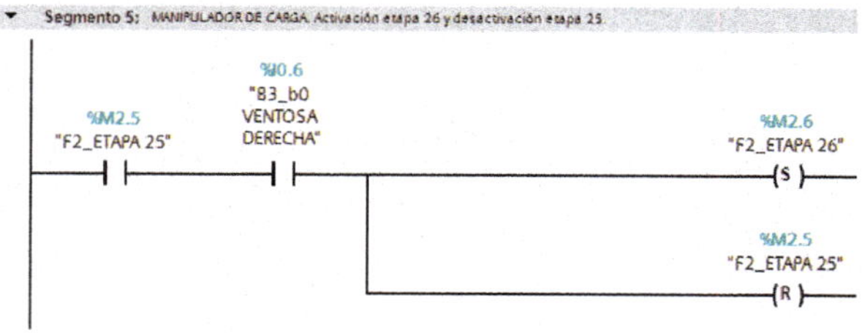

Fig. 8.107

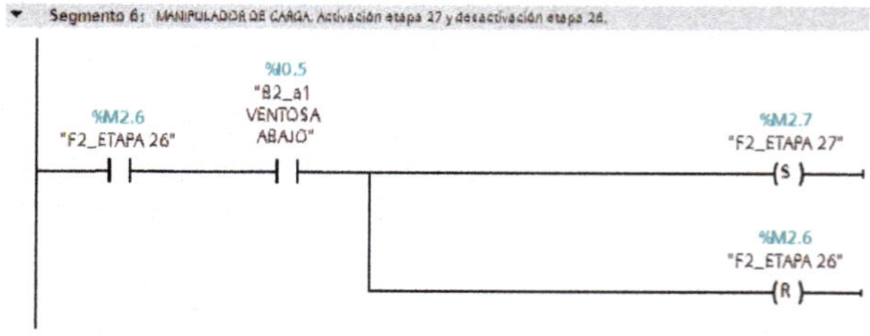

Fig. 8.108

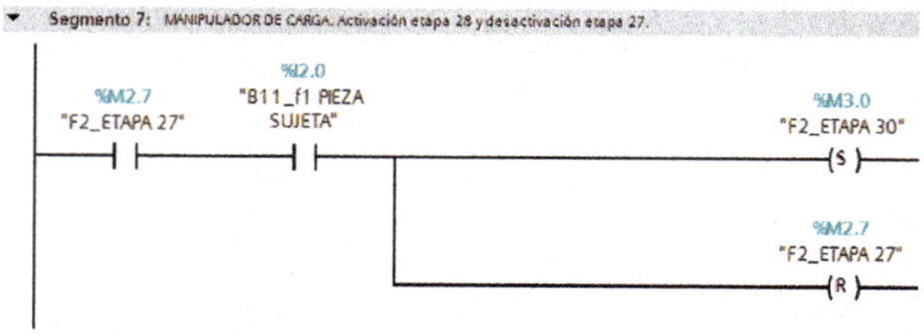

Fig. 8.109

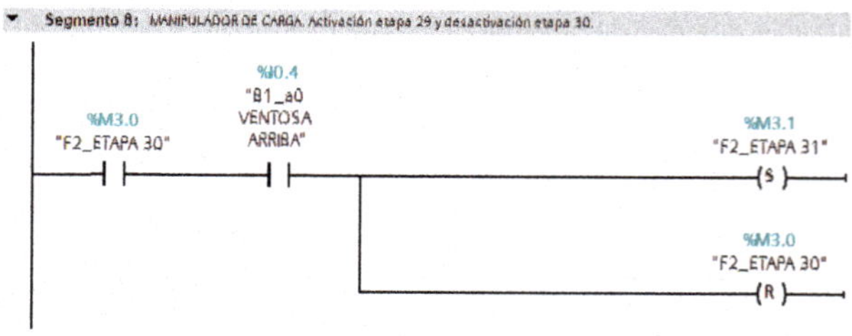

Fig. 8.110

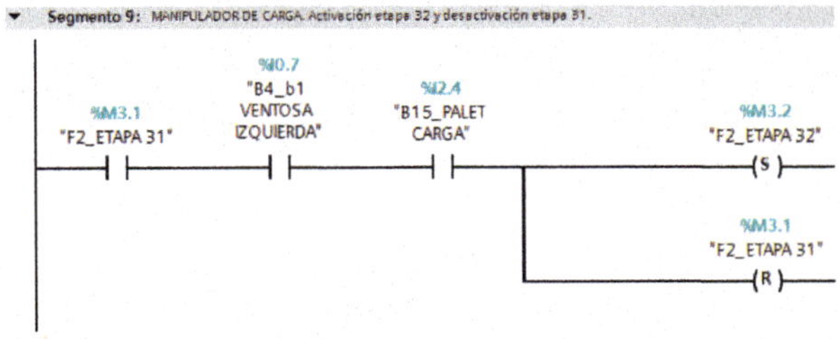

Fig. 8.111

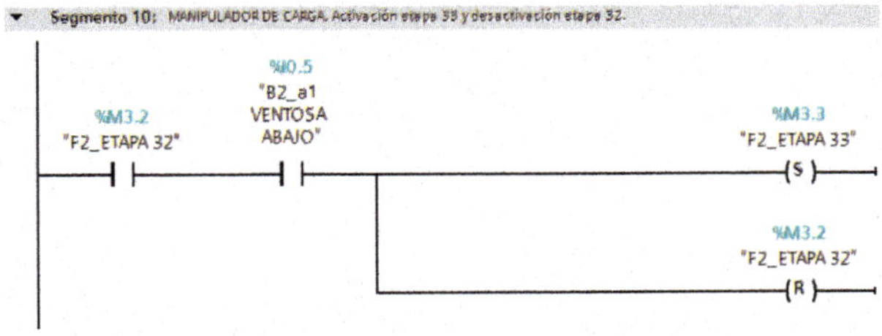

Fig. 8.112

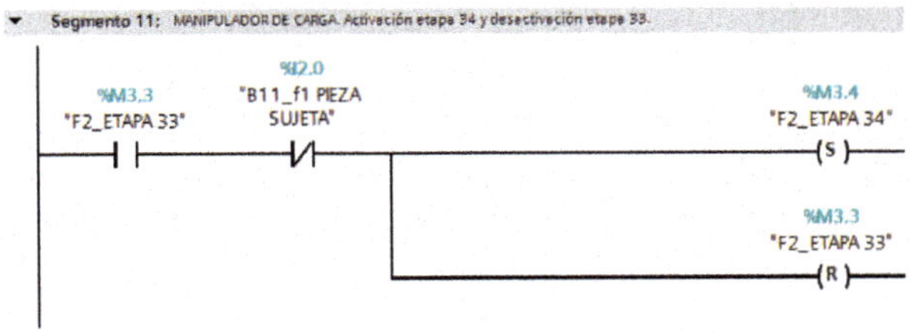

Fig. 8.113

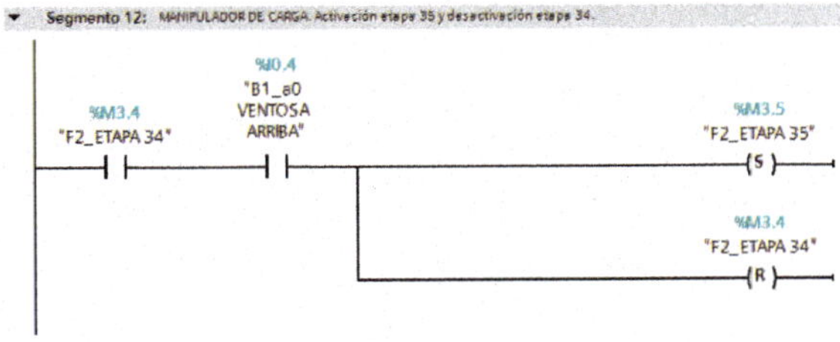

Fig. 8.114

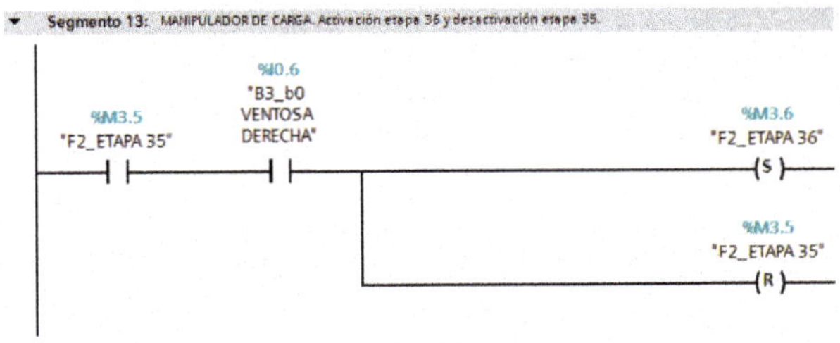

Fig. 8.115

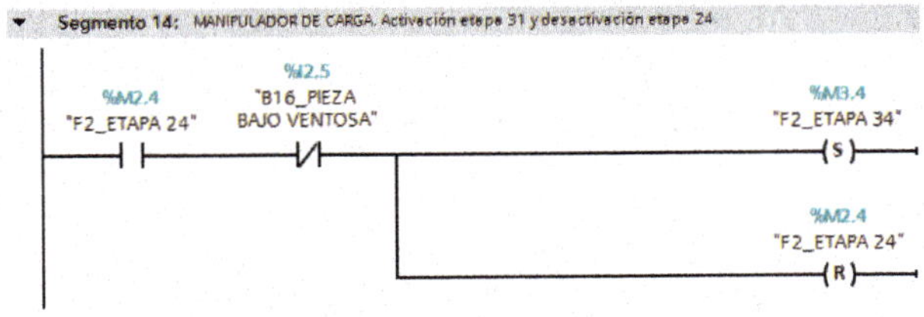

Fig. 8.116

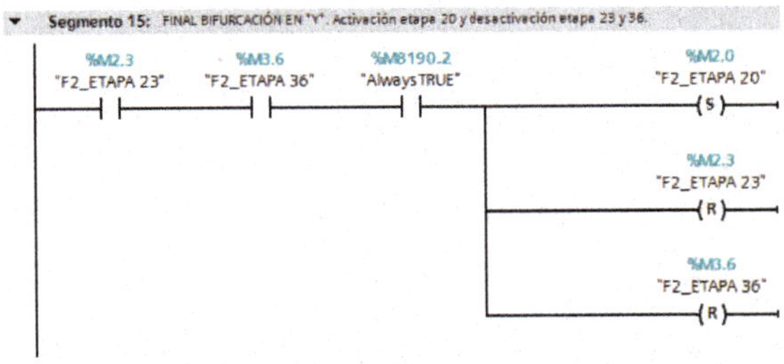

Fig. 8.117

Modificación del programa del FC20 S_SALIDAS

En este bloque FC20 modificaremos los segmentos necesarios para que las salidas actúen según el Grafcet programado en el FC2.

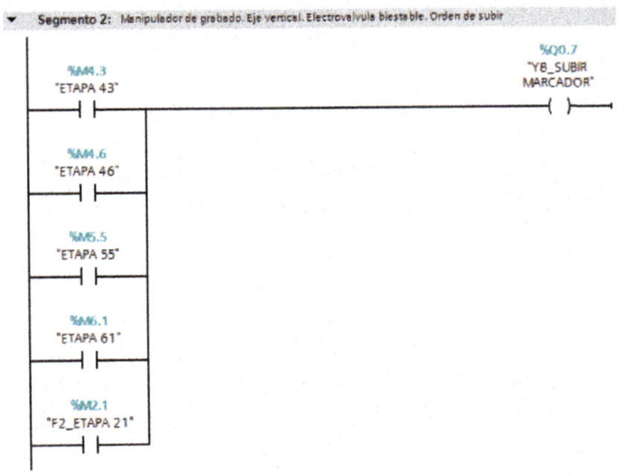

Fig. 8.118

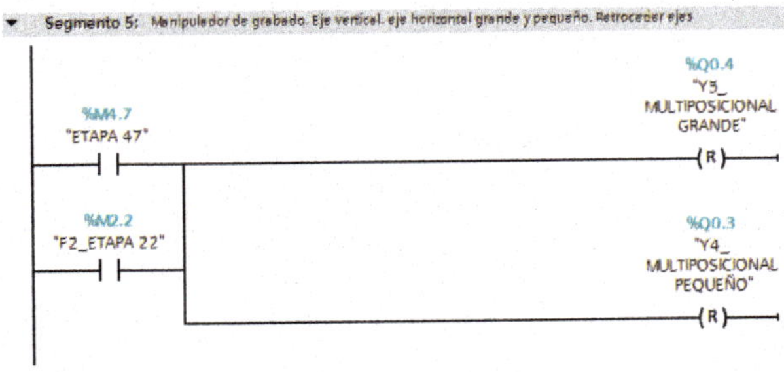

Fig. 8.119

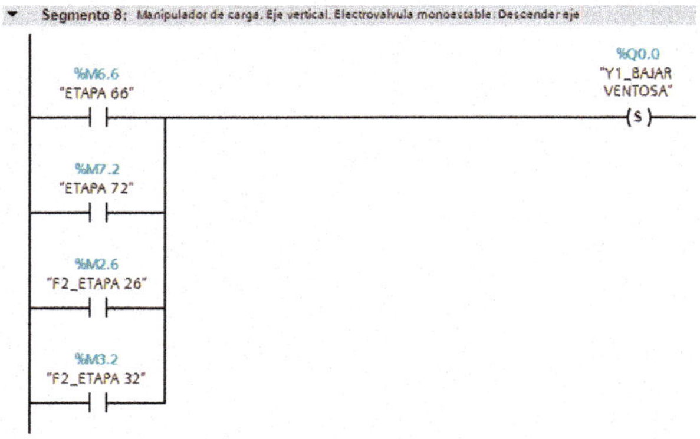

Fig. 8.120

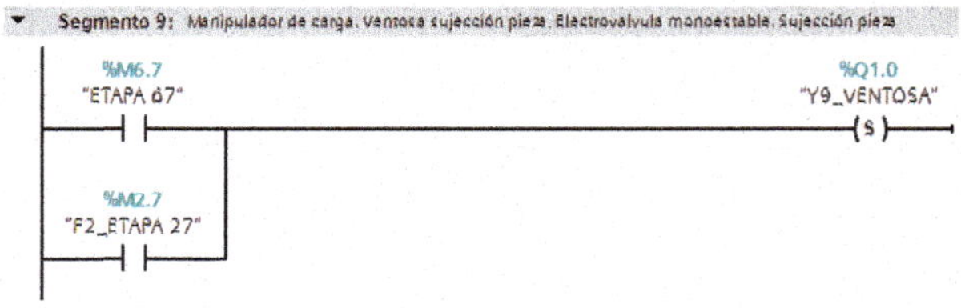

Fig. 8.121

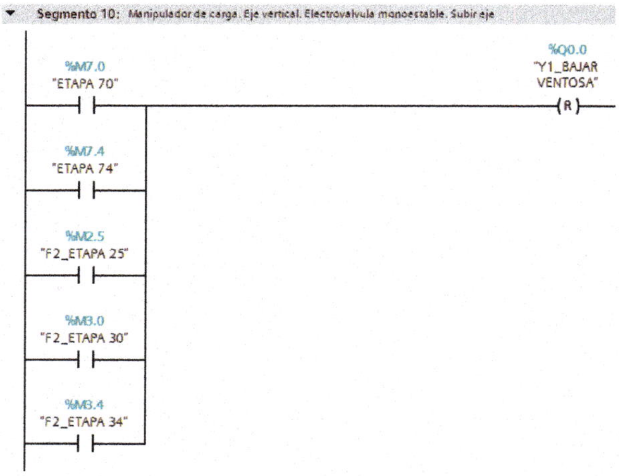

Fig. 8.122

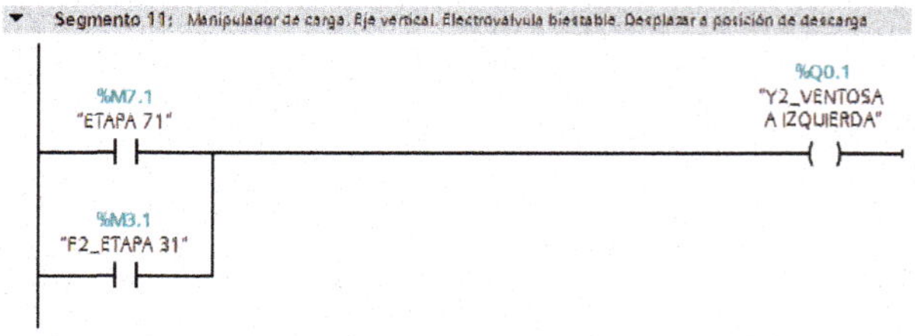

Fig. 8.123

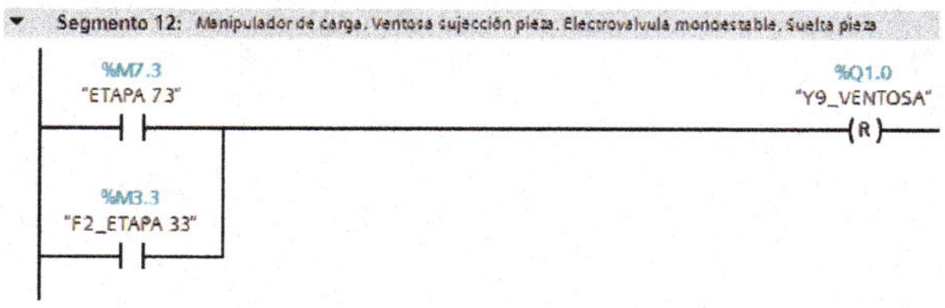

Fig. 8.124

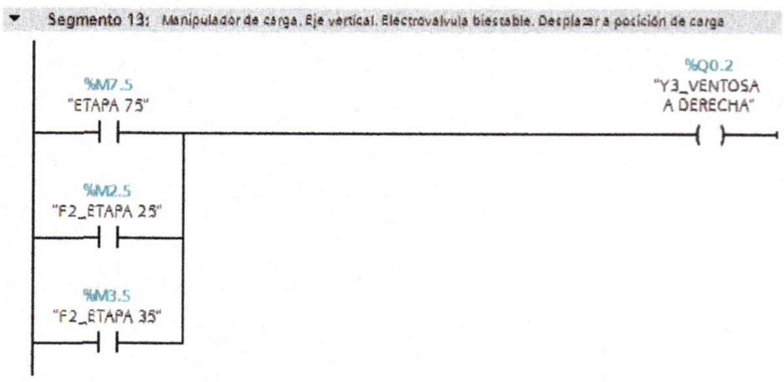

Fig. 8.125

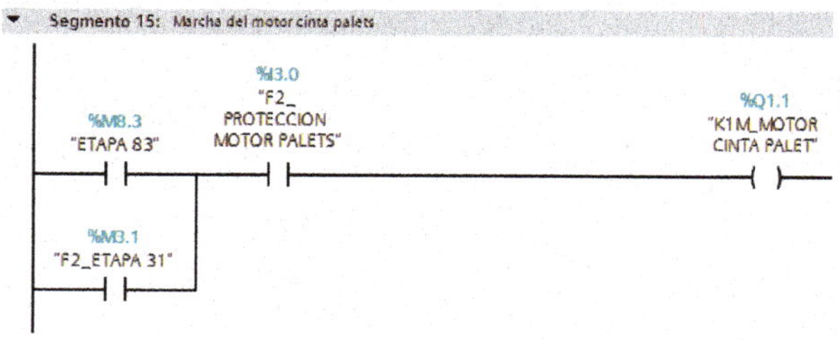

Fig. 8.126

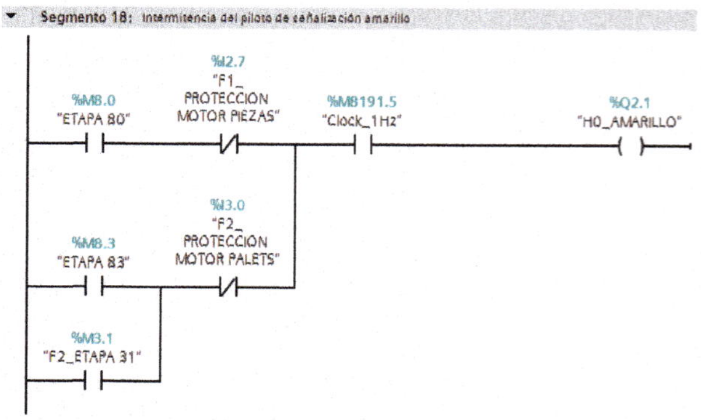

Fig. 8.127

La indicación luminosa intermitente en el piloto verde de la baliza indica que el Estado F2 está activado.

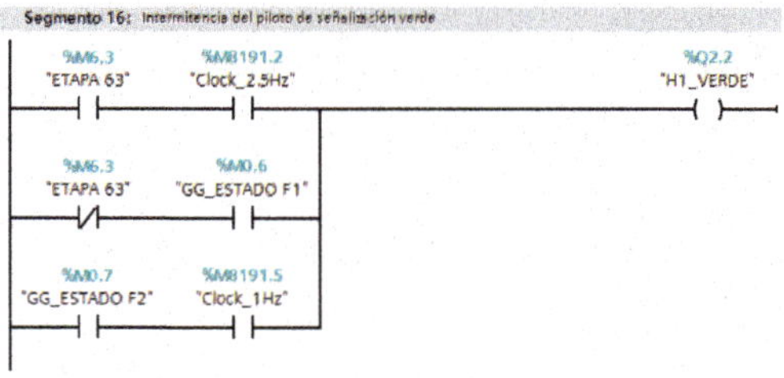

Fig. 8.128

- **Guía Gemma con el Estado F2**

Para la implementación del estado F2 **Marcha de preparación** de la guía Gemma, indica que a este Estado F2 se puede acceder tan solo desde el Estado A1 cuando se cumpla la orden de marcha del sistema.

Una vez que hayamos pasado al Estado F2, se ejecutará el Grafcet para dejar preparado el proceso, poder pasar al Estado F1 y arrancar la producción normal.

La condición para pasar del estado F2 al estado F1 es que el Grafcet asociado al Estado F2 haya finalizado, es decir, que se haya vuelto a conectar su etapa inicial. Por tanto, para dicha condición tan solo hace falta poner un contacto con flanco positivo de su etapa inicial, en este caso la etapa 20 (M2.0).

GENÉRICO

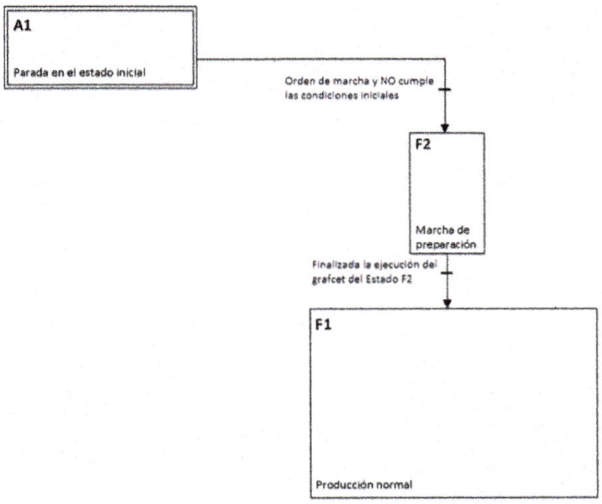

Fig. 8.129

APLICADO

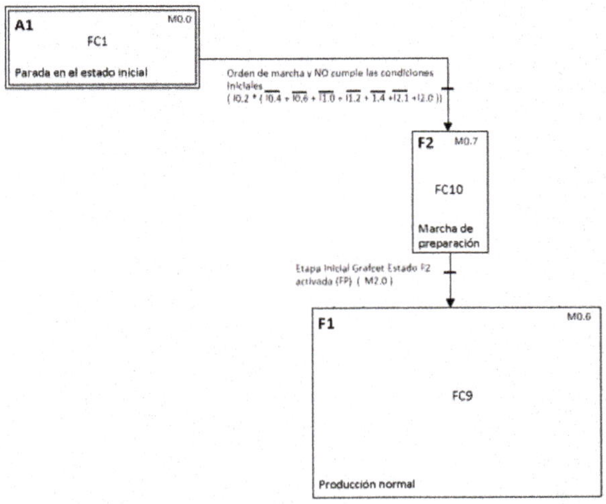

Fig. 8.130

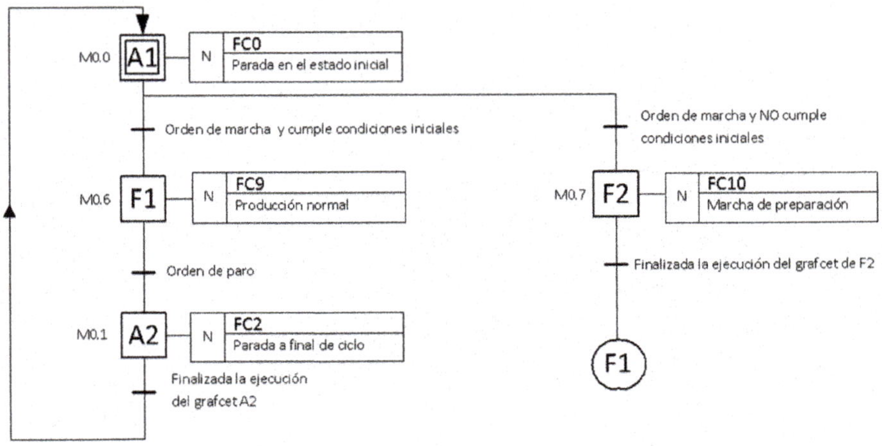

Fig. 8.131

A continuación, podemos ver que la guía Gemma presentada, más los estados anteriormente explicados, se puede representar como un Grafcet y, por tanto, desarrollar como tal.

- **Programa en el FC0 GUIA GEMMA**

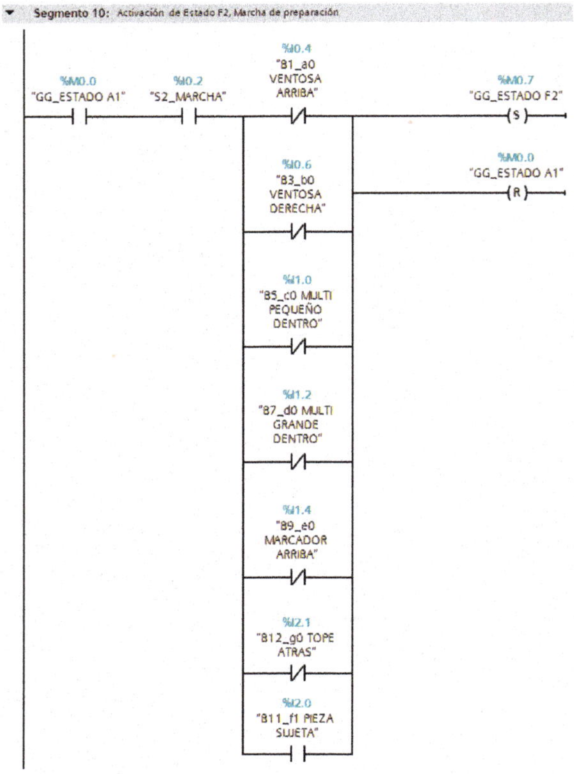

Fig. 8.132

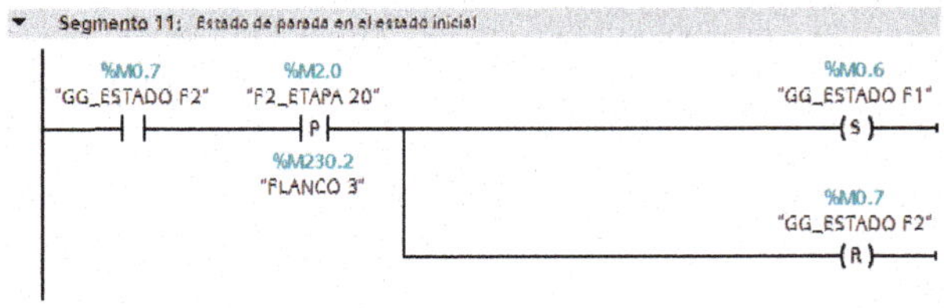

Fig. 8.133

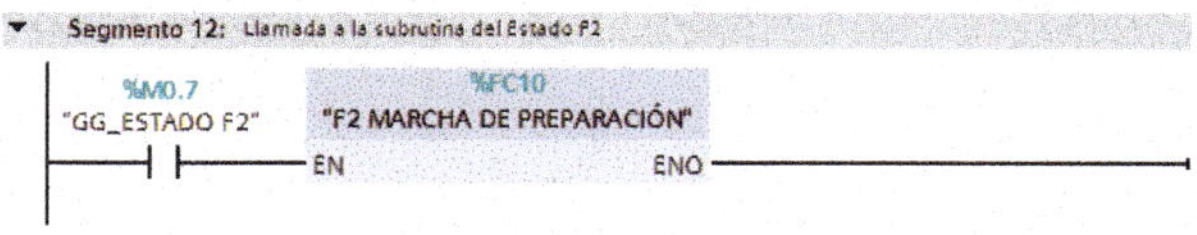

Fig. 8.134

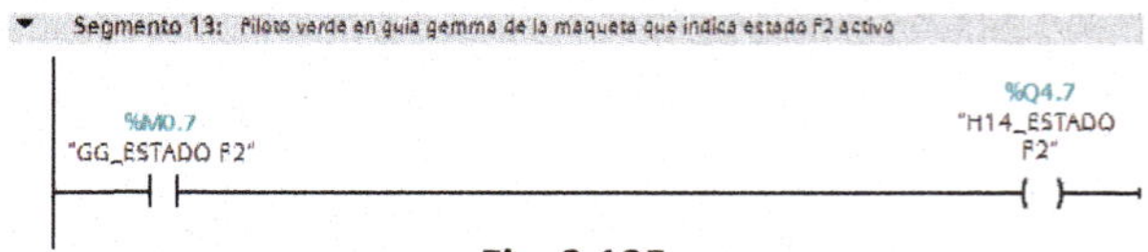

Fig. 8.135

- **Comprobación del funcionamiento del estado F2**

Para poder comprobar el funcionamiento, debemos primero transferir el programa al simulador PLCSim. A continuación, hemos de abrir el simulador 3D.

Pulsaremos el botón **CONTROL PROCESO**, el botón **GUIA GEMMA** y el de **REGISTROS**. Con ello se nos abrirán los tres paneles que necesitamos para poder probar el ejercicio.

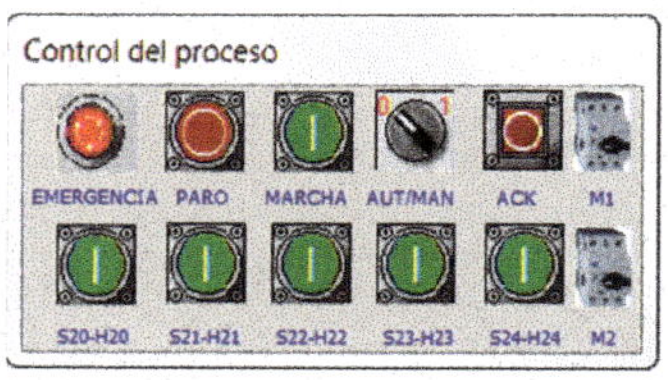

Fig. 8.79

Fig. 8.80

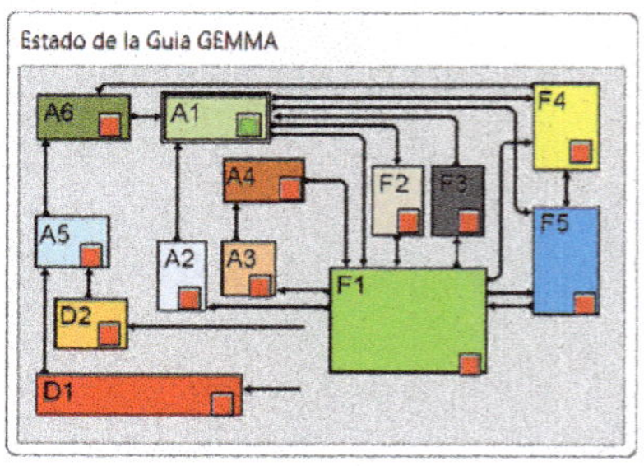

Fig. 8.101

Procederemos igual que en la comprobación del Estado F1:

- Por lo tanto, primero indicaremos los valores en los pedidos de producción del panel **REGISTROS**.
- Estando en el Estado A1, accionaremos el pulsador **MARCHA**, con lo cual entraremos al Estado F1.
- Debemos pasar el PLCSIM de RUN a STOP y después pasarlo de nuevo a RUN en cualquier momento de funcionamiento del proceso, por ejemplo, cuando el brazo de la ventosa empiece a irse hacia la izquierda y el cilindro marcador esté abajo.
- Con ello, habremos conseguido que el proceso se quede en condiciones no iniciales.
- Estando en el Estado A1, accionaremos de nuevo el pulsador **MARCHA**, de modo que, al no estar en condiciones iniciales, la guía Gemma entrará en el Estado F2 y se mostrará en verde su piloto asociado H14_ESTADO F2 (Q4.7).
- Podremos comprobar que se ejecutará el Grafcet F2, con lo cual todo el sistema dejará el proceso preparado para iniciar la producción de forma automática y ordenada para evitar posibles choques mecánicos.
- Al acabar la ejecución del Grafcet de F2, automáticamente entraremos en el Estado F1 y se pondrá en funcionamiento el proceso de producción normal.

8.2.4 Guía Gemma del Estado F5 (Marcha de verificación con orden)

En el Estado F5, según la guía Gemma, «La máquina realiza el ciclo completo, a petición de órdenes manuales del operador». Por tanto, será el mismo funcionamiento que en el Estado F1, con la diferencia de que el operador irá controlando mediante un pulsador cada uno de los cambios de etapa.

Recuerda • • •

El estado F5 es el estado de la guía Gemma que permite manipular el proceso de forma que su funcionamiento se realice paso a paso después de una orden dada por el operario.

- **Condiciones de funcionamiento del Estado F5**

Implementaremos en cada receptividad de las transiciones un pulsador, en nuestro caso el pulsador de marcha. Este pulsador lo programaremos mediante un flanco positivo, ya que de esta forma controlaremos que al pulsar pase a funcionar la etapa siguiente.

De ello deducimos que podemos implementar este pulsador en la receptividad de la transición de dos formas diferentes:

- **Como condición en Y**: cuando sea necesario que se cumplan todas las condiciones antes de pasar a la siguiente etapa. Por ejemplo, no poder realizar la acción de sujetar la pieza si no existe pieza a sujetar en el lugar de carga, o no realizar la orden de liberar la pieza si el palet no se encuentra en la posición correcta de descarga.

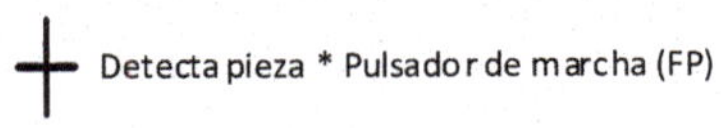

- **Como condición en O:** cuando NO sea necesario que se cumplan todas las condiciones antes de pasar a la siguiente etapa. Por ejemplo, si estamos realizando pruebas de puesta en marcha de un proceso de llenado de bidones con líquido y, por tanto, no sea necesario llenar el bidón al máximo para pasar a la siguiente etapa.

- **Diseño del Grafcet del Estado F5**

En nuestro caso, utilizaremos el mismo Grafcet que tenemos en el bloque FC9 (Estado F1) o en el FC13 (Estado F5) y añadiremos en cada transición el pulsador de marcha con un flanco positivo. Es **muy importante** poner una marca diferente en cada flanco, porque en caso contrario el programa puede no funcionar correctamente.

No siempre será necesario colocar en todas las transiciones el pulsador para el paso a la siguiente etapa, por ejemplo, en los casos en el que ya existe una intervención manual por parte del operario. En nuestro caso sería en:

- La activación de la etapa 41 y de la 65.
- Las transiciones de entrada y salida de la etapa 63.
- Las transiciones de entrada y salida de la etapa 64.
- Los Grafcet de los motores de las cintas de transporte.

- **Programa del diseño Grafcet correspondiente al Estado F5**

A continuación, se muestra un ejemplo de cómo quedaría la receptividad de una transición dentro del programa:

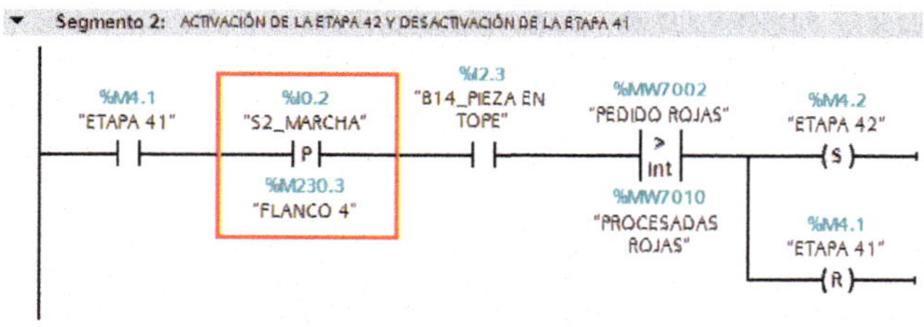

Fig. 8.136

Donde el pulsador **S2_MARCHA** se utiliza también para dar la orden de paso a la siguiente etapa. Es decir que, si se cumplen las condiciones, en este caso si:

- existe pieza en el tope (I2.3) y
- el pedido de piezas rojas (MW7002) es mayor que el de piezas rojas procesadas (MW7010),

esperará la orden de paso a la siguiente etapa mediante la activación del pulsador de marcha (I0.2). Esta activación se asocia a un flanco positivo para asegurar que tan solo sea válida para esta transición y ningún caso pueda provocar el paso a varias etapas de forma consecutiva con una única pulsación.

Como la técnica utilizada es la de copiar íntegramente el programa del bloque FC9 en el bloque FC13, donde únicamente la diferencia es que se añade en cada transición la condición de la pulsación con flanco del pulsador de marcha, cuando se pasa del Estado F1 al F5, se deja de ejecutar el bloque FC9 (F1), se pasa a ejecutar el bloque FC13 (F5) y las marcas que se encontraban activadas en el bloque FC9 permanecen activas en el bloque FC13. Esto hace que, si en el bloque FC9 se encontraba activada, por ejemplo, la etapa 8, al pasar a ejecutarse el bloque FC13, seguirá activada la etapa 8 y por tanto el control manual lo realizará el operario a partir de esa etapa.

Colocar el pulsador de marcha con el flanco en cada uno de los segmentos menos en:

- la activación de la etapa 41 y de la 65,
- las transiciones de entrada y salida de la etapa 63,
- las transiciones de entrada y salida de la etapa 64,
- los Grafcet de los motores de las cintas de transporte.

Para el correcto funcionamiento, es muy importante poner en cada uno de los flancos una marca diferente.

Hemos de programar en el FC20 (S_SALIDAS) la indicación luminosa en el piloto azul de la baliza que indica que el Estado F5 está activado.

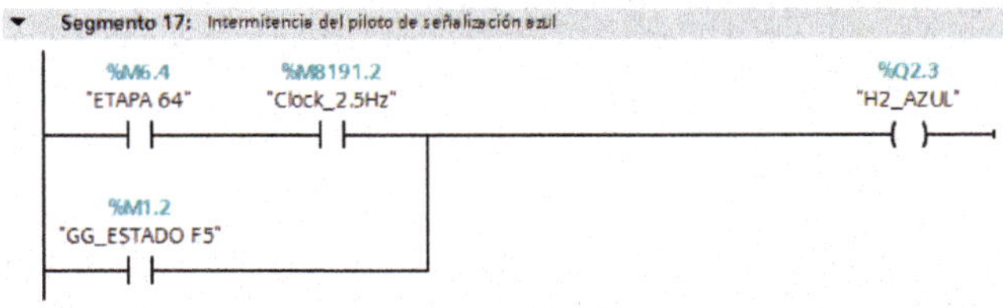

Fig. 8.137

- **Guía Gemma con el Estado F5**

Para la implementación del estado F5 **Marcha de verificación con orden** de la guía Gemma, más conocido como **Funcionamiento paso a paso** en el PLC, nos fijaremos en la guía Gemma general representada en el apartado 8.1.2. En ella se observa que hay diferentes formas de acceder a su ejecución y en este caso trabajaremos las representadas en la siguiente figura:

GENÉRICO

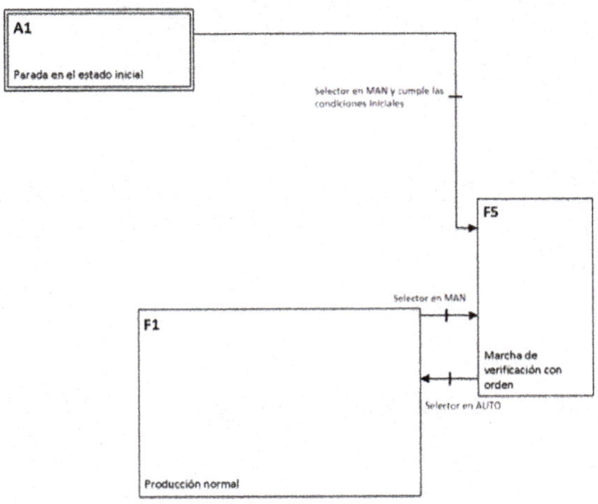

Fig. 8.138

APLICADO

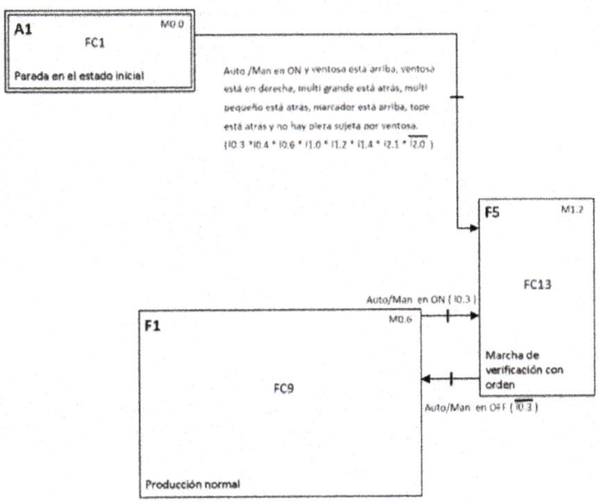

Fig. 8.139

Son las siguientes:

- Desde el Estado A1 pasaremos al Estado F5 si, cumpliéndose las condiciones de inicio, tenemos en la posición de **MAN** el selector AUT/MAN.
- Si nos encontramos en el Estado F1, podemos pasar y retornar en el momento que se estime conveniente con tan solo colocar en la posición **MAN** el selector AUT/MAN.

Otra forma de salir del estado F5, y que aquí aún no se ha contemplado, es para dirigirse al Estado F4, tal como se indica en la guía Gemma general representada en el apartado 8.1.2.

A continuación, añadimos al Grafcet de la guía Gemma el Estado F5, que quedará:

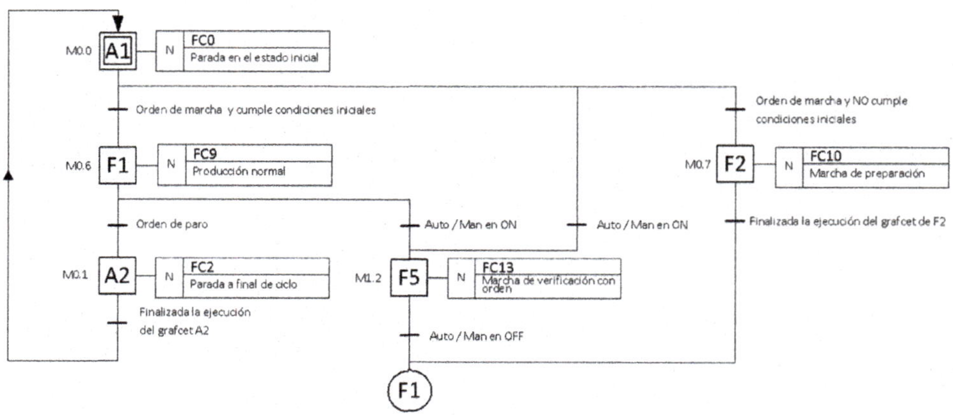

Fig. 8.140

Ahora, y tal como hemos indicado anteriormente, cuando estén activados cada uno de los estados de la guía Gemma, tendremos activado un piloto en el panel de la guía Gemma del simulador 3D. En este caso hemos añadido el del Estado F5.

- **Programa en el FC0 GUIA GEMMA**

El programa que debemos añadir al bloque FC0 GUIA GEMMA para que quede implementado el Estado F5 con las entradas y salidas indicadas con los Estados A1 y F1 es el siguiente:

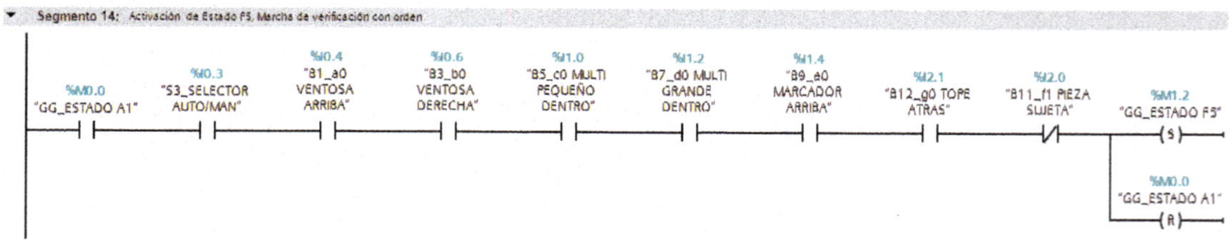

8.141

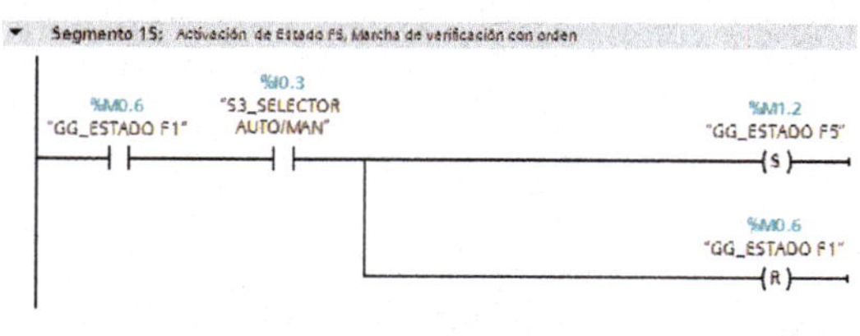

Fig. 8.142

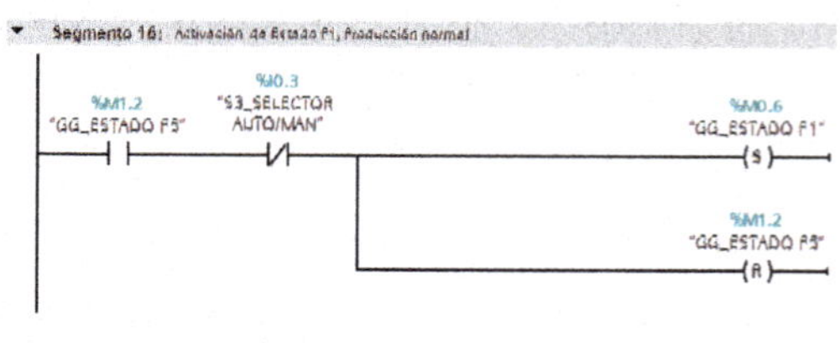

Fig. 8.143

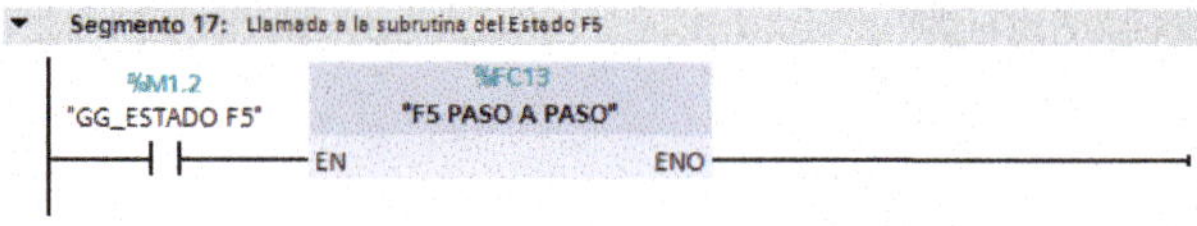

Fig. 8.144

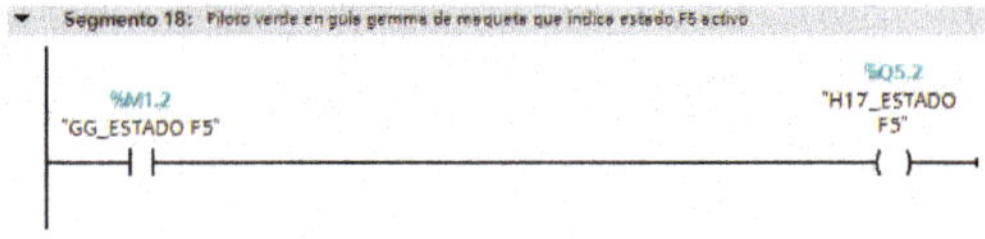

Fig. 8.145

Una vez realizado el programa, ya podemos probar su funcionamiento, visualizar el estado de la guía Gemma en el panel **Estado de la guía Gemma** y actuar con los pulsadores del panel **Control del proceso**.

- **Comprobación del funcionamiento del estado F5**

Para poder comprobar el funcionamiento, debemos primero transferir el programa al simulador PLCSim y, a continuación, abrir el simulador 3D. Una vez abierto, abriremos los paneles **CONTROL PROCESO**, **GUÍA GEMMA** y **REGISTROS**.

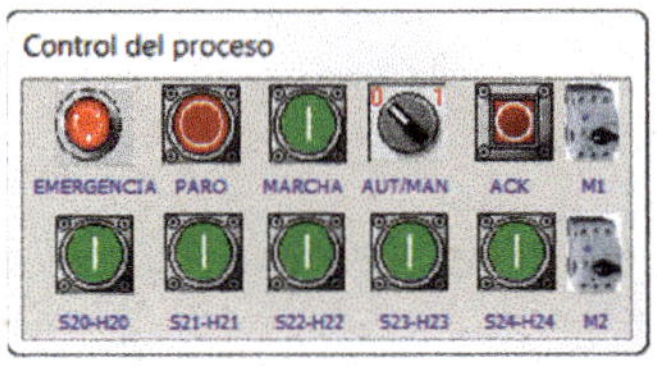

Fig. 8.79

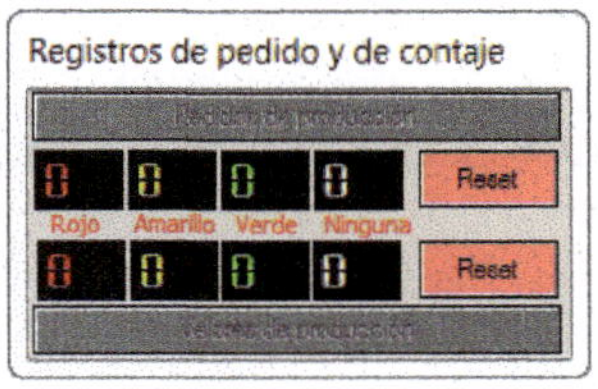

Fig. 8.80

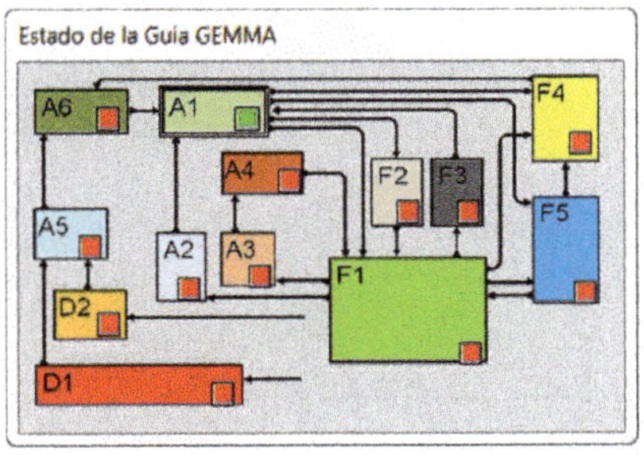

Fig. 8.101

Procederemos igual que en la comprobación del Estado F1:

- Primero introduciremos los valores en los pedidos de producción del panel **REGISTROS**.
- Cuando estemos en el Estado A1, accionaremos el pulsador **MARCHA**, con lo que entraremos al Estado F1 y empezará a funcionar el proceso.
- En cualquier momento activaremos el selector AUTO/MAN, de modo que se activará el Estado F5 y se desactivará el F1, mostrando en verde su piloto asociado H17_ESTADO F5 (Q5.2).
- Comprobaremos que el Grafcet está en pausa. A partir de ese momento, para provocar el siguiente movimiento tendremos que accionar el pulsador **MARCHA**.
- En el momento que queramos que siga funcionando el ciclo en Producción normal, desactivaremos el selector AUTO/MAN, con lo cual se activará el Estado F1 y se desactivará el F5.
- Podemos entrar también en el Estado F5 si, estando en el Estado A1 y cumpliéndose las condiciones iniciales, activamos el selector AUTO/MAN.

8.2.5 Guía Gemma de los Estados A3 (Parada a un estado determinado) y A4 (Parada obtenida)

Según la guía Gemma, el Estado A3 es un estado transitorio en el que la máquina ha de producir hasta llegar a un estado diferente del estado inicial. Por tanto, previamente a incluir el programa del Estado A3, hemos de decidir en qué estado se desea que se encuentre el proceso cuando el operador dé la orden de parada en ese estado. En ese momento, el proceso continuará funcionando con total

Recuerda • • •

Cuando se desea obtener una parada en un estado determinado del proceso, se utilizarán los estados A3 y A4 de la guía Gemma.

normalidad siguiendo el Grafcet de producción normal (F1) hasta que se alcance la posición decidida de parada.

- **Condiciones de funcionamiento de los Estados A3 y A4**

En este caso, y a modo de ejemplo, elegiremos una etapa correspondiente al funcionamiento del manipulador de carga (X46) y otra del manipulador grabador (X72). Lo que queremos es detener el proceso en la etapa X46 para comprobar que ha realizado correctamente el marcado en la caja, y también en la etapa X72 para comprobar si la pieza se va a situar correctamente sobre el palet.

Para provocar la detención del Grafcet de producción en esas etapas, añadiremos en las receptividades de las dos transiciones siguientes a las etapas la marca especial M8190.3 (Always False) que vale siempre 0.

Por lo tanto, en el bloque FC3, asignado para el Estado A3, copiaremos el Grafcet que hay en el FC9 (Estado F1) y modificaremos los dos segmentos del Grafcet grabador-carga de las etapas siguientes a las consideradas de paro, la X46 y X72, es decir la X47 y la X73. Quedará de la siguiente forma:

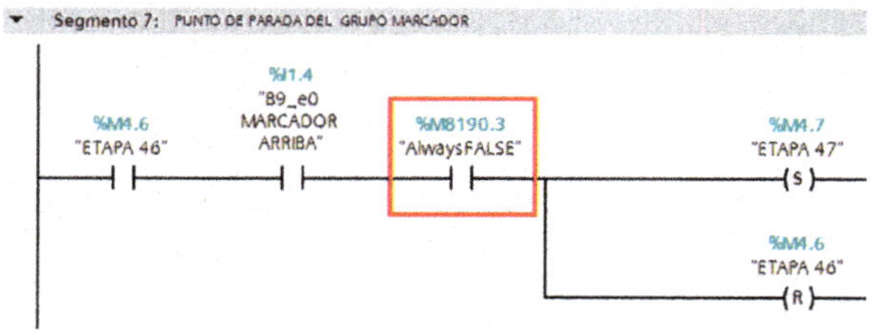

Fig. 8.146

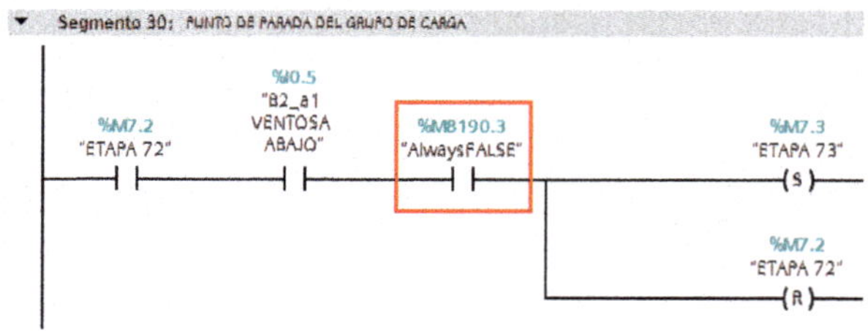

Fig. 8.147

Sin embargo, en el bloque FC5, correspondiente al Estado A4, no habría que programar nada. No obstante, en el caso de que se considere que los motores pudieran estar en funcionamiento, deberíamos programar aquí su parada para poder realizar con seguridad las comprobaciones en la máquina.

Hemos de modificar el programa en el FC20 (S_SALIDAS) para poner la indicación luminosa del funcionamiento del Estado A3. El piloto azul de la baliza funcionará de forma intermitente lenta.

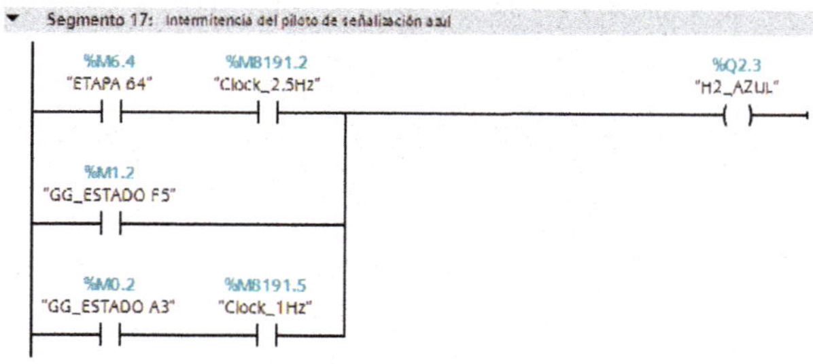

Fig. 8.148

Por otro lado, el funcionamiento del Estado A4 se indicará con el funcionamiento simultaneo fijo del piloto verde y con el piloto azul funcionando de forma intermitente lenta.

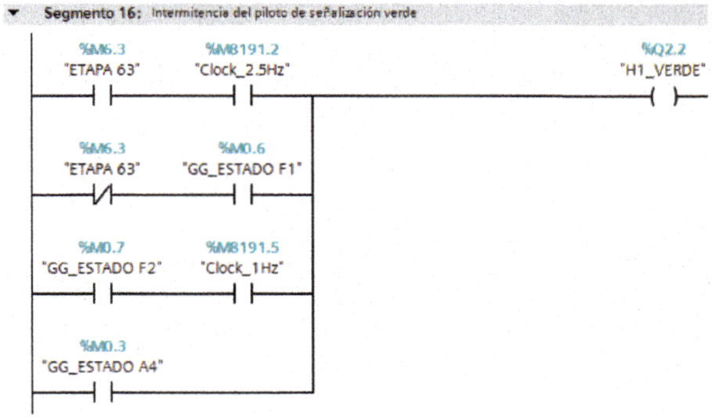

Fig. 8.149

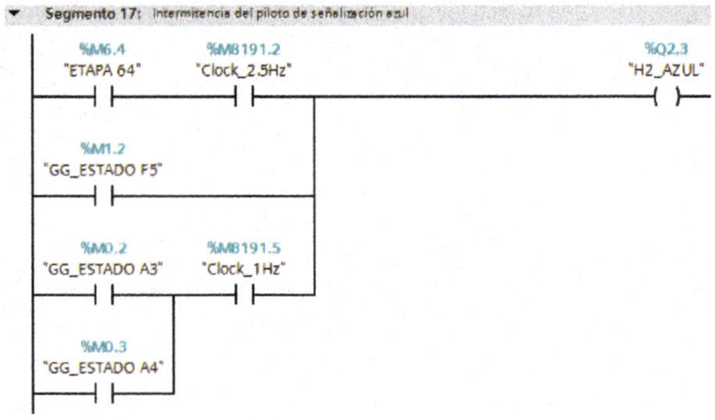

Fig. 8.150

- **Guía Gemma con los estados A3 y A4**

Para la implementación de los estados A3 **Parada a un estado determinado** y A4 **Parada obtenida** de la guía Gemma en el PLC, nos fijaremos en la guía Gemma general representada en el apartado 8.1.2. En ella se observa que la relación entre estos estados es la siguiente:

GENÉRICO

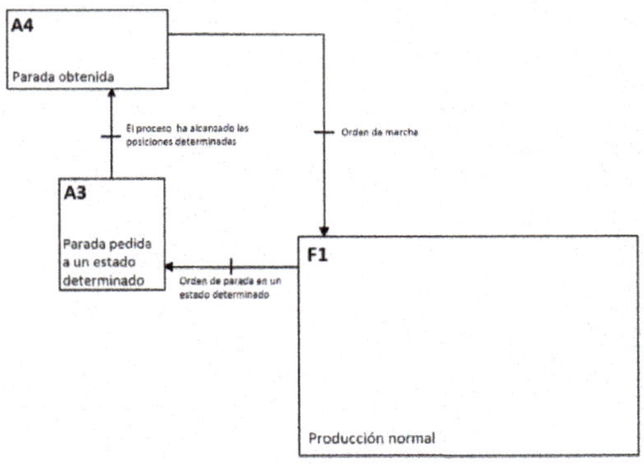

Fig. 151

APLICADO

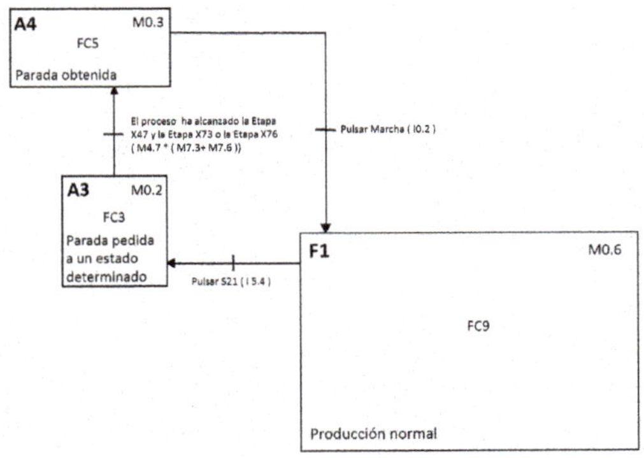

Fig. 8.152

- En este caso, el acceso al Estado A3 será desde el Estado F1 accionando el pulsador S21.
- El acceso al Estado A4 se hará de forma automática, cuando en el Grafcet se encuentre activada la etapa X46 y la etapa X72 o la X76, etapas que se han seleccionado para que el funcionamiento del proceso se detenga. Entonces se activará el Estado A4 y se desactivará el Estado A3. Al no evolucionar el Grafcet en este Estado A3, las etapas X46 y X72 o X76 se mantendrán activadas.
- Cuanto la guía Gemma se encuentre en el Estado A4, realizaremos las comprobaciones pertinentes en el proceso y cuando hayamos finalizado esas comprobaciones, podremos accionar el pulsador de marcha. En ese momento se volverá a activar el Estado A1, y al encontrarse activadas las etapas X47 y X73 o X76, el proceso seguirá a partir de ellas.

A continuación, añadimos al Grafcet de la guía Gemma los nuevos estados incorporados, el Estado A3 y A4, de modo que quedará así:

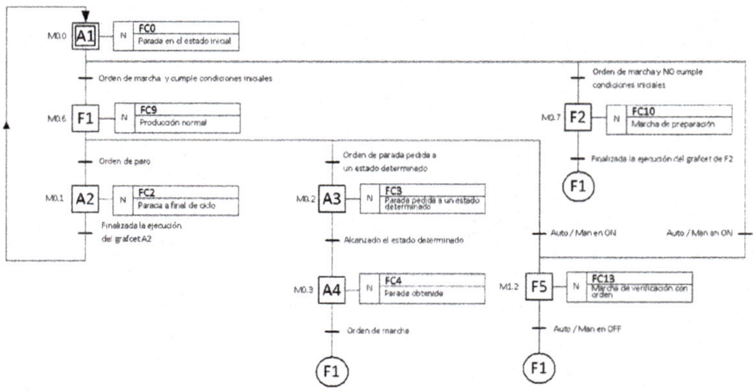

Fig. 8.153

Ahora, y tal como hemos indicado anteriormente, cuando estén activados cada uno de los estados de la guía Gemma, tendremos también activado un piloto en el panel de la guía Gemma del simulador 3D. En este caso hemos añadido el de los Estados A3 y A4.

- **Programa en el FC0 GUIA GEMMA**

El programa que debemos añadir al bloque FC0 GUIA GEMMA para que queden implementados los estados A3 y A4 con las entradas y salidas indicadas sería el siguiente:

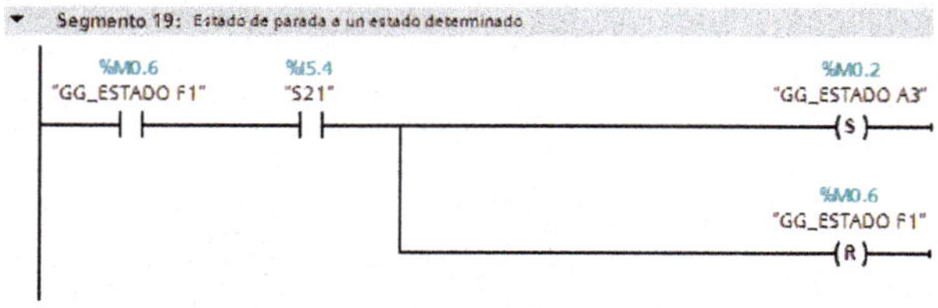

Fig. 8.154

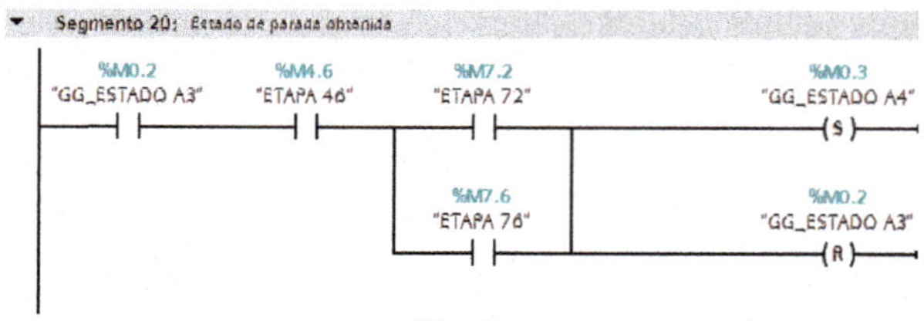

Fig. 8.155

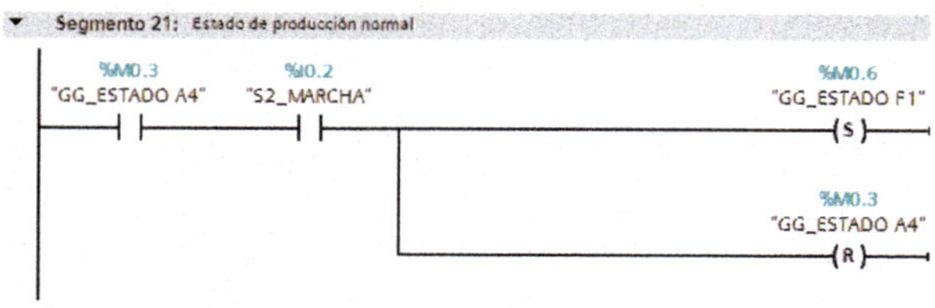

Fig. 8.156

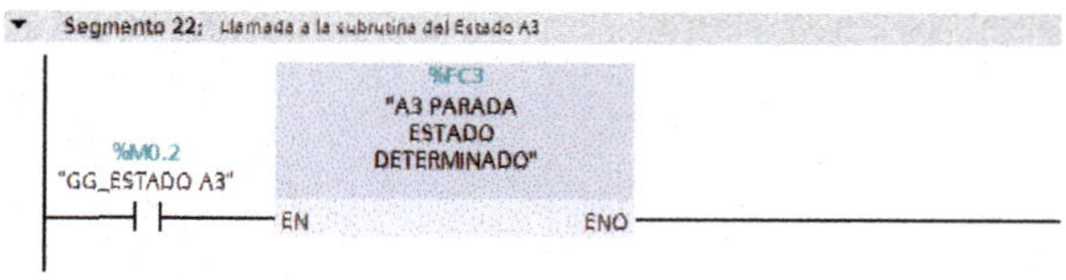

Fig. 8.157

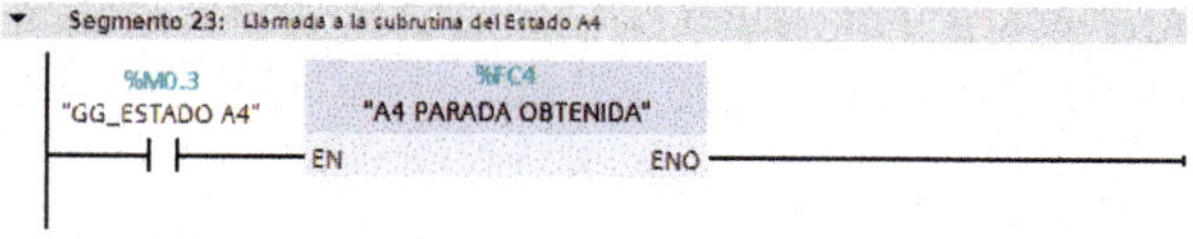

Fig. 8.158

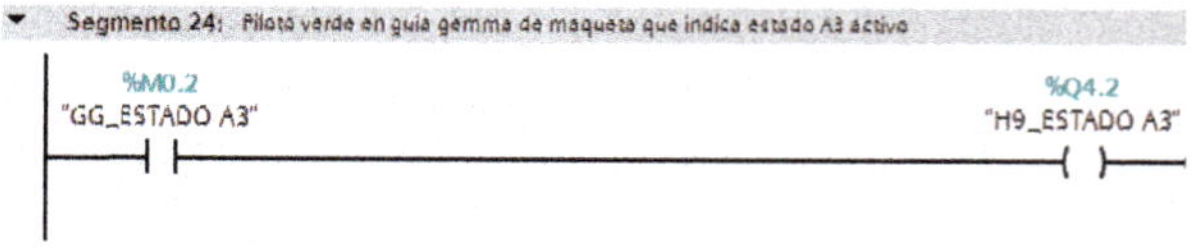

Fig. 8.159

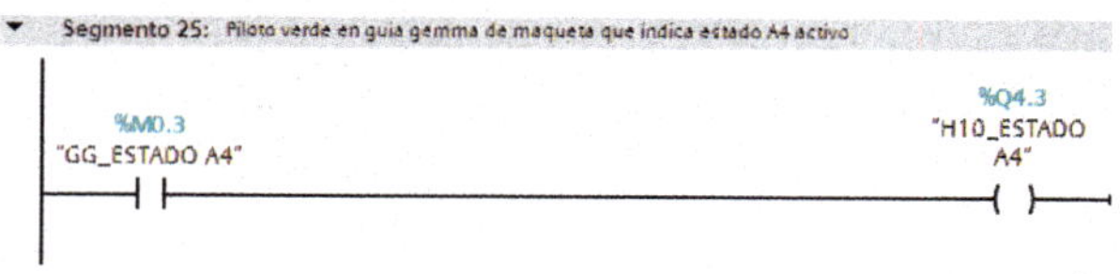

Fig. 8.160

- **Comprobación del funcionamiento del estado A3 y A4**

Para poder comprobar el funcionamiento, debemos primero transferir el programa al simulador PLCSim y, a continuación, abrir el simulador 3D. Una vez abierto, abriremos los paneles **CONTROL PROCESO**, **GUIA GEMMA** y **REGISTROS**.

Fig. 8.79

Fig. 8.80

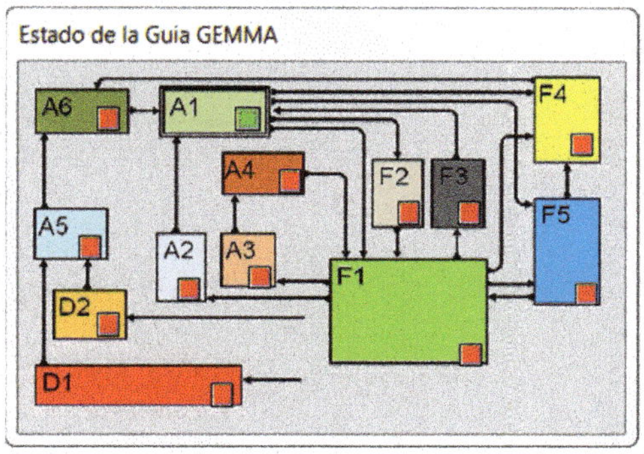

Fig. 8.101

Procederemos igual que en la comprobación del Estado F1:

- Primero introduciremos los valores en los pedidos de producción del panel REGISTROS.
- Estando en el Estado A1, accionaremos el pulsador MARCHA, con lo cual entraremos al Estado F1 y empezará a funcionar el proceso.
- En cualquier momento accionaremos el pulsador S21, de modo que se activará el Estado A3 y se desactivará el F1, mostrando en verde su piloto asociado H9_ESTADO A3 (Q4.2).
- El Grafcet seguirá evolucionando hasta llegar a los puntos de parada y en ese momento se activará el Estado A4 y se desactivará el Estado A3.
- Para que el Grafcet siga evolucionando, hemos de dar la orden de MARCHA, con lo que se activará el Estado F1 y se desactivará el A4.

8.2.6 Guía Gemma del Estado F3 (Marcha de cierre)

El Estado F3 **Marcha de cierre** corresponde al modo de vaciado de material, limpiado, etc., que muchas máquinas deben llevar a cabo antes de finalizar el ciclo de funcionamiento de la máquina o de cambiar algunas características del producto, conocido como cambio de formato.

Recuerda • • •

La guía Gemma contempla el tipo de parada llamado de cierre, que provocará la finalización de la producción cuando esta haya concluido totalmente.

- **Condiciones de funcionamiento del Estado F3**

En nuestro caso vamos a hacer que acabe el pedido que esté realizando en ese momento y, una vez finalizado, vacíe las piezas que quedan en la cinta de piezas, de forma que sean transportadas al palet sin ser marcadas por ningún color.

- **Diseño del Grafcet del Estado F3**

Para este caso, también reutilizaremos el programa introducido en el bloque FC9 Producción normal. Por tanto, copiaremos este programa en el bloque FC11 correspondiente al Estado F3 y realizaremos las cuatro modificaciones indicadas a continuación:

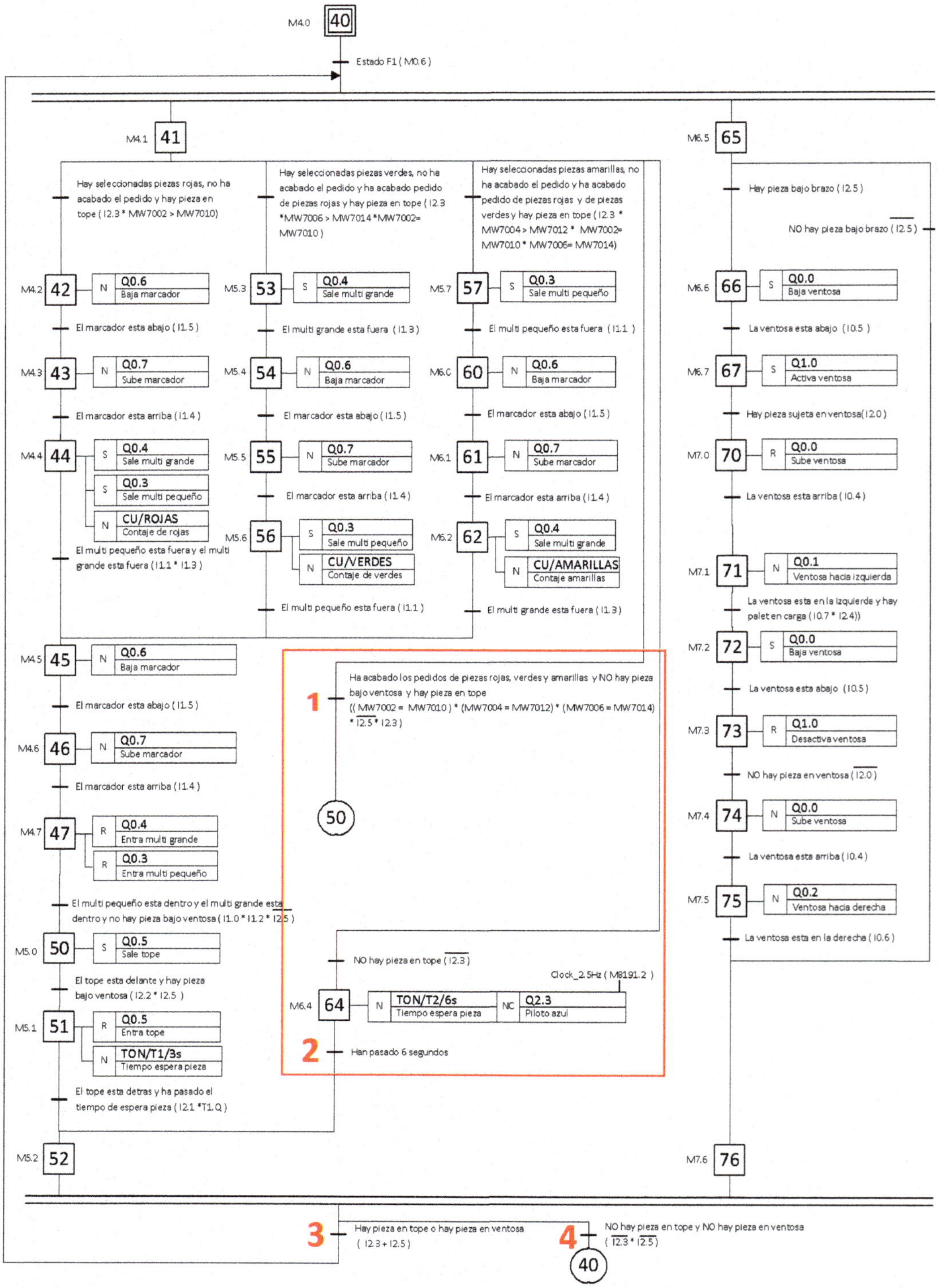
M4.0 40
Estado F1 (M0.6)
M4.1 41
Hay seleccionadas piezas rojas, no ha acabado el pedido y hay pieza en tope (I2.3 * MW7002 > MW7010)
Hay seleccionadas piezas verdes, no ha acabado el pedido y ha acabado pedido de piezas rojas y hay pieza en tope (I2.3 *MW7006 > MW7014 *MW7002= MW7010)
Hay seleccionadas piezas amarillas, no ha acabado el pedido y ha acabado pedido de piezas rojas y de piezas verdes y hay pieza en tope (I2.3 * MW7004 > MW7012 * MW7002= MW7010 * MW7006= MW7014)
M4.2 42 N Q0.6 Baja marcador
El marcador esta abajo (I1.5)
M4.3 43 N Q0.7 Sube marcador
El marcador esta arriba (I1.4)
M4.4 44 S Q0.4 Sale multi grande
S Q0.3 Sale multi pequeño
N CU/ROJAS Contaje de rojas
El multi pequeño esta fuera y el multi grande esta fuera (I1.1 * I1.3)
M5.3 53 S Q0.4 Sale multi grande
El multi grande esta fuera (I1.3)
M5.4 54 N Q0.6 Baja marcador
El marcador esta abajo (I1.5)
M5.5 55 N Q0.7 Sube marcador
El marcador esta arriba (I1.4)
M5.6 56 S Q0.3 Sale multi pequeño
N CU/VERDES Contaje de verdes
El multi pequeño esta fuera (I1.1)
M5.7 57 S Q0.3 Sale multi pequeño
El multi pequeño esta fuera (I1.1)
M6.0 60 N Q0.6 Baja marcador
El marcador esta abajo (I1.5)
M6.1 61 N Q0.7 Sube marcador
El marcador esta arriba (I1.4)
M6.2 62 S Q0.4 Sale multi grande
N CU/AMARILLAS Contaje amarillas
El multi grande esta fuera (I1.3)
M4.5 45 N Q0.6 Baja marcador
El marcador esta abajo (I1.5)
M4.6 46 N Q0.7 Sube marcador
El marcador esta arriba (I1.4)
M4.7 47 R Q0.4 Entra multi grande
R Q0.3 Entra multi pequeño
El multi pequeño esta dentro y el multi grande esta dentro y no hay pieza bajo ventosa (I1.0 * I1.2 * I2.5)
M5.0 50 S Q0.5 Sale tope
El tope esta delante y hay pieza bajo ventosa (I2.2 * I2.5)
M5.1 51 R Q0.5 Entra tope
N TON/T1/3s Tiempo espera pieza
El tope esta detras y ha pasado el tiempo de espera pieza (I2.1 *T1.Q)
M5.2 52
1
Ha acabado los pedidos de piezas rojas, verdes y amarillas y NO hay pieza bajo ventosa y hay pieza en tope
((MW7002 = MW7010) * (MW7004 = MW7012) * (MW7006 = MW7014) * I2.5 * I2.3)
50
NO hay pieza en tope (I2.3)
Clock_2.5Hz (M8191.2)
M6.4 64 N TON/T2/6s Tiempo espera pieza NC Q2.3 Piloto azul
2
Han pasado 6 segundos
M6.5 65
Hay pieza bajo brazo (I2.5)
NO hay pieza bajo brazo (I2.5)
M6.6 66 S Q0.0 Baja ventosa
La ventosa esta abajo (I0.5)
M6.7 67 S Q1.0 Activa ventosa
Hay pieza sujeta en ventosa(I2.0)
M7.0 70 R Q0.0 Sube ventosa
La ventosa esta arriba (I0.4)
M7.1 71 N Q0.1 Ventosa hacia izquierda
La ventosa esta en la izquierda y hay palet en carga (I0.7 * I2.4))
M7.2 72 S Q0.0 Baja ventosa
La ventosa esta abajo (I0.5)
M7.3 73 R Q1.0 Desactiva ventosa
NO hay pieza en ventosa (I2.0)
M7.4 74 N Q0.0 Sube ventosa
La ventosa esta arriba (I0.4)
M7.5 75 N Q0.2 Ventosa hacia derecha
La ventosa esta en la derecha (I0.6)
M7.6 76
3
Hay pieza en tope o hay pieza en ventosa (I2.3 + I2.5)
4
NO hay pieza en tope y NO hay pieza en ventosa (I2.3 * I2.5)
40

Fig. 8.161a

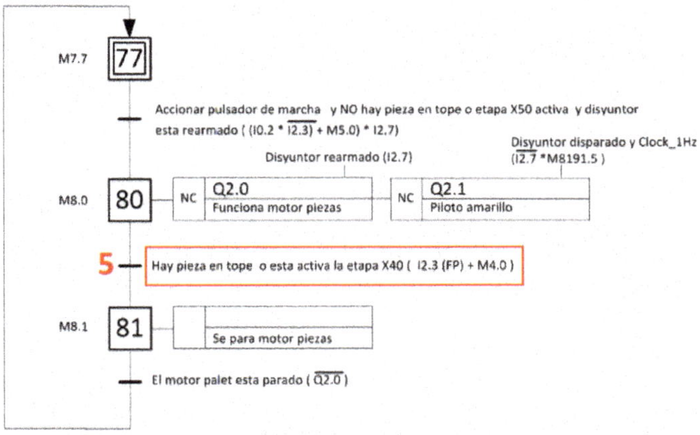

Fig. 8.161b

- **Programa del diseño Grafcet correspondiente al Estado F3**

Las modificaciones a realizar en el programa, y que se han numerado y marcado con recuadros de color rojo en las figuras anteriores, son las siguientes:

1) Cuando se ha acabado el pedido de piezas, activará el Grafcet a partir de la etapa X50, y se saltará el proceso de marcado, del que tan solo funcionarán los topes para ir dejando pasar las piezas sin marcar hasta la zona de carga.

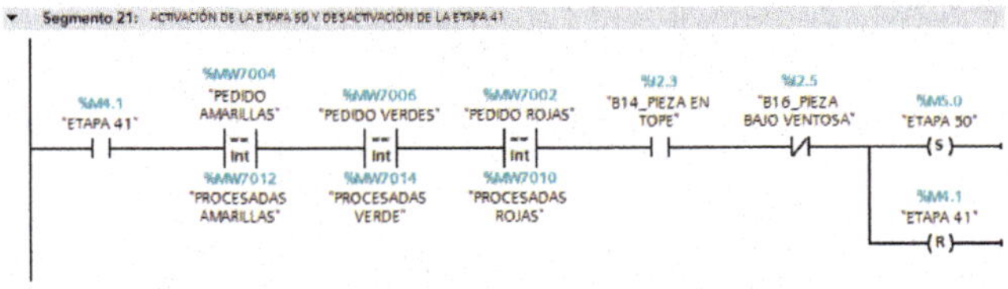

Fig. 8.162

2) En este caso, ya no necesitamos el ACK, ya que cuando no existan piezas delante del tope, de forma automática se dará por finalizado el ciclo sin que tenga que intervenir el operador. Tenemos un pequeño intervalo de 6 segundos para dar tiempo a que se posicionen las piezas que pueda haber en la cinta.

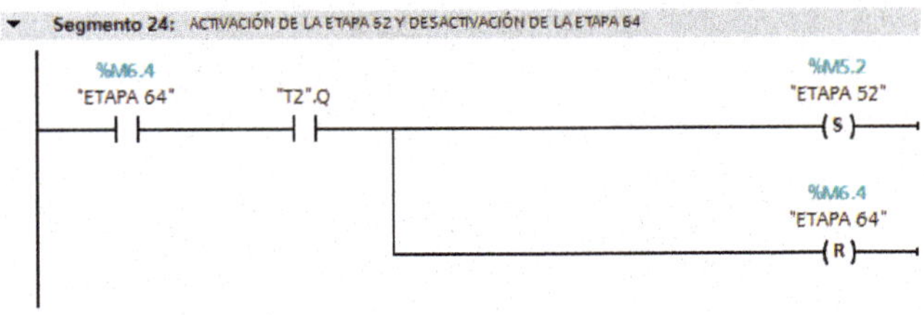

Fig. 8.163

Al acabar los procesos simultáneos, el sistema comprobará si hay piezas delante del tope y si hay piezas en zona de carga (transición con nota 3 y 4 en la figura anterior del Grafcet de producción).

3) Si hay piezas delante del tope o si hay piezas en la zona de carga, el sistema volverá a activar el proceso simultáneo para ir pasando las piezas sin marcar desde la cinta de piezas hasta situarlas sobre el palet.

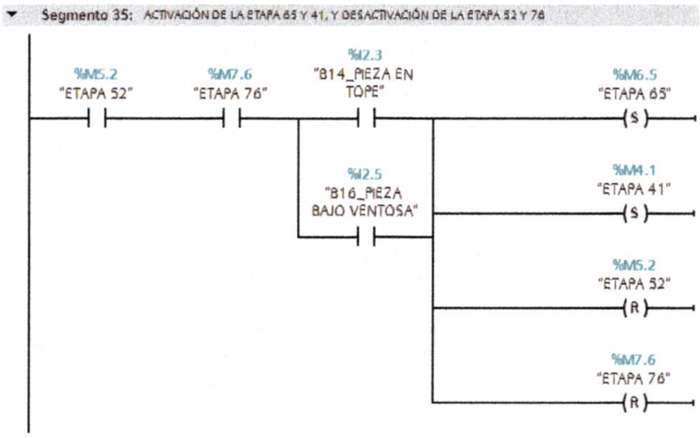

Fig. 8.164

4) Si no hay piezas delante del tope y si no hay piezas en zona de carga, esto indicará que no hay piezas en el sistema. Por tanto, se activará la etapa inicial del Grafcet del conjunto de carga y de marcador, y se dará por finalizado el proceso.

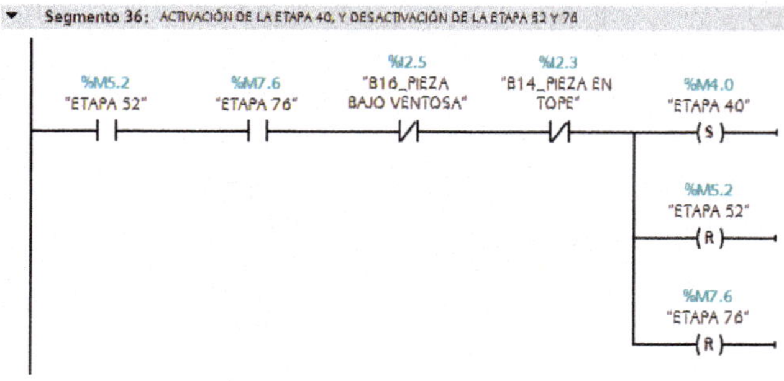

Fig. 8.165

5) Al activarse la etapa X40, provocará que se active la etapa inicial del Grafcet del motor cinta de piezas. Por último, cuando el palet se posicione sobre la zona de carga, se activará la etapa inicial del Grafcet de motor de palets y, por tanto, al estar los tres Grafcet en la etapa inicial, la guía Gemma pasará del Estado F3 al Estado A1.

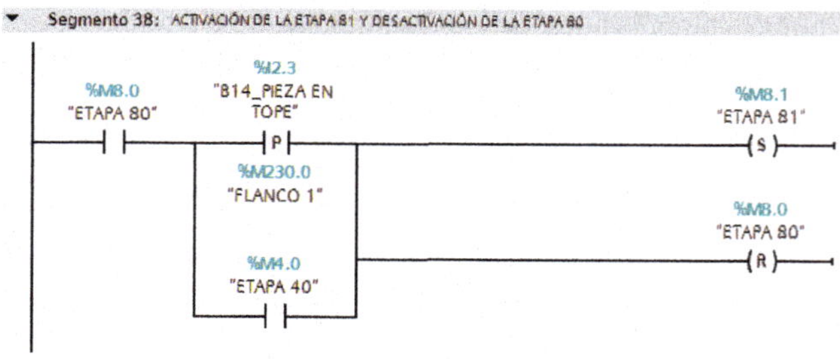

Fig. 8.166

En el FC 21 T_TEMPORIZADORES también debemos añadir el siguiente segmento que corresponde con el temporizador para el tiempo de espera máximo cuando ya no existan piezas en la cinta.

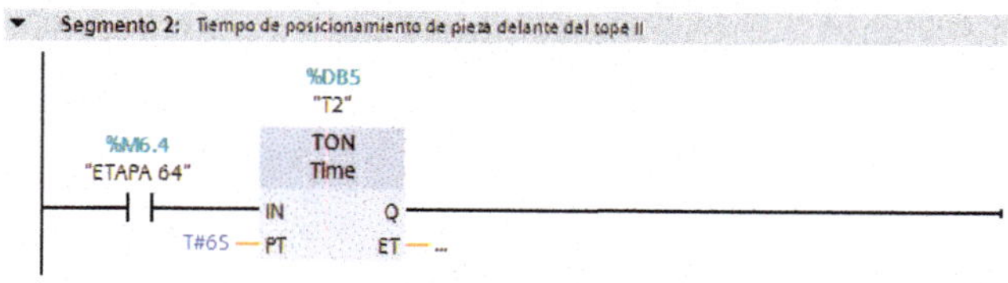

Fig. 8.167

En el FC20 S_SALIDAS el funcionamiento del Estado F3 se indicará en la baliza luminosa activando simultáneamente el piloto verde de forma fija y el piloto rojo de forma intermitente.

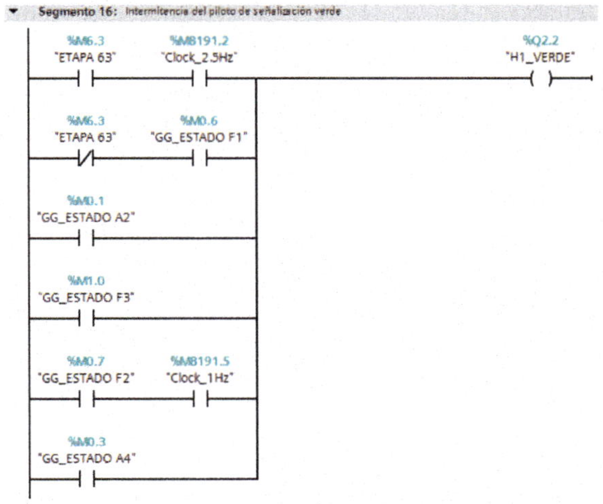

Fig. 8.168

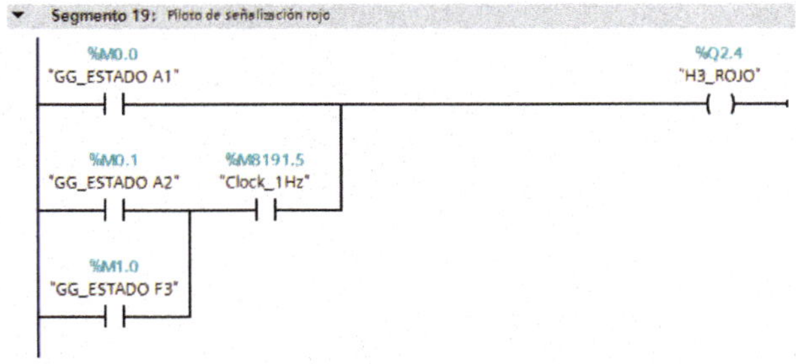

Fig. 8.169

- **Guía Gemma con el estado F3**

Para la implementación del estado **F3 Marcha de cierre** de la guía Gemma en el PLC, nos fijaremos en la guía Gemma general representada en el apartado 8.1.2. En ella se observan las diferentes transiciones de activación y desactivación de este estado, y que quedan así:

GENÉRICO

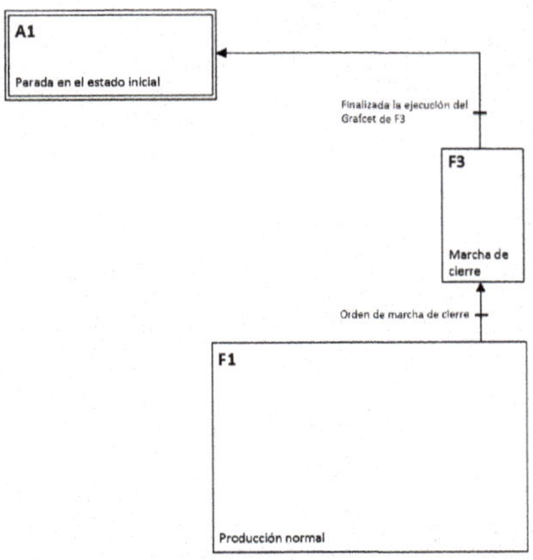

Fig. 8.170

APLICADO

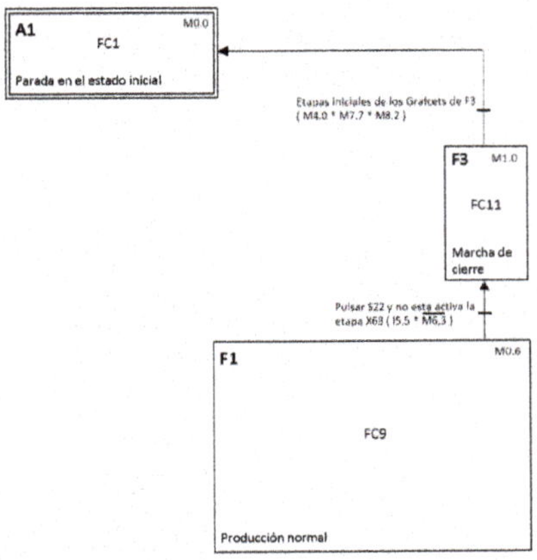

Fig. 8.171

- Observamos que podemos pasar del Estado F1 al Estado F3 accionando el pulsador S22, siempre que no esté activa la etapa X63. Esto tiene una explicación lógica. En el Grafcet ya modificado en el FC11 hemos eliminado la etapa X63, por lo tanto, si en el momento de pasar del Estado F1 al estado F3 el Grafcet encontrara esa etapa activa, el Grafcet en el estado F3 se nos quedaría bloqueado.
- Por otro lado, para pasar del Estado F3 al Estado A1, han de estar activas las etapas iniciales de los tres Grafcet del F3. Esas etapas iniciales son las mismas que teníamos en el F1.

A continuación, añadimos al Grafcet de la guía Gemma el nuevo estado incorporado, el Estado F3, con lo que quedaría así:

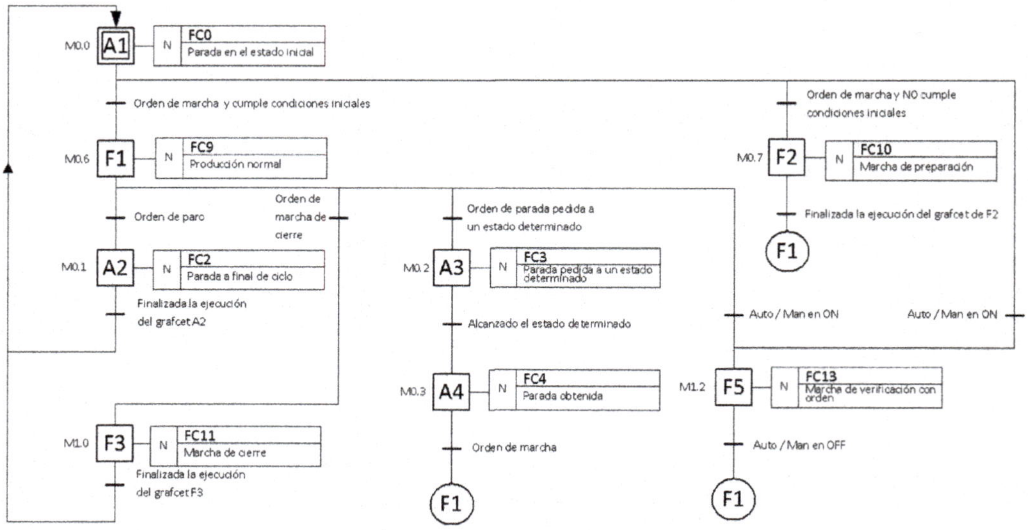

Fig. 8.172

El programa que debemos añadir al bloque FC0 GUIA GEMMA para que quede implementado el estado F3 con las entradas y salidas indicadas sería el siguiente:

- **Programa en el FC0 GUIA GEMMA**

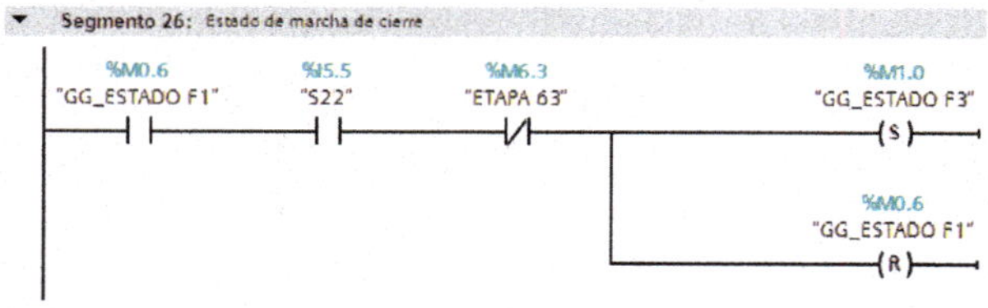

Fig. 8.173

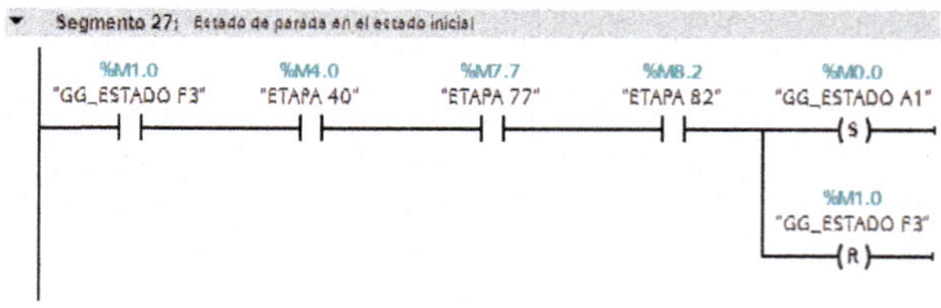

Fig. 8.174

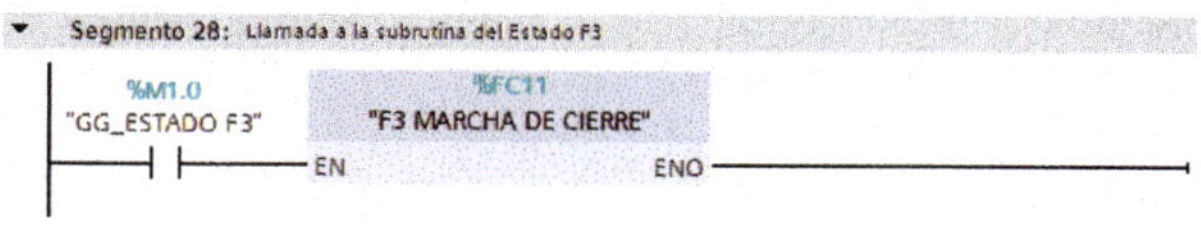

Fig. 8.175

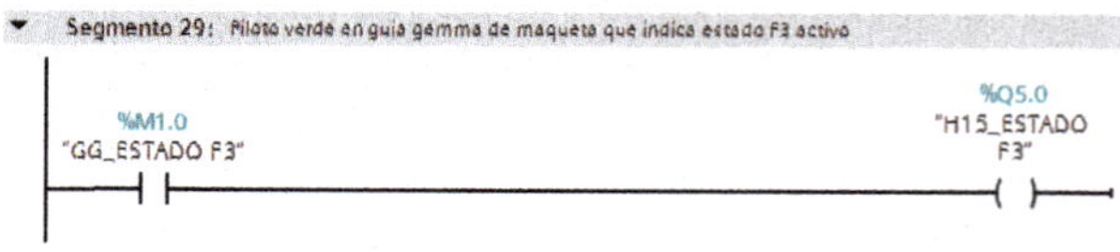

Fig. 8.176

- **Comprobación del funcionamiento del estado F3**

Para poder comprobar el funcionamiento, debemos primero transferir el programa al simulador PLCSim. A continuación, hemos de abrir el simulador 3D para que quede como se observa a continuación. Una vez abierto, abriremos los paneles **CONTROL PROCESO**, **GUIA GEMMA** y **REGISTROS**.

Procederemos igual que en la comprobación del Estado F1:

- Primero asignamos un número de piezas, por ejemplo 1, en cada uno de los colores del pedido de producción del panel **REGISTROS**.
- Una vez en el Estado A1, accionaremos el pulsador MARCHA, con lo que se pasará al Estado F1 y se iniciará el funcionamiento del proceso.

- En cualquier momento podemos accionar el pulsador S22, con lo que se activará el Estado F3 y se desactivará el F1, mostrando en verde su piloto asociado H15_ESTADO F3 (Q5.0) en el panel de la guía Gemma.
- El Grafcet seguirá evolucionando hasta finalizar por completo el pedido y a partir de ahí se irán procesando el resto de piezas, pero sin realizar ningún tipo de marcado, hasta comprobar que no queda ninguna en los diferentes tramos de la cinta de piezas. En ese momento, se activará el Estado A1 y se desactivará el Estado F3.

8.2.7 Guía Gemma del Estado D1 (Parada de Emergencia), A5 (Preparación para la puesta en marcha después de un defecto o avería) y A6 (Puesta del sistema al estado inicial)

Recuerda • • •

El Estado D1 de la guía Gemma nos indica que el proceso ha entrado en parada de emergencia.

En el Estado D1 se incluyen las acciones necesarias para detener el sistema de forma inmediata en cualquier momento e independientemente del estado de la guía Gemma en el que se encuentre, lo que se conoce como «congelación del sistema». En él tan solo se deberán realizar las acciones que correspondan para llevar el proceso a una situación de parada segura. Este estado se podrá alcanzar desde cualquier punto en el que se encuentre el proceso, y es por ello que en la guía Gemma se puede observar cómo al Estado D1 no le antecede ningún otro estado.

Para salir del Estado D1 debemos eliminar las condiciones por las cuales se ha llegado a él, momento en el que la guía Gemma pasará al Estado A5. En este estado se deberán llevar a cabo los mínimos movimientos para poder realizar las operaciones necesarias, según el motivo por el cual se entró en el Estado D1, antes de que, al activar la orden de reconocimiento o ACK, la guía Gemma pase al Estado A6 para que el proceso se posicione en el estado de reposo general.

- **Condiciones de funcionamiento del Estado D1**

En el momento en que el Estado D1 se active, vamos a hacer que los motores se detengan de forma inmediata. En cambio, la ventosa y los cilindros permanecerán en el estado en el que se encuentren en ese momento.

Cuando esté activo el Estado D1, realizaremos dos operaciones:

- Señalizaremos que hemos accionado el pulsador de emergencia mediante el funcionamiento intermitente del piloto rojo.
- Procederemos a detener los dos motores que controlan las cintas transportadoras, tanto de piezas como de palets.

- **Programa correspondiente al Estado D1**

Dentro del FC7 (Estado D1) haremos el reset de las etapas en las que hay funcionamiento de motores. Eso ocurre en las siguientes etapas:

- El motor de cajas funciona en la etapa X80.
- El motor del palet funciona en las etapas X83 y X31.

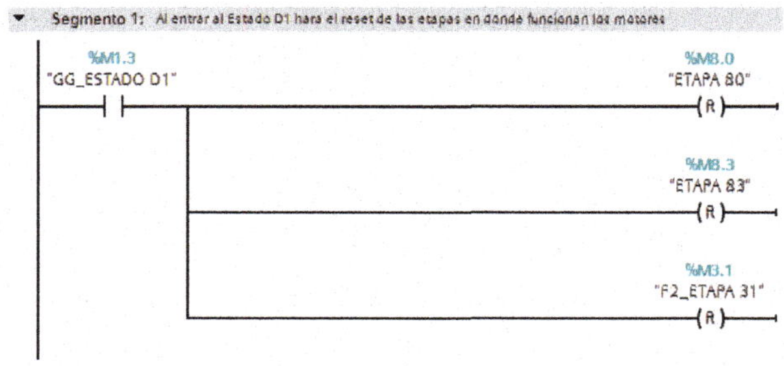

Fig. 8.177

Al Estado A5 llegaremos después de que se haya desenclavado la seta de emergencia, si se viene del Estado D1, o que hayan desaparecido todas las alarmas o averías, si se viene del Estado D2. Este Estado D2 se expondrá más adelante. En cualquier caso, los dispositivos que forman el proceso pueden haberse quedado en cualquier posición. En este Estado A5 se tiene en cuenta que después de un defecto sea necesario realizar algunas operaciones manuales, como podría ser la de vaciar, limpiar, etc., algunas zonas del proceso. Para ello, y en función de la situación en la que se haya quedado el sistema, el Estado A5 deberá realizar los movimientos mínimos para situar el sistema en una posición segura para una intervención manual, como podría ser realizar movimientos de cilindros para liberar una pieza que ha quedado atrapada. El programa que se incluirá en el Estado A5 se conoce como «rutinas de emergencia».

El programa que se debe incluir en el Estado A5 deberá contemplar las diferentes situaciones en las que el proceso se pueda haber quedado después del defecto, para a partir de ahí realizar una rutina u otra y poder posicionar el sistema a un lugar seguro.

Recuerda • • •

Cuando el proceso ha entrado en situación de emergencia antes de finalizar el funcionamiento total, se debe contemplar en qué situación ha quedado la máquina (A5) y posteriormente llevarla a un estado inicial y seguro (A6).

- **Condiciones de funcionamiento del Estado A5**

En nuestro caso, podemos contemplar diferentes situaciones:

- Que el cilindro marcador se encuentre estampando una pieza. En este caso deberemos liberarla para poderla sacar del proceso de forma manual, por lo que el único movimiento que se deberá realizar es colocar el cilindro marcador en su posición de reposo y, a continuación, pulsar el botón **MARCADO** del simulador 3D para hacer desaparecer la pieza.
- Que el cilindro vertical del manipulador de carga se encuentre en la posición de carga sobre la pieza en la cinta, pero sin estar la pieza sujeta. En este caso tan solo recogeremos el cilindro del eje vertical y posteriormente lo trasladaremos hacia la izquierda, esperando a poder sacar la pieza del proceso de forma manual mediante el pulsador **CARGA** del simulador 3D.
- Que el cilindro vertical del manipulador de carga se encuentre sujetando una pieza. En este caso deberemos realizar una serie de movimientos para soltar la pieza en la zona de carga, y posicionar el cilindro arriba y a la izquierda, para seguidamente retirarla del proceso de forma manual mediante el pulsador **CARGA** de la maqueta.

- **Diseño del Grafcet del Estado A5**

La solución del diseño del Grafcet se puede realizar de dos formas:

- Un único Grafcet con secuencia en Y: una para el manipulador de carga y otra para el manipulador de marcado.

- Dos Grafcet separados: uno para el manipulador de carga y otro para el manipulador de marcado.

En este caso hemos optado por la segunda solución. A continuación, se representan dos Grafcet independientes entre sí, pero que inician su evolución en el mismo momento, que no es otro que cuando se encuentre activado el Estado A5 de la guía Gemma:

Grafcet del manipulador de carga

Grafcet del manipulador de marcado

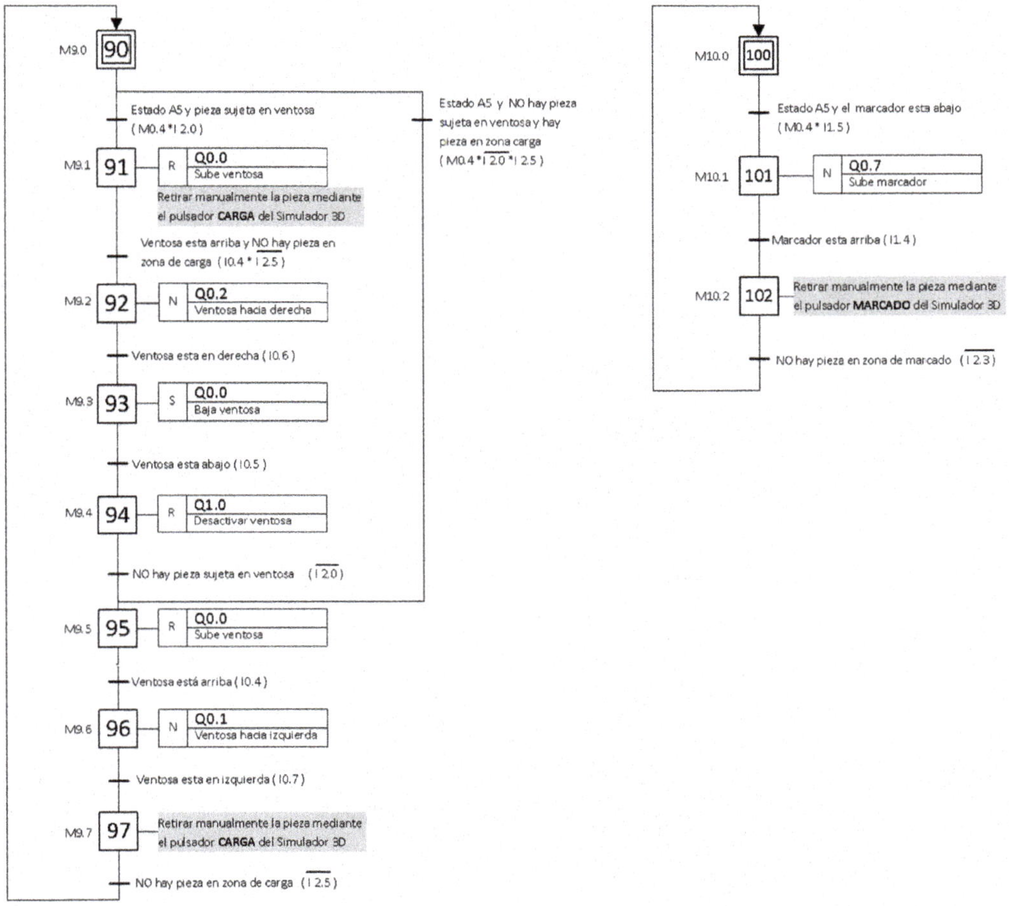

Fig. 8.178

Ubicación en el simulador 3D de los pulsadores **CARGA** y **MARCADO**:

Fig. 8.179

Una vez que el sistema se encuentra en el Estado A5 y se han realizado todas las operaciones manuales para liberar el proceso de posibles riesgos, se procederá a accionar el pulsador de reconocimiento o **ACK**, momento en el que la guía Gemma pasará su control al Estado A6.

- **Programa del diseño Grafcet correspondiente al Estado A5.**

Los segmentos 1, 2 y 3 sirven para que al entrar en el Estado A5, se inicialicen los Grafcet F1, F2, A2, A3, F5 Y F3, ya que aquí llegamos de una parada de emergencia, lo que quiere decir que, cuando se ha producido, podía estar funcionando cualquier etapa. Por tanto, desactivaremos todas las etapas, pondremos en el estado 0 desde la marca M2.0 hasta la M8.0, y, a continuación, se activarán las etapas iniciales de todos los Grafcet.

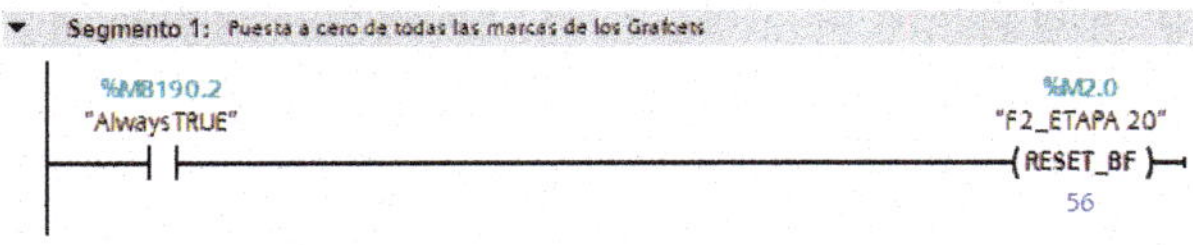

Fig. 8.180

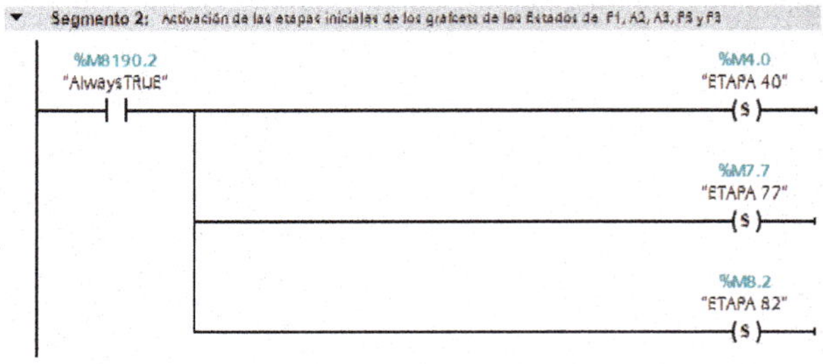

Fig. 8.181

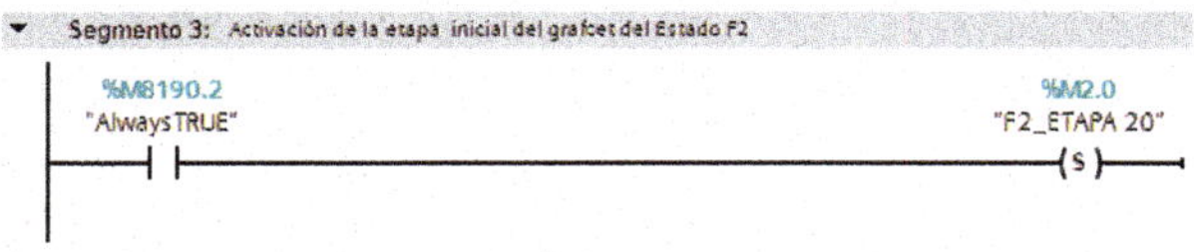

Fig. 8.182

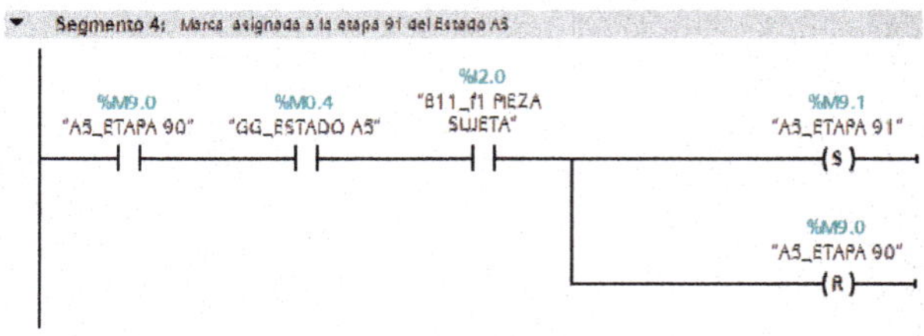

Fig. 8.183

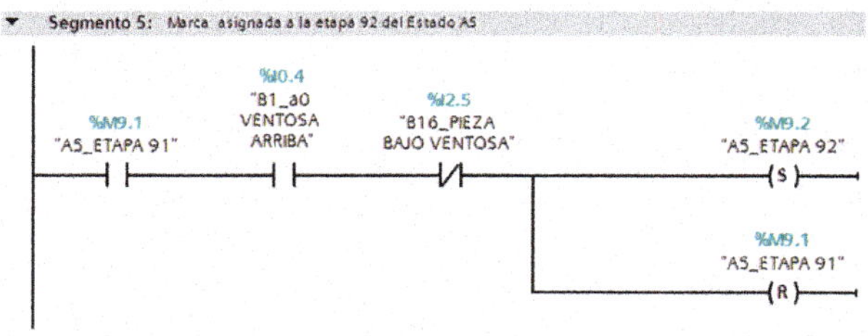

Fig. 8.184

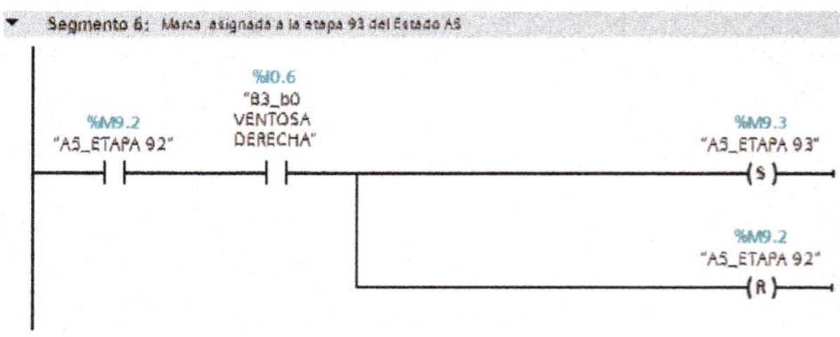

Fig. 8.185

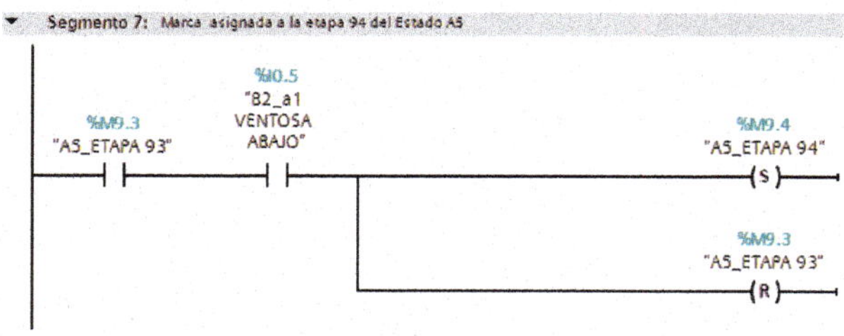

Fig. 8.186

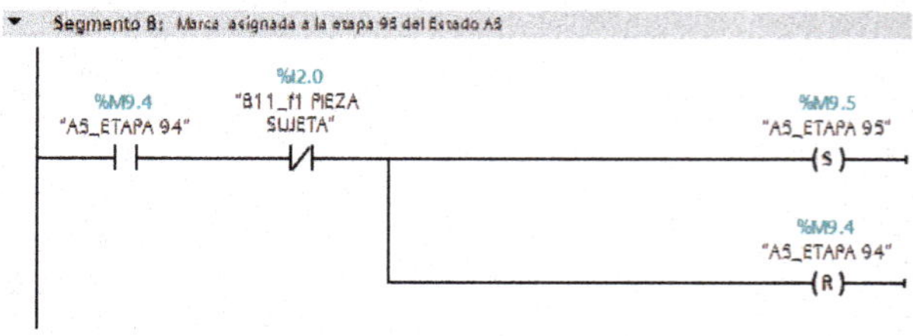

Fig. 8.187

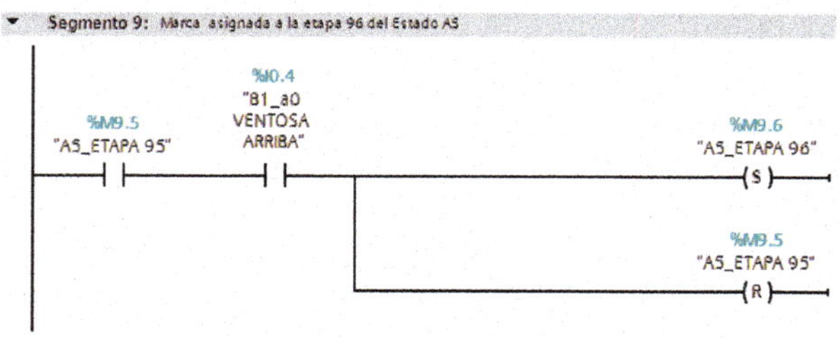

Fig. 8.188

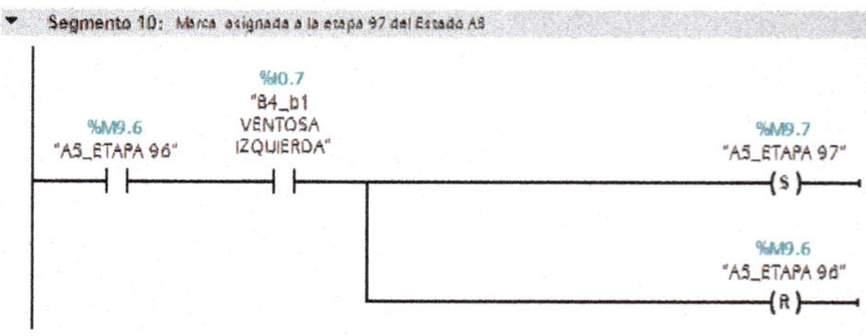

Fig. 8.189

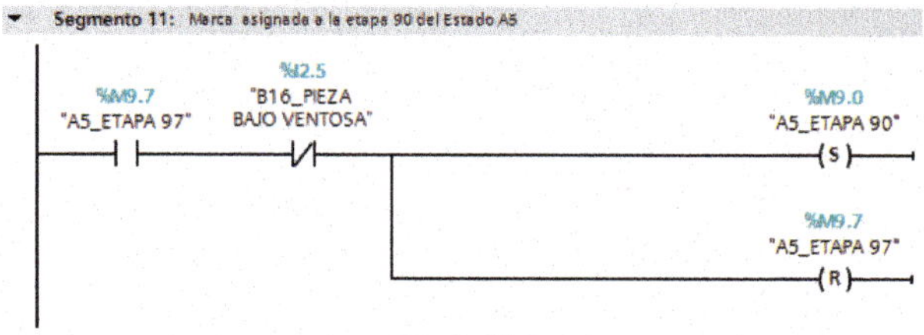

Fig. 8.190

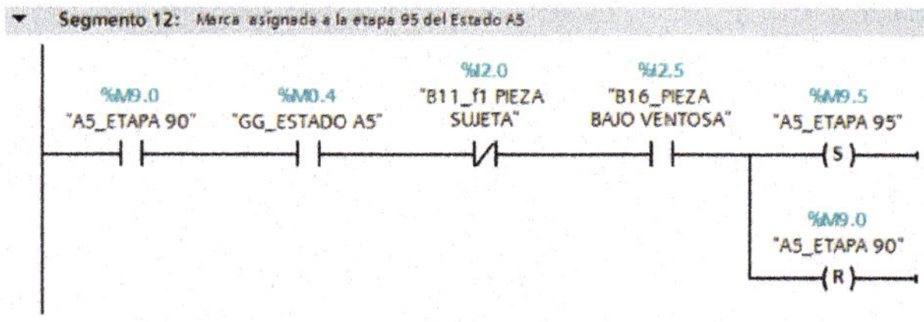

Fig. 8.191

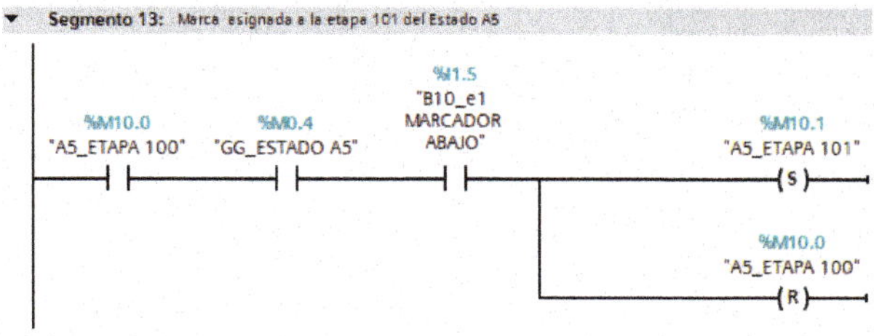

Fig. 8.192

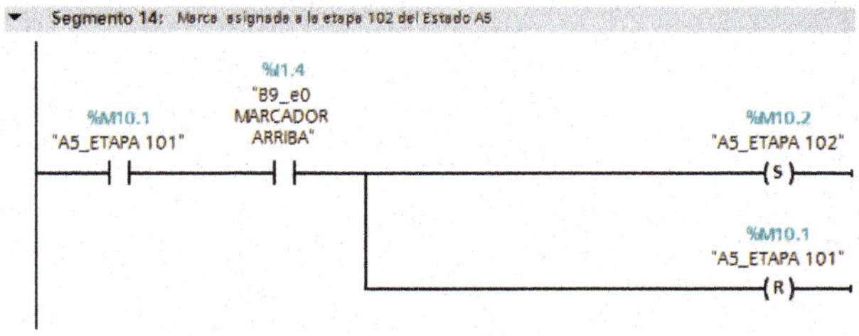

Fig. 8.193

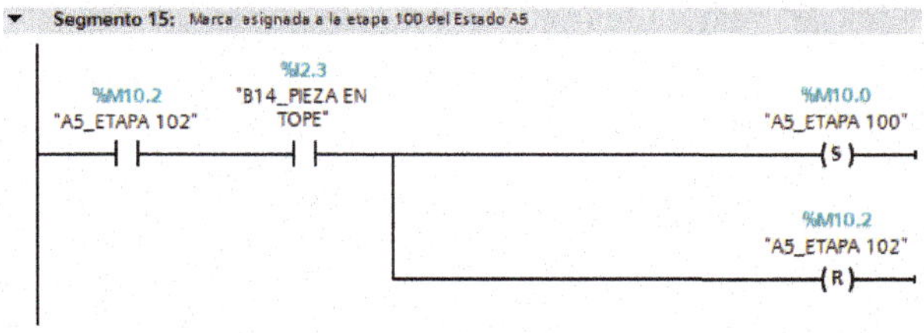

Fig. 8.194

- **Condiciones de funcionamiento del Estado A6**

En el Estado A6 se lleva al sistema a la situación inicial, haciendo que se cumplan todas las condiciones iniciales. Una vez alcanzada esas condiciones, el sistema pasará al estado inicial A1 y quedará totalmente en reposo.

Para que todos los elementos queden en la situación inicial, se realizará un pequeño Grafcet para provocar que cada elemento alcance su posición inicial de forma ordenada y evitar que se produzcan choques mecánicos entre ellos.

En este Grafcet se ha planteado un funcionamiento de ramas simultáneas, una para cada manipulador de los que está formado nuestro proceso, todo y que podíamos hacerlo también como dos Grafcet independientes.

- Al activarse el Estado A6 se pondrán en evolución las dos ramas simultáneas, ramas correspondientes al manipulador grabador y al manipulador de carga, que realizan las siguientes acciones.

Manipulador grabador:

La secuencia a realizar para hacer cumplir las condiciones iniciales de este manipulador es la siguiente:

- Primero nos aseguramos de tener el cilindro marcador en la posición de reposo para que al realizar el siguiente movimiento no haya un choque mecánico.
- Cuando el marcador esté en la posición de reposo (arriba), hacemos retroceder al mismo tiempo el cilindro multiposicional, tanto el cilindro pequeño como grande.

Manipulador de carga:

La secuencia a realizar para hacer cumplir las condiciones iniciales de este manipulador es la siguiente:

- Nos aseguramos de que no existe ninguna pieza sujeta y de que el cilindro de la ventosa se encuentra en la posición de reposo. Si es así, desplazaremos el cilindro del eje horizontal hacia la derecha, su posición de reposo, y alcanzada dicha posición daremos por finalizado el proceso.

- **Diseño del Grafcet del Estado A6**

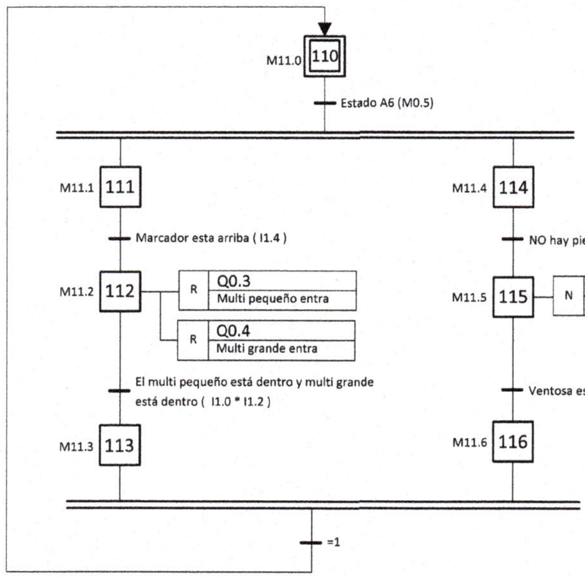

Fig. 8.195

Finalizada la ejecución de este Grafcet, se considerará que, viniendo del Estado A5 y al ejecutarse A6, se están cumpliendo las condiciones iniciales. En ese momento la guía Gemma pasará al Estado A1.

- **Programa del diseño Grafcet correspondiente al Estado A6**

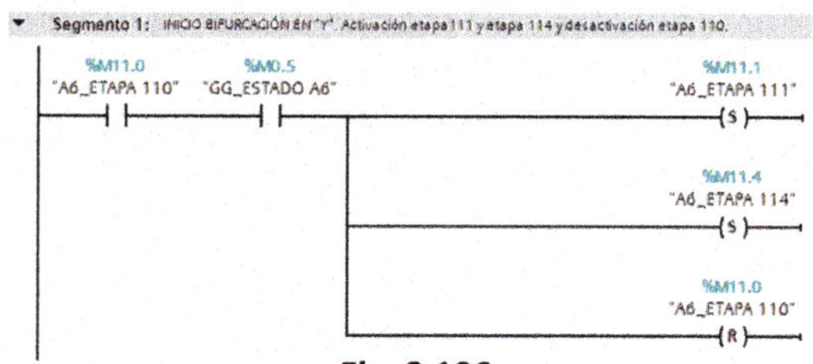

Fig. 8.196

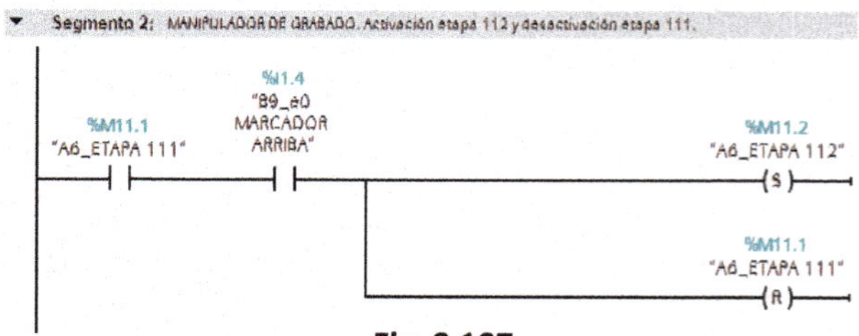

Fig. 8.197

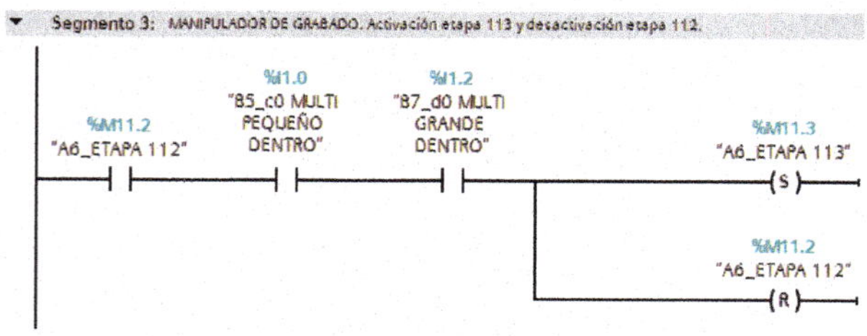

Fig. 8.198

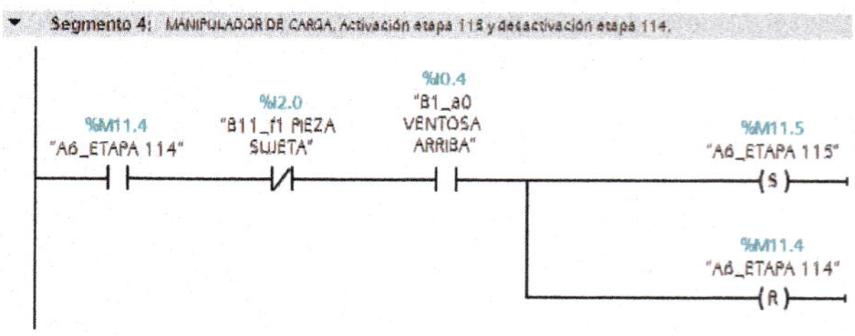

Fig. 8.199

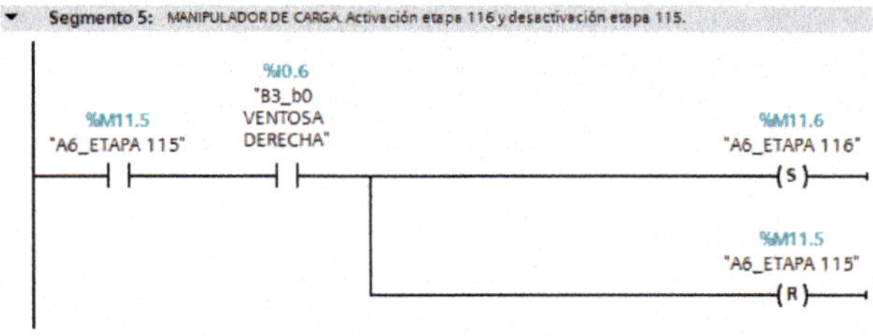

Fig. 8.200

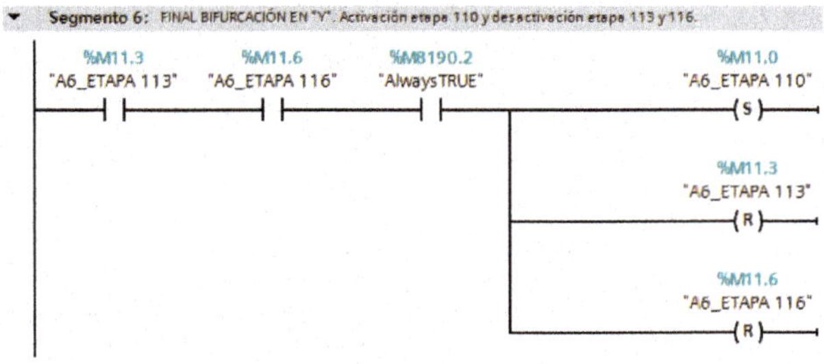

Fig. 8.201

En El FC20 S_SALIDAS, realizaremos las modificaciones necesarias para que las salidas respondan a los requerimientos de los Estados A5 y A6.

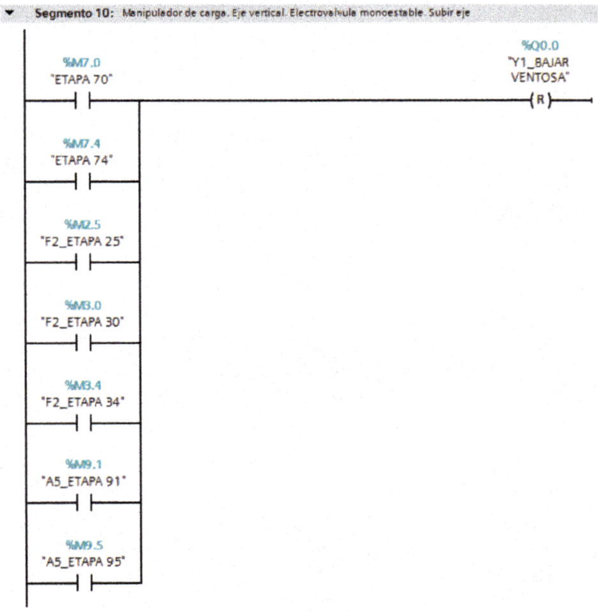

Fig. 8.202

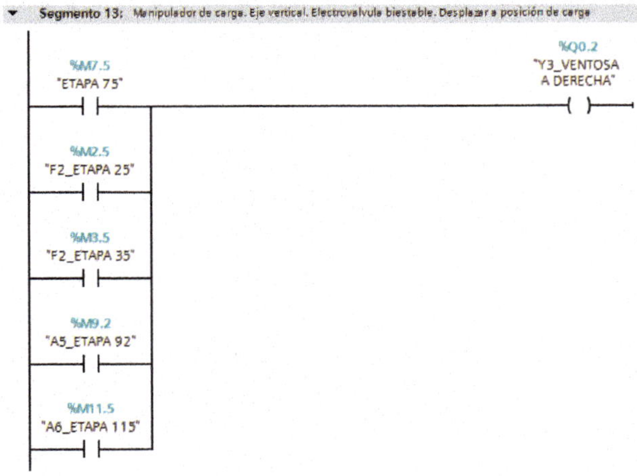

Fig. 8.203

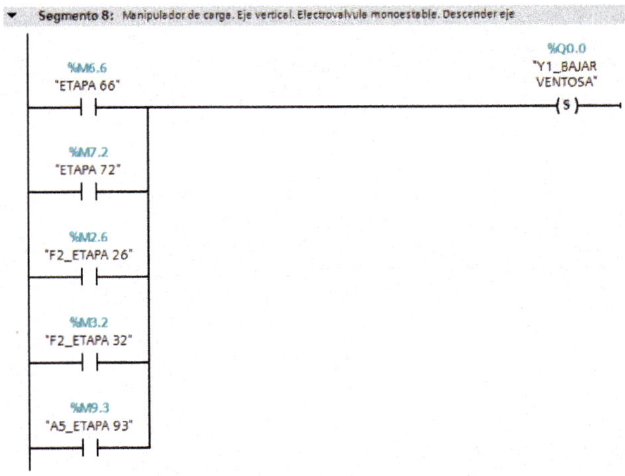

Fig. 8.204

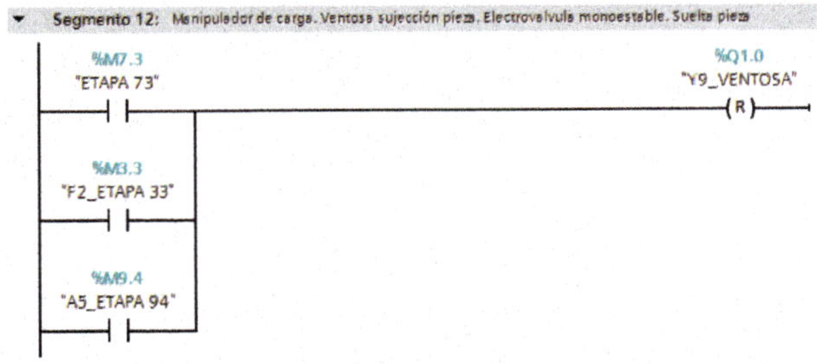

Fig. 8.205

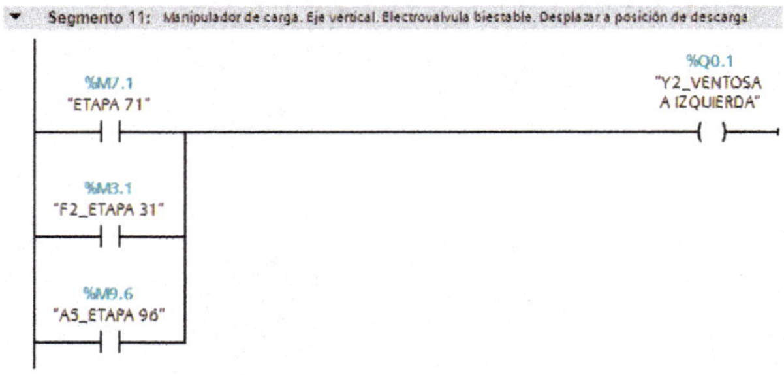

Fig. 8.206

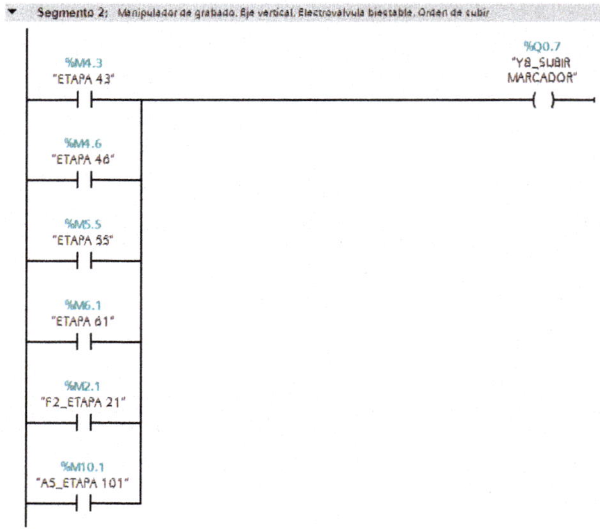

Fig. 8.207

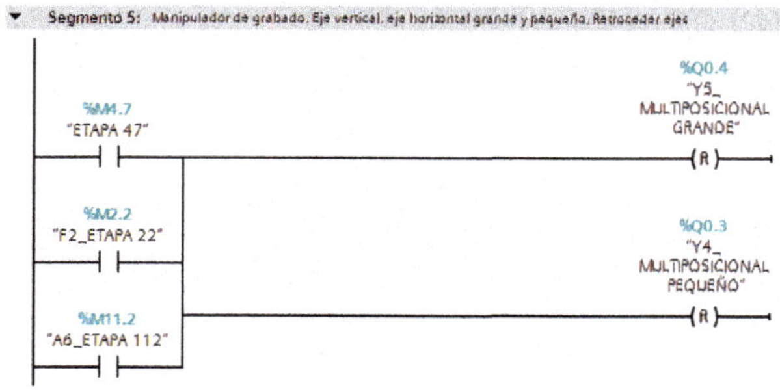

Fig. 8.208

La indicación de que está activado el Estado D1, A5 y A6 2, se verá reflejado en la baliza con el funcionamiento intermitente rápido del piloto rojo. Para ello, modificamos este segmento en el FC20 (S_SALIDAS).

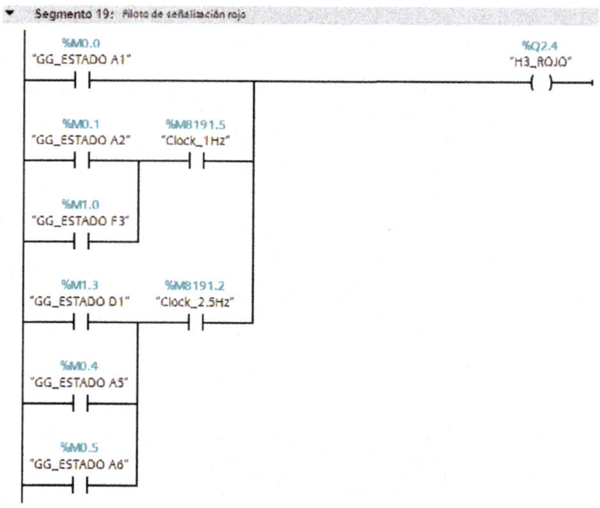

Fig. 8.209

- **Modificación del Estado A5**

Al incorporar el Grafcet A6, cuando accionemos el pulsador de emergencia, puede estar funcionando el Grafcet del Estado A6, con lo que al entrar en el Estado A5 hemos de proceder a su inicialización. Por lo tanto, añadimos el siguiente segmento al FC5.

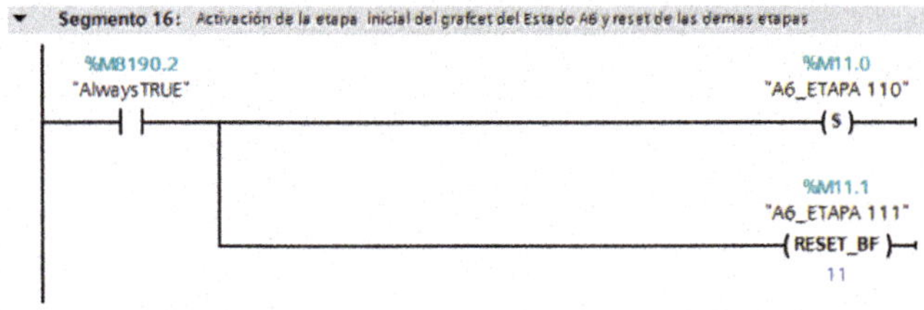

Fig. 8.210

- **Inicialización en el OB100 de los Grafcet de los Estados A5 y A6**

En el OB100 añadiremos estos segmentos para inicializar los Grafcet de los Estados A5 y A6.

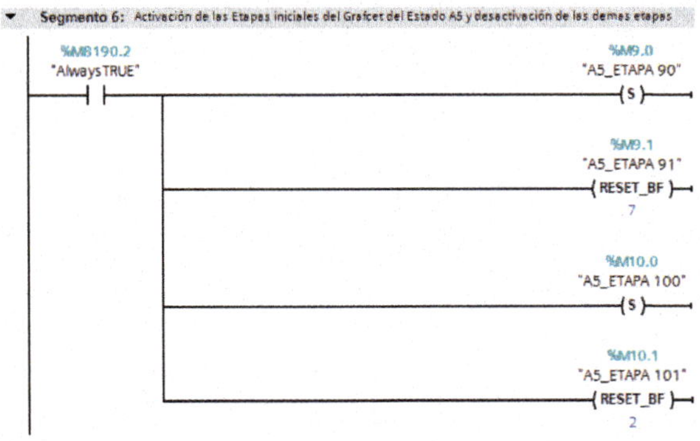

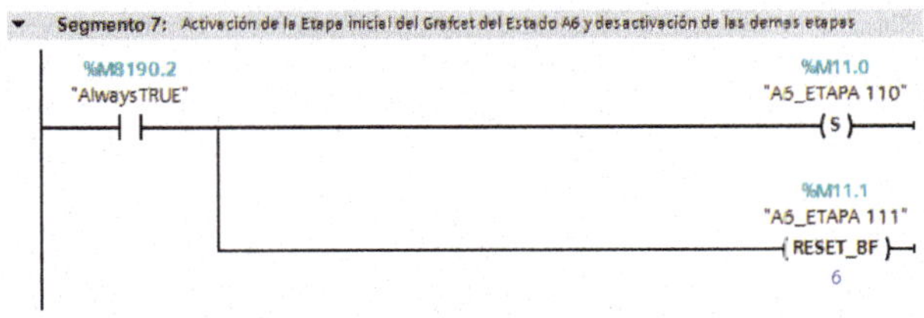

Fig. 8.212

Fig. 8.211

- **Guía Gemma de los Estados D1, A6 y A5**

Podemos observar que la flecha que llega al estado del D1 no tiene una procedencia concreta. Eso querrá decir que, desde cualquier estado, si se cumple la transición de accionar el paro de emergencia, se activará dicho estado y se desactivarán el resto, ya que como se ha indicado anteriormente, puede proceder de cualquiera de ellos. Al activarse este Estado D1, el proceso se llevará al llamado «Cero de máquina», es decir, que el proceso entrará en una situación de no producción durante el tiempo que lleve hasta que se recupere la avería, situación totalmente indeseable en cualquier proceso productivo y que en rara ocasión se debe generar. Si se produjera, se debe tener en cuenta en el programa para intentar tratar de forma automática esta situación.

La Guía Gemma indica que al Estado A6 se puede acceder bien mediante el Estado A5, al que se explica más adelante. En este caso hemos previsto que se cumpla la condición de haber accionado el pulsador S23.

Una vez que hayamos pasado al Estado A6, se ejecutará el Grafcet de inicialización, con lo que todos los elementos se pondrán en el estado inicial. Una vez que se haya ejecutado el Grafcet del A6, y por lo tanto ya esté todo el sistema en su posición inicial, pasaremos automáticamente al Estado A1, con lo cual el sistema quedará en estado de reposo y preparado para iniciar un nuevo ciclo.

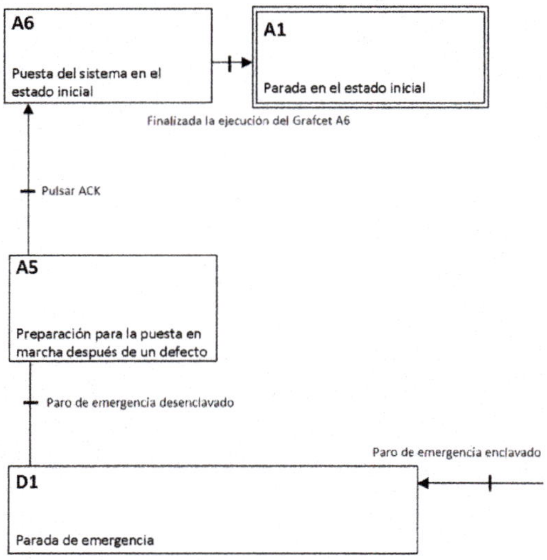

Fig. 8.213

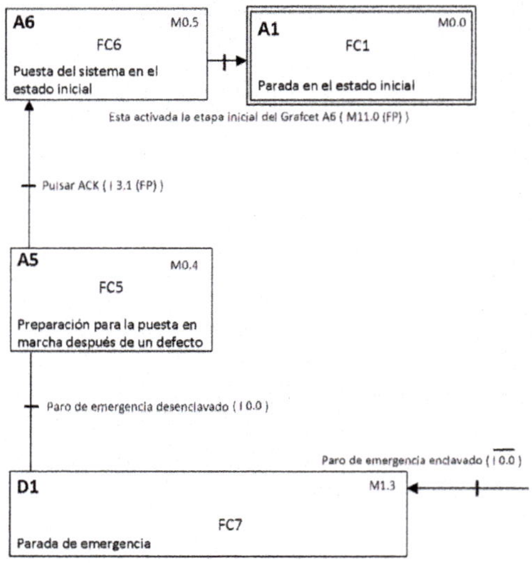

Fig. 8.214

A continuación, añadimos al Grafcet de la guía Gemma los Estados D1, A5 y A6, con lo que queda de la siguiente manera:

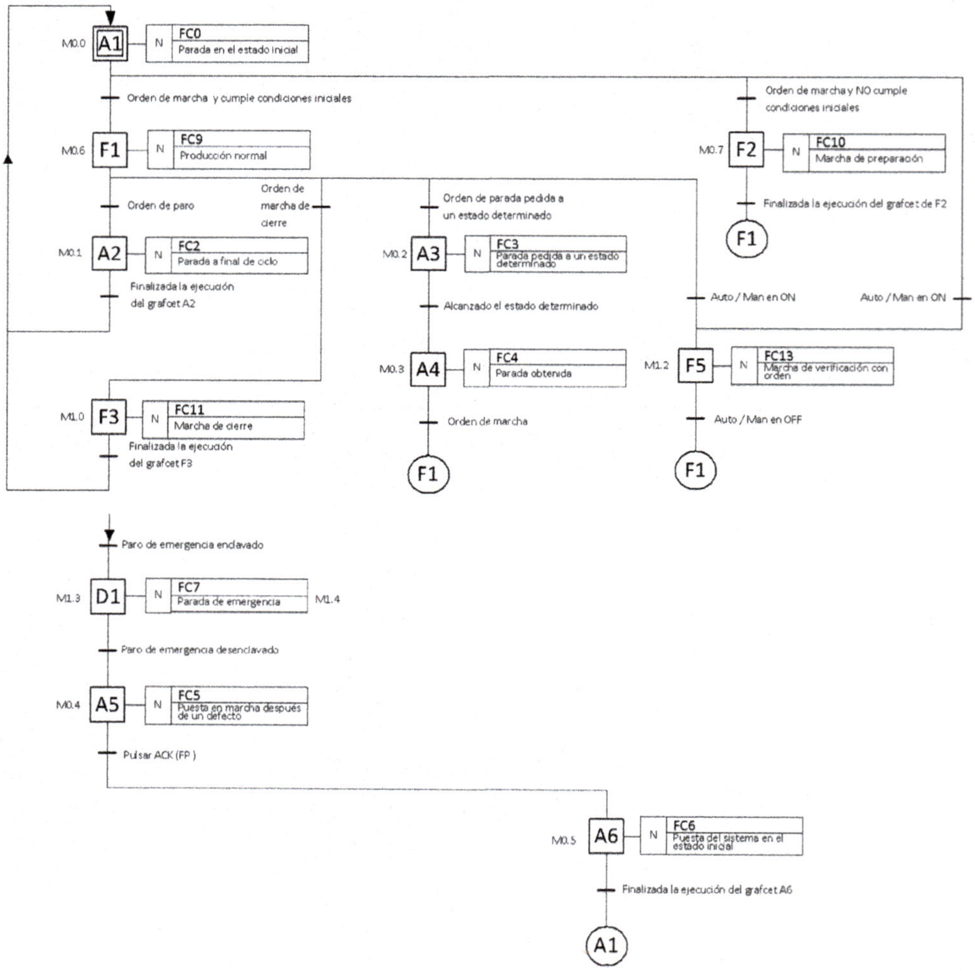

Fig. 8.215

Programa en el FC0 GUIA GEMMA de los Estados D1, A5 y A6

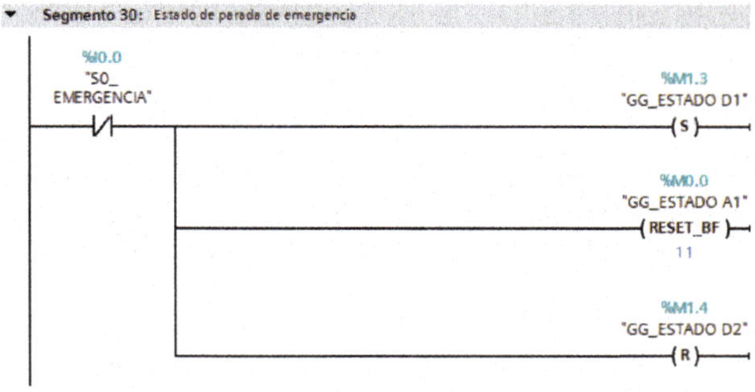

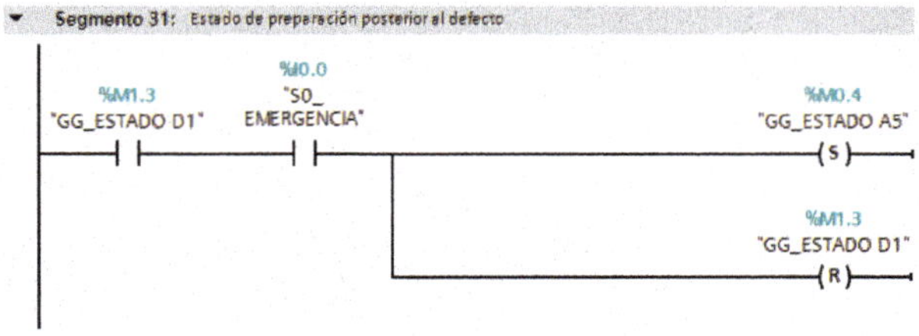

Fig. 8.217

Fig. 8.216

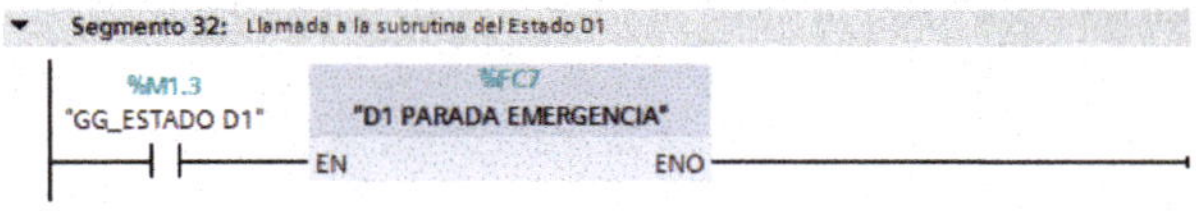

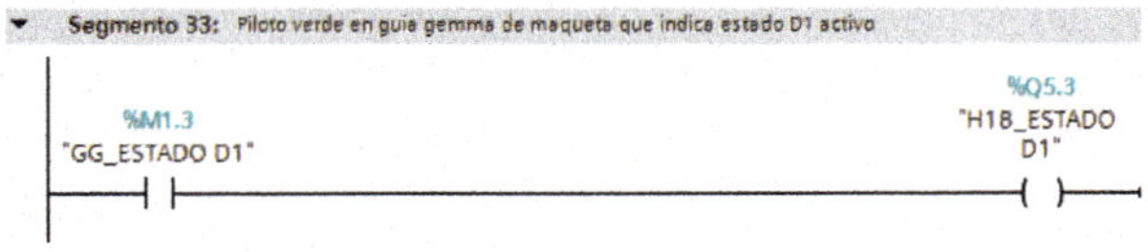

Fig. 8.218

Fig. 8.219

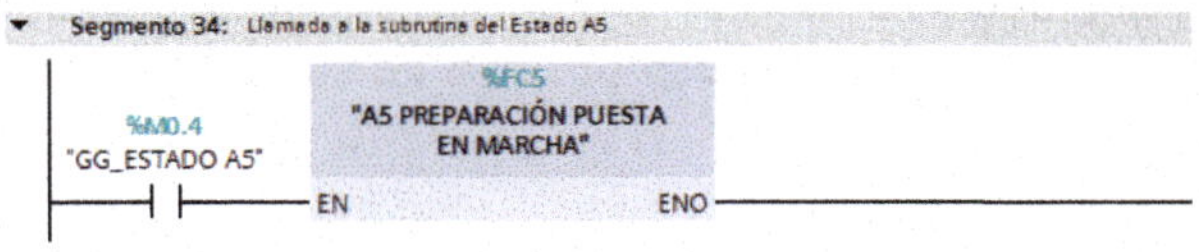

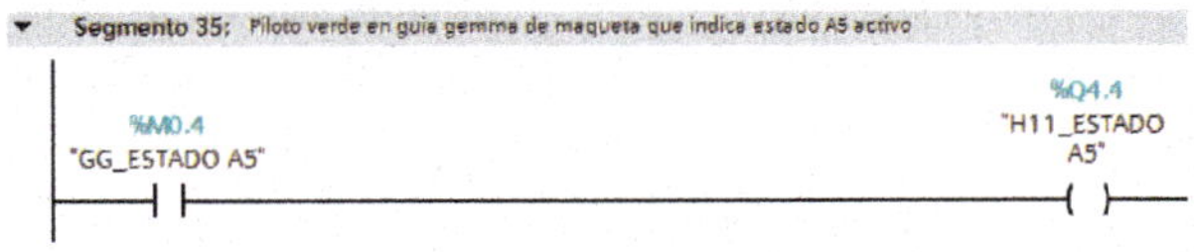

Fig. 8.220

Fig. 8.221

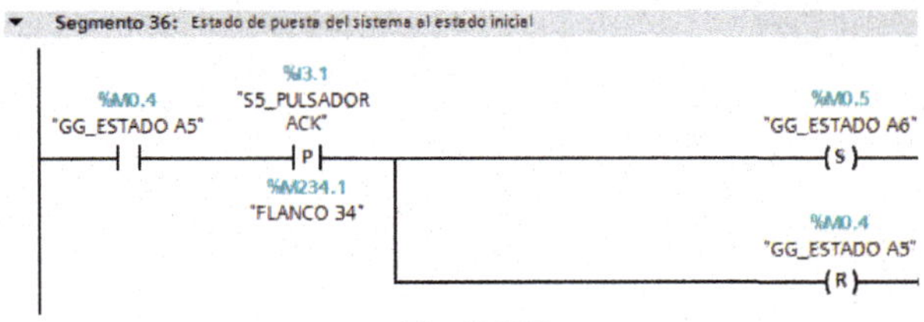

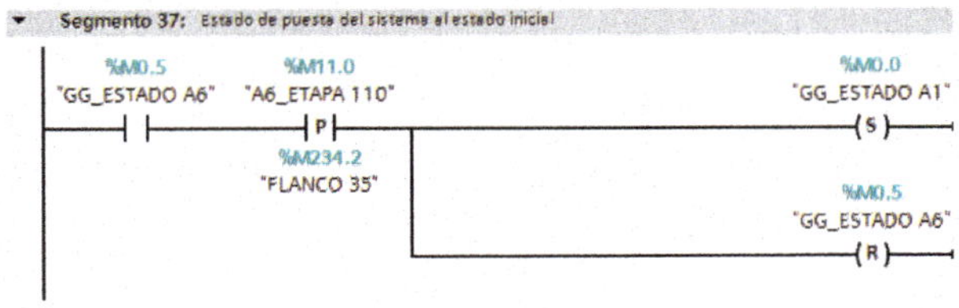

Fig. 8.223

Fig. 8.222

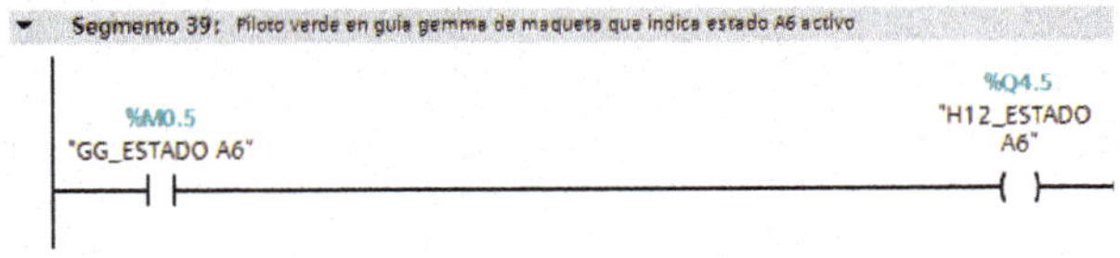

Fig. 8.224

Fig. 8.225

- **Comprobación del funcionamiento de los estados D1, A5 y A6**

Para poder comprobar el funcionamiento, debemos primero transferir el programa al simulador PLCSim. A continuación hemos de abrir el simulador 3D y visualizar los paneles **CONTROL PROCESO**, **GUIA GEMMA** y **REGISTROS**.

Es importante recordar que, una vez arrancado el simulador 3D y antes de probar nada, hemos de pasar el PLCSIM en primer lugar al estado RUN, primero pulsando el botón STOP y después pulseando el botón RUN.

Dado que al ejecutar el programa en el PLCSim y como aún no ha conectado con el Simulador 3D, no detecta señal de la Seta de emergencia, por tanto, entra directamente al estado D1, pero al conectar con el Simulador 3D, éste se encuentra en la posición inicial, y detectará la señal de la Seta de Emergencia, por tanto, pasará automáticamente al estado A5, a continuación, tan solo bastará accionar el pulsador de ACK para que la guía Gemma pase al estado A1.

En el panel **Estado de la Guía GEMMA** podemos ver que en cada estado hay un piloto, que quedará activado cuando el estado correspondiente se encuentre activo. En la figura se observa cómo el del Estado A1 está activado, de color verde, y corresponde a la salida Q4.0 (H7_ESTADO_A1).

Para la comprobación del funcionamiento de los Estados A5 y A6, pasaremos el proceso de forma que pueda situarse en el funcionamiento normal o estado F1. Ahora y en cualquier momento se podrá accionar la seta de emergencia, instante en el que se situará en el Estado D1. Para salir de este estado y pasar al Estado A5, tan solo se deberá hacer cumplir que la seta vuelva a estar desenclavada. La guía Gemma pasará el control al Estado A5 y se deberá observar cómo se realizan los movimientos establecidos para poder liberar la pieza de forma que se pueda extraer del proceso de forma manual. Para ello utilizaremos los pulsadores **CARGA** y **MARCADO** que se disponen en el panel principal del Simulador 3D.

Finalizado el Grafcet implementado para el Estado A5, se deberá accionar el pulsador **ACK**, de forma que durante el flanco positivo de su activación, la guía Gemma pasará al Estado A6.

En el Estado A6 se realizarán todos los movimientos de forma ordenada y controlada para que no existan choques mecánicos hasta que el proceso alcance la posición de cumplir las condiciones de inicio. Finalizado el Grafcet asociado al Estado A6, se activará de nuevo su etapa inicial, ya que en el flanco positivo de su activación es cuando hará cumplir la transición para pasar la guía Gemma al Estado A1.

8.2.8 Guía Gemma del Estado F4 (Marcha de verificación sin orden)

En el Estado F4 el proceso realiza las operaciones, todos los movimientos o algunos, normalmente debido a órdenes manuales del operador. Se suele utilizar para funciones de verificación o de mantenimiento.

En este caso, mediante el mando manual del Simulador 3D, hemos de preparar el programa para poder forzar los diferentes actuadores del proceso. Para ello realizaremos un programa en el que utilizaremos los selectores monoestables (funcionan como pulsadores) para las electroválvulas biestables, uno para cada movimiento, y los selectores biestables (funcionan como interruptores) para las electroválvulas monoestables.

Recuerda • • •

El estado F4 de la guía Gemma facilita poder manipular los actuadores del proceso de forma manual e independiente, pero con control de posibles choques mecánicos.

- **Condiciones de funcionamiento del Estado F4**

Al realizar el programa hemos de tener en cuenta:

- Los posibles choques mecánicos que pueda haber entre los cilindros. Por ejemplo, el cilindro que contiene la ventosa no podrá desplazarse hacia la derecha o hacia la izquierda si el cilindro no se encuentra en la posición de reposo.
- Que al entrar en el Estado F4 no se realice movimiento alguno de ninguno de los dispositivos, hasta que el operario dé la orden.

Podemos observar cómo en el momento de programar, las electroválvulas monoestables están tratadas con SET-RESET y flancos positivos y negativos. Esto debe ser así porque el control manual se realiza mediante selectores biestables.

¿Porque lo hemos de programar con flancos? Imaginemos que hemos realizado el programa sin flancos y el S9_MANUAL VENTOSA BAJA (I0.4) se encuentra desactivado, estado de reposo del selector.

Fig. 8.226

Si en este momento nos encontramos en el Estado F1 y en ese instante la salida Q0.0 está activada por la producción normal, tendríamos el cilindro de la ventosa en posición de avance. Si en este momento cambiamos del Estado F1 al Estado F4, en el estado F4 ejecutaría el programa anterior de los dos segmentos y como el registro I4.0 está desactivado, según lo programado en el segundo segmento, se activaría el RESET de la salida Q0.0. Esto implicaría que la ventosa realizaría el movimiento para alcanzar la posición de reposo, lo que significa un movimiento considerado inesperado, ya que ha realizado dicho movimiento sin ninguna acción manual por parte del operario. Por tanto, se comprueba que, al utilizar flancos, al cambiar y pasar del Estado F1 al Estado F4, el cilindro de la ventosa no realizará ningún desplazamiento.

- **Programa correspondiente al Estado F4**

Según la programación del manual, podríamos implementarlo en el FC20 **S_SALIDAS**, pero en este caso lo realizaremos en el mismo FC12 **F4 MANUAL**. En este estado no se realizará la llamada al bloque FC20 **S_SALIDAS** para no producir órdenes contradictorias.

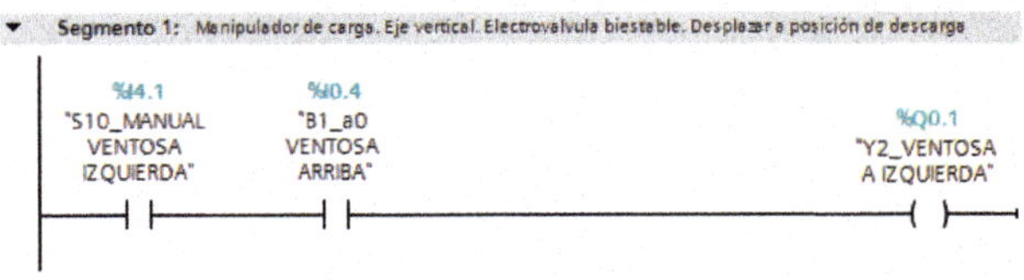

Fig. 8.227

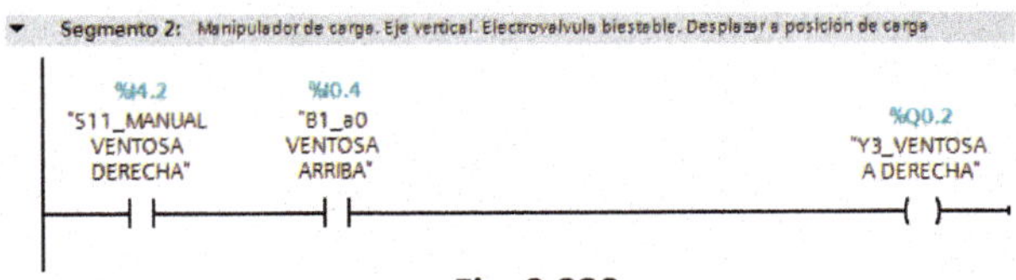

Fig. 8.228

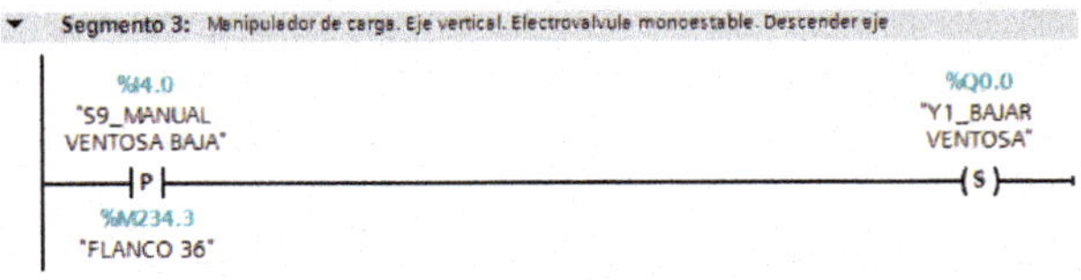

Fig. 8.229

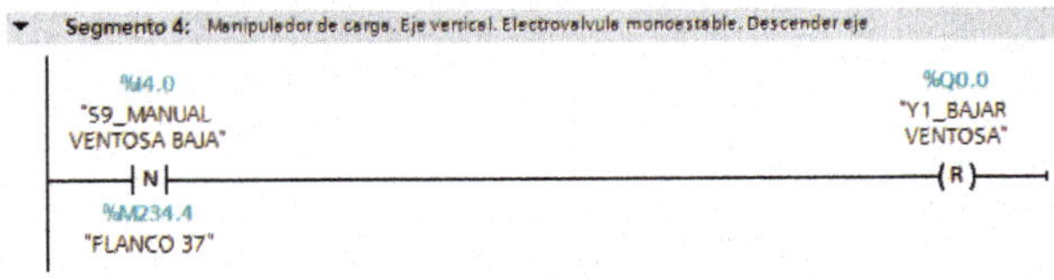

Fig. 8.230

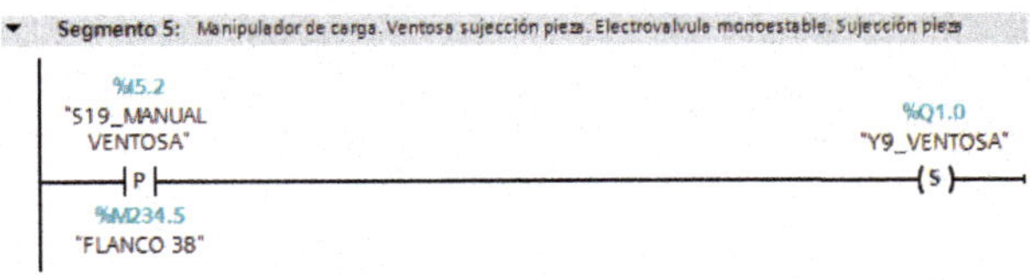

Fig. 8.231

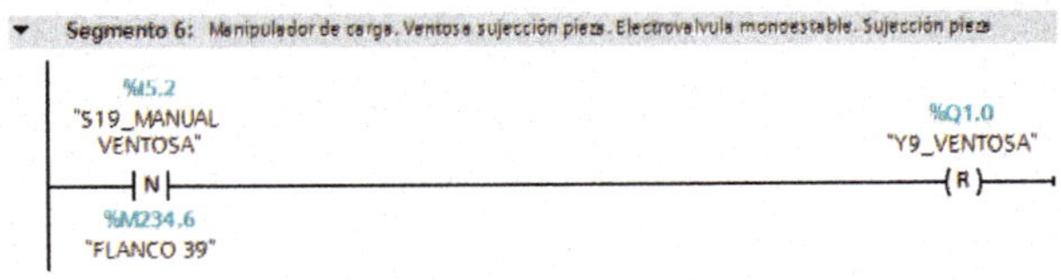

Fig. 8.232

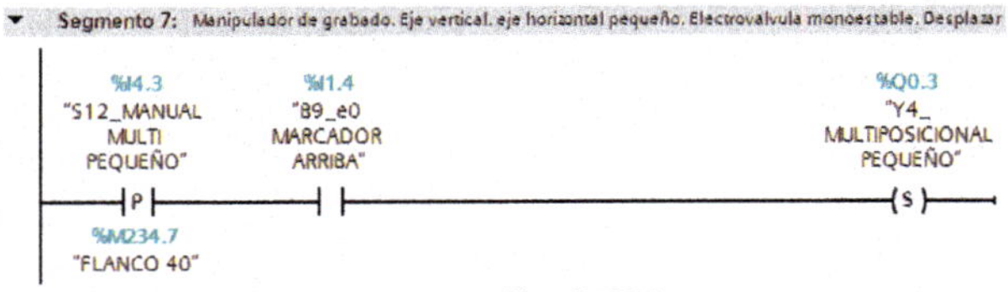

Fig. 8.233

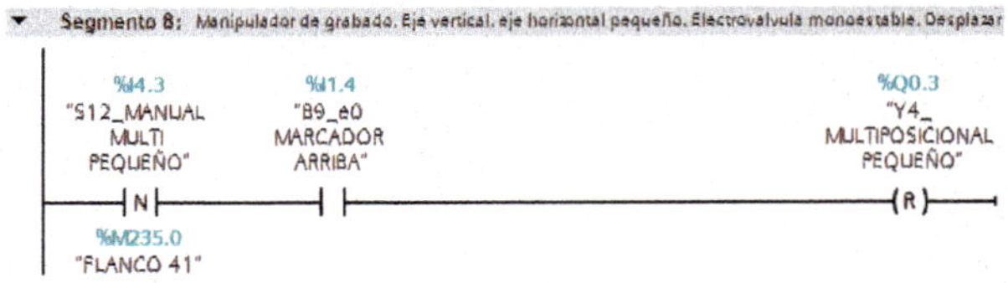

Fig. 8.234

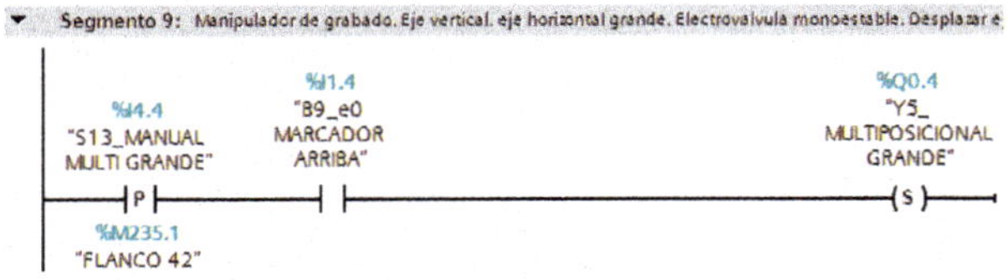

Fig. 8.235

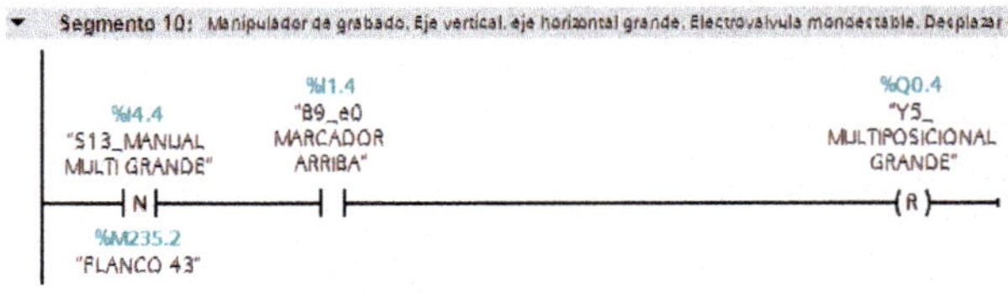

Fig. 8.236

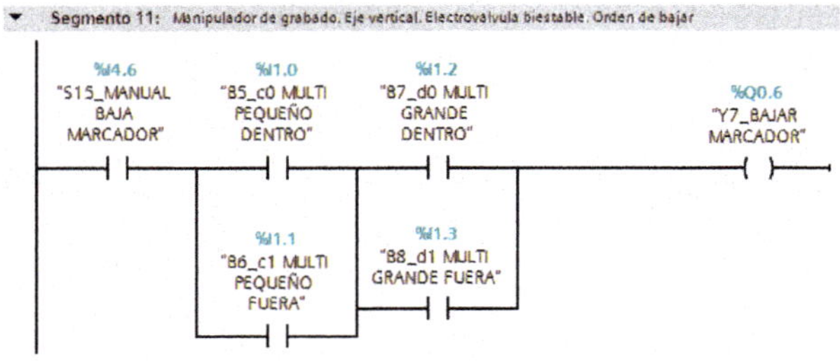

Fig. 8.237

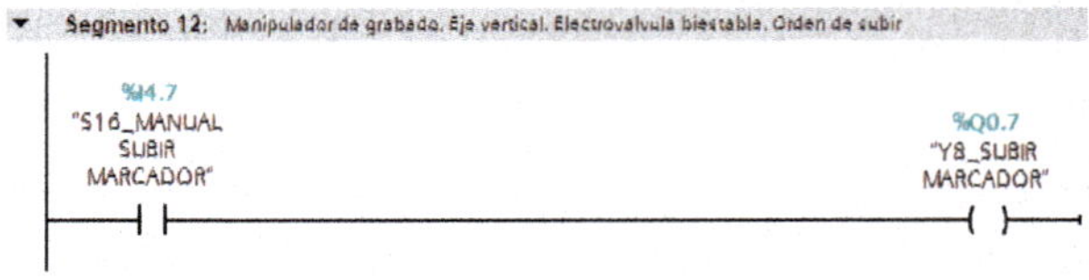

Fig. 8.238

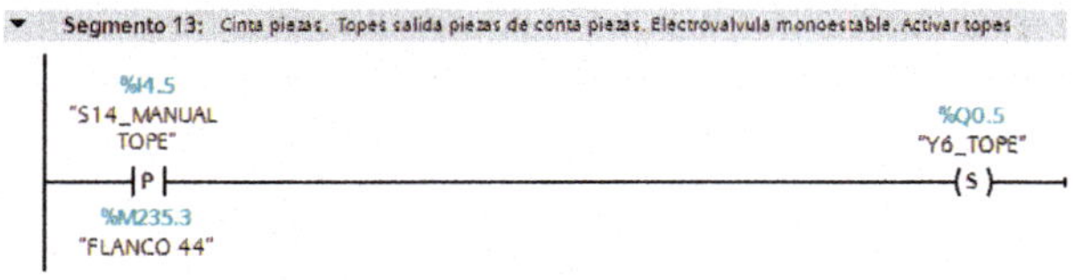

Fig. 8.239

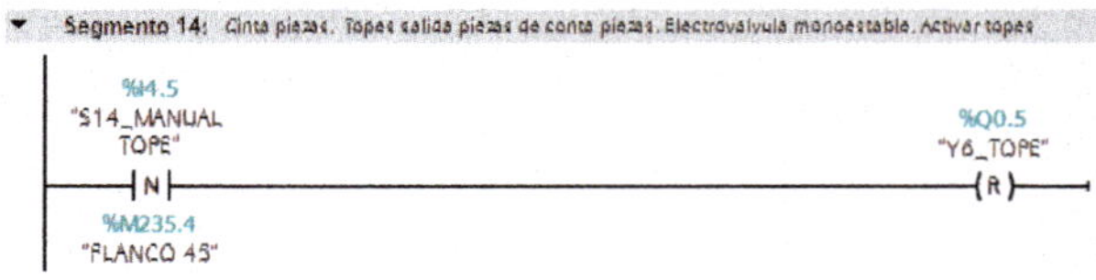

Fig. 8.240

Fig. 8.241

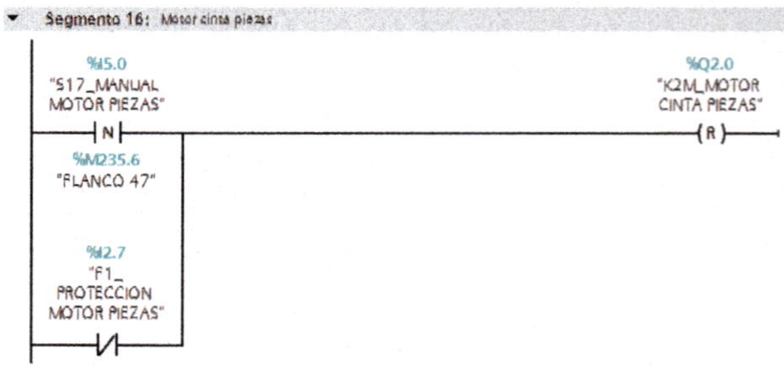

Fig. 8.242

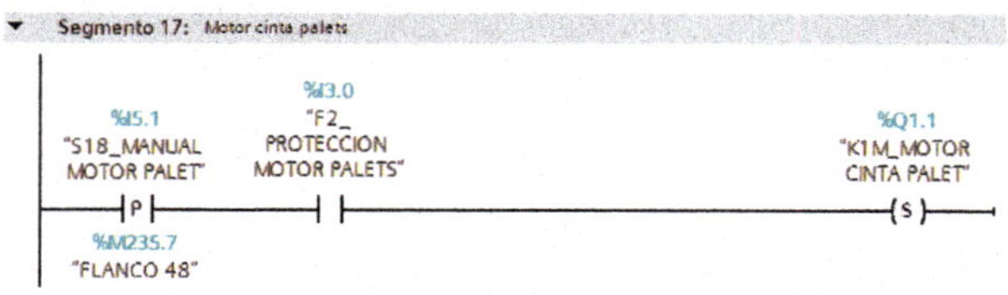

Fig. 8.243

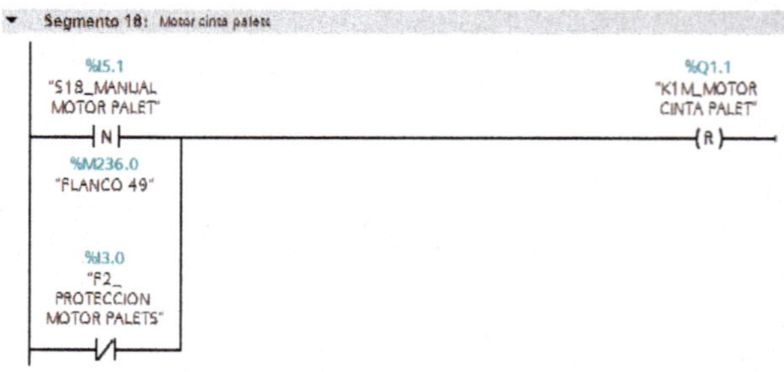

Fig. 8.244

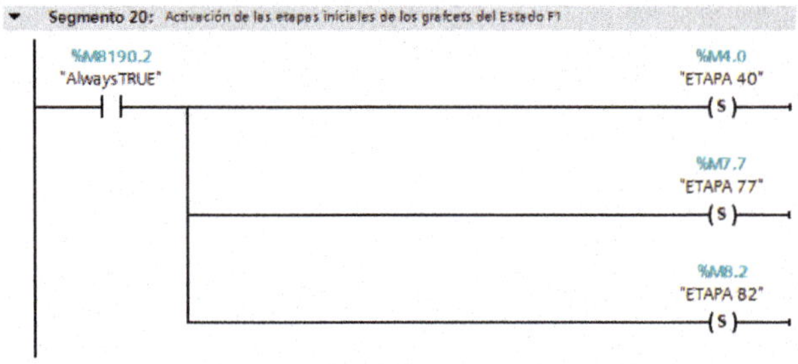

Fig. 8.245

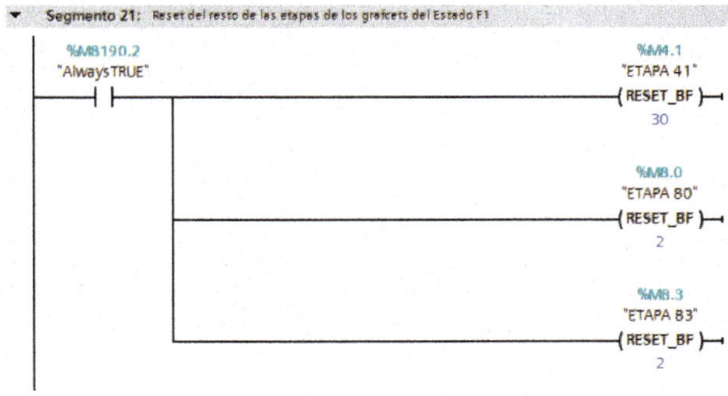

Fig. 8.246

- **Guía Gemma con el Estado F4**

Para la implementación del estado F4 **Marcha de verificación sin orden** de la guía Gemma en el PLC, nos fijaremos en la guía Gemma general representada en el apartado 8.1.2. En ella se observan las diferentes transiciones de activación y desactivación de este estado:

GENÉRICO

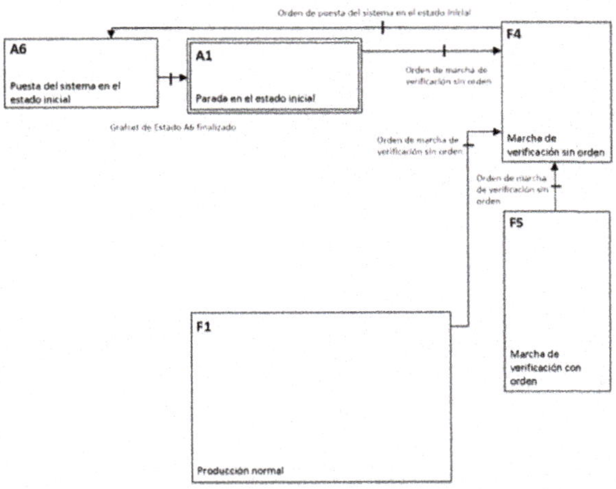

Fig. 8.247

APLICADO

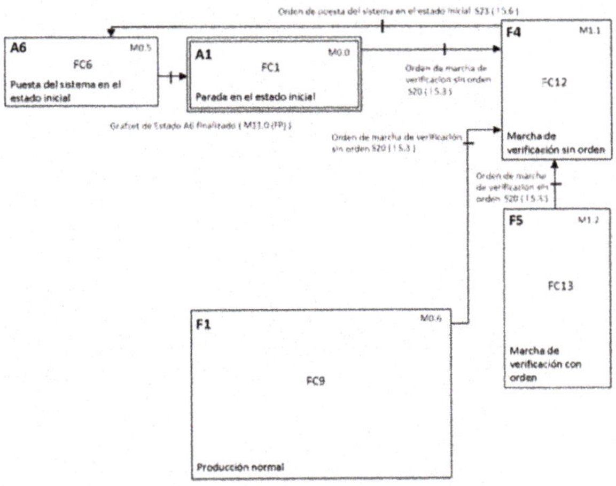

Fig. 8.248

- Como podemos observar, podremos acceder al Estado F4 desde otros tres estados, el A1, el F1 y el F5, explicados anteriormente.
- Estando en cualquiera de estos tres estados, si accionamos el pulsador S20, activaremos ese estado y desactivaremos el estado del cual procedemos.

A continuación, añadimos al Grafcet de la guía Gemma el nuevo estado incorporado, el Estado F4:

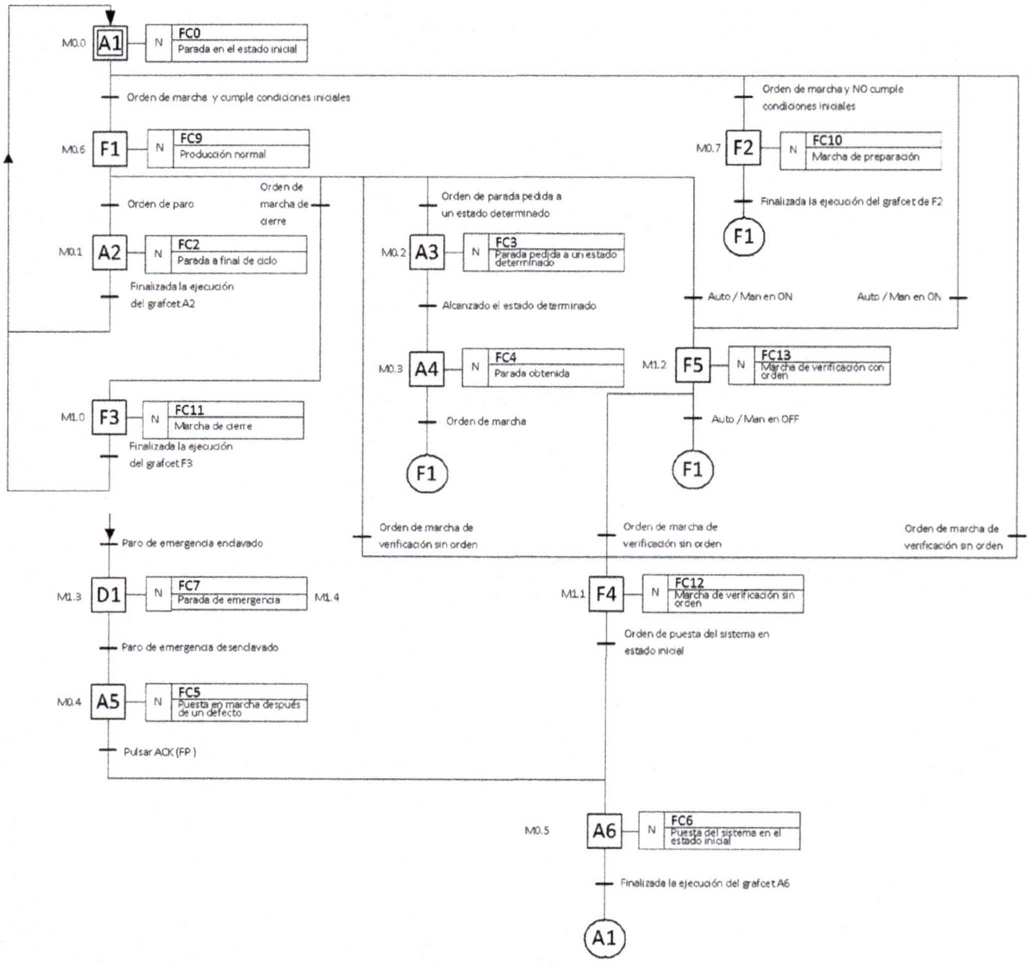

Fig. 8.249

Ahora, y tal como hemos indicado anteriormente, cuando estén activados cada uno de los estados de la guía Gemma, tendremos activado un piloto en el panel de la guía Gemma del simulador 3D. En este caso hemos añadido el del Estado F4.

- **Programa en el FC0 GUIA GEMMA**

El programa que debemos añadir al bloque FC0 GUIA GEMMA para que quede implementado el estado F4 con las entradas y salidas se indica a continuación. Se añadirán además los segmentos 46 y 47, donde se inicializa el Grafcet implementado en los estados F1 y F5, por si se diera el caso de que la activación del estado F4 procede de uno de ellos:

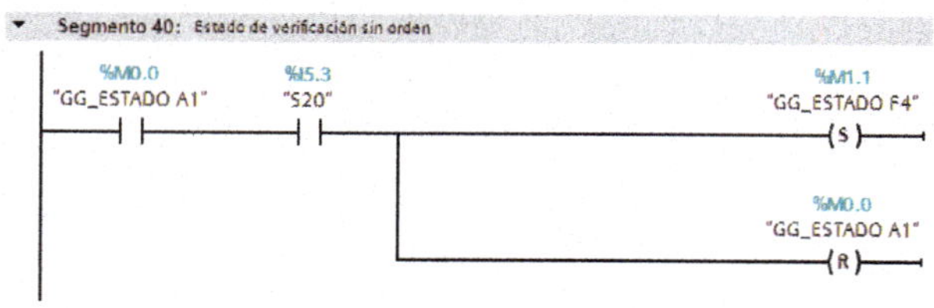

Fig. 8.250

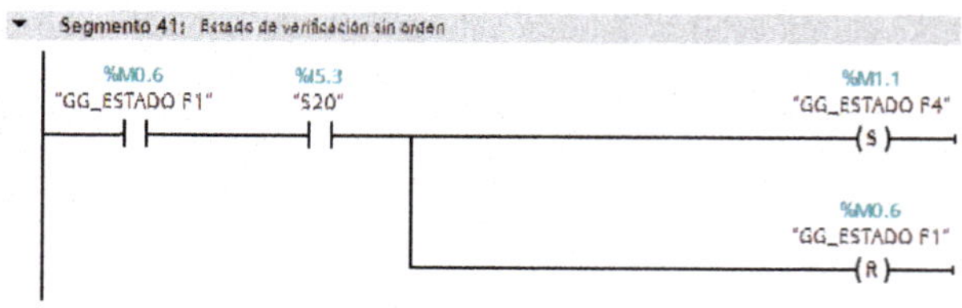

Fig. 8.251

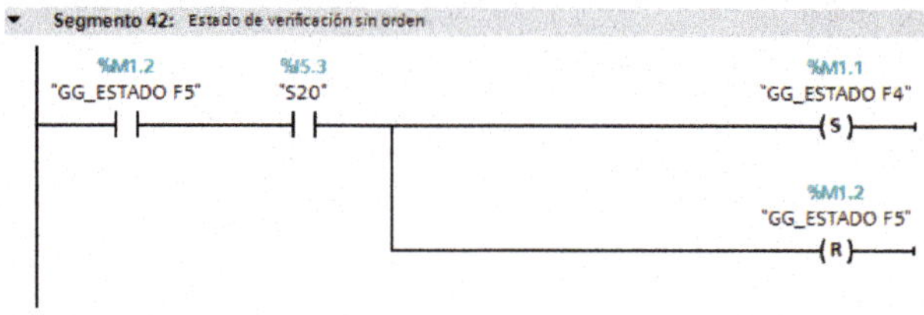

Fig. 8.252

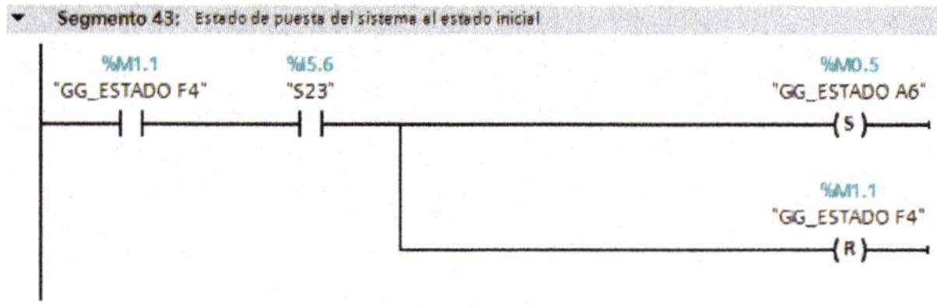

Fig. 8.253

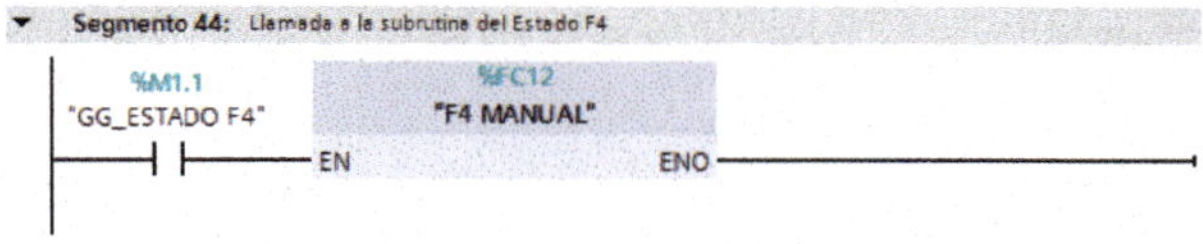

Fig. 8.254

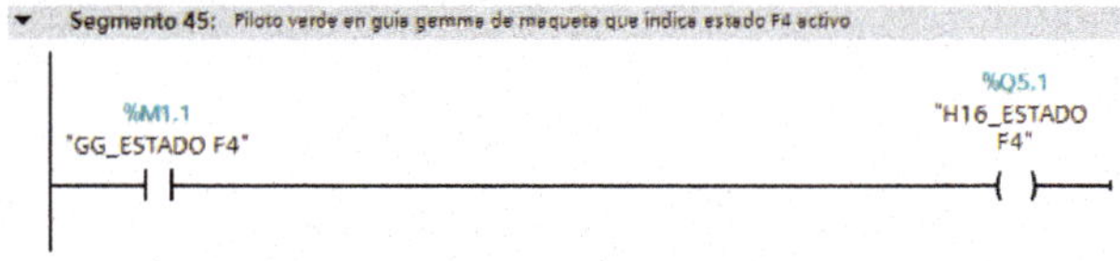

Fig. 8.255

Tal como hemos comentado anteriormente, en el FC12 **F4 MANUAL** realizaremos el programa de funcionamiento de las salidas. Como las salidas no se pueden repetir, hemos de hacer que, mientras se encuentre activo el Estado F4, no se ejecute el **FC20 S_SALIDAS**. Para ello realizaremos la siguiente modificación en el programa del segmento 2 del bloque de organización OB1.

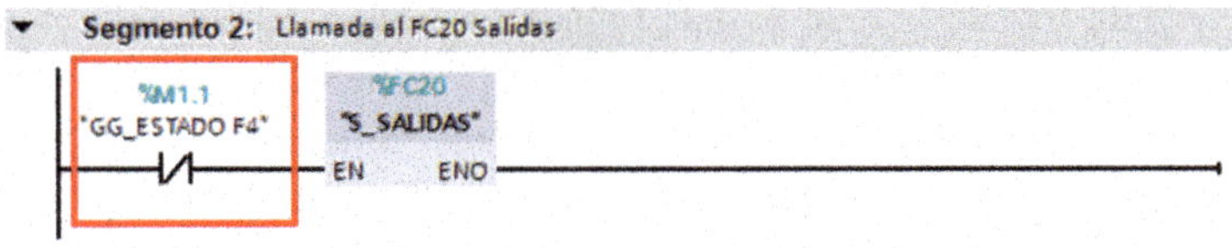

Fig. 8.256

Por otro lado, el piloto amarillo de la baliza ha de señalizar de forma fija si está activado el Estado F4, y de forma intermitente si el disyuntor de alguno de los dos motores está disparado, dando prioridad en la señalización al disparo de los disyuntores. Para ello, dentro del FC12 (Estado F4) programaremos el siguiente segmento:

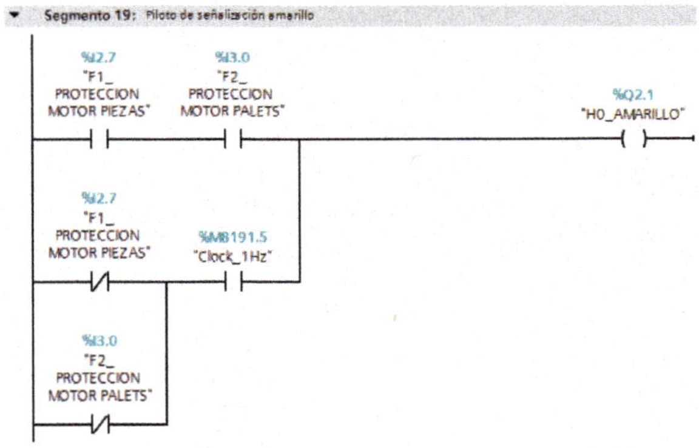

Fig. 8.257

Si nos encontramos en el Estado F4, para salir de él hemos de accionar el pulsador **S23**. Entonces la guía Gemma pasará a situarse en el Estado A6, que ya había sido utilizado anteriormente cuando pasaba del Estado D1 al A5 y de este al A6. Entonces se realizó un diseño del Grafcet con lo necesario hasta ese momento, pero ahora deberá ser más completo, puesto que desde el mando manual, Estado F4, el proceso se puede haber quedado en cualquier posición.

- **Condiciones de funcionamiento del Estado A6**

Al activarse el Estado A6, cuando viene del Estado F4, se pondrán en evolución las dos ramas simultáneas que corresponden al manipulador grabador y al manipulador de carga. Realizarán las siguientes acciones.

Manipulador grabador:

Tenemos una solo secuencia que funcionará de la siguiente forma:

- Primero subirá el cilindro marcador para que, al realizar el siguiente movimiento, no haya un choque mecánico.
- Cuando el marcador esté en la posición de reposo (arriba), hacemos retroceder al mismo tiempo el cilindro multiposicional, tanto el cilindro pequeño como el grande.

Manipulador de carga:

Tenemos unas secuencias alternativas y, por tanto, pueden ocurrir dos cosas:

- Secuencia 1: que haya pieza sujeta por la ventosa.
- Secuencia 2: que NO haya pieza sujeta por la ventosa.

Secuencia 1:

- Si la pieza está sujeta por la ventosa, el cilindro del eje vertical con la ventosa deberá ir a la posición de reposo (arriba).
- Cuando el cilindro del eje vertical con la ventosa se encuentre en la posición de reposo (arriba), mediante el eje horizontal, la ventosa se desplazará hasta alcanzar el eje horizontal la posición de avance (izquierda), además de poner en funcionamiento el motor de palets.
- Cuando el cilindro del eje horizontal se encuentre en la izquierda y se encuentre un palet en la zona de carga, entonces, el cilindro del eje vertical con la ventosa descenderá a su posición de trabajo (abajo).
- Cuando el cilindro del eje vertical con la ventosa se encuentre abajo, se desactivará el vacío de la ventosa para liberar la pieza.
- Cuando se haya liberado la pieza, lo que se detectará mediante la ausencia de vacío, el cilindro del eje vertical con la ventosa volverá a su posición de reposo (arriba).
- Cuando el cilindro del eje vertical con la ventosa se encuentre arriba, el eje horizontal se encargará de desplazar la ventosa hacia su posición de reposo (derecha) hasta alcanzar el detector de la derecha.

Secuencia 2:

- Si no hay pieza sujeta por la ventosa, el cilindro del eje vertical volverá a su posición de reposo (arriba).
- Cuando el cilindro del eje vertical de la ventosa se encuentre arriba, el eje horizontal se encargará de desplazar la ventosa hacia su posición de reposo (derecha) si es que no lo está.

- **Diseño del Grafcet del Estado A6**

Este Grafcet se basa en un diseño de bifurcación en Y, donde intervienen dos ramas que funcionarán en paralelo, una para el manipulador de grabado y la otra para el manipulador de carga.

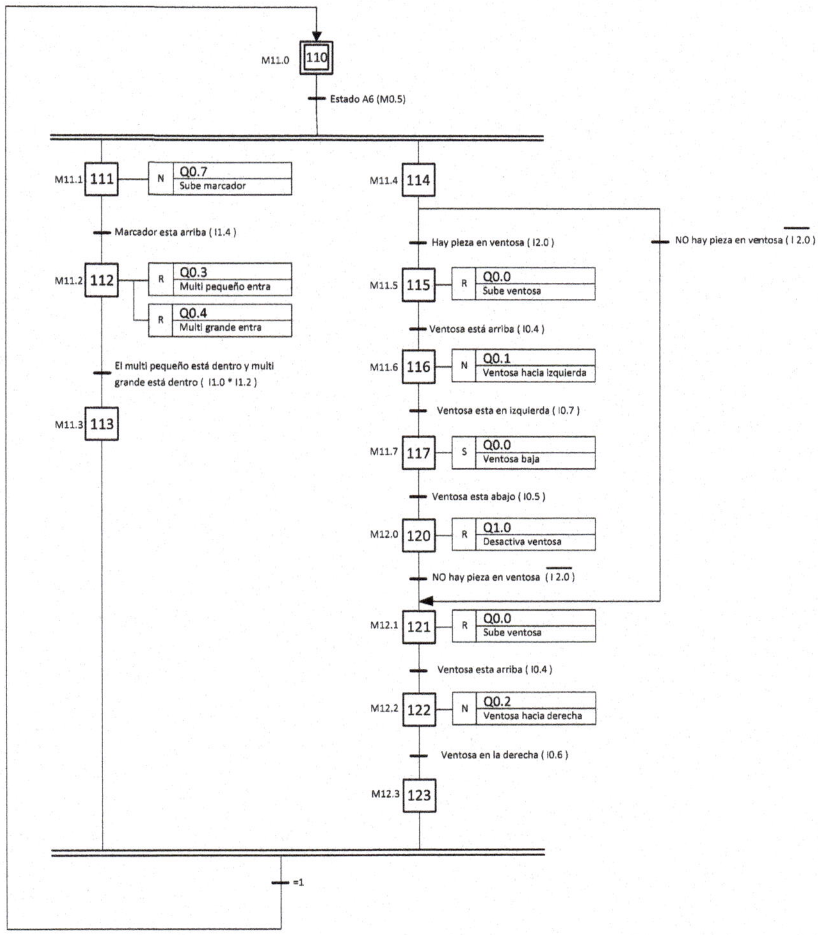

Fig. 8.258

Una vez el sistema se encuentra cumpliendo las condiciones iniciales, el control de la guía Gemma deberá pasar de forma automática al Estado A1, deteniéndose el proceso en su estado inicial.

- **Modificación del programa del Estado A6**

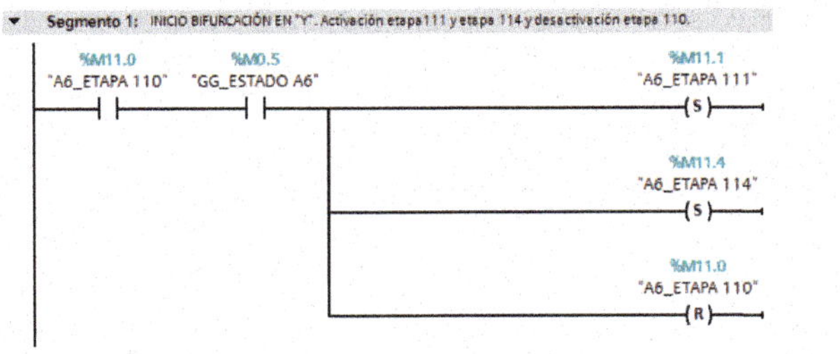

Fig. 8.259

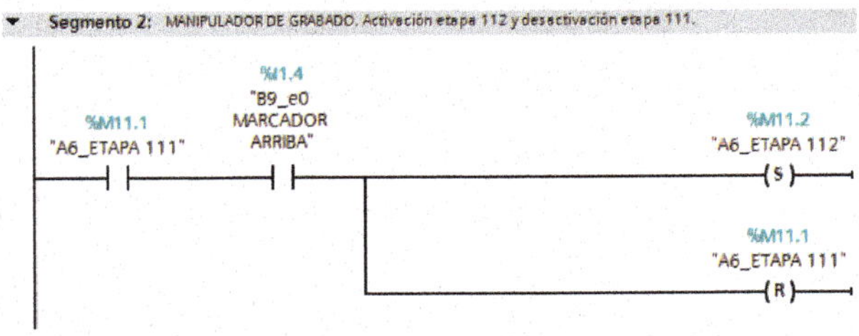

Fig. 8.260

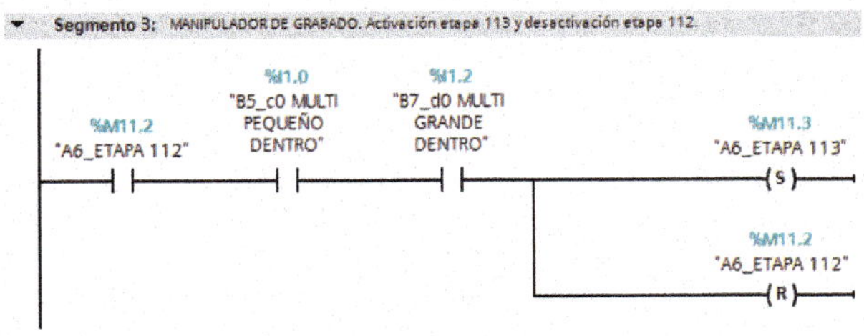

Fig. 8.261

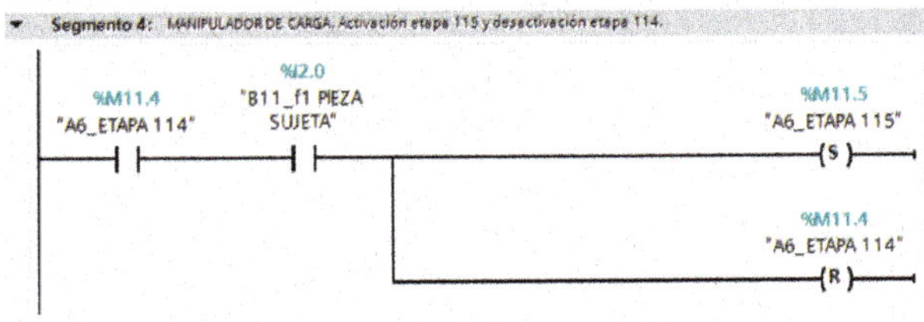

Fig. 8.262

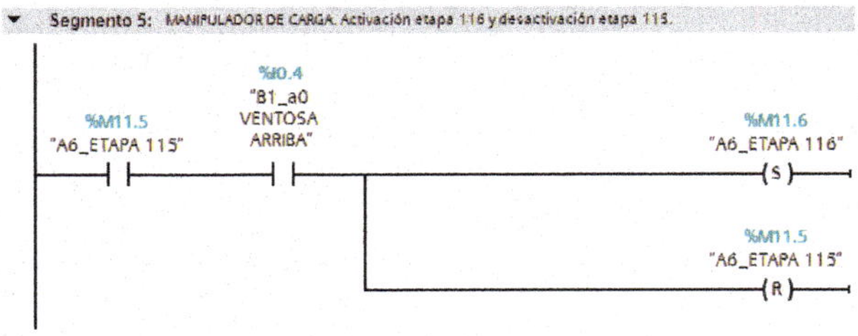

Fig. 8.263

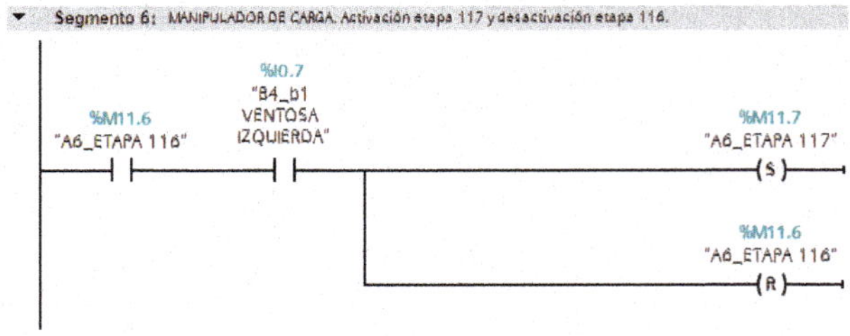

Fig. 8.264

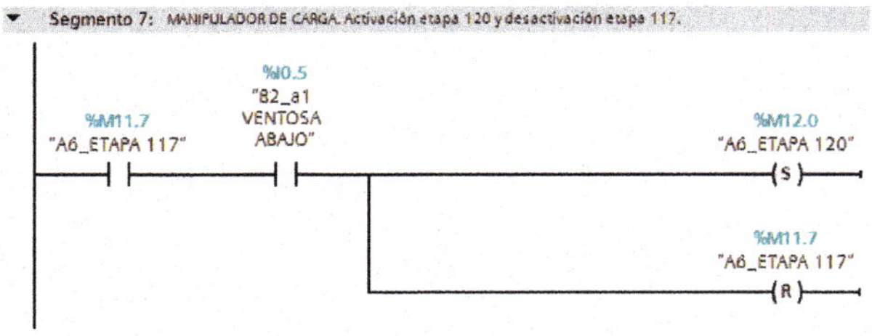

Fig. 8.265

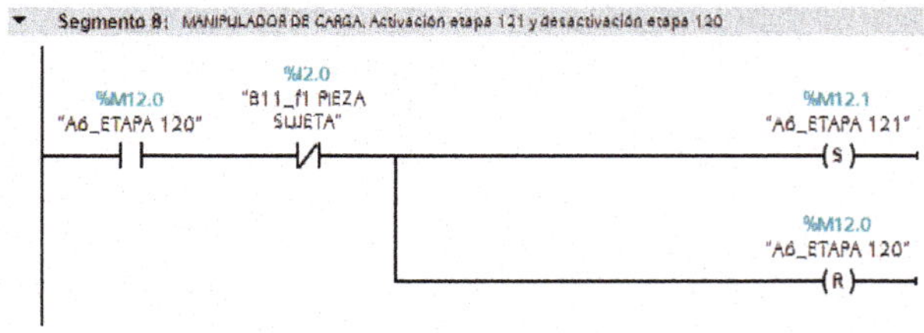

Fig. 8.266

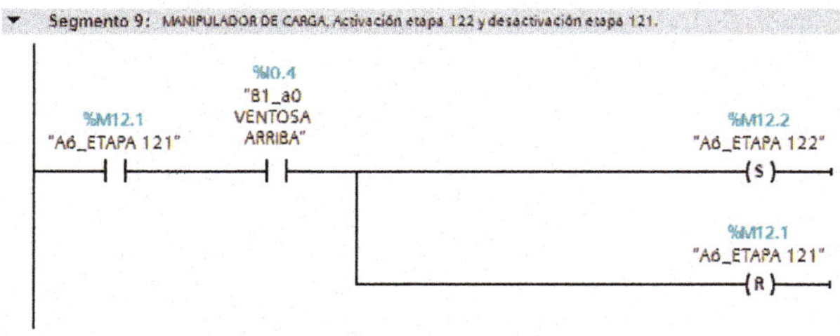

Fig. 8.267

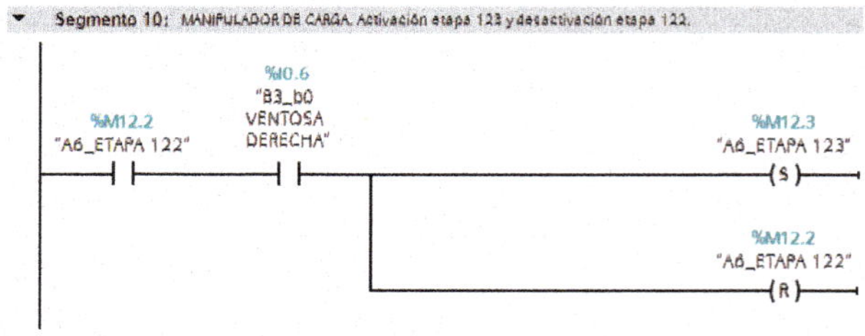

Fig. 8.268

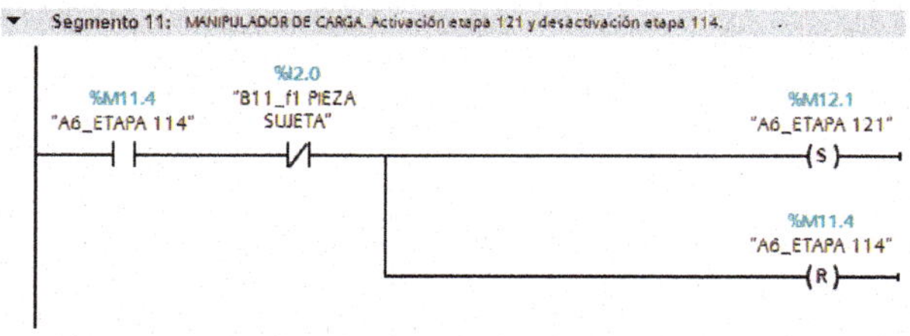

Fig. 8.269

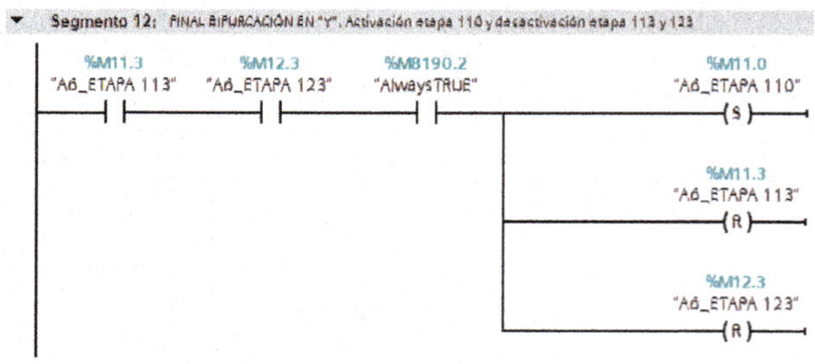

Fig. 8.270a

- **Modificación del Estado A5 y del OB100**

Al incorporar el nuevo Grafcet de A6, podemos ver que, sin contar la etapa inicial, tenemos un total de 11 etapas. Por lo tanto, modificaremos el segmento 16 del FC5 y el segmento 7 del OB100, con el fin de modificar la instrucción RESET_BF para que, en lugar de resetear seis etapas, se reseteen 11.

FC5

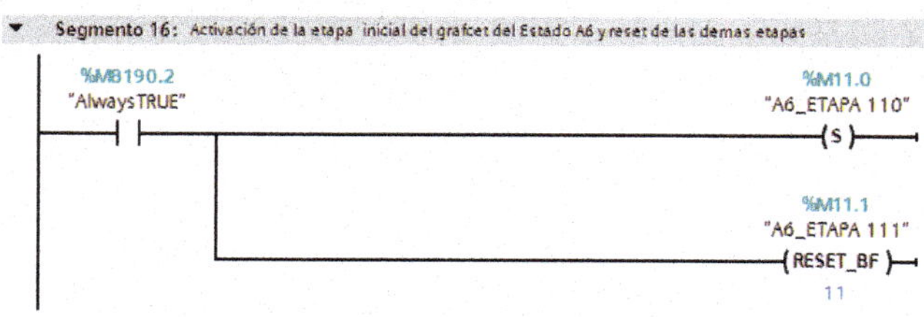

Fig. 8.270b

OB100

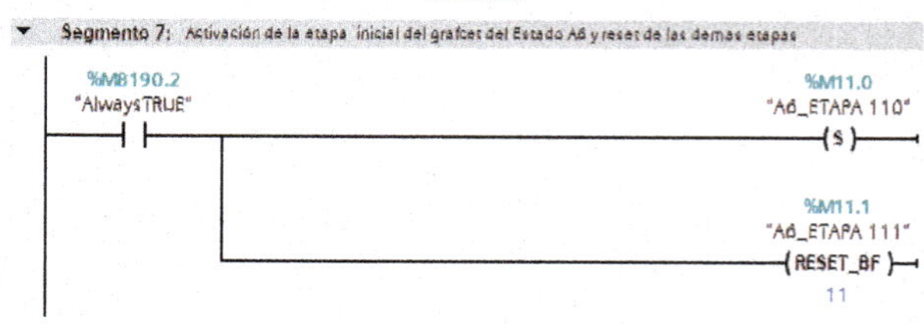

Fig. 8.270c

- **Modificación del programa del FC20 S_SALIDAS**

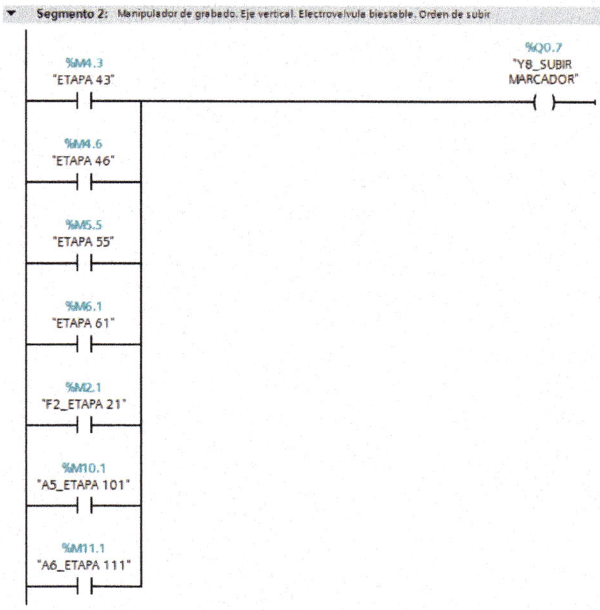

Fig. 8.271

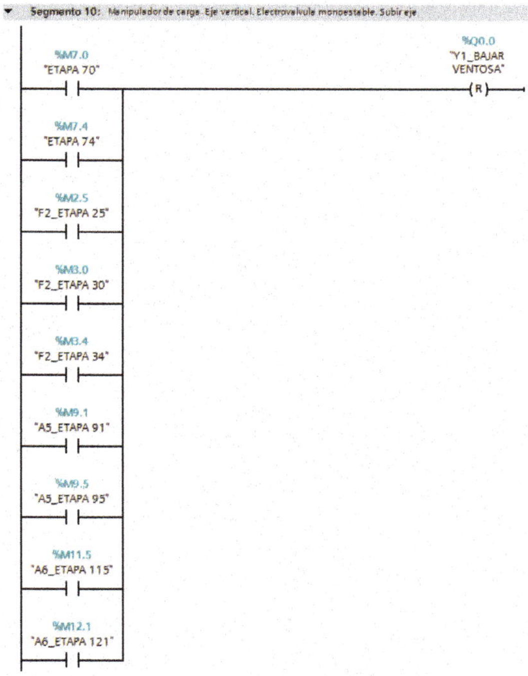

Fig. 8.272

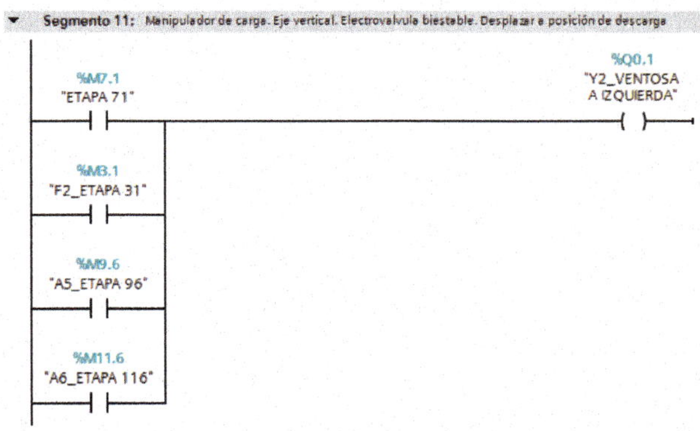

Fig. 8.273

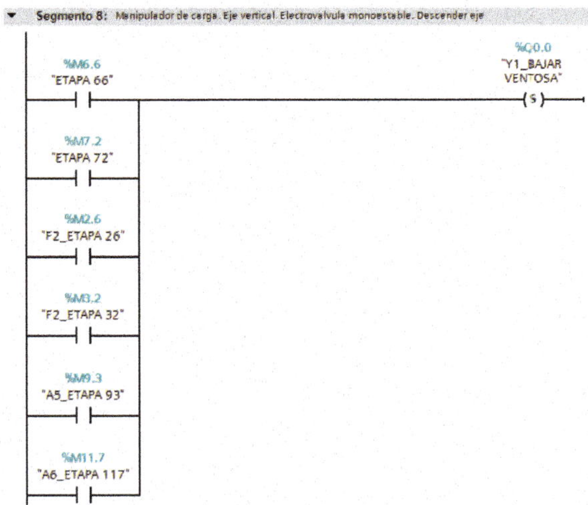

Fig. 8.274

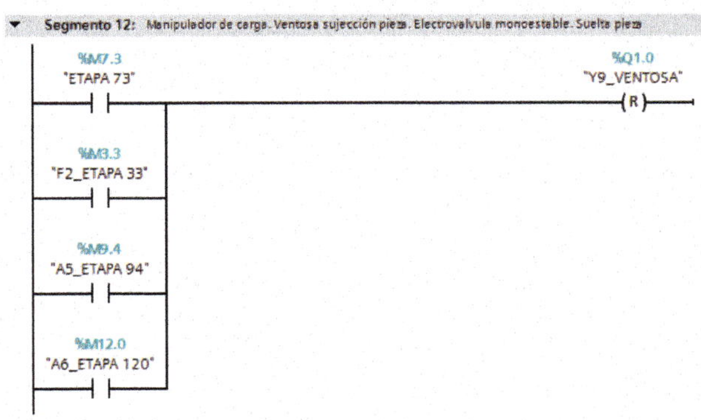

Fig. 8.275

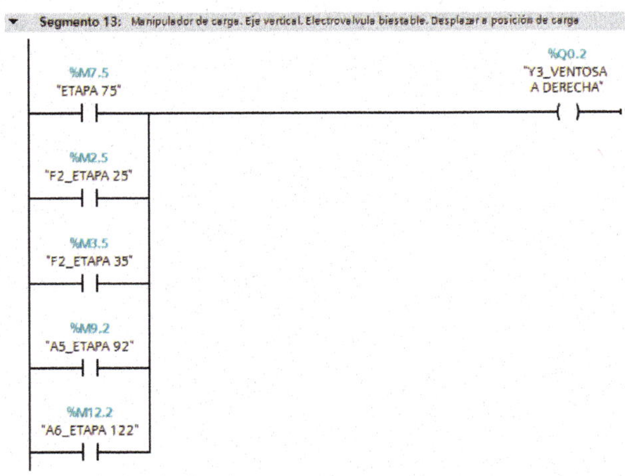

Fig. 8.276

- **Comprobación del funcionamiento del estado F4**

Para poder comprobar el funcionamiento, debemos primero transferir el programa al simulador PLCSim. A continuación, hemos de abrir el simulador 3D. Pulsaremos los botones **CONTROL PROCESO**, **REGISTROS**, **MANDO MANUAL** y **GUIA GEMMA**, y con ello se nos abrirán los tres paneles que necesitamos para probar el ejercicio.

Es importante que, una vez arrancado el Simulador 3D, antes de probar nada, en el PLCSIM primero pulsemos el botón STOP y después pulsemos el botón RUN.

Por el mismo motivo que se indicó para comprobar los estados D1, A5 y A6, es conveniente accionar el pulsador de ACK al ejecutar el simulador 3D para posicionar la guía Gemma al estado A1.

Fig. 8.79

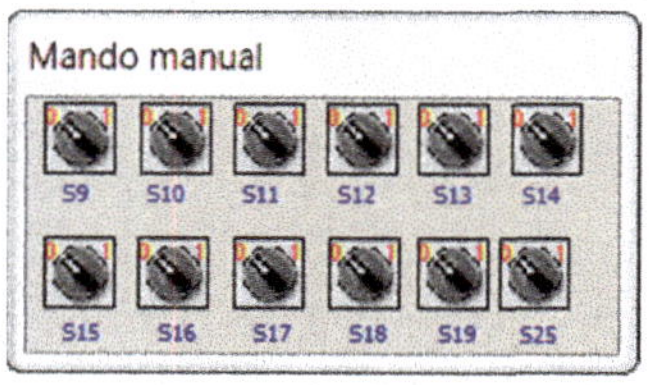

Fig. 8.277

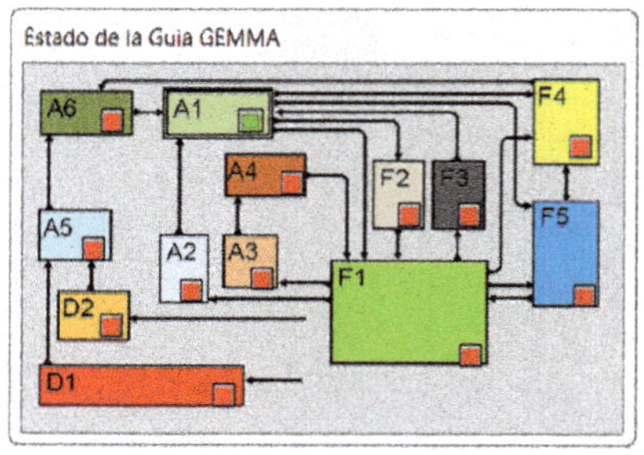

Fig. 8.101

Al pasar el PLCSim de STOP a RUN, en el panel **Estado de la Guía GEMMA**, se observará cómo el sistema se ha iniciado desde el Estado A1 y muestra en verde su piloto asociado que corresponde con la salida Q4.0 (H7_ESTADO_A1).

Ahora podemos pasar el control de la guía Gemma directamente sobre el Estado F4 para conseguir el control totalmente manual del proceso. Para ello, basta con accionar el pulsador **S20**. En este estado podemos provocar la activación de cualquiera de los actuadores que intervienen en el proceso, como son las electroválvulas que controlan los diferentes cilindros y los motores.

También podemos entrar al Estado F4 desde el Estado F1 o el F5. Lo que podremos observar en ese caso es que, al entrar al Estado F4, no se produce ningún movimiento en los cilindros hasta que actuamos manualmente sobre ellos.
Para salir del estado F4 no necesariamente hemos de desactivar los actuadores sobre los que se ha ido trabajando de forma manual, sino que al accionar el pulsador **S23**, el control de la guía Gemma pasará al Estado A6, que precisamente se encarga de colocar el proceso en condiciones de inicio, realizando para ello movimientos en orden para evitar posibles choques mecánicos.

8.2.9 Guía Gemma del Estado D2 (Diagnóstico o tratamiento de los defectos)

La guía Gemma también tiene en cuenta estados para la detección de averías y el posterior tratamiento que se le debe dar a cada una de ellas. En nuestro proceso vamos a poder provocar, mediante el panel «Averías en el proceso» del Simulador 3D, diferentes averías simulando fallos en distinto actuadores y sensores.

En el Estado D2 se intenta, de forma automática, determinar las causas del defecto o la avería. En la guía Gemma que hemos planteado, pasará al Estado D2 de forma automática desde cualquier estado en el que se encuentre y en el que sea detectado algún defecto o avería.

- **Condiciones de funcionamiento del Estado D2 (FC23 DETECCIÓN AVERÍAS)**

Recuerda • • •

El estado D2 de la guía Gemma controla los aspectos relacionados con las diferentes averías producidas durante el funcionamiento del proceso, informando para ello al operario del error producido.

Para la detección de averías crearemos un nuevo bloque de programa, FC23 DETECCIÓN AVERÍAS que, como ya hemos indicado anteriormente, será ejecutado siempre para poder detectar las averías que se produzcan en el proceso, independientemente del estado en el que se encuentren.

En este bloque incluiremos un programa para la detección de posibles defectos o averías, y siempre que se detecte alguna, se activará el Estado D2, que mediante un programa deberá localizar el defecto o avería que se haya producido.

En la siguiente tabla se muestran las averías que se pueden provocar al accionar el correspondiente interruptor, así como el significado de la señalización y el registro asociado a activar para mostrar su visualización cuando haya sido detectada la avería:

	Componente gráfico Registro visualización avería	Función asignada
Fig. 8.278	A_1 Y2: M7100.0 · Y3: M7100.1	Avería «EV cilindro eje horizontal»
Fig. 8.279	A_2 B4: M7100.2 · B3: M7100.3	Avería «Detectores cilindre eje horizontal»
Fig. 8.280	A_3 Y1: M7100.4	Avería «EV cilindro eje vertical»
Fig. 8.281	A_4 B1: M7100.5 · B2: M7100.6	Avería «Detectores cilindro eje vertical»
Fig. 8.282	A_5 Y4: M7100.7	Avería «EV cilindro multiposicional pequeño»
Fig. 8.283	A_6 B5: M7101.0 · B6: M7101.1	Avería «Detectores cilindro multiposicional pequeño»
Fig. 8.284	A_7 Y5: M7101.2	Avería «EV cilindro multiposicional grande»
Fig. 8.285	A_8 B7: 7101.3 · B8: 7101.4	Avería «Detectores cilindro multiposicional grande»
Fig. 8.286	A_9 Y7: 7101.5 · Y8: 7101.6	Avería «EV cilindro marcador»
Fig. 8.287	A_10 B9: M7101.7 · B10: M7102.0	Avería «Detectores cilindro marcador»
Fig. 8.288	A_11 Y6: M7102.1	Avería «EV cilindro tope»
Fig. 8.289	A_12 B12:M7102.2 · B13: M7102.3	Avería «Detectores cilindro tope»
Fig. 8.290	A_13 Y9: M7102.4	Avería «EV vacío» o «vacuostato»

- **Diseño del programa del FC23. DETECCIÓN AVERÍAS.**

El programa utilizado para detectar las posibles averías que se puedan producir se encontrará en FC23 DETECCIÓN AVERÍAS.

Crearemos tres bloques parametrizables:

- FB1 DETECCIÓN AVERÍA BIESTABLE.
- FB2 DETECCIÓN AVERIA MONOESTABLE.
- FB3 DETECCIÓN AVERÍA VENTOSA.

La estructura del bloque FB1 que servirá para detectar averías en las electroválvulas biestables tendrá la siguiente declaración de variables:

DETECCIÓN AVERÍA BIESTABLE

	Nombre	Tipo de datos	Valor predet.	Remanencia	Accesible d...	Visible en ...	Valor de a...
1	▼ Input				☐	☐	☐
2	ORDEN EV+	Bool	false	No remane...	☑	☑	☐
3	ORDEN EV-	Bool	false	No remane...	☑	☑	☐
4	DETECTOR a1	Bool	false	No remane...	☑	☑	☐
5	DETECTOR a0	Bool	false	No remane...	☑	☑	☐
6	ACK	Bool	false	No remane...	☑	☑	☐
7	TIEMPO	Time	T#0ms	No remane...	☑	☑	☐
8	▼ Output				☐	☐	☐
9	AVERÍA	Bool	false	No remane...	☑	☑	☐
10	▼ InOut				☐	☐	☐
11	<Agregar>				☐	☐	☐
12	▼ Static				☐	☐	☐
13	▸ TIEMPO AVERÍA 1	IEC_TIMER		No remane...	☑	☑	☐
14	▸ TIEMPO AVERÍA 2	IEC_TIMER		No remane...	☑	☑	☐
15	AUXILIAR AVERÍA	Bool	false	No rem...	☑	☑	☐

Fig. 8.291

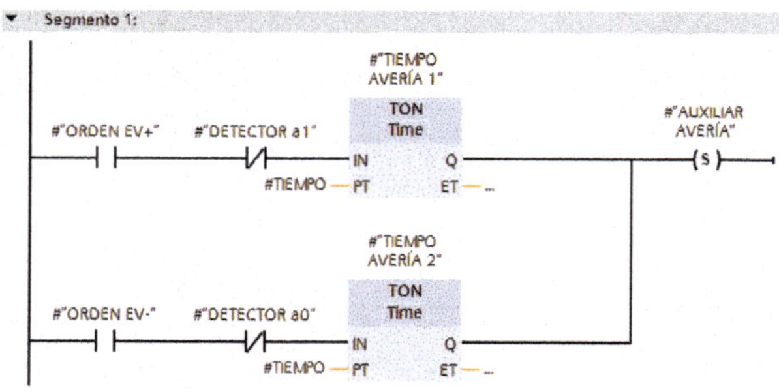

Fig. 8.292

Fig. 8.293A

Fig. 8.293B

Para detectar las averías, primero programaremos un temporizador que tendrá como preselección un tiempo un poco superior al que necesita el cilindro en hacer el recorrido completo. A partir de ese momento, si no se cumplen las condiciones de desconexión del temporizador, este provocará la activación del bit #AVERÍA.

Una vez solucionada la avería, y accionando el pulsador **ACK**, resetearemos el bit de #AVERÍA.

Cuando activemos la entrada #ORDEN EV+ o la entrada #ORDEN EV-, el bit #AVERÍA se activará por dos circunstancias:

- El cilindro avanza y el sensor de detección de la posición de avance se encuentra averiado. En este caso, cuando transcurra el #TIEMPO previsto para su desplazamiento total, se activará el bit #AVERÍA.

- La bobina de la electroválvula está estropeada, con lo que el cilindro no se desplazará y, por tanto, tampoco se activará el #DETECTOR a1. Esto provocará que el temporizador #TIEMPO AVERÍA, al transcurrir su tiempo preseleccionado, active el bit #AVERÍA.

La estructura del bloque FB2 que servirá para detectar averías en las electroválvulas monoestables tendrá la siguiente declaración de variables:

DETECCIÓN AVERÍA MONOESTABLE

	Nombre	Tipo de datos	Valor predet.	Remanencia	Accesible d...	Visible en ...	Valor de a...
1	▾ Input				☐	☐	☐
2	ORDEN EV+	Bool	false	No remane...	☑	☑	☐
3	DETECTOR a1	Bool	false	No remane...	☑	☑	☐
4	DETECTOR a0	Bool	false	No remane...	☑	☑	☐
5	ACK	Bool	false	No remane...	☑	☑	☐
6	TIEMPO	Time	T#0ms	No remane...	☑	☑	☐
7	▾ Output				☐	☐	☐
8	AVERÍA	Bool	false	No remane...	☑	☑	☐
9	▾ InOut				☐	☐	☐
10	<Agregar>				☐	☐	☐
11	▾ Static				☐	☐	☐
12	▸ TIEMPO AVERÍA 1	IEC_TIMER		No remane...	☑	☑	☐
13	▸ TIEMPO AVERIA 2	IEC_TIMER		No remane...	☑	☑	☐
14	AUXILIAR AVERÍA	Bool	false	No remane...	☑	☑	☐

Fig. 8.294

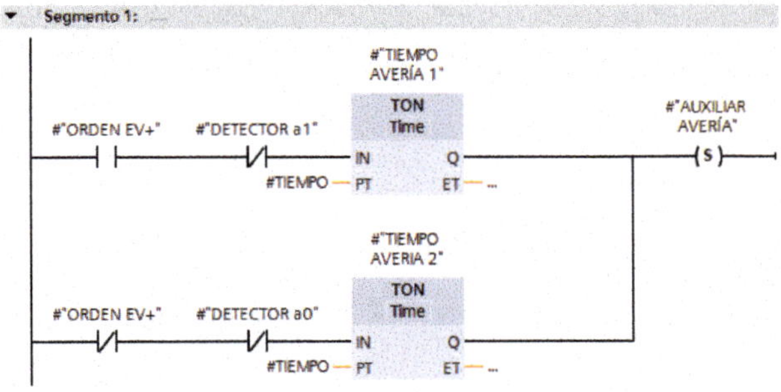

Fig. 8.295

Fig. 8.296A

Fig. 8.296B

Podemos comprobar que la única diferencia entre el FB1 y el FB2 es que, para indicar que el cilindro retrocede en el caso de la válvula biestable, hemos de definir una variable de entrada #ORDEN EV -, mientras que cuando tenemos la válvula monoestable, el retroceso vendrá representado por un contacto negado de #ORDEN EV+.

La estructura del bloque FB3 que servirá para detectar averías en las ventosas tendrá la siguiente declaración de variables:

DETECCIÓN AVERÍA VENTOSA

	Nombre	Tipo de datos	Valor predet.	Remanencia	Accesible d...	Visible en ...	Valor de a...
1	▾ Input				☐	☐	☐
2	ORDEN VENTOSA +	Bool	false	No remane...	☑	☑	☐
3	DETECTOR VACIO	Bool	false	No remane...	☑	☑	☐
4	TIEMPO	Time	T#0ms	No remane...	☑	☑	☐
5	ACK	Bool	false	No rem...	☑	☑	☐
6	<Agregar>				☐	☐	☐
7	▾ Output				☐	☐	☐
8	AVERÍA	Bool	false	No remane...	☑	☑	☐
9	▾ InOut				☐	☐	☐
10	<Agregar>				☐	☐	☐
11	▾ Static				☐	☐	☐
12	▸ TIEMPO AVERÍA	IEC_TIMER		No remane...	☑	☑	☐

Fig. 8.297

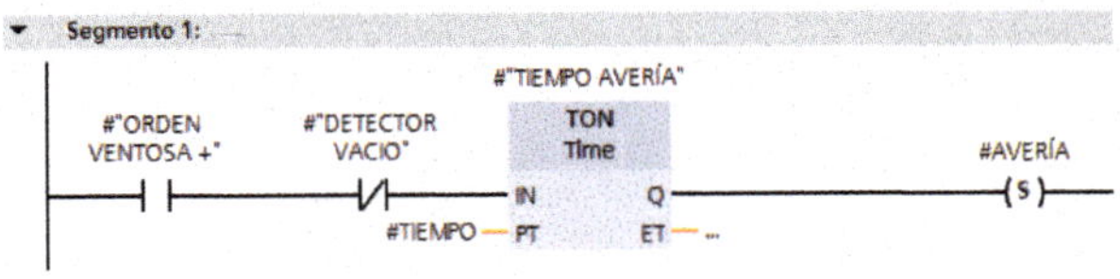

Fig. 8.298

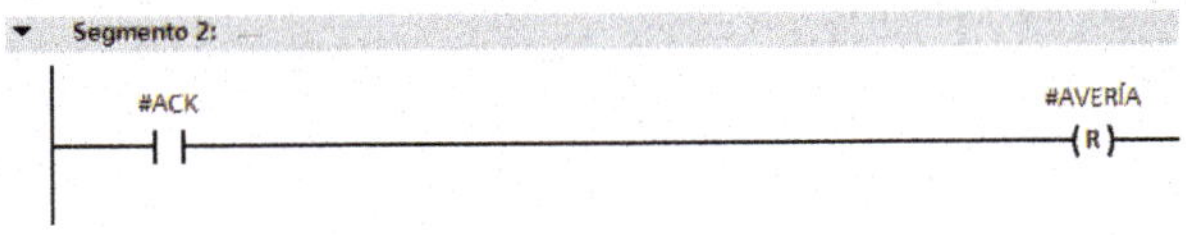

Fig. 8.299

A continuación, dentro del FC23, introduciremos el programa para detectar las averías que se puedan producir en cualquier cilindro y en la ventosa.

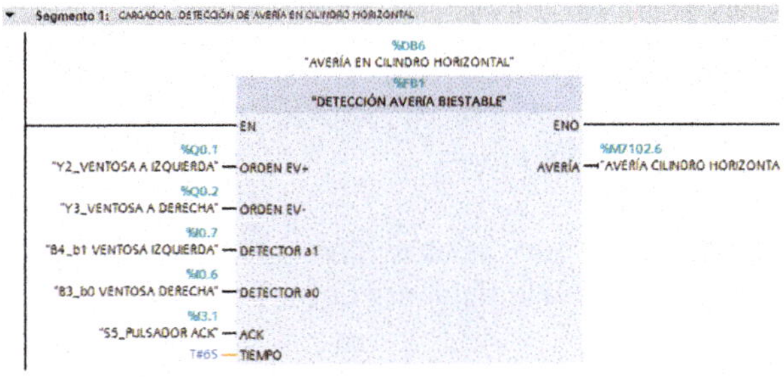

Fig. 8.300

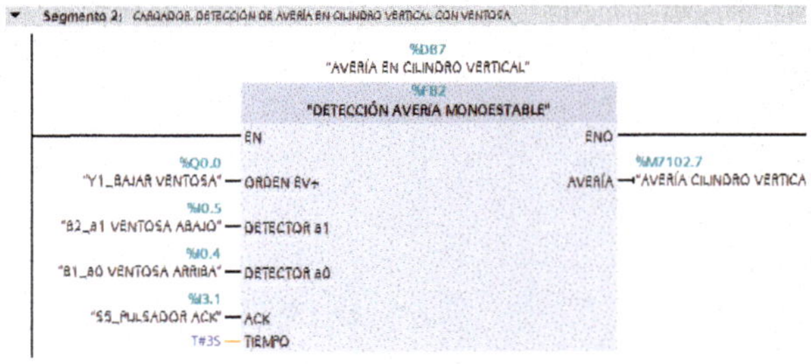

Fig. 8.301

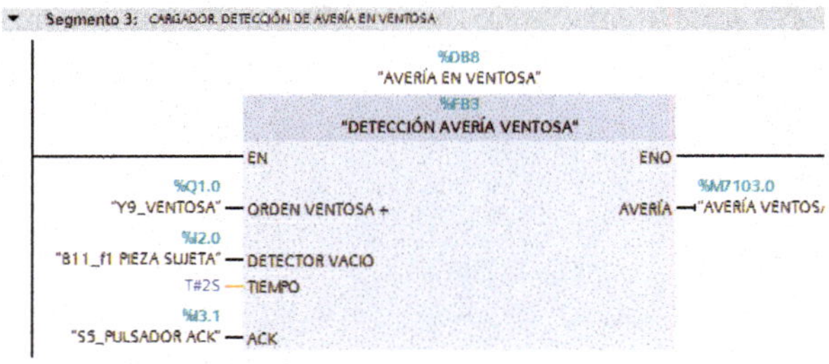

Fig. 8.302

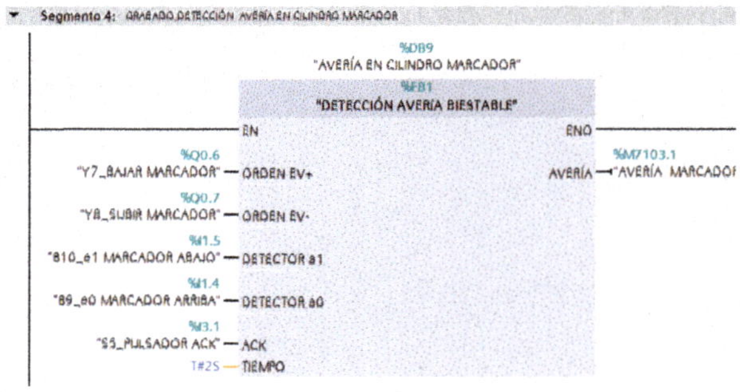

Fig. 8.303

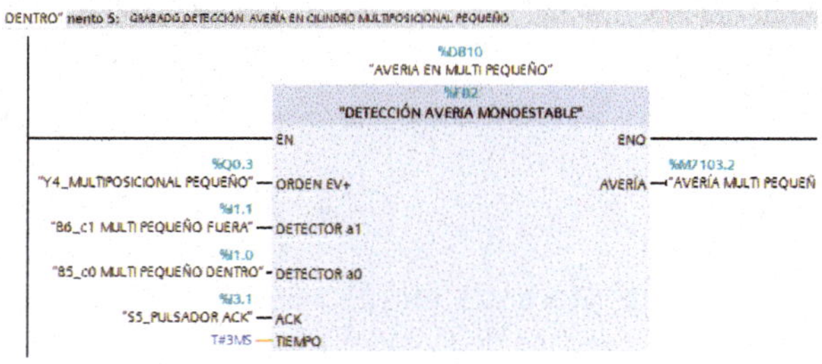

Fig. 8.304

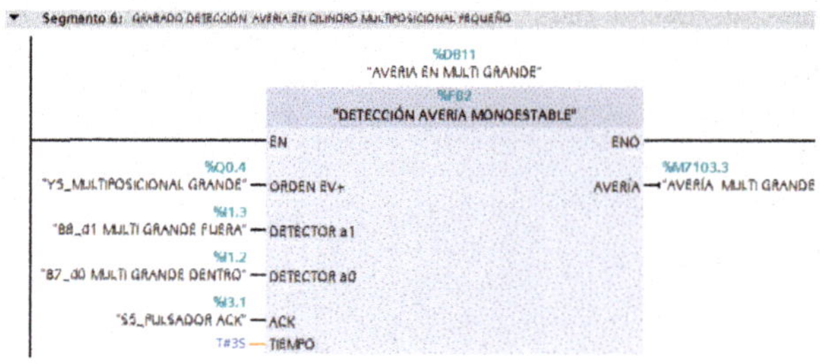

Fig. 8.305

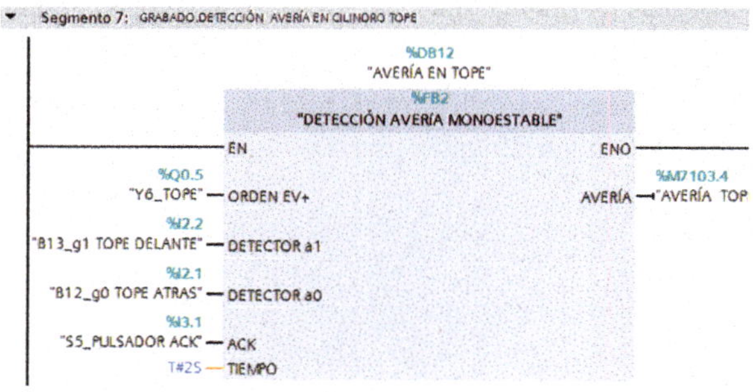

Fig. 8.306a

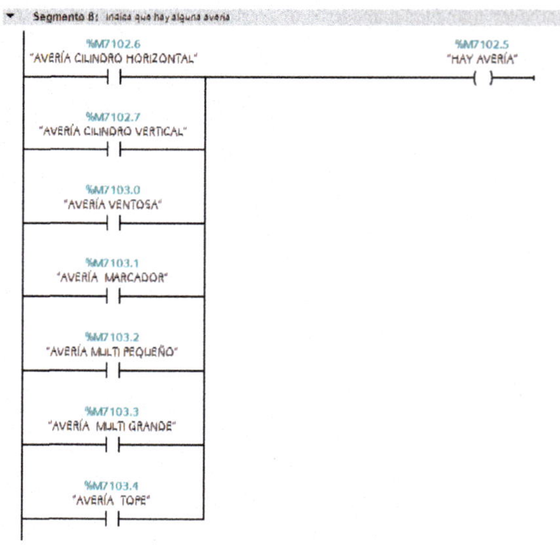

Fig. 8.306b

Como la detección de averías se tendrá en cuenta en cualquiera de los estados en los que se encuentre el proceso, llamaremos el FC23 de forma incondicional desde el OB1. Por tanto, en este bloque OB 1 debemos añadir el siguiente segmento.

Fig. 8.307

- **Diseño del programa del Estado D2. FC8 DIAGNOSIS AVERÍAS**

Una vez que en la guía Gemma se haya detectado cualquier avería, se activará el Estado D2 y se desactivarán los demás estados. Dentro del Estado D2 se realizará una diagnosis detallada de cada uno de los cilindros y ventosas que contempla nuestro proceso. Eso nos permitirá conocer si la avería ha sido producida por el fallo de un sensor o porque una electroválvula se ha estropeado.

La diagnosis la realizaremos mediante el uso de tres bloques diferentes parametrizables:

- FB4 DIAGNOSIS AVERÍA BIESTABLE.
- FB5 DIAGNOSIS AVERÍA MONOESTABLE.
- FB6 DIAGNOSIS AVERÍA VENTOSA.

La estructura del bloque FB4 servirá para diagnosticar averías en las electroválvulas biestables y tendrá la siguiente declaración de variables:

DIAGNOSIS AVERÍA BIESTABLE

	Nombre	Tipo de datos	Valor predet.	Remanencia	Accesible d...	Visible en ...	Valor de a...
1	▼ Input				☐	☐	☐
2	ORDEN EV+	Bool	false	No rem...	☑	☑	☐
3	ORDEN EV-	Bool	false	No remane...	☑	☑	☐
4	DETECTOR a1	Bool	false	No remane...	☑	☑	☐
5	DETECTOR a0	Bool	false	No remane...	☑	☑	☐
6	▼ Output				☐	☐	☐
7	AVERÍA EV +	Bool	false	No remane...	☑	☑	☐
8	AVERÍA EV -	Bool	false	No remane...	☑	☑	☐
9	AVERÍA DETECTOR a1	Bool	false	No remane...	☑	☑	☐
10	AVERÍA DETECTOR a0	Bool	false	No remane...	☑	☑	☐
11	▼ InOut				☐	☐	☐

Fig. 8.308

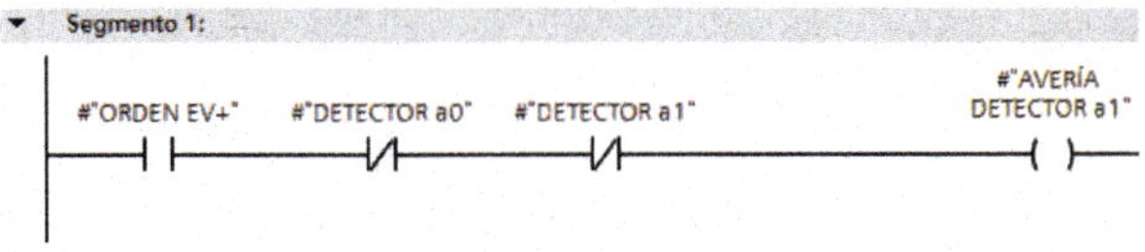

Fig. 8.309

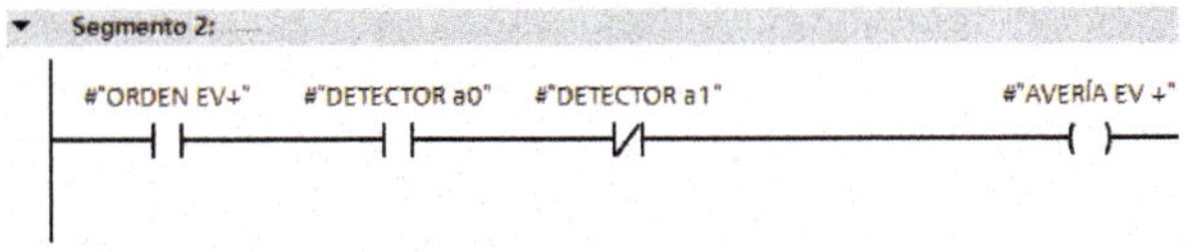

Fig. 8.310

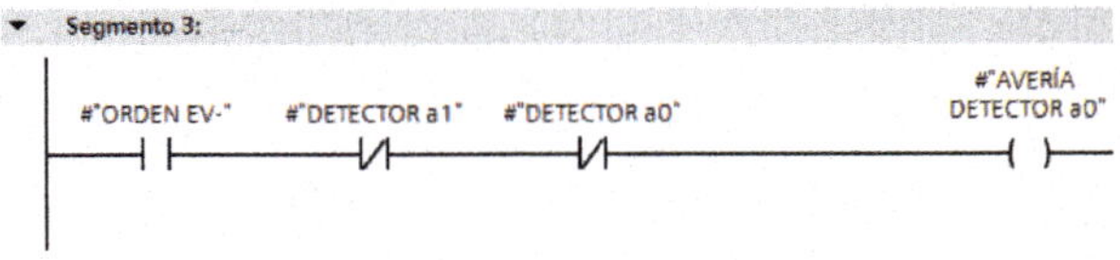

Fig. 8.311

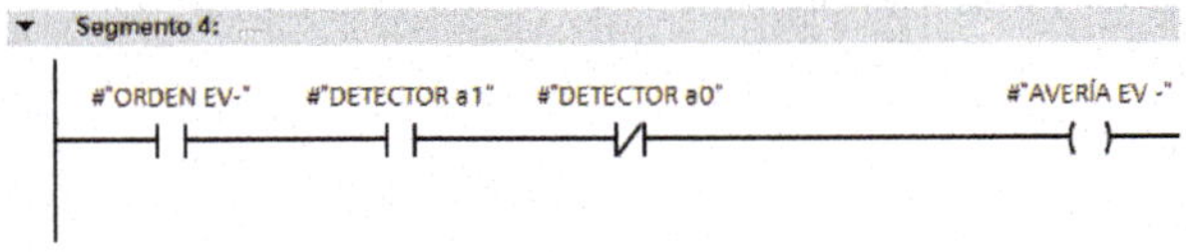

Fig. 8.312

En el momento en que se ejecute el Estado D2, indicará que el sistema se ha detenido por la avería de alguno de los actuadores o detectores del sistema. Para localizar las averías en las electroválvulas y en los detectores, seguiremos la siguiente lógica:

Segmento 1:

Si hemos dado la #ORDEN EV +, no detecta el #DETECTOR a0 y no detecta #DETECTOR a1, indicará que el cilindro habrá avanzado y, por lo tanto, si no detecta el #DETECTOR a1, este se encuentra averiado. En ese caso se activará el bit #AVERIA DETECTOR a1.

Segmento 2:

Si hemos dado la #ORDEN EV +, detecta el #DETECTOR a0 y no detecta #DETECTOR a1, indicará que el cilindro permanece en la posición de reposo y, por lo tanto, la bobina de la electroválvula esta estropeada. En ese caso se activará el bit #AVERIA EV +.

Segmento 3:

Si hemos dado la #ORDEN EV -, no detecta el #DETECTOR a1 y no detecta #DETECTOR a0, indicará que el cilindro habrá retornado a su posición de reposo y, por lo tanto, si no detecta el #DETECTOR a0, indicará que está averiado. En ese caso se activará el bit #AVERIA DETECTOR a0.

Segmento 4:

Si hemos dado la #ORDEN EV -, detecta el #DETECTOR a1 y no detecta #DETECTOR a0, indicará que el cilindro está en la posición de avance, es decir, que el cilindro no habrá retornado y, por lo tanto, la bobina de la electroválvula está estropeada. En ese caso se activará el bit #AVERIA EV -.

La estructura del bloque FB5 servirá para diagnosticar averías en las electroválvulas monoestables y tendrá la siguiente declaración de variables:

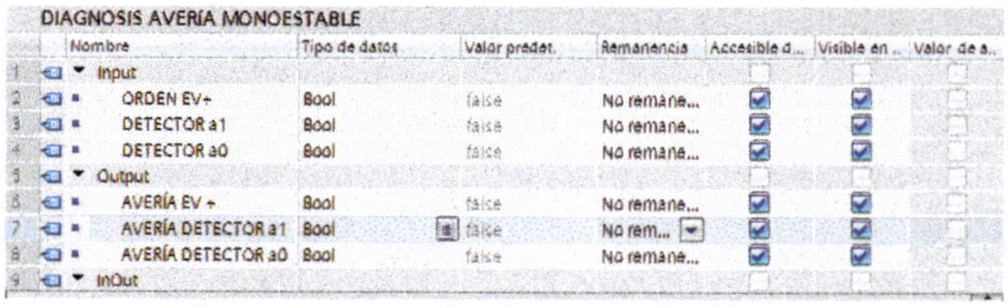

DIAGNOSIS AVERÍA MONOESTABLE

	Nombre	Tipo de datos	Valor predet.	Remanencia	Accesible d...	Visible en ...	Valor de a...
1	Input				☐	☐	☐
2	ORDEN EV+	Bool	false	No remane...	☑	☑	☐
3	DETECTOR a1	Bool	false	No remane...	☑	☑	☐
4	DETECTOR a0	Bool	false	No remane...	☑	☑	☐
5	Output				☐	☐	☐
6	AVERÍA EV +	Bool	false	No remane...	☑	☑	☐
7	AVERÍA DETECTOR a1	Bool	false	No rem...	☑	☑	☐
8	AVERÍA DETECTOR a0	Bool	false	No remane...	☑	☑	☐
9	InOut				☐	☐	☐

Fig. 8.313

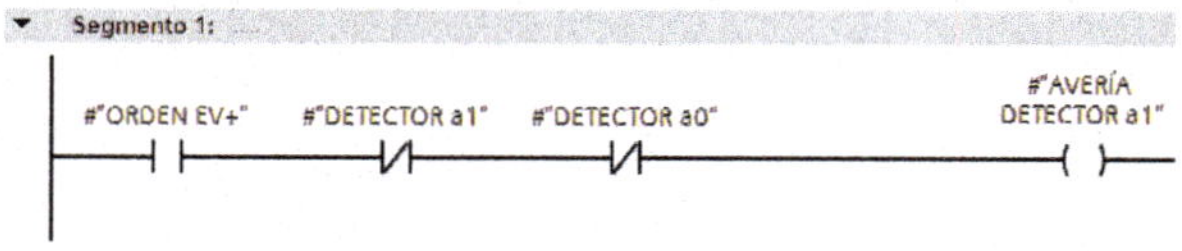

Fig. 8.314

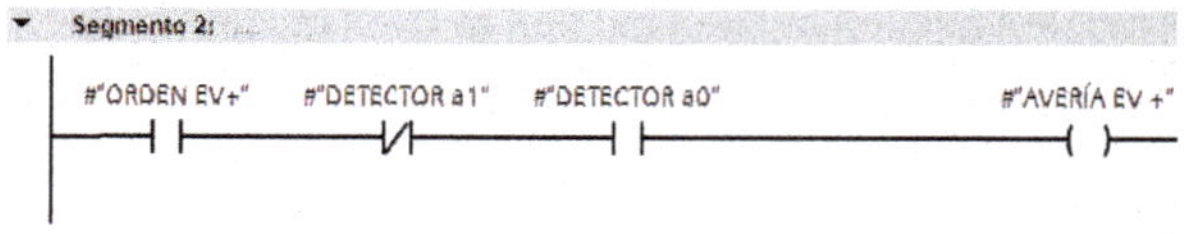

Fig. 8.315

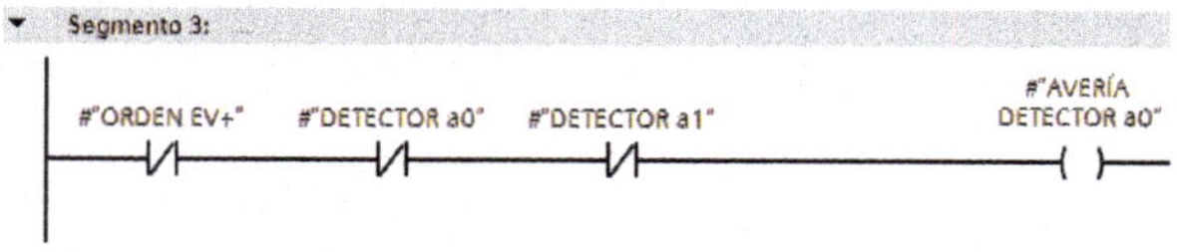

Fig. 8.316

La lógica seguida para diseñar la estructura del FB5 es la misma que la expuesta en la diagnosis de averías para electroválvulas biestables (FB4).

La estructura del bloque FB6 servirá para diagnosticar averías en las ventosas y tendrá la siguiente declaración de variables:

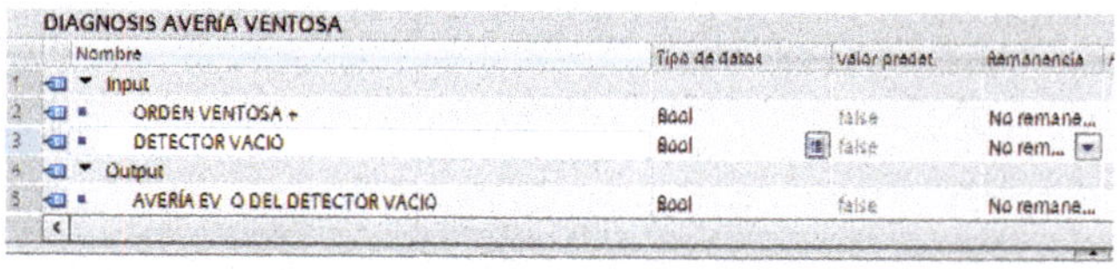

DIAGNOSIS AVERÍA VENTOSA

	Nombre	Tipo de datos	Valor predet.	Remanencia
1	Input			
2	ORDEN VENTOSA +	Bool	false	No remane...
3	DETECTOR VACIO	Bool	false	No rem...
4	Output			
5	AVERÍA EV O DEL DETECTOR VACIO	Bool	false	No remane...

Fig. 8.317

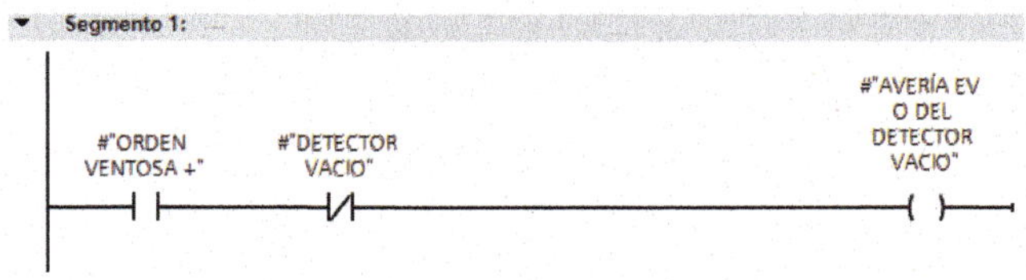

Fig. 8.318

En el caso de la diagnosis de las ventosas, aunque está controlada por una electroválvula monoestable, la estructura es diferente, ya que solo tenemos un sensor. Como consecuencia, podremos diagnosticar el fallo, pero sin poder especificar si falla la electroválvula o falla el detector de vacío.

A continuación, dentro del FC8 realizaremos el programa para poder diagnosticar las averías que se lleguen a ocasionar en cualquier cilindro y en la ventosa.

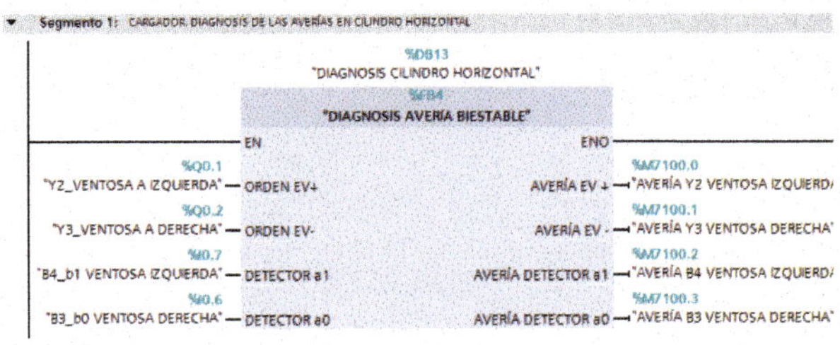

Fig. 8.319

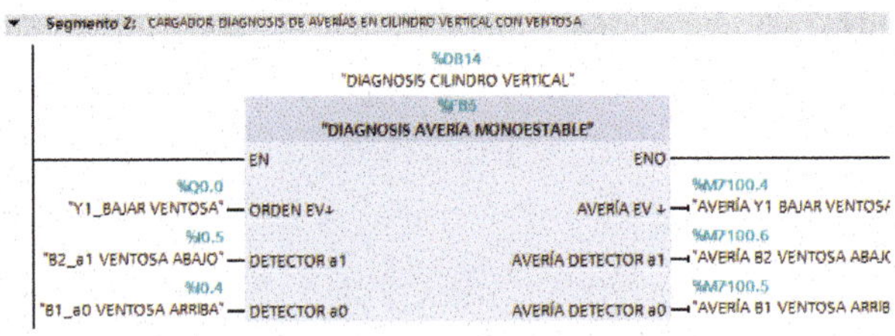

Fig. 8.320

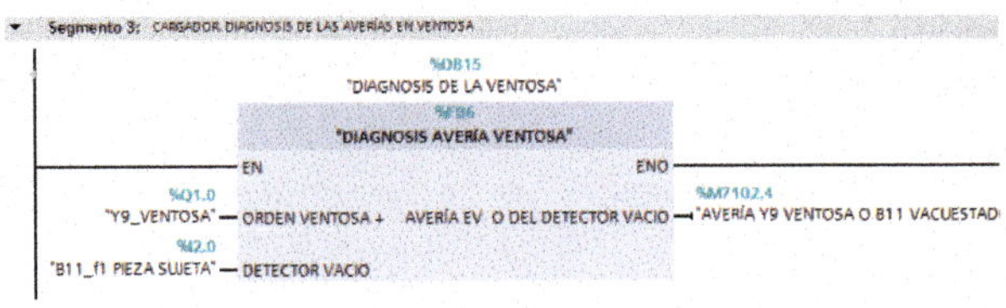

Fig. 8.321

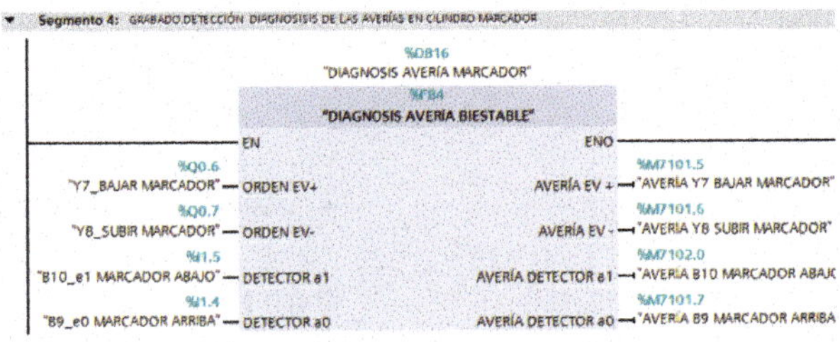

Fig. 8.322

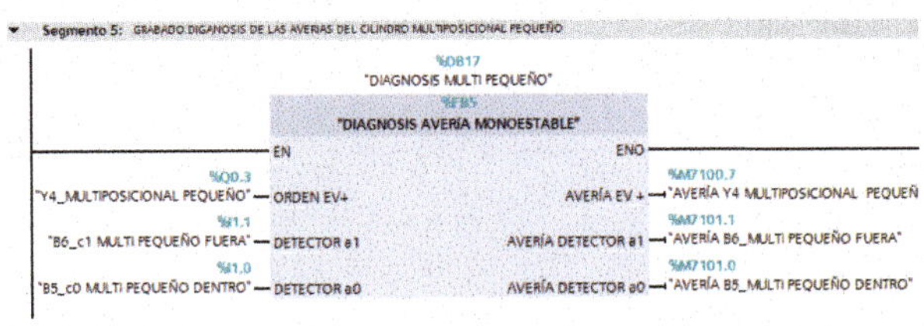

Fig. 8.323

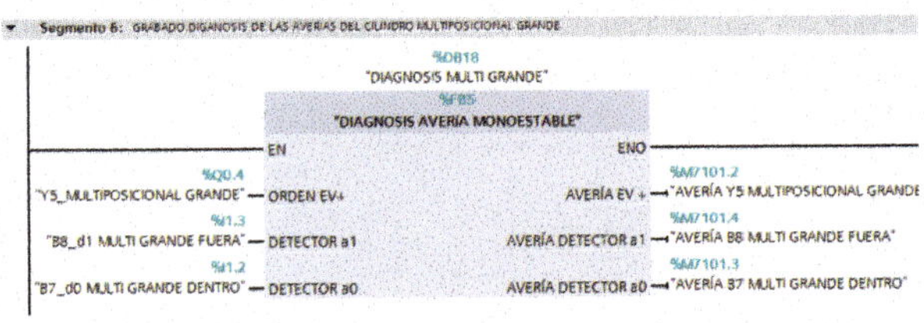

Fig. 8.324

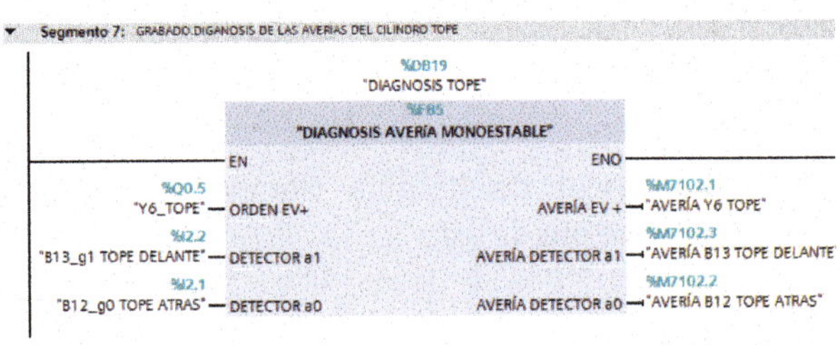

Fig. 8.325

Cuando se encuentra activado el Estado D2:

- Señalizaremos que existe al menos una avería activada mediante el funcionamiento intermitente lento del piloto rojo. Esta la programaremos en el bloque FC20 S_SALIDAS.

- La diagnosis se basa en que, cuando se encuentre activado el Estado D2, dejará de estar activo el Estado F1. Por tanto, las marcas que se encontraban funcionando en ese momento lo seguirán haciendo, por lo que seguirán actuando sobre las salidas del FC20 y provocando que, en el momento de la avería, existan una o más salidas en funcionamiento.
- Cada una de las averías activará un bit que quedará reflejado en el panel **Averías en el proceso** del simulador 3D.

Programación en el FC20 S_SALIDAS

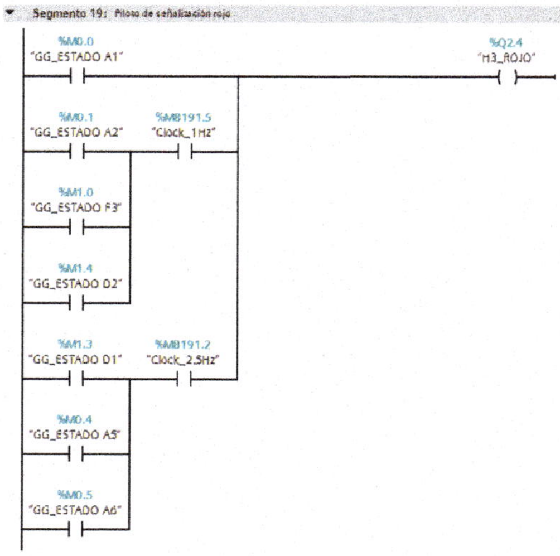

Fig. 8.326

- **Guía Gemma con el Estado D2**

Para la implementación del Estado D2 **Diagnóstico o tratamiento de los defectos** de la guía Gemma en el PLC, nos fijaremos en la guía Gemma general representada en el apartado 8.1.2. En ella se observan las diferentes transiciones de activación y desactivación de este Estado, que son las siguientes:

GENÉRICO

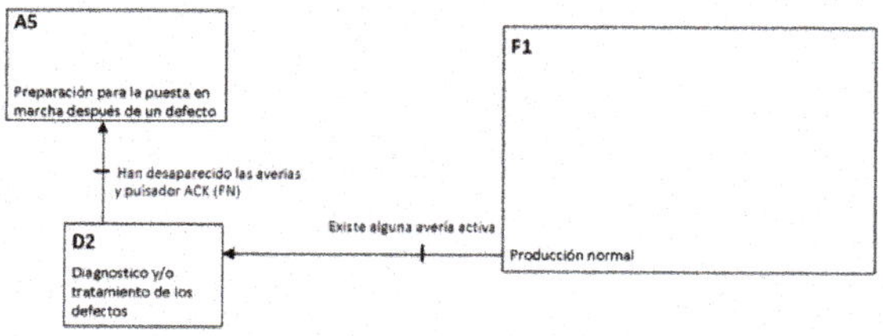

Fig. 8.327

APLICADO

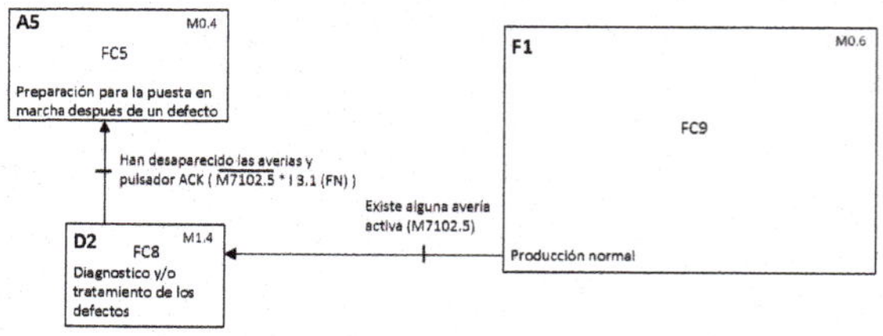

Fig. 8.328

A continuación, añadimos al Grafcet de la guía Gemma el nuevo estado incorporado, el Estado D2, con lo que queda así:

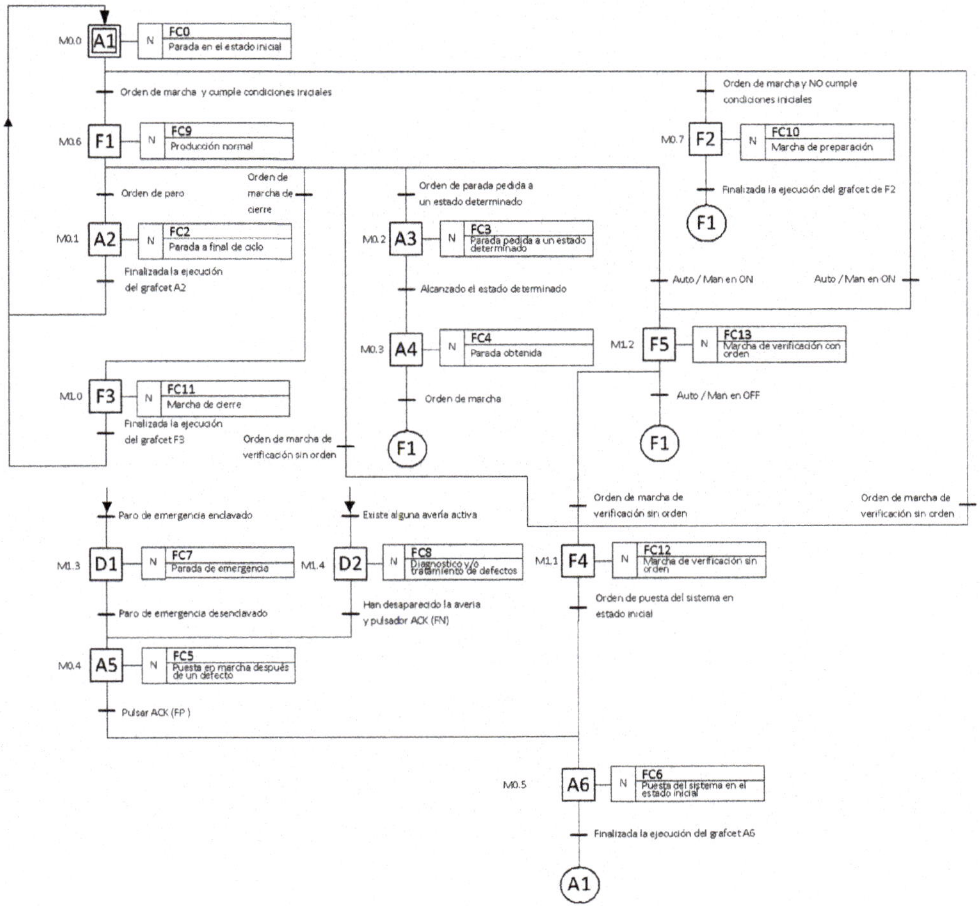

Fig. 8.329

Ahora, y tal como hemos indicado anteriormente, cuando se encuentren activados cada uno de los estados de la guía Gemma, tendremos en funcionamiento un piloto en el panel de la guía Gemma del simulador 3D. En este caso hemos añadido el del Estado D2.

La implementación del Estado D2 de la guía Gemma en el PLC la realizaremos siguiendo las condiciones marcadas en las transiciones:

- Pasaremos del Estado F1 al Estado D2 cuando en el bloque FC23 DET ALARMAS se encuentre activado el bit M7102.7, que indica que se ha detectado algún fallo.
- El paso del Estado D2 al Estado A5 se realizará cuando se haya desactivado el bit (indica que no hay alarma alguna activada) y cuando exista un flanco negativo en el pulsador de enterado ACK.
- El flanco negativo utilizado en el pulsador ACK se justifica porque este mismo pulsador se utiliza en la transición para pasar del Estado A5 al Estado A6, pero en esta ocasión como flanco positivo. Si no se utilizan los diferentes flancos, pasaría directamente del Estado D2 al Estado A6.

- **Programa en el FC0 GUIA GEMMA**

El programa que debemos añadir al bloque FC0 GUIA GEMMA para que quede implementado el Estado D2 sería el siguiente:

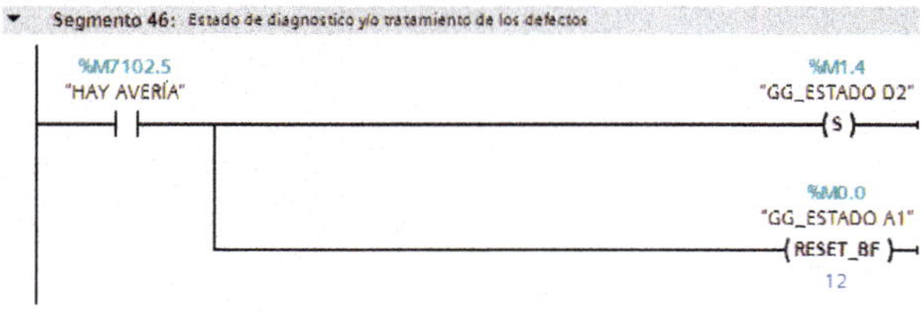

Fig. 8.330

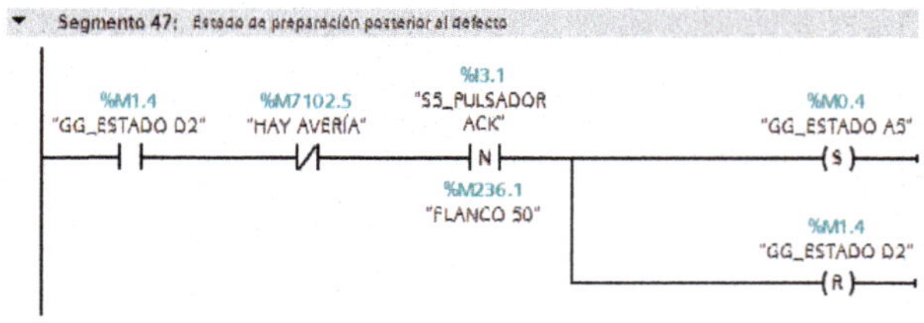

Fig. 8.331

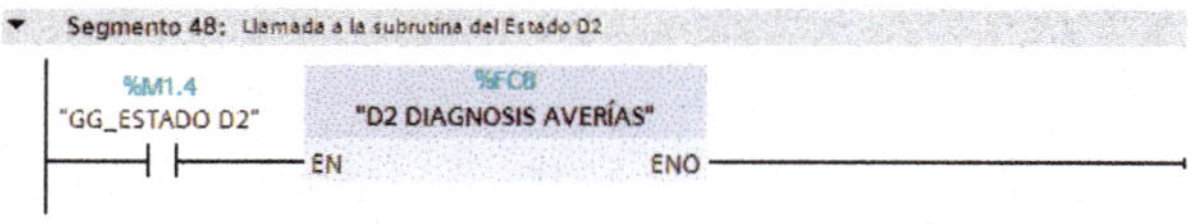

Fig. 8.332

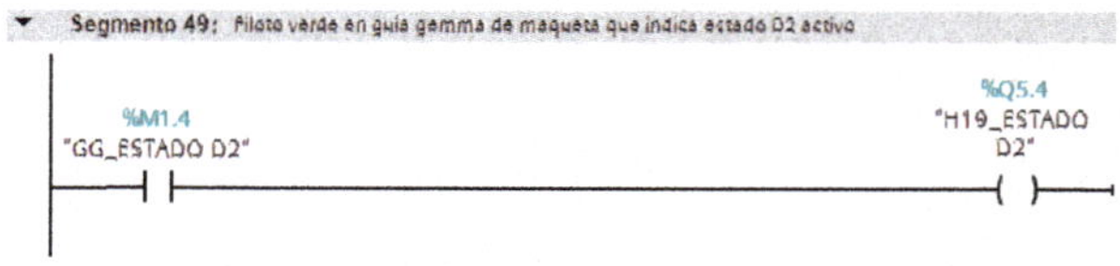

Fig. 8.333

- **Comprobación del funcionamiento del Estado D2**

Para poder comprobar el funcionamiento en el simulador 3D, debemos primero transferir el programa al simulador PLCSim del S7-1200. A continuación, ejecutamos el archivo para poder abrir el simulador 3D y posteriormente abrir los diferentes paneles que se indican a continuación:

Es importante que una vez arrancado el simulador 3D, antes de probar nada, en el PLCSIM primero pulsemos el botón de STOP y después pulsemos el botón de RUN.

Por el mismo motivo que se indicó para comprobar los estados D1, A5 y A6, es conveniente accionar el pulsador de ACK al ejecutar el simulador 3D para posicionar la guía Gemma al estado A1.

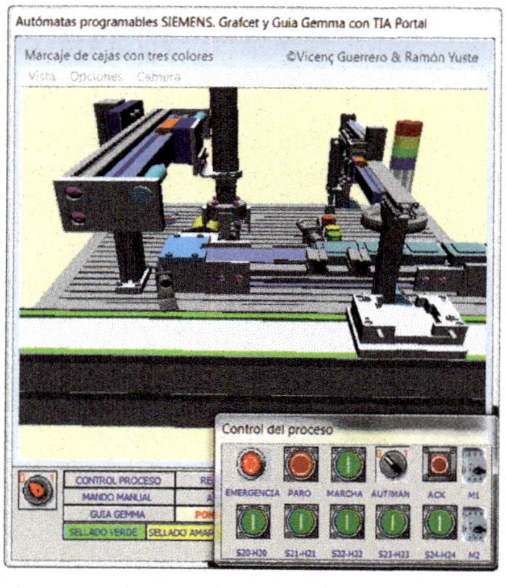

Fig. 8.334

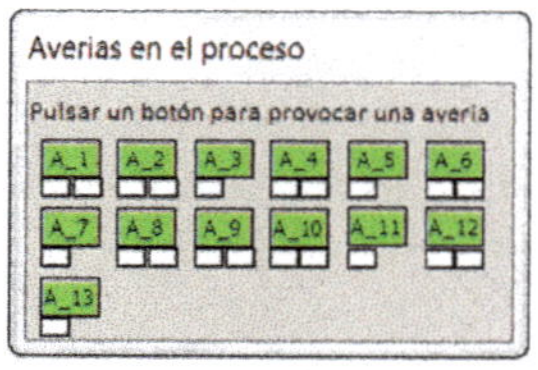

Fig. 8.335

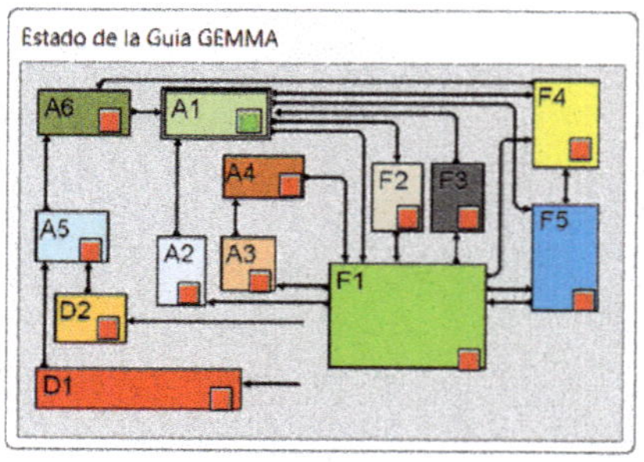

Fig. 8.101

Recuerda • • •

El simulador 3D dispone de un panel para poder provocar averías en el proceso y comprobar si su tratamiento ha sido el correcto.

Este es el panel **Averías en el proceso**. A continuación se explica cuál es su funcionamiento:

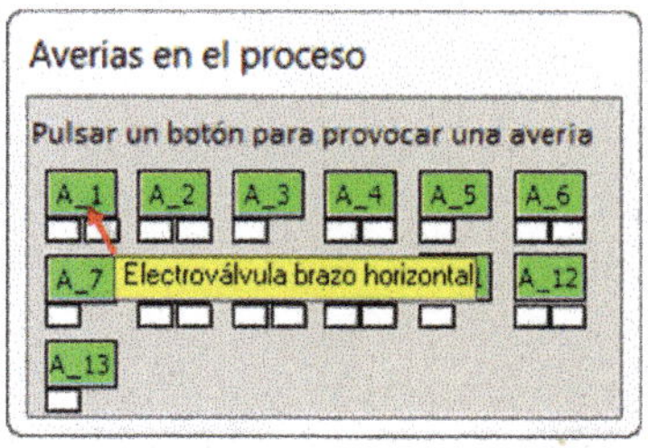

Fig. 8.336

Si situamos el ratón sobre cualquiera de los botones **A_1** a **A_15**, nos indica sobre qué elemento se provocará la avería cuando accionemos el botón correspondiente. En el caso del botón **A_1**, por ejemplo, la avería se provocará sobre cualquiera de las dos electroválvulas del brazo horizontal.

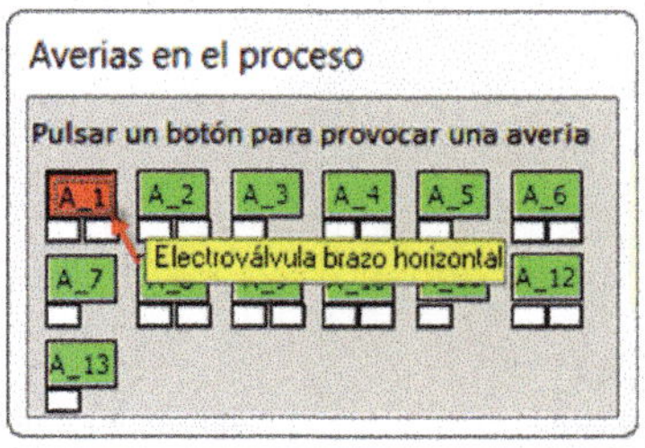

Fig. 8.337

Para provocar una avería, se deberá accionar el interruptor seleccionado. Este pasará a visualizarse de color rojo.
Cuando se desee eliminar la avería, se deberá volver a accionar de nuevo el interruptor, momento en el que este pasará de nuevo a visualizarse de color verde y se dará por desaparecida la avería.

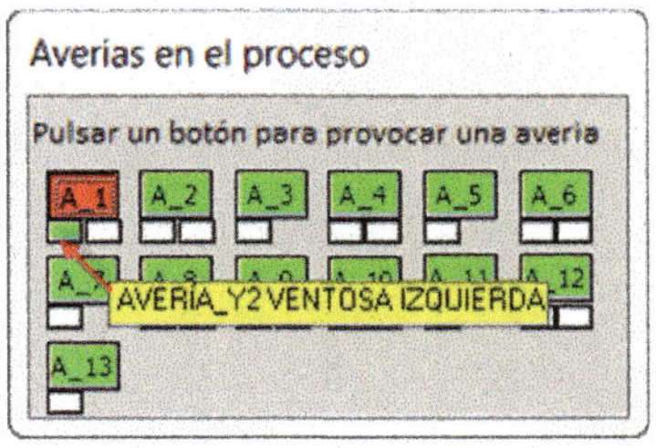

Fig. 8.338

Del mismo modo, si el programa realizado en D2 es correcto, cuando se detecta el fallo, se deberá iluminar de color verde un visualizador que se encuentra justo en la parte inferior del interruptor, y que en este caso se corresponde con el bit M7100.0, y señaliza el fallo de la electroválvula que hace que la ventosa se desplace hacia la izquierda, tal y como indica el texto asociado a ese piloto.

Importante: cuando se encuentre activado el Estado D2 y se haya comprobado que se ha detectado correctamente el fallo producido, hay que:

- Accionar de nuevo el interruptor **A_1**, con lo que se pasará de nuevo a visualizarse de color verde, que sería equivalente a simular que la avería se ha reparado.
- Accionar el pulsador ACK, con lo que la guía Gemma pasará al Estado A5.